AF344733

a cura di
Benedetto Graziosi
Domenico Lavermicocca

LA DISCIPLINA EDILIZIA IN EMILIA-ROMAGNA

*La L. reg. 30 luglio 2013, n. 15 e successive modificazioni
dopo l'entrata in vigore del D.L. 12 settembre 2014, n. 133
convertito in L. 12 novembre 2014, n. 164*

ANALISI TESTUALE E COMMENTO CRITICO

Commenti di
Silva Gotti
Benedetto Graziosi
Giacomo Graziosi
Domenico Lavermicocca
Camilla Mancuso

ISBN | 978-88-91179-16-6

PREFAZIONE

Il titolo di questa ultima legge regionale sull'edilizia, che in quella precedente era solo descrittivo – e cioè Disciplina Generale Edilizia – si è adeguato al leit-motiv del legislatore di questi tempi, dichiarandone il fine, quello della "Semplificazione della disciplina edilizia". È noto che all'insegna della semplificazione si sono succedute, accavallandosi in termini spesso inestricabili, numerosissime norme statali e regionali e ancor più pronunce giurisprudenziali di ogni grado.

Ma la prospettiva semplificatoria può dirsi vieppiù frustrata ad ogni intervento.

Gli autori confidano che il commento articolo per articolo della legge regionale con i richiami alle fonti collegate serva a fare il punto dei moltissimi problemi che l'applicazione della normativa "semplificata" inevitabilmente comporterà.

Benedetto Graziosi

SOMMARIO

APPENDICE NORMATIVA

Art. 1
Principi generali

1. La presente legge, in coerenza con le disposizioni contenute nel Titolo V della Costituzione e in attuazione dei principi fondamentali desumibili dal decreto del Presidente della Repubblica 6 giugno 2001, n. 380 (Testo unico delle disposizioni legislative e regolamentari in materia edilizia (Testo A)), regola nel territorio dell'Emilia-Romagna l'attività edilizia, intesa come ogni attività che produce una trasformazione del territorio, attraverso la modifica dello stato dei suoli o dei manufatti edilizi esistenti.

2. Nel disciplinare l'attività edilizia la presente legge persegue in modo prioritario:
   a) l'incolumità e la salute delle persone, con riguardo sia alla sicurezza e salubrità delle opere ultimate, sia alla fase di esecuzione dei lavori;
   b) la tutela del territorio, del paesaggio, dell'ambiente e del patrimonio storico e architettonico, nonché il miglioramento della qualità urbana ed edilizia;
   c) l'applicazione delle normative nazionali e regionali in tema di accessibilità, usabilità e fruibilità e di quelle riguardanti i diritti soggettivi delle persone con disabilità;
   d) il risparmio energetico ed idrico e la riduzione degli impatti delle urbanizzazioni sull'ecosistema;
   e) l'efficacia, la celerità e l'imparzialità dei procedimenti di autorizzazione e di controllo degli interventi edilizi;
   f) l'unicità del procedimento e del titolo abilitativo per la realizzazione e modifica degli impianti produttivi di beni e servizi e per l'esercizio delle attività produttive, ai sensi del decreto del Presidente della Repubblica 7 settembre 2010, n. 160 (Regolamento per la semplificazione ed il riordino della disciplina sullo sportello unico per le attività produttive, ai sensi dell'articolo 38, comma 3, del decreto-legge 25 giugno 2008, n. 112, convertito, con modificazioni, dalla legge 6 agosto 2008, n. 133);
   g) la gestione telematica dei procedimenti abilitativi e delle inerenti comunicazioni tra cittadino, imprese e amministrazioni pubbliche.

3. La presente legge riconosce e valorizza la funzione di certificazione e di accertamento di conformità svolta nell'interesse generale dai professioni abilitati nello svolgimento degli incarichi di progettista, direttore dei lavori e collaudatore delle opere edilizie.

4. L'attività edilizia è esercitata nel rispetto:
   a) dei diritti pubblici e privati;
   b) delle previsioni degli strumenti urbanistici e territoriali;
   c) delle ulteriori normative di settore, dell'ordinamento regionale, statale ed europeo aventi incidenza sulla disciplina dell'attività edilizia.

5. Sono fatte salve le procedure e le modalità di verifica in materia di sicurezza e di salute da attuarsi nei cantieri, secondo la normativa nazionale e regionale vigente.

COMMENTO

1. Il legislatore regionale, consapevole che la materia dell'edilizia è oggetto della competenza legislativa concorrente tra Stato e Regione, dichiara che la legge è coerente con il Titolo V della Costituzione e con i principi fondamentali desumibili dal Testo Unico (testo A) del D.P.R. n. 380/2001. E lo stesso aveva dichiarato nell'art. 1 della L. reg. n. 31/2002. Anche qui può dirsi che si tratta di affermazione ovvia che dovrà, però, essere puntualmente verificata nei non pochi casi in cui, come si dirà, la sovrapposizione delle fattispecie normative delle due fonti genera discrasie, che la propensione dei due legislatori a intervenire di continuo per aggiungere e precisare moltiplica (la L. reg. n. 15/2013, al momento, risulta già modificata e *"interpretata"* due volte; il legislatore statale nel 2013/2014 è già intervenuto in materia edilizia e urbanistica, due volte, ed è stata appena pubblicata la legge di conversione n. 164/2014 del D.L. 12 settembre 2014 n. 133 (c.d. *"sblocca Italia"*) che, tra le altre cose, oltre ad una modifica del regime degli interventi e di quello delle destinazioni d'uso, prevede la adozione del Regolamento Edilizio Unico. Sul rapporto tra questa ultima novella del T.U. n. 380/2001 e la presente legge si è già tenuto conto nella redazione dei commenti delle singole norme toccate. È anche intervenuta la Regione con la nota assessorile P.G. 442803 del 21 novembre 2014, con quella che si autodefinisce *circolare*, in cui si prospetta, come *"indicazione applicativa"* un accurato quadro sinottico delle norme *"concorrenti"* e della soluzione delle questioni connesse alla prevalenza delle une o delle altre. Naturalmente si tratta di semplici opzioni ermeneutiche, data la mancanza di un rapporto di gerarchia tra Regione e altri Enti locali.

Venendo alla seconda parte del primo comma, si vede già subito che esso costituisce un esempio di questo problematico concorso di fonti normative, quando per definire l'attività edilizia che il legislatore regionale vuol *"regolare"*, si dice che essa è ciò che causa la trasformazione del territorio, così come si diceva nella *"storica"* disposizione dell'art. 1 della L. n. 10/1977, ma si aggiunge – esplicativamente ma ampliandone il concetto – che tale trasformazione vi è anche laddove vi è una modifica dello *stato dei suoli* e dei manufatti edilizi esistenti.

Di per sé lo *"stato dei suoli"* infatti è concetto che eccede quello positivo ricavabile dalla normativa statale (art. 10 D.P.R. n. 380/2001, in precedenza art. 1, L. n. 10/1977), che resta imperniato sulla nozione di edificazione e di funzione/uso dell'edificato. Mentre la possibilità di intervento legislativo regionale resta confinata nell'ampliamento della disciplina delle modifiche della destinazione d'uso (art. 10, 2° c.) e della "*scelta*" dei titoli edilizi in relazione al tipo di intervento (art. 10, 3° c.)[1].

La norma allarga, quindi, in tal modo, lo spettro del c.d. "*rilevante edilizio*", che come tale è, a sua volta, necessariamente oggetto della pianificazione e, per ciò stesso, è divenuto anche *urbanisticamente* rilevante.

Il primo comma dell'art. 1 trova, quindi, il suo *pendant* nella perimetrazione della attività edilizia libera di cui all'art. 7. Quella attività che, per definizione, non è "*regolata*" perché, ancorché sia indicata, "*nominata*" come attività edilizia, non necessita di titolo abilitativo. Ma è "*libera*" solo a questo specifico fine, non quanto alla soggezione del "*potere di piano*" e ad "*altre*" norme.

Dal combinato disposto tra l'art. 1, c. 1, e l'art. 7, c. 1, risulta, infatti, che anche l'attività edilizia libera è regolamentata dalla L. reg. n. 15/2013: essa deve svolgersi "*nel rispetto della disciplina di cui all'articolo 9, comma 3*".

---

[1] È appena il caso di rammentare qui lo sterminato numero di contributi, di dottrina e giurisprudenza, formatosi nel vigore della L. n. 10/1977 circa la trasformazione urbanistica del territorio abbisognevole di un titolo edilizio – concessione o autorizzazione – e dei risvolti che ne conseguivano sotto molteplici aspetti. Su ciò si può vedere, per tutti, A. RUSSO, *Commento all'art. 1*, in *Testo Unico dell'Edilizia*, a cura di M.A. SANDULLI, Milano, 2009, 20-23.

Il T.U., che raccoglie tale dato come premessa della normativa abrogata (art. 136, 2° c.) – non a caso nelle tavole di corrispondenza dei riferimenti normativi l'art. 10, c. 1, è correlato come equivalente all'abrogato art. 1 L. n. 10/1977 e il 3° c. è privo di correlazioni – vale a costituire, pertanto, un limite al potere legislativo regionale circa la definizione di trasformazione urbanistica da assumere come oggetto della regolamentazione (cfr. R. FERRARA – R. LOMBARDI, *Commento all'art. 24*, in *Il Testo Unico dell'Edilizia*, a cura di M.A. SANDULLI, cit., 24 e ss.; cfr. anche *Commento all'art. 10*, M.A. SANDULLI – R. LOMBARDI, ivi, 206 e ss.). Ciò avvalora seri dubbi di costituzionalità nei riguardi di una possibile estensione della necessità di titoli edilizi per modifiche dello stato dei suoli "*non edilizie*". Soprattutto se questa estensione fosse introdotta con atti di coordinamento tecnico *ex* art. 12 della legge (cfr. *infra*, il commento a tale articolo). In tutti questi problemi si deve tener presente, come canone ermeneutico, quanto affermato dalla Corte Costituzionale a proposito dell'esercizio della *jus aedificandi* e del suo controllo e cioè la sua attinenza all'ordinamento civile e ai livelli essenziali delle prestazioni che l'art. 117, c. 2, Costituzione, affida alla competenza esclusiva dello Stato (cfr. Corte Cost., n. 164 e n. 188 del 2012) e dall'A.p. del Consiglio di Stato n. 2 del 4 aprile 2008 (cfr. M. BASSANI, *Le norme di principio prevalgono sulle norme previgenti delle Regioni a statuto ordinario con esse confliggenti*, in Urb. e Appalti, 2008, p. 752).

Disciplina, come si dirà, di grande, anche se difficilmente definibile, pervasività.

L'importanza della dichiarazione dell'art. 1 è, allora, quella di assumere un concetto di attività edilizia più ampio di quello stesso che delimita l'attività di trasformazione *"abilitata"* (e previamente pianificata), prevedendo la disciplina (e necessariamente anche il controllo) anche di quella libera.

Ne risulta superato il paradigma *"storico"* di cui all'art. 1, L. n. 10 del 1977 e una oggettiva estensione della rilevanza pubblica dell'attività edilizia, e del suo conseguente controllo da parte dell'Amministrazione.

Anzi, ne risulta molto ristretta la stessa possibilità di configurare, come spazio di attività libera, l'esercizio dello *ius utendi*[2].

La distinzione tra *ius aedificandi* e *ius utendi* non segue affatto il confine tra il *"rilevante"* urbanistico edilizio oggetto del potere di governo del territorio, e l'*agere-licere* dello statuto proprietario. Da quando la *"destinazione d'uso senza opere"* – che pareva essere il minimo assoluto del diritto di godimento – è stata assoggettata alla pianificazione[3] ed al controllo urbanistico/edilizio, non è facile sostenere che la stessa attività di manutenzione ordinaria (che del mero godimento è un *quid minoris*) sia *estranea* all'edilizia, e cioè sia *ontologicamente* attività libera[4].

2. Il secondo comma è un dettagliato manifesto dei fini perseguiti, di dubbia utilità giuridica se non quello di (marginale) canone ermeneutico.

Altrettanto è a dirsi della *"valorizzazione"* delle funzioni certificative e asseverative dei professionisti che intervengono, con vario e ben diverso ruolo, nello svolgimento della attività edilizia. Per questo motivo, il sistema positivo delle responsabilità civili, amministrative e penali, viene a costituire oltre alla giusta valorizzazione, una onerosa rete di garanzia della osservanza delle normative edilizie. Con aspetti, talora, in cui la corresponsabilizzazione può giun-

---

[2] Così, invece, G. PAGLIARI, *Corso di diritto urbanistico*, Milano, 2010, 413 e ss.

[3] Ciò avvenne con l'art. 24 della L. 28 febbraio 1985 n. 47 che, come noto, concluse la lunghissima *querelle* iniziata con la famosa sentenza della Sez. V del Consiglio di Stato n. 525 del 28 luglio 1982, e che ha avuto una storia accidentata, segnata da varie sentenze della Corte Costituzionale, e da un costante flusso di arresti giurisprudenziali che non paiono però aver esaurito i problemi che sono sottesi al tema. Cfr. *infra* il commento all'art. 28.

[4] Cfr. su tutti questi problemi, le acute considerazioni di D. TRAINA, *Lo jus aedificandi può ritenersi ancora connaturale al diritto di proprietà?*, in Riv. Giur. Ed., 2013, II, 257 e ss.

gere ad incidere all'interno del contenuto dello stesso mandato professionale.

Il quarto comma è ovvio sia quanto al rispetto dei diritti pubblici e privati, sia quanto al resto, che è poi solo una anticipazione dell'art. 9.

La dichiarazione della salvezza della normativa in materia di salute e sicurezza vale ad enunciare la concorrenza di tale fonte nel disciplinare l'attività edilizia (i *"cantieri"*), quale che sia la sua disciplina (e cioè se si tratti o meno di attività libera). In questo senso conferma che l'attività *"libera"* *da titolo edilizio* non è attività giuridicamente irrilevante.

Benedetto Graziosi

Art. 2
Semplificazione dell'attività edilizia

1. La presente legge persegue la semplificazione dell'attività edilizia e l'uniformità di interpretazione e applicazione della disciplina edilizia nell'ambito del sistema regionale delle autonomie locali, attraverso:

   a) il rafforzamento della funzione dello Sportello unico per l'edilizia (S.U.E) di unico interlocutore ai fini del rilascio dei titoli edilizi, estendendo all'attività edilizia libera e a tutti i titoli abilitativi la sua competenza a richiedere, alle altre amministrazioni e organismi competenti, ogni atto di assenso, comunque denominato, necessario per la realizzazione dell'intervento edilizio;

   b) la specificazione della funzione consultiva della Commissione per la qualità architettonica e il paesaggio;

   c) la riduzione del numero dei titoli abilitativi edilizi, prevedendo la sostituzione della Segnalazione certificata di inizio attività (SCIA) alla Denuncia di inizio attività (DIA), anche nel caso di interventi assoggettabili a titolo alternativo al permesso di costruire;

   d) l'estensione dei casi di attività edilizia libera che possono essere attuati senza la presentazione allo Sportello unico di alcuna documentazione edilizia;

   e) l'ampliamento della possibilità di ricorrere alla proroga del termine per l'inizio e la ultimazione dei lavori;

   f) il potenziamento della funzione della Regione di coordinamento tecnico e di supporto agli operatori, per assicurare: la standardizzazione delle pratiche edilizie in tutto il territorio regionale, attraverso la modulistica unificata e l'individuazione della documentazione essenziale da presentare a corredo dei diversi titoli edilizi e degli atti del relativo procedimento; la parificazione della somma forfettaria per spese istruttorie dovuta in caso di rilascio della valutazione preventiva; modalità comuni per la definizione del campione delle pratiche da assoggettare a controllo di merito a fine lavori;

   g) la distinzione tra documentazione essenziale che deve essere necessariamente presentata a corredo della domanda di permesso di costruire e della SCIA, da quella che il soggetto può presentare prima dell'inizio lavori, e quella che può riservarsi di presentare alla fine dei lavori;

   h) l'ampliamento dei casi di varianti in corso d'opera sottoposte a SCIA di fine lavori;

   i) la previsione dell'immediata utilizzabilità degli immobili di cui sia stata completata la realizzazione, in attesa del rilascio del certificato di conformità edilizia-agibilità, e la specificazione della possibilità della certificazione di agibilità parziale, per singole unità immobiliari o per porzioni dell'edificio;

   l) la razionalizzazione dei controlli dell'attività edilizia, da operarsi in due fasi: all'atto della formazione del titolo abilitativo, per la verifica dell'esistenza dei presupposti e dei requisiti previsti dalla normativa vigente per l'intervento edilizio; a fine lavori ai fini del rilascio del certificato di conformità edilizia-agibilità.

COMMENTO

1. La declinazione del fine della legge[1], e cioè la semplificazione dell'attività edilizia e l'omogeneità dell'attuazione della "disciplina" (recte: normativa) edilizia, è fatta elencando i dieci mezzi "attraverso" cui la si persegue.

Essi sono puntualmente elencati perché in realtà sono in parte, essi stessi, fini primari della legge, talora largamente eccedenti quello della semplificazione. In questo senso alcuni di essi meritano particolare considerazione.

Il rafforzamento dello Sportello Unico dell'Edilizia come "unico interlocutore", realizzato dall'art. 4, è effettivo, come si dirà, non solo per la concentrazione di ogni fase dei procedimenti relativi ai titoli edilizi nell'"unico punto di accesso per il privato" e per gli obblighi istruttori che, quindi, sono ad esso a tal fine accollati, ma anche per la estensione del suo potere di controllo alla attività libera. Resta, come eccezione alla unicità (e deroga alla semplificazione), quanto dispone il 6° c. dell'art. 4 sulla tutela del paesaggio e sul potere di polizia locale.

Quanto alla riduzione dei titoli edilizi a due (SCIA e permesso di costruire), vi è da dire che ad essa si è accompagnato un ampliamento dello spettro degli interventi in regime di SCIA con una moltiplicazione delle fattispecie e un aggravamento del relativo procedimento. Se poi si considera anche la disciplina dell'attività libera, e come è stata frammentata nella casistica spicciola quella che era una categoria di *facere* costruttivo di per sé suscettibile di una definizione di "*chiusura*", si può dire che su questo piano è certamente cresciuta la complessità.

2. Un discorso analogo può farsi con riferimento al potenziamento della funzione regionale di "*coordinamento tecnico*" per ottenere la standardizzazione delle pratiche edilizie attraverso la modulistica unificata. Qui il richiamo dell'art. 2 corre essenzialmente agli artt. 12 e 49 della legge e all'art. 16 della

---

[1] Sono sempre attuali, a proposito della propensione del legislatore a manifestare le ragioni della legge, le considerazioni di L.A. MURATORI, *Giurisprudenza*, secondo cui bisogna avere "*avvertenza di formare il più succintamente che mai si possa e con parole ben chiare la sostanza ed intenzioni delle leggi, senza allargarne le ragioni: perciocché le troppe parole adoperate per spiegar meglio la mente del legislatore sono quelle che somministrano uncini e sofisticherie ...*".

L. reg. n. 20/2000[2], che tracciano il sistema delle fonti – ovvero della gerarchia degli atti – che concorrono alla formazione degli strumenti di pianificazione urbanistica. Quanto alla attività edilizia, la evidente esigenza di standardizzazione passa attraverso l'unificazione delle definizioni e dei lemmi concettuali[3] - prima dispersi ed equivoci – non meno che della modulistica la cui necessità è legata anche alla prossima totale informatizzazione della presentazione delle istanze[4].

3. Un discorso a parte merita la razionalizzazione dei controlli dell'attività edilizia, perché la norma vi include quelli a fine lavori, strumentali al rilascio del certificato di conformità/agibilità. In realtà l'intero corpo normativo sull'esistente (conformità/agibilità, scheda tecnica, fascicolo di fabbricato) pare segnare una svolta importante per l'intero sistema. In parallelo alla spostamento della pianificazione urbanistica dalla disciplina della espansione alla riqualificazione dell'esistente – si veda a proposito, il nuovo testo dell'art. 30, c. 2, sul contenuto del P.O.C. – la legge amplia significativamente il controllo sull'uso degli edifici esistenti, anche al di là delle trasformazioni morfologiche da realizzare. Sono significative, in questo senso, le norme sul controllo degli usi e della loro modificazione senza opere (artt. 7, 4° e 5° c., 28, 1° e 2° c.), l'e-

---

[2] Sulla natura giuridica degli atti di coordinamento tecnico e sui problemi giuridici ad essi relativi, si veda il commento all'art. 16 in B. GRAZIOSI (a cura di) *La pianificazione urbanistica in Emilia-Romagna*, IPSOA, 2007, 41. Come si dirà *infra* a proposito dell'art. 12, il potere regionale che si estrinseca nell'adozione di questi atti di natura regolamentare, che condizionano dettandone parte dei contenuti necessari, gli atti di pianificazione urbanistica è il cardine dell'intero sistema della pianificazione dell'Emilia-Romagna che presenta connotati di una schietta centralizzazione, forse necessaria per ogni progetto di unificazione, ma non scevro di dubbi di legittimità.

[3] Come si dirà *infra*, a ciò la Regione aveva già provveduto con la delibera dell'Assemblea legislativa 4 febbraio 2010 n. 279, "*ratificata*" dall'art. 57, c. 4, e divenuta vincolante per scadenza del termine di 180 gg. ivi previsto, come espressamente riconosciuto con la nota dell'Assessore PG 9885 del 15 gennaio 2014. Con successivo atto di coordinamento tecnico sono state apportate delle modifiche (delibera G.R. n. 994 del 14 luglio 2014).

[4] L'obbligatorietà del modulo "*ufficiale*" ormai divenuto generale, può generare distorsioni nell'istruttoria della pratica, aggravando gli oneri a carico del privato instante. Cfr. B. GRAZIOSI, *L'obbligatorietà dell'uso di moduli, formulari, fac-simile*, in Urb. e Appalti, 2013, 655. Il "*modello unico digitale per l'edilizia*" doveva essere approvato dalla Regione entro il 31 gennaio 2008 (D.L. n. 4/2006, conv. in L. n. 80/2006; D.P.C.M. 6 maggio 2008). Il modello unico è per lo più previsto nei R.U.E. (in quello di Bologna all'art. 102) in modo vincolante, ma, ora, è obbligatorio in forza della legge e dell'atto di coordinamento che vi dà attuazione.

stensione agli edifici esistenti (da effettuare con atto regolamentare regionale di coordinamento tecnico) dell'obbligo di compilazione del fascicolo del fabbricato (poi, temporaneamente, abolito), e così, l'assoggettamento degli stessi al potere del S.U.E di ordinare sempre e comunque di conformare l'edificio a tutti indistintamente i requisiti previsti per le costruzioni; che sono quelle di *"sicurezza, igiene, salubrità, efficienza energetica, accessibilità, usabilità e fruibilità degli edifici degli impianti"*: art. 23, 10° e 11° c. (e, prima, l'abrogato art. 24, 2° c.). Può quindi affermarsi che vengono in tal modo attratti nella materia edilizia tutti i corpi normativi oggetto di un siffatto richiamo generale perché sono in tal modo resi suscettibili di coazione e di tutela reale in forza di un potere sanzionatorio nuovo, non previsto neppure nel D.P.R. n. 380/2001, quello per cui lo Sportello Unico *"ordina motivatamente di conformare l'opera alla normativa vigente"*[5].

La fase accertativa, quella dei controlli edilizi *stricto sensu*, è così significativamente allargata. Si amplia in tal modo anche la esigenza che la base numerica dei controlli, necessariamente limitata, sia formata secondo un campione non solo rappresentativo, ma uniforme, escludendo discrezionalità locali. Anche tale tema viene opportunamente ricondotto nell'ordinario potere regolamentare regionale degli atti di coordinamento tecnico (lett. f) per motivi che non sono solo di semplificazione della attività edilizia, ma di garanzia di legalità [6].

Benedetto Graziosi

---

[5] Si veda il commento all'art. 23, c. 11. La possibilità che l'obbligo di compilazione e tenuta del fascicolo di fabbricato riguardasse anche gli edifici esistenti e non interessati da alcun intervento era già prevista dall'art. 20 della L. reg. n. 31/2002. La novità della L. n. 15/2013 è quindi nella possibilità del Comune di imporre il *facere* specifico dell'adeguamento alle normative genericamente attinenti ai requisiti delle costruzioni e non semplicemente di inibirne l'uso.

[6] A ciò ha recentemente provveduto l'atto di coordinamento tecnico approvato con delibera G.R. n. 75/2014 (cfr. *infra*, nel commento all'art. 12).

Art. 3
Gestione telematica dei procedimenti edilizi

1. La Regione promuove la realizzazione di un sistema integrato per la dematerializzazione e la gestione telematica dei procedimenti edilizi e catastali, nell'ambito delle attività della Community Network dell'Emilia-Romagna, di cui all'articolo 6 della
legge regionale 24 maggio 2004, n. 11 (Sviluppo regionale della società dell'informazione), con l'interconnessione delle amministrazioni pubbliche e degli operatori
privati coinvolti, in coordinamento con gli omologhi programmi di semplificazione
dei procedimenti e standardizzazione della modulistica, previsti dalla normativa
statale, istituendo una banca dati unica regionale mantenuta costantemente aggiornata dalla Regione.

COMMENTO

La gestione telematica dei procedimenti edilizi, limitatamente alla presentazione delle istanze di permesso di costruire e della SCIA, è già in atto, per
ora solo in via facoltativa, insieme alla – questa obbligatoria – unificazione
della modulistica operata con l'atto di coordinamento tecnico emanato ai sensi
dell'art. 12 della legge.

La norma in esame prevede anche un ambizioso sistema integrato e cioè
l'interconnessione con (tutte) le Amministrazioni pubbliche anche statali e gli
operatori privati "coinvolti". Uno scenario in cui tutti gli attori sono "in rete".

Può osservarsi da una parte che un simile sistema, per ora ancora in fieri,
è di straordinaria complessità e difficoltà quanto alla unificazione delle inter-
connessioni, se si considera la eterogeneità delle Amministrazioni e del loro
ruolo e funzione nei procedimenti edilizi; basta avere presente, ad esempio,
gli interventi delle Amministrazioni preposte al controllo dell'attività edilizia
ai sensi del combinato disposto degli artt. 9, c. 3, e 11.

Anche alla luce della legge regionale richiamata (L. reg. 24 maggio 2004
n. 11) è difficile pensare ad un sistema di interconnessione eccedente gli enti
locali, territoriali e non. prima del coordinamento con l'Agenda Digitale
(CAD) prevista dalle varie leggi statali variamente susseguitesi negli ultimi
anni. Tali leggi hanno previsto, a partire dal gennaio 2014, l'attuazione del
c.d. "principio di esclusività digitale" (art. 63, c. 3-*quinquies*, D.L. n. 5/2012)
e che da tale data i cittadini sarebbero stati tenuti a "relazionarsi" con (tutte)

le pubbliche amministrazioni esclusivamente con modalità telematiche (art. 47-*quinquies* del CAD)[1].

Il sistema, peraltro, non è oggi operativo a livello statale e il suo coordinamento con i procedimenti edilizi e addirittura la creazione di una unica banca dati regionale sono traguardi futuri.

Un cenno a parte merita la prevista interconnessione con i privati coinvolti.

Se con ciò si intende la obbligatorietà di relazionarsi con le pubbliche amministrazioni solo telematicamente, il fine è già previsto – come futuribile – dalla legge statale e sarebbe dubbia la legittimità di una sua duplicazione con una norma regionale, soprattutto se in tempi e modi diversi.

Se invece, si intende che ai privati coinvolti può essere imposto l'onere di un previo "accreditamento" presso i portali pubblici – secondo una prassi nata in tema di accesso alla sfera contrattuale – ciò costituirebbe una evidente illegittimità, perché introdurrebbe un filtro tra p.a. e cittadini, un indiscutibile "aggravamento" di tutti i procedimenti, come tale assolutamente incompatibile con i principi (anche costituzionali) della azione amministrativa.

Benedetto Graziosi

---

[1] Cfr. per tutti E. CARLONI, *La riforma del Codice dalla Amministrazione digitale*, in Giorn. Dir. Amm., 2011, 469 ss. (a proposito del D. Lgs. n. 235/2010 relativo alla prima riforma); e dello stesso Autore, *La semplificazione telematica e l'Agenda Digitale*, in Giorn. Dir. Amm., 2012, 708 e ss. (a proposito delle ultime modifiche dettate dal D. Lgs. n. 5/2012 e dalla relativa legge di conversione).

Art. 4
Sportello unico per l'edilizia

1. I Comuni, in forma singola ovvero in forma associata negli ambiti territoriali ottimali di cui all'articolo 6 della legge regionale 21 dicembre 2012, n. 21 (Misure per assicurare il governo territoriale delle funzioni amministrative secondo i principi di sussidiarietà, differenziazione ed adeguatezza), esercitano le funzioni di autorizzazione e di controllo dell'attività edilizia, e la funzione generale di vigilanza sull'attività urbanistico edilizia, assicurando la conformità degli interventi alle previsioni degli strumenti urbanistici e territoriali ed alle ulteriori disposizioni operanti, ed il rispetto dei diritti inerenti i beni e gli usi pubblici.

2. La gestione dei procedimenti abilitativi inerenti gli interventi che riguardano l'edilizia residenziale, e le relative funzioni di controllo, sono attribuite ad un'unica struttura, denominata "Sportello unico per l'edilizia" (Sportello unico), costituita dal Comune o da più Comuni associati.

3. I Comuni singoli e le forme associative a cui siano conferite le funzioni in materia edilizia, possono istituire un'unica struttura che svolge le competenze dello Sportello unico per l'edilizia e le competenze dello Sportello unico per le attività produttive (S.U.A.P.).

4. Lo Sportello unico costituisce, per gli interventi di edilizia residenziale, l'unico punto di accesso per il privato interessato, in relazione a tutte le vicende amministrative riguardanti il titolo abilitativo e l'intervento edilizio oggetto dello stesso, che fornisce una risposta tempestiva in luogo di tutte le pubbliche amministrazioni, comunque coinvolte. Le comunicazioni al richiedente sono trasmesse esclusivamente dallo Sportello unico; gli altri uffici comunali e le amministrazioni pubbliche diverse dal Comune, che sono interessati al procedimento di rilascio del permesso di costruire, non possono trasmettere al richiedente atti autorizzatori, nulla osta, pareri o atti di consenso, anche a contenuto negativo, comunque denominati e sono tenuti a trasmettere immediatamente allo Sportello unico le denunce, le domande, le segnalazioni, gli atti e la documentazione ad esse eventualmente presentati, dandone comunicazione al richiedente.

5. Ai fini del rilascio del permesso di costruire lo Sportello unico acquisisce direttamente o tramite conferenza di servizi ai sensi della legge 7 agosto 1990, n. 241 (Nuove norme in materia di procedimento amministrativo e di diritto di accesso ai documenti amministrativi), le autorizzazioni e gli altri atti di assenso, comunque denominati, necessari ai fini della realizzazione dell'intervento edilizio. In caso di attività edilizia libera soggetta a comunicazione e di SCIA, lo Sportello unico svolge la medesima attività su istanza dei privati interessati, ai sensi degli articoli 7, comma 7, 14, comma 2, e 15, comma 2, della presente legge. La Regione stipula apposite convenzioni con gli enti diversi dall'amministrazione comunale competenti al rilascio delle autorizzazioni o altri atti di assenso comunque denominati richiesti, al fine di semplificare e accelerare le modalità di rilascio dei medesimi atti.

6. Sono fatte comunque salve:

a) la differenziazione tra l'attività di tutela del paesaggio e l'esercizio delle funzioni amministrative in materia urbanistico-edilizia, a norma dell'articolo 40-*undecies*, comma 2, della legge regionale 24 marzo 2000, n. 20 (Disciplina generale sulla tutela e l'uso del territorio);

b) le funzioni di polizia edilizia attribuite dall'ordinamento alle strutture di polizia municipale.

7. I Comuni, attraverso lo Sportello unico, forniscono una adeguata e continua informazione ai cittadini sulla disciplina dell'attività edilizia vigente, provvedendo anche alla pubblicazione sul sito informatico istituzionale degli strumenti urbanistici, approvati o adottati, delle relative varianti e altre normative di settore aventi incidenza sulla disciplina dell'attività edilizia.

8. Ai fini della presentazione, del rilascio o della formazione dei titoli abilitativi previsti dalla presente legge, lo Sportello unico e le amministrazioni, competenti al rilascio delle autorizzazioni e degli altri atti di assenso comunque denominati necessari ai fini della realizzazione dell'intervento, sono tenuti ad acquisire d'ufficio i documenti, le informazioni e i dati, compresi quelli catastali, che siano in possesso delle pubbliche amministrazioni e non possono richiedere attestazioni, comunque denominate, o perizie sulla veridicità e sull'autenticità di tali documenti, informazioni e dati.

COMMENTO

Rispetto alla complessità degli istituti disciplinati dalla legge in commento, quello degli S.U. è un argomento relativamente semplice. Residua tuttavia una certa complessità dovuta alla necessità di un coordinamento tra le varie norme, regionali e statali.

Quindi, il presente commento, ha lo scopo di fornire i dati normativi, riordinati, e di soffermarsi su alcune particolarità delle norme regionali, comprendere le ragioni di certi riferimenti, prospettare ulteriori riferimenti ad istituti diversi ma che sono pertinenti alla materia, come ad esempio, si vedrà il D.U.R.C.

Gli Sportelli unici sono ancora lontani dall'essere a regime.

Alcuni Comuni di piccole dimensioni sono tuttora sforniti del S.U.E., mentre molti Comuni di medie e grandi dimensioni non hanno provveduto a riunificare S.U.E. e S.U.A.P., come sollecitato dal Legislatore.

In ogni caso, il S.U.E. è un ufficio complesso, che si occupa di una molteplicità di procedimenti, che gestisce tali procedimenti raccordandosi con altri uffici e con Amministrazioni diverse da quella comunale.

Di conseguenza, il S.U.E. e il S.U.A.P. dovranno avere a disposizione personale competente per far gestire i notevoli compiti assegnati, con tempi rigorosi, con conseguente aggravio di responsabilità e rischi di condanne al risarcimento dei danni per i ritardi o le omissioni.

Dopo la riforma dell'art. 5 T.U. del 2012[1], il S.U.E. ha quindi un identikit preciso anche se il percorso non è ancora completato. Si pensi all'invio telematico che già con raccomandazione dell'U.E. del 1997 e poi con la Direttiva Servizi del 2006 U.E. era tra gli obiettivi di risultato che gli Stati membri avrebbero dovuto raggiungere. Il comma 4 *bis* dell'art. 5 obbliga le PA ad accettare l'invio telematico; l'art. 4 in commento nulla dice; mentre il precedente art. 3 assegna alla Regione l'obiettivo di promuovere la gestione telematica dei procedimenti edilizi.

Non si deve dimenticare che la *ratio* delle disposizioni è anche quella di facilitare veramente il lavoro dei tecnici, dal momento che il S.U.E., come tutti gli sportelli Unici è uno strumento di semplificazione.

La *ratio* è quella di creare un unico punto di contatto tra Amministrazione e utenti; evitare la dispersione fisica delle varie domande e quindi contenere i tempi entro il limite massimo stabilito per i vari procedimenti.

Tutte difficoltà tipiche dei rapporti tra P.A. e cittadino e che costituiscono il presupposto e la ragione della istituzione del Responsabile del procedimento e della previsione, per i procedimenti complessi, degli Sportelli Unici.

L'istituto nasce, infatti, per semplificare procedimenti complessi attraverso un ***modello procedimentale unico***, dentro il quale ricondurre i subprocedimenti svolti da tutti gli altri apparati pubblici coinvolti.

Prima della riforma dell'art. 5 del T.U. n. 380 non era così: tanto è vero che la giurisprudenza, anche recente, ma riferita a fattispecie precedenti, riteneva che lo Sportello Unico avesse competenza solo in relazione al rilascio dei titoli, non a tutti i procedimenti edilizi (ad es., non per quanto concerne la sanatoria. E si discuteva altresì se la competenza fosse riferita a tutti i titoli, oppure fosse esclusa la SCIA[2]. Ma diventa **unico anche il modello organizzativo**: ad

---

[1] Cfr. art. 13, c. 2, lettera a), numero 1), del D.L. 22 giugno 2012, n. 83, conv. in L. n. 134 del 2012).

[2] Cfr. F. BOTTEON, *La difficile strada della "semplificazione" tra distrazioni della giurisprudenza*, Cons. Stato, Sez. IV, 30 luglio 2012, e grandi complicazioni del legislatore - con-

esso si affida la titolarità degli atti di consenso necessari per il privato, la regia di tutte le fasi di cui il modello procedimentale si compone.

Quanto alle attività produttive, già nel 1997, la Commissione europea (organo di governo, potere esecutivo, promotore degli atti normativi U.E.) aveva formulato agli Stati membri una raccomandazione: creare un **unico punto di contatto**, che può svolgere un ruolo ancor più importante se diviene un punto di intermediazione per **tutte le formalità** che devono essere compiute durante l'intero ciclo di attività di una impresa.

La raccomandazione è un atto non vincolante ma ha portato alla c.d. Direttiva Servizi del mercato interno 2006/123/CE che ha imposto un **obbligo di risultato** agli Stati Membri, cioè quello di istituire gli SS.UU. o di adeguare quelli esistenti entro il 28 settembre 2009.

La direttiva (attuata nell'ordinamento interno con D. Lgs. n. 59 del 2010) indica lo Sportello Unico, tra gli **istituti di semplificazione**. E gli Stati Membri sono liberi di **estendere le attività dello Sportello anche a tutti o ad alcuni dei settori esclusi** dal campo di applicazione della direttiva o delle materi non contemplate.

Quindi, gli SS.UU. sono **interlocutori istituzionali unici** per il prestatore di servizi che raccolgono tutte le informazioni ed espletano tutte le procedure necessarie per avviare ed esercitare l'attività di impresa. Devono rispondere con la massima sollecitudine; informare senza indugio il richiedente circa richieste infondate o irregolari. Gli Stati Membri potrebbero anche introdurre sanzioni per informazioni errate o fuorvianti.

Potrebbero essere istituiti SS.UU. con **funzioni di mero coordinamento**: in tal caso, la competenza circa l'adozione di atti finali rimarrebbe di competenza delle autorità esistenti.

Qualora invece gli SU abbiano poteri decisionali (come si è scelto di fare nel nostro ordinamento), non potrebbero comunque pregiudicare la ripartizione delle competenze tra le Autorità nazionali: se sono necessari pareri/autorizzazioni/nulla-osta di altri soggetti continuano ad essere competenti al rilascio, ma tali pareri assumono efficacia esterna solo se comunicati dallo Sportello Unico.

---

versione D.L. n. 83/12 "crescita"- contenente modifiche alla disciplina dello sportello unico dell'edilizia e del permesso di costruire, in Lexitalia, n. 7-8 del 2012.

La Corte Cost. n. 376 del 2002 ha affermato che gli Sportelli Unici rappresentano una sorta di *"procedimento di procedimenti"* cioè un *iter* procedimentale unico in cui confluiscono e si coordinano atti e adempimenti rientranti nella competenza di Amministrazioni diverse e di organi diversi della stessa Amministrazione.

Venendo alle disposizioni della Legge in commento.

La norma omologa dell'art. 4 della L. Reg. n. 15 è l'art. 5 del T.U. n. 380/2001.

L'art. 5 del T.U., nella versione originaria prima delle modifiche introdotte dal c.d. Decreto Crescita[3], esprimeva un principio diverso da quello attuale che è stato ripetuto nell'art. 4 della legge 15 e cioè la **possibilità** di rivolgersi al S.U.E per chiedere le autorizzazioni, pareri, tutti presupposti al rilascio del titolo, ferma restando la **facoltà di acquisirli per conto proprio**.

Con la introduzione dei commi 1 *bis* e 1 *ter* dell'art. 5, lo Sportello diventa l'unico punto di accesso e quindi l'unico punto di riferimento, per privati e Amministrazioni.

Vi è l'obbligo di interloquire solo con il S.U.E e così anche per le Amministrazioni diverse che devono rilasciare i vari atti di assenso: non possono interloquire con il privato, ma solo con il S.U.E. Di conseguenza, deve ritenersi che gli atti eventualmente adottati e comunicati ai privati da altre Amministrazioni in violazione di tale principio sarebbero atti endoprocedimentali, quindi privi di effetti esterni, sia sfavorevoli (quindi non sorgono per i destinatari oneri di impugnazione), sia favorevoli (non fanno sorgere affidamenti legittimi).

Lo Sportello è una vera e propria struttura, con un Dirigente, un responsabile di servizio, operatori vari.

Esso è sia *front office* sia *back office*.

L'art. 4 ripropone sostanzialmente l'art. 5 del T.U. e, con maggior precisione, ha espressamente fatto riferimento anche ai procedimenti con C.I.L. e SCIA.

Occorre precisare che con il c.d. Decreto Crescita n. 134 del 2012[4] è stato introdotto l'art. 23 bis, del T.U. n. 380 (con l'art. 30, c. 1, lett. f). Quindi, si è ricondotta la SCIA all'interno del T.U. n. 380. Prima di tale modifica, l'istituto era

---

[3] Art. 13 del D.L. n. 83/2012, conv. in L. n. 134 del 2012 che ha altresì sostituito il comma 3.

[4] Precedente al c.d. Decreto del Fare (D.L. n. 69/2013, conv. in Legge 98/2013.

disciplinato unicamente dalle norme generali della L. n. 241 del 1990 (art. 19).

Pertanto, come si è ricordato sopra, si dubitava che il S.U.E si occupasse anche della acquisizione delle autorizzazioni preliminari alla SCIA e C.I.L.

Ora, è pacifico.

Domande di pareri/autorizzazioni/permessi/nulla-osta: il S.U.E **riceve tutto**, con obbligo di ricevere per via telematica[5] e di inoltrare le istanze alle altre Amministrazioni per via telematica.

A questo proposito, occorre soffermarsi sulla richiesta e sul deposito del Durc.

Il D.U.R.C. è obbligatorio per ogni lavoro, ad eccezione dei lavori di manutenzione realizzati in economia dal proprietario (art. 31, c.d. Decreto del Fare n. 69/2913, L. n. 89/2013).

Ha una efficacia 120 giorni, sia per lavori pubblici sia per lavori privati[6].

L'art. 14, c. 6 *bis*, del D.L. n. 5/2012, conv. in L. n. 35/2012 ha disposto che nei lavori privati in edilizia, è il Comune che **d'ufficio** acquisisce il DURC per le posizioni inviate al S.U.E.

Pertanto, in primo luogo, il DURC non può essere oggetto di autocertificazione, come chiarito dalla Circolare del Ministero del Lavoro n. 12 del 2012.

E deve essere chiesto dal Comune.

Inoltre, senza il D.U.R.C. non possono iniziare i lavori.

Nella prassi, il S.U.E lo acquisisce già in corso d'opera, per non far attendere l'inizio dei lavori, purché il committente dichiari di avere verificato la regolarità contributiva dell'impresa.

Se dovesse risultare il contrario, si sospenderanno i lavori, come peraltro, previsto dall'art. 90, c. 10, del D. Lgs. n. 81 del 2008, come modificato dall'art. 59, c. 1, lett. n) del D. Lgs. n. 88 del 2009.

Il S.U.E: **fornisce** informazioni, ha a disposizione l'archivio informatico.

Adotta i provvedimenti sull'accesso agli atti.

Rilascia i permessi, i certificati di agibilità, i certificati attestanti le prescrizioni normative e le determinazioni contenute nei provvedimenti a carattere urbanistico, paesaggistico-ambientale, edilizio.

Come si è detto, **acquisisce** tutti i pareri, assensi, o altro necessario: parere

---

[5] Comma 4 bis, dell'art. 5, introdotto da legge 106/2011.

[6] Per l'edilizia privata, fino al 31.12.2014. Poi, 90 gg. (art. 39 *septies*, D.L. n. 273/2005).

A.S.L., VV.FF., autorizzazioni, certificazioni antisismiche, autorizzazioni del Demanio marittimo, dell'Amministrazione militare, del Direttore circoscrizione doganale, gli assensi per immobili vincolati dalle norme sui Beni culturali e sul Paesaggio, i pareri idrogeologici, gli assensi sulle servitù ferroviarie, aeroportuali, portuali, il parere per le aree naturali protette.

Se le autorizzazioni contengono prescrizioni che possono incidere sugli atti progettuali, e se è stata depositata SCIA con richiesta al S.U.E di acquisire i pareri, quindi, con inizio lavori differito, ma con progetto già depositato, si renderebbe necessaria una variante di mero adeguamento che il S.U.E potrà richiedere, con un'ordinanza. La SCIA è efficace quando sarà tutto a posto (art. 15 legge 15).

Il S.U.E **indice** altresì la conferenza di servizi e **cura** i rapporti tra privati, Comune e altre PP.AA.

Cura, inoltre, la pubblicazione sul sito di quanto previsto dal D. Lgs. n. 33 del 2013, amministrazione trasparente.

A tale proposito, preme ricordare che deve essere pubblicato tutto: titoli rilasciati, abusi accertati, ordinanze di sospensione dei lavori, autorizzazioni paesaggistiche, restituzione oneri, ecc. con esclusione dei dati sensibili e giudiziari (art. 4, c. 1), dei dati identificativi di persone fisiche destinatarie dei benefici economici, quando dagli stessi sia possibile ricavare dati sullo stato di salute e su situazioni di disagio economico-sociale (art. 26).

Per quanto interessa i procedimenti edilizi, devono essere pubblicati, per tipologia: una breve descrizione della normativa di riferimento; l'unità organizzativa responsabile dell'istruttoria; il nome del responsabile del procedimento con tutti i riferimenti; il termine del procedimento. Le pubblicazioni obbligatorie previste da legge speciali si aggiungono a queste.

Sempre in tema di trasparenza, è opportuno ricordare altresì il nuovo istituto dell'**accesso civico**, introdotto dall'art. 5 del D. Lgs. n. 33 del 2013.

Si tratta di una forma di accesso diversa da quella disciplinata dagli artt. 22 e ss. della L. n. 241 del 1990. Infatti, è finalizzata ad ottenere la pubblicazione di atti che, in violazione di norme sulla pubblicazione obbligatoria, le PP.AA. non abbiano provveduto a pubblicare. La richiesta di procedere alla pubblicazione può essere presentata da chiunque, non essendo necessario dimostrare un interesse.

Entro 30 gg. dalla presentazione dell'istanza, l'ufficio deve pubblicare l'atto non pubblicato e darne copia al richiedente.

Quanto al modello organizzativo dello Sportello Unico, la scelta è lasciata ai Comuni. Nulla è detto nella legge, neppure se il S.U.E debba essere espressamente istituito con atto costitutivo e regolamento per il funzionamento.

Pertanto, i Comuni devono procedere, scegliendo le modalità: riorganizzando l'esistente, accorpando, separando uffici, unendo uffici di Comuni diversi.

Quanto al procedimento, le domande sono presentate dal richiedente al S.U.E, nel senso che è il richiedente a dover individuare quali atti, pareri, autorizzazioni, ecc. siano necessarie. Il S.U.E non è una segreteria che supplisce alla carenze.

L'art. 4 della L. reg. n. 15, inoltre, non disciplina il procedimento e non indica i tempi, cosa accade, ad esempio, se le Amministrazioni alle quali sono state richieste le autorizzazioni non rispondano o rispondano negativamente, anche se il comma 5, nel richiamare la conferenza di servizi, indica la strada.

Occorre, in ogni caso, fare riferimento, per C.I.L. e SCIA all'art. 23 *bis* del T.U., che disciplina il procedimento; mentre, invece, per quanto riguarda il permesso, l'art. 18 della L. Reg. n. 15 dice **espressamente** come si procede e se ne parlerà a proposito di tale norma.

Si consideri che l'art. 23 *bis* del T.U., secondo la L. n. 15 sarebbe disapplicato. L'art. 60, infatti, prevede che dall'entrata in vigore della L. n. 15 non si applichino le norme di dettaglio di cui alla Parte I, Titoli I, II e III, del T.U. n. 380.

Tuttavia, in assenza di una norma simile, nella legge 15, deve ritenersi applicabile la norma del T.U., quale norma di carattere generale.

Pertanto, il S.U.E, qualora non siano acquisiti gli atti di assenso richiesti, deve necessariamente applicare l'art. 23 *bis* del T.U. n. 380 il quale, a sua volta, rinvia all'art. 20, cc. 3 e 5 *bis*, del medesimo T.U. Il procedimento indicato nell'art. 23 *bis*, per C.I.L. e SCIA, è lo stesso indicato dall'art. 20 T.U. per il permesso.

È opportuno soffermarsi sul comma 6 dell'art. 4, nella parte in cui si legge "*sono fatte salve...*". Cosa significa?

Dopo le ultime riforme del D. Lgs. n. 42 del 2004, la Regione ha diramato circolari ai Comuni che specificano che le competenze sub-delegate in questa materia devono restare **separate** da quelle edilizie. Quindi, con il citato 6°

comma ha colto l'occasione per specificare questo. Le relative competenze in tale materia **non** sono attribuite al S.U.E.

Lo stesso deve dirsi per la Polizia Municipale che, all'interno dell'Amministrazione comunale, manterrà le proprie competenze, non certo assorbite dal S.U.E. Il successivo comma 8 esprime un principio generale, vale a dire il divieto di aggravare il procedimento, quindi di chiedere documenti che il S.U.E può procurarsi; divieto altresì di chiedere autocertificazioni o dichiarazioni al privato, quando il S.U.E può rivolgersi direttamente alle altre Amministrazioni. Tale norma esprime un principio che è stato codificato dal Legislatore statale per il S.U.A.P. e che è contenuto nell'art. 43 *bis* del D.P.R. n. 445 del 2000, introdotto dalla legge di conversione del D.L. n. 70 del 2011.[7]

Ebbene, l'art. 43 *bis* prevede che il S.U.A.P. trasmetta alle altre PP.AA. coinvolte nel procedimento tutte le comunicazioni, i documenti attestanti fatti, stati, qualità, autorizzazioni, licenze, concessioni, permessi nulla osta rilasciati dal S.U.A.P. stesso o acquisiti dal S.U.A.P. presso altre Amministrazioni o comunicate dall'impresa e dalle Agenzie per le imprese. E che invii successivamente tali atti alla Camera di Commercio ai fini della formazione del c.d. fascicolo informatico.

Pertanto, le Amministrazioni non possono successivamente richiedere agli interessati i documenti già trasmessi e che comunque siano in loro possesso (come previsto espressamente dall'art. 9 *bis* del T.U. n. 380).

Per completezza, a conclusione del commento, si segnala che con deliberazione di Giunta Regionale n. 993 del 7 luglio 2014, la Regione ha approvato l'Atto di coordinamento tecnico per definizione della modulistica edilizia unificata.

Silva Gotti

---

[7] L. n. 106 del 2011 che, tra gli altri, ha modificato l'art. 38 del D.L. n. 112 del 2008, conv. in L. n. 133 del 2008, sul S.U.A.P., introducendo il comma 3 *bis* che demandava ai Prefetti di nominare il Commissario *ad acta* affinché provvedesse ad istituire i S.U.A.P. presso gli Enti che non avevano provveduto nel termine assegnato.

Art. 5
Interventi edilizi per le attività produttive

1. La gestione dei procedimenti abilitativi inerenti la realizzazione e la modifica degli impianti produttivi di beni e servizi, disciplinati dal decreto del Presidente della Repubblica n. 160 del 2010, sono attribuiti al S.U.A.P.

2. Nel caso di impianti produttivi di beni e servizi, il S.U.A.P. è il punto unico di accesso, le comunicazioni al richiedente sono trasmesse esclusivamente dallo Sportello unico e gli altri uffici comunali e le amministrazioni pubbliche diverse dal Comune, che sono interessati al procedimento di rilascio del permesso di costruire, non possono trasmettere al richiedente atti autorizzatori, nulla osta, pareri o atti di consenso, anche a contenuto negativo, comunque denominati, e sono tenuti a trasmettere immediatamente al S.U.A.P. le denunce, le domande, le segnalazioni, gli atti e la documentazione ad esse eventualmente presentati, dandone comunicazione al richiedente.

3. Il procedimento di competenza S.U.A.P., disciplinato dall'articolo 5 del decreto del Presidente della Repubblica n. 160 del 2010 trova applicazione per gli interventi attinenti all'attività edilizia libera soggetti a comunicazione e per quelli soggetti a SCIA, che riguardano la realizzazione e la modifica degli impianti produttivi di beni e servizi. Nel caso in cui per l'intervento edilizio siano necessari autorizzazioni ed atti di assenso, comunque denominati, di cui all'articolo 9, comma 5, lettere a), b), c) e d), della presente legge, gli interessati richiedono preventivamente al S.U.A.P. di provvedere all'acquisizione di tali atti di assenso, presentando la documentazione richiesta dalla disciplina di settore per il loro rilascio.

4. Ai fini del rilascio, ai sensi articolo 7 del decreto del Presidente della Repubblica n. 160 del 2010, del titolo unico per la realizzazione e la modifica degli impianti produttivi di beni e servizi, comprensivo del permesso di costruire, il S.U.A.P. acquisisce direttamente o tramite conferenza di servizi, le autorizzazioni e gli altri atti di assenso, comunque denominati, necessari.

5. Nell'ambito dei procedimenti di cui ai commi 3 e 4, qualora non sia stata costituita la struttura unica di cui all'articolo 4, comma 3, lo Sportello unico per l'edilizia svolge esclusivamente le funzioni di verifica della conformità alla disciplina dell'attività edilizia. Per tali interventi edilizi, lo Sportello unico per l'edilizia provvede altresì al rilascio del certificato di conformità edilizia e agibilità delle opere realizzate, nonché all'esercizio dei compiti di vigilanza e controllo dell'attività edilizia, secondo le disposizioni di cui alla presente legge e alla legge regionale 21 ottobre 2004, n. 23 (Vigilanza e controllo dell'attività edilizia ed applicazione della normativa statale di cui all'articolo 32 del D.L. 30 settembre 2003, n. 269, convertito con modifiche dalla legge 24 novembre 2003, n. 326).

COMMENTO

Nel nostro ordinamento, fin dal 1998, è stato istituito il S.U.A.P. con il D.P.R. n. 447.

Successivamente, l'istituto è stato disciplinato in via generale con il D.P.R. n. 160 del 2010, in attuazione dell'art. 38 del D.L. n. 112 del 2008 che aveva dettato i principi informatori generali per la semplificazione e il riordino della disciplina degli Sportelli Unici.

Viene prevista la istituzione del S.U.A.P., quale Sportello con un raggio d'azione più ampio rispetto agli Sportelli disciplinati dalla Direttiva servizi del 2006, sopra citata.

La istituzione del S.U.A.P. è di competenza esclusiva statale, in quanto attiene ai livelli essenziali delle prestazioni concernenti i diritti civili e sociali e alle condizioni per l'efficienza del mercato e la concorrenzialità delle imprese su tutto il territorio nazionale, di cui all'art. 117, c. 2, lett. m) e p) della Costituzione[1].

Si tratta, infatti, di un istituto che ha un ambito applicativo diretto alla generalità dei cittadini.

La disciplina era demandata ad un Regolamento di delegificazione, poi adottato con D.P.R. n. 160 del 2010 che, come si è detto, si è ispirato ai criteri indicati dal D.L. n. 112/2008 aventi lo scopo di istituire un unico accesso in relazione a tutte le vicende amministrative.

Principi simili a quelli dettati per il S.U.E.

Il S.U.A.P. è competente per tutto quanto concerne le attività produttive, comprese le agricole, tutto quanto non sia legato al residenziale, come espressamente affermato dall'art. 1 del D. Lgs. n. 160/2010 e dall'art. 5, c. 1 *bis*, ult. parte, del T.U. n. 380.

Potrebbero sorgere dubbi nell'ipotesi in cui si intenda realizzare un intervento complesso: residenziale e produttivo. Occorre aprire due posizioni? Certamente, dovrebbero aprirsi due posizioni se fossero immobili separati. Se, invece, l'edificio è unico (fabbrica con alloggio del custode o alloggio dell'agricoltore, allora non sarebbe ragionevole pensare di "smembrare" il titolo e

---

[1] Corte Cost. n. 164 del 2012, lo ha affermato a proposito della SCIA, cfr., inoltre, Corte Cost., n. 121 del 2014 che lo ha ribadito.

quindi ci si dovrà rivolgere al S.U.A.P., perché c'è un'attività produttiva che attrae la competenza specifica.

Il S.U.A.P. è l'unico punto di accesso e si occupa di tutto, ivi compresi i profili edilizi per i quali si apre col S.U.E il relativo sub-procedimento, nel caos in cui gli Sportelli siano separati. A tale proposito, si ricorda che i Comuni fino a 5000 abitanti avevano l'obbligo di unificare, entro il 1° gennaio 2014, le funzioni fondamentali tra cui certamente quelle di S.U.E e S.U.A.P. (art. 19 D.L. n. 95/2012 e conv. in L. n. 135/2012).

Occorre soffermarsi, da ultimo, sul parere A.S.L.

L'art. 59 della L. reg. n. 15 ha abrogato l'art. 19, c. 1, lett. h) bis, della L. reg. n. 19 del 1982 che prevedeva l'obbligo dell'esame preventivo dei requisiti igienico-sanitari da parte dell'A.S.L. sugli interventi per insediamenti destinati ad attività produttive e di servizio comportanti valutazioni tecnico-discrezionali e di particolare complessità, in quanto caratterizzati da significativi impatti sull'ambiente e sulla salute.

Ciò in quanto l'art. 12, c. 4, lett. f) della legge 15 prevede che i requisiti igienico sanitari per tali insediamenti siano definiti in uno specifico atto di coordinamento tecnico regionale, non ancora emanato. Atto che dovrebbe assicurare un trattamento omogeneo e trasparente su tutto il territorio regionale, quanto all'attività tecnico-amministrativa della materia edilizia.

Quindi, dichiarazioni dei professionisti privati con controllo da parte dei tecnici comunali.

Dopo varie eccezioni solevate da più parti, in attesa dell'atto di coordinamento tecnico, la Giunta regionale ha ritenuto opportuno approvare la deliberazione n. 193 del 17 febbraio 2014, con la quale si è ripristinata la possibilità di chiedere pareri preventivi ai Dipartimenti di Sanità pubblica delle A.S.L., in via transitoria, fino alla emanazione dell'atto di coordinamento tecnico. Ed è il S.U.E che deve valutare l'opportunità o meno di chiedere il parere, per il permesso, o il privato interessato, nel caso di SCIA con inizio differito.

L'A.S.L. deve esprimersi entro 20 gg. dalla richiesta.

Poiché, in base all'art. 5, c. 2, per gli impianti di produzione di beni e servizi, il S.U.A.P. è l'unico punto di accesso, ci si chiede se qualcosa resti escluso.

Ci sono esclusioni espresse, già nella Direttiva servizi.

Certamente, non è chiara la competenza del S.U.A.P. in relazione agli impianti di smaltimento e recupero rifiuti che resta di competenza della Regione.

Lo stesso deve dirsi per le discipline settoriali regionali, disciplinate dall'art. 7, c. 3, del D.P.R. n. 160/2010.

Deve invece escludersi la competenza del S.U.A.P. per la iscrizione all'albo artigiani, art. 6, c. 2, lett. f sexies, del D.L. n. 70/2011: comunicazione unica al Registro delle imprese e non al S.U.A.P.

Tale esclusione è logica e mira ad evitare aggravi di procedimento.

Pertanto, se tale iscrizione NON è connessa ad un procedimento di competenza S.U.A.P., segue la sua strada e non è necessario rivolgersi al S.U.A.P.

Lo stesso deve dirsi per il Certificato prevenzione incendi asseverato tramite SCIA e da presentarsi al Comando provinciale VV.FF. (art. 4, D.P.R. n. 151 del 2011).

Il comma 3 dell'art. 5 sembra norma senza un significato preciso: ma non è così. La norma rinvia al procedimento che si applica per le attività che iniziano con SCIA e che sono disciplinate dall'art. 5 del D. Lgs. n. 160 del 2010 (Capo III). Questo avrebbe dovuto farlo anche l'art. 4 in relazione al S.U.E che avrebbe dovuto richiamare l'art. 23 *bis* T.U., riguardo ai procedimenti con C.I.L. e SCIA (e che, come si è detto, non ha fatto).

Poi ci sono invece i procedimenti ad istanza, che si concludono con un titolo e sono quelli, diversi dal Capo III (quelli con SCIA) e che sono disciplinati dall'art. 7 del D. Lgs. n. 160/2010, come richiamato dal comma 4 dell'art. 5. Anche in tal caso, il procedimento è indicato nell'art. 7.

Il S.U.E, quando la competenza è del S.U.A.P., ha quindi compiti propri, che esercita quindi mediante il rilascio di atti ad efficacia esterna, compresa la verifica della conformità edilizia.

Tali competenze proprie sono indicate nel comma 5:

1) Funzioni di verifica della conformità alla disciplina edilizia: quindi i controlli e le sanzioni. Questa è una competenza propria, che svolge solo il S.U.E. Il principio sembrerebbe smentito dall'art. 10, c. 3, del D.P.R. n. 160/2010, ma non è così. Tra l'altro il D.P.R. n. 160 del 2010 è un regolamento e non potrebbe sovvertire le competenze in materia di controlli e sanzioni edilizie che sono stabiliti dalla legge, statale e regionale (L. reg. n. 23/2004).

2) Ha inoltre un'altra competenza propria che sembra porsi anch'essa in contrasto con le disposizioni del D.P.R. n. 160/2010.

Infatti, il D.P.R. n. 160, art. 10, attribuisce al S.U.A.P. la competenza in relazione alla conformità edilizia e agibilità per gli immobili diversi dalla residenza. Mentre, invece, il comma 5 dell'art. 5 attribuisce tale competenza al S.U.E.

Probabilmente la questione dovrà essere oggetto di circolare.

Sembra logico ritenere che la Regione abbia inteso disciplinare il caso in cui si richieda solo il certificato di conformità edilizia e agibilità per impianti produttivi, al di fuori di un intervento di competenza del S.U.A.P. In tal caso, secondo il disposto del comma 5, ci si deve rivolgere direttamente al S.U.E, perché la conformità edilizia e l'agibilità non sono inseriti in un procedimento di competenza S.U.A.P., ma sono a se stanti.

Peraltro, la norma regionale non lo dice e sembra escludere ogni competenza del S.U.A.P. Ma tale interpretazione appare illogica.

Silva Gotti

Art. 6
Commissione per la qualità architettonica e il paesaggio

1. I Comuni istituiscono, in forma singola ovvero in forma associata negli ambiti ottimali di cui all'articolo 6 della legge regionale n. 21 del 2012, la Commissione per la qualità architettonica e il paesaggio, quale organo consultivo cui spetta l'emanazione di pareri, obbligatori e non vincolanti, in ordine agli aspetti compositivi ed architettonici degli interventi ed al loro inserimento nel contesto urbano, paesaggistico e ambientale.
2. La Commissione si esprime:
   a) sul rilascio dei provvedimenti comunali in materia di beni paesaggistici;
   b) sugli interventi edilizi sottoposti a SCIA e permesso di costruire negli edifici di valore storico-architettonico, culturale e testimoniale individuati dagli strumenti urbanistici comunali, ai sensi dell'articolo A-9, commi 1 e 2, dell'Allegato della legge regionale n. 20 del 2000, ad esclusione degli interventi negli immobili compresi negli elenchi di cui alla Parte Seconda del decreto legislativo 22 gennaio 2004, n. 42 (Codice dei beni culturali e del paesaggio, ai sensi dell'articolo 10 della legge 6 luglio 2002, n. 137);
   c) sull'approvazione degli strumenti urbanistici, qualora l'acquisizione del parere sia prevista dal Regolamento Urbanistico ed Edilizio (R.U.E.).
3. Il Consiglio comunale, con il R.U.E., definisce la composizione e le modalità di nomina della Commissione, nell'osservanza dei seguenti principi:
   a) la Commissione costituisce organo a carattere esclusivamente tecnico, con componenti solo esterni all'amministrazione comunale, i quali presentano una elevata competenza, specializzazione ed esperienza nelle materie richiamate al comma 1;
   b) pareri sono espressi in ordine agli aspetti compositivi ed architettonici degli interventi, tra cui l'accessibilità, usabilità e fruibilità degli edifici esaminati, ed al loro inserimento nel contesto urbano, paesaggistico e ambientale;
   c) la Commissione all'atto dell'insediamento può redigere un apposito documento guida sui principi e sui criteri compositivi e formali di riferimento per l'emanazione dei pareri;
   d) il professionista incaricato può motivatamente chiedere di poter illustrare alla Commissione il progetto prima della sua valutazione.
4. Le determinazioni conclusive del dirigente preposto allo Sportello unico non conformi, anche in parte, al parere della Commissione sono immediatamente comunicate al Sindaco per lo svolgimento del riesame di cui all'articolo 27.

COMMENTO

Si tratta di un organo consultivo, in prosecuzione della figura storica della Commissione edilizia[1] sopravvissuta nell'art. 4, 2° c. del T.U., ma che presenta delle peculiarità.

La prima è che i pareri espressi sono dichiarati obbligatori ma non vincolanti, ma non è ben chiaro come avrebbe potuto essere diversamente, dato che in ordine ai profili in cui la Commissione si esprime, che non sono ovviamente giuridici ma concernono aspetti compositivi, architettonici, inserimento dell'opera nel paesaggio, non esiste un potere discrezionale dello Sportello Unico di rigettare il titolo edilizio[2]. Il parere sugli strumenti urbanistici che, al contrario, è solo eventuale laddove previsto nel R.U.E., svolge una reale funzione acclarativa in ordine al contenuto paesaggistico (2° c., lett. a) e c)) degli strumenti urbanistici che oggi è venuto acquisendo un sempre maggiore spazio ed importanza. Con la conseguenza di poter imporre all'organo deliberante un sovrappiù di motivazione in ordine a tali profili.

In tema di rilascio/controllo dei titoli edilizi, i pareri contrari della Commissione, inutili ai fini di un possibile diniego/annullamento, sono però il presupposto di un possibile riesame che, ai sensi dell'art. 27 (4° c.), può pervenire ad un provvedimento di autotutela (annullamento o modifica d'ufficio).

Si deve, però, osservare che il combinato disposto in questione, rappresenta una aporia difficilmente comprimibile. Ed, infatti, l'autotutela, per definizione, si basa su di un vizio di legittimità (i titoli edilizi non sono revocabili) e il parere della C.Q.A.P. che, *ex* art. 6, c. 4, la innesca non è un parere/rifiuto di natura giuridica – che, *ex* art. 14, c. 5, nel caso della SCIA, e *ex* art. 18, c.

---

[1] Cfr. S. BELLOMIA, in *Testo Unico dell'edilizia*, a cura di M.A. SANDULLI, cit., 114 e ss.; G. PAGLIARI, *Corso*, cit., 408 e ss.

[2] In forza dell'art. 12 del T.U. n. 380/2001 l'organo competente al rilascio (controllo del titolo) esercita un mero controllo di conformità alla normativa che viene comunemente, dalla dottrina e dalla giurisprudenza, considerato vincolato (cfr. M. LIPARI, in *Commento all'art. 4, Testo Unico*, a cura di M.A. SANDULLI, cit., 233 e ss.; G. PAGLIARI, *Corso*, cit., 34). In realtà la più recente pianificazione urbanistica riapre spazi a valutazioni discrezionali lasciando in capo al Comune il potere di apprezzare la *"sostenibilità"* dell'intervento alla luce della coerenza con varie matrici (ambientale e/o di sufficienza della infrastrutturazione). Si tratta di un approdo alla *de-pianificazione* inteso come controllo ottimale dell'ammissibilità dell'intervento. Esempio di tale tecnica è il R.U.E. del Comune di Bologna (su cui cfr. B. GRAZIOSI, *Il rilascio dei titoli edilizi tra de-pianificazione e nuovi poteri impliciti*, in Riv. Giur. Ed., 2010, II, 111-112.

4, nel caso di permesso di costruire, spetta al responsabile del S.U.E e solo ad esso – ma solo una valutazione di opportunità su scelte largamente opinabili che, come tali, non sono sanzionabili giuridicamente.

Quanto alla composizione della Commissione rimessa al R.U.E., è meritevole di nota che essa deve garantire, oltre che la competenza dei singoli membri, la terzietà, la natura tecnica e non politica.

Può aggiungersi che la giurisprudenza ha avuto occasione di chiarire che non è ammissibile una *"scomposizione"* della Commissione secondo specializzazioni particolari, e cioè prevedendo membri con competenze peculiari e diverse l'uno dall'altro in relazione ai vari profili per cui la pratica edilizia è sottoposta al parere obbligatorio (così T.A.R. Emilia-Romagna, Bologna, Sez. I, 22 maggio 2013 n. 383). Ciò violerebbe il principio di collegialità che, in organi collegiali ordinari non rappresentativi di interessi in potenziale conflitto, come è la Commissione edilizia, postula l'uguaglianza dei membri.

La possibilità che la Commissione si doti di linee-guida sui criteri che seguirà nell'esprimere i pareri (che, giuridicamente, costituisce una semplice ipotesi di autolimitazione di un potere discrezionale) è già largamente praticata, ancorché di modesto rilievo, data la scarsa incidenza *"interdittiva"* dei pareri della Commissione che a tali linee guida si richiamino.

Benedetto Graziosi

Art. 7
(sostituiti commi 6 e 7 da art. 52 L. reg. 20 dicembre 2013, n. 28
e interpretato autenticamente dall'art. 44 L. reg. n. 17 del 18 luglio 2014)
Attività edilizia libera e interventi soggetti a comunicazione

1. Nel rispetto della disciplina dell'attività edilizia di cui all'articolo 9, comma 3, sono attuati liberamente, senza titolo abilitativo edilizio:
   a) gli interventi di manutenzione ordinaria;
   b) gli interventi volti all'eliminazione delle barriere architettoniche, sensoriali e psicologico-cognitive, intesi come ogni trasformazione degli spazi, delle superfici e degli usi dei locali delle unità immobiliari e delle parti comuni degli edifici, ivi compreso l'inserimento di elementi tecnici e tecnologici, necessari per favorire l'autonomia e la vita indipendente di persone con disabilità certificata, qualora non interessino gli immobili compresi negli elenchi di cui alla Parte Seconda del decreto legislativo n. 42 del 2004, nonché gli immobili aventi valore storico-architettonico, individuati dagli strumenti urbanistici comunali ai sensi dell'articolo A-9, comma 1, dell'Allegato della legge regionale n. 20 del 2000 e qualora non riguardino le parti strutturali dell'edificio o siano privi di rilevanza per la pubblica incolumità ai fini sismici e non rechino comunque pregiudizio alla statica dell'edificio e non comportino deroghe alle previsioni degli strumenti urbanistici comunali e al decreto del Ministro dei lavori pubblici 2 aprile 1968, n. 1444 (Limiti inderogabili di densità edilizia, di altezza, di distanza fra i fabbricanti e rapporti massimi tra spazi destinati agli insediamenti residenziali e produttivi e spazi pubblici o riservati alle attività collettive, al verde pubblico o a parcheggi da osservare ai fini della formazione dei nuovi strumenti urbanistici o della revisione di quelli esistenti, ai sensi dell'art. 17 della legge 6 Agosto 1967, n. 765);
   c) le opere temporanee per attività di ricerca nel sottosuolo che abbiano carattere geognostico, ad esclusione di attività di ricerca di idrocarburi, e che siano eseguite in aree esterne al centro edificato nonché i carotaggi e le opere temporanee per le analisi geologiche e geotecniche richieste per l'edificazione nel territorio urbanizzato;
   d) i movimenti di terra strettamente pertinenti all'esercizio dell'attività agricola e le pratiche agro silvo-pastorali, compresi gli interventi su impianti idraulici agrari;
   e) le serre mobili stagionali, sprovviste di strutture in muratura, funzionali allo svolgimento dell'attività agricola;
   f) le opere dirette a soddisfare obiettive esigenze contingenti, temporanee e stagionali e ad essere immediatamente rimosse al cessare della necessità e, comunque, entro un termine non superiore a sei mesi compresi i tempi di allestimento e smontaggio delle strutture;
   g) le opere di pavimentazione e di finitura di spazi esterni, anche per aree di sosta, che siano contenute entro l'indice di permeabilità, ove stabilito dallo strumento urbanistico comunale, ivi compresa la realizzazione di intercapedini interamente interrate e non accessibili, vasche di raccolta delle acque, locali tombati;

h) le opere esterne per l'abbattimento e superamento delle barriere architettoniche, sensoriali e psicologico-cognitive;

i) le aree ludiche senza fini di lucro e gli elementi di arredo delle aree pertinenziali degli edifici senza creazione di volumetria e con esclusione delle piscine, che sono soggette a SCIA;

l) le modifiche funzionali di impianti già destinati ad attività sportive senza creazione di volumetria;

m) i pannelli solari, fotovoltaici, a servizio degli edifici, da realizzare al di fuori dei centri storici e degli insediamenti e infrastrutture storici del territorio rurale, di cui agli articoli A-7 e A-8 dell'Allegato della legge regionale n. 20 del 2000;

n) le installazioni dei depositi di gas di petrolio liquefatto di capacità complessiva non superiore a 13 metri cubi, di cui all'articolo 17 del decreto legislativo 22 febbraio 2006, n. 128 (Riordino della disciplina relativa all'installazione e all'esercizio degli impianti di riempimento, travaso e deposito di GPL, nonché all'esercizio dell'attività di distribuzione e vendita di GPL in recipienti, a norma dell'articolo 1, comma 52, della L. 23 agosto 2004, n. 239);

o) i mutamenti di destinazione d'uso non connessi a trasformazioni fisiche dei fabbricati già rurali con originaria funzione abitativa che non presentano più i requisiti di ruralità e per i quali si provvede alla variazione nell'iscrizione catastale mantenendone la funzione residenziale.

2. L'esecuzione delle opere di cui al comma 1 lettera f) è preceduta dalla comunicazione allo Sportello unico delle date di inizio dei lavori e di rimozione del manufatto, con l'eccezione delle opere insistenti su suolo pubblico comunale il cui periodo di permanenza è regolato dalla concessione temporanea di suolo pubblico.

3. Il mutamento di destinazione d'uso di cui al comma 1, lettera o) è comunicato alla struttura comunale competente in materia urbanistica, ai fini dell'applicazione del vincolo di cui all'articolo A-21, comma 3, lettera a), dell'Allegato della legge regionale n. 20 del 2000.

4. Nel rispetto della disciplina dell'attività edilizia di cui all'articolo 9, comma 3, sono eseguiti previa comunicazione di inizio dei lavori:

a) le opere di manutenzione straordinaria e le opere interne alle costruzioni, qualora non comportino modifiche della sagoma, non aumentino le superfici utili e il numero delle unità immobiliari, non modifichino le destinazioni d'uso delle costruzioni e delle singole unità immobiliari, non riguardino le parti strutturali dell'edificio o siano privi di rilevanza per la pubblica incolumità ai fini sismici e non rechino comunque pregiudizio alla statica dell'edificio;

b) le modifiche interne di carattere edilizio sulla superficie coperta dei fabbricati adibiti ad esercizio d'impresa;

c) le modifiche della destinazione d'uso senza opere, tra cui quelle dei locali adibiti ad esercizio d'impresa, che non comportino aumento del carico urbanistico.

5. Per gli interventi di cui al comma 4, la comunicazione di inizio dei lavori riporta i dati identificativi dell'impresa alla quale si intende affidare la realizzazione dei lavori e la data di fine dei lavori che non può essere superiore ai tre anni dalla data del loro inizio. La comunicazione è accompagnata dai necessari elaborati

progettuali e da una relazione tecnica a firma di un professionista abilitato, il quale assevera, sotto la propria responsabilità, la corrispondenza dell'intervento con una delle fattispecie descritte al comma 4, il rispetto delle prescrizioni e delle normative di cui all'alinea del comma 1, nonché l'osservanza delle eventuali prescrizioni stabilite nelle autorizzazioni o degli altri atti di assenso acquisiti per l'esecuzione delle opere. Limitatamente agli interventi di cui al comma 4, lettere b) e c), in luogo delle asseverazioni dei professionisti possono essere trasmesse le dichiarazioni di conformità da parte dell'Agenzia per le imprese di cui all'articolo 38, comma 3, lettera c), del decreto-legge 25 giugno 2008, n. 112 (Disposizioni urgenti per lo sviluppo economico, la semplificazione, la competitività, la stabilizzazione della finanza pubblica e la perequazione tributaria), convertito, con modificazioni, dalla legge 6 agosto 2008, n. 133, relative alla sussistenza dei requisiti e dei presupposti di cui al presente comma.

6. *L'esecuzione delle opere di cui al comma 4 comporta l'obbligo della nomina del direttore dei lavori, della comunicazione della fine dei lavori e della trasmissione allo Sportello unico della copia degli atti di aggiornamento catastale, nei casi previsti dalle vigenti disposizioni, e delle certificazioni degli impianti tecnologici, qualora l'intervento abbia interessato gli stessi. Per i medesimi interventi non è richiesto il rilascio del certificato di conformità edilizia e di agibilità di cui all'articolo 23. Nella comunicazione di fine dei lavori sono rappresentate, con le modalità di cui al comma 5, secondo e terzo periodo, le eventuali varianti al progetto originario apportate in corso d'opera, le quali sono ammissibili a condizione che rispettino i limiti e le condizioni indicate dai commi 4 e 7.*

7. *Per gli interventi di cui al presente articolo, l'interessato acquisisce prima dell'inizio dei lavori le autorizzazioni e gli altri atti di assenso, comunque denominati, necessari secondo la normativa vigente per la realizzazione dell'intervento edilizio, nonché ogni altra documentazione prevista dalle normative di settore per la loro realizzazione, a garanzia della legittimità dell'intervento. Gli interessati, prima dell'inizio dell'attività edilizia, possono richiedere allo Sportello unico di provvedere all'acquisizione di tali atti di assenso ai sensi dell'articolo 4, comma 5, presentando la documentazione richiesta dalla disciplina di settore per il loro rilascio.*

✳✳✳

Art. 44 L. Reg. 18 luglio 2014 n. 17
Norma di interpretazione autentica dell'articolo 7 comma 1, lettera f), e comma 2 della L. reg. n. 15 del 2013 (Semplificazione della disciplina edilizia)

1. L'articolo 7, comma 1, lettera f), e comma 2 della legge regionale 30 luglio 2013, n. 15 (Semplificazione della disciplina edilizia), si interpreta nel senso che costituiscono attività edilizia libera e possono essere attuate senza titolo abilitativo edilizio, sia le opere dirette a soddisfare obbiettive esigenze che abbiano carattere contingente e temporaneo, sia le opere diretta a soddisfare obbiettive esigenze

stagionali, a condizione che, in entrambi i casi, le opere siano realizzata nel rispetto della disciplina dell'attività edilizia di cui all'articolo 9, comma 3, della stessa legge regionale n. 15 del 2013, le opere siano destinate ad essere rimosse al cessare della necessità, e comunque entro un termine non superiore a sei mesi compresi i tempi di allestimento e smontaggio delle strutture, e l'esecuzione delle opere sia preceduta dalla comunicazione allo sportello unico della data di effettivo inizio dei lavori di allestimento e della data di completa rimozione del manufatto

COMMENTO

Sommario: 1. Commi 1, 2 e 3. Interventi senza titolo abilitativo - 2. Commi 4, 5 e 6. La Comunicazione Inizio Lavori (C.I.L.) - 3. Attività libera e ulteriori titoli abilitativi.

1. Commi 1, 2 e 3. Interventi senza titolo abilitativo.

Non può sfuggire che questa norma ha un contenuto ambivalente, e che ciò dipende dalla sua importanza nevralgica.

Da una parte vi è, in primo luogo, la definizione di cosa si deve intendere per attività edilizia e cioè la individuazione del c.d. "rilevante edilizio", effettuata a due fini. Da una parte dichiararlo irrilevante quanto alla disciplina del suo svolgimento, ma preliminarmente, per dichiararlo comunque assoggettato ad "altra" disciplina, quella dell'attività edilizia indicata dall'art. 9, 3° c.; e cioè da tutta la disciplina urbanistica (legislativa e pianificatoria) oltre che, genericamente a tutta la normativa di settore con "incidenza" sull'edilizia.

La liberalizzazione segue, insomma, la preliminare articolata tipizzazione del suo oggetto, lasciando incerti, in questo modo, i suoi veri confini. Questo avviene perché in armonia – anche qui – con l'art. 6, c. 1, del T.U. n. 380/2001, la liberalizzazione è solo eventuale, condizionata, dato che la stessa norma che la dichiara, la subordina, come si è detto, al rispetto della "disciplina dell'attività edilizia di cui all'art. 9, c. 3".

La liberalizzazione vi è, insomma, quanto alla necessità del titolo abilitativo per i tredici facere edilizi elencati dalle lettere a)-o), ma a condizione che tali attività non siano disciplinate e, in senso ampio, regolamentate da una delle molteplici fonti prescrittive indicate dal combinato disposto degli artt.

9, c. 3, e 11, e cioè le leggi e i regolamenti urbanistico/edilizi, gli strumenti di pianificazione urbanistica anche solo adottati, le altre discipline di settore compresa tutta la normativa tecnica (tra cui tutta quella antisismica, di sicurezza, antincendio, igienico sanitaria, di efficienza energetica, disciplina paesaggistico/ambientale, idrogeologica, storico/culturale, e così via).

La formula della norma regionale ricalca in termini forse più ampi la "salvezza" di altre norme con cui il 1° c. dell'art. 6 del T.U. n. 380/2001 limita a priori lo spazio dell'edilizia libera[1].

Il combinato disposto dell'art. 9, c. 3, e dell'art. 11, c. 1, contiene infatti un rinvio aperto a (tutte) "le discipline di settore" e tra cui tutta la normativa tecnica. Quello che appare gravido di conseguenze è che in forza di questo rinvio dinamico può dirsi che sono state sussunte nell'edilizia – come suo presupposto normativo quanto alla configurabilità di una attività edilizia libera, ma anche come presupposto di qualsiasi attività edilizia "controllata": cfr. il 4° c. e gli articoli 9 e 11 – norme identificate con una formula ("aventi incidenza sulla attività edilizia") così generica e allusiva da essere obbiettivamente indeterminabili. Sorta di imprevista etero-integrazione del concetto stesso di edilizia che ne ha allargato a dismisura i confini. Come già risulta dai primi provvedimenti che la Regione ha già approvato quali atti di coordinamento tecnico[2].

Di questo modello di cogenza di tutte queste fonti vi è conferma – come si dirà – nell'art. 44, c. 4, che definisce la sanzionabilità di atti di – formalmente

---

[1] Sui limiti della liberalizzazione, si veda tra i tanti, C. LAMBERTI, *La nuova disciplina dell'attività edilizia libera*, in Urb. e App., 2010, 16 e ss.; G. PAGLIARI, *Corso*, cit., 416 e ss.; A. BARTOLINI, *La c.d. liberalizzazione dell'attività edilizia*, in Giur. Amm., 201. Non pare, però, che la dottrina che si è occupata del tema, abbia compiutamente colto il nodo centrale della questione, e cioè che l'art. 6 del T.U. (e, coerentemente, l'art. 7 della legge regionale) stabilisce la griglia di massima delle attività *"in franchigia"* dal titolo edilizio, ma non si occupa della liberalizzazione del *facere* edificatorio (che neppure definisce) dal *"potere di piano"*. Resta irrisolto, come si dice nel testo, il problema del limite di tale potere rispetto al diritto di proprietà.

[2] Nell'atto di coordinamento tecnico approvato con la delibera della G.R. n. 994/2014 del 7 luglio 2014, le *"disposizioni aventi incidenza sulla attività edilizia"* identificate e repertoriate sono **220**, tra leggi statali, leggi regionali, Regolamenti governativi e regionali, Decreti del Capo dello Stato, Decreti Ministeriali, del Presidente della Giunta Regionale, ministeriali, Regis Decreti, DPCM, circolari, protocollo di intesa. In forza del rinvio si tratta, quanto al precetto della norma rinviante (*"Nel rispetto ..."*) di atti equivalenti, perché tutti oggetto di una presupposizione che li assume come vincolanti.

– edilizia libera la cui effettuazione è preclusa da una – qualsiasi – delle fonti indicate – in forza del rinvio agli artt. 9, c. 3, e 11 – dal primo comma dell'art. 7.

Al pari dell'art. 6, c. 1, del T.U. n. 380/2001, la norma in questione segna, poi, essenzialmente anche il punto di cerniera tra l'edilizia e l'urbanistica: la prima, nell'esonerare dalla necessità del titolo edilizio molte "attività edilizie" non può però omettere di precisare che queste – forse non tutte – possono essere escluse dalla liberalizzazione in quanto disciplinate dagli strumenti urbanistici[3]. È quindi chiaro che ciò svaluta la sostanza stessa della liberalizzazione, che non è radicata in un nucleo insopprimibile di agere licere incondizionatamente riferibile al diritto di proprietà, come sua costola necessaria. In sintesi l'attività libera non pare essere configurata – non qui ma nemmeno nel T.U. n. 380/2001 – come necessaria, dovuta esplicazione dello *jus aedificandi*[4].

Resta quindi aperto il problema se tra le attività "edilizie" dichiarate libere dalla necessità di un previo titolo ve ne sono di incomprimibili dallo stesso potere di piano. Con la conseguenza, nel caso in cui si dia un risposta positiva, che per esse si potrebbe parlare di "attività libera" e non di "attività edilizia libera".

Problema da approfondire, ma che potrebbe avere una risposta positiva per alcune delle attività in cui è più evidente la estraneità alla nozione stessa di trasformazione urbanistica e che tradizionalmente non sono mai state considerate tali, come la manutenzione ordinaria, l'attività agricola, l'arredo degli spazi pertinenziali degli edifici[5].

---

[3] La norma appare in sintonia con l'art. 6, c. 1, del T.U. n. 380/2001. È stato osservato che *"la portata semplificatoria della norma si esplica a valle della vicenda pianificatoria"* (cfr. E. BOSCOLO, *Commento all'art. 6,* in Testo Unico dell'Edilizia, a cura di M.A. SANDULLI, cit. 140). Ma, in verità, si esplica moto di più, in senso negativo, *a monte.*

[4] Cfr. per tutti, A. GAMBARO, *Jus aedificandi e nozione civilistica della proprietà*, Milano, 1975, 350 e ss.

[5] Per tali fattispecie esiste da tempo una giurisprudenza quantitativamente significativa, che le esonera dalla necessità del titolo (concessione edilizia) senza peraltro che sia chiaro se ciò si fondi sulla loro irrilevanza urbanistica o sulla, per così dire, marginalità del titolo edilizio.

In linea di principio, sulla scorta della disposizione dell'art. 1 L. n. 10/1977, si escludeva la necessità della concessione per *"gli interventi sul territorio diversi dalla realizzazione di opere edilizie"* (Cons. Stato, Sez. V, 10 luglio 2013 n. 41079; Sez. V, 15 dicembre 1986 n. 642), come la piantagione di alberi (Cons. Stato, 21 aprile 1972 n. 271), le stesse antenne trasmittenti (Cons. Stato, Sez. V, 7 settembre 1995 n. 1283), le arginature per le esigenze delle pisciculture (Cons. Stato, Sez. V, 29 febbraio 1980 n. 231), i movimenti di terra a fini agricoli (Cons. Stato,

La dettagliata casistica del primo comma ha quindi valore esemplificativo, e va condotta tenendo presente le novelle successive dell'art. 6 (introdotte con l'art. 5, c. 1, D.L. n. 40/2010 conv. in L. n. 73/2010, l'art. 13 bis, c. 1, lett. a), b), c). D.L. n. 83/20120 conv. in L. n. 134/2012) e tra queste la facoltà delle regioni di estendere la disciplina sia quanto all'edilizia libera (ampliandone quindi lo spettro), sia quanto alla formalizzazione della comunicazione dell'intervento (la C.I.L.), di cui la norma regionale ha fatto applicazione.

Si possono formulare al riguardo le seguenti osservazioni:

a) la manutenzione ordinaria è quella definita in conformità con l'art. 3 del T.U. – e sulla scorta della ben nota disposizione dell'art. 31 della L. n. 457/1978 – dall'Allegato (*"opera di riparazione, rinnovamento, sostituzione delle finiture degli edifici e quelle necessarie ad integrare e manutenere in efficienza gli impianti tecnologici esistenti"*). Norma che insieme all'Allegato è stata modificata dall'art. 17 del D.L. n. 133/2014 convertito in L. n. 164/2014. Su questo dato letterale ha operato una giurisprudenza molto attenta e severa che ha però ammesso, oltre al puro ripristino, anche opere di adeguamento innovativo, se rispettose tipologicamente del modello originario[6]. Sono contigue a tali opere,

---

Sez. V, 24 gennaio 1989, n. 57), lo scavo di un canale di scolo delle acque (Cons. Stato, 23 gennaio 1982, n. 69), la stessa attività di coltivazione delle cave (Cons. Stato, Sez. IV, 4 febbraio 1997 n. 83), gli impianti di itticultura (Cons. Stato, Sez. V, 30 ottobre 1981 n. 522). Per converso, si riteneva che fosse necessaria la concessione per la realizzazione di un maneggio (Cons. Stato, Sez. V, 1 marzo 1993 n. 319), degli interrati (Cons. Stato, Sez. V, 10 aprile 1991 n. 486), dei tendoni pressostatici mobili (Cons. Stato, Sez. V, 15 luglio 1983 n. 329), la collocazione di prefabbricati (Cons. Stato, Sez. V, 3 aprile 1990 n. 317) e di insegne (Cass. pen., Sez. III, 15 gennaio 2004). Per queste fattispecie cfr., per tutti, A. FIALE-E. FIALE, *Diritto urbanistico*, Napoli, 2008, 528 e ss.

È comunque evidente che la nuova disciplina recata dal T.U. n. 380/2001 ha modificato in senso restrittivo l'area dell'attività di trasformazione esente da vincoli in senso generico.

Può concordarsi con chi tende a riconoscere uno statuto di maggiore libertà alla manutenzione ordinaria, come espressione dello *ius utendi* (cfr. E. BOSCOLO, *Commento all'art. 6*, in Testo Unico dell'Edilizia, a cura di M.A. SANDULLI, cit., 141; ROTONDI, in *Commentario breve alle leggi in materia di urbanistica e edilizia*, a cura di FERRARA-FERRARI, Padova, 2010, 182; ecc.). Ugualmente si può dire della attività agricola, ma in questo caso il limite della *"stretta pertinenza"* alla attività dell'impresa agricola lascia uno spazio di indeterminatezza non facilmente colmabile.

[6] Ad esempio, per infissi o serramenti, anche se esterni, cfr. Cons. Stato, Sez. IV, 30 giugno 2005 n. 3555; T.A.R. Lazio, Roma, II, 9 maggio 2005 n. 3438, per il manto di copertura dei tetti, cfr. T.R.G.A. Trentino Alto Adige, 28 febbraio 2007 n. 57 e Cass. pen. III, 19 febbraio 2005.

perché non facilmente differenziabili sia concettualmente che pratica-mente, quelle di cui alla lett. g) – pavimentazione e finitura di spazi esterni, realizzazione di intercapedini interrate, vasche raccolta acque –, come pure della lett. m) – installazione di pannelli solari fotovoltaici (che "*integrano gli impianti tecnologici esistenti*"); e altresì quelle di cui alla lett. i) – elementi di arredo delle aree pertinenziali senza crea-zione di volumetria –; e quelle di cui alla lett. l) – modifiche funzionali di impianti sportivi senza nuova volumetria –.

Nell'insieme sembra di poter dire che la categorizzazione in modo spe-cifico di alcune attività poteva essere evitata, operando in via interpre-tativa sulla definizione di opere di manutenzione ordinaria, con l'effet-to indiretto di ampliare l'ambito riconosciuto all'esplicazione dello ius utendi. Probabilmente il legislatore regionale ha voluto evitare proprio una manipolazione interpretativa di una norma che nasceva (1978) ed era confermata dall'art. 3, u.c., del T.U., come indisponibile dagli atti (regolamentari) di pianificazione urbanistica;

b), h) l'eliminazione di barriere architettoniche – la cui differenziazione in due "*tipi*" fatta dalla legge non pare essere significativa – può avvenire in regime di edilizia libera per le opere – sia interne che esterne lett. h) – per le quali concorre una **particolare morfologia** (che comprende la trasformazione di spazi, superfici, usi sia delle singole unità immo-biliari che delle parti comuni) e un **preciso fine** (l'autonomia e la indi-pendenza di persone con disabilità certificate)[7], ma a precise condizioni (che ne limitano fortemente la applicabilità). La prima è che l'immobile non sia gravato da un vincolo storico culturale *ex* D. Lgs. n. 42/2004 e nemmeno, per il medesimo motivo, sia "*classificato*" dagli strumenti urbanistici e sia conforme in generale agli strumenti urbanistici (salvo ai regolamenti sulle distanze, derogabili *ex* art. 79 del T.U.); la seconda

---

[7] Si rammenta che le barriere architettoniche sono definite dall'art. 78 del T.U. n. 380/2001, rinviando all'art. 27 della L. n. 118/1971 e all'art. 1, c. 2, del D.P.R. 24 luglio 1996 n. 503 quali ostacoli fisici per la mobilità e impedimenti per la utilizzazione di spazi o attrezzature, la mancanza di segnalazioni che consentono l'orientamento e il riconoscimento di pericoli. Le invalidità così assistite sono quindi di varia natura. Si può anche vedere il D.M. n. 236/1989 sulle barriere architettoniche secondo la previgente L. n. 13/1989, ancora applicabile nelle sue norme di dettaglio.

che non riguardino parti strutturali con incidenza sulla normativa sismica e non comportino deroghe ai parametri di cui al D.M. n. 1444/1968[8]. Non c'è, nella norma regionale, il limite del rispetto della sagoma esterna, che potrebbe, però, derivare da altre norme (urbanistiche o meno) sulle distanze e sulla cubatura.

Se l'intervento non rispetta queste condizioni, deve essere assoggettato al regime della SCIA o del permesso di costruire, a seconda della sua rilevanza.

c) Le opere di accertamento geognostico sono quelle già descritte dalla equivalente norma del T.U., con la poco significativa specificazione – perché in realtà implicita nella definizione di opera di ricerca nel sottosuolo – dell'aggiunta dei carotaggi necessari per l'edificazione nel territorio urbanizzato.

d), e) I movimenti di terra *"strettamente pertinenti"* alla attività agricola e le *"serre mobili stagionali"* senza opere murarie possono essere accorpati, stante l'identità della *ratio* che ne giustifica la *"libertà"*, che una nota, risalente giurisprudenza riteneva essere l'irrilevanza urbanistica e la conseguente, sostanziale franchigia dello stesso potere di piano[9]. Naturalmente resta un margine di incertezza derivante dalla ambiguità della nozione positiva di attività agricola, che è il frutto di scelte di politica legislativa singolari che ne hanno ampliato lo spettro fino a ricomprendervi, ad esempio, l'acquacultura (L. n. 102/1992 e L. n. 122/2001), la produzione di energia elettrica da fonti rinnovabili agro-forestali (art. 1,

---

[8] Si deve ricordare, peraltro, che il 2° c. dell'art. 77 richiede che gli interventi sugli edifici vincolati *ex* D. Lgs. n. 490/1999 siano approvati dalla competente autorità di tutela sia culturale che ambientale. Pare quindi che vi possano essere interventi di questo genere realizzabili in regime edilizio di attività libera, ma necessitanti di nulla osta paesaggistico o storico culturale. Si verifica cioè quanto espressamente previsto dal 7° comma. In proposito si può rammentare che al relativo procedimento si applica la L. n. 13/1989, che prevede un regime agevolato in cui, in caso di mancata pronuncia entro 120 o 90 gg. (a seconda che si tratti di beni storico culturali o paesaggistici), matura un silenzio assenso (cfr. BROCCO, *Barriere architettoniche e beni culturali: interessi a confronto*, in Urb. e App., 2007, 1416 e ss.

[9] Si deve notare che queste due *"opere"* non erano previste nel testo originario dell'art. 6, ma sono state aggiunte con la riformulazione fattane dall'art. 5, c. 1, D.L. n. 40/2010 conv. in L. n. 73/2010. La giurisprudenza era da tempo orientata ad escludere che l'attività agricola richiedesse un titolo edilizio (cfr. *supra*, nota 5) e ciò perché priva sia di aspetti materiali che di finalità *"edilizio/urbanistiche"*.

L. n. 266/2005), l'agriturismo (art. 3, D. Lgs. n. 228/2001), e così via[10].

f) Quanto alle opere necessarie per soddisfare *"esigenze contingenti, temporanee e stagionali"* si tratta di interventi che già prima della loro previsione nel testo dell'art. 6 del T.U. erano stati oggetto di una attenta ricognizione giurisprudenziale, che la norma regionale e (soprattutto) la sua interpretazione autentica fatta con l'art. 44 della L. reg. n. 17/2014, hanno avuto presente per restringerne la portata definitoria. Dissipando così, in parte, i dubbi di legittimità costituzionale del testo originario

In realtà il 2° c. dell'art. 6 del T.U. include sì tali opere nell'attività libera, ma ne sottopone l'esecuzione a comunicazione.

Invece la legge regionale:

    a)   richiede oltre al (peraltro implicito, dato il 1° comma) rispetto della normativa che disciplina l'attività edilizia *ex* art. 9, c. 3, la presenza dei tre requisiti (contingenza, temporaneità, stagionalità), due dei quali in conflitto (la stagionalità non può essere intesa come periodicità; si veda, in questo senso, tra le tante Cass., 21 giugno 2011 n. 34763) e ciò basterebbe ad escludere, ad esempio gli allestimenti turistici/balneari o simili in suolo privato[11];

    b)   fissa un limite inderogabile di tempo – ora 6 mesi – per la durata e la rimozione successiva;

    c)   impone una doppia comunicazione al S.U.E di inizio lavori e inizio rimozione.

Merita di essere sottolineato che tali adempimenti (le comunicazioni) sono tra quelli sanzionati dall'art. 44 con una pena pecuniaria (e lo sono anche dall'art. 6, c. 7, del T.U. comunque applicabile). Ma se l'inadempimento riguarda la doverosa rimozione nel termine di 6 mesi, l'illecito si configurerà come opera realizzata in difetto di titolo (SCIA o permesso di costruire, a seconda della morfologia fisica dell'opera) con

---

[10] Qui, come in altri ambiti, il diritto urbanistico incrocia, in via di un rapporto che tecnicamente è di *"presupposizione"*, un sub-ordinamento diverso, quello che disciplina l'imprenditore e l'impresa agricola.

[11] In realtà il problema della liberalizzazione delle strutture stagionali (in particolare quelle balneari) non pare superato neppure dalla norma interpretativa che, alla fin fine, si limita a *"calendarizzare"* insediamenti che non sono né contingenti, né temporanei, ferma però la loro liberalizzazione sostanziale. Sulla necessità del permesso di costruire anche per le opere di carattere stagionale cfr., da ultimo, Cass. pen., III, 6 maggio 2014 n. 18718.

conseguenze penali e assoggettamento al regime sanzionatorio edilizio proprio (artt. 13-16, L. reg. n. 23/2004).

g) La *"pavimentazione e finitura di spazi esterni anche per sosta"* – che se comportanti trasformazioni in via permanente di suolo inedificato necessita di permesso di costruire (art. 3, T.U. n. 380/2001 lett. e3) e lett. g) Allegato)[12] – è libera solo *"ove stabilito dallo strumento urbanistico"*. La precisazione è inutile, perché già a priori figura come pre-condizione nell'alinea dell'articolo. La previsione si allarga, più significativamente, a intercapedini, interrati, vasche, locali tombati, piccole opere che oscillano tra il concetto di volume tecnico e quello di pertinenze, prive di per é di impegno volumetrico[13]. Qui la liberalizzazione è totale, senza necessità di C.I.L.

i), l) Le aree ludiche e gli elementi di arredo di aree pertinenziali, paiono essere caratterizzate dalla loro natura privata, mentre le modifiche funzionali di impianti sportivi (evidentemente esistenti) riguardano anche impianti sportivi accessibili al pubblico. La discriminante dell'attività libera, per entrambi i casi, è l'esistenza di una nuova volumetria (tale secondo la definizione data dell'atto di coordinamento tecnico di cui alla D.A.L. n. 279/2010) che ricondurrebbe l'intervento nella SCIA o nel p. di c. a seconda dello strumento urbanistico vigente.

Resta vago il concetto di *"elemento di arredo"*, da identificare secondo la comune prassi sociale, sempre tenendo presenti le definizioni dell'Allegato (e con l'esclusione di altre fonti regolamentari).

È comprensibile l'esclusione delle piscine, oggetto di una risalente ostilità della giurisprudenza (cfr. *ex multis*, Cons. Stato, Sez. V, 25 novembre 1999 n. 1971; Cass. pen., Sez. III, 29 aprile 2003), che ne ha sempre colto la rilevanza ai fini della necessità della loro disciplina ad opera degli strumenti urbanistici, ammettendone però, in linea di principio, la

---

[12] Secondo la giurisprudenza di deve trattare di un *"adattamento"* del suolo ad un uso diverso da quello che gli è proprio e naturale (Cass. Pen., Sez. III, 13 settembre 2007 n. 34754); Cons. Stato, Sez. V, 31 gennaio 2001 n. 343). Tipico il caso di inghiaiatura del suolo al fine di utilizzarlo a parcheggi (Cass. Pen., Sez. III, 19 febbraio 2004 n. 6930) o per deposito merci (Cass. Pen., Sez. III, 4 giugno 2009 n. 23197).

[13] Si possono vedere, al riguardo, le definizioni date di tali concetti ai punti 46 (Volume Tecnico) e 53 (Pertinenza) dell'atto di coordinamento tecnico di cui alla Delibera dell'Assemblea Legislativa (D.A.L.) 4 febbraio 2010, oggi con efficacia vincolante *ex* art. 57, c. 4, della legge.

natura di pertinenza (cfr. da ultimo, Cons. Stato, Sez. I, 15 gennaio 2014 n. 360/13; Sez. IV, 8 agosto 2006 n. 4780). Resta, comunque, incerto se, in difetto di una norma di piano, l'esclusione disposta dalla L. reg. significhi solo assoggettamento al regime della SCIA.

m) Gli ordinari pannelli solari fotovoltaici a servizio dei singoli edifici (di cui la L. n. 164/2014 di conversione del D.L. n. 132/2014, ha aggiunto l'installazione delle polpe di calore inferiori a 112 KW), oltre ad essere oggetto di una speciale normativa liberalizzante, potrebbero rientrare, in base ai principi generali, nella manutenzione ordinaria, data la definizione che ne dà la lett. a) dell'allegato (*"interventi edilizi che riguardano le opere ... necessarie ad* **integrare** *gli impianti tecnologici esistenti"*). La norma si segnala, quindi, per l'**esclusione** dal regime di attività libera di queste opere di manutenzione ordinaria, se realizzate nei centri storici. In questo caso si tratta di manutenzione soggetta al *"principio di piano"*, e cioè al potere dell'Amministrazione di – anche – vietarle.

n) Che i depositi di gas liquefatto inferiori a 13 mc. possano essere realizzati in regime di attività libera è già stabilito dalla legge statale, ma anche per essi la necessaria preliminare conformità allo strumento urbanistico rende aleatoria la liberalizzazione edilizia, che potrà dirsi effettiva, però, anche in caso di mancanza di qualsiasi norma ostativa.

o) I mutamenti d'uso funzionali di fabbricati già rurali con originaria funzione abitativa, ma che hanno perduto i requisiti di ruralità, identificano una fattispecie da tempo disciplinata come urbanisticamente ammissibile[14] con la semplice variazione catastale. La liberalizzazione in questione, quindi, a differenza delle altre previste da questo articolo, si basa di una pura liberalizzazione urbanistica per cui la accertata perdita dei requisiti di ruralità conseguenti all'accatastamento all'urbano (e al più oneroso regime tributario) è già, urbanisticamente, ratifica della modifica della destinazione d'uso. Ciò viene indirettamente confermato dal

---

[14] Secondo l'art. 9 del D.L. n. 557/1993 conv. in L. n. 133/1994, l'accatastamento al catasto fabbricati e al relativo regime fiscale degli edifici che hanno perso i connotati di ruralità esonera dal contributo concessorio connesso alla modifica della destinazione d'uso ed è stato considerato equivalente al riconoscimento implicito della avvenuta trasformazione funzionale (cfr. B. GRAZIOSI, *Valore urbanistico delle iscrizioni al catasto fabbricato di edifici non rurali*, in Riv. giur. Ed., 1994, II, 229; **contra** peraltro, A. e E. FIALE, *Diritto urbanistico*, cit., 718/719).

3° comma e dal richiamo dell'art. A-21 della L. reg. n. 20/2000, che comporta l'imposizione di un vincolo (sanzionato dall'art. 44).

Restano, peraltro, poco chiari, sia dal punto di vista edilizio che da quello urbanistico, i seguenti punti: a) quali siano gli usi di *"approdo"* così liberalizzati; b) se la liberalizzazione riguardi **solo** gli edifici già agricoli con originaria funzione abitativa (o le parti di essi che l'avevano); c) in tal caso qual è il regime degli edifici (o loro parti) agricoli dismessi, ma non abitativi.

2. Commi 4, 5 e 6. La Comunicazione Inizio Lavori (C.I.L.).

La seconda parte dell'articolo disciplina la Comunicazione di Inizio Lavori (C.I.L.) introdotta dal legislatore statale con l'art. 13 D.L. n. 83/2012 conv. in L. n. 134/2012 differenziandosene peraltro sotto vari profili. Anche la definizione degli interventi in regime di C.I.L. è significativamente preceduta dal rinvio – quale individuazione delle pre-condizioni legittimanti l'intervento – alle norme che disciplinano l'attività edilizia *ex* art. 9, 3° c. (e 11). Come si è già osservato supra, si tratta di un rinvio a larghissimo spettro, che conferma la pervasività dei limiti di qualsiasi attività "libera".

Nell'elencazione la norma regionale si differenzia in senso liberale dall'art. 6 del T.U. (alcune opere come si è visto sono in regime libero senza la C.I.L.), restando comunque presenti le categorie più significative. Sono:

a) Le opere di manutenzione straordinaria, ma subordinatamente a molte condizioni. E cioè:

- la conservazione della sagoma, della superficie utile e del numero di unità immobiliari[15]. Si deve peraltro precisare che tale norma pare superata dall'art. 17, c. 1, del D.L. n. 133/2014 che ricomprende nella manutenzione straordinaria il frazionamento e accorpamento delle unità immobiliari con variazioni anche di carico urbanistico, salva la volumetria e la destinazione d'uso.

---

[15] Si tratta di parametri e nozioni tecniche oggetto di definizioni giuridicamente vincolanti fatte con D.A.L. n. 279 del 4 febbraio 2010 (rispettivamente nn. 27, 18, 48). A proposito della sagoma si può ricordare che è stata liberalizzata la sua modifica all'interno dell'intervento di ristrutturazione (cfr. la definizione nell'All.to con riferimento all'art. 13, c. 1, lett. d)).

- la conservazione delle destinazioni d'uso anche delle singole unità immobiliari. Da precisare che le destinazioni d'uso che vengono qui in rilievo sono quelle in atto, e tutte quelle ad esse assimilabili per equivalenza in base allo strumento urbanistico, ovvero l'atto di coordinamento tecnico che potrà definirle per tutta la regione (cfr. art. 12);
- esclusione delle parti strutturali (tali qualificabili secondo le norme tecniche edilizie);
- l'irrilevanza rispetto ai requisiti dell'edilizia antisismica e la mancanza di pregiudizio alla statica dell'edificio.

b) Le modifiche interne di carattere edilizio dei fabbricati destinati ad esercizio di un'impresa. Si deve osservare che la precisazione del *"carattere edilizio"*, che si rapporta, per contrapposizione, ad un ipoteticamente inammissibile *"carattere urbanistico"*, è poco chiara dato che morfologicamente il limite viene dalla definizione di manutenzione straordinaria contenuta nell'Allegato. Analogamente il richiamo al concetto di superficie *"coperta"* che (ignota alla stessa D.A.L. n. 279/2010) è un doppione del concetto di modifiche interne. Il tutto è comunque reso più complesso dalla questione del contributo e dalle dotazioni territoriali, che è a sua volta connessa alle variazioni dell'uso e alla sua tipizzazione. Pare sia chiaro che la norma regionale presupponga un saldo zero per entrambi tali fattori *"patrimoniali"* e cioè onerosi per il proprietario.

c) Le modifiche di destinazione d'uso solo *"funzionali"* (e cioè senza opere ad essa strumentali) senza aumento di carico urbanistico[16]. Anche in questo caso, come nella lettera precedente, occorrerà verificare nello

---

[16] Anche questo concetto è definito in modo cogente dal punto 11 della D.A.L. n. 279/2010 come "Fabbisogno di dotazioni territoriali e di infrastrutture per la mobilità di un determinato immobile o insediamento in relazione alle destinazioni d'uso e all'entità della utenza". Non può però sfuggire che si tratta di una definizione che, rinviando alla pianificazione, **è tautologica, circolare**: è carico urbanistico ciò che tale è definito dalla norma urbanistica che ne richiede il soddisfacimento.
Cfr. anche l'avviso della Cassazione Penale (SS.UU. n. 12878/2003) che ricorda opportunamente che il concetto non è definito dalla legislazione ed è ricavabile solo indirettamente dal D.M. n. 1444/1968. Si tratterebbe però di un dato **misurabile** perché determinato dal *"numero delle persone insediate"*. Questo criterio *"capitario"* non è però mai presente – come sarebbe logico – negli strumenti urbanistici.

strumento urbanistico se tra le due destinazioni d'uso – quella esistente e quella di "*approdo*" – vi è uguaglianza o equivalenza. Se non c'è l'intervento è soggetto a SCIA e contribuzione.

Il procedimento inizia con la comunicazione di cui sono definiti i contenuto e gli allegati necessari[17]. Si tratta dei dati identificativi dell'impresa affidataria dei lavori, della data inizio lavori, del nome del direttore dei lavori, del progetto, degli atti di aggiornamento catastali (cfr. 6° c.). È meritevole di nota che la relazione tecnica deve asseverare non solo che l'opera rientra nella ipotesi del 4° comma, ma anche che rispetta tutte le disposizioni dell'alinea del comma 1 (e cioè, quelle oggetto del rinvio omnibus di cui agli artt. 9, c. 3, e 11) e le ulteriori prescrizioni specifiche di origine provvedimentale recate da quegli "altri" titoli autorizzativi che, ai sensi del c. 7, devono comunque essere acquisiti. Non sarà però facile, dovendosi necessariamente ricorrere ad una formula aperta – come è aperto il rinvio dell'art. 9 -, configurare *ex* art. 481 c.p. la responsabilità penale del professionista che redigerà l'asseverazione.

La previsione che la dichiarazione di conformità *ex* art. 38, 3°, lett. c), può sostituire, per gli edifici produttivi, l'asseverazione del progettista, non pare francamente una semplificazione, sol che si consideri che si tratterebbe di attivare un autonomo sub-procedimento (presso soggetti privati accreditati: le Agenzie per le imprese), che pare del tutto aleatorio, mancando qualsiasi dato normativo al riguardo.

La comunicazione della fine dei lavori – che è quindi obbligatoria – deve essere preceduta dalla certificazione degli impianti tecnologici e deve contenere l'aggiornamento delle opere effettivamente eseguite (le "varianti" rispetto al progetto). In altri termini all'Amministrazione (S.U.E) deve constare in modo perfetto la morfologia anche funzionale dell'edificio. Al riguardo si deve osservare che è bensì vero che questi interventi sono dichiarati in franchigia dalla scheda tecnica descrittiva e dal certificato di conformità e agibilità, ma esaminando attentamente il sistema di controllo dell'edificato (art. 23, c. 9), emerge che l'Amministrazione ha sempre il potere di "ordinare di conformare l'opera alla normativa vigente" se vi sono carenze delle condi-

---

[17] Anche in questo caso la Regione ha provveduto ad imporre sia un modello unico della comunicazione mediante un atto di coordinamento tecnico *ex* art. 12, c. 4, lett. a), che elenca anche la documentazione "*obbligatoria*". Si tratta della delibera della G.R. n. 993 del 7 luglio 2014.

zioni di cui al comma 8, lett. c). Si tratta della "sussistenza delle condizioni di sicurezza, igiene, salubrità, efficienza energetica, accessibilità, usabilità, fruibilità degli edifici e degli impianti in esso installati". Se esiste il potere di ordinare la messa a norma (per motivi di sicurezza) degli impianti tecnologici quando in esito ad un permesso o ad una SCIA si deve (art. 23, 1° c.) ottenere l'agibilità, non può pensarsi che lo stesso potere, per gli stessi motivi, non sussista quando l'intervento potenzialmente pericoloso quanto agli impianti è avvenuto in regime di C.I.L.

3. Attività libera e ulteriori titoli abilitativi.

Il settimo comma chiude il cerchio del regime della attività edilizia libera, condizionandola al possesso, da parte del privato, di (tutti) gli altri atti autorizzativi necessari. Per dire questo usa la solita formula riassuntiva, "omnibus", che lascia naturalmente molte incertezze. Incertezze che non verranno meno se il privato si avvale della facoltà di chiederne l'acquisizione al S.U.E, dato che sul privato resta l'onere di presentare la documentazione.

Si deve sottolineare che la norma è di difficile coordinamento con la disposizione dell'art. 44, che sanziona l'eventuale mancanza di tali assensi/autorizzazioni[18].

Ed infatti, escluso in primo luogo che tale mancanza rientri nei primi tre commi (che attengono ad altri specifici profili), si dovrebbe farla rientrare nel quarto comma. Il quale, dopo aver fatte salve le sanzioni previste dalle discipline specifiche – ovviamente: la Regione non potrebbe disporre diversamente in materia spesso non di sua competenza –, prevede che il S.U.E applichi una sanzione pari al doppio dell'aumento del valore venale dell'immobile conseguente alla realizzazione delle opere.

Estendere al caso in questione la norma è, però, sconcertante, se si considera i tantissimi titoli abilitativi che l'ordinamento prevede per lo svolgimento di attività oggettivamente edilizie, la cui mancanza comporta la remissione in pristino a cura dell'Amministrazione competente. Ad esempio, per le opere nella fascia di rispetto ferroviario, o autostradale, per le opere in aree con vincolo idrogeologico, per le servitù aeroportuali, e così via. Per tutte queste

---

[18] Cfr., *infra*, il commento all'art. 44.

ipotesi di violazione del 4° c. dell'art. 7, vi sarebbe un cumulo tra la sanzione restitutoria e quella pecuniaria afflittiva/restitutoria (tale è il doppio del valore venale) che discenderebbe dal fatto che il legislatore regionale considera anche queste norme *ex* artt. 7, c. 1, e 9, c. 3, come "disciplina dell'attività edilizia" con la conseguenza di sanzionarle autonomamente con .una misura "edilizia". Un sistema repressivo incongruo perché la sanzione pecuniaria pari al doppio dell'aumento di valore conseguito è strutturalmente di per sé alternativa, vicaria, della tutela reale. E dove c'è questa, non può esserci quella.

Benedetto Graziosi

Art. 8
Attività edilizia in aree parzialmente pianificate

1. Per i Comuni provvisti di Piano Strutturale Comunale (P.S.C.), negli ambiti del territorio assoggettati a Piano Operativo Comunale (P.O.C.), come presupposto per le trasformazioni edilizie, fino all'approvazione del medesimo strumento sono consentiti, fatta salva l'attività edilizia libera e previo titolo abilitativo, gli interventi sul patrimonio edilizio esistente relativi:
   a) alla manutenzione straordinaria;
   b) al restauro e risanamento conservativo;
   c) alla ristrutturazione edilizia di singole unità immobiliari, o parti di esse, nonché di interi edifici nei casi e nei limiti previsti dal P.S.C.;
   d) alla demolizione senza ricostruzione nei casi e nei limiti previsti dal P.S.C.
2. I medesimi interventi previsti dal comma 1 sono consentiti negli ambiti pianificati attraverso P.O.C., che non ha assunto il valore e gli effetti di Piano Urbanistico Attuativo (P.U.A.) ai sensi dell'articolo 30, comma 4, della legge regionale n. 20 del 2000, a seguito della scadenza del termine di efficacia del piano, qualora entro il medesimo termine non si sia provveduto all'approvazione del P.U.A. o alla reiterazione dei vincoli espropriativi secondo le modalità previste dalla legge.
3. I medesimi interventi edilizi previsti al comma 1 sono consentiti nei Comuni ancora provvisti di Piano Regolatore Generale (P.R.G.) e fino all'approvazione della strumentazione urbanistica prevista dalla legge regionale n. 20 del 2000, per le aree nelle quali non siano stati approvati gli strumenti urbanistici attuativi previsti dal P.R.G.
4. Sono comunque fatti salvi i limiti più restrittivi circa le trasformazioni edilizie ammissibili, previsti dal R.U.E. ovvero, in via transitoria, dal regolamento edilizio comunale.

COMMENTO

1. Si tratta di una norma urbanistica identica a quella dell'art. 5 della previgente L. reg. n. 31/2002, che completa, per così dire, prolungandola, la disposizione dell'art. 9 del T.U. n. 380/2001 sugli interventi edilizi sui territori dei comuni *"sprovvisti di strumenti urbanistici"*, che nell'Emilia-Romagna è necessaria in ragione del fatto che il P.S.C. è uno strumento pianificatorio che fa solo scelte strategiche. Il P.S.C., infatti, classifica il territorio per ambiti e non per zone omogenee e – per espressa previsione del sopravvenuto art. 29 della L. reg. n. 6/2009 – *"non attribuisce in nessun caso potestà edificatoria ...*

(neppure) subordinata alla approvazione del P.O.C." [1].

È per questo che in Emilia-Romagna non si può porre il dilemma, agitato in dottrina, della natura transitoria o di regime di tale norma[2]. In Emilia-Romagna, in sostanza, prima del P.O.C. il territorio è, ai fini che qui interessano, *non pianificato.*

Questo dato normativo ha una molto importante ricaduta in campo tributario, in relazione al presupposto della effettiva edificabilità (capacità edificatoria) delle aree pur incluse nel P.S.C. in un ambito urbanizzato o urbanizzabile[3].

Ma per quanto qui interessa, e cioè l'aspetto edilizio, risulta chiaro che il criterio di fondo della norma è, sostanzialmente quello della *"salvaguardia"* fino ad approvazione del P.O.C. a mente del quale in tutto il territorio comunale si possono fare solo interventi di edilizia libera e interventi sul patrimonio edilizio esistente. E questo criterio vale anche dopo che il P.O.C. ha perso la sua efficacia quinquennale, ancorché non siano stati approvati i P.U.A. o reiterati i vincoli espropriativi. In sostanza solo l'approvazione dei P.U.A. rende per così dire ultrattivo un P.O.C. divenuto di per sé inefficace.

Lo stesso regime è poi esteso dal 3° comma ai Comuni con il solo P.R.G. per tutte le aree prive di pianificazione di dettaglio (i piani particolareggiati previsti dalla L. reg. n. 47/1978).

Il quarto comma fa salvi gli ulteriori limiti restrittivi previsti dal R.U.E. (o dal Regolamento edilizio). Si tratta però di una disposizione poco chiara perché pare riferirsi al caso – non facilmente ipotizzabile ed escluso dalla L. n. 20/2000 – di un Comune dotato solo di P.S.C. e di R.U.E. e senza P.O.C.

---

[1] Si veda su ciò B. GRAZIOSI, (a cura di) *La pianificazione urbanistica in Emilia-Romagna*, Milano, 2007. Pare che il legislatore regionale consideri il fatto che vi sia solo il P.S.C. come ancora più pregiudizievole per la pianificazione dell'ipotesi che manchi del tutto qualsiasi piano. Tanto è vero che la disciplina è più restrittiva di quella statale per il caso di difetto di piano.

[2] Si vedano le posizioni di G. ROTONDI, *Commento all'art. 9*, in FERRARA-FERRARI, *Commentario breve alla leggi di urbanistica ed edilizia*, Padova, 2010, 186 ss.; F. SALVIA, *Manuale di diritto urbanistico*, Padova, 2008, 50.

[3] La giurisprudenza tributaria nega che prima della vigenza del P.O.C. le aree di espansione siano edificabili (cfr. Comm. Trib. Reg. di Bologna, n. 7 del 24 novembre 2011, Comune Medesano c. Pellerzi).

2. Un particolare interesse può presentare la ristrutturazione edilizia di interi edifici, che, peraltro, per poter essere realizzata, deve essere espressamente prevista dal P.S.C.

Si può osservare che in verità un tale contenuto del P.S.C. non è previsto dalla legge urbanistica regionale (art. 28, 2° e c. 3, L. reg. n. 20/2000 nel testo modificato dall'art. 29 della L. reg. n. 6/2009), che esclude anzi un simile livello di dettaglio delle sue previsioni.

Si porrà quindi il problema del valore da dare al silenzio del P.S.C. su tale possibilità.

La questione è resa più importante dalla liberalizzazione dell'intervento di ristrutturazione edilizia introdotta dal legislatore statale (art. 30, D.L. n. 69/2012) e disciplinata dall'All.to e dall'art. 13, c. 1, lett. d), e c. 4, oltre che dall'art. 17 del D.L. n. 133/2014 che ha modificato l'art. 14 del T.U. n. 380/2001. Una lettura coordinata di tali norme porterebbe ad escludere che la *"nuova"* ristrutturazione con variazione di sagoma, sedime, prospetti – e cioè una sostanziale demolizione con ricostruzione, fermi i soli parametri di volumetria e superficie utile – sia ammissibile. Questo perché la norma definitoria di tale nuova ristrutturazione, l'ultimo capoverso della lettera f), richiede il co-essenziale requisito che vi sia la *"conformità alle previsioni degli strumenti urbanistici"*. Ed è oltremodo difficile sostenere che un P.S.C. che nulla dice circa questo intervento su un intero edificio, integri positivamente tale presupposto.

Conclusivamente il regime degli interventi edilizi ammissibili in aree disciplinate dal solo P.S.C. (o con P.O.C. scaduto) non eccede quelli manutentori. Un regime nettamente più severo e restrittivo di quello *"storico"* (art. 4, L. n. 10/1977), oggi riproposto dal T.U. n. 380 all'art. 9, 1° e c. 2, perché di fatto estende a tutto il territorio una salvaguardia assoluta che è prevista dal T.U. solo per il centro abitato. Non è però agevole sollevare dubbi di legittimità costituzionale *ex* art. 2, T.U., vuoi a livello *"sistematico"*, vuoi di singole norme, dato che l'art. 9, c. 1, del T.U. prevede a sua volta espressamente che le regioni introducano limiti più restrittivi.

Resta da risolvere se nel caso – di scuola – di un Comune totalmente sprovvisto di qualsiasi strumento di pianificazione si applichi il più *"largo"* art. 9

del T.U. n. 380/2001 oppure l'art. 8 della L. reg. n. 15/2013[4].

Probabilmente la soluzione esatta è che si applica l'art. 8 della L. reg. n. 15/2013 che è attuativa della normativa statale di salvaguardia, e lo è nel senso – dichiarato dallo stesso T.U. legittimo – di una maggiore restrittività.

Benedetto Graziosi

---

[4] In generale, sul *"primato"* del Piano sulla attività costruttiva, cfr. P. STELLA-RICHTER, *I principi del diritto urbanistico*, Milano, 2002, 50 e ss. Sull'art. 9 del T.U., si veda, tra i tanti, P. LATTANZI, *Commento all'art. 9*, in Codice dell'Edilizia, a cura di R. GAROFOLI-M. FERRARI, Roma, 2011, 105 e ss. Avanza dubbi di legittimità costituzionale dello stesso art. 9, R. INVERNIZZI, in *Testo Unico dell'Edilizia*, a cura di M.A. SANDULLI, Milano, 2009, 186/187.

Art. 9.
Titoli abilitativi

1. Fuori dai casi di cui all'articolo 7, le attività edilizie, anche su aree demaniali, sono soggette a titolo abilitativo e la loro realizzazione è subordinata, salvi i casi di esonero, alla corresponsione del contributo di costruzione. Le definizioni degli interventi edilizi sono contenute nell'Allegato costituente parte integrante della presente legge.

2. I titoli abilitativi sono la SCIA e il permesso di costruire. Entrambi sono trasferibili insieme all'immobile ai successori o aventi causa. I titoli abilitativi non incidono sulla titolarità della proprietà e di altri diritti reali e non comportano limitazioni dei diritti dei terzi.

3. I titoli abilitativi devono essere conformi alla disciplina dell'attività edilizia costituita:
   a) dalle leggi e dai regolamenti in materia urbanistica ed edilizia;
   b) dalle prescrizioni contenute negli strumenti di pianificazione territoriale ed urbanistica vigenti e adottati;
   c) dalle discipline di settore aventi incidenza sulla disciplina dell'attività edilizia, tra cui la normativa tecnica vigente di cui all'articolo 11;
   d) dalle normative sui vincoli paesaggistici, idrogeologici, ambientali e di tutela del patrimonio storico, artistico ed archeologico, gravanti sull'immobile.

4. La verifica di conformità, di cui al comma 3, lettere b) e d), è effettuata rispetto alle sole previsioni degli strumenti di pianificazione urbanistica comunale, qualora siano stati approvati come carta unica del territorio, secondo quanto disposto dall'articolo 19 della legge regionale n. 20 del 2000.

5. Nei casi in cui per la formazione del titolo abilitativo o per l'inizio dei lavori la normativa vigente prevede l'acquisizione di atti o pareri di organi o enti appositi, ovvero l'esecuzione di verifiche preventive, essi sono comunque sostituiti dalle autocertificazioni, attestazioni e asseverazioni o certificazioni di tecnici abilitati relative alla sussistenza dei requisiti e dei presupposti previsti dalla legge, dagli strumenti urbanistici approvati e adottati e dai regolamenti edilizi, da produrre a corredo del titolo, salve le verifiche successive degli organi e delle amministrazioni competenti. Il presente comma non trova applicazione relativamente:
   a) agli atti rilasciati dalle amministrazioni preposte alla tutela dei vincoli ambientali, paesaggistici o culturali;
   b) agli atti rilasciati dalle amministrazioni preposte alla difesa nazionale, alla pubblica sicurezza, all'immigrazione, all'asilo, alla cittadinanza, all'amministrazione della giustizia, all'amministrazione delle finanze, ivi compresi gli atti concernenti le reti di acquisizione del gettito, anche derivante dal gioco;
   c) agli atti previsti dalla normativa per le costruzioni in zone sismiche, di cui alla legge regionale 30 ottobre 2008, n. 19 (Norme per la riduzione del rischio sismico);
   d) agli atti imposti dalla normativa comunitaria.

6. L'efficacia dei titoli abilitativi è sospesa nei casi di cui all'articolo 90, comma 10, del decreto legislativo 9 aprile 2008, n. 81 (Attuazione dell'articolo 1 della legge 3 agosto 2007, n. 123, in materia di tutela della salute e della sicurezza nei luoghi di lavoro).

COMMENTO

Sommario: 1. Premessa - 2. Il titolo edilizio e gli effetti del rilascio (cc. 1 e 2) - 3. Il rinvio "omnibus" (cc. 3 e 4) - 4. Le attestazioni dei professionisti (c. 5) - 5. La sospensione dell'efficacia del titolo (c. 6).

1. Premessa.

La norma regionale assoggetta a titolo edilizio, ora SCIA e p.d.c., le "attività edilizie" consistenti negli interventi definiti nell'Allegato alla stessa legge, escludendo l'*attività edilizia cd. libera*, comunque sottoposta al medesimo obbligo di conformazione alle norme inerenti l'attività edilizia previsto per gli interventi soggetti al titolo abilitativo (art. 7, cc. 1 e 4, per il quale occorre il *"rispetto della disciplina dell'attività edilizia di cui all'articolo 9, comma 3"*)[1].

L'articolo è una delle norme più importanti della legge regionale, non tanto per quanto concerne le note regole inerenti l'esercizio dell'attività edilizia soggetta a titolo abilitativo (occorrenza del titolo, oneri di urbanizzazione, diritti dei terzi), la cui estensività anche alla modifica dello *stato dei suoli* è stata commentata criticamente (art. 1), ma in quanto generica ed omnicomprensiva nel sottoporre l'esercizio della detta attività al rispetto di norme edilizie, di settore e tecniche a volte inconoscibili non solo per il professionista che deve asseverare, ma anche per la stessa amministrazione che controlla.

In particolare il comma 3 dell'articolo in commento, con il suo generico rinvio a tale corpus normativo e regolamentare, pervade e attraversa tutta la

---

[1] Il legislatore ha poi dimenticato di escludere dal rilascio del titolo anche gli interventi sottoposti a *"Procedure abilitative speciali"* (art. 10), e quindi le opere oggetto di Accordo di programma, le opere pubbliche statale, regionali, provinciali e comunicali, che sono sottoposte ad un altra forma di verifica e di validazione.

legge regionale, in quanto richiamato da numerose altre disposizioni che regolano la presentazione della SCIA (art. 14, c. 1, lett. b), il rilascio del p.d.c. (art. 18, c. 1, lett. b), le varianti in corso d'opera (art. 22, c. 2), alla cui applicazione è subordinato - con facile rimando quale norma di chiusura - non solo l'esercizio dell'attività edificatoria ma anche il rilascio del titolo che legittima l'utilizzo dell'immobile (il certificato di conformità e di agibilità; si veda il commento all'art. 23).

2. Il titolo edilizio e gli effetti del rilascio (cc. 1 e 2).

La norma in commento (c. 1) non introduce particolari novità rispetto alla precedente disciplina in ordine alla generale previsione della soggezione ai rispettivi titoli edilizi dei singoli interventi (art. 13, per gli *"Interventi soggetti a SCIA"*, compresi gli interventi che l'art. 22, c. 3, del T.U. Edilizia assoggetta alla cd. super DIA; art. 17, per gli *"Interventi soggetti a PDC"*) che comportano modifica del territorio, secondo le definizioni degli interventi edilizi indicate nell'Allegato alla legge regionale in commento, con l'individuazione delle opere in cui si concretizzano [2], ancorchè recessive rispetto alle definizioni stabilite dalla legge statale (artt. 3 e 10 del T.U. Edilizia).

È altresì noto che il titolo rilasciato per l'esecuzione di opere edilizie (c. 2) segue il bene indipendentemente dal trasferimento della proprietà, anche per quanto attiene gli aspetti sanzionatori[3]. La voltura del titolo, ai fini della intestazione, non richiede una nuova verifica in ordine alla compatibilità del progetto con la normativa urbanistico-edilizia in quanto non implica il rilascio di un nuovo e autonomo titolo edilizio ma dà luogo ad una mera novazione soggettiva del rapporto, che richiede soltanto una verifica[4], a contenuto non

---

[2] La problematicità conseguente alla possibilità di modificare l'Allegato alla legge regionale con un atto di coordinamento tecnico (art. 16, L. reg. n. 20/2000 e art. 12 della presente legge), ciò consentendo di introdurre una diversa definizione degli interventi edilizi con un atto di fonte regolamentare, è stata in altra sede argomentata (si veda il commento all'Allegato).

[3] È recente la pronuncia secondo cui l'ordinanza di demolizione colpisce il proprietario dell'immobile anche se non è responsabile dell'abuso (cfr. T.A.R. Campania n. 5567/2013).

[4] In ipotesi di cessione di suoli su cui è stato ottenuto un permesso di costruire, affinché il titolo sia utilizzabile dal nuovo proprietario occorre un apposito procedimento amministrativo, poiché l'autorizzazione amministrativa, pur inerendo la res, è sempre "ad personam", e la P.A. ha il potere-dovere di accertare la sussistenza dei presupposti perché la stessa sia trasferita a

discrezionale, in ordine alla trasferibilità del titolo ai successori[5].

L'articolo in commento (c. 2) conferma altresì l'irrilevanza del titolo edilizio rispetto ai diritti soggettivi dei privati inerenti il bene, in quanto sono *"salvi i diritti dei terzi"*[6] eventualmente lesi dal rilascio del titolo e dalla realizzazione di un intervento pur legittimo per gli aspetti urbanistico-edilizi, ponendosi la questione fino a che punto il rilascio del titolo da parte dell'amministrazione comunale debba comportare la verifica di aspetti civilistici inerenti la titolarità della richiesta di rilascio o la presentazione del titolo quando questa coinvolga differenti diritti[7] - controllo che spesso le amministrazioni

persona diversa, non essendo l'effetto pubblicistico ricollegabile automaticamente al contratto privatistico; ne consegue, altresì, che la mera presentazione dell'istanza di voltura non è sufficiente, poiché il trasferimento si perfeziona solo con l'apposito provvedimento (Consiglio di Stato, atti norm. 1 agosto 2012, n. 2659).

[5] In questo caso, l'obbligo di pagamento degli oneri di urbanizzazione e del costo di costruzione si trasferisce in capo al cessionario qualora la parte cedente non abbia ancora iniziato l'edificazione, non essendosi verificato il presupposto di esigibilità del credito pubblico, ovvero la materiale trasformazione urbanistica del territorio, mentre invece se il presupposto di esigibilità del credito, ovvero l'edificazione, abbia avuto consistenza in capo al cedente e al cessionario, gli stessi sono solidalmente tenuti verso l'amministrazione al pagamento degli oneri concessori. Si veda sul punto T.A.R. Firenze (Toscana), sez. III, 12 giugno 2012, n. 1126.

[6] La rilevanza giuridica della licenza o concessione edilizia si esaurisce nell'ambito del rapporto pubblicistico tra P.A. e privato richiedente o costruttore, senza estendersi ai rapporti tra privati. regolati dalle disposizioni dettate dal codice civile e dalle leggi speciali in materia edilizia, nonché dalle norme dei regolamenti edilizi e dei piani regolatori generali locali. Ne consegue che, ai fini della decisione delle controversie tra privati derivanti dalla esecuzione di opere edilizie, sono irrilevanti tanto la esistenza della concessione (salva la ipotesi della cosiddetta licenza in deroga), quanto il fatto di avere costruito in conformità alla concessione, non escludendo tali circostanze, in sé, la violazione dei diritti dei terzi di cui al codice civile e agli strumenti urbanistici locali; è del pari irrilevante la mancanza della licenza o della concessione, quando la costruzione risponda oggettivamente a tutte le disposizioni normative sopraindicate (Cassazione civile, sez. II, 14 ottobre 2013, n. 23276).

[7] Anche se i titoli edilizi sono rilasciati "con salvezza dei diritti dei terzi", con conseguente esonero dell'amministrazione dallo svolgimento di particolari indagini o dall'approfondimento delle controversie esistenti tra il richiedente e terzi, l'amministrazione deve comunque procedere a una verifica circa l'esistenza del diritto di proprietà o di un altro diverso e idoneo diritto di godimento dal momento che in base alla legge il titolo edilizio è rilasciato al "proprietario o a chi abbia titolo per richiederlo" (T.A.R. Lazio Latina, sez. I, 23 settembre 2013, n. 725). Essendo possibile che un determinato intervento edilizio, pur se astrattamente conforme alle norme urbanistico-edilizie, si ponga in contrasto con diritti reali di godimento o con altre facoltà di terzi, la p.a., in sede di rilascio del titolo autorizzatorio edilizio è tenuta a verificare l'esistenza, in capo al richiedente, di un idoneo titolo di godimento sull'area in questione,

omettono per la salvezza dei diritti di terzi - o come il rispetto dell'obbligo di distanza tra fabbricati, che certamente va verificato per quanto concerne le regole dettate dal D.M. n. 1444/1968, ma anche con riferimento a quelle dettate dal codice civile[8].

3. Il rinvio "omnibus" (cc. 3 e 4).

Certamente più problematico il commento della disposizione che richiede, ai fini della legittimità dell'attività edilizia (ed anche ai fini dell'utiliz-

---

svolgendo una attività istruttoria rivolta non già a risolvere un conflitto tra le parti private, in ordine all'assetto dominicale dell'area stessa, ben ì ad accertare il requisito della legittimazione soggettiva del richiedente, sia per la notevole incidenza della concessione edilizia sugli interessi pubblici e privati coinvolti, sia per evitare il grave contenzioso che deriverebbe dall'incauto rilascio di questa ultima a soggetti non idoneamente legittimati (Cassazione civile, sez. III, 14 marzo 2013, n. 6551).

[8] L'Amministrazione, nel concedere il titolo abilitativo in sanatoria, può e deve considerare i limiti (per così dire, interni) rivenienti dall'esistenza di diritti soggettivi dei terzi alla distanza legale. Per sostenere che, all'esito di siffatta verifica, l'Amministrazione Comunale debba negare il condono richiestole, occorre inferire che la norma attributiva di potere di sanatoria, lungi dall'essere indifferente ai diritti dei terzi, vieti di rilasciare un titolo edilizio in contrasto con questi ultimi. La tesi opposta — che predica l'estraneità dei diritti dei terzi alla norma attributiva del potere di sanatoria — vincolerebbe il Comune al rilascio del titolo edilizio pur nella consapevolezza che la realizzazione del manufatto legittimato integra un illecito civile (per violazione delle distanze); ma, in un sistema di responsabilità civile che ha ormai riconosciuto la possibilità di convenire in giudizio l'Amministrazione finanche per i danni cagionati dall'omessa vigilanza, la condotta del Comune che abbia consapevolmente agevolato la lesione del diritto di proprietà di un terzo, sanando l'edificazione del manufatto, è suscettibile di essere considerata fonte di danno in quanto concausa dell'illecito civile. Cosicché l'Amministrazione, da un lato, sarebbe obbligata dalla norma attributiva del potere al rilascio del titolo abilitativo e, dall'altro, rischierebbe di dover rispondere di tale comportamento a titolo di responsabilità civile; di qui la ritenuta esclusione della condonabilità di opere abusive eseguite in violazione delle distanze legali, trattandosi di ipotesi esulante dalla norma attributiva del potere di sanatoria (T.A.R. Campania Napoli, sez. VIII, 17 gennaio 2013, n. 369).

La concessione edilizia così come il condono sono rilasciati sempre con salvezza dei diritti dei terzi e l'eventuale conflitto tra proprietari, interessati in senso opposto alla costruzione, va risolto in base al raffronto tra le caratteristiche dell'opera e le norme edilizie che la disciplinano, ai sensi dell'art. 871 c.c.; pertanto, il condono edilizio interessa i rapporti fra la p.a. ed il privato costruttore, che può fruirne anche se l'edificio abusivo violi le norme sulle distanze legali, restando però impregiudicati i diritti dei terzi, che possono far valere la violazione delle norme suddette e chiedere il risarcimento dei danni o la demolizione delle opere abusive (Consiglio di Stato, sez. IV, 30 dicembre 2006, n. 8262).

zo dell'immobile, art. 23) la conformità del titolo ad una sconfinata e spesso indeterminata serie di norme edilizie ed urbanistiche, tecniche e di settore, indicate peraltro in modo esemplificativo, con l'ulteriore rinvio all'articolo 11.

È evidente il disagio del professionista rispetto all'improbo compito di asseverare la regolarità dell'intervento, essendo anche il legislatore regionale conscio della *"complessità degli apparati normativi dei piani e l'eccessiva diversificazione delle disposizioni operanti in campo urbanistico ed edilizio"* (art. 18 bis, L. reg. n. 20/2000, introdotto dall'art. 50 della Legge regionale). Ma la risposta a tale indubbia problematica appare più attenta alla semplificazione dell'attività del Comune, con l'alleggerimento delle previsioni degli strumenti di pianificazione territoriale e urbanistica dal richiamo e dalla riproduzione, totale o parziale, delle normative vigenti, in ogni ambito stabilite, tra cui le tecniche, le prescrizioni, gli indirizzi e le direttive *"stabilite dalla pianificazione sovraordinata, ed ogni altro atto normativo di settore, comunque denominato, avente incidenza sugli usi e le trasformazioni del territorio e sull'attività edilizia"* (art. 18 *bis*, c. 1), che con riguardo all'esercizio dell'attività edilizia da parte del cittadino, posto che l'Atto di coordinamento tecnico con cui la Regione deve individuare *"le disposizioni che trovano uniforme e diretta applicazione su tutto il territorio regionale"* si è trasformato in una elencazione di oltre 200 norme che *riguardano* l'attività edilizia (senza contare le prescrizioni di piano)[9].

Se anche i Comuni, attraverso lo Sportello unico, forniranno una adeguata e continua informazione ai cittadini sulla disciplina dell'attività edilizia vi-

---

[9] La difficoltà di reperire le fonti normative e regolamentari che costituiscono il corpus normativo delle regole tecniche dovrebbe trovare risposta nell'atto di coordinamento tecnico di cui al D.G.R. n. 994/2014 pubblicate sul BURERT n. 210 del 14 luglio 2014, recante *"Ricognizione delle disposizioni incidenti sugli usi e le trasformazioni del territorio e sull'attività edilizia, che trovano uniforme e diretta applicazione nel territorio della regione Emilia-Romagna"*, nel quale sono indicate le leggi, i regolamenti e le norme tecniche, statali e regionali, che non occorrerà che siano richiamati negli atti pianificatori, in ossequio al principio di non duplicazione delle fonti normative sovraordinate (art. 18 *bis* della L. reg. n. 20/2000) e su cui si baserà la modulistica unica per la Regione Emilia-Romagna.
Trattasi peraltro di una *prima ricognizione delle normative generali e di settore* (così nelle premesse della D.G.R. n. 994), che fa presagire che le norme indicate non sono tutte quelle che possono incidere sull'attività edilizia, con la conseguenza che il professionista ed il privato sono esposti alla mancata osservanza di norme che la stessa Regione non ha indicato nell'Atto di coordinamento.

gente, provvedendo anche alla pubblicazione sul sito informatico istituzionale degli strumenti urbanistici, approvati o adottati, delle relative varianti e di altre normative di settore aventi incidenza sulla disciplina dell'attività edilizia (così prevede l'art. 4, c. 7, L. reg. n. 15/2013) e se lo strumento per consentire una agevole consultazione da parte dei cittadini delle normative vigenti che trovano diretta applicazione in tutto il territorio regionale verrà messa a disposizione attraverso i siti web delle varie amministrazioni, con il testo vigente degli atti di propria competenza (lo dispone l'art. 18 *bis*, c. 3), si pone la questione della valenza giuridica di tale elencazione e della responsabilità dell'amministrazione nella indicazione di norme di cui chiede il rispetto, ed a cui il professionista attinge per il corretto esercizio dell'attività asseverativa e certificativa [10].

In merito all'ossequio delle prescrizioni contenute negli strumenti di pianificazione territoriale ed urbanistica "vigenti e adottati" (**c. 3, lett. b**), occorre richiamare i limiti entro cui la salvaguardia degli strumenti di pianificazione è operativa, potendo comunque gli interventi in corso essere eseguiti in variante, anche essenziale (art. 41, L. reg. n. 15/2013, che introduce l'art. 14 *bis* nella L. n. 23/2004), rispetto al titolo originario, di cui diventano parte integrante, con la consentita realizzazione se precedente all'adozione del piano.

Funzione di semplificazione al riguardo ha il richiamo alla Carta unica del territorio (c. 4) - già previsto dalla precedente disciplina regionale n. 31/2002 - come unico riferimento per la verifica di conformità alle prescrizioni contenute negli strumenti di pianificazione, sia per le normative sui vincoli paesaggistici, idrogeologici, ambientali e di tutela del patrimonio storico, artistico ed archeologico, gravanti sull'immobile (c. 3, lettera d), secondo le forme di

---

[10] In giurisprudenza: "La responsabilità della P.A. per illecito extracontrattuale - che può essere fatta valere dal privato con azione di risarcimento del danno davanti al G.O. - è astrattamente configurabile anche nella diffusione di informazioni inesatte, in quanto lede la posizione (meritevole di tutela) del privato in contatto con la P.A. di affidamento nella stessa, tenuto conto che questa deve ispirare la propria azione a regole di correttezza, imparzialità e buon andamento (art. 97, Cost.). Peraltro, per l'affermazione in concreto della sussistenza della responsabilità extracontrattuale della P.A., non può prescindersi dal requisito soggettivo richiesto dall'art. 2043 c.c., e cioè dall'accertamento della colpa (o del dolo), riferibile non già al funzionario agente, ma all'amministrazione come apparato" (Cassazione civile, sez. III, 9 febbraio 2004, n. 2424; vedi anche Cassazione civile, sez. III, 21 luglio 2011, n. 15992, in motivazione).

approvazione previste dall'articolo 19 della L. reg. n. 20/2000[11].

Peraltro l'indeterminatezza della disposizione in commento si coglie in particolare nell'obbligo del rispetto delle *discipline di settore* aventi incidenza sulla disciplina dell'attività edilizia **(c. 3, lett. c)**, atteso il rinvio doppiamente indeterminato, in quanto rivolto alla normativa tecnica "tra cui" quella indicata dall'art. 11, che, a sua volta, subordina l'attività edilizia alla conformità dell'intervento alla normativa tecnica vigente "tra cui" (quindi non tutti, ma tra gli altri) i requisiti antisismici, di sicurezza, antincendio, igienico-sanitari, di efficienza energetica, di superamento e non creazione delle barriere architettoniche, sensoriali e psicologico-cognitive (si veda il commento all'art. 11).

Sono quindi inconoscibili i limiti della disciplina tecnica, come detto sconfinata, che rende l'articolo inapplicabile, di dubbia costituzionalità, se la legge consiste in un precetto astratto ma preciso nell'indicare la fattispecie che regola [12].

Per quanto concerne le *"normative sui vincoli paesaggistici, idrogeologici, ambientali e di tutela del patrimonio storico, artistico ed archeologico"*, gravanti sull'immobile **(c. 3, lett. d)**, il richiamo è alle norme di fonte statale, per quanto di competenza, con la funzione ricognitiva della Carta unica del territorio, ove possibile, ai fini della verifica di conformità (c. 4).

4. Le attestazioni dei professionisti (c. 5).

Riguardando in generale la formazione dei titoli edilizi, la disposizione in commento ripropone, senza che ne sussistesse la necessità, la norma statale di semplificazione delle procedure amministrative che ha caratterizzato

---

[11] Per il commento all'art. 19 della L. reg. n. 20/2000 si veda F. GUALANDI, *Commento all'art. 19*, in La pianificazione urbanistica in Emilia-Romagna, a cura di B. GRAZIOSI, p. 79 e ss.

[12] La Corte costituzionale, con la sentenza n. 70/2013, segna un notevole passo avanti nel controllo giurisdizionale della qualità della legislazione, in quanto individua nella oscurità della disposizione un elemento decisivo ai fini della dichiarazione di incostituzionalità, in quel caso, della L. reg. Campania n. 13/2012. Si veda DAVIDE PARIS, in *Il Controllo del giudice costituzionale sulla qualità della legislazione nel giudizio in via principale*, in Le Regioni, 2013; C. TORESINI, in *La giustiziabilità delle regole di tecnica legislativa*, in www.Consiglio.regione.campania.it

le riforme intervenute negli ultimi venti anni e che seguono una linea di tendenza particolarmente marcata nella legislazione europea, mirata ad ampliare lo spazio della libertà di iniziativa economica, preferita rispetto ad interventi autorizzativi, ed anche per alleggerire il carico amministrativo, spesso ostacolo all'avvio dell'attività economica. Ciò è avvenuto con alcuni atti normativi[13] che dal 2011 hanno avviato un processo di sviluppo e di semplificazione finalizzato al rilancio dell'economia e dell'attività di impresa, che vede come ultimo passaggio il D.L. 22 giugno 2012 n. 83 (c.d. Decreto Sviluppo), convertito con modifiche nella L. 7 agosto 2012 n. 134[14], che è intervenuto sull'art. 19 della L. n. 241/1990 nell'ottica di rendere più celere il procedimento di avvio dell'attività economica e, per l'edilizia, sull'art. 23 del T.U. Edilizia, aggiungendo il comma 1 *bis*.

In questo solco si colloca la norma regionale in commento, che conferma l'intenzione del legislatore regionale[15] di individuare, da un lato, per i proce-

---

[13] Si vedano il D.L. n. 201/2011 (cd. decreto Salva Italia), il D.L. n. 1/2012, (cd. Decreto Cresci Italia), il D.L. n. 5/2012 (cd. decreto Semplifica Italia), a cui occorre aggiungere, per quanto nello specifico previsto, la L. 11 novembre 2011 n. 180, recante "Norme per la tutela della libertà d'impresa. Statuto delle imprese".

[14] L'art. 13 del Decreto sviluppo, dedicato alle *Semplificazioni in materia di autorizzazioni e pareri per l'esercizio dell'attivita' edilizia*, modifica in vari articoli la disciplina dettata dal T.U. Edilizia, al fine, oltre che di favorire l'attività d'impresa, di rimuovere gli ostacoli soprattutto di ordine procedurale riconducibili al coordinamento tra amministrazioni titolari di poteri istruttori o autorizzatori, competenti ad esprimersi sia nel caso di rilascio del titolo edilizio che di presentazione della SCIA. Sono state previste diverse semplificazioni per l'edilizia, intervenendo sul ruolo dello Sportello Unico per l'edilizia il quale unificherà competenze di varie amministrazioni (SCIA, D.I.A. o permesso di costruire) (art. 5 del T.U. Edilizia), con l'aggiunta di un nuovo intervento di edilizia libera per le imprese (art. 6, c. 2, lett. e-*bis*, T.U. Edilizia), oltre che sull'obbligo dell'amministrazione comunale di acquisire d'ufficio documenti, informazioni e dati (anche catastali) in possesso di altre pubbliche amministrazioni, con termine al 11 febbraio 2013 per l'adeguamento dei Comuni alle nuove disposizioni. La disposizione recepisce i principi dettati dalla L. 11 novembre 2011 n. 180 per facilitare l'avvio delle attività delle micro, piccole e medie imprese, e intende rendere del tutto autonomo il privato rispetto alle funzioni autorizzative ed istruttorie della pubblica amministrazione per l'avvio dell'attività oggetto di segnalazione certificata, anche nel caso in cui occorra un atto preventivo della P.A. il cui rilascio sia vincolato alla sola verifica dei presupposti di legge, secondo quanto prevede la L. n. 180/2011 (artt. 2 e 9) come principi generali che concorrono a definire lo statuto delle imprese e dell'imprenditore.

[15] L'art. 23 del T.U. Edilizia è norma di legge, e la semplificazione costituisce norma fondamentale a cui la Regione non pare possa sottrarsi *ex* art. 2 (L), tale per cui "*Le regioni esercitano la potestà legislativa concorrente in materia edilizia nel rispetto dei principi fondamentali*

dimenti che richiedono il preventivo rilascio del titolo edilizio, lo Sportello Unico per l'Edilizia (S.U.E.) come *"l'unico punto di accesso per il privato interessato in relazione a tutte le vicende amministrative riguardanti il titolo abilitativo e l'intervento edilizio oggetto dello stesso"* (stessa dicitura, sia per l'art. 5 del T.U. Edilizia, come modificato, che per l'art. 4, c. 4, della L. reg. n. 15/2013)[16] e, dall'altro lato, per gli interventi sottoposti a SCIA, indicando come unico referente il soggetto interessato alla presentazione della segnalazione, gravando sul professionista l'attività di verifica di conformità dell'intervento.

A tal fine la disposizione in commento - *"l'acquisizione di atti o pareri di organi o enti appositi, ovvero l'esecuzione di verifiche preventive"*, sono *"comunque sostituiti dalle autocertificazioni, attestazioni e asseverazioni o certificazioni di tecnici abilitati"*, che devono ciò attestare rispetto *"alla sussistenza dei requisiti e presupposti previsti dalla legge, dagli strumenti urbanistici approvati o adottati e dai regolamenti edilizi, da produrre a corredo del titolo"* - che la norma regionale usa significativamente gli stessi termini dell'art. 19, c. 1, L. n. 241/1990 e dell'art. 23 *bis* del T.U. Edilizia, è duplicata da quanto previsto nell'ambito della procedura per la presentazione della SCIA (art. 14, c. 2), quale documentazione da presentare ai fini del rilascio del titolo.

Si conferma il ribaltamento del rapporto tra cittadino ed amministrazione, apparentemente motivato dalla necessità di rendere accessibile, in questo caso, l'attività edilizia, in effetti finalizzato ad alleggerire le funzioni di controllo da parte della P.A. per attività caratterizzate dall'assenza di valutazioni tecnico-discrezionali[17].

---

della legislazione statale desumibili dalle disposizioni contenute nel testo unico".

[16] La completa elencazione degli assensi è contenuta nell'art. 5, c. 3 del T.U. Edilizia. La norma viene rafforzata dalla previsione secondo cui le amministrazioni competenti ai fini del rilascio o della formazione dei titoli abilitativi in materia edilizia, sono tenute ad **acquisire d'ufficio i documenti**, le informazioni e i dati, compresi quelli catastali, che *"siano in possesso delle pubbliche amministrazioni e non possono richiedere attestazioni o perizie sulla veridicità e sull'autenticità di tali documenti, informazioni e dati"* (art. 9 *bis* del T.U. Edilizia, introdotto dalla L. n. 134/2012).

[17] Di conseguenza l'esercizio dell'attività non trova più il suo titolo legittimante in un provvedimento amministrativo comunque denominato, bensì direttamente nella legge, di talché *"i poteri autorizzatori ordinariamente spettanti all'amministrazione si trasformano in meri poteri di vigilanza, controllo e repressione delle attività realizzate contra legem (seppur sulla base*

La problematicità della norma è insita nel fatto che la stessa non prevede una facoltà ma stabilisce un obbligo per il privato, atteso che *"comunque"*, quindi in ogni caso, occorrerà accedere alla sostituzione, posto che non è previsto che lo stesso sia diversamente acquisito dall'amministrazione.

Peraltro, la norma prevede settori esclusi da tale "obbligo" sostitutivo, e se risponde al rispetto di interessi particolarmente tutelati dall'ordinamento, garantiti dal preventivo intervento autorizzativo o istruttorio dell'amministrazione, l'impossibilità di sostituire atti o pareri o verifiche preventive nei casi in cui sussistano *"vincoli ambientali, paesaggistici o culturali"* **(lett. a)** nonché di quelli previsti dalla *"normativa per le costruzioni in zone sismiche"* **(lett. c)** o atti imposti dalla normativa comunitaria **(lett d)**, lascia perplessi la previsione secondo cui la esclusione riguardi ambiti del tutto estranei all'edilizia, come *"l'immigrazione, l'asilo, la cittadinanza, l'amministrazione della giustizia, l'amministrazione delle finanze, ivi compresi gli atti concernenti le reti di acquisizione del gettito, anche derivante dal gioco"* **(lett. b)**, i cui atti non occorre che siano rilasciati per l'avvio di una manutenzione o di una ristrutturazione edilizia.

La norma regionale non dice quali atti, pareri o verifiche preventive sono *"comunque"* oggetto di sostituzione da parte del privato, né compie al riguardo alcun rinvio ad un atto regionale di coordinamento tecnico da adottarsi ai sensi dell'art. 12, più che mai necessario in questo caso, dovendosi confidare nelle previe indicazioni dello Sportello Unico Attività Produttive (S.U.A.P.) o dello Sportello Unico Edilizia (S.U.E).

Di certo, secondo il testo della norma, deve trattarsi di una mera verifica di parametri normativi e regolamentari che non richiedono l'esercizio di discrezionalità tecnica o amministrativa, da compiersi in sostituzione della P.A.

---

di una D.I.A., regolarmente presentata)". Così, in dottrina, G. CIAGLIA, *La D.I.A. in campo edilizio dopo la L. n. 80/2005*, in Giornale di diritto amministrativo, n. 8/2006, 873. Cfr., G. FONDERICO, *Il nuovo tempo del procedimento, la D.I.A. ed il silenzio-assenso*, in Giornale di diritto amministrativo, fasc. 10/2005, che in proposito ha osservato: *"La nozione di "liberalizzazione" non ha mai avuto il significato esclusivo di eliminazione di ogni controllo amministrativo su un'attività economica. Né essa si ricollega ad uno specifico regime di ingresso sul mercato. Nella prassi, al contrario, se ne fa un uso spurio, che va dall'abolizione delle riserve di attività ex art. 43 Cost., al mutamento dei requisiti per il rilascio dei titoli abilitativi, al passaggio al regime di d.i.a. o, come nel diritto comunitario, di autorizzazione generale, all'abolizione, infine, di ogni genere di controllo all'ingresso"*.

La questione è comunque complessa in edilizia, ove avviene l'applicazione di normative a volte inconoscibili, oltre che differentemente interpretabili[18]. Al riguardo, fatta salva la disciplina regionale, può soccorrere l'elencazione riportata nell'art. 5, c. 3, del T.U. Edilizia, come modificato dalla L. n. 134/2012, per quanto il S.U.E deve acquisire direttamente o tramite conferenza di servizi per il rilascio del permesso di costruire [19].

---

[18] Ad esempio la misurazione di altezze dei fabbricati può comportare risultati differenti a seconda di differenti norme di piano anche tra Comuni limitrofi.

[19] L'art. 5, c. 3, T.U. Edilizia, come sostituito, prevede che nel novero degli assensi ai fini del rilascio del permesso di costruire, rientrano:

  a) il parere della Azienda Sanitaria Locale (A.S.L.), nel caso in cui non possa essere sostituito da una dichiarazione ai sensi dell'art. 20, c. 1;

  b) il parere dei vigili del fuoco, ove necessario, in ordine al rispetto della normativa antincendio;

  c) le autorizzazioni e le certificazioni del competente ufficio tecnico della regione, per le costruzioni in zone sismiche di cui agli artt. 61, 62 e 94;

  d) l'assenso dell'amministrazione militare per le costruzioni nelle zone di salvaguardia contigue ad opere di difesa dello Stato o a stabilimenti militari, di cui all'art. 333 del codice dell'ordinamento militare, di cui al D. Lgs. 15 marzo 2010, n. 66;

  e) l'autorizzazione del direttore della circoscrizione doganale in caso di costruzione, spostamento e modifica di edifici nelle zone di salvaguardia in prossimita' della linea doganale e nel mare territoriale, ai sensi e per gli effetti dell'art. 19 del D. Lgs. 8 novembre 1990, n. 374;

  f) l'autorizzazione dell'autorita' competente per le costruzioni su terreni confinanti con il demanio marittimo, ai sensi e per gli effetti dell'art. 55 del codice della navigazione;

  g) gli atti di assenso, comunque denominati, previsti per gli interventi edilizi su immobili vincolati ai sensi del codice dei beni culturali e del paesaggio, di cui al D. Lgs. 22 gennaio 2004, n. 42, fermo restando che, in caso di dissenso manifestato dall'amministrazione preposta alla tutela dei beni culturali, si procede ai sensi del medesimo codice;

  h) il parere vincolante della Commissione per la salvaguardia di Venezia, ai sensi e per gli effetti dell'art. 6 della L. 16 aprile 1973, n. 171, e successive modificazioni, salvi i casi in cui vi sia stato l'adeguamento al piano comprensoriale previsto dall'art. 5 della stessa legge, per l'attività edilizia nella laguna veneta nonché nel territorio dei centri storici di Chioggia e di Sottomarina e nelle isole di Pellestrina, Lido e Sant'Erasmo;

  i) il parere dell'autorità competente in materia di assetti e vincoli idrogeologici;

  l) gli assensi in materia di servitù viarie, ferroviarie, portuali e aeroportuali;

  m) il nulla osta dell'autorità competente ai sensi dell'art. 13 della L. 6 dicembre 1991, n. 394, in materia di aree naturali protette"

Al riguardo è il caso di rilevare che la norma (art. 5, c. 3, lett a) del T.U. Edilizia prevede che il parere della azienda sanitaria locale (A.S.L.) può essere sostituito da una dichiarazione ai sensi dell'art. 20, c. 1, T.U. Edilizia (anch'esso modificato dalla L. n. 134/2012) ai sensi del quale il progettista abilitato deve asseverare la conformità del progetto, tra l'altro, alle norme "igieni-

Comunque, dubbia appare la finalità semplificatoria della norma per il professionista scrupoloso che si assumerà la responsabilità di certificare, attestare, asseverare il rispetto di discipline spesso di difficile e contrastata interpretazione, mentre è certo che, per i procedimenti attivati su domanda dell'interessato, risulta alleviata la responsabilità dei pubblici funzionari per i ritardi nella emissione di atti dovuti entro termini di legge (che può causare l'attivazione di una procedura sostitutiva, danni erariali e risarcimenti *ex* artt. 2, c. 8 e ss., e 2 *bis*, L. n. 241/1990), che, eventualmente, in questo caso vengono emessi senza termini decadenziali (ai fini sanzionatori, come noto imprescrittibili) quale verifica delle attestazioni e delle certificazioni rese dal professionista[20].

La sostituzione dell'atto o del parere o della verifica preventiva di competenza dell'amministrazione preposta chiaramente aggrava le responsabilità di colui che compie una tale attività di "supplenza amministrativa", con le conseguenze anche di ordine penale che ciò comporta. Se in questo caso il professionista, nel momento in cui sostituisce un parere della P.A., non viene dalla norma qualificato *"esercente un servizio di pubblica necessità - come*

---

co-sanitarie, nel caso in cui la verifica in ordine a tale conformità non comporti valutazioni tecnico-discrezionali". Questo ad ulteriore conferma che le "verifiche preventive" eventualmente occorrenti in forza della normativa vigente, potranno essere sostituite dalla dichiarazione del privato, tramite il professionista, solo se riferite alla mera verifica di parametri normativi.

[20] L'esternalizzazione di pubbliche funzioni attribuite per legge, per completare e rendere del tutto autonomo da preventivi interventi autorizzatori o istruttori della P.A. l'avvio dell'iniziativa economica avviene già con le *"Agenzie per le imprese"*, quali soggetti privati accreditati e quindi verificati dal Ministero dello sviluppo economico (art. 38, c. 4, D.L. n. 112/2008 e D.P.R. n. 159/2010), cui è affidata *"l'attestazione della sussistenza dei requisiti previsti dalla normativa per la realizzazione, la trasformazione, il trasferimento, e la cessazione dell'esercizio dell'attività di impresa"* (art. 38, c. 3, D.L. n. 112/2008 e D.P.R. n. 159/2010), con emanazione, nei casi previsti, di una certificazione che sostituisce l'autorizzazione amministrativa. Analoga disposizione la ritroviamo nell'art. 7, c. 5, della L. reg. n. 15/2013, ultimo capoverso, ai sensi del quale *"Limitatamente alle modifiche interne di carattere edilizio sulla superficie coperta dei fabbricati adibiti ad esercizio d'impresa (c. 4, lett. b) e alle modifiche della destinazione d'uso senza opere, tra cui quelle dei locali adibiti ad esercizio d'impresa, che non comportino aumento del carico urbanistico (c. 4, lett. c), in luogo delle asseverazioni dei professionisti possono essere trasmesse le dichiarazioni di conformità da parte dell'Agenzia per le imprese di cui all'articolo 38, c. 3, lettera c), del decreto-legge 25 giugno 2008, n. 112 (Disposizioni urgenti per lo sviluppo economico, la semplificazione, la competitività, la stabilizzazione della finanza pubblica e la perequazione tributaria), convertito, con modificazioni, dalla legge 6 agosto 2008, n. 133, relative alla sussistenza dei requisiti e dei presupposti di cui al presente comma"*.

per la SCIA in edilizia, *ex* art. 29 del T.U. Edilizia - peraltro l'ottenimento di un titolo sulla base di una dichiarazione richiesta per legge da parte di soggetti a ciò titolati comporta per il codice penale una tale qualifica e, quindi, una conseguente responsabilità[21], senza dimenticare le norme sanzionatorie dettate dall'art. 19, c. 6, della L. n. 241/1990[22] e dall'art. 21, c. 1, L. n. 241/1990[23] in caso di *dichiarazioni mendaci o di false attestazioni*, anche da parte del privato[24]. Senza contare che la previsione *"salve le verifiche successive degli organi e della amministrazioni competenti"*, da ultimo prevista nel comma in commento, costituisce una spada di Damocle che penderà sul privato e sul professionista, esposti ad accertamenti e sanzioni ai fini del divieto di prosecuzione dell'attività e di rimozione degli eventuali effetti dannosi di essa[25].

---

[21] In materia di falso, la relazione d'asseverazione del progettista allegata alla denuncia d'Inizio d'Attività Edilizia (D.I.A.) ha natura di "certificato", sicché risponde del delitto previsto dall'art. 481 c.p. il professionista che redige la suddetta relazione di corredo, attestando, contrariamente al vero, la conformità agli strumenti urbanistici (Cassazione penale, sez. III, 21 ottobre 2008, n. 1818, dep. 19 gennaio 2009).

[22] L'art. 19, c. 6, L. n. 241/1990, prevede che *"Ove il fatto non costituisca piu' grave reato, chiunque, nelle dichiarazioni o attestazioni o asseverazioni che corredano la segnalazione di inizio attivita', dichiara o attesta falsamente l'esistenza dei requisiti o dei presupposti di cui al comma 1 è punito con la reclusione da uno a tre anni"*.

[23] L'art. 21, c. 1, L. n. 241/1990, prevede: *"Con la denuncia o con la domanda di cui agli articoli 19 e 20 l'interessato deve dichiarare la sussistenza dei presupposti e dei requisiti di legge richiesti. In caso di dichiarazioni mendaci o di false attestazioni non è ammessa la conformazione dell'attività e dei suoi effetti a legge o la sanatoria prevista dagli articoli medesimi ed il dichiarante è punito con la sanzione prevista dall'articolo 483 del codice penale, salvo che il fatto costituisca più grave reato"*. L'art. 483 c.p., recante *"Falsità ideologica commessa dal privato in atto pubblico"*, prevede che *"Chiunque attesta falsamente al pubblico ufficiale, in un atto pubblico, fatti dei quali l'atto è destinato a provare la verità, è punito con la reclusione fino a due anni"*.

[24] In merito al rapporto tra le due norme sanzionatorie si potrebbe dire che, per quanto concerne la SCIA, la prima abbia assorbito la seconda. Senonché l'art. 21 punisce la medesima fattispecie ai sensi dell'art. 483 c.p., che riguarda la *falsità ideologica commessa dal privato in atto pubblico*, dovendosi necessariamente qualificare come *"atti pubblici"* le dichiarazioni e le attestazioni del privato depositate all'amministrazione ai fini dell'avvio dell'attività.

[25] Sul tema dell'intervento sanzionatorio del Comune dopo la presentazione della SCIA, si veda G. STRAZZA, *La S.C.I.A. e il controllo successivo esercitato dalla pubblica amministrazione: problematiche non solo definitorie (nota a marine della sentenza T.A.R. Lazio, Roma, sez. II, 31 gennaio 2014 n. 350)*, in Riv. Giur. Edil. Marzo -Aprile 2014, p. 370. L'autore afferma che *"l'attuale quadro, normativo e giurisprudenziale, circa il potere di controllo esercitabile ex post dall'amministrazione in caso di d.i.a/s.c.i.a., appare, dunque, privo di coordinate, così da rendere particolarmente gravosa la posizione del privato"*.

Ciò sempre che non si ritenga che l'avverbio *"successivamente"* riferito alle verifiche degli organi e delle amministrazioni competenti, non richiamando la disposizione che prevede il detto limite temporale, possa far ritenere che le suddette verifiche possano intervenire *sine die*, ferme restando peraltro le sanzioni previste in caso di false dichiarazioni o attestazioni.

5. La sospensione dell'efficacia del titolo (c. 6).

L'ipotesi della sospensione dell'efficacia del titolo abilitativo viene qui prevista per l'ipotesi regolata dal D. Lgs. 9 aprile 2008 n. 81, c. 10, dall'art. 90, che stabilisce tale inefficacia temporanea nei casi di *"assenza del piano di sicurezza e di coordinamento di cui all'articolo 100 o del fascicolo di cui all'articolo 91, comma 1, lettera b), quando previsti, oppure in assenza di notifica di cui all'articolo 99, quando prevista oppure in assenza del documento unico di regolarità contributiva delle imprese o dei lavoratori autonomi"* [26]. La stessa disposizione regionale non fa riferimento anche all'ulteriore caso di sospensione dell'efficacia del titolo di cui all'art. 12 della L. reg. 26 novembre 2010, n. 11, pur richiamato nel successivo art. 18, c. 12, L. reg. n. 15/2013 per gli interventi soggetti al premesso di costruire.

La disposizione in commento condiziona l'efficacia (non il rilascio) del titolo edilizio all'avvenuta comunicazione da parte del committente alla pubblica amministrazione, *prima dell'inizio dei lavori*, del certificato di regolarità

---

[26] L'art. 3 del D. Lgs. 14 agosto 1996, n. 494, recante "Attuazione della direttiva 92/57/CEE concernente le prescrizioni minime di sicurezza e di salute da attuare nei cantieri temporanei o mobili", che si occupa degli "Obblighi del committente o del responsabile dei lavori", veniva modificato e integrato dall'art. 86 del D. Lgs. 10 settembre 2003, n. 276, recante "Attuazione delle deleghe in materia di occupazione e mercato del lavoro, di cui alla legge 14 febbraio 2003, n. 30" (c.d. legge Biagi). In particolare, al comma 8 del citato articolo venivano aggiunte le lettere b-bis) e b-ter) che introducevano l'obbligo per il Committente o il responsabile dei lavori di chiedere alle imprese esecutrici una dichiarazione dell'organico medio annuo e un certificato di regolarità contributiva relativa ai dipendenti delle stesse, il tutto da inviarsi all'amministrazione concedente. Sulla disposizione di cui alla citata lettera b-ter), dell'art. 3, c. 8, del D. Lgs. n. 494/1996, come modificato, è ulteriormente intervenuto il legislatore con l'aggiunta - qui esaminata - introdotta dall'art. 20, c. 2, del D. Lgs. n. 251/2004 che prevede *"la sospensione dell'efficacia del titolo abilitativo"* all'intervento edilizio nel caso di *"assenza della certificazione della regolarità contributiva, anche in caso di variazione dell'impresa esecutrice dei lavori"*.

contributiva dell'impresa che realizza l'intervento, onerando quindi il titolare dello *ius edificandi* del controllo circa l'adempimento degli obblighi contributivi previdenziali a carico dell'esecutore.

Al riguardo si ripropone la questione della legittimità di una normazione che, per il perseguimento di interessi pubblici differenti rispetto al settore dell'edilizia e riconducibile nell'alveo delle disposizioni in materia di sicurezza dei cantieri volta a perseguire l'emersione del cosiddetto lavoro sommerso, interviene ed aggrava l'esercizio dello *ius edificandi* oggetto del titolo abilitante legittimamente rilasciato o presentato[27], subordinandolo alla verifica degli adempimenti contributivi da parte di un soggetto altro dal titolare dello stesso diritto, pena le conseguenze connesse all'inefficacia del titolo all'esecuzione dei lavori[28].

---

[27] Il legislatore adopera la modalità di condizionare l'esercizio di diritti anche costituzionalmente garantiti alla verifica dell'adempimento degli oneri contributivi. Si ricorderà che l'art. 7 della L. n. 431/1998 introduceva quale condizione per la messa in esecuzione del provvedimento di rilascio di immobili adibiti ad uso abitativo la dimostrazione della regolarità fiscale del rapporto di locazione e dei redditi percepiti dall'immobile oggetto del rapporto stesso. Il tutto ai fini dell'emersione del sommerso fiscale del reddito conseguente.
In quel caso interveniva la Corte Costituzionale (sentenza n. 333 del 5 ottobre 2001), evidenziando la necessaria distinzione tra gli oneri imposti allo scopo di assicurare al processo uno svolgimento conforme alla sua funzione ed alle sue esigenze e gli oneri tendenti, invece, al soddisfacimento di interessi del tutto estranei alle finalità processuali. Si affermava che l'impedimento di carattere fiscale alla tutela giurisdizionale dei diritti, introdotto dalla norma denunciata, si poneva in contrasto con l'art. 24, c. 1, della Costituzione e comportava la declaratoria di illegittimità costituzionale della norma stessa.
[28] L'adempimento non appare possa essere facilitato dal ricorso all'autocertificazione da parte delle stesse imprese esecutrici. Al riguardo è intervenuto il Ministero del Lavoro e delle Politiche Sociali che ha ritenuto non conforme ai principi ispiratori della disposizione la possibilità di autocertificare la regolarità contributiva da parte delle stesse imprese che svolgono lavori privati, in quanto ciò vanificherebbe la finalità di contrasto del fenomeno del lavoro sommerso a cui il documento è rivolto. Con la Lettera circolare del 14 luglio 2004 inviata dal Ministero del Lavoro e delle Politiche Sociali all'A.N.C.I. viene chiarito che la verifica della regolarità contributiva comporta un accertamento di ordine tecnico che non può essere demandato al dichiarante ma occorre che sia effettuato necessariamente dagli Istituti e dai soggetti privati incaricati della riscossione dei contributi obbligatori. Nella nota esplicativa il Ministero rileva che l'unico ambito di attività che esula dall'applicazione della disciplina sul rilascio del D.U.R.C. appare quella dei lavori in economia realizzati direttamente da privati, ciò desumendosi dal fatto che l'articolo citato fa esplicito riferimento alle *imprese*, nel cui ambito non rientrano i *soggetti privati* che realizzano lavori edili direttamente e per proprio conto.

La sospensione dell'efficacia del titolo in assenza del suddetto documento pone la questione degli effetti che ciò produce sui termini di efficacia della legittimazione all'esecuzione, sulla sussistenza delle ragioni per la richiesta di proroga degli stessi termini, oltre che sugli aspetti sanzionatori inerenti le opere eseguite durante il periodo di sospensione.

Per quest'ultimo aspetto sono chiare le differenti finalità cui sono rivolti il titolo edilizio ed il documento fiscale, con il sotteso diverso bene giuridico tutelato; quindi, la certificazione di regolarità contributiva non costituisce un requisito della fattispecie ma solo una condizione di efficacia della stessa, con il titolo abilitativo che si è perfezionato ma che non spiega i suoi effetti.

Per cui, atteso che l'assenza di titolo edilizio non ha come riferimento la regolarità contributiva dell'esecutore ma attiene al controllo dell'amministrazione sull'attività edilizia, ne consegue che i lavori eseguiti in presenza di titolo inefficace, per omessa presentazione del D.U.R.C., possono essere sospesi ma è illegittima l'applicazione delle sanzioni previste per l'attività edilizia realizzata in assenza di titolo abilitativo [29]. Ciò in particolare per la sanzione prevista per le opere realizzate in assenza o difformità di D.I.A. / SCIA in quanto il principio di tipicità impedisce che tale fattispecie possa applicarsi anche alla diversa ipotesi di lavori iniziati in assenza di D.U.R.C., così come la mancata presentazione del medesimo documento da parte del committente o del responsabile dei lavori appaltati, prima che abbiano inizio i lavori oggetto del permesso di costruire o della denuncia di inizio attività, non rientra tra le prescrizioni la cui inosservanza integra il reato di cui all'art. 44, c. 1, lett. a), D.P.R. n. 380/2001[30].

In secondo luogo, un generale richiamo dei principi che regolano la materia edilizia conduce inevitabilmente ad interrogarsi sull'impatto della prescrizione in esame sui termini di efficacia del titolo abilitativo (art. 16, c. 1, L. reg. n. 15/2013 per la SCIA, e art. 19, c. 3, per il p.d.c.).

È noto, per consolidata giurisprudenza, che la proroga dei termini di efficacia del titolo può avvenire per fatti estranei alla volontà del legittimato (cd. *factum principis)* che non abbia potuto iniziare o ultimare i lavori nei termini prescritti, richiamandosi all'uopo quelle situazioni in cui il fatto generatore

---

[29] Si veda T.A.R. Liguria Genova, sez. I, 12 luglio 2013, n. 1061.
[30] Si veda Cassazione penale, sez. III, 27 aprile 2011, n. 21780.

del ritardo e dell'eventuale proroga sia provocato da una pubblica autorità (sequestro penale del cantiere) o sia determinato da causa di forza maggiore (come il contenzioso giudiziario riguardante il terreno oggetto di concessione edilizia [31], o l'esecuzione immobiliare promossa sul medesimo terreno [32]), con ogni nota conseguenza in ordine a prescrizioni urbanistiche nel frattempo intervenute.

In tale contesto occorre oggi inserire le disposizioni della L. reg. n. 15/2013 (art. 16, c. 2, e art. 19, c. 3, al cui commento si rinvia) che consentono la proroga dei termini anteriormente alla scadenza, con *"comunicazione motivata da parte dell'interessato"*.

A parte la discrezionalità, senza limiti, del S.U.E nel valutare i motivi della richiesta da sottoporre a giudizio di legittimità in caso di violazione di principi generali di correttezza dell'agire della P.A., occorrerà verificare se l'assenza della documentazione sia riconducibile ad una circostanza estranea alla volontà del titolare dello *ius edificandi,* come ad esempio, nel caso in cui il rilascio del D.U.R.C. da parte degli enti competenti non avvenga nei termini di legge, non potendo ciò incidere sul diritto del legittimato ad usufruire dell'intero lasso di tempo consentito per l'esecuzione dei lavori. Come può anche accadere che l'impresa esecutrice modifichi in corso d'opera il numero dei propri addetti senza darne comunicazione, ingenerando una sospensione dell'efficacia del titolo non riconducibile alla responsabilità del committente.

Domenico Lavermicocca

---

[31] Si veda Consiglio Stato, sez. V, 13 maggio 1996, n. 535, in Giur. it. 1996, III,1, 670.

[32] T.A.R. Lazio Latina, 3 ottobre 1987, n. 752, in Foro amm. 1988, 642. Altra giurisprudenza riassume nei seguenti termini i principi che presiedono alla concessione della proroga: *"in materia di concessione edilizia, la domanda di proroga del termine di ultimazione dei lavori stabilito nella concessione deve fondarsi su circostanze sopravvenute ed estranee alla volontà del concessionario, che abbiano reso obiettivamente impossibile concludere l'attività edificatoria (nella fattispecie è stata presa in considerazione ai fini della proroga del termine il sequestro penale del cantiere, poi dissequestrato, e la successiva necessità di definizione di nuove condizioni contrattuali per l'appalto delle opere).* (Consiglio Stato, sez. V, 1 marzo 1993, n. 300, in Foro amm. 1993, 438; Cons. Stato 1993, I, 343 (s.m.).

Art. 10.
Procedure abilitative speciali

1. Non sono soggetti ai titoli abilitativi di cui all'articolo 9:
   a) le opere, gli interventi e i programmi di intervento da realizzare a seguito della conclusione di un accordo di programma, ai sensi dell' articolo 34 del decreto legislativo 18 agosto 2000, n. 267 (Testo unico delle leggi sull'ordinamento degli enti locali) e dell'articolo 40 della legge regionale n. 20 del 2000, a condizione che l'amministrazione comunale accerti che sussistono tutti i requisiti e presupposti previsti dalla disciplina vigente per il rilascio o la presentazione del titolo abilitativo richiesto;
   b) le opere pubbliche, da eseguirsi da amministrazioni statali o comunque insistenti su aree del demanio statale, da realizzarsi dagli enti istituzionalmente competenti;
   c) le opere pubbliche di interesse regionale, provinciale e comunale, a condizione che la validazione del progetto, di cui all'articolo 112 del decreto legislativo del 12 aprile 2006, n. 163 (Codice dei contratti pubblici relativi a lavori, servizi e forniture in attuazione delle direttive 2004/17/CE e 2004/18/CE), contenga il puntuale accertamento di conformità del progetto alla disciplina dell'attività edilizia di cui all'articolo 9, comma 3, della presente legge.
2. Per le opere pubbliche di cui al comma 1, lettere a), b) e c) non trova applicazione il procedimento per il rilascio del certificato di conformità edilizia e di agibilità, di cui agli articoli da 23 a 26. Il medesimo procedimento si applica per le opere private eventualmente approvate con l'accordo di programma di cui al comma 1, lettera a).
3. La Regione, con atto di indirizzo di cui all'articolo 12, può individuare le informazioni circa gli elementi essenziali delle opere pubbliche di cui al comma 1 da comunicare all'amministrazione comunale, al fine di assicurare la conoscenza delle realizzazioni e delle trasformazioni del patrimonio pubblico.
4. Sono fatte salve la Procedura Abilitativa Semplificata (PAS), di cui all'articolo 6 del decreto legislativo 3 marzo 2011, n. 28 (Attuazione della direttiva 2009/28/CE sulla promozione dell'uso dell'energia da fonti rinnovabili, recante modifica e successiva abrogazione delle direttive 2001/77/CE e 2003/30/CE), e la comunicazione per gli impianti alimentati da energia rinnovabile, nonché ogni altra procedura autorizzativa speciale prevista dalle discipline settoriali che consente la trasformazione urbanistica ed edilizia del territorio.

COMMENTO

Sommario: 1. Premessa - 2. Le opere, gli interventi ed i programmi oggetto di accordo di programma (c. 1, lett. a) - 3. Le opere pubbliche statali (c. 1, lett. b) - 4. Le opere pubbliche di interesse regionale, provinciale e comunale

(c. 1, lett. c) - 5. Il certificato di conformità edilizia e di agibilità (c. 2) - 6. La P.A.S. e le norme di settore (c. 3).

1. Premessa.

L'articolo, che definisce *"Procedure abilitative speciali"* quelle che l'art. 7 del D.P.R. n. 380/2001 (di seguito T.U. Edilizia) regola come *"Attività edilizia delle pubbliche amministrazioni"* e che l'art. 7 della previgente L. reg. n. 31/2002 genericamente titolava *"Ambito di applicazione"* con riferimento ai titoli edilizi, tratta delle opere pubbliche realizzate dalle pubbliche amministrazioni o dagli enti istituzionalmente competenti (e da privati nell'ambito della procedura di accordo di programma, *ex* art. 40, L. reg. n. 20/2000), sottoposte ad una procedura autorizzatoria *"speciale"* per quanto inerente la verifica di compatibilità dell'intervento pubblico alle norme edilizie. Tale controllo non avviene, come per le opere private, attraverso il rilascio o la presentazione del titolo edilizio, ma mediante una validazione o una verifica di conformità alle norme urbanistiche ed edilizie da parte dell'amministrazione comunale[1], istituzionalmente preposta al controllo del territorio[2].

L'affrancamento delle opere pubbliche dagli ordinari titoli edilizi non esenta dal rispetto delle altre disposizioni del T.U. Edilizia e non implica anche la loro esenzione dal rispetto della disciplina urbanistica sostanziale, la cui eventuale violazione comporta l'applicabilità tanto delle sanzioni amministrative

---

[1] Si veda F. SALVIA, F. TERESI, *Sulla trasformazione della funzione del provvedimento edilizio da accertamento di conformità urbanistica valutazione di compatibilità dell'intervento con l'assetto territoriale in atto o con quello prevedibile in fieri, nelle ipotesi in cui l'opera pubblica non trovi una precisa collocazione nello strumento urbanistico,* in Diritto urbanistico, Padova, 2002, 247.

[2] In materia di edilizia, anche le opere eseguite dai Comuni sono soggette all'obbligo di conformarsi alle disposizioni urbanistiche vigenti e ai relativi controlli, salvo restando che, per effetto dell'art. 7, t.u. 6 giugno 2001 n. 380 e della contestuale abrogazione del D.L. 5 ottobre 1993 n. 398 e successive modifiche, per dette opere non è richiesto il previo rilascio del permesso di costruire, cui deve ritenersi equipollente, infatti, la delibera del Consiglio o della Giunta comunale accompagnata da un progetto riscontrato conforme alle prescrizioni urbanistiche ed edilizie (Conferma Tar Emilia-Romagna, sez. I, n. 167 del 2012) (Consiglio di Stato, sez. V, 05 novembre 2012, n. 5589, in Foro amm. CDS 2012, 11, 2872 (s.m.).

quanto delle sanzioni penali previste dal medesimo T.U. Edilizia[3].

Già nel sistema della legge urbanistica (artt. 29 e 31, L. n. 1150/1942, fatti salvi dall'ultimo comma dell'art. 9 della L. n. 10/1977) le opere pubbliche di interesse statale non richiedevano il previo rilascio degli ordinari titoli abilitativi in quanto era sufficiente un accertamento di conformità con gli strumenti urbanistici vigenti effettuato dal Ministro dei lavori pubblici[4]. Successivamente, per effetto dell'art. 81, D.P.R. 24 luglio 1977 n. 616, l'accertamento di conformità del Ministro dei lavori pubblici venne sostituito con l'accertamento di conformità con gli strumenti urbanistici vigenti da effettuarsi dallo Stato d'intesa con la Regione interessata[5].

---

[3] Integra il reato previsto dall'art. 44, D.P.R. 6 giugno 2001 n. 380 la realizzazione di opere da parte dei comuni in difformità dalle previsioni degli strumenti urbanistici, anche nel caso in cui sia stata perfezionata la procedura di validazione del progetto (art. 7 del citato D.P.R. n. 380 del 2001), che è sostitutiva del permesso di costruire (Cassazione penale, sez. III, 22 maggio 2012, n. 40115).
In passato, una precedente giurisprudenza di legittimità aveva desunto la non riconducibilità delle opere edilizie realizzate dalle amministrazioni statali alle fattispecie penali previste dall'allora vigente art. 20, L. n. 47 del 1985 (Cass. pen., sez. III, 23 giugno 1994, n. 7275). Il che era motivato dalla non necessità della concessione edilizia per le opere in parola, atteso che il sistema delle sanzioni penali per gli illeciti edilizi era, ed è ancora adesso, essenzialmente fondato sulla mancanza o difformità dalla concessione.

[4] Nella vigenza dell'art. 29 della L. n. 1150 del 1942 la giurisprudenza era concorde nel ritenere che, a seguito del giudizio di conformità, lo Stato potesse procedere all'esecuzione dei lavori senza dover sottostare ad ulteriori controlli da parte dei Comuni e, pertanto, senza premunirsi della licenza edilizia (Cass., Sez. Un., ord. 7 luglio 1977 n. 573; Cass. pen., III, 5 febbraio 1973; Cons. Stato, VI, 11 marzo 1980 n. 299; T.A.R. Liguria 4 marzo 1982 n. 129; T.A.R. Lombardia 11 gennaio 1978 n. 19; T.A.R. Abruzzo 17 dicembre 1975 n. 255). Al riguardo si veda: L'accertamento della conformità di opere di edilizia statale non comportanti modificazioni urbanistiche spetta allo Stato, ai sensi dell'art. 81, D.P.R. 24 luglio 1977 n. 616, non sussistendo alcuna limitazione oggettiva all'accertamento di conformità che l'art. 29, L. 17 agosto 1942 n. 1150, richiede per tutte le opere da eseguirsi da amministrazioni statali fermo l'obbligo di tali amministrazioni di inviare specifica relazione su tali interventi, corredata da planimetria, ai sindaci dei comuni nel cui territorio essi devono essere realizzati (Consiglio di Stato, sez. II, 25 ottobre 1989, n. 622).

[5] In tale prospettiva, la medesima norma innovativamente prescriveva che l'accertamento di conformità andasse fatto dallo Stato, non più in via esclusiva, bensì "d'intesa con la Regione interessata" (c. 2) e che il superamento dell'eventuale difformità dell'opera pubblica statale rispetto al sistema della pianificazione territoriale fosse possibile attraverso il raccordo Stato-Regione con il coinvolgimento degli enti locali territorialmente interessati dall'intervento (c. 3), fermo restando, in caso di esito negativo, il potere dell'autorità statale di assumere le determinazioni finali mediante la procedura "rinforzata" ai sensi del c. 4 dello stesso art. 81 (de-

Anche in detto sistema l'accertamento (questa volta congiunto) di conformità ai sensi del comma 2 dell'art. 81 del D.P.R. n. 616/77 era sostitutivo della concessione edilizia, svolgendo la stessa funzione di verifica della corrispondenza del progetto alla disciplina urbanistica ed edilizia[6].

Successivamente l'art. 7 del T.U. Edilizia ha previsto che l'accertamento della conformità dell'opera pubblica rispetto agli strumenti urbanistici ed alle norme edilizie è sottoposto a procedure peculiari, nello stesso indicato sia per le opere ed interventi pubblici che richiedano l'azione integrata di una pluralità di amministrazioni pubbliche mediante l'accordo di programma tra le amministrazioni interessate (lett. a), sia per le opere statali (lett. b), sia per le opere comunali (lett. c), nulla prevedendo invece nello specifico per le opere degli enti sovracomunali che non fossero approvate in sede di accordo di programma (per quest'ultimo aspetto si veda infra al punto 4)[7].

2. Opere, interventi o programmi oggetto di accordo di programma (c. 1, lett. a).

Come già prevede la norma statale (art. 7, T.U. Edilizia), anche per la norma regionale **(c. 1, lett. a)** sono esenti dal titolo edilizio le opere, gli interventi e i programmi di intervento da realizzare a seguito della conclusione di un *accordo di programma*, istituto regolato dalla legislazione statale (art. 34, D. Lgs. n. 267/2000), specificata ed integrata dalla norma regionale (art. 40, L. reg. n. 20/2000).

La disposizione riguarda essenzialmente opere, interventi o programmi di intervento *pubblici o di rilevante interesse pubblico* [8], di competenza di

creto presidenziale emesso su deliberazione del Consiglio dei Ministri su proposta del Ministro competente, sentita la Commissione interparlamentare per le questioni regionali).

[6] Cfr. Cons. Stato, Sez. IV, 29 settembre 1986 n. 618; T.A.R. Lazio, Sez. I, 22 ottobre 1984 n. 936.

[7] In dottrina: T. MILLEFIORI, *Il regime edilizio delle opere pubbliche e la totale soggezione delle infrastrutture regionali e sub-regionali ai poteri (di pianificazione, di accertamento di conformità, di vigilanza sull'uso del territorio e sanzionatori) comunali*, in www.lexambiente. it; Nota C. RUSSO, *I titoli abilitativi degli interventi edilizi*, Giur. merito, 2008, 10, 2721; V. DE GIOIA, *Edilizia e urbanistica*, UTET, 2009, p. 223 e ss. (nella sub. cartella art. 10, c. 1); S. BATTINI, L. CASINI, G. VESPERINI, C. VITALE, Codice dell'Edilizia e dell'Urbanistica, UTET Giuridica, 2013, pp.1149 e ss.

[8] Sul concetto di opera pubblica M. A. SANDULLI, *Il concetto di opera pubblica e di la-*

enti pubblici, anche con l'eventuale partecipazione di soggetti privati alla conclusione dell'accordo (art. 40, c. 1 *ter*, L. reg. n. 20/2000), nonché la localizzazione e la realizzazione di opere dei privati, purché di rilevante interesse pubblico, essendo ciò ammesso dalla disciplina regionale (art. 40, L. reg. n. 20/2000), come anche dalla L. reg. n. 15/2013 (art. 23, c. 1) che richiede il rilascio del Certificato di conformità edilizia e di agibilità anche *"per gli interventi privati la cui realizzazione sia prevista da accordi di programma, ai sensi dell'articolo 10, comma 1, lettera a)*[9] (si veda altresì, infra, l'art. 10, c. 2).

L'accordo di programma, quale procedura speciale per la localizzazione e la realizzazione di opere pubbliche soprattutto in variante agli strumenti urbanistici in caso di accordo unanime tra le amministrazioni partecipanti[10], acquisisce, per gli aspetti edilizi inerenti la realizzazione dell'opera, la verifica di conformità agli strumenti regolamentari e di pianificazione attesa la impre-

---

voro pubblico, in E. PICOZZA, M. SANDULLI, M. SOLINAS, in *I lavori pubblici*, Padova, 1990, 9 e ss. per il quale "per opera pubblica deve intendersi il risultato immediato di qualsiasi attività materiale (costruttiva e non) consistente in una modificazione durevole del mondo reale (elemento oggettivo), di cui lo Stato o altro ente pubblico risulta titolare (elemento soggettivo) destinato a soddisfare interessi generali della collettività (elemento finalistico)", da cui differisce ed è escluso il concetto di opera di pubblico interesse ovvero di pubblica utilità (op.cit, p. 21 e ss.).

[9] Anche in giurisprudenza è riconosciuto l'utilizzo dell'accordo di programma per la realizzazione di opere private aventi una pubblica finalità.

L'accordo di programma è sempre praticabile per realizzare opere che abbiano una pubblica finalità (id est, incentivazione occupazionale) in assenza sia di un divieto espresso che di una disposizione che ne limiti, in modo esplicito e tassativo, la sua utilizzazione alla sola realizzazione di opere pubbliche nonché in presenza di disposizioni come quelle di cui alla L. n. 135 del 97 ed al D.L. n. 80 del 1998 che equiparano (sia pure ad altri fini) le opere private d'interesse pubblico a quelle pubbliche (T.A.R. Bari (Puglia), sez. II, 09 dicembre 2003, n. 4438).

L'accordo di programma, disciplinato dall'art. 27, L. 8 giugno 1990 n. 142 e preordinato alla rapida conclusione di procedimenti il cui ordinario svolgimento richiederebbe l'espletamento di più subprocedimenti, non può essere limitato alle ipotesi in cui sia prodromico alla realizzazione di opere pubbliche, escludendo quelle di iniziativa privata alle quali sia comune l'interesse pubblico perseguito, poiché l'obiettivo di semplificazione che si è prefisso il legislatore non va riguardato in relazione all'oggetto del procedimento, bensì con riferimento al momento prodromico di formazione della volontà dell'amministrazione (T.A.R. Lazio, sez. I, 20 gennaio 1995, n. 62).

[10] Si veda il commento di F. MINOTTI, in *La pianificazione urbanistica in Emilia-Romagna*, a cura di B. GRAZIOSI, pp. 198 e ss.

scindibile partecipazione del Comune per le competenze che lo riguardano (art. 4, c. 1, L. reg. n. 15/2013).

Al riguardo, se la legge statale attribuiva all'accordo adottato con decreto del Presidente della Regione gli effetti della intesa di cui all'art. 81, D.P.R. n. 616/1977 e l'effetto *sostituivo delle concessioni edilizie*, con il ruolo riconosciuto al Comune (*"sempre che vi sia l'assenso del Comune interessato"*) (art. 34, c. 4, T.U.E.L.), la norma in commento (integrata sul punto rispetto al precedente art. 7 della L. reg. n. 31/2002) prevede ancor più esplicitamente come "condizione" per la conclusione dell'accordo che l'amministrazione comunale *accerti* che sussistano tutti i requisiti e presupposti previsti dalla disciplina vigente, come se per la realizzazione dell'opera - prevede la norma - fosse necessario *"il rilascio o la presentazione del titolo abilitativo richiesto"*.

Quest'ultimo inciso appare improprio rispetto all'incipit della disposizione per la quale gli interventi oggetto dell'accordo di programma *"non sono soggetti ai titoli abilitativi di cui all'art. 9"*, dovendo ritenersi che costituisca un rinvio all'applicazione, anche per la realizzazione delle opere pubbliche, delle innumerevoli norme che regolano l'attività edilizia residenziale e non (art. 9, c. 3, L. n. 15/2013). Ciò peraltro viene espressamente previsto e richiamato per la realizzazione delle opere di interesse regionale, provinciale e comunale dallo stesso articolo (art. 10, c. 1, lett. c) - tali opere possono essere oggetto dell'accordo di programma - nell'ambito del processo di validazione del progetto di opera pubblica[11].

Peraltro la disposizione in commento è alquanto generica nel prevedere che l'accertamento di conformità alla disciplina vigente delle opere oggetto dell'accordo di programma viene compiuto dall'*amministrazione comunale*[12].

Al riguardo, se l'art. 40 della L. reg. n. 20/2000 è preciso nello stabilire che

---

[11] La difficile individuazione delle norme, anche tecniche, applicabili per la realizzazione delle dette opere, come già evidenziato (si veda il commento all'art. 9), potrà trovare rimedio nell'atto di coordinamento tecnico per la semplificazione della normativa edilizia (D.G.R. n. 994/2014), in vigore dal 7 luglio 2014, con cui la Regione individua le leggi, i regolamenti, e la normativa tecnica, statale e regionale inerente la disciplina dell'attività edilizia.

[12] L'accordo intervenuto, ai sensi dell'art. 34, cc. 4 e 5, D.L. 18 agosto 2000 n. 267, fra il presidente della Regione, il presidente della Provincia, i sindaci e le altre amministrazioni interessate e adottato secondo la procedura ivi prevista, può comportare variazione degli strumenti urbanistici, ma a condizione che sia ratificato dal consiglio comunale entro trenta giorni a pena di decadenza (Consiglio di Stato, sez. IV, 04 dicembre 2009, n. 7654).

il Consiglio comunale esprime l'assenso all'accordo previo rilascio, da parte dello sportello unico dell'edilizia, dell'atto di accertamento di conformità (allora previsto dall'articolo 7, c. 2, L. reg. n. 31/2002; così nell'art. 40, c. 8, L. reg. n. 20/2000), con riferimento alle norme urbanistiche ed edilizie nonché alle norme di sicurezza, sanitarie e di tutela ambientale e paesaggistica, la disposizione in commento demanda genericamente all'"*amministrazione comunale*" il compito di accertare i requisiti e presupposti previsti dalla disciplina vigente, senza che lo Sportello unico per l'edilizia (di seguito S.U.E) sia investito di tale compito (nulla risulta nell'art. 4, L. reg. n. 15/2013) posto che, in effetti, lo stesso S.U.E si occupa degli interventi privati di edilizia residenziale e non (art. 4, cc. 2 e 4). D'altra parte non può configurarsi una differente attribuzione della verifica, attesa la generale competenza di controllo dell'attività urbanistico-edilizia che lo stesso art. 4 attribuisce ai Comuni e, per gli aspetti amministrativi edilizi, al S.U.E[13].

Nel caso di dissenso dell'amministrazione comunale, per la carenza dei requisiti e presupposti previsti dalla disciplina vigente per il rilascio o la presentazione del titolo abilitativo richiesto, l'accordo, che presuppone l'unanimità, non potrà concludersi attesa la condizione posta dalla norma in ordine alla conformità dell'intervento a tali requisiti e considerato che tale dissenso non è superabile, come diversamente avviene nei casi della convocazione della Conferenza di servizi decisoria *ex* art. 14, L. n. 241/1990, o dell'applicazione della procedura *ex* art. 81, c. 4, del D.P.R. n. 616/1977 per le opere pubbliche statali.

---

[13] Occorre evidenziare che la precedente previsione della norma (art. 40, c. 8, L. reg. n. 20/2000, testo originario), attribuiva al Consiglio Comunale la "possibilità" di attribuire alla deliberazione di ratifica dell'organo consiliare competente in caso di variazioni agli strumenti urbanistici, "*il valore di concessione edilizia*" e ciò "*per tutti o parte degli interventi previsti dall'accordo*", comunque solo "*a condizione che sussistano tutti i requisiti delle opere e sia stato raccolto il consenso di tutte le amministrazioni cui è subordinato il rilascio della concessione edilizia*". Paradossalmente la precedente versione dell'art. 40, come quella attuale, integravano nella medesima procedura di accordo di programma ciò che l'art. 10 (c. 4) della L. reg. n. 15/2013 in commento invece pone al di fuori della stessa, facendo salva la Procedura Abilitativa Semplificata (P.A.S.), di cui all'art. 6 del D. Lgs. 3 marzo 2011, n. 28, nonché ogni altra procedura autorizzativa prevista dalle discipline settoriali che consentano la trasformazione urbanistica ed edilizia del territorio.

3. Le opere pubbliche statali (c. 1, lett. b).

La seconda fattispecie sottratta al regime ordinario dei titoli abilitativi **(art. 10, c. 1, lett. b)**, applica, anche senza richiamo, la disciplina del D.P.R. 18 aprile 1994, n. 383 e successive modificazioni (articoli 2 e 3), ove abbiano incidenza sotto il profilo urbanistico, trattandosi di opere pubbliche statali o di interesse statale[14].

La disciplina regionale non può modificare quanto prevede la citata norma statale - anche se non sono indicate le opere da realizzarsi "da concessionari di servizi pubblici" ed il previo accertamento di conformità - che prevede comunque un accertamento della conformità dell'opera alla disciplina urbanistica ed edilizia, che avviene attraverso l'intesa Stato-Regione (secondo un modello disciplinare che è confermato, oggi, anche dall'art. 128, D. Lgs. n. 163/2006) `e che non prevede la consultazione del Comune nel cui territorio ricade l'opera come momento necessario per il raggiungimento dell'intesa stessa (art. 2, D.P.R. n. 383/1994), ciò venendo previsto solo nella fase successiva ed eventuale della Conferenza di servizi (art. 3), con poteri non solo consultivi ma anche decisori da parte del Comune.

Al riguardo, è senz'altro da ascrivere al principio della collaborazione tra enti pubblici la previsione **(art. 10, c. 3)** secondo cui la Regione, con atto di indirizzo (art. 12), può individuare le informazioni circa gli elementi essen-

---

[14] La nozione di "opera pubblica" e di "opera di interesse pubblico" non si identificano, in quanto la legislazione vigente distingue nettamente tra i due concetti. Infatti, l'opera pubblica:
- soddisfa i bisogni dell'intera collettività, mediante una fruizione collettiva e indifferenziata (ad es. strade, acquedotti, scuole, ospedali),
- è strumentale al perseguimento di interessi non commerciali o non industriali, al di fuori del regime di libera concorrenza.

Invece, l'opera di interesse pubblico:
- soddisfa bisogni di singoli soggetti, sicché il godimento è esclusivo e non collettivo;
- persegue il soddisfacimento di bisogni individuali in funzione di un interesse generale, per ragioni sociali o connesse con l'economia generale (ad es. opere di edilizia residenziale pubblica, insediamenti produttivi, infrastrutture di comunicazione elettronica) (Cons. Stato, Sez. VI, 14 gennaio 2004, n. 74).

Sono ricomprese anche le opere di interesse statale realizzate dai concessionari privati di servizi pubblici, considerati organi indiretti della P.A., come ad es. elettrodotti, linee elettriche, autostrade), da eseguirsi da parte di ENEL, ANAS, che non possono più definirsi pubbliche amministrazioni in senso proprio, per le quali non è necessario il rilascio del titolo edilizio da parte del Comune. Si veda M. PALLOTTINO, *Opere e lavori pubblici*, DDP, X, Torino 1995, 339.

ziali delle opere pubbliche da comunicare all'amministrazione comunale, al fine di assicurare la conoscenza delle realizzazioni e delle trasformazioni del patrimonio pubblico[15].

L'approvazione dei progetti, nei casi in cui la decisione sia adottata dalla Conferenza di servizi, sostituisce ad ogni effetto gli atti di intesa, i pareri, le concessioni, anche edilizie, le autorizzazioni, le approvazioni, i nullaosta, previsti da leggi statali e regionali (art. 3, c. 4, D.P.R. n. 383/1994). Potrebbe verificarsi il caso del Comune dissenziente, con la conseguenza che l'amministrazione statale procedente, d'intesa con la Regione interessata, valutate le specifiche risultanze della conferenza di servizi e tenuto conto delle posizioni prevalenti espresse in detta sede, assuma comunque la determinazione di conclusione del procedimento di localizzazione dell'opera [16].

4. Le opere pubbliche di interesse regionale, provinciale e comunale (c. 1, lett. c).

In origine il sistema positivo statale (artt. 29 e 31 della L. n. 1150 del 1942; art. 81, D.P.R. n. 616/1977) non conteneva una disciplina espressa del regime edilizio delle opere pubbliche regionali e degli enti territoriali sub-regionali[17].

---

[15] La disposizione si allinea con la previsione della norma statale (art. 55, D. Lgs. 112/1998) che persegue l'obiettivo di realizzare meccanismi preventivi di coordinamento programmatico nella realizzazione delle opere pubbliche di interesse di amministrazioni diverse dalle regioni e dagli enti locali, subordinando la localizzazione delle opere di interesse statale alla previa presentazione alla regione, ogni anno, da parte dell'amministrazione interessata, di un quadro complessivo delle opere e degli interventi compresi nella propria programmazione triennale, da realizzarsi nel territorio regionale e, nei casi in cui l'approvazione dell'opera pubblica comporti variazione degli strumenti urbanistici, di uno specifico studio sugli effetti urbanistici – territoriali dell'opera e sulle misure necessarie per il suo inserimento nel territorio comunale.

[16] La conferenza si deve esprimere nel termine di 60 giorni dalla sua convocazione e deve svolgere tali valutazioni nel pieno rispetto della disciplina posta a tutela dei beni culturali e ambientali, potendo, a tal fine, apportare anche modifiche d'ufficio ai progetti definitivi che le sono stati sottoposti. Se la conferenza raggiunge l'unanimità circa l'approvazione dei progetti in questione, l'accordo unanime sostituisce ogni titolo abilitativo.

Se la conferenza non trova l'accordo, la valutazione è rimessa al Consiglio dei Ministri, che, laddove ritenga di procedere in difformità dagli strumenti urbanistici vigenti, potrà determinarsi in tal senso, e la deliberazione assumerà la forma del D.P.R.

[17] Parte della giurisprudenza affermava la necessità della concessione edilizia per le opere eseguite dai Comuni (cfr. Cass. pen., Sez. III, 19 gennaio 1984, n. 83, D'Amico), "giacché la

Successivamente l'art. 4, c. 16, del D.L. n. 398/1993 (sostituito dall'art. 2, c. 60, della L. n. 662/1996, ora abrogato dal T.U. Edilizia), ha previsto che *"per le opere pubbliche dei comuni, la deliberazione con la quale il progetto viene approvato o l'opera autorizzata ha i medesimi effetti della concessione edilizia"*, se *"i relativi progetti"* saranno *"corredati da una relazione a firma di un progettista abilitato che attesti la conformità del progetto alle prescrizioni urbanistiche ed edilizie, nonché l'esistenza dei nulla osta di conformità alle norme di sicurezza, sanitarie, ambientali e paesistiche"*[18].

La norma non viene estesa alle opere di Regione e Provincia, nemmeno dall'art. 7 T.U. Edilizia che regola le *"opere pubbliche dei comuni"*, sostanzialmente reiterando la previgente disciplina e ribadendo l'equipollenza al titolo edilizio della delibera comunale di approvazione del progetto assistita da formale validazione, comprensiva dell'attestazione di conformità (anche) alla disciplina urbanistica vigente[19]. Diversamente, per le opere pubbliche sovracomunali non statali (regionali, provinciali e sub-regionali), continua a non essere prevista una specifica disciplina procedurale derogatoria, salvo l'utilizzo dell'istituto procedimentale dell'"accordo di programma" con il Comune

---

speciale procedura di cui all'art. 81 del D.P.R. n. 616/77 si applica(va) solo agli interventi dello Stato e non a quelli di altri enti pubblici territoriali" (cfr. Cass. pen. Sez. III, 07 giugno 1995, Pruneri). Ciò peraltro era desumibile dall'art. 9, lett. f), della L. n. 10 del 1977, recante l'espressa previsione della concessione edilizia (sia pure gratuita) per le "opere pubbliche o di interesse generale realizzate dagli enti istituzionalmente competenti", e dall'art. 22 della L. 1° dicembre 1986 n. 879, recante la previsione di un'eccezionale ipotesi di sanatoria di opere eseguite dai Comuni senza concessione edilizia.

[18] Cfr. P. M. GAMBA, *L'esclusione della concessione edilizia per la realizzazione delle opere pubbliche comunali*, in Riv. Giur. Urb., 1997, p. 295 e ss.

[19] In materia di edilizia, anche le opere eseguite dai Comuni sono soggette all'obbligo di conformarsi alle disposizioni urbanistiche vigenti e ai relativi controlli salvo restando che, per effetto dell'art. 7 del D.P.R. n. 380 del 2001 e della contestuale abrogazione del D.L. n. 398 del 1993 e successive modifiche, per dette opere non è richiesto il previo rilascio del permesso di costruire, cui deve ritenersi equipollente, infatti, la delibera del consiglio o della giunta comunale accompagnata da un progetto riscontrato conforme alle prescrizioni urbanistiche ed edilizie. (Fattispecie di sequestro preventivo per il reato di cui all'art. 44, lett. c), D.P.R. n. 380 del 2001 relativamente a lavori di ampliamento di cimitero comunale in violazione della distanza minima rispetto al centro abitato) (Cass. pen., Sez. III, 02 aprile 2008 n. 18900). Ai sensi dell'art. 4, c. 16, L. 4 dicembre 1993 n. 493, così come sostituito dall'art. 2, c. 60, L. 23 dicembre 1996 n. 662, per le opere pubbliche comunali l'approvazione del relativo progetto produce gli stessi effetti della concessione edilizia, a condizione che sussista la validazione del progetto (Cons. Stato, Sez. IV, 27 ottobre 2003 n. 6631).

interessato, "pubblicato" nel Bollettino Ufficiale della Regione (art. 7, lett. a) sopra richiamato), dovendosi altrimenti richiedere al Comune il rilascio del titolo abilitativo.

Premessa la disciplina statale, la norma regionale ripropone la norma statale con riferimento alle opere deliberate dal Consiglio comunale o dalla Giunta comunale, che sono sottratte all'occorrenza del titolo edilizio purché previamente assistite dalla validazione del progetto ai sensi dell'attuale art. 112 del D. Lgs. n. 163/2006 (già art. 47 del Regolamento di attuazione della L. quadro n. 109/1994 sui lavori pubblici, sostituito da quanto prevede il nuovo regolamento in materia di contratti pubblici D.P.R. 5 ottobre 2010, n. 207, art. 55), per il quale, prima dell'inizio dei lavori (art. 30, cc. 6 e 6-*bis*, L. n. 109/1994, e art. 19, c. 1-*ter*, L. n. 109/1994), le stazioni appaltanti verificano, nei termini e con le modalità stabiliti nel regolamento, la rispondenza degli elaborati progettuali ai documenti di cui all'articolo 93, cc. 1 e 2, e la loro conformità alla normativa vigente.

La disposizione regionale in commento, come già in precedenza l'art. 7 della L. reg. n. 31/2002 (anche se in differenti termini), estende la previsione normativa alle *opere di interesse regionale e provinciale*[20].

Tale norma non risulta sorretta dalla necessaria previa previsione contenuta in una norma statale, occorrente per la competenza esclusiva dello stesso legislatore in ordine ai titoli edilizi (Corte Cost. n. 303/2003). Ciò sempre nel caso in cui l'opera regionale o provinciale non sia approvata nell'ambito di un procedimento di accordo di programma.

5. Il certificato di conformità edilizia e di agibilità (c. 2).

Le particolari garanzie e controlli che concernono l'esecuzione delle opere pubbliche e le differenze procedurali rispetto alle opere private ispirano la norma - non presente nel precedente art. 7 della L. reg. n. 31/2002, che si

---

[20] L'elenco comprende le opere pubbliche di interesse regionale e provinciale, intendendosi come tali sia le opere di proprietà della Regione e delle Province finalizzate allo svolgimento dei compiti istituzionali, sia quelle, appartenenti ad altri enti pubblici, che rivestono un interesse pubblico ascrivibile all'ambito regionale o provinciale e che rientrano nell'attività di programmazione di competenza delle stesse amministrazioni.

riporta per il confronto[21] - che esenta le opere pubbliche di cui al comma 1, lettere a), b) e c) dall'applicazione del procedimento per il rilascio del certificato di conformità edilizia e di agibilità **(art. 10, c. 2)**, salvo che per le opere private anche se di interesse pubblico (art. 10, c. 2), come conferma anche l'art. 23, c. 1, della stessa L. reg. n. 15/2013. Né l'accertamento di conformità del progetto alla disciplina edilizia, da effettuare ai fini della esenzione dal titolo, può sostituire la verifica delle opere eseguite ed ultimate.

Peraltro ciò che non trova applicazione per le suddette opere è *"il procedimento per il rilascio"* del titolo che si applica per gli interventi edilizi relativi al campo di applicazione dello Sportello Unico dell'Edilizia, ovvero, esclusivamente per gli interventi di edilizia residenziale e non (art. 4, c. 2), ma non è esclusa la verifica della *agibilità delle opere pubbliche*, a cui comunque le stesse sono soggette posto che prevedono la presenza di persone e la realizzazione di impianti, dovendo essere verificati i *"parametri che incidono sulle condizioni di agibilità ed utilizzabilità degli edifici"*, e quindi i requisiti di carattere dimensionale, prestazionale e delle prescrizioni urbanistiche ed edilizie ed in particolare relativi alla sussistenza delle condizioni di sicurezza, igiene, salubrità, risparmio energetico degli edifici e degli impianti negli stessi installati[22].

Si ritiene che il rilascio del certificato debba competere all'amministra-

---

[21] L'art. 7 della L. reg. n. 31/2002, recante "Ambito di applicazione", prevedeva:
"1. Le disposizioni del presente Titolo non trovano applicazione:
    a) per le opere, gli interventi e i programmi di intervento da realizzare a seguito della conclusione di un accordo di programma, ai sensi dell'art. 34 del D. Lgs. 18 agosto 2000, n. 267, e dell'art. 40 della L. reg. n. 20 del 2000;
    b) per le opere pubbliche, da eseguirsi da amministrazioni statali o comunque insistenti su aree del demanio statale, da realizzarsi dagli enti istituzionalmente competenti;
    c) per le opere pubbliche di interesse regionale e provinciale;
    d) per le opere pubbliche dei Comuni.
2. I progetti relativi alle opere ed agli interventi di cui al comma 1 sono comunque approvati previo accertamento di conformità alle norme urbanistiche ed edilizie, nonché alle norme di sicurezza, sanitarie e di tutela ambientale e paesaggistica."

[22] Nella vigenza della L. reg. n. 31/2002, l'art. 7 escludeva dal campo di applicazione della L. reg. n. 31/2002, relativamente alle opere pubbliche, solo le norme relative ai procedimenti per il rilascio dei titoli edilizi (ovvero il Titolo II), mentre quelle relative al rilascio del Certificato di agibilità erano contenute nel Titolo III e quindi applicabili anche alle opere pubbliche. In tale situazione quindi, il rilascio del Certificato competeva, diversamente da quanto avviene oggi, al S.U.E.

zione che ha seguito l'esecuzione delle opere, da parte di un soggetto competente, da individuarsi con il tecnico abilitato alla certificazione (si pensi ad esempio al Dirigente del servizio-ufficio preposto alla realizzazione di opere pubbliche abilitato alla progettazione) o con il responsabile del procedimento relativo all'appalto pubblico[23].

6. La P.A.S. e le norme di settore (c. 3).

Infine, anche per quanto riguarda le opere esenti dal titolo edilizio, il legislatore regionale non ha saputo resistere alla tentazione di inserire una norma di chiusura, che in primo luogo esclude dalla esenzione dall'ottenimento di specifici titoli abilitativi la procedura abilitativa semplificata *ex* art. 6 del D. Lgs. n. 28/2011 (P.A.S.) e la comunicazione per gli impianti alimentati da energia rinnovabile[24].

---

[23] L'art. 25, c. 4, della L. reg. Veneto n. 27/2003, ad esempio, prevede espressamente che "L'agibilità delle opere pubbliche d'interesse regionale è attestata dal responsabile del procedimento acquisito il parere dell'organo di collaudo, qualora previsto, ovvero il parere del direttore dei lavori".
Ed ancora, gli artt. 10 e 11, L. reg. Friuli-Venezia Giulia 11 novembre 2009, n. 19, per le opere comunali, prevedono che il certificato di regolare esecuzione o l'atto di collaudo finale sostituiscano il certificato di agibilità.

[24] Trattasi dell'attività di costruzione ed esercizio degli impianti alimentati da fonti rinnovabili di cui ai paragrafi 11 e 12 delle linee guida di cui al D.M. 10 settembre 2010, adottate ai sensi dell'art. 12, c. 10, D. Lgs. 29 dicembre 2003 n. 387 per le quali si applica la procedura abilitativa semplificata di cui all'art. 6, D. Lgs. n. 28/2011, che si impernia sulla presentazione al Comune da parte del proprietario dell'immobile o da chi ne abbia la disponibilità, almeno trenta giorni prima dell'effettivo inizio dei lavori, di una dichiarazione accompagnata da una dettagliata relazione a firma di un progettista abilitato e dagli opportuni elaborati progettuali, che attesti la compatibilità del progetto con gli strumenti urbanistici approvati e i regolamenti edilizi vigenti e la non contrarietà agli strumenti urbanistici adottati, nonché il rispetto delle norme di sicurezza e di quelle igienico-sanitarie, con la convocazione di una eventuale una conferenza di servizi ai sensi degli artt. 14 e ss. della L. 7 agosto 1990, n. 241 e successive modificazioni, per l'acquisizione di assensi di amministrazioni differenti da quella comunale.
Sono soggetti a Procedura Abilitativa Semplificata (P.A.S.) gli impianti alimentati da energia rinnovabile non già ricadenti nel regime di edilizia libera di cui all'art. 11, c. 3, D. Lgs. 30 maggio 2008 n. 115 e all'art. 6, D.P.R. 6 giugno 2001 n. 380 e paragrafi 11 e 12, Linee Guida (D.M. 10 settembre 2010) e in quello dell'autorizzazione unica di cui all'art. 5, D. Lgs. 28 marzo 2011, n. 71.
Nella stessa L. reg. n. 15/2013 è allegata una tabella degli interventi di produzione di energia rinnovabile, con l'indicazione esemplificativo degli impianti (ad es. impianti solare) per i quali occorre l'ottenimento della P.A.S.

La norma costituisce una deroga a quanto prevede, ad esempio, la procedura di accordo di programma per l'approvazione delle opere di cui alla lett. a), nell'ambito della quale intervengono tutte le amministrazioni interessate ad esprimersi per quanto di competenza in ordine agli aspetti autorizzativi dell'intervento, senza contare che nella stessa procedura è certamente presente il Comune e, quindi, l'amministrazione proposta al rilascio della P.A.S., titolo che invece dovrà essere separatamente ottenuto.

Inoltre la disposizione fa salve, quindi richiede il rilascio del relativo titolo, *"ogni altra procedura autorizzativa speciale prevista dalle discipline settoriali che consente la trasformazione urbanistica ed edilizia del territorio"*.

Il riferimento, dal contenuto generico ed indeterminato, che pone i già evidenziati profili di illegittimità, riguarda i titoli autorizzativi occorrenti nel caso in cui l'opera pubblica ricada in ambito vincolato paesaggisticamente o sottoposto a vincoli territoriali, come ad esempio il vincolo idrogeologico.

Anche in questo caso la disposizione non tiene conto del fatto che nell'ambito del procedimento di accordo di programma (c. 1, lett. a) sono presenti le amministrazioni competenti al rilascio di ogni atto autorizzativo inerente l'opera pubblica da realizzare, non occorrendo quindi attivare una speciale procedura autorizzativa, le cui garanzie procedurali e partecipative sono comunque garantite.

Domenico Lavermicocca

Art. 11.
Requisiti delle opere edilizie

1. L'attività edilizia è subordinata alla conformità dell'intervento alla normativa tecnica vigente, tra cui i requisiti antisismici, di sicurezza, antincendio, igienico-sanitari, di efficienza energetica, di superamento e non creazione delle barriere architettoniche, sensoriali e psicologico-cognitive.

2. Al fine di favorire il miglioramento del rendimento energetico del patrimonio edilizio esistente trovano applicazione le seguenti misure di incentivazione, in coerenza con quanto disposto dall'articolo 11, commi 1 e 2, del decreto legislativo 30 maggio 2008, n. 115 (Attuazione della direttiva 2006/32/CE relativa all'efficienza degli usi finali dell'energia e i servizi energetici e abrogazione della direttiva 93/76/CEE):

    a) i maggiori spessori delle murature, dei solai e delle coperture, necessari ad ottenere una riduzione minima del 10 per cento dell'indice di prestazione energetica previsto dalla normativa vigente, non costituiscono nuovi volumi e nuova superficie nei seguenti casi:

        1) per gli elementi verticali e di copertura degli edifici, con riferimento alla sola parte eccedente i 30 centimetri e fino a un massimo di ulteriori 25 centimetri;

        2) per gli elementi orizzontali intermedi, con riferimento alla sola parte eccedente i 30 centimetri e fino ad un massimo di ulteriori 15 centimetri;

    b) è permesso derogare a quanto previsto dalle normative nazionali, regionali o dai regolamenti comunali, in merito alle distanze minime tra edifici, alle distanze minime dai confini di proprietà e alle distanze minime di protezione del nastro stradale, nella misura massima di 20 centimetri per il maggiore spessore delle pareti verticali esterne, nonché alle altezze massime degli edifici, nella misura di 25 centimetri per il maggiore spessore degli elementi di copertura. La deroga può essere esercitata nella misura massima da entrambi gli edifici confinanti.

3. La legge regionale in materia di riduzione del rischio sismico prevede misure di incentivazione degli interventi per migliorare la sicurezza sismica del patrimonio edilizio esistente.

COMMENTO

Sommario: 1. Premessa - 2. Le la normativa tecnica vigente (c. 1) - 3. Le misure per il miglioramento del rendimento energetico del patrimonio edilizio esistente (c. 2) - Le misure di incentivazione per migliorare la sicurezza sismica (c. 3).

1. Premessa.

L'art. 4 del T.U. Edilizia, in modo estensivo rispetto a quanto previsto nel previgente art. 33 della L. n. 1150/1942 (L.U.), ha portato nell'alveo del regolamento edilizio la disciplina delle modalità costruttive con riguardo al rispetto delle normative tecnico-estetiche, igienico-sanitarie, di sicurezza e vivibilità degli immobili[1] e delle pertinenze degli stessi, risultando così condizionato il rilascio del titolo edilizio al rispetto di tali discipline[2], oltre che applicarsi ogni conseguenza sanzionatoria dopo la realizzazione dell'intervento, in caso di violazione[3].

---

[1] Una recente pronuncia del Consiglio di Stato, sez. IV (sentenza 17 febbraio 2014 n. 747) decide che *"l'art. 4 T.U. Edilizia legittima il Comune a stabilire la superficie minima degli alloggi di nuova costruzione, poiché la "vivibilità" cui esso si riferisce va intesa in senso ampio, comprensivo di tutti gli aspetti che l'Ente, nella sua sfera di competenza, ritenga rilevanti per il normale vivere civile dei propri cittadini, anche in termini di tutela del territorio e della qualità della vita. Tale "vivibilità" può legittimamente essere ricercata imponendo caratteristiche dimensionali tali da limitare, in concreto, la costruzione delle c.d. seconde case, con le tensioni dei prezzi e l'aggravio del carico urbanistico che queste inevitabilmente comportano"*.

[2] L'art. 1, c. 288, L. 24 dicembre 2007, n. 244 (legge finanziaria 2008) recante "Rilascio del permesso di costruire subordinato alla certificazione energetica dell'edificio", prevede che a decorrere dall'anno 2009, in attesa dell'emanazione dei provvedimenti attuativi di cui all'art. 4, c. 1, D. Lgs. 19 agosto 2005, n. 192, *"il rilascio del permesso di costruire sia subordinato alla certificazione energetica dell'edificio, così come previsto dall'art. 6 del citato D. Lgs. 19 agosto 2005, n. 192, nonché delle caratteristiche strutturali dell'immobile finalizzate al risparmio idrico e al reimpiego delle acque meteoriche"*.
Anche il rilascio del certificato di agibilità è condizionato dal previo ottenimento del certificato energetico. L'art. 2, 282° c., della L. 24 dicembre 2007, n. 244 (Legge Finanziaria 2008), prevede che *"per le nuove costruzioni che rientrano fra gli edifici di cui al D. Lgs. 19 agosto 2005, n. 192, e successive modificazioni, il rilascio del certificato di agibilità al permesso di costruire è subordinato alla presentazione della certificazione energetica dell'edificio"*.

[3] L'art. 52 del D.P.R. n. 380/2001 (T.U. Edilizia) prevede che *"In tutti i comuni della Repubblica le costruzioni sia pubbliche sia private debbono essere realizzate in osservanza delle*

La disposizione regionale in commento assoggetta l'attività edilizia al rispetto del complesso e, per certi versi, difficilmente conoscibile corpus normativo delle discipline di settore che intersecano ed interessano l'esercizio dell'attività costruttiva[4], ciò essendo condizione per il rilascio o la presentazione del titolo edilizio e per l'ottenimento del certificato di conformità edilizia e di agibilità. Per altri versi, viene incentivata la tecnica del costruire per gli interventi sugli edifici esistenti che consenta il miglioramento del rendimento energetico, anche in deroga a norme di rango statale, attesi i superiori interessi già valutati dal legislatore statale in applicazione della normativa comunitaria e per quanto concerne il miglioramento della sicurezza sismica.

Sotto il primo aspetto la disposizione in commento completa quanto l'art. 9, c. 3 prevede con riferimento al complesso delle norme da rispettare nell'esercizio dell'attività edilizia, atteso l'espresso rinvio all'osservanza delle discipline di settore aventi incidenza su tale attività, tra cui la *normativa tecnica vigente* di cui all'articolo 11. Si tratta di una norma di chiusura, la cui estrema genericità si coglie nell'elencazione non esaustiva ivi contenuta, essendo solo esemplificativa, atteso il necessario rispetto di norme tecniche "tra cui" quelle riportate nel citato art. 11.

Come osservato nel commento della precedente disposizione (art. 9), anche in questo caso la tecnica del costruire costituisce il riferimento dell'azione

---

norme tecniche riguardanti i vari elementi costruttivi fissate con decreti del Ministro per le infrastrutture e i trasporti, sentito il Consiglio superiore dei lavori pubblici che si avvale anche della collaborazione del Consiglio nazionale delle ricerche". Qualora le norme tecniche riguardino costruzioni in zone sismiche esse sono adottate di concerto con il Ministro per l'interno.

[4] La difficoltà di reperire le fonti normative e regolamentari che costituiscono il corpus normativo delle regole tecniche dovrebbe trovare risposta nell'atto di coordinamento tecnico di cui al D.G.R. n. 994/2014 pubblicate sul BURERT n. 210 del 14 luglio 2014, recante *"Ricognizione delle disposizioni incidenti sugli usi e le trasformazioni del territorio e sull'attività edilizia, che trovano uniforme e diretta applicazione nel territorio della regione Emilia-Romagna"*, nel quale sono indicate le leggi, i regolamenti e le norme tecniche, statali e regionali, che non occorrerà che siano richiamate negli atti pianificatori, in ossequio al principio di non duplicazione delle fonti normative sovraordinate (art. 18 *bis* della L. reg. n. 20/2000) e su cui si baserà la modulistica unica per la regione Emilia-Romagna.

Trattasi peraltro di una *prima ricognizione delle normative generali e di settore* (così nelle premesse della D.G.R. 994), che fa presagire che le norme indicate non sono tutte quelle che possono incidere sull'attività edilizia, con la conseguenza che il professionista ed il privato sono esposti alla mancata osservanza di norme che la stessa Regione non ha indicato nell'Atto di coordinamento.

del privato e del professionista, *sia* in sede di rilascio o di presentazione del titolo abilitativo, *sia* nel corso dei lavori, posto che anche le *varianti* devono rispondere a tali requisiti di conformità (art. 4, c. 1, L. reg. n. 23/2004, come modificato dall'art. 36 della L. reg. n. 15/2013, al cui commento si rinvia), *sia* nella fase di ultimazione del processo edificatorio, atteso che il rilascio del certificato di conformità edilizia e di agibilità dell'intervento avviene previa verifica della *"sussistenza delle condizioni di sicurezza, igiene, salubrità, efficienza energetica, accessibilità, usabilità e fruibilità degli edifici e degli impianti negli stessi installati, valutate secondo quanto dispone la normativa vigente"* (art. 23, c. 8, lett. c), pena l'applicazione delle sanzioni *ex* L. reg. n. 23/2004.

2. La normativa tecnica vigente (c. 1).

La disposizione indica, in modo non esaustivo, gli ambiti normativi relativi ai requisiti tecnici dell'attività edilizia. In particolare nella parte terza della D.G.R. n. 994/2014, vengono elencate le norme tecniche statali e regionali relative a:

- *requisiti antisismici e di sicurezza* (D.2 Sicurezza statica e normativa antisismica), con particolare riferimento alla L. reg. 30 ottobre 2008, n. 19 recante *"Norme per la riduzione del rischio sismico"*, ai sensi del quale nei Comuni della regione, esclusi quelli classificati a bassa sismicità, l'avvio e la realizzazione dei lavori indicati dall'articolo 9, c. 1, è subordinato al rilascio di una autorizzazione sismica.
- *sicurezza* (D.5 Sicurezza degli impianti): oltre alla disciplina statale si richiama l'applicazione della L. reg. 2 marzo 2009 n. 2, recante *"Tutela e sicurezza del lavori nei cantieri edili e di ingegneria civile"*, in particolare l'art. 6;
- *antincendio* (D.6 Prevenzione degli incendi e degli infortuni), con il richiamo della normativa statale afferente il settore.
- *igienico-sanitari* (D.1 Requisiti igienico-sanitari (dei locali di abitazione e dei luoghi di lavoro)). Oltre al richiamo della disciplina nazionale (R.D. 27 luglio 1934 n. 1265, D.M. 5 luglio 1975) viene richiamata la L. reg. 6 aprile 1998 n. 11, recante *"Recupero ai fini abitativi dei sottotetti esistenti"* ed in particolare l'art. 2.

- *superamento e non creazione delle barriere architettoniche, sensoriali e psicologico-cognitive* (D.4 Eliminazione e superamento delle barriere architettoniche negli edifici privati pubblici e privati aperti al pubblico). Al riguardo rimane oscuro cosa si intenda per *"barriere sensoriali e psicologico-cognitive"*, dovendo al riguardo fare riferimento alle opere che agevolano le disabilità cognitive, psichiche, motorie, sensoriali, e quindi a quanto dispone l'art. 7, c. 1, lett. b) della presente legge regionale per cui *"ogni trasformazione degli spazi, delle superfici e degli usi dei locali delle unità immobiliari e delle parti comuni degli edifici, ivi compreso l'inserimento di elementi tecnici e tecnologici, necessari per favorire l'autonomia e la vita indipendente di persone con disabilità certificata"*[5].

3. Il rendimento energetico del patrimonio edilizio esistente (c. 2).

La disposizione costituisce applicazione e letterale riproposizione (in parte) dell'art. 11 del D. Lgs. n. 115/2008, che prevede una irrilevanza, in termini di volume, di superficie, di rapporti di copertura, e di distanza tra fabbricati e dal confine, dei maggiori spessori occorrenti per il perseguimento di un incremento dell'isolamento termico rispetto ai livelli minimi di rendimento energetico stabiliti dalla norma statale e regionale, con lo scorporo dei volumi e delle superfici nelle misure che la stessa disposizione indica, in deroga alle normative vigenti.

La citata disciplina statale consente tale incentivazione sia per gli interventi di *nuova costruzione* (**art. 11, c. 1**) che per gli *interventi di riqualificazione energetica* (**art. 11, c. 2**), quest'ultima con una terminologia (e tipi di interven-

---

[5] Per gli artt. 7 e 13 della L. reg. 15, gli interventi volti all'eliminazione delle barriere architettoniche, sensoriali e psicologico-cognitive, sono libere o soggette a SCIA a seconda che interessino o meno:
- edifici costituenti beni culturali, di cui alla seconda parte del D. Lgs. n. 42/2004;
- immobili aventi valore storico-architettonico, individuati dagli strumenti urbanistici comunali ai sensi dell'articolo A-9, c. 1, dell'Allegato della L. reg. n. 20 del 2000;
- riguardino le parti strutturali dell'edificio;
- comportino modifica della sagoma e degli altri parametri dell'edificio oggetto dell'intervento.

ti) non coincidente con le tipologie di intervento edilizio[6].

La norma regionale, nel disciplinare l'attività edilizia perseguendo in modo prioritario il risparmio energetico ed idrico (art. 1, c. 2, lett. d), L. reg. n. 15/2013), seguendo la suddetta traccia normativa ripropone la medesima disciplina, pur non essendo necessario, attesa la competenza esclusiva statale in materia di ordinamento civile.

Ciò anche in considerazione del fatto che la norma in commento regola il miglioramento del rendimento energetico del patrimonio edilizio *esistente*, limitando la portata della norma statale che, invece, si estende anche alle *nuove costruzioni,* ed a cui occorrerà fare riferimento per tale fattispecie. Ciò salvo poi, la stessa norma regionale, in modo contraddittorio, richiamare entrambi i com-

---

[6] L'attenzione posta dal legislazione nazionale al tema del risparmio energetico si è tradotta in strumenti normativi e regolamentari che recepiscono la disciplina di derivazione comunitaria, derogando, attesa la specialità ed il prevalente pubblico interesse, la regolamentazione edilizia comunale afferente gli interventi sull'esistente.
Prima dell'entrata in vigore dell'art. 11 del D. Lgs. n. 118/2005, il recepimento della norma comunitaria attraverso la legge statale (art. 1 della L. n. 10/1991) è stata demandata ad atti di normazione secondaria che nello specifico regolassero, per quanto attiene l'aspetto del risparmio energetico, la trasposizione nella regolamentazione edilizia comunale delle regole di livello comunitario. Per cui il D.M. 27 luglio 2005, norma concernente il regolamento di attuazione della L. n. 10/1991, prevedeva che, proprio al fine di favorire il risparmio energetico, i Comuni, tenuto conto delle specifiche esigenze urbanistico-edilizie, uniformassero i regolamenti edilizi di loro competenza alle prescrizioni di cui al medesimo decreto, prevedendo soluzioni tipologiche e tecnologiche finalizzate al risparmio energetico e all'uso di fonti energetiche rinnovabili. Lo stesso decreto ministeriale prescriveva che i Comuni adeguassero gli strumenti urbanistici al fine di rendere possibile lo scorporo, dal calcolo della superficie utile e del volume edificato, degli spessori di chiusure opache verticali ed orizzontali nei limiti poi precisati dall'art. 4, c. 3, dello stesso decreto, al fine di favorire la realizzazione di edifici con adeguata inerzia termica e sfasamento termico (c. 6).
La giurisprudenza ha poi riconosciuto la prevalenza accordata dal legislatore al perseguimento di tale esigenza e quindi un diritto al privato che poteva essere esercitato indipendentemente dall'avvenuto adeguamento da parte del Comune della propria strumentazione urbanistica, da cui non fossero state espunte disposizioni regolamentari contrarie a quanto consentito della norma statale. Per cui la deroga alla disciplina edilizia e urbanistica che consentiva l'applicazione dello scorporo dei volumi costituiva diretta applicazione di un principio di tassatività della prescrizione e di uniformità di applicazione sul territorio nazionale, che è stata ora applicata con una specifica norma di legge.

mi del citato art. 11 del D. Lgs. n. 115/2008[7], e quindi entrambe le fattispecie[8].

Nel caso in cui si verifichino i presupposti di risparmio energetico indicati dalla norma (lett. a) (*"i maggiori spessori delle murature, dei solai e delle coperture, necessari ad ottenere una riduzione minima del 10 per cento dell'indice di prestazione energetica previsto dalla normativa vigente"*) è consentito che l'esercizio dell'attività edificatoria possa avvenire:

> a) *in deroga agli standard edilizi che prevedano distanze minime tra edifici e alle altezze massime degli edifici, dettate dal D.M. n. 1444/1968.*

È noto che il D.M. 2 aprile 1968, n. 1444, in applicazione dell'art. 41 *quinquies*, c. 8, L. n. 1150/1942, ha dettato prescrizioni inderogabili da applicare in tutti i Comuni nella formazione e nella revisione degli strumenti urbanistici contenenti limiti inderogabili di densità edilizia, di altezza, di distanza tra i fabbricati, limiti definiti per zone territoriali omogenee, al fine di un ordinato assetto del territorio[9].

Ora, ai sensi dell'art. 11 sopra citato e della disposizione in commento, le distanze previste dal decreto sono derogabili per le misure massime previste e solo per interventi che perseguano l'interesse, anch'esso generale, di contenimento dei consumi energetici nei termini sopra indicati.

---

[7] Le disposizioni di legge statale (art. 11, cc. da 1 a 3), trovano applicazione fino all'emanazione di apposita normativa regionale che renda operativi i principi di esenzione minima ivi contenuti (c. 4). La norma regionale non può far altro che recepire quanto previsto dalla disciplina statale, con i limiti dallo stesso previsti, che non appaiono modificabili *in melius* o *in peius*, atteso che trattasi di una deroga a norme che rientrano nella competenza esclusiva statale.

[8] La norma in commento ripropone esattamente quanto previsto dalla L. reg. Emilia-Romagna 21 dicembre 2012, n. 16, recante *"Norme per la ricostruzione nei territori interessati dal sisma del 20 e 29 maggio 2012"* (art. 3, c. 6), risultandone condizionata anche la norma generale.

[9] Recentemente l'art. 2-*bis* del D.P.R. n. 380/2001, recante "Deroghe in materia di limiti di distanza tra fabbricati", introdotto dall'articolo introdotto dall'art. 30, c. 1, lettera 0a), L. n. 98 del 2013, ha previsto che "Ferma restando la competenza statale in materia di ordinamento civile con riferimento al diritto di proprietà e alle connesse norme del codice civile e alle disposizioni integrative, le regioni e le province autonome di Trento e di Bolzano possono prevedere, con proprie leggi e regolamenti, disposizioni derogatorie al Decreto del Ministro dei lavori pubblici 2 aprile 1968, n. 1444, e possono dettare disposizioni sugli spazi da destinare agli insediamenti residenziali, a quelli produttivi, a quelli riservati alle attività collettive, al verde e ai parcheggi, nell'ambito della definizione o revisione di strumenti urbanistici comunque funzionali a un assetto complessivo e unitario o di specifiche aree territoriali."

b) in deroga alle norme del codice civile che prevedano distanze minime tra edifici (art. 873 c.c.), integrate dai regolamenti edilizi.

L'art. 873 c. c. prevede che le costruzioni su fondi finitimi se non sono unite o aderenti, devono essere tenute ad una distanza non minore di tre metri, salvo che i regolamenti locali non stabiliscano una distanza maggiore, con l'introduzione di norme non derogabili da parte dei privati, la cui violazione comporta il diritto alla richiesta del ripristino, oltre al risarcimento del danno[10].

L'art. 11 del D. Lgs. n. 115/2008 e, quindi, la norma in commento, consentono di derogare tali limiti con le misure ed in presenza delle condizioni sopra richiamate.

c) in deroga alle distanze minime di protezione del nastro stradale, previste dal Codice della Strada.

La norma consente anche la deroga alle distanze minime di protezione del nastro stradale, inizialmente misurate dal ciglio stradale ai sensi dell'art. 20 del R.D. 8 dicembre 1933, n. 1740 e della L. n. 1150/1942[11].

Peraltro, anche la specialità della disciplina introdotta al fine di perseguire l'interesse pubblico alla incentivazione del miglior rendimento energetico

---

[10] In tema di distanze fra costruzioni, le prescrizioni di piano regolatore acquistano efficacia di norme giuridiche integrative dell'art. 873 c.c. solo con l'approvazione del piano medesimo, mentre non rileva a tal fine che le stesse prescrizioni, in pendenza di quell'approvazione, si traducano in misure di salvaguardia adottate dal sindaco o dal Prefetto atteso che l'operatività di questi provvedimenti si esaurisce nel rapporto fra le predette autorità ed i rispettivi destinatari (Cass. Civ., sez. II, 4 ottobre 2004, n. 19822, in *Giust. civ. Mass.*, 2004, 10).
Le deroghe previste dalla normativa sul risparmio energetico in edilizia per la realizzazione di edifici di nuova costruzione (art. 11, D. Lgs. 30 maggio 2008 n. 115) non possono essere considerate in maniera autonoma da parte dei proprietari e dei committenti l'opera edilizia, ma necessitano di espresso riconoscimento da parte dell'ente comunale attraverso le procedure autorizzatorie disciplinate dalla legge. Nella specie, la Corte ha escluso che gli interventi, eseguiti in difformità parziale dal permesso di costruire, rientrassero nella speciale disciplina derogatoria prevista dalla predetta normativa (Cass. pen. Sez. III, 26 gennaio 2011, n. 28048, rv. 250593).

[11] Al riguardo si richiamano le disposizioni del D. Lgs. 30 aprile 1992 n. 285 (Codice della strada) ed in particolare alle norme che impongono una determinata distanza dal confine stradale, definito il limite della proprietà stradale quale risulta dagli atti di acquisizione o dalle fasce di esproprio del progetto approvato.
In mancanza, il confine è costituito dal ciglio esterno del fosso di guardia o della cunetta, ove esistenti, o dal piede della scarpata se la strada è in rilevato o dal ciglio superiore della scarpata se la strada è in trincea.

degli edifici non può prevalere su altri interessi altrettanto rilevanti e, quindi, il 5° comma dell'art. 11 del D. Lgs. n. 115/2008 stabilisce che l'applicazione delle disposizioni di cui ai commi 1° e 2°, sopra esaminati, non può in ogni caso derogare le prescrizioni in materia di sicurezza stradale e antisismica [12].

4. Le misure di incentivazione per migliorare la sicurezza sismica (c. 3)

Come per il miglioramento energetico, cui è dedicato il 2° comma, il legislatore regionale presta particolare attenzione al rischio sismico, tema particolarmente sensibile in Regione, con la previsione di una norma programmatica che incentiva gli interventi volti a migliorare la sicurezza sismica degli immobili.

La materia, regolata dalla L. reg. 30 ottobre 2008, n. 19, recante *"Norme per la riduzione del rischio sismico"*, ha trovato successiva regolazione con le norme speciali emanate in conseguenza del sisma che ha interessato alcuni territori della Regione, di cui alla L. reg. 21 dicembre 2012, n. 16, recante

---

[12] Per quanto concerne le misure in materia di sicurezza stradale evidentemente si fa riferimento a situazioni specifiche per le quali ad esempio il maggiore spessore di un fabbricato può comportare un effettivo pericolo per la circolazione, come nel caso di una minore visibilità.

La norma che fissa la distanza minima da un'intersezione dei cartelli pubblicitari deve essere letta avendo riguardo all'intero contesto in cui è collocata ed avendo presenti i principi ispiratori del D. Lgs. 285/1992 (Codice della Strada), fra cui in primo luogo la sicurezza delle persone nella circolazione stradale (T.A.R. Lombardia Milano, sez. IV, 7 luglio 2008, n. 2886, in *Red. amm. T.A.R.*, 2008, 7).

Per quanto concerne le norme antisismiche, occorre fare riferimento alla disciplina del T.U. Edil. (art. 83) ed ai decreti ministeriali applicativi, nonché alle recenti disposizioni che hanno introdotto una nuova e più rigorosa classificazione delle zone a rischio sismico.

In particolare l'Ord. Presidente del Consiglio dei Ministri n. 3264/2003, modificata ed integrata dalle OPCM n. 3316/2004, n. 3379/2004 e n. 3431/2005 ha introdotto in via transitoria una riclassificazione sismica del territorio nazionale in deroga al procedimento disciplinato dall'art. 83 del T.U. Edil., ed ha prescritto nuovi criteri generali per la classificazione definitiva. Per effetto dell'art. 1 dell'O.D.P.M. citata, il territorio nazionale viene diviso in quattro zone, di cui la zona 4 ricomprende i Comuni precedentemente non classificati sismici, nei quali la normativa sismica è applicata in via semplificata e su valutazione discrezionale delle Regioni.

L'edificazione nelle zone sismiche viene regolata dagli artt. 93 e 94 del T.U. edil. mentre specifiche disposizioni contengono le norme tecniche da adottare nelle costruzioni ed in particolare il rispetto di specifiche distanze dai fabbricati limitrofi.

"Norme per la ricostruzione nei territori interessati dal sisma del 20 e 29 maggio 2012"[13].

Domenico Lavermicocca

---

[13] Tra l'altro viene previsto (art. 4) che gli interventi diretti di riparazione e di ripristino con miglioramento sismico di edifici o unità strutturali, danneggiati dagli eventi sismici, sottoposti a specifica classificazione, sono attuati attraverso la presentazione dello speciale titolo abilitativo previsto dall'art. 3, c. 6, D.L. n. 74 del 2012, convertito dalla L. n. 122 del 2012, sono esentati dall'obbligo del rispetto delle norme su rendimento energetico, di cui alla deliberazione dell'Assemblea legislativa 24 marzo 2008, n. 156, fermo restando che i soggetti interessati possono provvedere al miglioramento dell'efficienza energetica degli edifici attraverso le agevolazioni fiscali previste.
Gli interventi edilizi di riparazione, ripristino con miglioramento sismico e di ricostruzione devono essere progettati e realizzati in modo da risultare conformi alle norme tecniche per le costruzioni di cui al decreto del Ministro delle infrastrutture 14 gennaio 2008 ed i livelli di sicurezza da rispettare e gli interventi di miglioramento sismico da attuare sono quelli prescritti per i beni culturali dalle "Linee guida per la valutazione e la riduzione del rischio sismico del patrimonio culturale con riferimento alle Norme tecniche per le costruzioni di cui al decreto del Ministero delle infrastrutture e dei trasporti del 14 gennaio 2008", approvate con Direttiva del Presidente del Consiglio dei Ministri del 9 febbraio 2011.
Per gli immobili oggetto di interventi di ripristino con miglioramento sismico è assicurata la piena conoscibilità delle prestazioni di sicurezza antisismica raggiunte, indipendentemente dal fatto che beneficino o meno di relativi contributi pubblici.

Art. 12
(sostituito comma 2 da art. 52 L. reg. 20 dicembre 2013, n. 28)
Atti regionali di coordinamento tecnico

1. Al fine di assicurare l'uniformità e la trasparenza dell'attività tecnico-amministrativa dei Comuni nella materia edilizia, il trattamento omogeneo dei soggetti coinvolti e la semplificazione dei relativi adempimenti, Regione ed enti locali in sede di Consiglio delle Autonomie locali definiscono il contenuto di atti di coordinamento tecnico ai fini della loro approvazione da parte della Giunta regionale.
2. *Entro centottanta giorni dall'approvazione, i contenuti degli atti di cui al comma 1 sono recepiti da ciascun Comune con deliberazione del Consiglio e contestuale modifica o abrogazione delle previsioni regolamentari e amministrative con essi incompatibili. Decorso inutilmente tale termine trova applicazione il comma 3 bis dell'articolo 16 della legge regionale n. 20 del 2000, fatti salvi gli interventi edilizi per i quali prima della scadenza del medesimo termine sia stato presentato il relativo titolo abilitativo o la domanda per il suo rilascio.*
3. Per i Comuni che esercitano in forma associata, negli ambiti territoriali di cui all'articolo 6 della legge regionale n. 21 del 2012, le funzioni di autorizzazione e di controllo dell'attività edilizia e la funzione generale di vigilanza sull'attività urbanistica ed edilizia, il recepimento di cui al comma 2 costituisce criterio di preferenza per la corresponsione degli incentivi previsti dal programma di riordino territoriale ai sensi dell'articolo 22 della legge regionale n. 21 del 2012.
4. Gli atti di coordinamento tecnico definiscono, tra l'altro:
    a) il modello unico regionale della richiesta di permesso, della SCIA, e di ogni altro atto disciplinato dalla presente legge;
    b) l'elenco della documentazione da allegare alla richiesta di permesso e alla SCIA, alla comunicazione di fine dei lavori e ad ogni altro atto disciplinato dalla presente legge;
    c) l'elenco dei progetti particolarmente complessi che comportano il raddoppio dei tempi istruttori, ai sensi dell'articolo 18, comma 9;
    d) i criteri generali per la determinazione della somma forfettaria dovuta per il rilascio della valutazione preventiva di cui all'articolo 21;
    e) le modalità di definizione del campione di pratiche edilizie soggette a controllo dopo la fine dei lavori, ai sensi dell'articolo 23;
    f) i requisiti edilizi igienico sanitari degli insediamenti produttivi e di servizio caratterizzati da significativi impatti sull'ambiente e sulla salute;
    g) la classificazione uniforme delle destinazioni d'uso utilizzabili dagli strumenti urbanistici comunali;
    h) i criteri per l'applicazione omogenea della classificazione degli interventi edilizi.
5. In particolare, l'atto di coordinamento tecnico inerente l'elenco dei documenti da allegare alla richiesta di permesso e alla SCIA deve prevedere:
    a) gli elaborati costitutivi del progetto, tra cui, in caso di interventi sull'esistente, quelli rappresentativi dello stato di fatto e dello stato legittimo degli immobili oggetto dell'intervento;

b) i contenuti della dichiarazione con la quale il professionista abilitato assevera analiticamente che l'intervento rientra in una delle fattispecie soggette al titolo abilitativo presentato e che l'intervento è conforme alla disciplina dell'attività edilizia di cui all'articolo 9, comma 3;

c) la distinzione tra la documentazione essenziale, obbligatoria per la presentazione dell'istanza di permesso e della SCIA, quella richiesta per l'inizio dei lavori e quella che il progettista può riservarsi di presentare a fine lavori.

COMMENTO

Sommario: 1. Natura giuridica e gerarchia delle fonti - 2. Materia oggetto della disciplina degli atti di coordinamento.

1. Natura giuridica e gerarchia delle fonti.

È questa una norma cardine dell'intero sistema urbanistico edilizio dell'Emilia-Romagna la cui collocazione nel sistema delle fonti apre molti interrogativi e lascia altrettanti dubbi. In estrema sintesi si può dire che gli atti in questione sono dei regolamenti a procedimento rinforzato che intervengono anche con efficacia delegificante di fattispecie normative di rango superiore[1].

Innanzi tutto oggi debbono dettare "*indirizzi e direttive*" anche "*integrative*" della legge urbanistica regionale (art. 16 lett. a)). Indirizzi e direttive il cui valore precettivo nei confronti degli enti titolari del potere di pianificazione urbanistica è precisato dall'art. 11, c. 1, lett. a) e lett. b) della stessa legge. In secondo luogo a "*stabilire l'insieme organico delle nozioni, definizioni, modalità di calcolo e di verifica concernenti indici, parametri, modalità di uso e di intervento*". Il "*lessico*", ma lessico normativo.

L'art. 12 allarga lo spettro degli atti in questione in primo luogo introducendo, al c. 4, la locuzione "*tra l'altro*" che, considerata la natura e il valore della fonte, che ha valore e forza di legge regionale, induce già molte perplessità sui confini dell'istituto, perché ciò consente di intervenire anche in fatti-

---

[1] Il tema di fondo è esaminato da B. GRAZIOSI, nel *Commento all'art. 16* in B. GRAZIOSI (a cura di) *La legislazione urbanistica dell'Emilia-Romagna*, Milano, 2007, 41 e ss. Quanto al valore precettivo di indirizzi e direttive si veda, dello stesso A. il *Commento all'art. 11*, ivi, 33 e ss.

specie disciplinate dalla legge – con ciò operando una sorta di delegificazione in bianco – ed in fattispecie disciplinate dagli strumenti urbanistici – con ciò limitando la funzione pianificatoria degli enti locali.

Vero è che l'aspetto più significativo e innovativo della norma è contenuto nel primo comma dell'art. 12, perché amplia il perimetro di intervento degli atti di coordinamento tecnico disegnato dal primo comma dell'art. 16 della L. n. 20/2000, che si riferiva solo alla *"attività di pianificazione territoriale e urbanistica"*, vale a dire al contenuto dei *"piani"* generali (regionali, provinciali, comunali) e *"settoriali"* (art. 10 L. reg. n. 20/2000). Ora questi atti debbono assicurare anche l'uniformità della *"attività tecnico-amministrativa dei Comuni nella **materia edilizia**"*. Questa confermata endiadi urbanistica/edilizia parrebbe coerente con i principi generali e con la usuale locuzione omnicomprensiva di governo del territorio. Ma si può anche osservare che la norma colloca questa inscindibilità molto in alto, a livello di un potere regolamentare regionale. Orbene, se si considera che l'effetto proprio della norma è la delegificazione della stessa *"**materia**"* che ne è oggetto, attribuita a questo potere regolamentare regionale, si può dedurre che ne viene corrispondentemente limitato l'omologo potere di cui il Comune è istituzionalmente titolare ai sensi degli artt. 4, c. 1, 2, c. 4, T.U. n. 380/2001 e art. 3, T.U.E.L. n. 267/2000. Poiché il potere comunale che è oggetto di garanzia da parte dello Stato[2] riguarda i regolamenti che disciplinano *"le modalità costruttive, ... tecnico estetiche, igienico sanitarie, di sicurezza e vivibilità degli immobili"*, è difficile negare che vi sia un problema di compatibilità tra le due fonti concorrenti.

L'autonomia normativa del Comune in materia edilizia non pare, in sostanza, essere facilmente compatibile con un potere regolamentare regionale libero, perché da esercitare in una materia edilizia previamente delegificata.

Vero è che il legislatore regionale, al c. 2, ha previsto comunque che la prevalenza degli atti regolamentari regionali deve essere recepita dal Comune con delibera di Consiglio che modifichi tutte *"le previsioni regolamentari"*, così che la fonte regionale viene così *"rivestita"* di una fonte regolamentare comunale. Ma ciò non basta. E non basta in primo luogo perché in caso di omissione da parte del Comune, il 3°c. *bis* dell'art. 16 (introdotto con la L. reg. n. 28 del 20 dicembre 2013), prevede la *"diretta applicazione"* del rego-

---

[2] Cfr. per tutti F. CINTIOLI, *Commento all'art. 4*, a cura di M.A. SANDULLI, *Testo Unico dell'Edilizia*, Milano, 2009, 97.

lamento regionale approvato con l'atto di coordinamento tecnico, e cioè la automatica cedevolezza delle norme locali e la loro sostituzione. E in secondo luogo perché se il problema di diritto è quello della garanzia dell'autonomia normativa del Comune, pare difficile dire che lo abbia risolto il modello procedimentale che prevede che il Comune sia **obbligato** a recepire, con un suo regolamento, una disciplina formata a livello regionale.

Si consideri che il potere regolamentare del Comune è anche previsto dal codice civile come fonte integrativa quanto ai rapporti privati. Pare ovvio che, ai fini degli artt. 871 e ss., gli atti di coordinamento tecnico di cui agli artt. 16, L. reg. n. 20/2000 e 12, L. reg. n. 15/2013 non valgono come i regolamenti comunali. In generale quanto al rapporto tra fonti, si deve ricordare che il principio della cedevolezza delle fonti statali e regionali a fronte di regolamenti locali, è nell'art. 4, c. 6, L. n. 131/2003 ma, soprattutto che se i regolamenti statali di delegificazione non possono intervenire in materia di competenza legislativa regionale (art. 1, c. 1, L. n. 229/2003) o in materie rientranti nelle sfere di autonomia normativa degli enti locali (Corte Cost. n. 302/2003) a maggior ragione non potranno farlo i regolamenti di delegificazione della Regione, come sono gli atti di coordinamento tecnico.

La competenza alla emanazione degli atti di coordinamento tecnico era, ai sensi dell'art. 16, c. 3, della L. reg. n. 20/2000, dell'Assemblea legislativa regionale.

E di tale organo è il primo atto (la Delibera dell'Assemblea Legislativa n. 279/2010, peraltro modificata con la delibera della Giunta Regionale 7 luglio 2014 n. 994).

L'art. 49 della L. n. 15/2013 ha però sostituito tale norma, prevedendo che la competenza alla *"definizione della proposta"* spetta alla Giunta Regionale, che la *"approva"*. Ciò è confermato dal 1° c. dell'art. 12 che parla di approvazione da parte della Giunta Regionale.

Ma resta, peraltro, un dubbio dovuto al tenore letterale della norma emendata, che parla di approvazione (da parte della Giunta) della *"proposta degli atti di cui al comma 1°"*, lasciando aperto il dubbio – come si chiarisce nel commento all'art. 49 – che sia ancora necessario un pronunciamento della Assemblea legislativa. Pare però che si possa argomentare la attuale competenza della Giunta – e l'esclusione di ogni intervento dell'Assemblea legislativa – da una parte dalla integrale abrogazione (la *"sostituzione"*) dell'originario

3° c. che lo prevedeva ed altresì dal tenore testuale dell'art. 23, c. 3, nel testo modificato dall'art. 52, L. reg. n. 28/2013 che (a proposito del contenuto dell'asseverazione) è inequivoco nel riconoscere la competenza della Giunta.

2. Materie oggetto della disciplina degli atti di coordinamento.

Premesso che l'elencazione, come si è detto, non è tassativa – come pure avrebbe probabilmente dovuto essere - si può, in ordine ad essa, osservare quanto segue:

a-b) la formazione del modello unico non solo delle istanze di permesso e delle segnalazioni (SCIA) ma di **ogni altro atto disciplinato dalla presente legge**, è atto di estrema importanza pratica, ma anche molto delicato. È chiaro, infatti, che ancorché la norma non lo dica, si tratta di moduli obbligatori, il cui uso legittima i rifiuti di accettazione della pratica e la sua *"archiviazione"*[3]. I limiti dell'atto di coordinamento tecnico devono essere rinvenuti nella impossibilità di modificare le norme procedimentali, e in particolare quelle che fissano i rispettivi poteri doveri di documentazione e acquisizione istruttoria tra privato e S.U.E fissati dall'art. 9 *bis* del T.U. n. 380/2001 e dagli artt. 4, c. 8, 14, c. 2, 15, c. 2, 18, c. 4. Oltre a queste norme la Regione dovrà tener conto delle recentissime disposizioni statali che hanno codificato il principio del modulo unificato sia quanto ai rapporti con le Amministrazioni statali che quanto ai rapporti con gli enti locali in materia di attività produttive e di edilizia recate dall'art. 24, c. 3, del D.L. n. 90/2014 conv. in L. n. 114 del 11 agosto 2014.

Per questi ultimi è previsto un procedimento rinforzato, che prevede l'acquisizione del parere della Conferenza Stato Regioni. La norma in questione ha avuto una attuazione anticipata nel giugno del 2014. I moduli, in forza di tale accordo, devono essere pubblicati su di un portale

---

[3] Sulla obbligatorietà dei moduli e sui problemi relativi se ne vengono soprattutto quando il loro contenuto impone oneri procedimentali all'instante cfr. B. GRAZIOSI, *L'obbligatorietà dell'uso di moduli, formulari e fac-simile*, in Urb. e Appalti, 2013, 655 e ss. Il non uso del modulo si risolve in una carenza documentale che può dare luogo ad una dichiarazione di improcedibilità, ma solo dopo una intimazione alla regolarizzazione (cfr. Cons. Stato, Sez. IV, 8 novembre 2013 n. 2495).

web (impresainun giorno) ed essere messi a disposizione entro sessanta giorni dalla loro approvazione.

Il quadro normativo è, quindi, tale da poter ingenerare un conflitto di competenze Stato/Regioni, da risolvere probabilmente a favore dello Stato dato che il 4° c. dello stesso articolo 24 prevede che gli accordi sulla modulistica "*sono stati rivolti ad assicurare la libera concorrenza e costituiscono livelli essenziali delle prestazioni concernenti i diritti civili e sociali che debbono essere garantiti su tutto il territorio nazionale*".

In questo senso la soluzione prevista dall'accordo anticipato del giugno 2014 che consente a ciascuna amministrazione di utilizzare moduli diversi di un modello unico deve ritenersi superata, restando *flessibile* – per così dire – solo la parte della modulistica che attiene a specificità della normativa urbanistica regionale.

Si deve considerare anche, sotto questo aspetto, che la formazione della modulistica e l'elenco dei documenti da presentare da parte dell'instante sono strettamente intrecciati in quanto la prima è funzionale al secondo. Il quale, a sua volta, definisce il contenuto della istruttoria.

Il 5° comma dettaglia, appunto, ciò che l'atto *deve* prevedere quanto ai documenti da allegare per il permesso di costruire e la SCIA[4]. Quan-

---

[4] A ciò aveva, conformemente al c. 5, già provveduto la D.A.L. n. 279/2010, oggi sostituita dalla Delibera della Giunta 7 luglio 2014 n. 992 che ha previsto, in ben 117 pagine, tutta la modulistica di p.di.c., SCIA, CCEA (l'agibilità), C.I.L., con un livello di dettaglio che può definirsi parossistico e molto spesso incomprensibile e/o non eseguibile. A parte le riserve esplicitate nel testo circa la conformità delle disposizioni regionali all'art. 24 del D.L. n. 90/2014, si può subito dire che gli esempi di tale esorbitanza degli oneri accollati con la modulistica obbligatoria regionale rispetto al fine della legge, sono innumerevoli, come lo sono i dati richiesti, spesso a pena di improcedibilità. Si pensi, ad esempio, all'obbligo di calcolare la monetizzazione delle dotazioni territoriali della SCIA (p. 52), alla – futile – dichiarazione di "*essere consapevole che la SCIA non può comportare limitazioni dei diritti di terzi*" (p. 53), all'obbligo di produrre la "*copia del documento di identità di tutti i comproprietari*" nel caso di p.di.c. su fabbricato condominiale (p. 3), all'obbligo di presentare la documentazione antimafia dell'imprenditore che esegue i lavori (p. 6), alla necessità della dichiarazione sul riutilizzo del materiale di scavo (pp. 19, 56). Tutto l'impianto della **modulistica obbligatoria regionale** dovrà essere attentamente sottoposto al vaglio di legittimità per controllarne non solo il fondamento normativo, ma la intrinseca ragionevolezza e adeguatezza rispetto ai fini stessi della "*semplificazione*" dei procedimenti edilizi. La quale, visti gli atti di coordinamento finora approvati e in particolare quello sulla modulistica obbligatoria, avvalora il timore che si sia "*trasformata una misura di*

to al doppio contenuto delle asseverazioni – e cioè (a) corrispondenza dell'intervento alle fattispecie tipizzate dalla norma; b) conformità a tutta la disciplina dell'attività edilizia) – non si può non osservare la sua estrema delicatezza, dati i profili penali che ne derivano. Si deve considerare, infatti, da una parte che è molto discutibile introdurre come contenuto specifico della asseverazione – penalmente sanzionata – quello che resta un mero giudizio squisitamente giuridico, dall'altra che, come già notato, per la seconda parte l'asseverazione non potrebbe che essere generica come lo è l'art. 9, c. 3.

c-d) Stabilire quali sono i progetti complessi che richiedono maggiori tempi istruttori e la somma forfettaria dovuta per la valutazione preventiva sono decisioni del tutto marginali, di ben minore effetto. Si può comunque osservare quanto a quest'ultima che non solo è singolare che l'esprimere la valutazione, che è un atto istituzionale del S.U.E, non sia considerato tale, essendo questo il senso proprio dell'art. 23, c. 4; ma anche che il prevedere *"criteri generali"* adombra complicazioni e oneri ulteriori certamente estranei alla *semplificazione* di cui parla l'art. 2.

e) La definizione del campione delle pratiche soggette a controllo a fine lavori è già stata fatta con atto di coordinamento approvato con delibera della Giunta 27 gennaio 2014 n. 76 (B.U.R. n. 32 del 7 febbraio 2014). Il tema è particolarmente importante, data l'importanza che nell'urbanistica è venuto acquisendo, come si è detto, il controllo dell'edificato

---

semplificazione della attività edificatoria concepita anche al fine di rilanciare l'economica **in una mera deresponsabilizzazione** *degli uffici amministrativi a danno degli operatori ...*" (cfr. M.A. SANDULLI, *Il regime dei titoli abilitativi edilizi tra semplificazione e contraddizione*, in Riv. Giur. Ed., 2013, II, 301, 306). Questa osservazione coglie un fenomeno in corso da anni, la progressiva trasformazione del procedimento di formazione dei titoli in procedimenti di controllo successivo della regolarità del titolo, finalizzati all'esercizio del potere di polizia amministrativa in senso ampio. Questo ormai vistoso *slittamento* dell'attività amministrativa in attività di polizia avente ad oggetto adempimenti accollati obbligatoriamente a privati, al di là della sua dubbia conformità al principio di buon andamento della *azione amministrativa*, è una delle principali cause della diffidenza, e spesso ostilità, che connota i rapporti tra cittadini e uffici pubblici. Per tornare all'Allegato all'Atto di coordinamento n. 992/2014, è insomma evidente che esso impone, tuttora, adempimenti di dubbia legittimità, tra tutti, ad esempio, gli elaborati grafici dello stato legittimo (pp. 68, 69), che non può non constare all'Amministrazione che ha adottato gli atti, il calcolo del contributo di costruzione (p. 71), che è onere del creditore e cioè della parte pubblica, e così via.

(cfr. punto 4.5 della Delibera), ed è stato affrontato con modalità molto attente a garantire rappresentatività e insieme casualità del campione, ma la cui estrema complessità le renderà di problematica attuazione.

f) Il potere fissare i requisiti igienico sanitari e degli insediamenti produttivi e di servizio caratterizzati da significativi impatti sull'ambiente e sulla salute è una delega in bianco che allarga in modo indeterminato l'ambito in cui la Regione può intervenire in via regolamentare (e che concorre in modo non facilmente armonizzabile con il potere regolamentare del Comune: cfr. art. 4, T.U.). A essere indeterminati sono sia i requisiti igienico sanitari, che attenendo alla salute, sono nell'ordinamento generale oggetto di particolari garanzie normative; sia gli insediamenti produttivi e di servizio, locuzione non solo generica, ma anche priva di riscontro testuale dal punto di vista giuridico; sia, infine e più gravemente, il concetto di *"impatto significativo"* che non potrebbe essere nozione più ambigua e arbitrariamente apprezzabile. È chiaro, poi, che i futuri atti di coordinamento che saranno adottati ai sensi di questa disposizione determineranno inevitabilmente sovrapposizioni normative, data la molteplicità di norme legislative statali e regionali che già ora disciplinano la materia. Cosicché il futuro atto di coordinamento tecnico, ove non si converta in un elenco compendiario di altre fonti, dovrà limitarsi ad aspetti marginali e di dettaglio.

g) La classificazione *"uniforme"* delle destinazioni d'uso utilizzabili dagli strumenti urbanistici comunali è, invece, uno dei punti centrali e di non più rinviabile risoluzione del diritto urbanistico. Sullo sfondo sta il tema della articolazione degli usi come sub-zonizzazione del territorio edificato dopo che la classificazione per ambiti fatta *ex* L. reg. n. 20/2000 ha superato quella per zone omogenee di cui al D.M. n. 1444/1968 e L. reg. n. 47/1978[5] ed ha richiesto che essi siano tipizzati secondo una griglia che si connetta, in una sorta di endiadi prescrittiva,

---

[5] Il concetto di *zona* omogenea sembra riconducibile ad una *"uguaglianza di genere, di funzione urbanistica"* (cfr. G. PAGLIARI, *Corso,* cit., 59-60 e ss.), ma solo nel senso strumentale che identifica il fabbisogno di standard urbanistici (art. 17, L. n. 765/1967). Ne viene la inevitabile conseguenza che non si può neppure ipotizzare una classificazione di **usi**, o **sub-usi**, senza una urbanisticamente accertata incidenza su standard (oggi, nella L. reg. n. 20/2000, *"dotazioni territoriali"*), e, cioè, sui carichi urbanistici.

alla determinazione dei carichi urbanistici.

Al riguardo può osservarsi, preliminarmente, che il concetto d'uso e di destinazione d'uso non appare nelle definizioni tecniche per l'urbanistica e l'edilizia introdotto dalla D.A.L. n. 279/2010. Si dovrà quindi precisarlo, partendo dalla nozione civilistica di atto di godimento e dalla nozione urbanistica di funzione (art. 1, L. reg. n. 46/1988).

In secondo luogo si deve tener presente che in ordine alla classificazione degli usi, al potere definitorio spettante alla Regione si accompagna il potere del Comune, da esercitare attraverso il P.O.C., di determinare "... *l'assetto urbanistico, le destinazioni d'uso, gli indici edilizi*" (art. 30, c. 2, lett. a), L. reg. n. 20/2000).

Le due norme si integrano nel senso che la pianificazione comunale è vincolata dalla tipizzazione regionale degli usi, che operano, per così dire, come tessere "*conformative*" del territorio comunale, secondo un disegno che resta, nelle sue grandi linee, riservato appunto al Comune. Dal disegno complessivo della L. reg. n. 15/2013 ricavabile dagli artt. 7, c. 4, 13, c. 1, 28, 30, 34, risulta che la definizione dei concetti ***d'uso*** e di ***destinazione d'uso*** e sua modifica è solo una parte del problema, perché si tratta di una figura connessa e complementare al fenomeno sostanziale che essa induce, e cioè il ***carico urbanistico***, quale fabbisogno di infrastrutture in genere secondo la definizione già acquisita con la D.A.L. n. 270/2010[6]. È bene sottolineare, perché pare essere sfuggito anche alla prassi pianificatoria, che si può parlare di carico urbanistico e di destinazione d'uso sia per un singolo immobile che per un insediamento. e che la prescrizione di piano che li disciplina deve specificarlo (cfr. art. 28), perché la legge regionale quando parla di modifica di destinazione d'uso e di sua compatibilità in relazione ai carichi urbanistici non sempre lo precisa (cfr. art. 7, c. 4, lett. c) e art. 13, c. 1, lett. e)), e la variazione dei carichi urbanistici talora è preclusiva dell'intervento,

---

[6] Voce n. 11 "*Fabbisogno di dotazioni territoriali e di infrastrutture per la mobilità di un determinato immobile o insediamento*". Vi è quindi un carico urbanistico solo *edilizio* – quello del singolo immobile – e un carico urbanistico in senso propriamente *urbanistico*, quello dell'insediamento, come si chiarisce nel testo. Come si è detto *supra*, nel commento all'art. 7, nessuna norma aggancia il concetto di carico urbanistico ad un fabbisogno "*capitario*" come sarebbe logico e necessario, essendo necessario un parametro quantitativo misurabile.

talora comporta semplicemente il pagamento del contributo e il reperimento delle dotazioni territoriali *ex* art. 26 L. reg. n. 20/2000 (cfr. art. 28, c. 4).

h) Fissare criteri per l'applicazione omogenea della classificazione degli interventi edilizi in genere è una formulazione troppo ambigua, dato che si tratta di un potere che è dubbio che possa intervenire a modificare la classificazione definitoria operata dall'Allegato, quanto meno nella misura in cui le relative definizioni sono conformi a quelle date dal T.U. n. 380/01. Si può osservare che se pur si volesse sostenere che la previsione di un intervento con una fonte regolamentare come gli atti di coordinamento di cui all'art. 16 della L. n. 20/2000 vale a delegificare la materia – nel caso l'Allegato – si deve ricordare che le definizioni degli interventi non potrebbero comunque – neppure con legge regionale – discostarsi dal modello fissato dal T.U. n. 380/2001, cui quelle dell'Allegato sono perfettamente aderenti[7].

È quindi necessario prospettare una interpretazione particolarmente restrittiva della disposizione in questione, limitandola alla *"applicazione"* della classificazione; in sostanza, si direbbe, ad una esemplificazione esplicativa (pur se da prendere anche essa con prudenza).

Benedetto Graziosi

---

[7] Dalle definizioni qualificatorie definitorie degli interventi consegue necessariamente il regime sanzionatorio (ripristinatorio o pecuniario), l'onerosità dei titoli, le diverse responsabilità dei soggetti coinvolti (cfr. G. LEONE, in *Testo Unico dell'Edilizia,* a cura di M.A. SANDULLI, 2009, 41; PAGLIARI, *Corso di diritto urbanistico*, Milano, 2010, 434 e ss.). Spostare i confini definitori significa modificare l'intero impianto normativo. Per questo le definizioni in questione sono state ritenute principi fondamentali ai sensi dell'art. 2 (cfr. Cons. Stato, A.p., 7 aprile 2008 n. 2; Corte Cost., 1 ottobre 2003 n. 303; Corte Cost. 21 novembre 2011 n. 309).

Art. 13
Interventi soggetti a SCIA

1. Sono obbligatoriamente subordinati a SCIA gli interventi non riconducibili alla attività edilizia libera e non soggetti a permesso di costruire, tra cui:
   a) gli interventi di manutenzione straordinaria e le opere interne che non presentino i requisiti di cui all'articolo 7, comma 4;
   b) gli interventi volti all'eliminazione delle barriere architettoniche, sensoriali e psicologico-cognitive come definite all'articolo 7, comma 1, lettera b), qualora interessino gli immobili compresi negli elenchi di cui alla Parte Seconda del decreto legislativo n. 42 del 2004 o gli immobili aventi valore storico-architettonico, individuati dagli strumenti urbanistici comunali ai sensi dell'articolo A-9, comma 1, dell'Allegato della legge regionale n. 20 del 2000, qualora riguardino le parti strutturali dell'edificio e comportino modifica della sagoma e degli altri parametri dell'edificio oggetto dell'intervento;
   c) gli interventi restauro scientifico e quelli di restauro e risanamento conservativo;
   d) gli interventi di ristrutturazione edilizia di cui alla lettera f) dell'Allegato, compresi gli interventi di recupero a fini abitativi dei sottotetti, nei casi e nei limiti di cui alla legge regionale 6 aprile 1998, n. 11 (Recupero a fini abitativi dei sottotetti esistenti);
   e) il mutamento di destinazione d'uso senza opere che comporta aumento del carico urbanistico;
   f) l'installazione o la revisione di impianti tecnologici che comportano la realizzazione di volumi tecnici al servizio di edifici o di attrezzature esistenti;
   g) le varianti in corso d'opera di cui all'articolo 22;
   h) la realizzazione di parcheggi da destinare a pertinenza delle unità immobiliari, nei casi di cui all'articolo 9, comma 1, della legge 24 marzo 1989, n. 122 (Disposizioni in materia di parcheggi, programma triennale per le aree urbane maggiormente popolate nonché modificazioni di alcune norme del testo unico sulla disciplina della circolazione stradale, approvato con decreto del Presidente della Repubblica 15 giugno 1959, n. 393);
   i) le opere pertinenziali non classificabili come nuova costruzione ai sensi della lettera g.6) dell'Allegato;
   l) le recinzioni, le cancellate e i muri di cinta;
   m) gli interventi di nuova costruzione di cui al comma 2;
   n) gli interventi di demolizione parziale e integrale di manufatti edilizi;
   o) il recupero e il risanamento delle aree libere urbane e gli interventi di rinaturalizzazione.
   p) i significativi movimenti di terra di cui alla lettera m) dell'Allegato.
2. Gli strumenti urbanistici comunali possono individuare gli interventi di nuova costruzione disciplinati da precise disposizioni sui contenuti planovolumetrici, formali, tipologici e costruttivi, per i quali gli interessati, in alternativa al permesso di costruire, possono presentare una SCIA. Le analoghe previsioni riferite nei piani vigenti

alla denuncia di inizio attività sono attuate mediante SCIA.

3. Ove non sussistano ragionevoli alternative progettuali, gli interventi di cui al comma 1, lettera b) possono comportare deroga alla densità edilizia, all'altezza e alla distanza tra i fabbricati e dai confini stabilite dagli strumenti di pianificazione urbanistica e dal decreto del Ministro dei lavori pubblici 2 aprile 1968, n. 1444.

4. Gli strumenti urbanistici possono limitare i casi in cui gli interventi di ristrutturazione edilizia, di cui al comma 1, lettera d), sono consentiti mediante demolizione e successiva ricostruzione del fabbricato, con modifiche agli originari parametri. All'interno del centro storico di cui all'articolo A-7 dell'Allegato alla legge regionale n. 20 del 2000 i Comuni individuano con propria deliberazione, da adottare entro il 31 dicembre 2013 e da aggiornare con cadenza almeno triennale, le aree nelle quali non è ammessa la ristrutturazione edilizia con modifica della sagoma e quelle nelle quali i lavori di ristrutturazione edilizia non possono in ogni caso avere inizio prima che siano decorsi trenta giorni dalla data di presentazione della SCIA. Nella pendenza del termine per l'adozione della deliberazione di cui al secondo periodo, non trova applicazione per il predetto centro storico la ristrutturazione edilizia con modifica della sagoma.

COMMENTO

Sommario: 1. SCIA: titolo edilizio o semplificazione procedimentale - 2. Modello residuale ad elencazione semplificativa della fattispecie - 3. Deroghe al D.M. n. 1444/1968 - 4. Interventi di ristrutturazione nel Centro Storico.

1. SCIA: titolo edilizio o semplificazione procedimentale.

La segnalazione certificata di inizio attività (SCIA), ai sensi dell'art. 49, c. 4 *bis* della L. 30 luglio 2010 n. 122, ha sostituito, come generale modello procedimentale, la D.I.A. disciplinata dall'art. 19 della L. n. 241/1990. Dopo qualche incertezza amministrativa sulla portata dell'istituto, il problema della sua estensibilità alla attività edilizia[1], è stato positivamente risolto dall'art. 5

---

[1] La vicenda normativa della D.I.A. è complessa. L'art. 19 L. n. 241/1990 ha infatti subito, nel tempo, molte modifiche. La generalizzazione dell'istituto (*"denuncia di inizio di attività"*) dopo una prima fase in cui le ipotesi in cui era ammessa erano differenziate secondo la complessità delle attività (D.P.R. n. 300/1992), è stata data dall'art. 2, c. 10, L. n. 537/1992, che fa però salve le ipotesi in cui vi è una valutazione tecnico-discrezionale (D.P.R. n. 411/1994). Riformulata come *"dichiarazione"*, cioè sottolineandone la natura di atto privato, dall'art. 3, c. 1, D.L. n. 35/2005, (conv. in L. n. 80/2005) ed equiparata (estesa) alla materia edilizia, ha subito

del D.L. n. 70/2011 conv. in L. 12 luglio 2011 n. 106, oggi (forse senza che fosse necessario) confermato dall'art. 17, c. 3, D.L. 12 settembre 2014 n. 132, secondo cui "*Le espressioni denuncia di inizio attività ovunque ricorra nel D.P.R. 6 giugno 2001 n. 38, ad eccezione degli articoli 22, 23 e 24, 3° c. e sostituito dal seguente «segnalazione certificata di inizio di attività»*".

Il dato giuridico saliente – anche quanto al rapporto tra fonti normative che la regolano – è che la disciplina della SCIA è stata qualificata (dall'art. 49, c. 4 *ter*, D.L. 31 maggio 2010 n. 78 conv. in L. 30 luglio 2014 n. 122) come attinente alla tutela della concorrenza, livello essenziale delle prestazioni concernenti i diritti civili e sociali ai sensi dell'art. 117, c. 2, Cost. Rispetto alla disciplina statale recata dal T.U. n. 380/2001 e dalla sua successiva modificazione la normativa regionale è, quindi, cedevole, così come chiarito e anche recentemente confermato dalla Corte Costituzionale con la sentenza n. 121 del 9 maggio 2014.

Lo scrutinio delle norme che il legislatore regionale dedica alla SCIA, e cioè degli artt. 13, 14 e 15, deve quindi essere condotto tenendo conto della, per così dire, recessività della fonte.

---

altre modifiche tra cui (ai sensi della L. n. 69/2009 art. 9, 3°, 4°, 5° e 6° c.) la anticipazione degli effetti abilitativi anche alla fattispecie di abilitazioni alla produzione di beni o prestazioni di servizi. Acquisito il *nomen iuris* di "*Segnalazione certificata di inizio di attività*" data dalla L. n. 122/2010, è stato generalmente condiviso l'avviso che la SCIA fosse applicata alla materia edilizia e cioè che la SCIA avesse già manifestato dalla Circ. del Ministero per la semplificazione normativa 16 settembre 2010 (contro la diversa opinione di alcune Regioni) su cui è intervenuta anche la Corte Costituzionale (con le sentenza n. 164 del 27 giugno 2012; n. 188 del 16 luglio 2012; e soprattutto 20 luglio 2012 n. 203, che ha respinto l'eccezione di illegittimità costituzionale propria dell'art. 49, c. 4 *ter*, del D.L. n. 78/2010 conv. in L. n. 122/2010 (cfr. su questo punto D. LAVERMICOCCA, *La SCIA e la D.I.A. nell'edilizia e nei procedimenti speciali. La semplificazione si complica*, in Urb. e appalti, 2011, 582; A. VENTURI, *La segnalazione certificata di inizio attività tra livelli essenziali della prestazione e "dematerializzazione"*, in Regioni, 2012, 1182). Sul tema della DIA-SCIA in generale il numero dei contributi è sterminato. Cfr. tra questi G. MORBIDELLI, *Modelli di semplificazione amministrativa nella urbanistica, nell'edilizia, nei lavori pubblici (ovvero della strada verso una sostenibile leggerezza della procedura*, in Riv. Giur. Urb., 1998, 287; M.A. SANDULLI, *Effettività e semplificazione del governo del territorio: spunti problematici*, in Dir. Amm., 203, 507 ss.; W. GIULIETTI, *Attività privata e potere amministrativo*, Torino, 2008; A. CASSATELLA, *L'attività edilizia*, in (a cura di) D. DE PRETIS, *Diritto urbanistico e opere pubbliche*, Torino, 2009; C. LAMBERTI, *La SCIA fra liberalizzazioni e semplificazioni*, in Urb. e App., 2013, 111 ss.; E. BOSCOLO, *Le novità in materia urbanistica introdotte dall'art. 5 del Decreto Sviluppo*, in Urb. e App., 2011, 1058.

Sulla natura giuridica della SCIA vi è stato, d'altronde, un dibattito, dottrinale e giurisprudenziale, che è approdato alla conclusione che si tratta di un modulo di semplificazione, fondato sulla *"assunzione di auto-responsabilità del privato"*, costituente atto *"soggettivamente e oggettivamente privato"*. Questo orientamento[2] è stato confermato dal Consiglio di Stato con la sentenza dell'A.p. 29 luglio 2011 n. 15, secondo cui la SCIA non è un provvedimento amministrativo a formazione tacita, non dà luogo cioè ad un titolo abilitativo, ma un atto privato che comunica l'intenzione di intraprendere una attività. Ne viene che la tutela del terzo leso dall'attività può avvenire solo tramite l'impugnazione dei provvedimenti che negano l'adozione di misure repressive. E, in caso di silenzio, esso è configurabile *"come provvedimento tacito negativo equiparato dalla legge ad un atto espresso di diniego"*[3].

Questa configurazione teorica è stata confermata dalla immediatamente successiva disposizione dell'art. 6, c. 6 *ter* del D.L. n. 138 del 13 agosto 2011 conv. in L. 14 settembre 2011 n. 148 a mente del quale *"la segnalazione certificata di inizio di attività, la denuncia e la dichiarazione di inizio di attività non costituiscono provvedimenti taciti direttamente impugnabili"*. Ma, contestualmente, la disposizione smentisce testualmente la tesi giurisprudenziale dell'inoppugnabilità del comportamento omissivo come provvedimento tacito, aggiungendo *"Gli interessati possono sollecitare l'esercizio delle verifiche spettanti alla Amministrazione e in caso di inerzia esperire l'azione di cui all'art. 31, c. 1, 2, 3 del D. Lgs. n. 104/2010"*.

L'impugnazione del terzo deve quindi essere rivolta contro il silenzio inadempimento, azione questa che può essere proposta entro un anno (art. 31,

---

[2] Cfr. tra le tante, Cons. Stato, Sez. VI, 9 febbraio 2009 n. 717; Sez. IV, 13 maggio 2010 n. 2919, in regime (ancora) di D.I.A. Ma un episodico orientamento del Consiglio di Stato, a proposito della tutela del terzo, ammetteva che questo potesse impugnare non il silenzio/inadempimento formatosi sulla diffida, ma il *"titolo"* stesso, consolidatosi con il decorso del termine procedimentale. Cfr. Cons. Stato, Sez. IV, 30 luglio 2012; Sez. IV, 24 maggio 2010 n. 3263; Sez. IV, 8 marzo 2011 n. 1423.

[3] La sentenza n. 15/2011 dell'A.p. del Consiglio di Stato è stata variamente, e autorevolmente, commutata. Cfr. M.A. SANDULLI, *Primissima lettura della A.p. n. 15 del 29 luglio 2011 n. 15*, in Riv. Giur. Ed., I, 513; A. TRAVI, *La tutela del terzo nei confronti della d.i.a. o della s.c.i.a.: il codice del processo amministrativo e la quadratura del cerchio*, Foro It., 2011, III, 517 ss. Per una diversa e acuta ricostruzione, cfr. G. GRECO, *Ancora sulla SCIA: silenzio e tutela del terzo (alla luce del comma 6ter dell'art. 19 L. n. 241/90)*, in Dir. Proc. amm.vo, 2014, 671 e ss.

c. 2, c.p.a.). Le conseguenze in termini di certezza del diritto sono piuttosto evidenti, specie se l'azione del terzo la si vede raccordata con il ben più stringente sistema del controllo d'ufficio della SCIA disciplinato dall'art. 14[4].

La giurisprudenza si è adeguata alla novella legislativa respingendo perché inammissibile il ricorso contro il silenzio non formalizzato come inadempimento, non essendo configurabile un provvedimento tacito[5].

Questo doppio binario creerà, tra i vari problemi, quello di coordinare i motivi sulla cui base si possono esercitare i poteri di autotutela da parte del S.U.E con i motivi di censura della legittimità della SCIA dedotti dal terzo. Questi ultimi, infatti non permangono *"fermi"* e cioè immutati nel tempo in relazione alla data della istanza di autotutela del terzo. Questo perché, come la giurisprudenza ha già evidenziato[6] l'affidare la tutela delle ragioni del terzo ad un procedimento non interdittivo, ma di secondo grado (autotutela) significa introdurre l'esigenza del rispetto dei maturati affidamenti incolpevoli sulle situazioni consolidate. Cosicché ancorché l'obbligo di provvedere sull'istanza del terzo sia indiscutibile, l'esito del procedimento resta aleatorio pur in presenza di una illegittimità dell'attività edificatoria[7]. La restrizione della tutela del terzo è, insomma, indubbia, e ciò è tanto più rilevante quanto più si è venuto ampliando, nella legislazione nazionale e regionale, l'area delle fattispecie di SCIA.

---

[4] Come si evidenzia nel relativo commento, decorso il termine di 30 gg. dalla accertata completezza della SCIA, il potere inibitorio del S.U.E è limitato ai casi di falsità o mendacio o di violazione di vincoli particolarmente sensibili (c. 9 e 10).
Pare inevitabile concludere, anche per quanto si dice nel testo, che la nuova norma comporta una menomazione delle tutele del terzo, che può proporre solo azioni in cui tra l'attività ipoteticamente lesiva e l'impugnazione viene *ex lege* interposta l'inadempimento della P.A.

[5] Cfr. Cons. Stato, Sez. IV, 4 febbraio 2014 n. 500; T.A.R. Veneto, 17 febbraio 2014 n. 233. Questa soluzione, prima della novella era stata esaminata e respinta dalla A.p. n. 15/2011 con ampie e convincenti motivazioni (cfr. i paragrafi 6.1 e 6.2).

[6] Si deve cioè *"tener conto del limite del termine ragionevole e soprattutto della necessità di una valutazione comparativa di natura discrezionale, degli interessi in rilievo ... e della conseguente conservazione del potere"* (cfr. T.A.R. Campania, Salerno, II, 19 febbraio 2014 n. 421). Cfr. anche T.A.R. Calabria, Reggio Calabria, I, 14 febbraio 2014 n. 283).

[7] Il procedimento metterebbe capo *"ad una gamma articolata di possibili soluzioni"* (Cons. Stato, Sez. IV, 12 maggio 2014 n. 2398). Il ripristino dello *statu quo* a favore del terzo è ipotetico.

Si tratta di una situazione che, peraltro, è proprio quella che l'A.p. n. 15/2011 lamentava essere "*inidonea a tutelare in modo efficace la sfera giuridica del terzo*" sia per la intempestività del procedimento di secondo grado, sia per le limitazioni intrinseche al potere esclusivamente sanzionatorio e non anche interdittivo[8] che resta in capo al S.U.E.

2. Modello residuale ed elencazione esemplificativa delle fattispecie di SCIA.

L'obbligatorietà del ricorso alla SCIA si delimita negativamente per esclusione (dai casi di edilizia libera e di permesso di costruire). Ma quando, come nel nostro caso, una fattispecie *positivamente residuale* è anche oggetto di esemplificazione, sono più le complicazioni che le semplificazioni che ne derivano.

Preliminarmente si deve chiarire se la dichiarata "*obbligatorietà*" della SCIA, costituisca o meno una preclusione ricorrere al permesso per interventi sicuramente rientranti nella casistica della prima. Pare certo che la risposta debba essere negativa, nel senso cioè della facoltà di richiedere una espressa, positiva valutazione del progetto. Nel senso della facoltatività depone anche il tenore dell'art. 22, 1° c. del T.U. ("*Sono realizzabili ...*") e il 3° e il 7° c. che lo chiariscono espressamente; norme da cui la legge regionale non potrebbe, d'altronde, differenziarsi, trattandosi di regime dei titoli edilizi.

Quanto alla casistica si possono formulare le seguenti osservazioni circa i confini delle singole figure di intervento descritte.

a) Le opere di manutenzione straordinaria eccedenti i limiti ivi indicati, e cioè non rispettose di sagome, di superfici utili, di numero unità immobili, di destinazione d'uso, ovvero concernenti parti strutturali, rilevanti ai fini antisismici e con possibile pregiudizio della statica dell'edificio (art. 7, c. 4, lett. a)), che modificano senza opere le destinazioni d'uso

---

[8] Contro questi argomenti si vedano i rilievi di A. TRAVI, in *La tutela del terzo*, cit., coll. 518-519, secondo cui "*la tutela del terzo*" può ben essere compromessa, in termini di tutela giurisdizionale davanti al G.A., perché se il legislatore, per intenti di semplificazione sottrae ad un titolo provvedimentale lo svolgimento di un'attività, ciò vuol semplicemente dire che la tutela del terzo, come è naturale "*va ambientata primariamente nella tutela civilistica del diritto soggettivo di una controversia tra privati*".

con aumento del carico urbanistico (art. 7, c. 4, lett. c)). Questa disposizione va coordinata con la modifica dell'art. 3 del T.U. portata dall'art. 17, c. 1, D.L. n. 133 del 12 settembre 2014, conv. in L. n. 164/2014, che, modificandola, ha allargato lo spettro degli interventi di manutenzione straordinaria a "*quelli consistenti nel frazionamento o accorpamento delle unità immobiliari con esecuzione di opere anche se comportanti la variazione delle superfici delle singole unità immobiliari, nonché del carico urbanistico purché non sia modificata la volumetria complessiva degli edifici e si mantenga l'originaria destinazione d'uso*". Aggiungendo, in sede di conversione, la necessità che il progetto dimostri il rispetto della normativa anti sismica e di quella energetica.

Ad una prima valutazione non pare, però, che questa modifica comporti una vera **liberalizzazione**, nel senso della riconduzione alla sfera dell'attività libera di questa nuova figura delle opere di manutenzione straordinaria. A ben vedere, semmai, si tratta di opere "*trasferite*" dall'ambito del permesso di costruire a quello della SCIA.

b) Questi interventi di eliminazione delle barriere architettoniche vengono sottratti al regime di attività libera perché riguardano immobili gravati o da vincoli "*forti*" come quelli culturali (Iª parte del D. Lgs. n. 42/2004) o vincoli minori come quelli di classificazione "*storico-architettonica*" di fonte comunale. In quest'ultimo caso[9], però, solo se gli interventi riguardano parti strutturali o modifica di sagoma e "*altri parametri dell'edificio*". Quanto a questi altri parametri, essi risultano dalle definizioni dell'Atto di coordinamento tecnico di cui alla D.A.L. n. 279/2010.

c) Gli interventi di restauro scientifico e risanamento conservativo non danno luogo, alla luce delle analitiche definizioni dell'Allegato (lett. c) e d)) a particolari problemi interpretativi. La necessità di eccettuarli dall'edilizia libera pare ovvia in caso di edifici in qualche modo di pregio, molto meno in caso di immobili ordinari, per i quali non è facile coglierne la differenziazione rispetto ad un sistematico e radicale intervento di manutenzione straordinaria. Questo vale soprattutto dopo

---

[9] Non vengono qui in rilievo, invece, i vincoli di pregio "*storico culturali e testimoniali*" di cui al 2° c. dell'art. A-9, per i quali, peraltro, è la stessa che consente di imporre categorie di intervento che di per sé – come il restauro e risanamento conservativo – escludono il regime di attività libera ai sensi della lettera c).

l'ampliamento di tale figura operato dall'art. 17 del D.L. n. 133/2014, che ha anche delineato la nuova amplissima figura degli *"Interventi di conservazione"*[10]

d) La ristrutturazione edilizia, che viene qui sottratta al regime del permesso, è contestualmente anche ampliata con il rinvio alla lettera f) dell'allegato che recepisce nella legislazione regionale la disposizione recata dall'art. 30 del D.L. n. 69/2013 conv. in L. n. 98/2013. Come si dirà nel commento all'allegato, la *"nuova"* ristrutturazione può comportare modifiche di quasi tutti i parametri (volume, sagoma, prospetti, superficie, numero unità immobiliari) e quindi comprende come mezzo al fine l'integrale demolizione dell'edificio e la sua ricollocazione a parità di volumetria su un nuovo lotto.

Il 4° comma puntualizza, poi, la fattispecie ponendo dei severi presupposti urbanistici alle ristrutturazioni *"con modifiche agli originari parametri"* edilizi. Poiché con tale locuzione si devono intendere quelli di cui alle definizioni tecniche date dalla D.A.L. n. 279/2010, si tratta di una nozione molteplice: **lotto** (n. 7), **superficie minima di un intervento** (n. 9), **area di sedime** (n. 12), **superficie** (nelle sue varie coniugazioni: Sq, Sp, Sul, Su, Sa, Sc, Sca: nn. 13, 14, 17, 18, 19, 21, 22), **sagoma planovolumetrica** (n. 26), **volume** (nelle sue varie comunicazioni; Vt, Vu), eccetera. Peraltro poiché con il R.U.E. si può introdurre qualsiasi limite si svuota, così, di contenuto la liberalizzazione perché con una siffatta ristrutturazione si esce, poi, dall'ambito della SCIA e si rientra nel permesso di costruire.

Analoga conclusione può essere fatta quanto al divieto di operare ristrutturazioni *"fuori sagoma"* all'interno del centro storico e al divieto – anche qui per aree determinate – di eseguire i lavori della SCIA prima di 30 gg.[11]

---

[10] Tale intervento, che riguarda *"gli edifici esistenti non più compatibili con gli indirizzi della pianificazione"* ha però un contenuto che deve essere definito dal piano, limitandosi la norma all'ambiguo riferimento a *"forme di compensazione corrispondenti al pubblico interesse"*. Dal testo complessivo si ricava, però, che fino a che il piano non definisce il modulo di intervento, la *"conservazione"* ha il solo limite della demolizione/ricostruzione.

[11] Come si chiarisce alla nota 23, è questo un caso di SCIA speciale, in cui è il comportamento omissivo del S.U.E che vale quale titolo **abilitativo**; cosicché alla fin fine si configura come una forma di silenzio assenso.

Gli atti con cui i Comuni debbono provvedere sono, quanto alla prima parte della norma, strumenti urbanistici (nel caso R.U.E.), quanto alla seconda parte relative ai centri storici (cfr. *infra*) una (semplice) delibera (consigliare), senza la quale la variazione di sagoma è sempre esclusa (nel centro storico). Ciò è singolare, e non coerente con il quadro generale della pianificazione urbanistica che emerge alla L. reg. n. 20/2000, in cui la pianificazione degli interventi nel centro storico è riservata ad atti il cui procedimento prevede la doppia lettura, e cioè (art. A-7, 2° c.) PTCP e poi P.S.C. e P.O.C.; ed altrettanto è a dirsi della definizione dei parametri urbanistici, che l'art. 29, c. 4, riserva al R.U.E.

Una semplice delibera consigliare viene, così – forse indebitamente, dato l'ingiustificabile *deficit* partecipativo –, promossa al rango di strumento urbanistico, e il fatto che si tratti di un provvedimento con effetti solo restrittivi non lo rende, di per sé, meno giuridicamente rilevante.

e) Il mutamento d'uso senza opere, ma con aumento di carico urbanistico deve essere considerato, come si chiarisce nel commento agli artt. 28, 30 e 41, un punto nodale della pianificazione e del suo impatto anche economico sulla proprietà. Qui mette conto di ribadire che il fulcro di tutto è la scelta pianificatoria di definire quali siano gli usi la cui trasformazione comporta aggravio di carichi urbanistici e in quali ambiti ciò si verifichi, tenendo conto:

    a) che la definizione degli usi è riservata ad un (ancora ad oggi)[12] insussistente atto di coordinamento tecnico delle Regioni, da cui gli strumenti urbanistici non possono differenziarsi;

    b) che il concetto di carico urbanistico assunto (quale modulo **unificante**) dalla D.A.L. n. 270/2010 si riferisce, tra tutti i possibili impatti "*civici*", solo a quello sulle strutture della mobilità. Solo in presenza di questi dati e questi presupposti si può considerare soggetto a titolo edilizio lo *jus utendi*.

f) L'installazione di impianti tecnologici necessita di SCIA (se non si tratta di pannelli solari e fotovoltaici) evidentemente se e perché vi sono volumi tecnici "*fuori sagoma*", dato che nel caso in cui tratti di impianti interni e urbanisticamente ammissibili si tratterebbe di manutenzione

---

[12] Dicembre 2014.

ordinaria (cfr. lett. a) dell'Allegato). Resta difficile da capire perché questi interventi sono stati elencati come diversi dalla manutenzione straordinaria, a meno che il riferimento ai volumi tecnici valga come dichiarazione che essi, nel contesto della revisione degli impianti tecnici di edifici esistenti, sono da considerare in franchigia dagli indici edilizi[13]. Conclusione che non sembra però indiscutibile alla luce, anche qui, della definizione datane dalla D.A.L. n. 279/2010, voce n. 46, che parla di esclusione dal calcolo della sola superficie di impianti e opere che hanno un significativo volume, adombrando così che la franchigia non riguardi l'indice volumetrico.

g) **Le varianti in corso d'opera** seguono il regime della SCIA se rientranti nei limiti di cui all'art. 22. Merita di essere sottolineato che, anche in questo caso, si tratta di una SCIA speciale, *post eventum* che può riferirsi a fattispecie contigue, e difficilmente distinguibili dalla SCIA a sanatoria *ex* art. 17 della L. reg. n. 23/2004. E che, come titolo abilitativo è privo di autonomia giuridica perché si incorpora nel titolo cui accede quale variante.

h) **La realizzazione dei parcheggi pertinenziali** delle unità immobiliari riguarda il solo caso dell'art. 9, c. 1, della L. n. 122/1989, e cioè quello a servizio di immobili già esistenti, che possono, come noto, essere realizzati in franchigia (al piano terreno o nel sottosuolo) dalle norme urbanistiche[14]. Il regime di SCIA, in mancanza di una diversa precisazione, vale anche per gli interventi in deroga delle prescrizioni urbanistiche; ed è esente da contributo (art. 9, c. 2, L n. 127/1989).

i) Le opere pertinenziali di cui alla lett. g.6) dell'Allegato, sono quelle che

---

[13] Secondo un orientamento giurisprudenziale, peraltro non univoco (cfr. a favore della esclusione del calcolo della volumetria, Cons. Stato, Sez. V, 8 settembre 1983 n. 367; Sez. V, 23 settembre 1991 n. 329). *Contra*, ad es. per i porticati aperti, T.A.R. Puglia, Lecce, I, 27 agosto 2013 n. 1801. Secondo l'orientamento più severo non si deve trattare di un vano chiuso (T.A.R. Campania, Napoli, 4 dicembre 2013 n. 5519; ecc.).

[14] Secondo la giurisprudenza l'art. 9, c. 1, non solo riguarda immobili già esistenti (cfr. Cons. Stato, Sez. V, 24 ottobre 2000 n. 5676), ma le sole aree urbane (cfr. Cons. Stato, Sez. V, 11 novembre 2004 n. 7324). Si deve però rammentare che secondo la giurisprudenza il vincolo di pertinenzialità – e la relativa qualificazione giuridica – vale solo per la superficie prevista dalla legge (art. 2) (cfr. da ultimo Cass., Sez. Trib. 28 gennaio 2014 n. 1738). Se ne deve dedurre che per i parcheggi eccedenti tale quantità il regime del titolo resta quello del permesso.

è la pianificazione urbanistica stessa a qualificare come irrilevanti per la loro morfologia o comunque per la modestia volumetrica. Sul tema del concetto di pertinenza urbanistica e della sua ontologica diversità da quella di pertinenza civilistica, esiste un fermissimo e noto orientamento giurisprudenziale che ha chiarito che l'essenza della prima sta nella mancanza di autonomia funzionale e cioè una *propria* destinazione edilizia urbanistica e nella connessa mancanza di un autonomo valore, anche di mercato[15].

l) Le recinzioni, cancellate e muri di cinta possono essere opere molto diverse per consistenza, volumetria, impatto. Un risalente orientamento giurisprudenziale escludeva dal regime concessorio le opere di recinzione che per l'utilizzazione di materiali di scarso rilievo visivo e per le dimensioni dell'intervento (elemento c.d. *"ontologico"*) avevano caratteristiche marginali, considerandole opere di manutenzione ordinaria[16] e comunque afferenti al principio civilistico di cui all'art. 841 c.c., che attribuisce un diritto non comprimibile da fonti normative di rango inferiore[17]. Il dato testuale (*"muri di cinta"*) che parrebbe *tranchant*, è però ambiguo perché deve essere concordato, con la citata giurisprudenza, soprattutto penale, secondo la quale occorre aver sempre riguardo alla consistenza fisica e dell'impatto dell'opera che può in sé stessa, acquisire la rilevanza di *"nuove costruzioni"* ai sensi della lett. g) dell'Allegato, anche a prescindere da specifiche norme di piano.

---

[15] Cfr. *ex multis*, da ultimo, Cons. Stato, Sez. V, 28 gennaio 2013 n. 496; Sez. IV, 18 ottobre 2010 n. 7549; T.A.R. Campania, Napoli, IV, 18 dicembre 2013 n. 5853 che esclude che una **tettoia** possa essere una pertinenza, essendo dotata di una propria autonomia. Altra giurisprudenza lo esclude, nel caso in cui sia *"appoggiata"* ad un altro fabbricato, per l'opposto motivo che è parte di quest'ultimo (cfr. Cons. Stato, Sez. VI, 5 agosto 2013 n. 4086).

[16] Cfr. da ultimo, Cons. Stato, Sez. V, 9 aprile 2013 n. 1922. Più in generale si esonerano da qualsiasi titolo "le modeste recinzioni di fondi rustici senza opere murarie, e cioè con rete metallica sorretta da paletti di ferro senza muretto di sostegno" (Cons. Stato, Sez. V, 26 ottobre 1998 n. 1537; ecc.). Naturalmente la fattispecie si incrocia con quella della pertinenza (in questo senso, ad es. Cons. Stato, Sez. V, 9 ottobre 2000 n. 5370) mantenendo lo stesso regime (A.I.A.-SCIA). È diversa la figura del muro di contenimento che, ancorché potenzialmente esonerato dal rispetto delle istanze, è considerato dalla giurisprudenza come soggetto al regime del permesso di costruire (cfr. Cons. Stato, Sez. V, 8 aprile 2014 n. 165).

[17] Le non infrequenti norme di piano che vietano o rendono concretamente impossibile le recinzioni sono pertanto illegittime e lesive di un diritto, possono (devono) essere disapplicate.

m) Gli interventi di nuova costruzione che, secondo gli strumenti urbanistici, sono attuativi di norme dettagliate, recanti cioè i dati planovolumetrici, tipologici e costruttivi. Si tratta dell'istituto entrato nell'ordinamento edilizio con il nome di *"super D.I.A."*. La fattispecie soffre di una certa indeterminatezza[18], ovviata peraltro dalla positiva necessità che sia lo strumento urbanistico a precisare espressamente che, in forza di queste disposizioni dettagliate, si interviene in regime di SCIA (cfr. il 2° comma). Così intesa la lettera m) ha una valenza sostanzialmente di natura urbanistica e non edilizia.

n) La demolizione di manufatti edilizi, sia totale che parziale, è quella senza ricostruzione e senza alcun fine di *"risanamento funzionale"* di cui parla la lett i) dell'Allegato. Naturalmente l'intervento demolitorio deve essere consentito, non riguardare, cioè, un edificio classificato con vincolo conservativo. Si deve notare come la rilevanza della mera demolizione oltre che urbanistica è anche fiscale, e cioè ai fini della T.A.S.I., di cui modifica il presupposto.

o) Il recupero e il risanamento di aree urbane libere e gli interventi di rinaturalizzazione[19] sono operazioni previste anche alla lett. e) dell'Allegato, e con qualche precisazione in più. Il confine con forme di attività libera (manutenzione, pavimentazione e finitura di aree esterne) è labile. Ma anche in questo caso la scriminante sarà data dalla prescrizione di piano circa la necessità o meno di un titolo edilizio.

p) I *significativi* movimenti di terra sono un intervento che si colloca in una linea mediana tra quelli rigorosamente pertinenti ai lavori agricoli (che sono attività libere *ex* art. 7, c. 1, lett. d)) e quelli che, pur essendo estranei alla attività edificatoria (per cui vale il titolo edilizio proprio della stessa) non sono, però, tali da eccedere le *"caratteristiche dimensionali, qualitative e quantitative"* stabilite dal R.U.E., evidentemente ai fini dell'assoggettamento a divieti o limiti (cfr. lett. m) dell'Allegato). Il dato rilevante che si evince dal combinato disposto (art. 13, lett.

---

[18] Sui limiti della super D.I.A. cfr. B. GRAZIOSI, *Note critiche sui presupposti urbanistici della "super dia"*, in Riv. Giur. Ed., 2002, II, 347 ss.

[19] Ove sia interessato anche del verde privato occorreva osservare le relative prescrizioni regolamentari. Il tema è, oggi, particolarmente sensibile. Cfr. B. GRAZIOSI, *I nuovi regolamenti comunali del verde e la pubblicizzazione dei verde privato*, in Riv. Giur. Ed., 2012, II, 189 e ss.

p) e Allegato lett. m)) non è tanto, quindi, il regime di questi movimenti, quanto il fatto che la pianificazione disciplina anche ii movimenti di terra senza fini edificatori, così come d'altronde si evince – come notato nel relativo commento – all'art. 1, c. 1, che ha assoggettato al *principio di piano* la "*modifica dello stato dei suoli*".

Ne risulta, quindi, che per questa via è stato integrato il disposto dell'art. 29 della L. reg. n. 20/2000 che, nel contenuto del R.U.E., si limitava alla disciplina dell'ambiente urbano, del territorio rurale, e alla disciplina delle opere edilizie. In sostanza il contenuto della lett. m) dell'Allegato viene, in forza del rinvio fatto dall'art. 13, legificato.

3. Deroghe al D.M. n. 1444/1968.

La deroga alle norme di densità edilizia, altezza e distanze (tra fabbricati e confini) per gli interventi di eliminazione delle barriere architettoniche prevista dal c. 3, riguarda sia le norme degli strumenti di pianificazione che quelle del D.M. n. 1444/1968.

Ciò trova un fondamento, quanto a queste ultime, nell'art. 30, 1° c. lett. a), del D.L. n. 69/2013, che introduce l'art. 2 *bis* del T.U. n. 380/2001, il quale consente alle Regioni di "*prevedere disposizioni derogatorie al D.M. 2 aprile 1968 n. 1444 ... nell'ambito della definizione o revisione di strumenti urbanistici comunque funzionali ad un assetto funzionale e complessivo e unitario o di specifiche aree territoriali*".

Si può osservare, a questo proposito, che l'ambito della norma statale di autorizzazione alla deroga, che è particolarmente significativa quanto a prescrizioni come le distanze dalle pareti finestrate di cui all'art. 9[20], che la giurisprudenza considerava, come noto, non derogabili da leggi regionali[21], non

---

[20] Sui problemi relativi, cfr. per tutti, G. GRAZIOSI, *Le distanze tra le pareti finestrate. Ricostruzione sistematica e questioni applicative di un istituto ambiguo*, in Riv. Giur. Ed., 2013, II, 3 e ss.

[21] Cfr. *ex multis*, per la giurisprudenza amministrativa, Cons. Stato, Sez. IV, 22 gennaio 2013 n. 354, che ben esplicita il sempre ripetuto argomento che l'art. 9 relativo alla distanza di 10 metri tra pareti finestrate "*è volto non alla tutela del diritto alla riservatezza, bensì alla salvaguardia di imprescindibili esigenze igienico sanitarie*". Secondo altra pronuncia "*Il D.M. 2 aprile 1968 n. 1444, essendo stato emanato su delega dell'art. 41 quinquies L. 17 agosto 1942 n. 1150 ha efficacia e valore di legge, sicché sono comunque inderogabili le sue disposizioni in*

coincide con quelle del 3° c. che non solo non attiene all'assetto funzionale complessivo del territorio, ma richiede la interposizione di una specifica predisposizione urbanistica, anche questa qui non richiesta.

Sono quindi inevitabili dei dubbi sulla legittimità costituzionale di una norma che dispone una totale *"cedevolezza"*.

Questi dubbi sono poi avvalorati dalla estrema latitudine della discrezionalità lasciata agli uffici per ammettere la deroga ad una normativa che può essere anche di rango legislativo. Questo potere così singolarmente ampio quanto alla valutazione della *"ragionevolezza"* delle alternative progettuali, risulta, insomma, incompatibile con un minimo di certezza dei relativi rapporti di vicinato.

4. Gli interventi di ristrutturazione nel centro storico.

Il quarto comma oltre a prevedere le norme limitative degli interventi di ristrutturazione in generale per tutto il territorio, come si è già visto, detta una peculiare e più rigorosa disciplina della ristrutturazione nel centro storico, imperniata su due punti: a) l'esclusione della ristrutturazione con variazione di sagoma; b) l'efficacia posticipata della SCIA.

La disciplina legislativa dei centri storici – che sono quelli così qualificati dal P.S.C. – data dall'art. A-7[22] prevede già, di per sé, una regolamentazione specifica di tipo *"conservativo"*. Il 3° c. di tale articolo vieta, infatti, di modificare i caratteri della trama viaria ed edilizia, vieta le significative modifiche delle destinazioni d'uso e vieta l'aumento delle volumetrie e l'edificabilità di nuove aree; e il 4° c. prevede la deroga a tali divieti come mera *deroga*. È quindi comprensibile la necessità di coordinare la (nuova) liberalizzazione degli interventi che comportano la compromissione della sagoma degli edifici esistenti con questi limiti legali. Ed è altresì ragionevole che gli interventi siano soggetti a una SCIA *"speciale"*, debbano cioè essere realizzati dopo il

---

tema di limiti di densità edilizia, di altezza e di distanza tra fabbricati" (cfr. Cons. Stato, Sez. IV, 2 dicembre 2013 n. 5732).

[22] Si veda B. GRAZIOSI, *Commento all'art. A-7*, in B. GRAZIOSI (a cura di), *La pianificazione urbanistica in Emilia-Romagna*, Milano, 2007, 257 e ss.

decorso dei 30 giorni dalla segnalazione[23].

Sorprende che dal 4° c. non sia richiamato anche l'art. A-8, relativo agli insediamenti "*storici*" nel territorio rurale per i quali l'*eadem ratio* per l'estensione della presente prescrizione è di tutta evidenza. Ciò significa che per essi il Comune potrà operare solo con una Variante al piano e non con il procedimento "*alleggerito*" della delibera consigliare, da aggiornare periodicamente, della cui poca coerenza con il sistema pianificatorio in generale si è già detto[24].

Questi limiti sono assistiti da una norma finale di salvaguardia, che dichiara l'inapplicabilità della nuova ristrutturazione *in franchigia* dalla sagoma fino alla adozione della delibera di cui sopra. Prescrizione, quest'ultima, che probabilmente vale anche dopo la scadenza triennale prevista dalla prima parte, in attesa del rinnovo.

Giacomo Graziosi

---

[23] Vi saranno, però, dei problemi di coordinamento con l'art. 14, c. 5 e ss., quanto ai poteri interdittivi e sanzionatori delle SCIA ordinarie, che sono calibrati tutti sulle SCIA a effetti immediati.

Più in generale, però, si può dire che poiché il paradigma della SCIA, come atto privato con effetto abilitativo istantaneo, è fissato dalla legge statale (artt. 22 e 23, T.U. n. 380/2001), una SCIA "*speciale*" quanto agli effetti è di dubbia legittimità costituzionale, quanto meno alla luce del rigoroso orientamento giurisprudenziale (cfr. Corte Cost., n. 303/2003; n. 778/2010; n. 309/2011; ecc.).

[24] Il discutibile ricorso a semplici delibere del Consiglio Comunale per introdurre vere "*prescrizioni urbanistiche*" appare qua e là nella legislazione urbanistica regionale. Lo si trova per esempio nell'art. 57, 4° c. della presente legge (a proposito della tabella delle "*equivalenze*" tra definizioni dei parametri edilizi e urbanistici). Con valore ancora più specificamente urbanistico era previsto dall'art. 55, c. 3, della L. n. 6/2009, quanto all'esclusione dalla applicazione della c.d. "*legge sulla casa*" di determinate aree "*per ragioni di ordine urbanistico, edilizio, paesaggistico, ambientale e culturale*" (cfr. su tale norma, criticamente, B. GRAZIOSI, *La legge sulla casa in Emilia-Romagna*, Milano, 2009, 76 ss.).

Art. 14
Disciplina della SCIA

1. La SCIA è presentata al Comune dal proprietario dell'immobile o da chi ne ha titolo nell'osservanza dell'atto di coordinamento tecnico previsto dall'articolo 12, corredata dalla documentazione essenziale, tra cui gli elaborati progettuali previsti per l'intervento che si intende realizzare e la dichiarazione con cui il progettista abilitato assevera analiticamente che l'intervento da realizzare:
   a) è compreso nelle tipologie di intervento elencate nell'articolo 13;
   b) è conforme alla disciplina dell'attività edilizia di cui all'articolo 9, comma 3, nonché alla valutazione preventiva di cui all'articolo 21, ove acquisita.

2. La SCIA è corredata altresì dalle autorizzazioni e dagli atti di assenso, comunque denominati, o dalle autocertificazioni, attestazioni e asseverazioni o certificazioni di tecnici abilitati relative alla sussistenza dei requisiti e dei presupposti necessari ai fini della realizzazione dell'intervento edilizio di cui all'articolo 9, comma 5, dagli elaborati tecnici e dai documenti richiesti per iniziare i lavori, nonché dall'attestazione del versamento del contributo di costruzione, se dovuto. Gli interessati, prima della presentazione della SCIA, possono richiedere allo Sportello unico di provvedere all'acquisizione di tali atti di assenso ai sensi dell'articolo 4, comma 5, presentando la documentazione richiesta dalla disciplina di settore per il loro rilascio.

3. Nella SCIA è elencata la documentazione progettuale che gli interessati si riservano di presentare alla fine dei lavori, in attuazione dell'atto di coordinamento tecnico di cui all'articolo 12, comma 5, lettera c).

4. Entro cinque giorni lavorativi dalla presentazione della SCIA, lo Sportello unico verifica la completezza della documentazione e delle dichiarazioni prodotte o che il soggetto si è riservato di presentare ai sensi del comma 3 e:
   a) in caso di verifica negativa, comunica in via telematica all'interessato e al progettista l'inefficacia della SCIA;
   b) in caso di verifica positiva, trasmette in via telematica all'interessato e al progettista la comunicazione di regolare deposito della SCIA. La SCIA è efficace a seguito della comunicazione di regolare deposito e comunque decorso il termine di cinque giorni lavorativi dalla sua presentazione, in assenza di comunicazione della verifica negativa.

5. Entro i trenta giorni successivi all'efficacia della SCIA, lo Sportello unico verifica la sussistenza dei requisiti e dei presupposti richiesti dalla normativa e dagli strumenti territoriali ed urbanistici per l'esecuzione dell'intervento. L'amministrazione comunale può definire modalità di svolgimento del controllo a campione qualora le risorse organizzative non consentono di eseguire il controllo sistematico delle SCIA.

6. Tale termine può essere sospeso una sola volta per chiedere chiarimenti e acquisire integrazioni alla documentazione presentata.

7. Ove rilevi che sussistono motivi di contrasto con la disciplina vigente preclusivi dell'intervento, lo Sportello unico vieta la prosecuzione dei lavori, ordinando altresì

il ripristino dello stato delle opere e dei luoghi e la rimozione di ogni eventuale effetto dannoso.

8. Nel caso in cui rilevi violazioni della disciplina dell'attività edilizia di cui all'articolo 9, comma 3, che possono essere superate attraverso la modifica conformativa del progetto, lo Sportello unico ordina agli interessati di predisporre apposita variazione progettuale entro un congruo termine, comunque non superiore a sessanta giorni. Decorso inutilmente tale termine, lo Sportello unico assume i provvedimenti di cui al comma 7.

9. Decorso il termine di trenta giorni di cui al comma 5, lo Sportello unico adotta motivati provvedimenti di divieto di prosecuzione dell'intervento e di rimozione degli effetti dannosi di esso nel caso in cui si rilevi la falsità o mendacia delle asseverazioni, delle dichiarazioni sostitutive di certificazioni o degli atti di notorietà allegati alla SCIA.

10. Lo Sportello unico adotta i medesimi provvedimenti di cui al comma 9 anche in caso di pericolo di danno per il patrimonio storico artistico, culturale, per l'ambiente, per la salute, per la sicurezza pubblica o per la difesa nazionale, previo motivato accertamento dell'impossibilità di tutelare i beni e gli interessi protetti mediante conformazione dell'intervento alla normativa vigente. La possibilità di conformazione comporta l'applicazione di quanto disposto dal comma 8.

11. Decorso il termine di trenta giorni di cui al comma 5, lo Sportello unico segnala altresì agli interessati le eventuali carenze progettuali circa le condizioni di sicurezza, igiene, salubrità, efficienza energetica, accessibilità, usabilità e fruibilità degli edifici e degli impianti che risultino preclusive al fine del rilascio del certificato di conformità edilizia e agibilità.

12. Nei restanti casi in cui rilevi, dopo la scadenza del termine di cui al comma 5, motivi di contrasto con la disciplina vigente, lo Sportello unico può assumere determinazioni in via di autotutela, ai sensi degli articoli 21-*quinquies* e 21-nonies della L. n. 241 del 1990.

13. Resta ferma l'applicazione delle disposizioni relative alla vigilanza sull'attività urbanistico-edilizia, alle responsabilità e alle sanzioni previste dal decreto del Presidente della Repubblica n. 380 del 2001, dalla legge regionale n. 23 del 2004 e dalla legislazione di settore, in tutti i casi in cui lo Sportello unico accerti la violazione della disciplina dell'attività edilizia.

COMMENTO

Sommario: 1. Commi 1, 2 e 3. Presentazione e documentazione - 2. Commi 4, 5, 6 e 7. Procedimento di verifica - 3. Commi 8, 9 e 10. Controllo e autotutela - 4. Commi 11, 12 e 13. Interventi successivi.

1. Commi 1, 2 e 3. Presentazione e documentazione.

La legittimazione alla presentazione della SCIA (proprietario o chi ne ha titolo) è una formula legislativa tralatizia, valida anche per il permesso di costruire (art. 19, 1° c.) e che, naturalmente, è conforme alle disposizioni del T.U. (artt. 11, c. 1, e 23, 1° c.). Il rinvio aperto (a *"chi ne ha titolo"*) vale ad ampliare la legittimazione, nel senso di adeguarla alla normativa sostanziale delle categorie di intervento. Così, ad es., dato che le modifiche di destinazione d'uso senza opere che comportano aumento di carico urbanistico eccedono la C.I.L. (cfr. art. 13, c. 1, lett. e), art. 7, c. 4, lett. c)) la legittimazione spetta sicuramente al conduttore; e, forse anche al semplice possessore o detentore di fatto, dato che si tratta di una situazione giuridica soggettiva riconosciuta e tutelata dall'ordinamento.

Analogo ragionamento può farsi per più di uno degli altri interventi di cui all'art. 13: si pensi alla eliminazione delle barriere architettoniche (per la legittimazione del disabile), alle opere solo impiantistiche o pertinenziali, ai movimenti di terra.

Sarà quindi necessaria la corrispondenza tra l'una (la tipologia dell'intervento) e l'altra (la situazione giuridica *quoad rem* del soggetto che fa la segnalazione). La relativa verifica dovrà, ovviamente, farla il S.U.E, ed entro i 5 gg. di cui al c. 4, dato che si tratta di un dato che attiene alla *"completezza"* della pratica.

Può quindi affermarsi che il *"titolo"* nel senso di cui sopra, dovrà essere attestato dal *"segnalante"* compilando il modulo previsto dall'atto di coordinamento tecnico approvato con delibera della G.R. n. 993 del 7 luglio 2014, p. 48, ovvero dovrà essere contenuto nella dichiarazione asseverativa del progettista.

A proposito di questa, si può osservare – fermo restando che essa è soggetta al potere regionale di regolarla con un atto di coordinamento tecnico (art.

12, c. 5, lett. b): cfr. *infra* il commento) – che quanto alla lett. a) basterebbe una generica dichiarazione negativa che escluda la necessità di un permesso di costruire, mentre la dichiarazione di cui alla lett. b) ha uno spettro di tale latitudine ed indeterminatezza da renderlo (come si sottolinea nel commento agli artt. 7, 9, 44) di dubbia legittimità.

Un discorso a parte merita la documentazione *"a corredo"* che è necessario produrre, onde evitare l'archiviazione della pratica. Attualmente si deve far riferimento all'All. B, Sezione I, della D.A.L. n. 279 del 2010 (relativa alla DIA)[1], come modificato dal citato recente Atto di coordinamento tecnico n. 993/2014.

La necessità che vi sia il corredo delle altre *"autorizzazioni e atti di assenso"*, ovvero della autocertificazione e atti simili identificata con l'amplissimo rinvio all'art. 9, 5° c.[2], significa che il S.U.E, sostanzialmente, deve ricevere una pratica assolutamente completa, in cui tutto è o già autorizzato o autocertificato[3]. L'istruttoria, secondo questo schema, non dovrebbe essere necessaria, perché ogni adempimento è, per così dire, *"esternalizzato"* come adempimento obbligatorio per il privato. Ciò che è confermato dalla (residuale) previsione della possibilità di chiedere al S.U.E di provvedere alla acquisizione degli atti di assenso, salvo l'onere del privato di presentare la documentazione necessaria.

La disposizione mal si concilia con l'8° comma dell'art. 4, che, a proposito dei *"titoli abilitativi"* (e cioè, *ex* art. 9, c. 2, il p.d.c. e la SCIA), dispone che il S.U.E e le Amministrazioni competenti al rilascio delle altre autorizzazioni debbono *"acquisire"* d'ufficio i documenti; le informazione e i dati, compresi quelli catastali in possesso delle pubbliche amministrazioni.

---

[1] L'art. 57, c. 4, per i procedimenti in corso, richiama solo l'All. A, che è, però, norma con valenza di diritto urbanistico sostanziale.

[2] Il S.U.E svolge una istruttoria che non va oltre, da questo punto di vista, un controllo estrinseco di completezza degli atti e documenti che il modulo dichiara obbligatori.

[3] La norma regionale differisce, qui, dall'art. 23, c. 1 *bis*, T.U. (inserito come prescrizione comunitaria dal D.L. n. 83/2012 conv. in L. n. 134/2012 che contiene l'elenco analitico degli atti o autorizzazioni non autocertificabili e cioè in casi in cui sussistono vincoli paesaggistici o culturali, od atti dalle Amministrazioni preposte alla Difesa, alla Pubblica Sicurezza, all'immigrazione, all'asilo, alla cittadinanza, alla giustizia, all'amministrazione delle finanze comprese le reti di acquisizione del reddito anche derivanti dal gioco, compresi quelli della normativa antisismica e comunitaria). Pare chiaro che i limiti all'ambito dell'autocertificazione dei presupposti della SCIA previsti dal T.U. integrano la norma regionale.

Si può osservare, a questo proposito, che per il caso di acquisizione a carico del S.U.E delle *"altre"* autorizzazioni, la norma non prevede un termine preciso per l'inizio di questa sub-istruttoria da parte del S.U.E (cfr. artt. 4, c. 5, e 15, 2° c.), cosicché essendo la eventuale omissione del S.U.E sanzionabile solo con il ricorso giurisdizionale contro l'inadempimento, ciò rende questa teorica possibilità poco reale e praticabile.

L'ipotesi della tardiva presentazione di parte della documentazione progettuale non pare di concreta utilità, indipendentemente da quale sia la parte *"omessa"*; ed oltre a ciò non risulta coordinata con il sistema sanzionatorio per il caso di inadempimento da parte del privato all'obbligo di perfezionare i documenti[4].

2. Commi 4, 5, 6 e 7. Procedimento di verifica.

Una prima ma fondamentale verifica della SCIA che riguarda la completezza della documentazione, deve essere fatta entro i 5 gg. indicati dal 4° comma.

Si tratta, come si è detto, di un controllo estrinseco che, anche alla luce del 5° c. – riguarda i presupposti sostanziali – riguarda praticamente la corrispondenza tra i documenti richiesti (dall'atto di coordinamento tecnico che disciplina il modulo) e quelli presenti nella pratica.

L'esito negativo deve essere comunicato in via telematica sia al proprietario che al progettista e **necessariamente** ad entrambi, dato il ruolo e la responsabilità del professionista *"dichiarante"* ai sensi del 1° c.[5]. Il silenzio oltre i 5 gg. ha valore di verifica positiva espressa quanto all'efficacia della SCIA. Pare poi necessario ammettere anche qui, come per il caso del permesso di costruire *ex* art. 18, c. 10, che gli interessati (proprietario e progettista) hanno diritto ad una attestazione sulla *"formazione del titolo"*.

---

[4] Può ipotizzarsi l'inammissibilità di qualsiasi effetto abilitativo, anche provvisorio, in ordine alla agibilità, *ex* art. 23, cc. 1 e 3. Non pare configurabile un abuso edilizio per difetto di titolo... sopravvenuto. E, comunque, la illecita omissione non sarebbe sanzionabile come tale *ex* artt. 13 e 15 L. reg. n. 23/04.

[5] Si osserva, incidentalmente, che alla luce di tali disposizioni dovrebbe essere rivisto l'orientamento giurisprudenziale che nega al progettista la legittimazione all'impugnazione del diniego dei titoli edilizi (o nel caso di SCIA la loro interdizione). Si veda, ad es., T.A.R. Emilia-Romagna, Parma, n. 61 del 10 febbraio 2010. È il dato normativo, infatti, che esplicita una piena co-legittimazione del proprietario e del progettista quanto al buon fine del procedimento.

La verifica della sussistenza dei requisiti sostanziali – di conformità normativa e urbanistica – deve avvenire entro i 30 gg. successivi.

Ma essa riguarda solo le pratiche che rientrano – per sorteggio – nel campione formato ai sensi dell'atto di coordinamento tecnico approvato con delibera G.R. n. 76 del 27 gennaio 2014 (paragrafo 5)[6].

I motivi per cui si può disporre la (unica) sospensione del termine di 30 gg. del c. 5, sono deprecabilmente generici (*"i chiarimenti"*), ma purtuttavia devono comunque riferirsi alla documentazione prodotta ed ai progetti, non certo – come pare avvenga nella prassi – ad approfondimenti del quadro normativo.

Ciò è confermato, d'altronde, dal 7° c. che disciplina il provvedimento interdittivo del S.U.E, che deve basarsi sul *"contrasto con la disciplina vigente"* che, come si dirà, è quello urbanistico.

Degna di nota è, però, la seconda parte del c. 7, a mente del quale il provvedimento interdittivo **deve** avere un contenuto restitutorio amplissimo: non soltanto cioè il ripristino dello *status quo*, ma, genericamente, *"la rimozione di ogni eventuale effetto dannoso"*. Si fa qui evidentemente riferimento ad effetti indiretti, per così dire, di secondo grado rispetto all'opera progettata.

Si tratta di un provvedimento analogo a quelli sanzionatori edilizi (sospensioni lavori e ordine di risPristino *ex* artt. 4, 13 e 15 L. reg. n. 23/2004; artt. 27 e 31 T.U. n. 380/2001), anche se nel caso in questione le opere edilizie, fino all'intervento della inibizione a proseguire, erano, ai sensi del c. 4, legittime.

Ma se ne differenzia per un maggior *"spettro"* degli effetti sanzionatori perché non solo contempla la *"demolizione"* degli interventi, ma l'imposizione di prestazioni ulteriori, la *"rimozione di ogni eventuale effetto dannoso"*, con ciò alludendo a un *quid pluris* rispetto all'opera in sé che non è facilmente definibile.

Si possono sollevare molti dubbi sulla legittimità costituzionale della norma.

In primo luogo un potere restitutorio *"allargato"* non è previsto dall'art. 23, c. 6, del T.U., la cui formulazione prescinde del tutto dalla sanzione restitutoria (ordine di ripristino), nel presupposto probabilmente che essa debba

---

[6] Si porrà, a questo proposito, l'interessante questione della impugnabilità dei provvedimenti inibitori adottati dal S.U.E ai sensi del 7° c. per vizi attinenti alla scelta del campione e al sorteggio (sulla cui importanza si veda il commento all'art. 23). Trattando di atto presupposto necessario, la soluzione preferibile è quella affermativa.

essere adottata in base agli artt. 27 e 31. I quali, peraltro, si limitano a prevedere il mero ripristino demolitorio dell'opera, e per nulla affatto un rimedio latamente *"compensativo"* di altri danni.

In secondo luogo la previsione *"secca"* del **ripristino** dello *statu quo* è largamente eccedente la misura delle sanzioni applicabili agli interventi abusivi soggetti al regime di SCIA, la maggioranza dei quali è assoggettata, **obbligatoriamente**, ad una sanzione **non reale**, ma solo pecuniaria. Si pensi – tenendo sott'occhio l'elenco di cui all'art. 13 – al restauro e risanamento conservativo di opere, alla modifica di destinazione d'uso senza opere fatta senza SCIA, che ai sensi dell'art. 16 della L. reg. n. 23/2004 sono sanzionate con il doppio dell'aumento del valore venale. E, in generale, a tutti gli interventi elencati dal ridetto art. 16 che, pur rientranti nella SCIA, **sfuggono al regime restitutorio reale**[7].

Si potrebbe forse ritenere che la palese antinomia con l'art. 16 della L. reg. n. 23/2004 è superabile con una interpretazione coordinata delle due norme, ritenendo che l'ordine di demolizione può essere irrogato solo e se l'intervento *de quo agitur* è passibile di sanzione restitutoria reale. Resta, invece, priva di copertura legislativa nel T.U. la sanzione *"allargata"* e, dovendola riferire come si è detto, a tutte le ipotesi di SCIA, di difficilissima applicazione *"ragionevole"*.

Si potrebbe ritenere forse che la palese antinomia con l'art. 16 della L. reg. n. 23/2004 è superabile con una interpretazione coordinata e congiunta, ritenendo che l'ordine di demolizione può essere irrogato solo e se l'intervento *de quo agitur* è passibile di sanzione restitutoria reale. Resta, invece, priva di copertura legislativa nel T.U. la sanzione *"allargata"* che, dovendola riferire, come si è detto, a tutte le ipotesi di SCIA, è di difficilissima applicazione *"ragionevole"*.

3. Commi 8, 9 e 10. Controllo e autotutela.

Nell'ottavo comma è disciplinato un sub-procedimento "emendativo" analogo a quello previsto per il permesso di costruire, dall'art. 18, c. 5, che evita di approdare all'esito sanzionatorio quando le difformità sono tali da poter

---

[7] In realtà sono praticamente la maggioranza degli interventi soggetti a SCIA.

essere eliminate con una modifica del progetto.

Ma qui, poiché a differenza del caso dell'art. 18, le opere sono state esegui-te, la applicazione della norma sarà difficile e fonte di contenzioso.

Difficile, per la eccessiva latitudine e indeterminatezza della previsione normativa, perché in realtà (quasi) tutte le violazioni della disciplina urbanisti-ca in genere (art. 9, 3° c.) possono – con gli opportuni adattamenti del progetto – essere superate (e le difformità costruttive rimosse).

Qui sta il possibile contenzioso. Ed infatti questo sub-procedimento *emendativo* non può essere inteso come semplice facoltà che il S.U.E esercita a suo libito, ma come prassi che – sussistendone i presupposti – è necessaria. Ciò comporterà che i provvedimenti restitutori ai sensi del comma 7 dovranno dar contro della impossibilità/inutilità del ricorso all'ordine *"di predisporre la apposita variante progettuale"*. Cosa che, come si è detto, pare essere tenden-zialmente sempre possibile. Ciò trova conferma indiretta nella seconda parte del c. 10. Secondo tale norma anche nel caso di difformità dell'opera dalle norme sul patrimonio storico culturale o sull'ambiente, la salute, la sicurezza nazionale e la difesa, la adozione di sanzioni restitutorie reali è subordinata alla impossibilità di una *"conformazione"* dell'intervento alle norme violate. Ciò dimostra la **necessaria pregiudizialità** del sub-procedimento in questione rispetto alla adozione di qualsiasi altro provvedimento.

Il decorso dei trenta giorni dall'efficacia della SCIA consolida, per così dire, l'irretrattabilità e sancisce la non sanzionabilità dell'intervento, ***ancorché difforme*** dalla normativa. Il 9° e 10° c. fissano i limiti di questa sorta impropria di sanatoria *ex lege*, stabilendo che i provvedimenti restitutori *"allargati"* di cui al 5° comma possono (**debbono**) essere comunque adottati nel caso di falsità o mendacio degli atti prodotti dal dichiarante[8].

La norma è, però, di difficile coordinamento con il quadro normativo com-plessivo. In verità, infatti, tutte le volte in cui si accerta l'esistenza di un con-trasto normativo che impedisce l'assentibilità dell'intervento, non può che es-servi *falsità* o *mendacio* delle asseverazioni, dato che la conformità al progetto deve essere, per precisa norma, **asseverata** ai fini dell'art. 481 c.p. Si veda,

---

[8] La disposizione ricalca l'orientamento giurisprudenziale in materia di annullamento di autotutela dei titoli edilizi, che, come noto, esonera l'Amministrazione da particolari obblighi motivazionali in caso di infedeltà o falsità delle allegazioni istruttorie (cfr. *ex multis*, Cons. Stato, Sez. V, 12 ottobre 2004 n. 6554).

infatti, il 1° comma, lett. b), nonché la precisa annotazione del modulo SCIA regionale (p. 19). Cosicché, sulla scorta di tale considerazioni, il provvedimento interdittivo della SCIA e restitutorio delle opere eseguite, in forza del combinato disposto dei commi 7 e 9, potrebbe essere adottato senza alcun limite temporale. Ma pare invece evidente che la norma del 9° c. si riferisce non tanto alla ipotesi di inesattezza/erroneità giuridica del *giudizio* di conformità del progetto alla disciplina urbanistica (che pure la norma riconduce al concetto di necessaria asseverazione)[9], bensì all'ipotesi in cui la falsità o il mendacio si riferisce a circostanze **fattuali** *certe* e *misurabili*, come la *"infedele"* rappresentazione dello stato dei luoghi, del titolo legittimante l'intervento, e così via.

Ciò vale anche nella ipotesi in cui vi sia un pericolo di danno in materie tipicamente *"sensibili"* – come il patrimonio storico-culturale, l'ambiente, la salute, la sicurezza pubblica, la difesa nazionale – e non vi è termine per l'esercizio del potere repressivo e sanzionatorio. Ma in questo caso, a mitigare la fattispecie sanzionatoria, è previsto il sub-procedimento emendativo della presentazione di una variante progettuale, che *deve*, come si è detto, essere attivato d'ufficio dallo stesso S.U.E.

È piuttosto da sottolineare che il dato testuale del c. 10, deve ritenersi automaticamente *"emendato"* dal nuovo disposto dell'art. 19, 3° e c. 4, L. n. 241/1990 (art. 25, c. 1, lett. b-*bis*, L. n. 164/2014), che ha limitato il potere di autotutela (revoca a autoannullamento) ai profili c.d. *"sensibili"* (danno al patrimonio artistico e culturale, all'ambiente, salute, sicurezza nazionale, difesa).

---

[9] La conformità a norme o a strumenti urbanistici è un giudizio, esprime cioè una valutazione intrinsecamente opinabile, così come lo è, specularmente, quello che il S.U.E deve comunque (sempre) dare sull'intervento. Come tale non può, ontologicamente, essere *"coperto"* da una attestazione di *"verità"*, che può riferirsi a fatti o dati non opinabili. Su questo punto specifico la giurisprudenza penale si è assestata su di una linea di assoluto rigore che parifica, ai fini della configurabilità del falso ideologico, *"la relazione di accompagnamento (della D.I.A./ SCIA) che la natura di certificato in ordine allo stato attuale dei luoghi e alla ricognizione degli eventuali vincoli esistenti sull'area, alla rappresentazione delle opere che si intende realizzare"* alla *"attestazione della loro conformità agli strumenti urbanistici ed al regolamento edilizio"* (cfr. *ex multis*, Cass., Sez. III penale, 17 aprile 2012 n. 35795, con nota di E. MOLINARO, in Foro It., 2013, II, 443-447 e ivi riferimenti). Questo orientamento si fonda sul presupposto che la DIA/SCIA non sia un atto privato – secondo l'avviso ormai consolidato del Consiglio di Stato - ma solo una semplificazione procedimentale che sfocia in un provvedimento implicito. Ma da ciò argomentare che un giudizio di conformità all'ordinamento, sia, sempre e comunque, *se errato in diritto*, un falso ideologico è un verso salto logico.

In sostanza il 10° e 12° c. sono da leggere come combinato disposto secondo cui ogni intervento, per così dire, *extra ordinem*, sia o meno in materie sensibili soggiace ai limiti del potere di autotutela così come tipizzato dalla L. n. 241/1990.

D'altra parte di questa norma lascia sconcertati anche la deprecabile genericità della fattispecie cui si riferisce questo perpetuo potere di controllo e sanzionatorio. È piuttosto evidente, infatti, che il concetto di pericolo di danno, senza specificazioni, può facilmente essere esteso a qualunque difformità delle norme relative alle materie *"sensibili"*. Le quali, a loro volta, sono individuate in termini poco più che allusivi. Non è chiaro, per esempio, se nel patrimonio storico artistico e culturale sono compresi gli immobili tutelati da vincoli di piano, o se l'ambiente e la salute includano le norme sulla sostenibilità acustica; e così via.

4. Commi 11, 12 e 13. Interventi successivi.

L'undicesimo comma stabilisce la non annullabilità della SCIA quando si incontrano *"carenze progettuali"* relative a requisiti che, per loro natura, sarebbero condizionanti la assentibilità del titolo edilizio (ai sensi dell'art. 9, c. 3, lett. e) in relazione all'art. 11) ma che – si deve ritenere – sono di gravità e importanza così marginale da giustificare, semplicemente la non agibilità dell'immobile. In questo caso, oltre alla *"segnalazione all'interessato"* il S.U.E dovrebbe provvedere *ex* art. 23, c. 11, ordinando (*"motivatamente"*) di conformare l'opera ai requisiti della normativa relativa.

Questa norma va, quindi, letta come norma sulla agibilità, ed è posta impropriamente nell'articolo sul controllo della SCIA. In forza di essa *"decorso il termine di 30 gg."*, *e cioè sempre*, la mancanza dei requisiti di sicurezza, igiene, salubrità, efficienza energetica, accessibilità, usabilità e fruibilità può essere sanzionata con il diniego (e il ritiro se esistente) dell'agibilità e l'ordine di regolarizzazione dell'immobile.

Quando le *carenze progettuali* di cui parla il Comune non diventano violazioni *"preclusive dell'intervento"* – come dispone il 7° c. – è difficile da definire. Anche qui il legislatore regionale usa formule piuttosto vaghe lasciando al S.U.E un margine di discrezionalità circa l'ipotetica **repressione edilizia**

(7° c. e applicazione della L. reg. n. 23/04) che dovrà, naturalmente, essere congruamente motivata[10].

* * *

Il dodicesimo e tredicesimo comma, ove li si interpreti come norme di chiusura renderebbero inutile e illogica la stessa tipizzazione e procedimentalizzazione contenuta nei commi precedenti. Se il S.U.E, essendovi contrasto con la normativa vigente, può *comunque* assumere le determinazioni in via di autotutela ai sensi degli artt. 21 *quinquies* e 21 *nonies* ed altresì, può comunque applicare le sanzioni sia della L. reg. n. 23/2004[11], quelle della legislazione di settore, tutto l'impianto logico giuridico dell'articolo 14 ne risulta incomprensibile.

A ben vedere la formula scelta dal 12° c. (*"Nei restanti casi..."*) pare volersi riferire a fattispecie *"altre"* rispetto a quelle disciplinate nei commi 5, 7, 8, 9, 11. Ma esse sono ben difficilmente ipotizzabili, dato che la larga e generica dizione della previsione normativa (*"... motivi di contrasto con la disciplina vigente ..."*; *"... violazioni della disciplina dell'attività edilizia di cui all'art. 9, c. 3 ..."*) non lascia effettive lacune di valutazione.

Si deve, d'altronde, considerare anche la recente modifica dell'art. 19, 3° e 4° c. della L. n. 241/1990 operata dall'art. 25, c. 1, lett. b-*bis* della L. n. 164/2014 secondo cui il potere di autotutela ai sensi degli artt. 21 *quinquies* e 21 *nonies* (revoca e annullamento d'ufficio) è *"fatto salvo"* anche dopo lo spirare del termine (che nell'art. 19, L. n. 241/90 è di 60 gg., qui di 30 gg.).

Questo potere è stato infatti ricondotto – limitandolo – ai casi di cui al comma 4 (dell'art. 19) e cioè *"in presenza di un pericolo per il patrimonio artistico e culturale, per l'ambiente, la salute, per la sicurezza pubblica e la difesa nazionale"*. Questo significa, come già rilevato a proposito del c. 10,

---

[10] Rispettando, con ciò, il principio di proporzionalità ed adeguatezza che ben si declina, nella specie, come quello del c.d. *"minimo mezzo"* ovvero *"minimo sacrificio degli interessi confliggenti"* (cfr. per tutti, Cons. Stato, Sez. IV, 1 gennaio 2004 n. 6410).

[11] In realtà le disposizioni del T.U. 380/01 e quelle della L. reg. n. 23/2004 non possono essere richiamate congiuntamente dato che esse sono poste in un rapporto di esclusione reciproca ai sensi degli artt. 39 e 40 della stessa L. reg. n. 23/2004 (cfr. B. GRAZIOSI, *La repressione degli abusi edilizi in Emilia-Romagna*, Milano, 2008, 6-10).

che il potere di controllo in sede di autotutela tipica (revoca o annullamento d'ufficio) è oggi **ristretto**, per volontà del legislatore nazionale con una norma che – attenendo ai requisiti delle prestazioni essenziali – attiene ad una materia di competenza esclusiva statale.

D'altra parte, anche il richiamo agli artt. 21 *quinquies* e *nonies* della L. n. 241/90 non è facilmente collocabile nel sistema. La revoca prevista dall'art. 21 *quinquies* non è istituto coerente con la natura non provvedimentale della SCIA[12], ed è provvedimento discrezionale in una materia, quella della formazione dei titoli edilizi, in cui non vi è discrezionalità[13]. Analoga considerazione vale a proposito dell'annullamento d'ufficio (art. 21 *nonies*) difficilmente ipotizzabile per una fattispecie non provvedimentale.

Il richiamo fatto dal tredicesimo comma (alle *"disposizioni relative alla vigilanza sull'attività urbanistica edilizia ed alle sanzioni previste ... dalla normativa di settore ..."*) ha più chiaramente valore di norma di chiusura e, in questo senso, si coniuga con il dodicesimo comma. Ma, per conservare all'art. 14 un minimo di coerenza complessiva, pare necessario ritenere che esso vale come rinvio ai criteri generali della repressione degli abusi edilizi fissati dal T.U. e dalla L. reg. n. 23/2004, la cui applicazione è sussidiaria della normativa *"speciale"* di cui ai commi 5-11.

Fermo il dubbio della sua assoluta inutilità.

Benedetto Graziosi

---

[12] Cfr. Cons. Stato, Sez. VI, 4 febbraio 2009 n. 717; A.p. 29 luglio 2011 n. 15; ecc.; si veda *supra* il commento all'art. 13.

[13] Si rammenta che l'annullabilità d'ufficio *ex* art. 21 *nonies* è subordinata all'integrale rispetto dell'art. 21 *octies*, e, quindi, a quello della causa di non annullabilità (cfr. F. GAFFURI, *Brevi note sulla applicabilità dell'art. 21 octies della L. n. 241/1990 ai provvedimenti di autotutela amministrativa*, in Urb. e App., 2014, 888.

Art. 15
SCIA con inizio dei lavori differito

1. Nella SCIA l'interessato può dichiarare che i lavori non saranno avviati prima della conclusione del procedimento di controllo, di cui all'articolo 14, commi da 4 a 8, ovvero può indicare una data successiva di inizio lavori, comunque non posteriore ad un anno dalla presentazione della SCIA.
2. Qualora nella SCIA sia dichiarato il differimento dell'inizio dei lavori, l'interessato può chiedere che le autorizzazioni e gli atti di assenso, comunque denominati, necessari ai fini della realizzazione dell'intervento siano acquisiti dallo Sportello unico ai sensi dell'articolo 4, comma 5. In tale caso, i trenta giorni per il controllo di cui all'articolo 14, comma 5, decorrono dal momento in cui lo Sportello unico acquisisce tutti gli atti di assenso necessari.
3. La SCIA con inizio dei lavori differito è efficace dalla data indicata ai sensi del comma 1 o dal conseguimento di tutti gli atti di assenso di cui al comma 2.

COMMENTO

La SCIA ad effetti differiti, sconosciuta al T.U., è articolata in modelli diversi già secondo la disposizione del 1° comma.

In una prima ipotesi la *ratio* del differimento sta nelle esigenze di certezza (legittimità) sul titolo; è questo il caso di differimento alla conclusione del procedimento di controllo, compreso quello di legittimità (7° c., art. 14), che può consistere in 35 giorni oltre a quelli per eventuali chiarimenti. Un'altra diversa ipotesi è quella che mira ad una semplice dilazione coniugata eventualmente all'accollo al S.U.E dell'obbligo di acquisire gli altri titoli abilitativi o atti di assenso necessari; dilazione, quindi, di non più di un anno maggiorata però nel tempo necessario per l'acquisizione (con documenti forniti però dal richiedente) delle altre autorizzazioni. Questa seconda ipotesi pare essere funzionale alla circolazione delle aree fabbricabili nel mercato immobiliare, soprattutto in un momento recessivo.

Può osservarsi che la norma si preoccupa in questo secondo caso, di precisare che il termine dei 30 gg. di controllo *ex* art. 14, c. 5, decorre dalla data di acquisizione degli atti di assenso, ma si è dimenticato di dire che l'effetto abilitativo *ex* art. 14, c. 4, **precede** il controllo di cui al c. 5, essendo conseguente alla semplice **completezza** della documentazione. È quindi evidentemente necessario che il S.U.E comunichi al privato che la pratica è completa e può iniziare i lavori.

Ma, soprattutto, la norma si è *"dimenticata"* di chiarire in che termini il S.U.E deve chiedere gli altri atti di assenso comunque denominati, disciplinando in qualche modo questo sub-procedimento. Con la conseguenza che, dovendosi applicare i principi e le regole della L. n. 241/1990, il privato si trova, alla fine, in una situazione meramente pretensiva tutelabile solo con l'impugnazione del silenzio inadempimento. E cioè senza una vera tutela.

* * *

Complessivamente questo *"modello"* di SCIA a effetti differiti è quindi di scarsissima utilità pratica, soprattutto se la si inquadra nel sistema complessivo di cui all'art. 16, in cui i termini (un anno per l'inizio, tre per la fine lavori) possono essere prorogati senza particolari presupposti ed altresì in considerazione che la eventuale decadenza della SCIA per decorso del termine non può pregiudicare il rinnovo.

Benedetto Graziosi

Art. 16
Validità della SCIA

1. I lavori oggetto della SCIA devono iniziare entro un anno dalla data della sua efficacia e devono concludersi entro tre anni dalla stessa data. Decorsi tali termini, in assenza di proroga di cui al comma 2, la SCIA decade di diritto per le opere non eseguite. La realizzazione della parte dell'intervento non ultimata è soggetta a nuova SCIA.
2. Il termine di inizio e quello di ultimazione dei lavori possono essere prorogati, anteriormente alla scadenza, con comunicazione motivata da parte dell'interessato. Alla comunicazione è allegata la dichiarazione del progettista abilitato con cui assevera che a decorrere dalla data di inizio lavori non sono entrate in vigore contrastanti previsioni urbanistiche.
3. La sussistenza del titolo edilizio è provata con la copia della SCIA, corredata dai documenti di cui all'articolo 14, commi 1 e 2, e dalla comunicazione di regolare deposito della documentazione di cui al comma 4, lettera b), del medesimo articolo, ove rilasciata. L'interessato può motivatamente richiedere allo Sportello unico la certificazione della mancata assunzione dei provvedimenti di cui all'articolo 14, commi 7 e 8, entro il termine di trenta giorni per lo svolgimento del controllo sulla SCIA presentata.
4. Gli estremi della SCIA sono contenuti nel cartello esposto nel cantiere.

COMMENTO

Il superamento dei termini di validità – un anno per l'inizio dei lavori[1] e tre per l'ultimazione – comporta la decadenza di diritto[2] della SCIA quanto alla parte non realizzata. Si conferma, con ciò, un orientamento giurisprudenziale minoritario circa la *frazionabilità* degli effetti del titolo: la parte realizzata in costanza del titolo lo è in *iure*, ed è da considerarsi "*stato legittimo*" ai fini

---

[1] Su cosa debba consistere l'inizio dei lavori esiste una sterminata casistica giurisprudenziale. L'unico criterio certo è, però, che occorre ragguagliare il "*già fatto*" all'oggetto dell'attività edilizia della SCIA e verificarne la *proporzionata adeguatezza funzionale*. Se, ad esempio, si tratta di una modifica di destinazione d'uso senza opere (art. 13, c. 1, lett. e)) potrà bastare una autocertificazione del soggetto che svolte l'attività. Se non vi è "*apparenza*" fisica non vi sarà necessità di una rappresentazione del *facere* costruttivo.

[2] La disposizione recepisce un consolidato orientamento giurisprudenziale. Un primo orientamento che richiedeva l'adozione di un provvedimento espresso (Cons. Stato, Sez. V, 26 giugno 2000 n. 3612; ecc.) ma è, ormai, consolidato quello opposto che la decadenza opera di diritto (Cons. Stato, Sez. IV, 13 aprile 2013 n. 1738).

degli interventi successivi.

La decadenza di diritto, peraltro, dovrà essere dichiarata con un provvedimento formale che sarà necessariamente non solo motivato, ma anche preceduto da un preavviso di avvio *ex* artt. 7 e 8, L. n. 241/1990; ancorché, infatti, si tratti di un atto dovuto, esso consegue ad un accertamento *"fattuale"* in ordine al quale è necessario il contraddittorio.

La ammissibilità della proroga dei termini è condizionata – ovviamente – alla certificata persistenza della normativa e della pianificazione urbanistica a suo tempo autocertificata *ex* artt. 14, c. 13, e 9, c. 3, lett. b); ma val la pena di sottolineare che non è di ostacolo alla proroga la semplice adozione di diverse previsioni urbanistiche. In questo senso la proroga consente la ultrattività della SCIA, da escludere, invece, in caso di rinnovo conseguente alla scadenza, in cui il nuovo titolo deve rispettare sia gli strumenti vigenti, che quelli adottati (art. 9, c. 3, lett. b)).

Non è chiaro se la proroga, dati questi presupposti, dipenda o meno dalle *"motivazioni"* allegate dell'interessato, e cioè se il S.U.E possa respingerla. Nonostante che i termini siano poco chiari, la necessità di motivazioni della richiesta induce a ritenere che anche il *"rilascio"* della proroga debba essere motivato (e possa, perciò, essere negato). Ma la genericità del presupposto richiesto (*"motivazioni ..."*) fa pensare che il rigetto debba fondarsi su argomentazioni di particolare rilievo e che in questo senso sia straordinario.

Nonostante che la SCIA non sia, secondo l'opinione prevalente, una autorizzazione implicita o comunque un provvedimento[3] è però indiscutibile che da essa, sia pure quale atto privato, consegue il formarsi di un titolo abilitativo (art. 9, c. 2, art. 23 del T.U.) di cui l'interessato può pretendere la documentazione, che è, evidentemente, necessaria per la certezza sia nei rapporti con i terzi, sia più in generale ai fini della comprova della regolarità dell'opera.

Quanto ai primi, essa è assolta dal possesso di copia della SCIA e dalla comunicazione di deposito (o trasmissione telematica)[4] e della documentazione allegata.

---

[3] Come chiarito nel commento all'art. 13, sia la giurisprudenza (Cons. Stato, A.P., 29 luglio 2011 n. 15; da ultimo T.A.R. Valle d'Aosta, Sez. I, 11 marzo 2014 n. 13; T.A.R. Molise, Sez. I, 28 marzo 2014 n. 197), che la legislazione nazionale successiva (art. 6, c. 1, D.L. n. 138/2011 conv. in L. n. 148/2014) paiono ritenere che la SCIA abbia carattere di atto privato.

[4] Sussistendo i presupposti indicati dall'art. 23, c. 1 *ter* del T.U., di cui l'art. 14 non parla.

Quanto ai secondi, essi sono garantiti dal diritto alla certificazione, da parte del S.U.E, del mero fatto che non sono stati adottati nel termine di legge i provvedimenti interdittivi *ordinari*, e cioè quelli basati sul contrasto con la *"disciplina vigente"* (commi 7 e 8 dell'art. 14).

L'ultimo comma impone una forma di pubblicità della SCIA (l'indicazione degli estremi nel cartello di cantiere) la cui evidente utilità potrebbe apparire pregiudicata dalla mancanza di una sanzione[5]. Per escludere che si tratti di una norma imperfetta sarà necessario che sia coordinata con una espressa previsione di natura regolamentare.

Benedetto Graziosi

---

[5] Né nella legge 15/2013 né nella legge 23/2004 si prevedono sanzioni per una siffatta omissione.

Art. 17
Interventi soggetti a permesso di costruire

1. Sono subordinati a permesso di costruire:
   a) gli interventi di nuova costruzione con esclusione di quelli soggetti a SCIA, di cui all'articolo 13, lettera m);
   b) gli interventi di ripristino tipologico;
   c) gli interventi di ristrutturazione urbanistica.

COMMENTO
(ANCHE ALL'ART. 28 BIS – PERMESSO CONVENZIONATO - DEL
T.U. N. 380 DEL 2001, INTRODOTTO CON D.L. N. 133/2014)

L'articolo elenca le tipologie di intervento sottoposte a permesso e le relative definizioni degli interventi edilizi che si trovano nell'Allegato, in conformità alla previsione di cui all'art. 9, c. 1.

Occorre ricordare che la definizione degli interventi deve rispettare le definizioni statali, così come risultanti dall'art. 3 del T.U. 380 del 2001, in quanto costituisce un principio fondamentale non derogabile dal Legislatore regionale. Le definizioni, infatti, sono collocate nel Titolo I della Parte I del T.U. n. 380, dedicata alle "Disposizioni generali" Questo è pacifico e ribadito dalla Corte Costituzionale[6] nonché dalla giurisprudenza amministrativa[7].

A proposito delle definizioni degli interventi edilizi, si segnala che l'art. 17 del D.L. n. 133 del 2014, conv. in L. n. 164/2014 [8], ha aggiunto l'art. 3 *bis* del T.U. che disciplina gli "Interventi di conservazione", quale nuova tipologia di intervento, per gli edifici esistenti che lo strumento di pianificazione ritenga non più compatibili con gli indirizzi della pianificazione medesima. Tali interventi conservativi (che escludono la demolizione e ricostruzione ad eccezione dei casi in cui siano giustificate da improrogabili ragioni di ordine statico od

---

[6] N. 309 del 2011.

[7] Cons. Stato, Sez. IV, n. 3387 del 2012.

[8] Il D.L. n. 133/2014 (conv. in L. n. 164/2014) contiene anche norme sulla semplificazione edilizia che, in precedenza, erano contenute nel D.L. n. 90 del 2014, ora conv. in L. n. 114 del 2014. Poi, si è deciso di stralciarle ed ora sono contenute nel D.L. n. 133, pubblicato in G.U. il 12 settembre 2014.

igienico sanitario) sono consentiti fino a quando il Piano non sarà attuato.[1]

Inoltre, per costante giurisprudenza costituzionale, non sono ammissibili, nell'ambito delle materie di competenza concorrente, norme regionali che siano meramente ripetitive di norme statali e che operino, pertanto, una sorta di novazione della fonte. Quindi, quand'anche vi fosse corrispondenza tra le definizioni, statale e regionale, la norma regionale sarebbe illegittima (il principio di non duplicazione delle fonti superiori, espressamente finalizzato a ridurre la complessità delle norme e l'eccessiva diversificazione delle disposizioni, è tra l'altro espressamente sancito negli artt. 16, cc. 1, 3 e 3 *bis*, e 18 *bis* della L. reg. n. 20/2000 e, di recente, disciplinato con Atto di coordinamento regionale, approvato con delibera di G.R. n. 994 del 7 luglio 2014).

Pertanto, le definizioni delle tipologie degli interventi trovano la propria fonte esclusiva di disciplina nella normativa statale. Tale conclusione è pacifica ed è stata espressamente sottolineata nella recentissima |Circolare regionale PG 2014, 0442803 del 21 novembre 2014, contenente *Indicazioni applicative conseguenti all'entrata in vigore del D.L. n. 133/2014*, come convertito (cfr. p. 3).

Prima di trattare il ripristino tipologico, occorre premettere alcune puntualizzazioni sulla ristrutturazione edilizia, in quanto necessarie per potersi regolare col ripristino tipologico.

In base al T.U. (art. 10, c. 1, lett. c) come modificato dall'art. 17 del D.L. n. 133/2014), il permesso di costruire è necessario solo per gli interventi che portano ad un organismo in tutto o in parte diverso dal precedente e che comportino modifiche alla volumetria *complessiva* degli edifici o dei prospetti e, limitatamente agli immobili comprese nelle zone omogenee A, che comportino mutamento di destinazione d'uso e, per quelli vincolati ai sensi del D. Lgs. n. 42 del 2004, che comportino modifica della sagoma. Il permesso non è più richiesto invece per la modifica delle unità immobiliari, del volume,

---

[1] Questo, il testo della disposizione: "*Lo strumento urbanistico individua gli edifici esistenti non più compatibili con gli indirizzi della pianificazione. In tal caso, l'amministrazione comunale può favorire, in alternativa all'espropriazione, la riqualificazione delle aree attraverso forme di compensazione rispondenti al pubblico interesse e comunque rispettose dell'imparzialità e del buon andamento dell'azione amministrativa. Nelle more dell'attuazione del piano, resta salva la facoltà del proprietario di eseguire tutti gli interventi conservativi, ad eccezione della demolizione e successiva ricostruzione non giustificata da obiettive ed improrogabili ragioni di ordine statico odo igienico sanitario*".

dei prospetti e delle superfici, in quanto, i frazionamenti e gli accorpamenti rientrano ora nella tipologia della manutenzione straordinaria (se rispettano la volumetria complessiva degli edifici e l'originaria destinazione d'uso) e sono attuabili con C.I.L. o con SCIA. Sia detto, per precisione, che, in ambito regionale, l'art. 13, c. 1, lett. d) della L. reg. n. 15, già ricomprendeva gli interventi di ristrutturazione nell'ambito della SCIA. Pertanto, quanto al titolo, la citata modifica dell'art. 10, c. 1, lett. c) del T.U. non comporta alcun effetto. L'unico effetto è invece in ambito penale, in quanto la modifica del titolo richiesto (da permesso a SCIA), in ambito statale, comporta la inapplicabilità delle sanzioni di cui all'art. 44 del T.U. Come noto, la previgente scelta regionale di sottoporre a SCIA gli interventi di ristrutturazione non aveva alcun effetto sulle sanzioni penali (devolute alla competenza esclusiva dello Stato) e assumeva valore unicamente quale scelta di semplificazione procedurale,

Resta il fatto che, dopo varie modifiche, il concetto di ristrutturazione risulta notevolmente ampliato, nel senso che si può "fare molto di più" e, nello stesso tempo, esso è stato ristretto, nel senso che interventi prima ricompresi nell'ambito della ristrutturazione, rientrano oggi nella manutenzione straordinaria.

La definizione di ristrutturazione edilizia è stata dapprima mutata dal D.L. n. 69/2013 il quale, in sede di conversione, ha modificato l'art. 3, c. 1, lett. d), ultimo periodo, del T.U. n. 380/2001. Poi, il D.L. n. 133 del 2014, art. 17, c. 1, modificando la definizione di manutenzione straordinaria, di cui all'art. 3, c. 1, lett. b) del T.U. n. 380, ha necessariamente inciso anche sul contenuto della ristrutturazione. Infatti, come si è detto, ha allargato l'ambito della manutenzione fino a ricomprendere i frazionamenti e gli accorpamenti di unità immobiliari, con opere e con aumento di carico urbanistico, purché sia mantenuta la volumetria complessiva degli edifici e l'originaria destinazione d'uso. Con la conseguenza che la definizione di ristrutturazione edilizia non comprende più l'aumento delle unità immobiliari.

Ciò premesso, il ripristino tipologico non ha una propria autonomia nelle definizioni statali. Era una categoria già presente nella normativa regionale, all'art. 36, A2), n. 3) della Legge regionale n. 47 del 1978 ed ora definito nell'Allegato, in attuazione dell'art. 9, c. 1.

Per ripristino tipologico, secondo l'interpretazione data dalla giurisprudenza in relazione al citato art. 36, si doveva intendere un intervento avente ad oggetto unità edilizie fatiscenti o parzialmente demolite, avente lo scopo di restituire, ad un dato edificio, l'aspetto e la consistenza che esso presentava in una determinata epoca e che, per diverse ragioni, abbia perduto [2].

Si trattava, quindi, di una ricostruzione che poteva essere realizzata previo reperimento di una *"adeguata documentazione della loro organizzazione tipologica originaria individuabile anche in altre unità edilizie dello stesso periodo storico e della stessa area culturale"*.

La giurisprudenza aveva precisato che la ricostruzione, mediante l'intervento di ripristino tipologico, avrebbe dovuto essere *"esatta"*, in quanto la natura dell'intervento era **conservativa**, al pari di quello di ristrutturazione.

La lett. e) dell'Allegato riprende sostanzialmente la definizione del vecchio art. 36.

Alla luce di quanto detto sopra, la ristrutturazione edilizia con demolizione e ricostruzione ricomprende ora anche gli interventi di *"ripristino degli edifici, o parti di essi, eventualmente crollati o demoliti, attraverso la loro ricostruzione,* ***purché sia possibile accertarne la preesistente consistenza"***.

Quindi, la differenza sostanziale tra il ripristino tipologico, applicabile quando parti del manufatto fossero crollate o fatiscenti, e la ristrutturazione, applicabile solo quando fosse esistente il manufatto da ristrutturare, **è, di fatto, stata eliminata**.

Con la conseguenza che il ripristino tipologico può farsi rientrare sostanzialmente nel concetto esteso di ristrutturazione, come sopra riportato.

Infatti, posto che la definizione degli interventi è riservata allo Stato, poiché l'unica categoria che, nella legislazione statale "assomiglia" al ripristino tipologico è la ristrutturazione edilizia come sopra descritta e poiché le Regioni non possono modificare le categorie e le definizioni degli interventi edilizi, deve ritenersi che il ripristino tipologico sia possibile solo entro i limiti di cui alla legislazione statale.

Sotto il profilo formale ristrutturazione edilizia e ripristino tipologico non coincidono, ma dovranno coincidere sotto il profilo sostanziale e contenutistico: il ripristino tipologico è quindi un tipo di ristrutturazione che ha ad oggetto unità demolite e fatiscenti le quali potranno essere ricostruite alle condizioni

---

[2] Sull'art. 36 della L. reg. n. 47 del 1978, cfr. Cons. Stato, Sez. V, n. 1452 del 2011; T.A.R. Emilia-Romagna, Bologna, sez. II, n. 1638 del 2005.

citate ed espressamente menzionate nell'art. 3 del T.U.

Si aggiunga che il medesimo art. 3, c. 1, lett. d), ultimo periodo, prevede che qualora l'edificio crollato o demolito sia sottoposto a vincolo ai sensi del D. Lgs. n. 42 del 2004, la ricostruzione, quindi, la ristrutturazione edilizia è possibile solo se sia rispettata la sagoma.

Resta una questione rilevante, vale a dire se sia ammissibile il ripristino/ristrutturazione di edifici demoliti, quando si accerti la preesistenza, anche nell'ipotesi in cui le norme in vigore non prevedano alcun indice. Sembrerebbe di poter rispondere in senso affermativo, dal momento che nessuna norma pone quale presupposto la disponibilità di indici.

Per quanto concerne l'altra categoria sottoposta a permesso di costruire, gli interventi di ristrutturazione urbanistica, secondo l'art. 3, sono quelli *"rivolti a sostituire l'esistente tessuto urbanistico-edilizio con altro diverso, mediante un insieme sistematico di interventi edilizi, anche con la modificazione del disegno dei lotti, degli isolati e della rete stradale"*. La lett. h) dell'Allegato ripete sostanzialmente il contenuto della lett. f) dell'art. 3 del T.U. n. 380.

Si segnala che il D.L. n. 133/2014, che ha introdotto il comma 1 *bis* dell'art. 14 del T.U., ha previsto la possibilità di permesso di costruire in deroga, anche alle destinazioni d'uso ed anche in zone industriali dismesse, previa deliberazione del Consiglio comunale che ne attesti l'interesse pubblico, per interventi di ristrutturazione edilizia ***ed urbanistica***, che non comportino aumento della superficie coperta.

Nel testo risultante dalla conversione in legge, è stata eliminata la possibilità del permesso in deroga per gli interventi di ristrutturazione ***urbanistica***.

Sono sottoposti a permesso, naturalmente, gli interventi nuova costruzione.

Ma solo gli interventi diversi da quelli, sempre di nuova costruzione, che sono soggetti a SCIA e che sono indicati alla lett. m) dell'art. 13, c. 1, vale a dire gli interventi di nuova costruzione che gli strumenti urbanistici comunali disciplinino *"con precise disposizioni sui contenuti planivolumetrici, formali, tipologici e costruttivi"* (art. 13, c. 2).

Tutti gli interventi di nuova costruzione, non eseguibili con SCIA, sono sottoposti a permesso.

In sostanza si tratta di un titolo residuale.

Quanto al concetto di nuova costruzione, anch'esso è un intervento residuale che si identifica con tutti quelli che **eccedono** rispetto alla ristrutturazione edilizia.

Resta intesto che i confini della definizione di "nuova costruzione" sono quelli tracciati dall'art. 3 del T.U., lett. e) il quale, nel confermare il carattere residuale del tipo di intervento, enumera una serie di interventi che sono definiti dal Legislatore come nuova costruzione. Tra questi, anche quelli di "ristrutturazione urbanistica" (art. 3, lett. f), che l'art. 17 identifica invece come intervento avente una propria autonomia.

IL PERMESSO CONVENZIONATO

Introdotto dal D.L. n. 133/2014 l'art. 28 *bis* del T.U. n. 380.

Il permesso convenzionato è istituto noto alla legislazione urbanistico-edilizia di molte Regioni (Lombardia, Liguria, ecc.). In Emilia-Romagna, era previsto nella L. reg. n. 47 del 1978 (art. 29) ed in molti P.R.G., fondamentalmente, per disciplinare la realizzazione di opere a scomputo di oneri. Occorre anche ricordare che, alcuni contenuti dell'attuale permesso convenzionato erano oggetto, in passato, dei c.d. atti unilaterali d'obbligo, con i quali si imponeva al privato una serie di obblighi, ai quali era subordinato il rilascio del titolo.

La introduzione in ambito statale, quale istituto di carattere generale, attribuisce al medesimo, certamente, un contenuto ed una funzione più ampi, quale strumento che potrà sostituire molti Piani attuativi, spesso non necessari. Si pensi ai casi nei quali l'intervento avvenga in aree completamente urbanizzate, nelle quali la richiesta di Piano attuativo si rivelerebbe per il privato in un'attesa defatigante e, per l'ente pubblico, in un inutile dispendio di attività procedimentale.

La giurisprudenza esclude la necessità del piano attuativo (e ritiene illegittima, la relativa norma del P.R.G.), per i c.d. "lotti interclusi", vale a dire i lotti che siano gli unici, nella zona, a non essere ancora edificati, oppure quelli che si trovino in una zona integralmente interessata da costruzioni, oppure in zona dotata di tutte le opere di urbanizzazione (primarie e secondarie), oppure ancora in zona che sia valorizzata da un progetto edilizio del tutto conforme al P.R.G.[3].

---

[3] Cfr., da ultimo, Cons. Stato, IV, n. 5488 del 2014.

Non così, invece, nelle zone solo parzialmente urbanizzate che, in quanto tali, siano esposte al rischio di compromissione dei valori urbanistici e nelle quali la pianificazione di dettaglio e, oggi, anche il permesso convenzionato, possono conseguire l'effetto di correggere e compensare il disordine edificativo.

La funzione del permesso convenzionato è quella di evitare la necessità dell'approvazione di piani attuativi, quando le esigenze dell'urbanizzazione possano essere soddisfatte con modalità semplificate, quindi con un intervento diretto convenzionato.

La convenzione contiene le regole dell'attuazione, quindi gli obblighi che il privato deve assumere per ottenere il rilascio del permesso. Si chiama convenzione, quindi, deve intendersi come accordo (integrativo di provvedimento, ai sensi dell'art. 11 della L. n. 241 del 1990, espressamente richiamato dalla disposizione in commento, c. 6). Tuttavia, nonostante il nome, è evidente che il contenuto sia in gran parte imposto dall'Amministrazione, in base alla vigente pianificazione. Tanto è vero che l'art. 28 *bis* precisa che il titolo edilizio *"resta la fonte di regolamento degli interessi"*.

La convenzione dovrà essere approvata con delibera di Consiglio comunale. La specificazione è stata introdotta nel 2° comma dell'art. 28 bis, in sede di conversione.

Il testo del D.L. n. 133 disponeva invece, genericamente, al 1° comma, che il rilascio del permesso di costruire convenzionato doveva avvenire *"sotto il controllo del Comune"*.

Il 3° comma elenca, in modo non tassativo, i diversi oggetti della convenzione: così, la cessione delle aree anche al fine dell'utilizzo dei diritti edificatori; la realizzazione delle opere di urbanizzazione, le caratteristiche morfologiche degli interventi, la realizzazione di interventi di edilizia residenziale sociale.

Resta la questione della sottoponibilità a V.A.S. del permesso convenzionato.

La Regione, nella citata Circolare PG2014.0442803, adombra il dubbio che il permesso di costruire possa essere sottoposto a V.A.S. in quanto utilizzato in sostituzione dei Piani attuativi, per i quali, sarebbe pacifico che debbano essere sottoposti a V.A.S.

La questione, tuttavia, sembra essere stata posta in modo non corretto. Infatti, da un lato, non pare che la disposizione statale abbia introdotto uno strumento integralmente sostitutivo dei Piani attuativi. Il permesso convenzionato appare piuttosto uno strumento in più, da utilizzarsi quando l'intervento, pur non richiedendo un Piano attuativo, debba comunque essere sottoposto a condizioni e ad obblighi.

Inoltre, la previsione del permesso convenzionato dovrà essere prevista e disciplinata, quanto ai presupposti concreti e alle modalità, dagli strumenti di pianificazione, tenendo conto del fatto che il presupposto del permesso convenzionato (ora stabilito dall'art. 28 *bis*) è che vi siano esigenze di urbanizzazione semplificate e quindi il permesso convenzionato non potrà contenere elementi di novità rispetto alla disciplina urbanistica. Per presupposto, non potranno esserci elementi in relazione ai quali si renda necessaria la V.A.S.

Si aggiunga, poi, che il permesso convenzionato ha certamente una funzione attuativa (è uno strumento attuativo, come del resto anche il permesso non convenzionato), ma non è un piano, non è un programma. Questo conferma ulteriormente che non è sottoposto a V.A.S.

Inoltre, la giurisprudenza, che viene citata nella citata Circolare[4] non afferma la necessità che tutti i piani attuativi siano sottoposti a V.A.S. Ha affermato invece che i piani attuativi devono essere assoggettati a V.A.S., in presenza di particolari presupposti sia di tipo soggettivo sia di carattere oggettivo. In sostanza devono essere sottoposti a V.A.S. i piani e i programmi che nel settore del governo del territorio e della gestione dei suoli possano avere un impatto significativo sull'ambiente e sul patrimonio culturale[5].

Silva Gotti

---

[4] In particolare, Cons. Stato, Sez. IV, n. 5715/2012.
[5] Sul punto, si veda, inoltre, Corte Cost., n. 58/2013.

Art. 18
Procedimento per il rilascio del permesso di costruire

1. La domanda per il rilascio del permesso, sottoscritta dal proprietario o da chi ne abbia titolo, è presentata allo Sportello unico nell'osservanza dell'atto di coordinamento tecnico previsto dall'articolo 12, corredata dalla documentazione essenziale, tra cui gli elaborati progettuali previsti per l'intervento che si intende realizzare e la dichiarazione con cui il progettista abilitato assevera analiticamente che l'intervento da realizzare:
   a) è compreso nelle tipologie di intervento elencate nell'articolo 17;
   b) è conforme alla disciplina dell'attività edilizia di cui all'articolo 9, comma 3, nonché alla valutazione preventiva di cui all'articolo 21, ove acquisita.
2. Nella domanda per il rilascio del permesso di costruire è elencata la documentazione progettuale che il richiedente si riserva di presentare prima dell'inizio lavori o alla fine dei lavori, in attuazione dell'atto di coordinamento tecnico di cui all'articolo 12, comma 5, lettera c).
3. L'incompletezza della documentazione essenziale di cui al comma 1, determina l'improcedibilità della domanda, che viene comunicata all'interessato entro dieci giorni lavorativi dalla presentazione della domanda stessa.
4. Entro sessanta giorni dalla presentazione della domanda, il responsabile del procedimento cura l'istruttoria, acquisendo i prescritti pareri dagli uffici comunali e richiedendo alle amministrazioni interessate il rilascio delle autorizzazioni e degli altri atti di assenso, comunque denominati, necessari al rilascio del provvedimento di cui all'articolo 9, comma 5. Il responsabile del procedimento acquisisce altresì il parere della Commissione di cui all'articolo 6, prescindendo comunque dallo stesso qualora non venga reso entro il medesimo termine di sessanta giorni. Acquisiti tali atti, formula una proposta di provvedimento, corredata da una relazione.
5. Qualora il responsabile del procedimento, nello stesso termine di sessanta giorni, ritenga di dover chiedere chiarimenti ovvero accerti la necessità di modeste modifiche, anche sulla base del parere della Commissione di cui all'articolo 6, per l'adeguamento del progetto alla disciplina vigente, può convocare l'interessato per concordare, in un apposito verbale, i tempi e le modalità di modifica del progetto.
6. Il termine di sessanta giorni resta sospeso fino alla presentazione della documentazione concordata.
7. Se entro il termine di cui al comma 4 non sono intervenute le autorizzazioni e gli altri atti di assenso, comunque denominati, delle altre amministrazioni pubbliche o è intervenuto il dissenso di una o più amministrazioni interpellate, qualora tale dissenso non risulti fondato su un motivo assolutamente preclusivo dell'intervento, il responsabile dello Sportello unico indice la conferenza di servizi ai sensi degli articoli 14 e seguenti della L. n. 241 del 1990. Le amministrazioni che esprimono parere positivo possono non intervenire alla conferenza di servizi e trasmettere i relativi atti di assenso, dei quali si tiene conto ai fini dell'individuazione delle posizioni prevalenti per l'adozione della determinazione motivata di conclusione del procedimento, di cui all'articolo 14-ter, comma 6 bis, della L. n. 241 del 1990. La

determinazione motivata di conclusione del procedimento, assunta nei termini di cui agli articoli da 14 a 14-*ter* della L. n. 241 del 1990, è, ad ogni effetto, titolo per la realizzazione dell'intervento.

8. Fuori dai casi di convocazione della conferenza di servizi, il provvedimento finale, che lo Sportello unico provvede a notificare all'interessato, è adottato dal dirigente o dal responsabile dell'ufficio, entro il termine di quindici giorni dalla proposta di cui al comma 4. Tale termine è fissato in trenta giorni con la medesima decorrenza qualora il dirigente o il responsabile del procedimento abbia comunicato all'istante i motivi che ostano all'accoglimento della domanda, ai sensi dell'articolo 10 *bis* della L. n. 241 del 1990. Dell'avvenuto rilascio del permesso di costruire è data notizia al pubblico mediante affissione all'albo pretorio. Gli estremi del permesso di costruire sono indicati nel cartello esposto presso il cantiere.

9. Il termine di cui al comma 4 è raddoppiato per i progetti particolarmente complessi indicati dall'atto di coordinamento tecnico di cui all'articolo 12, comma 4 lettera c). Fino all'approvazione dell'atto di coordinamento tecnico il medesimo termine è raddoppiato per i Comuni con più di 100 mila abitanti nonché per i progetti particolarmente complessi individuati dal R.U.E.

10. Decorso inutilmente il termine per l'assunzione del provvedimento finale, di cui al comma 8, la domanda di rilascio del permesso di costruire si intende accolta. Su istanza dell'interessato, lo Sportello unico rilascia una attestazione circa l'avvenuta formazione del titolo abilitativo per decorrenza del termine.

11. Qualora l'immobile oggetto dell'intervento sia sottoposto ad un vincolo la cui tutela compete, anche in via di delega, alla stessa amministrazione comunale, il termine di cui al comma 8 decorre dal rilascio del relativo atto di assenso. Ove tale atto non sia favorevole, decorso il termine per l'adozione del provvedimento conclusivo, sulla domanda di permesso di costruire si intende formato il silenzio-rifiuto.

12. Fatti salvi i casi di cui all'articolo 9, comma 6, l'efficacia del permesso di costruire è altresì sospesa nei casi previsti dall'articolo 12 della legge regionale 26 novembre 2010, n. 11 (Disposizioni per la promozione della legalità e della semplificazione nel settore edile e delle costruzioni a committenza pubblica e privata).

COMMENTO

La domanda di permesso deve essere presentata dal proprietario o da chi ne abbia titolo. L'espressione è identica a quella del T.U. e di tutte le normative precedenti. Non si specifica chi sia che ha titolo ma la giurisprudenza ha chiarito, dando una interpretazione estesa: sono legittimati a richiedere il titolo non solo i titolari di un diritto reale, ma anche i titolari di un diritto personale che consenta loro di eseguire i lavori. L'Amministrazione non ha il potere di sindacare i rapporti con i terzi, quindi, se sia stato dato l'eventuale assenso; né ha il potere di sindacare se possano derivare danni a terzi. I titoli sono, infatti, rilasciati solo in seguiti all'accertamento del rispetto delle norme in vigore, fatti salvi i diritti dei terzi.[1].

La modulistica regionale, di recente approvata con delibera di G.R. del 7 luglio 2014 n. 993, indica, tra gli aventi titolo, a meri fini esemplificativi, anche il comproprietario, l'usufruttuario, l'amministratore di condominio, ecc.

La domanda di permesso, deve essere presentata al S.U.E, nell'osservanza, dice il comma 1, dell'*atto* di coordinamento tecnico previsto dall'art. 12. In realtà, non vi sarà un unico atto di coordinamento tecnico che dovrà essere osservato. Infatti, incideranno sul permesso i contenuti di quasi tutti gli atti di coordinamento tecnico. Ma, in particolare, il modello unico regionale (lett. a); la documentazione da allegare (lett. b), l'elenco dei permessi particolarmente complessi che comportano il raddoppio dei tempi istruttori, ai sensi dell'art. 18, c. 9, (lett. c), i requisiti igenico-sanitari degli insediamenti produttivi e di servizio con impatto su ambiente e salute (lett. f).

Tra tutti questi, quelli che più interesseranno la domanda di permesso sono, ovviamente, gli Atti di coordinamento previsti dall'art. 12, c. 4, lett. a) e lett. b), come specificato dal successivo comma 5. Come si è detto, con delibera di G.R. del 7 luglio 2014 n. 993, è stato approvato l'Atto di coordinamento tecnico per la definizione della Modulistica Edilizia Unificata, in attuazione dell'art. 12, c. 4, lett. a) e b) e c. 5.

La domanda dovrà essere corredata dalla documentazione **essenziale**, vale a dire quella obbligatoria per la presentazione dell'istanza (art. 12, c. 5, lett. c), quindi dalla documentazione la cui mancanza o incompletezza determina la impossibilità del rilascio del titolo, quindi l'arresto del procedimento. Il comma 3 parla di improcedibilità, con termine processuale che indica, appunto, la impossibilità di procedere oltre, quindi, l'arresto del procedimento, fino a quando non sia eliminato l'impedimento.

Il comma 3 dell'art. 18 sanziona con la improcedibilità la "incompletezza" della documentazione essenziale.

Tale improcedibilità deve essere comunicata dal S.U.E entro 10 giorni lavorativi dalla presentazione della domanda.

Il termine improcedibilità, di natura processuale, lascerebbe intendere che il procedimento possa essere riavviato mediante la presentazione della docu-

---

[1] Tra le tante, Cons. Stato, Sez. V. n. 568 del 2 febbraio 2012.

mentazione essenziale mancante. Peraltro, la norma non lo dice. Quindi, deve ritenersi che la incompletezza della documentazione essenziale determini la estinzione del procedimento. Infatti, la riattivazione del procedimento dovrebbe essere procedimentalizzata, con la indicazione di termini ed effetti che, nella norma in esame, non sono indicati. Con la conseguenza che si è indicata sopra. Potrebbero sorgere dubbi sulla compatibilità di una simile norma con i principi di partecipazione e necessaria collaborazione tra P.A. e privati, nonché sul principio di economicità, tutti sanciti dalla L. n. 241 del 1990.

Quanto ai documenti essenziali, l'art. 19, c. 2, indica gli elaborati progettuali e la dichiarazione con la quale il progettista abilitato assevera, cioè dichiara la conformità al vero, dell'intervento, quanto al fatto che l'intervento rientri nelle tipologie di cui all'art. 17 (lett. a) ed al fatto che sia conforme alla disciplina dell'attività edilizia (quindi, all'insieme, indistinto, ed assolutamente generico, al quale fa riferimento l'art. 9, c. 39, nonché, se acquisita, alla valutazione preventiva di cui all'art. 21 (lett. b).

Il richiedente può riservarsi di presentare altra documentazione, che non sia essenziale e che dovrà essere presentata o prima dell'inizio dei lavori o comunque alla fine dei lavori, in conformità a quanto stabilito dall'Atto di coordinamento tecnico previsto dall'art. 12, c. 5, lett. c).

L'istruttoria ha una durata ordinaria di 60 giorni dalla presentazione della domanda. Termine entro il quale il responsabile del procedimento deve acquisire i pareri degli uffici comunali e chiedere autorizzazioni e atti di assenso comunque denominati alle Amministrazioni diverse dal Comune. Parimenti, deve essere acquisito il parere della Commissione per la Qualità Architettonica ed il Paesaggio, nei casi previsti dall'art. 6. Se non viene acquisito entro 60 giorni, se ne deve prescindere.

Sempre entro il termine di 60 giorni il Responsabile del procedimento può chiedere chiarimenti, può chiedere modifiche modeste, che non stravolgano il progetto e che quindi non richiedano la presentazione di un nuovo e diverso progetto. In sostanza, modifiche di adeguamento alle norme, anche sulla base di quanto suggerito dalla Commissione. La fase successiva può essere concordata tra le parti, in quanto il responsabile può chiedere all'interessato di fissare, redigendo verbale, tempi e modi della modifica. In sostanza, può essere concordato anche la durata della sospensione. In caso di mancato accordo, il Responsabile del procedimento assegnerà un termine congruo.

Poiché il termine di 60 giorni per l'istruttoria resta sospeso fino alla presentazione della documentazione concordata, è evidente che il Responsabile del procedimento, pur avendo a disposizione 60 giorni, abbia l'onere di procedere per tempo. Infatti, dopo l'acquisizione della documentazione concordata, per ultimare l'istruttoria e formulare la proposta di provvedimento, gli resta a disposizione esclusivamente il periodo di tempo non ancora consumato.

Si è detto che entro il termine di 60 giorni deve essere ultimata l'istruttoria, quindi, anche **acquisiti** i pareri/autorizzazioni/assensi delle altre Amministrazioni.

Quindi, tali pareri dovrebbero pervenire entro tale termine.

Ed il Responsabile dovrà immediatamente chiederli.

Se non sono rilasciati entro 60 giorni, oppure se entro tale termine è intervenuto il dissenso di una o più Amministrazioni che non sia fondato su una assoluta incompatibilità, il Responsabile del procedimento dovrà informare il Dirigente del S.U.E o comunque il responsabile di tale ufficio il quale dovrà indire la conferenza di servizi ai sensi dell'art. 14 della L. n. 241/1990 (vedi comma 3 dell'art. 5, T.U.).

Se, invece, vi fosse un diniego fondato su una assoluta incompatibilità, in tal caso, la conferenza sarebbe inutile. Quindi, non deve essere indetta.

Peraltro, non è detto che si ottenga l'assenso in sede di conferenza (che opera sulla base delle regole procedurali di cui all'art. 14, della L. n. 241 del 1990, per espresso rinvio dell'art. 18, c. 7. Rinvio contenuto anche nell'art. 20, c. 5 *bis*, del T.U. n. 380/2001.[2]

Per precisione, si ricorda che l'art. 5, c. 3, lett. g) dell'art. 5 T.U.[3] demanda al Codice dei beni culturali e del paesaggio (D. Lgs. n. 42 del 2004) la disciplina per il caso di dissenso dell'Amministrazione preposta alla tutela del vincolo.

In particolare, se il dissenso è assoluto, si applicherà l'art. 146, c. 8, del citato Codice.

Se non è assoluto, si rinvia alla conferenza. Infatti, l'art. 25 del Codice, al

---

[2] Inserito dall'art. 13, c. 2, lettera d), numero 3), del D.L. 22 giugno 2012, n. 83. Vedi inoltre quanto disposto dal c. 2-*bis* del medesimo art. 13 del D.L. n. 83 del 2012.

[3] Comma inizialmente modificato dall'art. 5, c. 2, lettera a), numero 1), del D.L. 13 maggio 2011, n. 70 e successivamente sostituito dall'art. 13, c. 2, lettera a), numero 2), del D.L. 22 giugno 2012, n. 83. Vedi inoltre quanto disposto dal comma 2-*bis* del medesimo art. 13 del D.L. n. 83 del 2012

2° comma, richiama genericamente le norme sul procedimento, quindi, anche quelle sulla conferenza di servizi di cui all'art. 14 e segg.

Fuori dei casi di convocazione della conferenza, il provvedimento finale, che decide sull'istanza di permesso, deve essere adottato entro il termine di 15 giorni dalla proposta. Tale termine è invece di 30 giorni se il responsabile di procedimento abbia comunicato i motivi ostativi all'accoglimento ex art. 10 *bis* della Legge n. 241/90. Questo per consentire al richiedente di presentare le osservazioni entro i 10 giorni previsti dal 10 *bis* (periodo, questo, ricompreso quindi nei 30 giorni assegnati).

Quanto al primo termine, quello di 60 giorni, è raddoppiato per i progetti complessi, da individuarsi, a regime, in base all'Atto di coordinamento, di cui all'art. 12, comma 4, lett. c).

Nelle more dell'approvazione dell'Atto di coordinamento, la disposizione in esame prevedeva che il termine fosse raddoppiato per i Comuni che hanno più di 100 mila abitanti e per i progetti complessi individuati dal R.U.E. Anche l'articolo del T.U. prevedeva, in via ordinaria, il raddoppio del termine per i Comuni che hanno più di 100 mila abitanti e, quanto al giudizio sulla complessità, lo demanda alla valutazione discrezionale del responsabile del procedimento.

Ora, il D.L. n. 133 del 2014, art. 17, ha sostituito il comma 7 dell'art. 20 del T.U. e, in ordine alla durata del procedimento di rilascio del permesso di costruire, ha eliminato il raddoppio dei termini (di cui ai commi 3 e 5 del medesimo art. 20), per i Comuni che hanno più di 100 mila abitanti. Pertanto, il raddoppio dei termini resta solo i progetti particolarmente complessi, da valutarsi secondo la discrezionalità del responsabile del procedimento e, una volta entrato in vigore l'Atto di coordinamento tecnico, da valutarsi secondo quanto prevede l'Atto medesimo.

Occorre, altresì precisare, che il comma 2 *ter* dell'art. 17 citato, aggiunto in sede di conversione del D.L. n. 133, prevede, per i Comuni obbligati all'esercizio in forma associata della funzione fondamentale della pianificazione urbanistica ed edilizia[4], che la possibilità del raddoppio dei termini non si applichi per un anno dalla entrata in vigore della legge di conversione

Il termine del procedimento è rispettato se il provvedimento viene adottato,

---

[4] Sono i Comuni fino a 5.000 abitanti o fino a 3.000, se appartengono o sono appartenuti a Comunità montane, *ex* art. 14, c. 28, D.L. n. 78 del 2010, conv. in L. n. 122 del 2010

anche se venisse notificato solo successivamente.

Se si trattasse di diniego, secondo le regole generali dell'art. 21 *bis* della L. n. 241, il provvedimento acquisterebbe efficacia dal momento della comunicazione. Ma, ai fini del rispetto del termine di cui all'art. 18, si ritiene che sia sufficiente che l'atto sia adottato entro il termine di 15 giorni.

Se non fosse adottato un provvedimento espresso, decorso il citato termine di 15 giorni (o di 30, nell'ipotesi del comma 8), si formerebbe il silenzio accoglimento.

Ed al fine di evitare dubbi e affidamenti illegittimi, il comma 10 introduce molto opportunamente la possibilità di ottenere un atto **dichiarativo** da parte del S.U.E sulla avvenuta formazione del titolo abilitativo per decorrenza del termine. L'atto è dichiarativo non solo perché la norma utilizza il termine "attestazione", ma anche perché si limita a dichiarare che il termine del procedimento è spirato e che quindi si è formato il silenzio assenso.[5] Il comma 11 introduce una particolarità per i permessi relativi ad immobili vincolati e per i quali la tutela del vincolo sia demandata, anche per delega, al Comune. Tra tutti, i vincoli paesaggistici, la cui tutela è delegata alle Regioni e che, nella Regione Emilia-Romagna, è stata sub-delegata ai Comuni (art. 40 *decies* della L. reg. n. 20/2000, prima art. 10 della L. reg. n. 26 del 1978).

Qualora l'immobile sia sottoposto a tale tipo di vincolo, il termine di 15 giorni decorre dal rilascio dell'atto di assenso all'intervento rilasciato dal Comune quale Autorità preposta alla tutela del vincolo.

Quale l'atto non abbia un contenuto favorevole, decorso il termine di 15 giorni, il permesso si intende "rifiutato". In realtà, non si tratta di rifiuto, ma di rigetto, quindi di un atto avente contenuto provvedimentale negativo.

Pertanto, il silenzio equivale a rigetto solo se il parere sul vincolo sia negativo. Invece, qualora sia favorevole, il silenzio non potrà avere il contenuto del rigetto del permesso, anche se si tratta di immobile vincolato. In tal caso, torna ad applicarsi la disciplina generale.

Tale disposizione, peraltro, era identica a quella dell'art. 20, c. 10, del T.U.

---

[5] Si segnala che nella Bozza provvisoria, il Decreto c.d. Sblocca Italia (Pacchetto Semplificazioni) conteneva una norma che introduceva il comma 8 *bis* dell'art. 20 che espressamente chiariva che "*L'attestazione di cui al precedente periodo non assume valenza provvedimentale e ha valenza meramente ricognitiva degli effetti del perfezionamento del silenzio significativo, anche ai fini della bancabilità dei progetti*". Tale disposizione (molto opportuna) non è più presente nel testo del D.L. n. 133 del 2014.

n. 380 del 2001. La Legge regionale, tuttavia, ha preceduto di pochi giorni l'entrata in vigore della legge di conversione che, tra le altre modifiche, ha abrogato il comma 10 dell'art. 20 (art. 30, c. 1, lett. d) n. 3).

Poiché, in ambito nazionale, la disciplina dei vincoli è stata unificata, non ha più ragione di continuare ad essere applicato il comma 11 e dovrebbe trovare applicazione la disciplina generale di cui al citato comma 7, di cui si è detto[6].

A chiusura, una norma particolare, il comma 12, che introduce un ulteriore ipotesi di sospensione del titolo edilizio. La sospensione del titolo, quale sanzione amministrativa, è, infatti, prevista dall'art. 9, c. 6, della L. n. 15 che richiama l'art. 90, c. 10, del D. Lgs. n. 81 del 2008 che dispone testualmente *"in assenza del documento unico di regolarità contributiva delle imprese o dei lavoratori autonomi, è sospesa l'efficacia del titolo abilitativo"*.

Il comma 12 dell'art. 18 richiama altresì l'art. 12 della L. reg. n. 11 del 2010 che prevede, appunto, la sospensione del titolo anche per violazione dell'art. 90, c. 9, lett. a) e b) del medesimo Decreto n. 81.

Il permesso è adottato dal Dirigente o dal Responsabile del S.U.E, in quanto è atto finale con efficacia esterna.

Se vi è stata conferenza di servizi, la decisione sarà data dalla determinazione motivata assunta nei termini di cui agli artt. da 14 a 14 *ter* della L. n. 241, in conformità a quanto previsto dall'art. 18, c. 7, ult. parte.

Il permesso rilasciato è pubblicato all'Albo pretorio (informatico) e indicato nel cartello esposto in cantiere.

Silva Gotti

---

[6] In tema di vincoli, il citato Pacchetto semplificazioni aveva introdotto il comma 3 *bis* dell'art. 5, del seguente tenore: fatti salvi i vincoli di cui al D. Lgs. n. 42 del 2004 (che quindi restavano disciplinati secondo proprie norme), in alternativa alla conferenza di servizi, qualora le Amministrazioni interessate non provvedano a rilasciare i pareri entro 30 giorni dalla ricezione della relativa richiesta, il responsabile del S.U.E richiede alla Regione o al Ministero competente la nomina di un Commissario ad acta che dovrà essere nominato entro 5 giorni e che dovrà provvedere entro i successivi 30 giorni. In caso di inadempimento del S.U.E, delle Amministrazioni o del Commissario *ad acta*, l'interessato può esperire l'azione per il silenzio di cui all'art. 31 c.p.a e all'inosservanza di ciascuno dei termini previsti si applica la disposizione di cui all'art. 2 *bis* della L. n. 241 del 1990 (risarcimento dei danni, c. 1, e indennizzo, c. 1 *bis*). Anche tale disposizione non è più contenuta nel D.L. n. 133 del 2014.

Art. 19
Caratteristiche ed efficacia del permesso di costruire

1. Il permesso di costruire è rilasciato al proprietario dell'immobile o a chi abbia titolo per richiederlo.
2. Nel permesso di costruire sono indicati i termini di inizio e di ultimazione dei lavori.
3. Il termine per l'inizio dei lavori non può essere superiore ad un anno dal rilascio del titolo; quello di ultimazione, entro il quale l'opera deve essere completata, non può superare i tre anni dalla data di rilascio. Il termine di inizio e quello di ultimazione dei lavori possono essere prorogati, anteriormente alla scadenza, con comunicazione motivata da parte dell'interessato. Alla comunicazione è allegata la dichiarazione del progettista abilitato con cui assevera che a decorrere dalla data di inizio lavori non sono entrate in vigore contrastanti previsioni urbanistiche. Decorsi tali termini il permesso decade di diritto per la parte non eseguita.
4. La data di effettivo inizio dei lavori deve essere comunicata allo Sportello unico, con l'indicazione del direttore dei lavori e dell'impresa cui si intendono affidare i lavori.
5. La realizzazione della parte dell'intervento non ultimata nel termine stabilito è subordinata a nuovo titolo abilitativo per le opere ancora da eseguire ed all'eventuale aggiornamento del contributo di costruzione per le parti non ancora eseguite.
6. Il permesso di costruire è irrevocabile. Esso decade con l'entrata in vigore di contrastanti previsioni urbanistiche, salvo che i lavori siano già iniziati e vengano completati entro il termine stabilito nel permesso stesso ovvero entro il periodo di proroga anteriormente concesso.

COMMENTO

I primi due commi non presentano questioni interpretative rilevanti: il titolo è rilasciato a chi lo ha richiesto, quindi, al proprietario o a chi lo ha richiesto, avendo il titolo.

Nel permesso devono essere indicati i termini entro i quali i lavori devono essere iniziati ed ultimati.

Quanto al termine iniziale, esso non può superare un anno dal **rilascio**; quanto al termine per la ultimazione, esso non può superare i tre anni, sempre dal **rilascio**. La norma va coordinata con il nuovo testo dell'art. 15, 2° c. del T.U., che ammette espressamente la proroga, ma la subordina – a differenza della legge regionale – per *"fatti sopravvenuti estranei alla volontà del titolare"*.

Il T.U., art. 15, mentre dispone allo stesso modo per quanto concerne l'inizio dei lavori, mentre prevede che i lavori debbano essere ultimati entro tre anni dall'inizio. Quindi, è norma più favorevole, anche se potrebbero sorgere dubbi in merito alla qualificazione degli atti che possono interpretarsi come inizio dei lavori.

Occorre, altresì, sottolineare che la giurisprudenza ha da tempo chiarito che per rilascio deve intendersi non l'adozione, ma la consegna del titolo, che avviene con la comunicazione all'interessato. Neppure rileva il ritiro (considerato die a quo solo dalla giurisprudenza più risalente), perché, in tal caso, si lascerebbe nella disponibilità dell'interessato il decidere quando collocare il *dies a quo* dell'efficacia del permesso. [1]

L'efficacia del titolo può essere prorogata, in applicazione della previsione di cui al 3° comma, con semplice comunicazione (non istanza) motivata da parte dell'interessato, alla quale deve essere allegata una dichiarazione del progettista abilitato che assevera che dalla data di inizio dei lavori non sono entrate in vigore previsioni urbanistiche contrastanti.

Tale 3° comma deve essere correlato al 6° comma del medesimo art. 19, secondo il quale il permesso decade con l'entrata in vigore di contrastanti previsioni urbanistiche, salvo che i lavori siano già iniziati e vengano completati entro il termine stabilito nel permesso stesso ovvero entro il periodo di proroga **anteriormente** concesso.

Pertanto, come regola generale, la entrata in vigore di norme contrastanti consente di ultimare i lavori solo se si rientra nel termine ordinario di efficacia del titolo, oppure nel termine prorogato, ma solo se la proroga era stata comunicata anteriormente alla entrata in vigore delle norme contrastanti.

In sostanza, non è consentito chiedere la proroga al solo fine di evitare di essere sottoposti a norme contrastanti con l'intervento in corso.

Il D.L. n. 133 del 2014 ha aggiunto il comma 2 *bis* dell'art. 15 del T.U. che introduce una ipotesi proroga "dovuta", sia dei termini di inizio sia di quelli di ultimazione, quando i lavori non siano stati iniziati o conclusi per iniziative dell'Amministrazione o dell'Autorità giudiziaria rivelatesi poi infondate. La norma modificata ha natura regolamentare. Tuttavia, la modifica di T.U. mi-

---

[1] Cfr. T.A.R. Sicilia, Palermo, n. 181 del 2011.

sti, come quello sull'edilizia, qualora avvenga con atto legislativo anche con riferimento a norme regolamentari, comporta la novazione della fonte. Con la conseguenza che anche tale modifica dovrà prevalere sulla norma regionale. Ancor più se introduce una disciplina di favore, come quella della c.d. proroga dovuta.

Quanto al concetto di "entrata in vigore", si ritiene che debba necessariamente interpretarsi in modo estensivo, quindi, tale da comprendere anche la entrata in vigore sotto forma di norma di salvaguardia.

La circostanza è confermata dalla previsione del comma 3 dell'art. 12 che impone la sospensione del procedimento di rilascio del permesso di costruire in caso di contrasto dell'intervento con le previsioni degli strumenti urbanistici **adottati.**

Si aggiunga, inoltre, che è addirittura prevista, nel 3° comma dell'art. 12, la possibilità di una sospensione straordinaria degli effetti del titolo, quindi, dei lavori in corso, da parte dell'organo politico, vale a dire del Presidente della Giunta regionale, quando l'intervento di trasformazione comprometta o renda più onerosa l'attuazione degli strumenti urbanistici.

Qualora non sia stata comunicata la proroga, ma non siano intervenute norme contrastanti, e quindi sia ancor ammissibile l'intervento in corso di esecuzione, esso potrà essere ultimato ma solo previa acquisizione di un titolo nuovo, con pagamento dell'eventuale differenza del contributo di costruzione riferito alle parti non eseguite (c. 5).

Silva Gotti

Art. 20
Permesso di costruire in deroga

1. Il permesso di costruire in deroga agli strumenti urbanistici è rilasciato esclusivamente per edifici ed impianti pubblici o di interesse pubblico, previa deliberazione del Consiglio comunale.
2. La deroga, nel rispetto delle norme igieniche, sanitarie, di accessibilità e di sicurezza e dei limiti inderogabili stabiliti dalle disposizioni statali e regionali, può riguardare esclusivamente le destinazioni d'uso ammissibili, la densità edilizia, l'altezza e la distanza tra i fabbricati e dai confini, stabilite dagli strumenti di pianificazione urbanistica.
3. Ai fini del presente articolo, si considerano di interesse pubblico gli interventi di riqualificazione urbana e di qualificazione del patrimonio edilizio esistente, per i quali è consentito richiedere il permesso in deroga fino a quando la pianificazione urbanistica non abbia dato attuazione all'articolo 7-*ter* della legge regionale 20 del 2000 e all'articolo 39 della legge regionale 21 dicembre 2012, n. 19 (Legge finanziaria regionale adottata a norma dell'articolo 40 della legge regionale 15 novembre 2001, n. 40 in coincidenza con l'approvazione del bilancio di previsione della regione Emilia-Romagna per l'esercizio finanziario 2013 e del bilancio pluriennale 2013-2015).

COMMENTO

Sommario: 1. L'istituto - 2. I presupposti applicativi - 3. I limiti - 4. Le previsioni derogabili - 5. La delibera del Consiglio comunale.

1. L'istituto.

Il titolo edilizio in deroga ha origini remotissime, anteriori alla legge-ponte, alla stessa urbanistica moderna e al c.d. "*principio di piano*"[1].

La *ratio* dell'istituto e insieme il suo limite, sta nella necessità – eccezionale – di sottrarre interventi edilizi che presentano una evidente e documentabile

---

[1] Si tratta dell'art. 3 della L. 21 dicembre 1955 n. 1357, quasi contemporanea dell'istituto della salvaguardia facoltativa. All'incirca con gli stessi caratteri l'istituto è transitato nell'art. 16 della L. n. 765/1967 (che rendeva obbligatoria la salvaguardia) e, di là, nella legislazione regionale (in Emilia-Romagna nell'art. 54 della L. reg. n. 47/1978, e, quindi, nell'art. 15 della L. n. 31/2002). In seguito nell'art. 14 del T.U. n. 380/2001. Sul titolo in deroga in genere e sui problemi applicativi cfr. per tutti G. PAGLIARI, *Corso di diritto urbanistico*, Milano, 2010, 547 e ss.; A. ed E. FIALE, *Diritto urbanistico*, Napoli, 2011, 622 e ss.

natura *"pubblica"* a determinati limiti derivanti dalla pianificazione urbanistica. Da qui la sua incerta *"appartenenza"*: se alla attività di controllo (edilizio) – e cioè alla *attuazione "privilegiata"* del piano – ovvero alla pianificazione stessa[2]. Dilemma non facilmente risolvibile con il semplice richiamo alla sua natura di atto complesso diseguale[3], che lo farebbe considerare piuttosto un *tertium genus* in cui il connotato della discrezionalità, esercitata dall'organo titolare del potere pianificatorio, è riequilibrato – in senso *"attuativo"* – dai forti limiti posti dalla norma.

Anche per la giurisprudenza il titolo deroga consiste nella *"disapplicazione della norma urbanistica ad una specifica fattispecie"*[4], e cioè in una *cedevolezza* della pianificazione generale che, in quanto necessariamente prevista in una norma regolamentare, resta un connotato *"naturale"* del piano.

2. I presupposti applicativi.

Rispetto alle disposizioni della previgente L. reg. n. 31/2002, la L. reg. n. 15/2013 introduce all'art. 20 alcune prescrizioni innovative.

Di base, la *ratio* del permesso di costruire in deroga resta la necessità di garantire uno spazio di elasticità nell'attuare l'assetto del territorio, consentendo di derogare alle generali previsioni degli atti di pianificazione, che a determinate condizioni è possibile "piegare" a ragioni contingenti senza dover ricorrere alla procedura di variante urbanistica.

Confermando una tradizionale e risalente impostazione, anche l'art. 20 L. reg. n. 15/2013 limita il suo ambito applicativo agli edifici ed impianti pubblici o di interesse pubblico.

---

[2] Cfr. per tutti, su questo dilemma che fornisce anche una chiave interpretativa per risolvere molte questioni, A. RUSSO, *La concessione edilizia in deroga: mero atto di controllo o decisione di pianificazione?*, in Riv. Giur. Ed., 1998, II, 229. Esclude con forza che la deroga sia uno strumento di *"pianificazione singolare"* o *"micropianificazione"*. V. CERULLI-IRELLI, *Pianificazione urbanistica e interessi differenziati*, in Riv. Trim. Dir. Pubbl., 1985, 386. Ma gli argomenti addotti non paiono oggi però decisivi nel quadro della prassi dell'urbanistica negoziata, in cui gli interessi differenziati *"concorrono"* alle scelte urbanistiche e il limite pare da trovare semmai nelle garanzie partecipative.

[3] Così G. PAGLIARI, *op. cit.*, 561-563.

[4] Cfr. *ex multis*, Cons. Stato, Sez. V, 29 luglio 2009 n. 4664, che però parla comunque di *"micropianificazione"*.

Sui confini di tale nozione sono da sempre impegnati gli interpreti.

In via di estrema semplificazione, può dirsi che a qualificare la natura pubblica di un edificio sia la rispondenza dello stesso a fini perseguiti dall'Amministrazione pubblica e realizzati dalla stessa Amministrazione.

Rispetto alla categoria degli edifici pubblici, più ampia è la nozione di edifici di interesse pubblico, cui una diffusa casistica giurisprudenziale suole ascrivere anche immobili appartenenti, realizzati e gestiti da soggetti privati (eventualmente in regime di impresa), purché rispondenti nell'utilizzo ad interessi collettivi (c.d. rilevanza dell'elemento funzionale).

Il riferimento è, in generale, agli edifici ed impianti in cui sia offerto un servizio alla collettività e caratterizzati da una pubblica fruibilità[5].

Nell'impianto della L. reg. n. 15/2013, l'esecuzione di opere pubbliche è fortemente semplificata, tanto da non richiedere il rilascio di titoli edilizi (cfr. art. 10), purché la validazione del progetto contenga il puntuale accertamento di conformità alla disciplina dell'attività edilizia.

Laddove manchi la conformità alle prescrizioni di piano, potrà invece percorrersi la strada del permesso in deroga, la cui *ratio* resta quella di favorire e semplificare la realizzazione di simili interventi.

Per la natura ampiamente discrezionale (oltre che eccezionale) del permesso di costruire in deroga, fondamentale sarà l'attenzione da riservare alla motivazione dell'atto.

Con essa si dovrà quanto più possibile esplicitare l'esistenza di un interesse pubblico prevalente a che, in relazione all'intervento da autorizzare, siano

---

[5] Così, ad esempio, è stata riconosciuta l'ammissibilità di permessi in deroga per impianti sportivi (T.A.R. Lazio, Roma, Sez. II, 5 novembre 2012, n. 9023), strutture turistico-alberghiere (T.A.R. Trentino Alto Adige, Trento, Sez. I, 23 marzo 2011, n. 85; Cons. Stato, Sez. IV, 23 luglio 2009, n. 4664; T.A.R. Sardegna, Cagliari, Sez. II, 22 luglio 2009, n. 1375; T.A.R. Veneto, Venezia, Sez. II, 10 febbraio 2003, n. 1217; Cons. Stato, Sez. IV, 29 ottobre 2002, n. 5913), residenze universitarie (Cons. Stato, Sez. V, 5 novembre 1999, n. 1841), ma anche, addirittura, per impianti destinati ad attività di panificazione (T.A.R. Basilicata, Potenza, Sez. I, 21 ottobre 2011, n. 531), in ragione dell'interesse generale dei servizi forniti da tali strutture.

Non sono mancate pronunce che hanno incluso tra gli impianti di interesse pubblico, come tali ammessi al beneficio del permesso in deroga, anche edifici e opere destinati ad attività economiche di interesse generale, come i complessi artigianali con un consistente numero di dipendenti o aventi rilevanza per la realtà economica locale (T.A.R. Trentino Alto Adige, Trento, Sez. I, 18 giugno 2009, n. 194).

"*derogate*" le regole generali fissate negli atti di pianificazione territoriale.

Riguardo a tale aspetto l'art. 20, L. reg. n. 15/2013 fornisce alcune interessanti indicazioni, che connotano in modo peculiare la disciplina regionale da ultimo introdotta rispetto al T.U. Edilizia (art. 14) e anche rispetto al previgente art. 15, L. reg. n. 31/2002.

L'art. 20, c. 3, L. reg. n. 15/2013 dispone che, ai fini del rilascio del permesso di costruire in deroga, si considerano di interesse pubblico non solo gli interventi che abbiano una generica finalità collettiva, ma tutti quelli che mirino alla riqualificazione urbana e alla qualificazione del patrimonio edilizio esistente.

Per tali opere è consentito ricorrere alla deroga fino a quando la pianificazione urbanistica non abbia dato attuazione all'art. 7-*ter* della L. reg. n. 20/2000 e all'art. 39, L. reg. n. 19/2012.

Così disponendo, la L. reg. n. 15/2013 mostra di voler accelerare e favorire la realizzazione di opere di riqualificazione, che anche in altre occasioni, e in particolare con gli interventi normativi da ultimo citati, la Regione ha inteso potenziare, rimettendo alla pianificazione urbanistica la previsione di misure incentivanti e premiali per la qualificazione e il recupero del patrimonio edilizio esistente.

In attesa che i singoli atti di pianificazione diano attuazione all'art. 7-*ter* L. reg. 20/2000, definendo con apposita disciplina generale le misure di agevolazione della qualificazione e rigenerazione del patrimonio edilizio esistente, la L. reg. n. 15/2013 utilizza il permesso di costruire in deroga come strumento per promuovere interventi di questo tipo, riconosciuti *ex ante* meritevoli di tutela, anche in quei Comuni che non ne abbiano ancora puntualmente disciplinato la realizzazione.

Il rapporto tra il comma 1 e il comma 3 dell'art. 20, L. reg. n. 15/2013 stimola alcune riflessioni.

Qualificando come "*di interesse pubblico*" tutti gli interventi di riqualificazione urbana e di qualificazione del patrimonio edilizio esistente, le citate disposizioni sembrerebbero allargare in termini non facilmente definibili l'ambito di applicazione del permesso di costruire in deroga[6].

---

[6] Questo comma è una norma di raccordo con la disposizione di cui all'art. 5, c. 9 e ss., del D.L. n. 70/2011 conv. in L. n. 106/2011, che ammette il rilascio di titolo in deroga per interventi

Ad una prima lettura, parrebbe infatti che simili interventi siano sempre assentibili attraverso il permesso in parola, stante il richiamo del c. 3 a quel concetto di interesse pubblico, che pure il c. 1 evoca quando definisce il generale ambito di applicazione del titolo edilizio in deroga.

Una simile interpretazione non è, però, del tutto convincente.

Pur utilizzando la stessa locuzione del c. 1, il c. 3 si limita a considerare di interesse pubblico, con una sorta di valutazione preventiva *ex lege*, tutti gli interventi di riqualificazione urbana e di qualificazione del patrimonio edilizio esistente.

Ma la norma non sembra incidere sulla clausola generale del c. 1, che fissa come requisito preliminare e imprescindibile del permesso in deroga l'attinenza dell'intervento ad edifici e impianti pubblici o di interesse pubblico.

Quello che il c. 3 delinea con certezza è che quando il progetto presentato tenda alla qualificazione del patrimonio esistente, l'interesse pubblico (alla deroga) è *in re ipsa,* con ogni conseguenza in ordine all'obbligo motivazionale **su tale punto**, che in tali ipotesi può a buon diritto considerarsi attenuato.

Naturalmente resta da motivare – e qui non è possibile ricorrere a formule di stile – *perché* l'intervento *de quo* è in sé di riqualificazione.

3. I limiti.

La facoltà di modificare le norme di piano attraverso il rilascio di un permesso di costruire in deroga incontra alcuni precisi limiti.

Il primo consiste nell'obbligo di rispettare le norme igieniche, sanitarie, di accessibilità e di sicurezza, nonché i limiti stabiliti dalle disposizioni statali e regionali, che restano inderogabili.

Rispetto alle precedenti indicazioni dell'art. 15, L. reg. n. 31/2002 (a loro volta conformi all'art. 14, D.P.R. n. 380/2001), l'art. 20, c. 2, L. reg. n. 15/2013 arricchisce il novero delle norme inderogabili, includendovi, oltre alle tradizionali norme igienico-sanitarie e di sicurezza, anche quelle "di accessibilità".

---

di riqualificazione circoscritti e predeterminati che lasci inalterato l'assetto urbanistico del resto della zona (cfr. A. SAVATTERI, *Gli interventi di recupero delle aree urbane e il permesso di costruire in deroga*, in Urb. e Appalti, 2014, 840 e ss.).

L'espressione non è chiarissima, perché insolita nel panorama della disciplina urbanistica ed edilizia.

Dato il contesto in cui si colloca, pare tuttavia di poter concludere che, con tale locuzione, si sia voluto fare riferimento, ad esempio, alle prescrizioni su scale[7], rampe di accesso e soprattutto alle norme sull'abbattimento delle barriere architettoniche.

Alle norme di sicurezza, parimenti inderogabili, possono invece ascriversi quelle in materia sismica e antincendio.

Quanto ai requisiti igienico-sanitari, giova ricordare come questi siano, per le opere aventi un significativo impatto sulla salute e sull'ambiente, oggetto di predeterminazione attraverso atti di coordinamento tecnico della Regione (cfr. art. 12, c. 4, L. reg. n. 15/2013).

Di tali atti dovrà dunque tenersi conto per verificare il legittimo ricorso alla deroga, mentre potrà considerarsi superato il previgente onere amministrativo di acquisire il parere integrato di US.L. e A.R.P.A., in passato necessario ai fini della progettazione e presentazione dei titoli edilizi per questa categoria di intervento[8].

Se l'art. 14, D.P.R. n. 380/2011 condiziona la deroga al rispetto delle disposizioni di tutela dei beni culturali e ambientali e delle altre norme di settore aventi incidenza sulla disciplina dell'attività edilizia, l'art. 20, c. 2, L. reg. n. 15/2013 utilizza, su questo fronte, una formulazione più ampia e generica.

La norma regionale si chiude infatti con una clausola di rinvio, che genericamente rimanda a tutti i *"limiti inderogabili stabiliti dalle disposizioni regionali e statali"*. Lo spazio di operatività della deroga pare, così, ridursi ulteriormente, facendosi salva la sola facoltà di disapplicare quelle norme di piano non ispirate a prescrizioni vincolanti discendenti dalla legislazione statale o regionale. Tra queste, ovviamente, quelle poste a tutela dei valori ambientali e culturali, con tutto ciò che ne deriva in termini di necessaria autorizzazione da parte della Soprintendenza competente, laddove il permesso in deroga riguardi un immobile vincolato.

---

[7] Cfr., ad esempio, T.A.R. Marche, Sez. I, 5 luglio 2013 n. 546.

[8] Nell'attesa che sia adottato l'atto di coordinamento tecnico previsto dall'art. 12 con tale specifico contenuto, si ricordi tuttavia che la delibera di Giunta regionale n. 193 del 17 febbraio 2014 ha ripristinato la facoltà di chiedere pareri preventivi ai Dipartimenti di Sanità pubblica delle A.U.S.L., in via transitoria fino all'emanazione dell'atto di coordinamento tecnico.

4. Le previsioni derogabili.

Quanto alla definizione delle previsioni superabili attraverso il permesso di costruire in deroga, il legislatore regionale conferma gran parte delle previsioni dell'art. 14, D.P.R. n. 380/2001 (e del previgente art. 15, L. reg. n. 31/2002).

Rispetto alla omologa norma statale, la legge regionale si spinge però oltre, consentendo di derogare non solo ai limiti di densità edilizia, di altezza e di distanza tra fabbricati e dai confini, ma anche alle destinazioni d'uso ammissibili, generalmente fissate nel P.O.C.

Restano invece non modificabili le destinazioni di zona: limite, tuttavia, oggi non facilmente precisabile dato il vigente sistema dei P.S.C., in cui il regime *"tipico"* delle zonizzazioni ha, come noto, lasciato il posto a quello degli ambiti (con destinazioni integrate).

Nella formulazione della norma è evidente la volontà di salvaguardare, pur nell'utilizzo della deroga, le linee direttrici degli strumenti di pianificazione urbanistica, che attengono all'impostazione stessa del piano e ne costituiscono la base fondante[9].

Stante l'impossibilità di incidere sulle destinazioni urbanistiche, risulta dunque confermata anche nell'impianto della nuova legge regionale l'inammissibilità di permessi in deroga lì dove non sia consentito edificare[10]. Il titolo potrà dunque essere ottenuto solo ove sia prevista dallo strumento urbanistico la costruzione di un certo volume, che potrà essere diversamente realizzato e diversamente destinato rispetto alla normativa vigente[11].

Resta da capire in che misura possano essere derogate le prescrizioni di piano che la legge consente di disapplicare. Cioè, in altri termini, se le norme in materia di densità, distanze, altezza possano essere liberamente superate, oppure se la deroga incontri un limite anche nella valutazione di tali elementi.

Il pensiero va alle disposizioni degli artt. 7, 8 e 9, D.M. n. 1444/1968, che sono testualmente richiamati dall'art. 14, T.U. Ediliziae che invece l'art. 20, L. reg. n. 15/2013 non annovera espressamente.

---

[9] Cfr. ad esempio, T.A.R. Emilia-Romagna, Parma, Sez. I, 26 novembre 2009, n. 792; T.A.R. Lombardia, Milano, Sez. II, 20 dicembre 2004, n. 6486; Cons. Stato, Sez. V, 5 novembre 1999, n. 1841.

[10] Cfr. T.A.R. Emilia-Romagna, 22 luglio 1999, n. 381.

[11] Cfr. T.A.R. Basilicata, 16 novembre 1993, n. 389.

Come evidenziato al paragrafo precedente, l'art. 20, c. 2, L. reg. n. 15/2013 contiene un generico rimando ai *"limiti inderogabili stabiliti dalle disposizioni statali e regionali"*.

La clausola di rinvio è talmente ampia da indurre a concludere che tra tali limiti possano farsi rientrare proprio le previsioni del D.M. n. 1444/1968.

Sempre che le norme ivi contenute si considerino tuttora vigenti: soluzione, questa, non del tutto pacifica, essendo la materia *"governo del territorio"* sottratta alla potestà regolamentare dello Stato, in ragione della sua riconduzione al potere legislativo concorrente di Stato e Regioni (cfr. art. 117, c. 6 Cost.).

Senonché proprio la L. reg. n. 15/2013 dimostra di considerare tuttora valido quel testo normativo, cui in diverse occasioni fa rinvio.

Se ne può concludere che, almeno nella misura il cui il legislatore regionale richiama, recependole al suo interno, le norme del D.M. n. 1444/1968, queste ultime vadano rispettate nel rilascio del permesso in deroga. Pur con tutte le difficoltà determinate dall'adesione del D.M. n. 1444/1968 al modello – ancora centrale nella legislazione statale, ma recessivo nel sistema regionale – dello *zoning* urbanistico.

Emerge, da quanto detto, che la facoltà di avvalersi della deroga resti complessivamente molto ridotta, e principalmente limitata ai casi in cui gli strumenti urbanistici comunali stabiliscano *standards* più restrittivi di quelli fissati dalla normativa statale.

$$* \quad * \quad *$$

Il c. 1 *bis* dell'art. 14 ha introdotto, per la ristrutturazione in deroga anche alla destinazione d'uso, la condizione che non comporti un aumento della superficie coperta e, per gli edifici commerciali sia rispettato l'art. 31, c. 2, del D.L. n. 201/2001, che riguarda l'inammissibilità di limiti territoriali alla apertura di nuovi esercizi commerciali.

5. La delibera del Consiglio comunale.

A condizionare il rilascio del permesso di costruire in deroga resta, anche nell'impianto dell'art. 20, L. reg. n. 15/2013, la delibera autorizzativa del

Consiglio comunale.

Con tale atto, non a caso rimesso all'organo cui competono le scelte urbanistiche fondamentali, l'Amministrazione esercita, come si è detto, un potere assimilabile a quello di pianificazione, sia pure con i limiti che come visto attengono al rilascio dei provvedimenti in parola.

Il procedimento deliberativo del Consiglio è la fase in cui si sviluppa e si consuma il momento della discrezionalità del procedimento, essendo questa la sede in cui l'Amministrazione è chiamata a comparare l'interesse alla realizzazione dell'opera con i molteplici altri interessi, che hanno trovato definizione e generale recepimento negli atti di pianificazione urbanistica.

La necessità di una previa delibera del Consiglio comunale mette ancora una volta in chiaro l'eccezionalità del provvedimento, il cui rilascio addirittura impegna la responsabilità politica dell'ente, secondo un procedimento a formazione progressiva di natura complessa.

Dall'eccezionalità del provvedimento discende, secondo la giurisprudenza, l'impossibilità di una sua applicazione estensiva, in particolare con riguardo alla sanatoria di abusi commessi[12]. Trattasi, per la verità, di posizione non del tutto giustificata e per certi versi irragionevole, obbligando a colpire con misure sanzionatorie interventi altrimenti assentibili, sia pure in via di deroga.

Il carattere fortemente discrezionale della delibera consiliare impone poi di prestare particolare attenzione alla motivazione, che se nell'adozione delle scelte urbanistiche generali può considerarsi normalmente attenuata, qui merita invece un'approfondita valutazione, per la natura puntuale ed eccezionale del provvedimento cui accede.

Può discutersi della necessità di attivare un'apposita deliberazione del Consiglio comunale quando la richiesta di permesso in deroga sia *prima facie* priva dei presupposti per il rilascio, ad esempio perché il progetto presenti qualche difformità rispetto ad una norma legislativa inderogabile.

Ove si verifichi questa eventualità, ragioni di celerità ed economicità procedimentale indurrebbero a ritenere che lo Sportello unico possa immediatamente dar corso ad un provvedimento di rigetto, senza attivare una inutile fase

---

[12] Cfr. Cass. pen., Sez. III, 31 marzo 2011, n. 16591; Cons. Stato, Sez. V, 30 agosto 2004, n. 5622. Trattasi, per la verità, di posizione non del tutto giustificata e per certi versi illogica, obbligando a colpire con misure sanzionatorie interventi altrimenti assentibili, sia pure in via di deroga.

deliberativa in capo al Consiglio comunale.

È però preferibile la tesi secondo la quale, anche per la connotazione "politica" dell'atto in parola, sia ancora imprescindibile un pronunciamento del Consiglio comunale sull'ammissibilità o meno del progetto.

La delibera sfavorevole del Consiglio comunale è atto che arreca immediato pregiudizio alla sfera giuridica del richiedente, non essendo in alcun modo consentito discostarsi dal contenuto negativo dello stesso. Dalla sua diretta portata lesiva, discende la possibilità di un'immediata impugnazione. Ove la delibera sia invece a favore del rilascio del titolo, la stessa potrà essere eventualmente impugnata da chi se ne ritenga leso solo congiuntamente al provvedimento finale, una volta che questo sia emanato.

Diversamente dall'art. 15, L. reg. n. 31/2002 e dall'art. 14, D.P.R. n. 380/2001, l'art. 20, L. reg. n. 15/2013 non contiene previsioni sulla comunicazione di avvio del procedimento ai controinteressati.

Questa mancanza dipende, per un verso, da una certa superfluità della previsione, di fatto riproduttiva dell'art. 7, L. n. 241/1990. Per un altro verso, il legislatore ha probabilmente voluto prendere atto di quell'indirizzo interpretativo secondo cui, in materia edilizia, è davvero difficile configurare posizioni di contro-interesse, astrattamente ipotizzabili in capo ai vicini, ma poi frequentemente negate dalla giurisprudenza, sul presupposto che "*gli interessi coinvolti dal provvedimento con cui si consente la trasformazione edilizia del territorio* **sono di tale varietà ed ampiezza da rendere difficilmente individuabili tutti i soggetti** *che dall'emanazione dell'atto potrebbero ricevere nocumento*"[13]. Sembra che il legislatore regionale abbia condiviso i motivi a fondamento del citato indirizzo giurisprudenziale, posto che anche i permessi in deroga presentano un novero di potenziali controinteressati estremamente ampio ed eterogeneo, oltre che notevolmente elevato[14].

Resta comunque necessario attenersi alle regole della partecipazione procedimentale nei casi di deroga alle distanze, nei quali le posizioni di possibile contro-interesse sono certe, chiaramente individuabili e dunque meritevoli di tutela. Ed altresì resta consigliabile svolgere una istruttoria relativamente alla

---

[13] Cfr. Cons. Stato, Sez. IV, 31 luglio 2009, n. 4847; T.A.R. Emilia-Romagna, Bologna, Sez. I, 21 settembre 2005, n. 1524; T.A.R. Trentino Alto Adige, Trento, Sez. I, 8 aprile 2010, n. 110.

[14] Cfr. T.A.R. Trentino Alto Adige, Trento, 10 aprile 2008, n. 91.

esistenza di situazioni di fatto di natura edilizia – in sostanza i rapporti di vicinato – potenzialmente pregiudicate dal titolo in deroga.

Benedetto Graziosi (par. 1, 2)
Camilla Mancuso (par. 3, 4, 5)

Art. 21
Valutazione preventiva

1. Il proprietario dell'immobile o chi abbia titolo alla presentazione della SCIA o al rilascio del permesso può chiedere preliminarmente allo Sportello unico una valutazione sull'ammissibilità dell'intervento, allegando una relazione predisposta da un professionista abilitato, contenente i principali parametri progettuali. I contenuti della relazione sono stabiliti dal R.U.E., avendo riguardo in particolare ai vincoli, alla categoria dell'intervento, agli indici urbanistici ed edilizi e alle destinazioni d'uso.
2. La valutazione preventiva è formulata dallo Sportello unico entro quarantacinque giorni dalla presentazione della relazione. Trascorso tale termine la valutazione preventiva si intende formulata secondo quanto indicato nella relazione presentata.
3. I contenuti della valutazione preventiva e della relazione tacitamente assentita sono vincolanti ai fini del rilascio del permesso e del controllo della SCIA, a condizione che il progetto sia elaborato in conformità a quanto indicato nella richiesta di valutazione preventiva. Le stesse conservano la propria validità per un anno, a meno che non intervengano modifiche agli strumenti di pianificazione urbanistica.
4. Il rilascio della valutazione preventiva è subordinato al pagamento di una somma forfettaria per spese istruttorie determinata dal Comune, in relazione alla complessità dell'intervento in conformità ai criteri generali stabiliti dall'atto di coordinamento di cui all'articolo 12, comma 4, lettera d).

COMMENTO

La valutazione preventiva è istituto non disciplinato dal T.U. n. 380. La bozza di D.L. c.d. Sblocca Italia (art. 28 bis) aveva introdotto l'istituto nel T.U., con la previsione di un termine più ridotto per il rilascio, vale a dire 30 giorni. Si precisava, inoltre, che l'istruttoria non sarebbe stata reiterata e che avrebbero dovuto essere utilizzati i contenuti del parere.

Tale disposizione è stata stralciata dal testo finale del D.L. e, naturalmente, dalla legge di conversione.

La Regione Emilia-Romagna, invece, da sempre, contempla il parere preventivo, la valutazione preventiva, come istituto che può consentire di conoscere in anticipo la compatibilità o meno dell'intervento alle nome in vigore[15].

Il nuovo art. 21 è identico all'art. 16 della citata L. n. 31.

---

[15] Cfr. art. 16 L. reg. n. 31 del 2002

La richiesta di tale valutazione preventiva è facoltativa. Il termine assegnato all'Amministrazione è di 45 giorni con previsione del silenzio assenso.

Inoltre, il parere favorevole è vincolante per l'Amministrazione.

La norma sulla valutazione preventiva appare di facile interpretazione. Peraltro, suscita non pochi dubbi interpretativi.

In primo luogo, non si comprende per quale ragione il parere preventivo possa essere richiesto solo per interventi sottoposti a permesso o a SCIA. Non vi sarebbe ragione di escludere gli interventi oggetto di C.I.L. (art. 7, c. 4), dal momento che la Comunicazione deve essere accompagnata da elaborati progettuali e da una relazione tecnica di asseverazione e quindi, anche in questo caso, può essere opportuno conoscere in anticipo l'orientamento dell'Amministrazione.

Inoltre, altre questioni sorgono in merito all'efficacia del parere ed ai vincoli successivi per il Comune.

L'art. 21, come si è detto, dispone che i contenuti della valutazione espressa o della relazione tacitamente assentita siano vincolanti ai fini del rilascio del titolo o del controllo della SCIA; poi aggiunge *"a condizione che il progetto sia elaborato in conformità a quanto indicato nella richiesta di valutazione"*.

Può darsi, tuttavia, che il progetto presentato sia conforme alla richiesta, ma sia comunque illegittimo e l'ufficio non se ne sia avveduto nella fase del rilascio del parere.

In tal caso, si ritiene, sulla base dei principi generali, si ritiene che l'Amministrazione sia libera di disattendere il parere quando abbia certezza della sua illegittimità.

Questa conclusione non pare possa essere messa in dubbio.

Occorre chiedersi in quale modo il S.U.E possa "disattendere" il parere. Se attraverso l'annullamento, oppure, semplicemente, mediante l'adozione di un diniego di permesso, dando atto nel provvedimento delle ragioni.

Se si ammettesse l'annullamento dovrebbe attribuirsi al parere un contenuto decisionale, quindi una efficacia esterna assimilabile più a quella di un provvedimento che a quella di un parere, seppure vincolante.

Potrebbe quindi preferirsi la strada tracciata per le ipotesi di pareri vincolanti i quali, come noto, possono essere disattesi se ritenuti illegittimi.

In un caso e nell'altro, è ragionevole concludere che non sia consentito il rilascio di un titolo pacificamente illegittimo, quand'anche il rilascio sia stato preceduto da un parere imporre l'adozione di un atto sulla cui illegittimità si abbia la certezza.

Ad ulteriore conferma di quanto detto sopra, è opportuno ricordare che la richiesta di parere deve contenere i "principali parametri" (quelli di cui all'Allegato A della Deliberazione Assemblea Legislativa n. 279 del 2010). Questo significa che il progetto presentato successivamente alla richiesta di parere può presentare elementi tali da indurre l'Amministrazione ad una diversa risposta.

In tal caso, il progetto non sarebbe in contrasto con la richiesta di parere ma non sarebbe conforme alle norme vigenti. E tale mancanza di conformità sarebbe il risultato di una verifica successiva al rilascio del parere preventivo, proprio in virtù dei diversi elementi conosciuti dall'Amministrazione al momento della presentazione del progetto.

In conclusione, la vincolatività del parere preventivo non può ritenersi assoluta.

Silva Gotti

Art. 22.
Varianti in corso d'opera

1. Le varianti al progetto previsto dal titolo abilitativo apportate in corso d'opera sono soggette a SCIA, ad esclusione delle seguenti, che richiedono un nuovo titolo abilitativo:
   a) la modifica della tipologia dell'intervento edilizio originario;
   b) la realizzazione di un intervento totalmente diverso rispetto al progetto iniziale per caratteristiche tipologiche, planovolumetriche o di utilizzazione;
   c) la realizzazione di volumi in eccedenza rispetto al progetto iniziale tali da costituire un organismo edilizio, o parte di esso, con specifica rilevanza ed autonomamente utilizzabile.
2. Le varianti in corso d'opera devono essere conformi alla disciplina dell'attività edilizia di cui all'articolo 9, comma 3, alle prescrizioni contenute nel parere della Commissione per la qualità architettonica e il paesaggio e possono essere attuate solo dopo aver adempiuto alle eventuali procedure abilitative prescritte dalle norme per la riduzione del rischio sismico, dalle norme sui vincoli paesaggistici, idrogeologici, forestali, ambientali e di tutela del patrimonio storico, artistico ed archeologico e dalle altre normative settoriali.
3. La SCIA di cui al comma 1 può essere presentata allo Sportello unico successivamente all'esecuzione delle opere edilizie e contestualmente alla comunicazione di fine lavori.
4. La mancata presentazione della SCIA di cui al presente articolo o l'accertamento della relativa inefficacia comportano l'applicazione delle sanzioni previste dalla legge regionale n. 23 del 2004 per le opere realizzate in difformità dal titolo abilitativo.
5. La SCIA per varianti in corso d'opera costituisce parte integrante dell'originario titolo abilitativo e può comportare il conguaglio del contributo di costruzione derivante dalle modifiche eseguite.

COMMENTO

Sommario: 1. In generale - 2. La disciplina regionale delle varianti in corso d'opera (c. 1) - 3. Le fattispecie escluse dalla SCIA in corso d'opera (c. 1, lett. a, b, c)) - 4. Le regolarità edilizia delle varianti (c. 2) - 5. Tempi e modi della presentazione della SCIA in variante (c. 3) - 6. La mancata presentazione o l'inefficacia della SCIA. La sanzione (c. 4) - 7. Il rapporto con il titolo originario (c. 5).

1. In generale.

Nel corso dell'esercizio dell'attività costruttiva la necessità di adeguare il progetto assentito alle esigenze concrete che a volte si manifestano durante l'esecuzione dei lavori, anche per adeguamenti alla normativa tecnica, richiede di modificare quanto inizialmente progettato ed oggetto del titolo abilitativo al fine di rendere conforme lo stato legittimo allo stato di fatto eseguito[1].

Le c.d. *"varianti leggere"* o "minori" in corso d'opera (già disciplinate dalla L. n. 10/1977, art. 15, c. 12, e poi dalla L. n. 47 del 1985, art. 15, modificato dalla L. n. 662 del 1996), per la norma statale sono disciplinate dal D.P.R. n. 380 del 2001, art. 22, c. 2 – come inizialmente modificato dal D. Lgs. n. 301 del 2002 e poi modificato dall'art. 30, c. 1, lettera e), L. n. 98 del 2013, e ancora dall'art. 17, c. 1, lettera m), L. n. 164 del 2014 - per il quale sono sottoposte a denuncia di inizio dell'attività (ora a SCIA) le varianti a permessi di costruire che non incidono sui parametri urbanistici e sulle volumetrie, non modificano la destinazione d'uso e la categoria edilizia[2], non violano le prescrizioni eventualmente contenute nel permesso di costruire [3].

La SCIA, in questo caso, può essere presentata prima della dichiarazione di ultimazione dei lavori, consentendosi di dare corso alle opere in difformità dal permesso di costruire e poi regolarizzarle entro la fine dei lavori.

Costituisce, poi, *"variante essenziale"* ogni modifica incompatibile con il disegno globale ispiratore del progetto edificatorio originario, sia sotto l'a-

---

[1] La giurisprudenza distingue tra varianti in senso proprio, varianti essenziali e varianti c.d. minime. Per quanto riguarda le c.d. "varianti in senso proprio", deve rilevarsi che non tutte le modifiche alla progettazione originaria possono definirsi varianti e che queste si configurano solo allorquando il progetto già approvato non risulti sostanzialmente e radicalmente mutato dal nuovo elaborato. La nozione di "variante", infatti, deve ricollegarsi a modificazioni qualitative o quantitative di non rilevante consistenza rispetto all'originario progetto e gli elementi da prendere in considerazione, al fine di discriminare un nuovo permesso di costruire dalla variante ad altro preesistente, riguardano la superficie coperta, il perimetro, la volumetria, le distanze dalle proprietà viciniori, nonché le caratteristiche funzionali e strutturali, interne ed esterne, del fabbricato. Si veda Cons. Stato, Sez. 4, 11 aprile 2007, n. 1572.

[2] Il requisito della alterazione della sagoma dell'edificio è stato abrogato dall'art. 30, c. 1, lettera e), L. n. 98 del 2013.

[3] Da ultimo, dopo il comma 2 dell'art. 22 è stato aggiunto il comma 2 bis, ai sensi del quale "sono realizzabili mediante segnalazione certificata d'inizio attività e comunicate a fine lavori con attestazione del professionista, le varianti a permessi di costruire che non configurano una variazione essenziale, a condizione che siano conformi alle prescrizioni urbanistico-edilizie e siano attuate dopo l'acquisizione degli eventuali atti di assenso prescritti dalla normativa sui vincoli paesaggistici, idrogeologici, ambientali, di tutela del patrimonio storico, artistico ed archeologico e dalle altre normative di settore" (comma introdotto dall'art. 17, c. 1, lettera m), L. n. 164 del 2014).

spetto qualitativo che sotto l'aspetto quantitativo, secondo la definizione (comunque non coincidente e che non ne esaurisce il concetto) di *"variazione essenziale"* espressa dal D.P.R. n. 380 del 2001, art. 32[4], per il quale (ferma restando la possibilità di una più articolata specificazione demandata alle Regioni) potrà aversi variazione essenziale *"esclusivamente quando si verifica una o più delle seguenti condizioni"* ivi previste[5]. Le istanze per la realizzazione di varianti essenziali sono da considerarsi sostanzialmente quali richieste di un nuovo ed autonomo permesso di costruire e sono soggette alle disposizioni vigenti nel momento in cui viene chiesto al Comune di modificare il progetto originario, atteso che si tratta di realizzare un'opera diversa nelle sue caratteristiche essenziali rispetto a quella originariamente assentita.

In definitiva, secondo la legislazione statale, gli elementi da prendere in considerazione al fine di discriminare la variante al titolo originario, realizzata in corso d'opera, rispetto alla necessità di un nuovo titolo edilizio, sono costituiti dalle modificazioni apportate all'originario progetto riguardanti la volumetria, nonché le caratteristiche funzionali e strutturali, interne ed esterne del fabbricato, salva la possibilità di modificare la sagoma senza aumento di volumetria per gli immobili non vincolati.

2. La disciplina regionale delle varianti in corso d'opera (c. 1).

2.1. La L. reg. n. 31/2002 riproponeva l'originaria distinzione tra modifiche progettuali soggette a nuovo titolo edilizio (art. 18), da richiedere al verificarsi di modifiche riconducibili ad interventi classificabili in *"variazione essenziale"* secondo le fattispecie definite dall'art. 23 della medesima legge[6],

---

[4] Concettualmente vengono distinte le *varianti* preventivamente comunicate o richieste al Comune rispetto ad un progetto regolarmente approvato, che rientrano in una dimensione fisiologica e legale, dalle *variazioni* che vengono apportate in corso d'opera al progetto approvato senza portarne preventivamente a conoscenza l'amministrazione, potendo costituire degli abusi assoggettati a sanzioni. La distinzione occorre che sia precisata anche se nell'uso corrente le varianti e le variazioni di solito sono accomunate in quanto in entrambi i casi la vicenda consiste materialmente in modificazioni del progetto approvato.

[5] Non costituiscono in alcun caso variazioni essenziali quelle che incidono sulle cubature accessorie, sui volumi tecnici e sulla distribuzione interna delle singole unità abitative, o che riducono la volumetria del progetto autorizzato.

[6] La norma, in applicazione dell'art. 32 del T.U. Edilizia indicava il limite, anche solo nella

e le *varianti in corso d'opera* di minore rilevanza, che era possibile realizzare con D.I.A. (art. 19), quindi con un atto "privato" a fine lavori.

La L. reg. n. 15/2013 ha diversamente regolato la fattispecie, innanzitutto, espungendo dall'articolato normativo sull'attività edilizia il riferimento e la disciplina delle *"variazioni essenziali"* (ex art. 23, L. reg. n. 31/2002), che ora, significativamente, è contenuta nella L. reg. n. 23/2004 che regola gli aspetti sanzionatori edilizi, con l'aggiunta dell'art. 14 *bis* (si veda il commento alla citata norma). Di conseguenza, per la regolarizzazione delle varianti in corso d'opera non costituisce motivo di distinzione l'entità delle modifiche esecutive apportate al progetto, né si guarda il titolo edilizio in origine rilasciato o presentato per l'intervento (PDC o SCIA), prevedendosi ora la generale unica sottoposizione a SCIA di ogni modifica esecutiva al progetto intervenuta durante l'esecuzione dei lavori, fino al limite in cui le stesse siano di rilevanza tale da qualificarsi (secondo un lessico riconducibile al T.U. Edilizia, art. 31) come interventi *eseguiti in totale difformità* (ma non anche in *variazione essenziale)* privi di collegamento con quanto assentito [7] a cui la norma regionale aggiunge la *"modifica della tipologia dell'intervento edilizio originario"* (si veda infra al punto 3, lett. a).

Ulteriormente consegue che gli interventi qualificabili come *"variazioni essenziali"* secondo l'attuale definizione dell'art. 14 *bis* L. n. 23/2004, rientrano, al pari delle varianti cd. minori, se conformi alla disciplina dell'attività edilizia, nella possibilità di essere realizzate in corso d'opera senza preventiva

---

misura della cubatura o della superficie, al di sotto del quale **le varianti erano da considerare minori, non essenziali.** Ad esempio nel caso in cui tali modifiche comportavano mutamento di destinazione d'uso senza aumento del carico urbanistico, ovvero scostamenti e aumenti di cubatura e di superficie fino ai limiti stabiliti dall'art. 23, c. 1, lettere b), c) e d), quali definizioni applicabili ai fini della definizione delle modifiche progettuali soggette a ulteriore titolo abilitativo di cui all'art. 18 (art. 23, c. 2 lett. a)).

[7] È conseguente a questa rinnovata impostazione il fatto non viene riproposta la norma (art. 23, c. 2, L. reg. n. 31/2002), secondo cui le *variazioni essenziali* venivano definite anche ai fini delle modifiche progettuali soggette a ulteriore titolo abilitativo, di cui all'art. 18 della L. reg. n. 31/2002, rispetto alle fattispecie di cui all'art. 19 della medesima legge, con la conseguenza che la collocazione della norma sulle variazioni essenziali nella legge che si occupa delle sanzioni significa che *la variazione essenziale* non costituisce più una modalità di intervento a cui può farsi riferimento in sede di rilascio del titolo in variante, ma rileva ad intervento edilizio ultimato, con riferimento al titolo legittimante, anche integrato in corso d'opera e dopo la fine dei lavori, solo ai fini della valutazione degli aspetti sanzionatori.

richiesta o presentazione del titolo (ora unificato nella SCIA), ed essere successivamente regolarizzate con la presentazione della SCIA in variante contestualmente alla comunicazione di ultimazione dei lavori.

La norma, disattendendo i tradizionali rapporti abilitativi *varianti minori / D.I.A. o SCIA* e *varianti essenziali / p.d.c.*, sollevava dubbi di legittimità costituzionale nell'ipotesi in cui con la SCIA, ossia con un atto avente valore privatistico [8], venga variato un atto amministrativo - come nel caso in cui per l'intervento sia stato rilasciato il p.d.c. - anche se ciò era già previsto dall'art. 22 del T.U. Edilizia, ma per le varianti cd. minori.

Soprattutto, la realizzazione in corso d'opera di tale tipo di interventi in assenza di previo rilascio del titolo [9] risulta in contrasto con la disciplina statale che attribuisce rilievo giuridico alla *variazione essenziale* rispetto al progetto assentito [10], sia in ordine agli aspetti sanzionatori amministrativi, in quanto assimilati alla totale difformità (con violazione dell'art. 31, T.U. Edilizia), mentre qui se ne differenziano, sia, soprattutto, in considerazione dei profili di responsabilità penale, essendo noto che la variazione essenziale rispetto al permesso di costruire viene sanzionato ai sensi dell'art. 44 del T.U. Edilizia[11],

---

[8] Così stabilito dalla sentenza del Consiglio di Stato, ad. plen. n. 15/2011: "La dichiarazione di inizio attività (segnalazione certificata di inizio attività) costituisce un atto soggettivamente e oggettivamente privato con cui l'interessato esercita la sua legittimazione *ex lege* all'esercizio di attività liberalizzate".

[9] Si noti che la norma esordisce stabilendo che *"Le varianti al progetto previsto dal titolo abilitativo apportate in corso d'opera sono soggette a SCIA, ad esclusione delle seguenti, che richiedono un nuovo titolo abilitativo ...* [segue elencazione, con esclusione delle variazioni essenziali, n.d.r]", facendo quindi intendere che per le variazioni essenziali non occorre il nuovo titolo abilitativo. Ciò appare coerente con il ragionamento secondo cui le variazioni essenziali sono interventi realizzati in violazione della disciplina edilizia regionale (se oltre i limiti dalla stessa indicati all'art. 14 *bis*, L. reg. n. 23/2004), mentre ogni variante al titolo che sia conforme alla detta disciplina (art. 9, c. 3, con il richiamo dell'art. 11), anche se rilevante (oltre i limiti dell'art. 14 *bis*), ma senza debordare nelle fattispecie escluse dall'art. 22, c. 1, lett. a), b), o c), possono essere eseguite in corso d'opera e regolarizzate a fine lavori con la SCIA in variante.

[10] Il concetto di variante in corso d'opera è stato inteso dalla giurisprudenza come riferito a modifiche contenute del progetto assentito. Si veda: *"Si deve ritenere che solo la natura minimale degli interventi di cui si chiede l'assenso, rispetto alle previsioni progettuali, consenta il ricorso alla procedura di variante in corso d'opera, ex art. 15 L. n. 47/1985 (Conferma della sentenza del T.A.R. Emilia-Romagna n. 3964/2008)"* (Cons. Stato Sez. IV, 06 luglio 2009, n. 4330).

[11] In materia urbanistica, la nozione di variazione essenziale dal permesso di costruire costituisce una tipologia di abuso intermedia tra la difformità totale e quella parziale, sanzionata

non potendo essere invocata in sede penale, se non per i profili soggettivi, la favorevole disciplina regionale.

Al riguardo occorre dare conto del fatto che, dopo l'entrata in vigore della legge regionale in commento, l'art. 22 del T.U. Edilizia è stato integrato con l'aggiunta del comma 2 *bis* ai sensi del quale *"sono realizzabili mediante segnalazione certificata d'inizio attività e comunicate a fine lavori con attestazione del professionista, le varianti a permessi di costruire che non configurano una variazione essenziale"*.

Si ritiene che la precisazione normativa prevalga sulla disciplina regionale attesa la riconosciuta competenza legislativa statale per quanto concerne i titoli edilizi. Ciò richiederà un adeguamento della disciplina regionale - in pratica secondo quanto precedentemente previsto dalla L. reg. n. 31/2002 - atteso l'evidente contrasto normativo, già esistente prima dell'entrata in vigore della citata disposizione statale. [12]

Peraltro gli *"interventi edilizi per i quali siano state attuate varianti in corso d'opera che presentino i requisiti di cui all'articolo 14 bis della legge regionale n. 23 del 2004"* sono sottoposti a controllo obbligatorio e sistematico ai fini del rilascio del certificato di agibilità per l'utilizzo dell'immobile oggetto di intervento (art. 23, c. 6, lett. d), anche se l'assenza del certificato risulta attualmente privo di sanzione (si rinvia al commento dell'art. 23).

Ciò a dimostrazione del fatto che il legislatore regionale ha sollevato le

---

dall'art. 44, lett. a), del D.P.R. 6 giugno 2001, n. 380 (Fattispecie relativa a modifica della sagoma, dell'altezza, del volume e della superficie del manufatto) (Cassazione penale, sez. III, 17 aprile 2012, n. 41167).

Integra il reato di cui all'art. 44, c. 1, lett. b), D.P.R., 6 giugno 2001, n. 380, anche la realizzazione di abusi edilizi non eseguiti in difformità "totale" o eseguiti in variazione essenziale rispetto al titolo abilitativo (In motivazione la Corte, in una fattispecie relativa all'abusivo rialzo con traslazione del colmo di un tetto, ha precisato che tale interpretazione si giustifica onde evitare "zone franche" di impunità, dovendosi, pertanto, intendere il riferimento letterale della disposizione all'esecuzione di lavori in "difformità totale" come limitato alle sole ipotesi in cui la difformità non integri anche una violazione delle norme urbanistiche) (Cassazione penale, sez. III, 18 maggio 2011, n. 35728).

[12] Con atto della Giunta regionale del 21 novembre 2014, di certo non avente alcuna valenza "normativa", si precisa che *"poiché quella appena descritta costituisce una modifica dei principi fondamentali della materia, si ritiene che prevalga sulle norme regionali che siano in contrasto con essa ed in particolare su quanto disposto dal citato articolo 22 della L. reg. n. 15"*.

amministrazioni comunali, anche per motivi di scarso organico ed economici, dalle verifiche da compiere nel corso della esecuzione dei lavori, concentrando l'attività di controllo alla fase di presentazione del titolo e di verifica conclusiva, con il rilascio del certificato di conformità e di agibilità[13], momenti nei quali ogni responsabilità è trasferita sul professionista che deve asseverare la conformità dell'intervento alle innumerevoli norme richiamate dall'art. 9, c. 3, che richiama l'art. 11, c. 1, per la normativa tecnica [14].

2.2 Sono escluse dall'applicazione della norma in commento, in quanto non effettuate durante i "lavori in corso", o trattandosi di interventi non soggetti a titolo edilizio:

a) le *"variazioni progettuali"* ordinate dallo Sportello Unico dell'Edilizia (S.U.E) agli interessati nel caso in cui nel procedimento di verifica della SCIA rilevi violazioni della disciplina edilizia di cui all'articolo 9, c. 3, che possono essere superate attraverso la modifica del progetto (art. 14, c. 8) conformativa alla normativa applicabile alla fattispecie, come ora indicata in via ricognitiva nell'atto di coordinamento tecnico di cui alla DGR n. 944/2014.

b) le *"modeste modifiche"* di cui il responsabile del procedimento accerti la necessità nell'ambito del procedimento di rilascio del permesso di costruire, anche sulla base del parere della Commissione di cui all'articolo 6, per l'adeguamento del progetto alla disciplina vigente (art. 18, c. 5).

c) le varianti che riguardino gli "interventi liberi", nel qual caso, similmente alla procedura tratteggiata dal comma 2 dell'articolo in commento, nella comunicazione di fine dei lavori sono rappresentate le eventuali varianti al progetto originario apportate in corso d'opera. La norma, con riferimento agli interventi pur dichiarati liberi, prevede che tali varianti

---

[13] Quanto detto trova conferma nell'Atto di coordinamento tecnico n. 76/2014, che disciplina minuziosamente, con gran dispendio procedurale, i controlli a campione previsti per gli interventi sottoposti a SCIA e per il rilascio del certificato di agibilità.

[14] Ciò si desume anche dall'Atto di coordinamento tecnico n. 76/2014, il quale, nel disciplinare i controlli a campione, prevede la modalità di sorteggio delle *restanti pratiche* (punto 5.3) per quelle che consistono nelle *"SCIA per varianti in corso d'opera di cui all'art. 22 della L. reg. n. 15, presentate prima della fine dei lavori, qualora presentino i requisiti delle variazioni essenziali di cui all'articolo 14-bis della L. reg. n. 23 del 2004"*.

devono essere presentate con modalità e documentazione simile agli interventi sottoposti a titolo abilitativo, in quanto la comunicazione di fine lavori deve essere accompagnata dai necessari elaborati progettuali e da una relazione tecnica a firma di un professionista abilitato il quale assevera, sotto la propria responsabilità, la corrispondenza dell'intervento in variante con una delle fattispecie sottoposte alla C.I.L., il rispetto delle prescrizioni e delle normative di cui all'art. 9, c. 3, nonché l'osservanza delle eventuali prescrizioni stabilite nelle autorizzazioni o degli altri atti di assenso acquisiti per l'esecuzione delle opere (art. 7, c. 5, secondo e terzo periodo). Inoltre tali varianti *"sono ammissibili a condizione che rispettino i limiti e le condizioni indicate dai commi 4 e 7"*: in pratica tutte le norme che riguardano l'attività edilizia (art. 9, c. 3, che rinvia all'art. 11, c. 1) ed occorre l'acquisizione, prima dell'inizio dei lavori, delle *"autorizzazioni e degli altri atti di assenso, comunque denominati, necessari secondo la normativa vigente per la realizzazione dell'intervento edilizio, nonché ogni altra documentazione prevista dalle normative di settore per la loro realizzazione, a garanzia della legittimità dell'intervento"*.

2.3. Allo stato attuale della disciplina regionale rientrano invece nelle *varianti in corso d'opera*, soggette alla presentazione della SCIA in variante contestualmente alla comunicazione di fine lavori, se conformi alla disciplina dell'attività edilizia:

a) le varianti che non modificano i parametri costitutivi del progetto edilizio e, quindi, riprendendo come riferimento quanto prevede l'art. 22, c. 2, T.U. Edilizia, come da ultimo modificato (comma così modificato dall'art. 30, c. 1, lettera e), L. n. 98 del 2013 e poi dall'art. 17, c. 1, lettera m), L. n. 164 del 2014), gli interventi che non incidono sui parametri urbanistici e sulle volumetrie, che non modificano la destinazione d'uso e la categoria edilizia, non alterano la sagoma dell'edificio qualora sottoposto a vincolo ai sensi del D. Lgs. 22 gennaio 2004 n. 42 e successive modificazioni, anche se, diversamente dal T.U. Edilizia, non violano le eventuali prescrizioni contenute nel permesso di costruire. Tra questa tipologia di varianti devono considerarsi rientranti le modifiche in riduzione del progetto, ad esempio dell'altezza e della volumetria dell'intervento originariamente assentito [15].

b) le *variazioni essenziali,* in relazione alle fattispecie di cui alle lettere a), b), c), d) dell'art. 14 *bis* della L. n. 23/2004[16], con esclusione degli interventi che comportino violazione delle norme tecniche per le costruzioni in materia di edilizia antisismica (lett. e) e su immobili vincolati da norme di settore (lettera f) per i quali, come previsto dal successivo comma 2 della norma in commento, è comunque richiesto il preventivo rilascio del titolo.

Ciò fino al limite degli interventi esclusi, ai sensi del comma 1, lett. a), b) o c), secondo le caratteristiche ivi indicate (si veda oltre al punto 3).

---

[15] Sull'argomento si veda S. AMOROSINO, *Le varianti "riduttive" dell'altezza e della volumetria degli edifici,* in Riv. Giud. Ed. 2013, n. 5, p. 247 e ss.

[16] Per una facilità di lettura e di confronto delle fattispecie realizzabili in corso d'opera con la SCIA in variante, è il caso di riportare il testo dell'art. 14 *bis* della L. reg. n. 23/2004, per il quale:

"1. Sono variazioni essenziali rispetto al titolo abilitativo originario come integrato dalla SCIA di fine lavori:

    a) il mutamento della destinazione d'uso che comporta un incremento del carico urbanistico di cui all'articolo 30, comma 1, della legge regionale in materia edilizia;

    b) gli aumenti di entità superiore al 20 per cento rispetto alla superficie coperta, al rapporto di copertura, al perimetro, all'altezza dei fabbricati, gli scostamenti superiori al 20 per cento della sagoma o dell'area di sedime, la riduzione superiore al 20 per cento delle distanze minime tra fabbricati e dai confini di proprietà anche a diversi livelli di altezza;

    c) gli aumenti della cubatura rispetto al progetto del 10 per cento e comunque superiori a 300 metri cubi, con esclusione di quelli che riguardino soltanto le cubature accessorie ed i volumi tecnici, così come definiti ed identificati dalle norme urbanistiche ed edilizie comunali;

    d) gli aumenti della superficie utile superiori a 100 metri quadrati;

    e) ogni intervento difforme rispetto al titolo abilitativo che comporti violazione delle norme tecniche per le costruzioni in materia di edilizia antisismica;

    f) ogni intervento difforme rispetto al titolo abilitativo, ove effettuato su immobili ricadenti in aree naturali protette, nonché effettuato su immobili sottoposti a particolari prescrizioni per ragioni ambientali, paesaggistiche, archeologiche, storico-architettoniche da leggi nazionali o regionali, ovvero dagli strumenti di pianificazione territoriale od urbanistica. Non costituiscono variazione essenziale i lavori realizzati in assenza o difformità dall'autorizzazione paesaggistica, qualora rientrino nei casi di cui all'articolo 149 del decreto legislativo n. 42 del 2004 e qualora venga accertata la compatibilità paesaggistica, ai sensi dell'articolo 167 del medesimo decreto legislativo.

… omissis…"

2.4. Altre norme della L. reg. n. 15/2013 confermano la mutata regolamentazione delle varianti in corso d'opera. In particolare il comma 2 dell'art. 14 *bis*, che richiama l'articolo in commento per affermare che gli interventi che presentano le caratteristiche delle *variazioni essenziali* (come definiti al comma 1 del medesimo articolo 14 *bis*), sempre che siano conformi alla disciplina dell'attività edilizia di cui all'onnipresente articolo 9, c. 3, possono essere attuate in corso d'opera e sono soggette alla presentazione di SCIA di fine lavori.

Inoltre, la "liberalizzazione" degli interventi in corso, con la concentrazione quindi dei controlli in una fase preventiva, di rilascio o presentazione del titolo, e a lavori ultimati, con l'estensione del controllo per il rilascio del certificato di agibilità, trova conferma nel novellato testo dell'art. 4 della L. n. 23/2004 (art. 36 della L. reg. n. 15/2013) ai sensi del quale *"l'accertamento di varianti in corso d'opera* (quindi anche per gli interventi che hanno le caratteristiche della "variazione essenziale") *non dà luogo alla sospensione dei lavori"*[17], salva la *previa verifica* della violazione della disciplina dell'attività edilizia con riferimento alla summa normativa richiamata dall'art. 9, c. 3.

Discorso a parte occorre fare per la norma che introduce una "sanatoria" per quanto concerne le *"varianti in corso d'opera a titoli edilizi rilasciati prima dell'entrata in vigore della L. n. 10 del 1977"* (art. 46 della L. reg. n. 15/2013, che aggiunge l'art. 17 *bis* alla L. reg. n. 23/2004), al cui commento si rimanda.

3. Le fattispecie escluse dalla SCIA in corso d'opera (c. 1, lett. a, b, c).

Costituiscono una cesura rispetto al titolo originario gli interventi edilizi che si pongono in una totale differenza rispetto a quanto assentito o presentato, così escludendo che possa trattarsi di una variante in corso d'opera.

Le fattispecie indicate dalla norma, da ritenersi tassative, di difficile individuazione rispetto a meno lievi forme di abuso e che riecheggiano quanto pre-

---

[17] Al riguardo, la previgente versione della norma prevedeva che solo l'accertamento in corso d'opera delle *variazioni minori*, di cui all'articolo 19 della L. reg. n. 31 del 2002, non dava luogo alla sospensione dei lavori.

visto dalla norma statale (art. 31 del T.U. Edilizia)[18] ai fini della diretta applicazione della sanzione della demolizione, pena la confisca, consistono nella:

a) Modifica della tipologia dell'intervento edilizio originario.

Trattasi di una fattispecie ulteriore rispetto a quanto indicato dall'art. 31 del T.U. Edilizia, peraltro da distinguere rispetto a quanto indicato alla lett. b) dello stesso comma con riferimento alla totale difformità del progetto per le *"caratteristiche tipologiche"*, risultandone una potenziale duplicazione[19].

La tipologia degli interventi edilizi deve ritenersi definita dall'Allegato alla L. reg. n. 15/2013, secondo le note categorie ivi indicate ed in applicazione della disciplina statale (L. n. 457/1978 ed ora art. 3, T.U. Edilizia), con le caratteristiche specifiche di ciascuna, essendo ciò funzionale al titolo edilizio occorrente[20].

---

[18] A norma degli artt. 31 e 32, D.P.R. 6 giugno 2001 n. 380, gli interventi edilizi in totale difformità dalla concessione, sanzionabili con l'ordine di demolizione, sono quelli che comportano la realizzazione di un organismo edilizio integralmente diverso per caratteristiche tipologiche, planovolumetriche o di utilizzazione da quello oggetto del permesso stesso, ovvero l'esecuzione di volumi edilizi oltre i limiti indicati nel progetto e tali da costituire un organismo edilizio o parte di esso con specifica rilevanza ed autonomamente utilizzabile; pertanto deve ritenersi illegittima la determinazione con la quale l'amministrazione abbia disposto la demolizione di un fabbricato che, quanto meno con riguardo al rispetto della volumetria assentita, sia stato eseguito in conformità al titolo rilasciato (Cons. Stato, Sez. V, 21 marzo 2011, n. 1726).

[19] Si può porre la questione se il legislatore regionale possa introdurre fattispecie non previste dalla disciplina statale a cui si applicano le sanzioni previste dall'art. 31 del T.U. Edilizia La risposta non può che essere negativa, attese le conseguenze che solo la legge statale può prevedere (in questo caso la sanzione è l'ordine di demolizione), attesa l'incisione su posizioni di diritto soggettivo. Peraltro la previsione normativa della legge regionale, per quanto difforme dal precetto statale, non pare discostarsi dalle tipologie sanzionate dal T.U. Edilizia rientrando in questo dallo stesso già previsto.

[20] Ai sensi dell'art. 31, 5 agosto 1978 n. 457, recante "Norme per l'edilizia residenziale", interventi di restauro e risanamento conservativo sono quelli rivolti a conservare l'organismo edilizio e ad assicurarne la funzionalità mediante un insieme sistematico di opere che, nel rispetto degli elementi tipologici, formali e strutturali dell'organismo stesso, ne consentano destinazioni d'uso con essi compatibili, e tali interventi comprendono il consolidamento, il ripristino e il rinnovo degli elementi costitutivi dell'edificio, l'inserimento degli elementi accessori e degli impianti richiesti dalle esigenze dell'uso, l'eliminazione degli elementi estranei all'organismo edilizio; invece, interventi di ristrutturazione edilizia sono quelli rivolti a trasformare gli organismi edilizi mediante un insieme sistematico di opere che possono portare ad un organismo edilizio in tutto o in parte diverso dal precedente e comprendono il ripristino o la sostituzione

La modifica della tipologia di intervento si verifica nel caso in cui, ad esempio, un intervento che rientra tipologicamente nel *restauro e risanamento conservativo*, soggetto a SCIA, sia modificato al punto da comportare un intervento che rientra in una differente tipologia, come ad es. *nuova opera*, per il quale sia richiesto il p.d.c., o anche che "sconfini" in altre tipologie edilizie che richiedano la presentazione di una SCIA (ad es. ristrutturazione edilizia), ma che presuppongono una differente procedura sotto il profilo progettuale e documentale. In questo caso il titolo non sarebbe in variante ma occorre che sia richiesto *ex novo*, con un nuovo procedimento abilitativo che non può essere continuativo di quello originario, sottoposto quindi alla nuova disciplina edilizia, se nelle more intervenuta.

b) *Realizzazione di un intervento totalmente diverso rispetto al progetto iniziale per caratteristiche tipologiche, planovolumetriche o di utilizzazione.*
Si tratta delle modifiche rispetto al progetto oggetto del titolo edilizio tale per cui l'intervento eseguito, pur rimanendo nella medesima tipologia edilizia per la quale lo stesso sia stato richiesto o presentato, è incompatibile rispetto a tale titolo per le caratteristiche indicate dalla norma[21]. Il concetto di difformità totale è dalla giurisprudenza accostato

di alcuni elementi costitutivi dell'edificio, l'eliminazione, la modifica e l'inserimento di nuovi elementi ed impianti. Di conseguenza la differenza tra restauro e risanamento conservativo, da un lato, e ristrutturazione edilizia dall'altro, risiede essenzialmente nella conservazione formale e funzionale dell'organismo edilizio, che connota il primo rispetto alla seconda (Cons. Stato, Sez. IV, 30 settembre 2013, n. 4863).

Affinché un intervento edilizio possa essere qualificato come restauro e risanamento conservativo occorre che siano rispettati gli elementi tipologici, formali e strutturali dell'edificio senza modifiche dell'identità, della struttura e della fisionomia dello stesso, né ampliamento dei volumi e delle superfici, essendo esso diretto alla mera conservazione, mediante consolidamento, ripristino o rinnovo degli elementi costitutivi, dell'organismo edilizio esistente, ed alla restituzione della sua funzionalità; l'aumento di superficie o di volumetria comporta, al contrario, una trasformazione dell'edificio che necessita di permesso di costruire (Cons.Stato, sez. IV, 30 settembre 2013, n. 4851).

[21] A norma degli artt. 31 e 32 D.P.R. n. 380/2001 (T.U. Edilizia), si verificano difformità totale del manufatto o variazioni essenziali, sanzionabili con la demolizione, allorché i lavori riguardino un'opera diversa da quella prevista dall'atto di concessione per conformazione, strutturazione, destinazione, ubicazione, mentre si configura la difformità parziale quando le

a quello di variazione essenziale[22], fermo restando che "le regioni stabiliscono quali siano le variazioni essenziali al progetto approvato" (art. 32, T.U. Edilizia).

La definizione richiama alla mente la fattispecie sanzionatoria prevista dall'art. 31 del T.U. Edilizia che - con medesime parole - definisce gli interventi eseguiti in totale difformità dal permesso di costruire quelli che comportano la realizzazione di un organismo edilizio integralmente diverso per *caratteristiche tipologiche* (ad es. la trasformazione di un sottotetto da locale tecnico a unità immobiliare)[23], con riferimento agli elementi architettonici che concorrono a dotare il manufatto di una propria specifica connotazione edilizia; *planovolumetriche* (ad es. diversa collocazione sul terreno)[24] o di *utilizzazione* (ad es. mutamento di destinazione d'uso incompatibile con la destinazione di zona) da quello

---

modificazioni incidano su elementi particolari e non essenziali della costruzione e si concretizzino in divergenze qualitative e quantitative non incidenti sulle strutture essenziali dell'opera (Cons. Stato sez. IV, 10 luglio 2013, n. 3676).

[22] Ai sensi degli artt. 31 e 32, D.P.R. 6 giugno 2001 n. 380, si verificano difformità totale del manufatto o variazioni essenziali, sanzionabili con la demolizione, allorché i lavori riguardino un'opera diversa da quella prevista dall'atto di concessione per conformazione, strutturazione, destinazione, ubicazione, mentre si configura la difformità parziale quando le modificazioni incidano su elementi particolari e non essenziali della costruzione e si concretizzino in divergenze qualitative e quantitative non incidenti sulle strutture essenziali dell'opera (Cons. Stato, Sez. IV, 10 luglio 2013, n. 3676).

[23] Integra il reato di esecuzione dei lavori in totale difformità dal permesso di costruire (art. 44, c. 1, lett. b), D.P.R. 6 giugno 2001 n. 380) la realizzazione di opere non rientranti tra quelle autorizzate, per le diverse caratteristiche tipologiche e di utilizzazione, aventi una loro autonomia e novità, sia sul piano costruttivo che su quello della valutazione economico-sociale. (Fattispecie nella quale l'intervento edilizio era consistito nella trasformazione di locali, autorizzati come sottotetti costituenti volumi tecnici in unità immobiliari residenziali, di altezza più elevata rispetto alle previsioni progettuali e di superficie corrispondente al piano sottostante, divise in ambienti separati, muniti di aperture finestrate, dotati di impianti elettrico ed idrico) (Cass. pen., sez. III, 22 dicembre 2010, n. 11956).

[24] La modifica della localizzazione di un edificio integra una variazione essenziale rispetto al progetto, che rende applicabili le sanzioni penali previste dall'art. 44, c. 1, D.P.R. 6 giugno 2001 n. 380, qualora si sia in presenza di una traslazione tale da comportare lo spostamento del fabbricato su un'area totalmente, o pressoché totalmente, diversa da quella originariamente prevista. (In motivazione la Corte ha precisato che gli interventi in variazione essenziale, di regola soggetti alla sanzione prevista dalla lett. a) dell'art. 44 citato, sono invece soggetti alla più grave sanzione prevista dalla lett. c) della richiamata disposizione se eseguiti in zona vincolata paesaggisticamente). (Cassazione penale, sez. III, 27 aprile 2011, n. 21781).

oggetto del permesso stesso[25].

c) Realizzazione di volumi in eccedenza rispetto al progetto iniziale tali da costituire un organismo edilizio, o parte di esso, con specifica rilevanza ed autonomamente utilizzabile.

Anche in questo caso il legislatore regionale richiama la fattispecie definita dall'art. 31, c. 1, del T.U. Edilizia, che, con medesima dicitura, considera in *totale difformità* dal permesso di costruire gli interventi che comportano *"l'esecuzione di volumi edilizi oltre i limiti indicati nel progetto e tali da costituire un organismo edilizio o parte di esso con specifica rilevanza ed autonomamente utilizzabile".*

Rispetto alla previgente L. reg. n. 31/2002, ed anche rispetto al T.U. Edilizia, il limite di legittimità della variante in corso d'opera, oltre il quale non è possibile che sia realizzata senza titolo, è stato spostato fino a ricomprendere anche le fattispecie degli interventi che presentano le caratteristiche della *variazione essenziale*, quindi oltre i limiti volumetrici e di superficie stabiliti dall'art. 14 *bis* della L. n. 23/2004, in quanto, per essere escluse dalla possibilità di chiedere una variante in corso d'opera, a fine lavori, le maggiori volumetrie devono soggiacere ad un ulteriore requisito (si noti la congiunzione "e"), ossia che siano tali da *"costituire un organismo edilizio, o parte di esso, con specifica rilevanza ed autonomamente utilizzabile"* [26].

---

[25] L'art. 31 del D.P.R. n. 380 del 2001 (T.U. Edilizia) prevede che vanno considerati interventi eseguiti in totale difformità dal permesso di costruire quelli che comportano la realizzazione di un organismo edilizio integralmente diverso "per caratteristiche tipologiche, planovolumetriche o di utilizzazione da quello oggetto del permesso stesso". Il concetto di "utilizzazione" diversa non presuppone che vengano realizzate opere edilizie in sé difformi dal titolo abilitativo. È sufficiente che venga posta in essere una attività, anche omissiva dell'adempimento di un dovere di controazione, che per sua propria conseguenza determini un mutamento di fatto nella utilizzazione assentita per un tempo limitato. Per il tempo che non è assentito dal titolo, infatti, l'opera diviene, grazie a questa omissione di rimozione, in tutto e per tutto da equiparare ad un manufatto sine titulo e come tale va, in punto di sanzioni, considerata (Cons. Stato Sez. VI, 21 gennaio 2013, n. 313).

[26] L'attrazione di una costruzione nella nozione di "pertinenza", tale da escludere la sanzione demolitoria e acquisitoria prevista dall'art. 31 del D.P.R. 6 giugno 2001, n. 380 (T.U. Edilizia), presuppone l'integrazione dell'opera nell'organismo edilizio principale, integrazione che non ne consenta la fruizione o l'utilizzazione autonoma e separata (Conferma della sentenza del T.A.R. Campania - Napoli, sez. VII, n. 620/2013) (Cons. Stato Sez. VI, 23 giugno 2014, n. 3178).

4. Le regolarità edilizia delle varianti (c. 2).

4.1. La legge regionale pone le condizioni di legittimità degli interventi eseguiti in variante al progetto di cui al titolo edilizio, affinché il titolo in variante possa essere presentato, trattandosi di SCIA, anche a fine lavori, pena l'intervento inibitorio *ex* art. 14, L. reg. n. 15/2013 [27] e sanzionatorio per le opere eseguite abusivamente.

Al tal fine occorre la conformità:

a) alla disciplina dell'attività edilizia.

> Si tratta del solito rinvio al rispetto di tutte le norme tecniche ed edilizie che regolano l'attività edilizia, di difficile conoscenza, come genericamente indicate dall'articolo 9, c. 3 (si veda il commento), che a sua volta richiama l'art. 11, c. 1, per quanto attiene alle norme tecniche, salvo altre, la cui violazione comporta la *sospensione dei lavori* (art. 36, L. reg. n. 15/2013, che modifica l'art. 4 della L. reg. n. 23/2004)[28], la *dichiarazione di inefficacia della SCIA in variante* e, conseguentemente, l'applicazione delle sanzioni di cui alla L. n. 23/2004[29].

b) alle prescrizioni contenute nel parere della Commissione per la qualità

---

[27] Deve ritenersi applicabile per la SCIA in variante la stessa procedura prevista dall'art. 14 per la presentazione della SCIA, con il decorso di cinque giorni ai fini dell'efficacia, i poteri dello Sportello unico, i termini per l'esercizio del potere inibitorio, in quanto di espressione della inefficacia della SCIA in variante.

[28] Si è sempre posto il problema della esecuzione delle opere in corso, se ed in quale limite la difformità rispetto al progetto approvato potesse essere consentire l'emissione dell'ordine di sospensione dei lavori, posto che nel corso dei lavori per esigenze costruttive può essere momentaneamente necessario eseguire opere non previste, ma che vengono rimosse a lavori ultimati. L'art. 36 citato al cui commento si rinvia prevede che *"L'accertamento di varianti in corso d'opera non dà luogo alla sospensione dei lavori, qualora risultino conformi alla disciplina dell'attività edilizia e qualora siano state adempiute le procedure abilitative prescritte dalle norme di settore"*. Non è quindi sufficiente una modifica dell'intervento rispetto a quanto autorizzato a legittimare un intervento di sospensione dei lavori, occorrendo che l'amministrazione compia già una valutazione in ordine alla illegittimità dell'intervento rispetto alla disciplina edilizia.

[29] L'atto di coordinamento tecnico di cui al D.G.R. n. 944/2014 del 14 luglio 2014 ha indicato le norme statali e regionali, anche di settore, che disciplinano l'attività edilizia ai fini della modulistica occorrente per la presentazione o la richiesta di titolo edilizio, oltre che per semplificare la redazione degli strumenti urbanistici evitando la duplicazione delle fonti normative.

architettonica e il paesaggio.

Si tratta di una novità normativa, che presuppone interventi edilizi sottoposti a SCIA ed a permesso di costruire negli edifici di valore storico-architettonico, culturale e testimoniale individuati dagli strumenti urbanistici comunali, su cui occorre che si esprima la Commissione (si rinvia all'art. 6, c. 2, lett b).

Il comma in commento sembra attribuire alla Commissione poteri ulteriori rispetto a quelli previsti dalla norma che ne stabilisce le competenze, e che sono rivolte alla *"emanazione di pareri, obbligatori e non vincolanti, anche in ordine agli aspetti compositivi ed architettonici degli interventi ed al loro inserimento nel contesto urbano, paesaggistico ed ambientale".* Non sono previste prescrizioni rispetto a modalità tecniche e costruttive, che peraltro possono far parte del titolo rilasciato dal S.U.E, recependo il parere della C.Q.A.P.

La norma sottende che si tratti di qualcosa di ulteriore rispetto a tutte le norme che attengono alla disciplina edilizia, il cui obbligo è già previsto, dovendo la medesima Commissione attenersi alla previsione di atti regolamentari (quali altri?) che delimitano preventivamente la discrezionalità dell'organo, di carattere tecnico, per non sottoporre il progetto ad un giudizio soggettivo, privo di riferimenti normativi oggettivi, conoscibili dall'interessato.

4.2. Se quanto prescritto fa parte del medesimo procedimento autorizzativo del progetto dell'intervento, sotto il profilo edilizio, tanto che la SCIA per varianti in corso d'opera costituisce parte integrante dell'originario titolo abilitativo, nel caso in cui la variante riguardi immobili sottoposti ad altre e differenti norme che tutelano differenti interessi occorre procedere, questa volta preventivamente, ad una specifica procedura volta all'acquisizione del relativo titolo. Ciò in ossequio al principio dell'autonomia del procedimento edilizio rispetto a quelli che tutelano altri interessi pubblici.

Si tratta di una condizione assoluta, inerente l'esecuzione dei lavori (*"Le varianti possono essere **attuate solo dopo** aver adempiuto alle eventuali procedure abilitative prescritte dalle norme di settore"*), che interviene quando le varianti riguardano gli immobili sottoposti alle *"norme per la riduzione del rischio sismico"* (artt. 83 e ss., T.U. Edilizia, L. reg. 30 ottobre 2008 n.

19, L. reg. Emilia-Romagna 21 dicembre 2012 n. 16) alle *"norme sui vincoli paesaggistici"* (D. Lgs. n. 42/2004), *"idrogeologici, forestali"* (R.D.L. 30 dicembre 1923 n. 3267), *"ambientali"* (D. Lgs. n. 152/2006), di *"tutela del patrimonio storico, artistico ed archeologico"* (D. Lgs. n. 42/2004), anche se in quest'ultimo caso non appare terminologicamente preciso parlare di tutela del patrimonio *"artistico"*, senza far riferimento al *"patrimonio architettonico"*.

La disposizione fa rinvio alle *"altre normative settoriali"*, quale norma di chiusura che contribuisce alla genericità e quindi alla inapplicabilità delle legge, che lascia nel vago e nella incertezza delle possibili norme che regolano aspetti non compresi nella disciplina edilizia, e che consentirebbe alla P.A. di sanzionare quanto non previsto da norme espressamente indicate dalla legge regionale (si veda il commento all'art. 9).

5. Tempi e modi della presentazione della SCIA in variante (c. 3).

La SCIA in variante, per la norma regionale (c. 3), può essere presentata **contestualmente** *alla comunicazione di fine lavori,* mentre nella previgente disciplina regionale (art. 19, L. reg. n. 31/2002), ancorché dopo l'esecuzione delle opere, la presentazione del titolo doveva avvenire *"**prima** della comunicazione di fine lavori"* e doveva contenere la *"dichiarazione del progettista di cui all'art. 10, comma 1"*, che ora non è più prevista espressamente.

Sotto il primo profilo si tratta di una distinzione procedurale dettata ai fini della gestione amministrativa della pratica, posto che la D.I.A. di fine lavori atteneva alla regolarizzazione del titolo edilizio da rendere conforme allo stato di fatto, mentre la comunicazione di fine lavori afferiva ad un momento proceduralmente successivo, avente differente rilevanza, con riferimento alla legittimità dell'intervento per l'esecuzione dei lavori entro i tempi di validità del titolo, eventualmente variato. La volontà di semplificare la procedura porta alla contestualità delle suddette formalità, con il vantaggio di poter modificare l'intervento fino all'ultimazione dell'opera, con la presentazione di un titolo "a consuntivo".

Per il secondo profilo si rileva che la dichiarazione di conformità del progettista (una volta regolata dall'art. 10, c. 1, L. reg. n. 31/2002)[30] risulta ora

---

[30] Si trattava, nel previgente testo normativo richiamato, della dichiarazione del professio-

prevista sia nel procedimento di presentazione della SCIA (art. 14), da applicarsi anche per la SCIA in variante, che nel controllo dell'attività edilizia funzionale al rilascio del certificato di agibilità, per il quale occorre che la comunicazione di fine dei lavori sia corredata (art. 23, c. 2, lett. b) *"dalla dichiarazione asseverata, predisposta da professionista abilitato, che l'opera realizzata è conforme al progetto approvato o presentato ed* **alle varianti***, dal punto di vista dimensionale, delle prescrizioni urbanistiche ed edilizie, nonché delle condizioni di sicurezza, igiene, salubrità, efficienza energetica degli edifici e degli impianti negli stessi installati, superamento e non creazione delle barriere architettoniche, ad esclusione dei requisiti e condizioni il cui rispetto è attestato dalle certificazioni di cui alla lettera c)*, oltre che (lett e)) *"dalla SCIA per le eventuali varianti in corso d'opera realizzate ai sensi dell'articolo 22"*, la cui sola completa presentazione consente l'utilizzo immediato dell'immobile (art. 23, c. 5).

6. La mancata presentazione o l'inefficacia della SCIA. La sanzione (c. 4).

Naturale conseguenza della mancata regolarizzazione dell'intervento eseguito in difformità dal titolo, ove non regolarizzato con la SCIA in variante, è l'applicazione del regime sanzionatorio dettato dalla L. reg. n. 23/2004.

Ciò può avvenire a seguito dell'accertamento compiuto secondo la campionatura stabilita dall'Atto di coordinamento tecnico n. 76/2014, il quale prevede la modalità di sorteggio delle *"restanti pratiche"* (punto 5.3), così definite *"le SCIA per varianti in corso d'opera di cui all'art. 22 della L. reg. 15, presentate prima della fine dei lavori, qualora presentino i requisiti delle variazioni essenziali di cui all'articolo 14-bis della L. reg. n. 23 del 2004"*, e quindi:

a) *se non viene presentata la SCIA in variante, con la comunicazione di fine lavori.*

---

nista che assevera, ai sensi dell'art. 481 c.p., il rispetto delle norme di sicurezza e di quelle igienico-sanitarie, nonché la conformità delle opere da realizzare agli strumenti urbanistici adottati ed approvati, al R.U.E. e alla valutazione preventiva, ove acquisita.

La tardiva presentazione del titolo, oltre il detto termine, deve ritenersi consentito (non sono stabilite sanzioni per tale ritardo, salvo che per la conseguente tardiva richiesta del certificato di agibilità: si veda il commento all'art. 23) se prima non è intervenuto un accertamento dell'abuso, con la conseguente necessaria richiesta, ove ne sussistano i presupposti, dell'accertamento di conformità.

b) *se viene dichiarata l'inefficacia del titolo, nell'ambito della procedura di presentazione della SCIA e di verifica di conformità prevista dall'art. 14 della L. reg. n. 15/2013.*
Si tratta comunque della fattispecie sanzionatoria della *"difformità dal titolo abilitativo"*, anche nel caso di *variazioni essenziali,* che viene punito con quanto prevede l'art. 16 della detta legge 23/2004 ([31]), con il Comune che, oltre alla sanzione pecuniaria, può prescrivere l'esecuzione di opere dirette a rendere l'intervento più consono al contesto ambientale, assegnando un congruo termine per l'esecuzione dei lavori (si rinvia al commento dell'art. 16).

Nel caso in cui la fattispecie esca dai limiti della variante in corso d'opera soggetta a SCIA, in quanto rientrante nelle fattispecie escluse dal comma 1, si applicherà il regime sanzionatorio di cui all'art. 13 e all'art. 14 della L. reg. n. 23/2004[32].

---

[31] L'art. 16, sostituito dall'art. 43 della L. reg. n. 15 del 30 luglio 2013, con la decorrenza di cui all'art. 61 della medesima legge, recante *"Sanzioni per interventi edilizi eseguiti in assenza o in difformità dalla SCIA"*, prevede che *"gli interventi edilizi eseguiti in assenza o in difformità dalla segnalazione certificata di inizio attività comportano la sanzione pecuniaria pari al doppio dell'aumento del valore venale dell'immobile conseguente alla realizzazione degli interventi stessi, determinata ai sensi dell'articolo 21, commi 2 e 2 bis, e comunque non inferiore a 1.000 euro, salvo che l'interessato provveda al ripristino dello stato legittimo"*.

[32] L'art. 13 regola gli "Interventi di nuova costruzione eseguiti in assenza del titolo abilitativo, in totale difformità o con variazioni essenziali", e l'art. 14, per gli "Interventi di ristrutturazione edilizia eseguiti in assenza di titolo abilitativo, in totale difformità o con variazioni essenziali", con la previsione in entrambi i casi della demolizione.

7. Il rapporto con il titolo originario (c. 5).

La SCIA presentata contestualmente alla comunicazione di fine lavori per la variante al progetto assentito, verificatasi in corso d'opera, essenziale e non. ammessa senza titolo, diviene parte integrante del titolo originario, sia esso stato rilasciato o presentato, avendo ciò importanza per l'irrilevanza della disciplina edilizia sopravvenuta alla presentazione o all'ottenimento del titolo (ciò era già previsto dall'art. 19 della L. reg. n. 31/2002 ed è previsto dall'art. 22, c. 2, del T.U. Edilizia).

In merito al pagamento del conguaglio del contributo di costruzione, si tratta di quanto dovuto per la sola incidenza delle opere eseguite in variante, che possono comunque comportare un aumento del carico urbanistico in considerazione di quanto detto in ordine al fatto che nelle varianti sottoposte a SCIA possono essere ricomprese anche le variazioni essenziali, che comportano modifiche di sagoma e/o volume. Trovano così applicazione l'art. 29 della L. reg. n. 15/2013 per l'incidenza degli oneri di urbanizzazione nonché al costo di costruzione.

Domenico Lavermicocca

Art. 23
(sostituito da art. 52 L. reg. 20 dicembre 2013, n. 28)
Certificato di conformità edilizia e di agibilità

1. *Il Certificato di conformità edilizia e di agibilità è richiesto per tutti gli interventi edilizi soggetti a SCIA e a permesso di costruire e per gli interventi privati la cui realizzazione sia prevista da accordi di programma, ai sensi dell'articolo 10, comma 1, lettera a).*

2. *L'interessato trasmette allo Sportello unico, entro quindici giorni dall'effettiva conclusione delle opere e comunque entro il termine di validità del titolo originario, la comunicazione di fine dei lavori corredata:*
   a) *dalla domanda di rilascio del certificato di conformità edilizia e di agibilità;*
   b) *dalla dichiarazione asseverata, predisposta da professionista abilitato, che l'opera realizzata è conforme al progetto approvato o presentato ed alle varianti, dal punto di vista dimensionale, delle prescrizioni urbanistiche ed edilizie, nonché delle condizioni di sicurezza, igiene, salubrità, efficienza energetica degli edifici e degli impianti negli stessi installati, superamento e non creazione delle barriere architettoniche, ad esclusione dei requisiti e condizioni il cui rispetto è attestato dalle certificazioni di cui alla lettera c);*
   c) *dal certificato di collaudo statico, dalla dichiarazione dell'impresa installatrice che attesta la conformità degli impianti installati alle condizioni di sicurezza, igiene, salubrità e risparmio energetico e da ogni altra dichiarazione di conformità comunque denominata, richiesti dalla legge per l'intervento edilizio realizzato;*
   d) *dall'indicazione del protocollo di ricevimento della richiesta di accatastamento dell'immobile, quando prevista, presentata dal richiedente;*
   e) *dalla SCIA per le eventuali varianti in corso d'opera realizzate ai sensi dell'articolo 22;*
   f) *dalla documentazione progettuale che si è riservato di presentare all'atto della fine dei lavori, ai sensi dell'articolo 12, comma 5, lettera c).*

3. *La Giunta regionale, con atto di coordinamento tecnico assunto ai sensi dell'articolo 12, individua i contenuti dell'asseverazione di cui al comma 2, lettera b), e la documentazione da allegare alla domanda di rilascio del certificato di conformità edilizia e di agibilità, allo scopo di assicurare la semplificazione del procedimento per il rilascio dello stesso e l'uniforme applicazione della relativa disciplina.*

4. *Lo Sportello unico, rilevata l'incompletezza formale della documentazione presentata, entro il termine perentorio di quindici giorni dalla presentazione della domanda, richiede agli interessati, per una sola volta, la documentazione integrativa non a disposizione dell'amministrazione comunale. La richiesta interrompe il termine per il rilascio del certificato di cui al comma 10, il quale ricomincia a decorrere per intero dal ricevimento degli atti.*

5. *La completa presentazione della documentazione di cui al comma 2 ovvero l'avvenuta completa integrazione della documentazione richiesta ai sensi del comma*

4 consente l'utilizzo immediato dell'immobile, fatto salvo l'obbligo di conformare l'opera realizzata alle eventuali prescrizioni stabilite dallo Sportello unico in sede di rilascio del certificato di conformità edilizia e di agibilità, ai sensi del comma 11, secondo periodo.

6. *Ai fini del rilascio del certificato di conformità edilizia e di agibilità, sono sottoposte a controllo sistematico le opere realizzate in attuazione di:*
   a) interventi di nuova edificazione;
   b) *interventi di ristrutturazione urbanistica;*
   c) *interventi di ristrutturazione edilizia;*
   d) interventi edilizi per i quali siano state attuate varianti in corso d'opera che presentino i requisiti di cui all'articolo 14 *bis* della legge regionale n. 23 del 2004.

7. *L'amministrazione comunale può definire modalità di svolgimento a campione dei controlli di cui al comma 6, comunque in una quota non inferiore al 25 per cento degli stessi, qualora le risorse organizzative disponibili non consentano di eseguire il controllo di tutte le opere realizzate.*

8. *Fuori dai casi di cui al comma 6, almeno il 25 per cento dei restanti interventi edilizi è soggetto a controllo a campione.*

9. *Entro venti giorni dalla presentazione della domanda ovvero della documentazione integrativa richiesta ai sensi del comma 4, lo Sportello unico comunica agli interessati che le opere da loro realizzate sono sottoposte a controllo a campione ai fini del rilascio del certificato di conformità edilizia e di agibilità. In assenza della tempestiva comunicazione della sottoposizione del controllo a campione, il certificato di conformità edilizia e agibilità si intende rilasciato secondo la documentazione presentata ai sensi del comma 2.*

10. *Il certificato di conformità edilizia e agibilità è rilasciato entro il termine perentorio di novanta giorni dalla richiesta, fatta salva l'interruzione di cui al comma 4, secondo periodo. Entro tale termine il responsabile del procedimento, previa ispezione dell'edificio, controlla:*
    a) *che le varianti in corso d'opera eventualmente realizzate siano conformi alla disciplina dell'attività edilizia di cui all'articolo 9, comma 3;*
    b) *che l'opera realizzata corrisponda al titolo abilitativo originario, come integrato dall'eventuale SCIA di fine lavori presentata ai sensi dell'articolo 22;*
    c) *la sussistenza delle condizioni di sicurezza, igiene, salubrità, efficienza energetica degli edifici e degli impianti negli stessi installati, superamento e non creazione delle barriere architettoniche, in conformità al titolo abilitativo originario;*
    d) *la correttezza della classificazione catastale richiesta, dando atto nel certificato di conformità edilizia e di agibilità della coerenza delle caratteristiche dichiarate dell'unità immobiliare rispetto alle opere realizzate ovvero dell'avvenuta segnalazione all'Agenzia delle entrate delle incoerenze riscontrate.*

11. *In caso di esito negativo dei controlli di cui al comma 10, lettere a) e b), trovano applicazione le sanzioni di cui alla legge regionale n. 23 del 2004, per le opere realizzate in totale o parziale difformità dal titolo abilitativo o in variazione essenziale allo stesso. Ove lo Sportello unico rilevi la carenza delle condizioni di cui al comma 10, lettera c), ordina motivatamente all'interessato di conformare l'opera realizza-*

ta, entro il termine di sessanta giorni. Trascorso tale termine trova applicazione la sanzione di cui all'articolo 26, comma 2, della presente legge.

12. *Decorso inutilmente il termine per il rilascio del certificato di conformità edilizia e di agibilità, sulla domanda si intende formato il silenzio-assenso, secondo la documentazione presentata ai sensi del comma 2.*

13. *La conformità edilizia e l'agibilità, comunque certificata ai sensi del presente articolo, non impedisce l'esercizio del potere di dichiarazione di inagibilità di un edificio o di parte di esso, ai sensi dell'articolo 222 del regio decreto 27 luglio 1934, n. 1265 (Approvazione del testo unico delle leggi sanitarie), ovvero per motivi strutturali.*

COMMENTO

Sommario: 1. Ambito dell'istituto - 2. Procedimento ordinario - 3. Controllo e sanzioni.

1. Ambito dell'istituto.

L'impianto originario (artt. 23 e 24) è stato modificato eliminando l'art. 24 e il fascicolo del fabbricato. Ma si tratta pur sempre di una norma nevralgica perché, come notato a proposito dell'impianto generale della legge, il "*certificato di agibilità*" è divenuto, insieme alla estensione del concetto di attività edilizia "*regolata*" – come desumibile dal combinato disposto degli artt. 7, alinea 9, c. 3, 11 e 44, c. 4[1] – e al "*regime pianificato degli usi*" (come definito dagli artt. 7, c. 4, 28, 30, c. 1), il baricentro dell'attività di governo del territorio alla luce del primato della riqualificazione ("*rigenerazione*", secondo la terminologia oggi corrente, e così via) all'interno dei nuovi fini dell'urbanistica.

Questo perché può dirsi che il controllo dell'"*esistente*" avviene attraverso la estensione generale della necessità di un titolo abilitativo al suo uso, e cioè attraverso la (licenza di) agibilità, che deve controllare il rispetto di condizioni e requisiti che – si badi – corrispondono sostanzialmente a tutti quelli cui è soggetta l'attività edilizia in genere. È significativo, infatti, che vi sia una

---

[1] Come sottolineato nel commento a tali norme, il concetto di attività edilizia, quale risulta dall'assoggettamento alle norme indicate, si è molto ampliato nella T.U. e nella presente legge rispetto a quello storico dell'art. 1, L. n. 101/1977, ed è anche oggetto di un potere di polizia prima sconosciuto, perché esteso a sanzionare il difetto di qualsiasi prescrizione ad esso attinente (art. 44, 4°c).

sostanziale equivalenza tra la definizione dei *"requisiti"* dell'attività edilizia, di cui all'art. 11, c. 1, e quella dei requisiti di cui al 2° comma, che gli edifici esistenti debbono possedere ai fini dell'agibilità ai sensi del c. 10, lett. c).

Ogni fabbricato esistente deve essere conforme a tali requisiti per essere abitabile e deve, quindi, possedere tale certificato a prescindere dal fatto che in ordine ad esso sia in corso il procedimento di rilascio di un titolo edilizio.

È questa la premessa *"sistematica"* che si deduce dal 1° c. dell'art. 24 del T.U. n. 380/2001, che, in questo senso, pare confermare la tesi prevalente in dottrina e giurisprudenza, secondo cui la utilizzazione di un edificio è subordinata ad un titolo abilitativo[2] a contenuto vincolato, la cui mancanza – originariamente costituente una contravvenzione (art. 221, T.U.L.S. n. 1265/1934), poi sanzionata come illecito amministrativo (art. 70, D. Lgs n. 507/1999, peraltro oggi espressamente abrogato dall'art. 136, c. 2, lett. a) del T.U. n. 380/01) – giustifica l'adozione di un provvedimento dichiarativo della inagibilità (art. 26, T.U. n. 380/2001, e 11° c. dell'art. 23 con riferimento all'art. 26 della L. n. 15/2013) e l'ordine di sgombero (art. 222, T.U. n. 1265/1934)[3].

È a questo proposito che si può osservare che vi è una non marginale incoerenza tra il Testo Unico e legge regionale, nel senso che il primo appare più rigoroso e omnicomprensivo nell'imporre l'obbligo di richiedere e ottenere, prima di utilizzare l'immobile, il certificato in questione.

Il T.U., infatti, usa una formula generica secondo cui è necessario ottenere il certificato di abitabilità (perché *"deve essere richiesto"*) per tutti gli *"interventi sugli edifici esistenti che possono influire sulle condizioni di cui al com-*

---

[2] Cfr. per tutti A.M. SANDULLI, *Manuale di diritto amministrativo*, Napoli, 1985, 625. Sulla natura vincolata pare, oggi, non discutibile sia alla luce del T.U. n. 380/2001, che alla luce della norma in esame. Quanto al contenuto si tratta di un accertamento tecnico, in cui i profili di discrezionalità sono, appunto, solo tecnici e non tecnico/amministrativi (cfr. DE CAROLIS, *Profili evolutivi del certificato di agibilità*, in F. CARINGELLA – G. DE Marzo , *L'attività edilizia*, 336 e ss.

[3] Cfr. Cons. Stato, Sez. V, 7 luglio 2005 n. 3732; G. MARI, *Commento all'art. 26*, in Testo Unico dell'Edilizia, a cura di M.A. SANDULLI, cit., 455; G. PAGLIARI, *Corso di diritto urbanistico*, Milano, 2010, 715. Che vi sia un potere dovere della P.A. (S.U.E) di controllare, e intervenire, gli edifici pre-esistenti (a qualsiasi intervento) è pacificamente affermato da dottrina e giurisprudenza (cfr. per tutti, M. ZUCCHERETTI, *Commento all'art. 26*, in *Testo Unico*, a cura di M.A. SANDULLI, cit., 451 e ivi riferimenti) in base alla ovvia considerazione che non possono permanere nell'abitato situazioni che conservano *sine die* una difformità da norme e criteri che garantiscono la sicurezza anche igienico-sanitaria (cfr. Corte Cost., 18 luglio 1996 n. 256).

ma 1°, e cioè per **ogni** *attività edilizia*" (il 1° c. descrive, come si è detto, ciò che è l'attività edilizia) che interessa l'edificato, e ciò *a prescindere dal titolo concretamente necessario* (permesso o SCIA).

La norma regionale, invece, afferma che esso "*è richiesto per tutti gli interventi edilizi soggetti a SCIA e a permesso di costruire*". Non lo è per gli altri interventi in regime di attività edilizia libera, ancorché, come tale, soggetti a molteplici norme, così che, come si è detto nel commento all'art. 7, sono "*sussunti*" nell'edilizia.

Parrebbe che vi sia un contrasto che sarebbe poi difficilmente giustificabile ai sensi degli artt. 1 e 2 del T.U., dato che la rilevanza degli interessi pubblici in gioco fa ritenere che l'art. 23 del T.U. sia norma di principio.

Ma approfondendo la questione, si può giungere alla conclusione che, invece, anche per la legge regionale **qualsiasi attività edilizia** con incidenza sui requisiti di legge (o di fonte equivalente) (ripetesi: quelli di cui agli artt. 9, c. 3, lett. c) e 11), richiede che, conclusi i lavori, sia chiesto e ottenuto un **nuovo** certificato di agibilità, adeguato e aggiornato alla luce delle norme interessate; questo anche se, naturalmente, in questo caso, mancando un titolo edilizio, non saranno applicabili disposizioni sull'obbligo di presentare l'istanza (2° c.) e sul relativo procedimento, che sono ancorate, appunto, al titolo (cc. 4, 5°, 6° e 9°).

Il dato normativo rilevante, a questo proposito, è l'art. 7, c. 7, in combinato disposto con l'art. 44, c. 4, con il c. 6, con il 10° e 11° c. dell'art. 23. Anche l'attività libera è infatti soggetta al controllo quanto ai requisiti che deve rispettare (art. 7, c. 7, art. 44, 4° c.). E se vi è controllo – e accertamento dell'inosservanza dei detti requisiti – non può non esservi, in relazione a ciò, il diniego/ritiro del certificato di agibilità. E, coerentemente, non può non esservi – ancorché non sanzionato *ex* art. 26 – l'obbligo del privato di chiedere il certificato. Ciò trova conferma nei commi 10, lett. c) e 11 di questo articolo. Il 10° c. lett. c) precisa che il controllo sull'agibilità riguarda la "*sussistenza delle condizioni di sicurezza, igiene, salubrità, efficienza energetica degli edifici e degli impianti installati, superamento e non creazione delle barriere architettoniche*", e cioè, si badi, aspetti che sono coinvolti nell'attività edilizia a **prescindere** dal titolo edilizio, e l'11° c., 2ª parte, poi, precisa che in *questi casi* "*ove il S.U.E rilevi la carenza delle condizioni ... ordina motivata-*

mente all'interessato di conformare l'opera realizzata". Se ne può concludere che per quelle opere, pur non eccedenti l'attività libera, che però debbono corrispondere ai requisiti posti da norme con incidenza su tale attività, vi è l'obbligo – anche se non sanzionato pecuniariamente – di chiedere un nuovo (aggiornato) certificato di agibilità. In questo senso, può essere intesa la previsione del c. 6, secondo cui per le opere in regime di C.I.L. "*non è richiesto il certificato di agibilità*", che è evidentemente la conferma della previsione del primo comma, e che vale solo per il caso in cui l'attività libra sia "*neutrale*" rispetto ai requisiti di cui si discute.

Ne esce confermata la conclusione della natura, per così dire, "*generalista*" della agibilità: essa, come titolo abilitativo, riguarda l'utilizzazione degli immobili come tali, e non una fase della **procedura** (edilizia) della loro trasformazione.

2. Procedimento ordinario.

I commi successivi al primo, disciplinano il "*caso ordinario*" del rilascio del permesso di costruire, che è quello in cui esso è, per così dire, la (necessaria) appendice conclusiva di un intervento edilizio assentito con il permesso o con la SCIA. Si tratta, comunque, di un procedimento amministrativo autonomo con specifici punti di connessione con quello relativo all'intervento edilizio, il primo dei quali è **l'obbligo di presentare** l'istanza, che è sanzionato pecuniariamente ai sensi dell'art. 26, entro 15 giorni dalla fine lavori o dalla scadenza del titolo edilizio. La norma non dice chi è obbligato, limitandosi a parlare di un "*interessato*", consentendo con ciò la legittimazione del *quivis* che dichiara di avervi interesse[4], ma sembra evidente che esso è il titolare del titolo abilitativo, così come dice d'altronde il T.U. n. 380/2001 all'art. 24, c. 3.

---

[4] A parte il proprietario – indicato dall'art. 24 del T.U. –, e forse il direttore dei lavori, è chiaro che per chiunque altro si pone la necessità di dichiarare l'interesse perché non può ammettersi intromissioni di terzi nella gestione di chi non ha alcuna titolarità di rapporti che hanno comunque effetti sul patrimonio e sulla situazione possessoria del suo titolare, ed eventualmente **negativi** (si pensi al rigetto della istanza e ai provvedimenti conseguenti ai sensi del 10° c. e 13° c.). Cfr., però, in senso contrario, ma senza motivare, G. PAGLIARI, *Corso*, cit., 715-716.

Questo atto iniziale è la comunicazione di fine lavori con la domanda del certificato di abitabilità corredato di una complessa documentazione.

Ma non si tratta di una semplice comunicazione. Se infatti essa è completa di tutto quanto indicato nel 2° comma, ovvero se è stata completata secondo le richieste istruttorie fatte dal S.U.E entro il breve (15 gg.) termine previsto (4° c.), la semplice presentazione della istanza *"consente l'utilizzo immediato dell'immobile"* (5° c.). Si tratta, quindi, di una *"denuncia"* con effetti abilitativi.

Si ricava così indirettamente da questa norma ciò che non risulta più previsto in nessun altro luogo, e cioè che prima di questo momento l'uso dell'immobile è vietato[5]. Senonché la violazione di questo divieto non pare sanzionata né pecuniariamente (la sanzione pecuniaria sia per l'art. 24 del T.U., che per l'art. 26 della L. n. 15/2013 colpisce solo la **mancata istanza**), né in via di autotutela (non vi può essere ordinanza di sgombero se non per accertato difetto di requisiti igienici o strutturali (13° c.).

La conseguenza è che nel nuovo sistema l'**uso di fatto** dell'edificio, anteriormente al rilascio della agibilità è vietato da una norma *imperfetta*, e l'efficacia del meccanismo della legge – se si prescinde dal potere di ordinanza di cui all'11° e 13° c. di dubbia effettività – si può pensare che risulterà affidata più all'interesse allo spontaneo adempimento dei privati che all'autotutela della amministrazione.

Dalla elencazione dei documenti necessari risulta chiaro che il controllo dell'edificato è ora esteso ad ogni più piccolo requisito, non solo superando il vecchio problema della natura igienico/ambientale o anche urbanistico/tecnico della conformità[6], ma riferendo la conformità a tutte le innumerevoli norme

---

[5] Il **divieto** di uso prima del rilascio della abitabilità era contenuto nell'art. 221 del T.U.L.S. n. 1265/1934, abrogato dall'art. 5 del D.P.R. n. 425 del 22 aprile 1996. Vi è stato però contrasto di giurisprudenza della Cassazione penale circa la configurabilità di un illecito penale (cfr. A ed E. FIALE, *Diritto Urbanistico*, Napoli, 2009, 233). La contravvenzione dell'art. 221, c. 2, T.U.L.S. è stata trasformata in illecito amministrativo dall'art. 70 del D. Lgs. n. 507/1999.

[6] Dilemma per la verità già superato sia dalla dottrina che dalla giurisprudenza, cfr. per tutti L. IANNOTTA, *Commento all'art. 24*, in *Testo Unico dell'Edilizia*, a cura di M.A. SANDULLI, cit. 435 e ss. Il diniego dell'abitabilità per motivi di contrasto con la disciplina urbanistica è giurisprudenza ormai consolidata a partire da Cons. Stato, Sez. V, 28 giugno 2000 n. 3639; ma tale orientamento era già della Cass. Pen. (cfr. SS.UU., 30 giugno 1984 n. 7299; ecc.) e della Corte Cost. (cfr. 18 luglio 1996 n. 256)

che, come si è visto, "*incidono*" – caratterizzandola – sulla attività edilizia[7].

E cioè (lettere b), c)) quelle concernenti le prescrizioni sulle condizioni di sicurezza, igiene, salubrità, efficienza energetica, non solo degli edifici, ma anche degli impianti installati. Da notare anche qui l'insistito ricorso a formule "*di chiusura*" a proposito delle dichiarazioni e delle certificazioni e ogni "*altra dichiarazione di conformità comunque denominata*".

Quanto alle prime la norma prevede che siano "*asseverate*" da un professionista abilitato – il rinvio è agli ordinamenti professionali, che peraltro sono talora ambigui quanto alla competenza – che dovrà, però, utilizzare il modulo obbligatorio approvato dalla Regione ai sensi dell'art. 12, c. 4, con la delibera della G.R. 7 luglio 2014 n. 993, che a sua volta avrebbe dovuto essere generico, e cioè identificare le prescrizioni rispettate con una formula riassuntiva, con conseguenti problemi circa la configurabilità della responsabilità penale *ex* art. 481 c.p. Naturalmente ciò non vale per il cuore di tale asseverazione che è la dichiarazione "*è conforme al progetto approvato*", che non compariva nella legislazione precedente in cui la funzione accertativa era integralmente in capo alla P.A., e al privato competeva solo di formulare l'istanza.

Non può sfuggire che in tal modo si fa un passo verso l'introduzione di un controllo dell'abusivismo edilizio, non solo generale e capillare, ma anche e soprattutto fondato sull'obbligo di denuncia privata in alternativa alla corresponsabilità del professionista[8].

Quanto ai secondi – i certificati –, essi comprendono il certificato di collaudo statico e le dichiarazioni di conformità per gli stessi profili (sicurezza, igiene, salubrità) già asseverati, cosicché si prospetta, in sostanza un parziale doppione.

La prova delle dichiarazioni di accatastamento (prevista anche nel 4° c. dell'art. 24 del T.U.) rappresenta, infatti, una novità[9] che completa sì l'istituto

---

[7] Come si è detto *supra*, a proposito dell'art. 7 e dell'edilizia libera, la Regione con la delibera G.R. n. 994 del 7 luglio 2014, ha individuato ben 220 fonti normative di vario livello aventi tale incidenza.

[8] Si tratta di una scelta legislativa che può lasciare perplessi perché rompe il rapporto di solidarietà tra il committente e li professionista, con risvolti etici non irrilevanti. Sarà importante che i controlli a campione investano globalmente anche il **contenuto** delle asseverazioni e non solo la loro esistenza.

[9] Nei termini allargati a ogni intervento, di cui alle norme del T.U., ma l'obbligo per gli edifici condonati e per quelli di **nuova costruzione** era già previsto dall'art. 52 della L. n. 47/1985.

collegandolo con il regime tributario, ma che resta in qualche modo *spuria* rispetto al *proprium* dell'istituto.

Questo elenco di documenti non è però definitivo, dato che il 3° c. demanda alla Regione di assumere con atto della Giunta un atto di coordinamento tecnico che fissi i documenti necessari, che potranno quindi, essere ancora più numerosi.

Se si considerano, quindi, questi dati, risulta che il S.U.E esercita un **controllo globale**, dato che tra asseverazioni, certificazioni, dichiarazioni (*"comunque denominate"*) **ogni** aspetto dell'opera e dell'edificio deve essere documentato e verificato nella sua conformità al titolo edilizio e alle norme *"con incidenza"* sulle attività edilizie.

Ne consegue che il S.U.E potrà anche essere tenuto responsabile del corretto esercizio di tale controllo, unitamente ai soggetti competenti ai paralleli controlli specifici (VV.FF., A.S.L., A.R.P.A.). Ciò complicherà certamente le procedure sol che si consideri che il S.U.E in linea tecnica è competente solo per le norme edilizie in senso stretto, ma, cionondimeno, ai sensi dell'art. 4, 1° e 8° c. (e dell'art. 5, c. 2, T.U.), è tenuto ad operare come centro di unificazione delle procedure e ad acquisire d'ufficio tutte le informazioni necessarie. Il S.U.E, quindi, dovrà *"triangolare"* – per così dire – le verifiche delle altre normative richiamate dall'art. 9, c. 3, con le altre amministrazioni competenti.

3. Controllo e sanzioni.

Il sistema dei controlli, trattato dai commi fino al comma 11, conferma la sostanziale omnipervasività dell'obbligo dei proprietari di essere in possesso di un certificato di agibilità *"aggiornato"* e cioè coerente con l'ultimo intervento edilizio soggetto a norme aventi incidenza sulla attività edilizia.

Il *"controllo sistematico"* del 6° comma, che copre tutti gli interventi *maggiori* tra quelli che necessitano di un p. di c. o di una SCIA, e le loro Varianti essenziali[10], e che dovrebbe essere obbligatorio e generale, può essere ridotto fino ad una quota non inferiore al 25% delle fattispecie se (al Comune) manca-

---

Anche di tale dichiarazione la Delibera n. 993/2014 fornisce un modulo obbligatorio.

[10] Le varianti essenziali sono state ri-definite dall'art. 41 della presente legge. Occorre, comunque, tener presente che si tratta di una definizione che dipende a sua volta dalla disposizione (regionale) dei parametri edilizi e urbanistici di cui alla D.A.L. n. 270/2010 (cfr. 3° c.).

no le risorse (7° c.). E altrettanti interventi minori (25%), estranei al controllo sistematico obbligatorio, devono ugualmente essere controllati "*a campione*" (8° c.).

Sulla formazione del campione e sulle modalità di svolgimento della "*ispezione*", la cui delicatezza è evidente dato che vi si intrecciano interessi privati spesso tra di loro in conflitto, è intervenuta la Regione con un atto di coordinamento tecnico (delibera Giunta Regionale n. 76 del 24 gennaio 2014)[11]. La formulazione del campione è disciplinata in tale atto in termini molto complicati, prevedendo (punto 4.3) che certe pratiche siano "*inserite obbligatoriamente nel campione*" (quelle con varianti, le pratiche in sanatoria, le istanze tardive), mentre le altre debbano essere sorteggiate rispettando sofisticatissimi parametri matematici volti – a quel che pare – a garantire la "*casualità*" del campione. Su ciò è necessario manifestare molte perplessità sia quanto alla decisione di inserire (del 25%) una quota obbligatoria fissata di autorità, sia quanto alla scelte di questa, dato che il 7° c. dice che si tratta di una **decisione del Comune**. Quanto alla prolisse modalità dell'ispezione, da far precedere da un preavviso addirittura al titolare del titolo edilizio, al Direttore Lavori, all'impresa (punto 4.1 e punto 4.5), e da far seguire da una relazione tecnica, pare francamente evidente che la loro normazione è imputabile ad una sorta di "*incontinenza*" regolamentativa, dato che l'art. 12, lett. A) non lo prevede affatto.

A tanta rigorosa complessità della verifica ispettiva (e del controllo) fa riscontro un termine brevissimo in cui essa deve prendere inizio, e cioè venti giorni dalla presentazione dell'istanza (o dal suo completamento all'esito della apposita istanza istruttoria), scaduto il quale il certificato "*si intende rilasciato*" sulla base dei documenti agli atti (9° c.). Si tratta di una *prima* ipotesi di silenzio assenso per mancata motivazione dei controlli, cui fa da *pendant* una ipotesi di *secondo* silenzio assenso per decorso dei 90 gg., entro i quali la verifica deve concludersi (10° c. e 12° c.).

---

[11] L'atto è stato emanato dalla Giunta e non dalla Assemblea legislativa regionale (come il precedente atto di cui alla D.A.L. n. 270/2010). Sulla incertezza quanto alla competenza, si vedano le considerazioni fatte nel commento dell'art. 12 e dell'art. 49.

Le due ipotesi non sono facilmente coordinabili, ma in entrambi i casi, ancorché si tratti di termini *"perentori"* (così dice il 10° c.), al loro spirare consegue solo l'effetto abilitativo a favore dell'istante, ma non la perdita del potere di controllo in capo alla Amministrazione. Ciò non solo perché non pare possibile che situazioni di illegittimità e pericolosità si costituiscano in modo intangibile in forza del fatto omissivo della Amministrazione[12], ma anche perché in questo senso dispone espressamente il 13° comma (e l'omologa disposizione dell'art. 26 del T.U.)[13].

Il contenuto delle verifiche ispettive si estende, come si è detto, oltre agli aspetti urbanistico/edilizi e igienico sanitari (c. 10, lettere a) e b)), a tutti gli ultimi aspetti delle attività edilizie che dovevano (previamente) essere certificati o asseverati in sede di rilascio del titolo (art. 9, 3° c.), e che vengono qui sinteticamente richiamati al 2° c. lettere b) e c) e alla lettera c) del c. 10, e, inoltre, ai dati catastali, svolgendo così una funzione di certezza nei rapporti con i terzi oltre che specificamente tributaria (c. 10, lett. d)).

Il fatto che questa significativa estensione del contenuto del certificato di agibilità, come tipizzato dall'art. 24 del T.U., sia disposto con legge regionale, può creare dei problemi, dato che la norma dell'art. 2, del T.U., è di rango legislativo (mentre la norma dell'art. 25 del T.U., sul procedimento ha valore solo regolamentare). Il punto non pare trattato dai commentatori del T.U., forse perché si dubita che sia tra quelli aventi specifico rilievo ai sensi dell'art. 2, c. 3, concernente le disposizioni di dettaglio del T.U. e la loro efficacia nei confronti della Regione[14].

È però difficile sostenere che il modello per così dire più *"ristretto"* del certificato di agibilità, quello fatto proprio dall'art. 24 del T.U., sia in quanto

---

[12] È pacifico, d'altronde, che i titoli abilitativi conseguiti per silenzio assenso sono annullabili in via di autotutela, con il solo limite dell'esistenza di una congrua motivazione del pubblico interesse, comune a tutti gli atti di c.d. *"secondo grado"*.

[13] Sul punto della persistenza del potere di vigilanza e di controllo nel pre-vigente sistema di cui al D.P.R. n. 425/1994, cfr. per tutti F. GUALANDI, *La disciplina del certificato di agibilità: nuove problematiche alla luce del D.P.R. 22 aprile 1994 n. 425*, in Riv. Giur. Ed., 1995, II, 66 e ss.

[14] Cfr. per tutti, sulla "assoluta ambiguità di questa norma", V. MAZZARELLI, *Il Testo Unico in materia edilizia, quel che resta dell'urbanistica*, in Giorn. Dir. Amm., 2001, 776. Sul tema generale, cfr. per tutti, M. LUCIANI, *Il sistema delle fonti nel testo unico dell'edilizia*, in Riv. giur., 2002.

tale espressione di una "*istanza unitaria*" così da essere ricondotto *eo ipso* tra i principi fondamentali, e che l'ampliamento dello spettro delle verifiche di conformità sia, di per sé, a priori escluso.

Resta, però, una incongruenza. Per tutti i profili di cui alle lettere a), b), c) del 10° c. qualsiasi *difetto* (omissione/contrasto) riscontrato dà luogo al diniego del certificato, e alla repressione delle difformità edilizie, oltre che all'ordine di adeguamento dell'immobile. Ma invece non può essere così per la eventuale "*scorrettezza della classificazione catastale richiesta*", in ordine al quale il S.U.E non ha alcuna competenza (né in senso giuridico né in quello professionale). Ne viene che questo "*ampliamento*" del contenuto della agibilità è estraneo all'ambito, anche il più allargato, di edilizia. Tant'è che può dar luogo, al più, ad una segnalazione all'Agenzia delle entrate. Sotto questo specifico aspetto alcuni dubbi sulla coerenza della norma con il quadro ordinamentale complessivo sono legittimi.

* * *

Le conseguenze dell'esito negativo dei controlli (11° c.) variano a seconda dei motivi di contrasto riscontrati.

Per il caso di difformità edilizia, si dovranno ovviamente adottare i provvedimenti sanzionatori di cui alla L. n. 23/2004 (restitutori o pecuniari). Il che conferma che l'abusività edilizia giustifica *in primis* il diniego di agibilità.

Per le altre difformità di cui all'art. c) – motivi di sicurezza, igiene, salubrità, efficienza energetica di edifici e degli impianti, superamento e non creazione barriere architettoniche – oltre al diniego dell'agibilità, la norma prevede la adozione di un ordine di conformare l'immobile alle norme violate. A cosa serva effettivamente questo ordine non è affatto chiaro, dato che esso interviene dopo un rigetto dell'istanza e quindi in una situazione di persistenza del divieto dell'uso dell'immobile. È vero che vi è una sanzione, ma, curiosamente, l'inottemperanza all'ordine è equiparata al ritardo nella presentazione della istanza (fermo restando il divieto dell'uso dell'immobile). Ma la sanzione dell'art. 26 non pare essere, in questo caso, un deterrente particolarmente efficace, dato che la sanzione pecuniaria non può eccedere i 2.200 euro, e che la violazione del divieto dell'uso dell'immobile, come si è detto, non è (più) ritenuto un illecito penale. Resta sullo sfondo la possibilità di un ordine di sgombro, limitato però all'ipotesi di accertata carenza di requisiti strutturali o igienici. Può quindi ritenersi che l'ordine di adeguamento alla normativa sulla attività edilizia, strutturalmente carente di un meccanismo sanzionatorio di tutela reale proprio, varrà solo sul piano civilistico.

Benedetto Graziosi

Art. 25
Agibilità parziale

1. Il rilascio del certificato di conformità edilizia e agibilità parziale può essere richiesto:
   a) per singoli edifici e singole porzioni della costruzione, purché strutturalmente e funzionalmente autonomi, qualora siano state realizzate e collaudate le infrastrutture per l'urbanizzazione degli insediamenti relative all'intero edificio e siano state completate le parti comuni relative al singolo edificio o singola porzione della costruzione;
   b) per singole unità immobiliari, purché siano completate le opere strutturali, gli impianti, le parti comuni e le opere di urbanizzazione relative all'intero edificio di cui fanno parte.
2. Nel caso di richiesta di agibilità parziale, la comunicazione di fine lavori individua specificamente le opere edilizie richiamate dalle lettere a) e b) del comma 1, trovando applicazione per ogni altro profilo il procedimento di cui all'articolo 23.

COMMENTO

1. La "*parzialità*" dell'agibilità prima che materiale è un fatto giuridico che attiene al procedimento di rilascio del titolo (e dei suoi effetti abilitativi). Infatti nel sistema dell'art. 23, come in quello del T.U., la agibilità deve essere chiesta con riferimento – indivisibilmente – alle opere oggetto del titolo edilizio e non di un edificio o sua porzione come tale. La norma in questione introduce quindi un istituto nuovo, in precedenza ammesso episodicamente solo nella prassi in relazione alla peculiarità di singole fattispecie. Qui è opportunamente articolato in varie figure con il comun denominatore di riferirsi ad una "*parte*" che è frazionaria ed autonoma nel senso di autosufficiente dal punto di vista urbanistico, oltre che strutturalmente indipendente.

La prima ipotesi (lett. a)) riguarda singoli edifici o porzioni di edifici[15], nozione che senza altre precisazioni fisico-morfologiche si riferisce ad una costruzione o una sua parte fisica dotata di una sua specifica identità edilizia che ne renda possibile la autonoma utilizzazione e quindi necessaria la agibilità, ma purtuttavia che ha una **consistenza maggiore** di quella della "*unità*

---

[15] Il concetto di edificio non figura tra le definizioni tecniche uniformi per l'urbanistica e l'edilizia di cui alla D.A.L. n. 279/2010. Ci si deve quindi riferire alla nozione corrente di tipo descrittivo.

immobiliare" di cui alla lettera b)[1].

La disposizione richiede l'autonomia strutturale o funzionale e l'esistenza di collaudate infrastrutture urbanizzatorie pertinenti all'intero edificio.

Si tratta di nozioni non sempre di facile applicazione data la varietà della situazione di fatto. Può comunque richiamarsi la disposizione dell'art. A-26, c. 2, della L. reg. n. 20/2000 e all'obbligo ivi previsto del reperimento degli standard ("dotazioni territoriali") nella misura minima prevista dal piano o dalla legge[2], tenendo peraltro presente, quanto alle opere di infrastrutturazione e concretamente necessarie, che se si tratta della agibilità di edifici realizzati in forza di un intervento diretto, si tratterà di quelle già esistenti o contemplate nel titolo edilizio rilasciato, senza poter richiedere la preesistenza di "ulteriori" opere di urbanizzazione pertinenti ad un insediamento maggiore.

La seconda ipotesi – in realtà quasi sovrapponibile alla prima – è quella di singole unità immobiliari facenti parte di un edificio completato strutturalmente quanto agli impianti e alle parti comuni.

La "*filosofia*" sottostante alle due ipotesi è quindi la stessa, e la loro differenziazione sembra dovuta al fatto che nella prima la norma è pensata per l'ipotesi di piani attuativi e cioè di interventi di scala maggiore (esempio di ristrutturazione urbanistica) per i quali sarebbe in linea di principio ipotizzabile la necessità di una agibilità dell'intero intervento.

2. Merita di essere notato che il secondo comma prevede una comunicazione di fine lavori "*parziale*" (che tale, quindi, non è, se rapportato al titolo edilizio) che ha la funzione di "*scorporare*" la porzione da rendere agibile. Questo frazionamento è "*innaturale*" nel senso che è derogatorio rispetto al criterio base secondo cui l'agibilità attiene ed è speculare **all'opera oggetto del titolo edilizio**. Si può quindi ipotizzare la necessità che il S.U.E disponga

---

[1] La definizione di **unità immobiliare** data dal punto 48 dell'Atto di coordinamento tecnico di cui alla D.A.L. 279/2010 rischia di confondersi con quella di "*porzione di edificio*" di cui alla lettera a), ma va invece tenuta distinta perché così dice la norma. Si tratta, essenzialmente, di una nozione legata alla redditività del cespite immobiliare. Nell'articolo in questione è ovvio che si tratta di una porzione fisica minore.

[2] Cfr. sul punto B. GRAZIOSI (a cura di), *La pianificazione urbanistica in Emilia-Romagna*, Milano, 2007, *commento all'art. A-26*, 312 e ss.

la riunificazione istruttoria della pratica in cui vi è stata una agibilità parziale in un unico documento, come era previsto, in sostanza, dalla norma sul fascicolo del fabbricato (art. 24), norma però subito abrogata dalla L. 20 dicembre 2013 n. 28, art. 52. Ciò lo si potrà ottenere valorizzando in questo senso il rinvio fatto all'art. 23 quanto al procedimento.

Benedetto Graziosi

Art. 26
(sostituito comma 1 da art. 52 L. reg. 20 dicembre 2013, n. 28)
Sanzioni per il ritardo e per la mancata presentazione dell'istanza di agibilità

1. *La tardiva richiesta del certificato di conformità edilizia e di agibilità, dopo la scadenza della validità del titolo, comporta l'applicazione della sanzione amministrativa pecuniaria per unità immobiliare di 100,00 euro per ogni mese di ritardo, fino ad un massimo di dodici mesi.*
2. Trascorso tale termine il Comune, previa diffida a provvedere entro il termine di sessanta giorni, applica la sanzione di 1000,00 euro per la mancata presentazione della domanda di conformità edilizia e agibilità.

COMMENTO

La norma sanziona la tardività della richiesta di agibilità (primo comma) e la omissione di tale richiesta (secondo comma).

Nel primo caso la tardività è considerata tale in relazione alla scadenza di un titolo edilizio. Si è visto, commentando l'art. 23, che per la legge regionale si deve trattare di una fattispecie in cui è stato rilasciato un permesso di costruire o una SCIA (1° c. dell'art. 23); ma si è visto che la norma regionale non è coerente con l'art. 24, 1° c. del T.U., che è molto più rigoroso e coinvolge nel controllo e nella necessità della autorizzazione alla agibilità anche significativi spicchi della attività libera. D'altra parte si è già detto che questa esigenza della conformità di qualsiasi intervento edilizio ai requisiti di *"sicurezza, igiene, salubrità, efficienza energetica degli edifici e degli impianti"* (art. 23, c. 10, lett. c)) emerge dallo stesso articolo 23.

Alla luce di questi argomenti, si è portati a ritenere che l'obbligo di richiedere la autorizzazione sussista anche in questi casi.

Peraltro si tratta di un obbligo che resta, tecnicamente, *imperfetto*, dato che la norma in commento non lo sanziona espressamente e non è suscettibile di una interpretazione estensiva.

Val poi la pena di osservare che la modestissima sanzione pecuniaria riguarda la (tardiva) presentazione della richiesta e non l'uso dell'immobile senza agibilità. Colpisce l'omissione, a prescindere della sussistenza dei requisiti, e cessa – sia che i predetti esistano o meno – allo scadere dei dodici mesi. Termine dopo il quale l'uso potrà essere impedito solo ai sensi del 13°

c. dell'art. 23. L'ordine di cui all'11° c. (di "*conformare*" l'opera ai requisiti di cui alla lettera c) del 10° c.), privo come è di un concomitante potere di tutela reale, non vale certamente a rendere effettivo il sistema di controllo.

La sanzione prevista dal secondo comma è irrogabile previa diffida – diffida a non persistere nella omissione, e cioè a presentare l'istanza – e si riferisce quindi ai casi in cui sia passato oltre un anno dalla scadenza del titolo. In sostanza al protrarsi di un ritardo che è divenuto omissione.

Da come è formulata complessivamente la norma, si avrà la conseguenza che decorso un anno da tale termine, e in più i 60 gg. dalla data della diffida, l'Amministrazione applicherà una sanzione di 2.200 euro per ogni unità immobiliare. E, con ciò, la pratica sarà definita.

Conclusivamente sembra di poter dire che questo sistema elementare sanzionatorio solo pecuniario e temporaneo, non è adeguato alla importanza del certificato di agibilità, che, così come oggi configurato, ha acquisito una nuova centralità nella nuova legislazione edilizia.

Benedetto Graziosi

Art. 27
Pubblicità dei titoli abilitativi e richiesta di riesame

1. I soggetti interessati possono prendere visione presso lo Sportello unico dei permessi rilasciati, insieme ai relativi elaborati progettuali e convenzioni, ottenerne copia, e chiederne al Sindaco, entro dodici mesi dal rilascio, il riesame per contrasto con le disposizioni di legge o con gli strumenti di pianificazione territoriale e urbanistica, ai fini dell'annullamento o della modifica del permesso stesso.
2. Il medesimo potere è riconosciuto agli stessi soggetti con riguardo alle SCIA presentate, allo scopo di richiedere al Sindaco la verifica della presenza delle condizioni per le quali l'intervento è soggetto a tale titolo abilitativo e della conformità dell'intervento asseverato alla legislazione e alla pianificazione territoriale e urbanistica.
3. Il procedimento di riesame è disciplinato dal R.U.E. ed è concluso con atto motivato del Sindaco entro il termine di sessanta giorni.

COMMENTO

Sommario: 1. Il diritto di accesso ai titoli edilizi - 2. Il "riesame" dei titoli edilizi: il fondamento del potere - 3 *(segue)* Il contenuto e i limiti del potere di riesame - 4. *(segue)* I presupposti e termini per l'esercizio del potere di riesame; le differenze con il potere di autotutela del S.U.E - 5. *(segue)* Il carattere vincolato e doveroso del riesame - 6. *(segue)* L'*iter* del procedimento di riesame e gli strumenti di tutela giurisdizionale applicabili - 7. Il riesame "straordinario" delle SCIA: problematiche applicative - 8. Il riesame "atipico" per gli immobili tutelati *ex* art. 6, c. 4, della legge regionale.

1. Il diritto di accesso ai titoli edilizi.

L'articolo ripropone con alcune modifiche l'art. 24 della L. reg. n. 31/2002, e reca due norme distinte.

La prima parte del comma 1° (e del 2°) è dedicata al regime di "pubblicità" – o meglio accessibilità - dei titoli abilitativi, da parte dei soggetti diversi dal loro titolare.

Quale sia la concreta portata giuridica della norma è, peraltro, non chiaro.

La disciplina generale sull'accesso ai documenti amministrativi contenuta nella L. n. 241/1990 prevede già, infatti, che chiunque possiede un interesse giuridicamente rilevante alla conoscenza di un atto amministrativo, ha diritto di visionarlo e di estrarne copia.

Non è chiaro, quindi, quale sia l'utilità di "doppiare" tale previsione a livello di legge regionale, tanto più che gli artt. 22 e ss. della L. n. 241/1990, afferendo ai "*livelli essenziali delle prestazioni civili e sociali*" di competenza esclusiva statale *ex* art. 117, lett. m), Cost., sono norme direttamente precettive nei confronti dei cittadini e delle amministrazioni locali, senza necessità di intermediazioni regionali (art. 29, c. 2 *bis,* L. n. 241/90). Lo "*spatium operandi*" a disposizione di Regioni e Comuni in materia di accesso riguarda infatti unicamente la possibilità di introdurre "*livelli ulteriori di tutela*" rispetto a quelli della legge sul procedimento (art. 29, c. 2-*quater,* L. cit.).

La norma sull'accesso contenuta nell'artt. 27 sembra dunque priva di effettiva forza precettiva, in quanto meramente ripetitiva di disposizioni statali imperative.

Tutt'altra pregnanza aveva invece l'art. 24, L. reg. n. 31/2002, il quale, a differenza della norma attuale, consentiva "*a chiunque*" – e non ai soli "*interessati*" – di visionare le D.I.A. e concessioni edilizie: con ciò introducendo un sistema di controllo diffuso dell'attività costruttiva privata "*ulteriore*" e più garantistico rispetto a quello statale, come consentito dall'art. 29 della legge sul procedimento amministrativo[1].

La norma dell'art. 27 deve essere oggi coordinata con il nuovo "*diritto di accesso civico*" introdotto dagli artt. 3-5, D. Lgs. n. 33/2013 e riconosciuto a qualunque soggetto a prescindere dalla situazione legittimante posseduta.

Tale diritto, come chiarito il Consiglio di Stato[2], è difatti autonomo e distinto da quello contemplato dalla L. n. 241/1990, poiché è destinato ad operare nei confronti dei soli provvedimenti ed atti soggetti a pubblicazione obbligatoria ai sensi del D. Lgs. n. 33/2013, sorge unicamente nel caso di omissione o non regolare esperimento della pubblicazione e riguarda solo l'atto o parte dell'atto che doveva essere pubblicato (v. art. 5, D. Lgs. n. 33/2013). Si tratta

---

[1] Sull'intento ampliativo dell'art. 24, L. reg. n. 31/2002 non potevano esservi dubbi, perché la giurisprudenza amministrativa afferma, in linea generale, che il diritto di accesso alle pratiche edilizie spetta solo a chi possa dimostrare un interesse concreto alla loro esibizione, legato alla *vicinitas* o ad altre situazioni legittimanti (*ex pluribus* Cons. Stato, Sez. V, 18 maggio 2010 n. 2966, in *Foro amm.-CDS,* 2010, I, 1044; id. Sez. VI, 7 agosto 2003 n. 4557, *ivi,* 2004, I, 2324).

[2] Cons. Stato, Sez. VI, 20 novembre 2013 n. 5515, in *giustizia-amministrativa.it.*

pertanto, più che di una nuova autonoma situazione legittimante, di uno strumento sussidiario volto a dare effettività all'obbligo di pubblicazione degli atti in capo alle pubbliche amministrazioni[3].

Ciò non toglie che le due facoltà di accesso non abbiano, talora, un rapporto di interferenza.

L'art. 18, c. 8, L. reg. n. 15/2013 dispone, infatti, che il Comune ha l'obbligo di pubblicare nell'albo pretorio la "notizia" dell'avvenuto rilascio di un permesso di costruire, e l'art. 8, D. Lgs. n. 33/2013 prevede che tale pubblicazione (da eseguirsi ora nell'albo informatico ai sensi dell'art. 32, L. n. 69/2009) deve restare disponibile nel sito dell'Amministrazione per almeno cinque anni.

A fronte del rilascio di un permesso di costruire, il terzo interessato sarà dunque titolare di una duplice situazione legittimante.

Da un lato, egli avrà diritto alla pubblicazione degli "*estremi*" del p.d.c. (oggetto, contenuto, indicazione dei principali documenti contenuti nel fascicolo)[4] ed il diritto strumentale ad un accesso personale, gratuito ed incondizionato a tali informazioni (in caso la loro pubblicazione sia stata omessa o sia irregolare) senza dover dimostrare alcun interesse o esigenza legittimante; dall'altro avrà diritto all'accesso "ordinario" al contenuto integrale del titolo edilizio, ma dovrà dimostrare, in tale ipotesi, la titolarità di un interesse qualificato alla conoscenza dell'atto, secondo i canoni elaborati negli anni dalla giurisprudenza[5].

---

[3] Ed infatti la richiesta di accedere ad un atto non (regolarmente) pubblicato deve essere soddisfatta dall'Amministrazione sia con la trasmissione al richiedente, sia con la pubblicazione precedentemente omessa.

[4] L'art. 18, c. 8, L. reg. n. 15/2013 può considerarsi, infatti, una specificazione dell'obbligo generale di pubblicare gli "*elenchi*" delle autorizzazioni, concessioni ed altri provvedimenti adottati dai dirigenti previsto dall'art. 23, c. 1, D. Lgs. n. 33/2013; la "notizia" dell'avvenuto rilascio di un p.d.c. dovrà pertanto indicare sinteticamente ma obbligatoriamente il contenuto e l'oggetto del titolo edilizio, la "*eventuale spesa prevista*" e "*gli estremi relativi ai principali documenti contenuti nel fascicolo*" (art. 23, c. 2 D. Lgs. n. 33/2013).

[5] E cioè "*un interesse qualificato, concreto ed attuale a conoscere la documentazione amministrativa del procedimento di rilascio della concessione edilizia per la trasformazione del territorio*" (Cons. Stato, Sez. VI, n. 4557/2003, cit.); la giurisprudenza osserva infatti che è legittimo il diniego di accesso agli atti relativi al rilascio di una concessione edilizia, quando il richiedente la inoltra "*senza fornire alcun fatto o argomento da cui perlomeno arguire un interesse alla conoscenza del documento*" (Cons. Stato, Sez. V, 23 maggio 1997 n. 549, in *Foro*

2. Il "riesame" dei titoli edilizi: il fondamento del potere.

La seconda parte del primo e del secondo comma dell'art. 27 disciplinano il potere del Sindaco di *"riesaminare"* i permessi di costruire e le SCIA, riprendendo l'istituto già disciplinato dall'art. 24, L. reg. n. 31/2002.

La norma è pressoché identica alla precedente, con l'eccezione di una sola (ma rilevante) differenza: il potere di richiedere il riesame sindacale, come già quello di accedere alle pratiche edilizie, non è più attribuito a *"chiunque"*, ma ai soli *"soggetti interessati"*.

Ma, a parte tale pur rilevante innovazione, è l'intera norma ad essere, come la precedente, densa di problematiche interpretative.

Il Testo Unico statale non contempla infatti un simile potere di *"riesame"* e tanto meno riconosce, in capo al Sindaco, dei poteri di controllo ed annullamento sui titoli edilizi rilasciati dallo Sportello Unico per l'Edilizia. La previsione di una simile competenza non sembra d'altra parte, almeno in prima battuta, in linea con i principi di separazione tra gli organi di indirizzo politico e quelli di amministrazione attiva, codificati nel D. Lgs. n. 165/2001 e recepiti nel Testo Unico sugli Enti locali.

La legge regionale nulla dice, inoltre, sulla natura discrezionale o vincolata del potere di riesame, e non chiarisce se il suo esercizio si sostanzi in un provvedimento solo demolitorio o anche sostitutivo del titolo edilizio rilasciato dallo Sportello Unico.

Ciò per tacere del fatto che, poi, il riesame sindacale si trova a concorrere, in modo anomalo, con il generale potere di annullamento d'ufficio previsto dall'art. 21-*nonies*, L. n. 241/1990 e spettante allo Sportello Unico dell'Edilizia, senza che il rapporto tra i due procedimenti sia minimamente spiegato o coordinato dalla legge regionale.

Benché la norma resti ad oggi scarsamente indagata[6], una sua interpretazione sistematica e *"utile"* non sembra impossibile, e viene proposta nei

---

amm., 1997, 349).

[6] L'unico contributo esistente in dottrina (F. GUALANDI, *La L. reg. n. 31 del 25 novembre 2002 ("disciplina generale dell'edilizia"): prime considerazioni*, in *Diritto e diritti*, marzo 2003) evidenzia l'oscurità della disposizione, ma non avanza una ipotesi ricostruttiva. Alcuni, scarni spunti ricostruttivi si trovano nella giurisprudenza del T.A.R. Emilia-Romagna, che risulta però, ad oggi, avere approfondito l'analisi dell'istituto.

termini che seguono.

Un esame della genesi dell'art. 24, L. reg. n. 31/2002 rivela che il *"potere di riesame"* del Sindaco non è stato creato *ex nihilo* dalla legge regionale, ma trova origine e fondamento giuridico nel potere regionale di annullamento straordinario dei permessi di costruire, originariamente previsto dall'art. 27, L. n. 1150/1942 (nel testo modificato dalla L. n. 765/1967 ed integrato dal D.P.R. n. 8/1972) ed oggi cristallizzato nell'art. 39 del T.U. Edilizia.

Il riesame sindacale, in altre parole, altro non è che il riesame regionale dei permessi di costruire, che l'Emilia-Romagna ha disciplinato in modo innovativo delegandone l'esercizio ai Sindaci dei vari comuni. Questi ultimi agiscono, dunque, nell'esercizio di funzioni *distinte e diverse* da quelle spettanti ordinariamente ai Comuni per il rilascio e l'annullamento dei titoli edilizi.

In favore di tale ipotesi ricostruttiva depongono numerosi indizi testuali e logico-sistematici.

In primo luogo, va osservato che la L. reg. n. 31/2002, contestualmente all'introduzione del potere sindacale di riesame (art. 24) ha espressamente stabilito la cessazione degli effetti dell'art. 39 del T.U. Edilizia e dunque del citato potere d'annullamento regionale (art. 50, c. 1, lett. a), L. reg. cit.).

Sono significative, inoltre, due circostanze: da un lato, l'art. 39 è l'unica norma, tra quelle del Titolo IV del T.U. Edilizia, di cui la legge regionale del 2002 dichiara espressamente la perdita di vigenza (art. 50, c. 1, lett. a), L. reg. cit.), dall'altro, il potere regionale straordinario di annullamento dei p.d.c. previsto dal T.U. non è stato mantenuto in nessun'altra forma.

Poiché non è pensabile che la regione possa sopprimere *tout court* un istituto che caratterizza la materia edilizia fin dalla L. n. 1150/1942, ed ha una indubbia natura di "principio fondamentale", è giocoforza concludere che il *"potere di riesame"* dell'art. 24, L. reg. n. 31/2002 (ed oggi dell'art. 27, L. reg. n. 15/2013) è espressione della potestà regionale di controllo dei titoli edilizi: l'Emilia-Romagna ha voluto *riallocare tale funzione a livello comunale*, mediante una delega intersoggettiva al Sindaco, onde garantire la sua separatezza rispetto alle competenze del S.U.E.

Una definitiva conferma di tale opzione normativa si trae dal fatto che anteriormente alla L. reg. n. 31/2002, la Regione Emilia-Romagna aveva già deciso di delegare i propri poteri di annullamento straordinario dei titoli edilizi, attribuendoli alle Province con l'art. 49, c. 1, lett. b), L. reg. n. 20/2000.

Anche tale norma è stata però abrogata dalla L. reg. n. 31/2002 (cfr. l'art. 43) e ciò proprio contestualmente alla introduzione del *"riesame sindacale"* ed alla cessazione degli effetti della norma "madre" dell'art. 39 T.U. Edilizia: la continuità tra i due istituti ne risulta, dunque, ulteriormente confermata.

La bontà di tale ricostruzione è stata avvallata anche dal Consiglio di Stato, che in una sentenza del 2010 (e pur senza una approfondita disamina del dato normativo) ha affermato che *"il potere di riesame dei titoli edilizi riconosciuto al Sindaco da tale norma* [l'art. 24, L. reg. n. 31/2002, n.d.r.]*, già prevista dall'art. 27 l. 1150/42 e devoluto alle Regioni in base all'art. 7 l. 765/1967 e all'art. 1, D.P.R. n. 8/1972 (ora art. 39 D.P.R. n. 380/2001), è stato dalla legge regionale contestata, nella sostanza, "delegata" ai rispettivi Sindaci"*[7].

Appurata quale sia l'origine del *"potere di riesame"* previsto dall'articolo in commento, occorre domandarsi se la scelta di attribuirne l'esercizio al Sindaco possa essere considerata costituzionalmente legittima, in relazione al principio di separazione tra organi politici e di *"amministrazione attiva"* introdotto con il D. Lgs. n. 29/1993 ed oggi cristallizzato nel D. Lgs. n. 165/2001 e nel T.U.E.L.

La questione è stata sbrigativamente esaminata in alcune sentenze, che l'hanno respinta in nome di una supposta *"discrezionalità legislativa"* delle Regioni nel riallocare a livello organizzativo le proprie prerogative in materia edilizia[8].

Si tratta però di un argomento fallace.

È evidente infatti che le Regioni, quando disciplinano con legge l'ordinamento delle proprie competenze amministrative (individuando gli organi deputati ad esercitarle), sono tenute a rispettare i principi fondamentali della legislazione statale, tra i quali vi è, pacificamente, quello di separazione tra le

---

[7] Cons. Stato, Sez. IV, 13 ottobre 2010 n. 7491, par. 6 della motivazione, in *www.giustizia-amministrativa.it*.

[8] Cfr. T.A.R. Emilia-Romagna, Sez. II, 2 dicembre 2009 n. 2649, in *giustizia-amministrativa.it*, per cui *"Va rilevata, la manifesta infondatezza della questione di legittimità costituzionale dell'articolo 24 della legge regionale, che attribuisce al sindaco il potere di autotutela, sollevata con la terza censura dedotta nei primi motivi aggiunti impugnatori di ricorso, con riferimento agli articoli 97 e 117 della Costituzione, in quanto rientra nella discrezionalità del legislatore regionale attribuire o meno detta competenza al Sindaco in materia edilizia"*. La sentenza è stata confermata, senza ulteriori approfondimenti, da Cons. Stato n. 7491/2010, cit.

funzioni amministrative e quelle di un indirizzo politico[9].

È vero che non si tratta di un principio assoluto, ma di una regola generale che il legislatore statale e regionale deve articolare in concreto secondo il criterio (sfuggente) della ragionevolezza; ma è altrettanto vero che la Corte costituzionale ha già ripetutamente chiarito che un limite invalicabile dalla discrezionalità del legislatore regionale è costituito dal divieto di attribuire agli organi di indirizzo politico funzioni prettamente gestorie, prive di intrecci con valutazioni politiche o socio-politiche[10].

La ragione per cui l'art. 24 può essere considerato costituzionalmente legittimo non risiede dunque in una (inesistente) *"discrezionalità"* regionale nel derogare al principio di separazione tra politica ed amministrazione, ma nel fatto che tale principio, in realtà, è pienamente compatibile con l'attribuzione agli organi politici di un potere di annullamento degli atti dirigenziali per ragioni di stretta legalità.

L'art. 14, c. 3, D. Lgs. n. 165/2001 con l'introdurre il principio di separazione tra le competenze del Ministro e quelle degli organi amministrativi, ha stabilito che il primo non può revocare, riformare od avocare a sé i provvedimenti amministrativi di spettanza dei secondi, né adottare in prima persona tali provvedimenti; ma ha poi precisato, nell'ultimo periodo, che il Ministro, pur spogliato di competenze gestorie dirette, conserva comunque (*"resta salvo"*) il proprio potere *"di annullamento per motivi di legittimità"* di tutti gli

---

[9] Cfr. Corte Cost., 3 maggio 2013 n. 81, che ha osservato che il principio di separazione tra politica ed amministrazione, introdotto dal D. Lgs. n. 29/1993, rafforzato con il D. Lgs. n. 80/1998 ed infine generalizzato con il D. Lgs. n. 165/2001, ha assunto la forza di un principio generale che promana direttamente dall'art. 97 Cost. (v. 3.1 del *"Considerato in diritto"*, ma in precedenza anche le sentenze n. 304/2010, n. 161/2008, n. 104/2007, n. 103/2007, n. 193/2002, n. 11/2002, n. 453/1990). Secondo la Corte, infatti, *"una netta e chiara separazione tra attività di indirizzo politico amministrativo e funzioni gestorie costituisce una condizione necessaria per garantire il rispetto dei principi di buon andamento e di imparzialità dell'azione amministrativa"*, perché assicura *"la separazione tra l'azione del "Governo", che nelle democrazie parlamentari è normalmente legata agli interessi di una parte politica, espressione delle forze di maggioranza, e l'azione della "Amministrazione", che, nell'attuazione dell'indirizzo politico della maggioranza, è vincolata invece ad agire senza distinzioni di parti politiche"* (sent. n. 81/2013).

[10] V. ancora la sentenza n. 81/2013 della Corte Costituzionale, che ha giudicato legittima l'attribuzione alla Giunta Provinciale della competenza decisoria sulle V.I.A., in ragione dell'intreccio di valutazioni politiche ed amministrative naturalmente rinvenibile nelle procedure di *screening* ambientale.

atti dei dirigenti e direttori generali.

Si tratta evidentemente di una norma di principio.

L'art. 14, c. 3, è dettato infatti per l'organizzazione statale (ministeriale), ma è lo stesso D. Lgs. n. 165/2001 a chiarire, nell'art. 1, c. 3, che le proprie disposizioni *"costituiscono principi fondamentali ai sensi dell'articolo 117 della Costituzione"*, a cui le Regioni a statuto ordinario devono attenersi secondo le peculiarità dei rispettivi ordinamenti. Del resto non si può dimenticare che, oltre al potere ministeriale di annullamento degli atti dirigenziali per motivi di legittimità, il vertice politico del Governo conserva tutt'ora il potere eccezionale di disporre, con delibera del Consiglio dei Ministri, *"l'annullamento straordinario, a tutela dell'unità dell'ordinamento, degli atti amministrativi illegittimi"* di qualsiasi amministrazione della Repubblica (v. art. 2, lett. o) L. n. 400/1988, esteso agli atti degli enti locali dall'art. 138, T.U.E.L.).

Anche nel quadro attuale, insomma, gli organi di indirizzo politico continuano a detenere un potere di controllo sugli atti degli organi amministrativi, purché orientato al loro mero annullamento per motivi di legittimità; come la Corte costituzionale non ha mancato, nel tempo, di osservare[11].

La norma dell'art. 24 della legge regionale può pertanto, su queste basi giuridiche, essere considerata legittima: il Sindaco, in quanto è organo politico di vertice, ben può ricevere dalla Regione la competenza ad esercitare uno scrutinio di legittimità sugli atti di gestione edilizia del proprio Sportello Unico[12].

---

[11] Sulla persistenza e legittimità del potere del Consiglio dei Ministri di annullare gli atti amministrativi, anche di gestione, degli enti locali e delle Regioni, si vedano, *ex multis,* le sentenze della Corte Costituzionale 5 maggio 1959 n. 23 (che definisce tale potestà come *"manifestazione essenziale della legalità e dell'unitarietà di direzione dell'ordinamento amministrativo dello Stato, sempre riconosciuta applicabile - nonostante l'originaria mancanza di espresse disposizioni di legge - a tutti gli atti amministrativi, da qualsiasi autorità, statale o autarchica, promanassero"*) e 21 aprile 1989 n. 229 (che puntualizza come, per essere legittimo, il potere di annullamento del governo deve essere circoscritto ad controllo di mera legittimità degli atti amministrativi, e non sconfinare in un riesame di merito); le sentenze sono consultabili sul sito *cortecostituzionale.it.*

[12] La soluzione proposta è stata avvallata anche dalla giurisprudenza, con riguardo ad una norma regionale veneta che attribuiva al Presidente della Provincia un *"potere di riesame"* dei titoli edilizi del tutto analogo a quello conferito ai Comuni in Emilia-Romagna. Il T.A.R. Veneto ha giudicato legittima tale disposizione osservando che *"Al riguardo si osserva che l'art. 39 del D.P.R. n. 380/2001 ha attribuito genericamente alla regione il potere di annullamento*

3. *(segue)* Il contenuto e i limiti del potere di riesame.

La riconduzione del procedimento di riesame alle prerogative regionali *ex* art. 39 T.U. Edilizia consente di definire i caratteri, l'oggetto ed i confini del potere conferito al Sindaco.

In primo luogo, a dispetto della equivoca formula lessicale utilizzata dal legislatore regionale, il primo cittadino dovrà limitarsi ad un controllo di mera legittimità del titolo edilizio, ed il potere esercitabile all'esito di tale verifica sarà esclusivamente di tipo cassatorio (un *remand)*, senza possibilità di emendare l'atto o sostituire quello illegittimo annullato.

Il Sindaco potrà, in altre parole, statuire unicamente l'annullamento o il non annullamento del titolo abilitativo rilasciato dal S.U.E., senza potersi ingerire nelle funzioni di amministrazione attiva del processo edilizio.

Ed infatti il Consiglio di Stato, nel delineare i caratteri del potere di annul-

---

dei titoli abilitativi rilasciati dal Comune. La Regione Veneto, in base all'art. 119, 2° comma, con l'art. 30, comma 2, della L. reg. n. 11/2004, ha poi delegato tale potere alla Provincia, individuando l'organo in concreto competente. In particolare, il legislatore regionale ha scelto di attribuire tale potere all'organo politico di vertice della Provincia. Non si ravvedono ragioni d'incostituzionalità in tale scelta legislativa. Infatti, va considerato, in primo luogo, che il potere conferito al Presidente della Provincia è un potere straordinario di annullamento per soli motivi di legittimità. Va poi osservato che il modello di organizzazione fondato sulla separazione tra politica e amministrazione non è così rigido da non tollerare contiguità, al contrario, vi possono sempre essere dei momenti di contatto fra le due sfere. In particolare, nella sfera delle funzioni politiche rimesse agli organi di governo, accanto alle funzioni d'indirizzo politico-amministrativo, possono coesistere, in quanto compatibili con esse e con il modello direzionale, anche dei poteri eccezionali di annullamento degli atti dirigenziali per motivi di legittimità. Si tratta, infatti, di funzioni sostitutive o di controllo poste a salvaguardia del principio di legalità, necessarie a preservare l'unità dell'ordinamento, che non comportano l'adozione diretta di scelte di amministrazione attiva. Si pensi al potere ministeriale di annullamento degli atti dei dirigenti per motivi di legittimità, previsto dall'art. 14, comma 3, del D. Lgs. n. 165/2001; ovvero, proprio in materia di legislazione sugli enti locali, al potere governativo di annullamento degli atti illegittimi emessi dagli enti locali. Potere, quest'ultimo, che costituisce il corrispettivo, in ambito statale, del potere di annullamento dei permessi di costruire attribuito dall'art. 39 del D.P.R. n. 380/2001 alla Regione. In conclusione, si deve allora ritenere che l'attribuzione al Presidente della Provincia, da parte dell'art. 30, comma 2, della L. reg. n. 11/2004, del potere di annullamento per motivi di legittimità dei permessi di costruire, sia compatibile con i principi fondamentali dell'ordinamento ed in particolare con il modello organizzativo fondato sulla separazione di competenze fra la struttura politica e la struttura gestionale e amministrativa" (T.A.R. Veneto, Sez. II, 7 novembre 2012 n. 1347, in *giustizia-amministrativa.it)*.

lamento straordinario regionale contemplato dall'art. 27, L. n. 1150/1942 e dall'art. 39, D.P.R. n. 380/2001, ha più volte puntualizzato che esso è espressione di una mera funzione di *"vigilanza e controllo"* dell'attività edilizia, sicché la Regione non può sostituirsi all'ente locale nella facoltà di assentimento e/o sanatoria dell'intervento edilizio[13], ma può unicamente decidere se annullare o meno il provvedimento rilasciato dal Comune[14].

In questo senso deve essere pertanto interpretata, per ricondurla a legalità, la previsione dell'art. 27 della legge regionale, secondo la quale il *"riesame"* sindacale può condurre all'annullamento del p.d.c. ed alla sua *"modifica"*.

Deve cioè ritenersi che il Sindaco non abbia il potere di modificare il progetto edilizio per renderlo conforme al dato normativo/pianificatorio (ciò che del resto non è mai consentito neppure al S.U.E[15]) e neppure il potere di

---

[13] V. Cons. Stato, Sez. IV, 20 febbraio 1998 n. 315, in *Foro amm.*, 1998, I, 368, ed in *Foro it.*, 1998, III, 222, secondo cui la Regione, in sede di annullamento di una concessione edilizia, non può esercitare il potere di rimozione dei vizi del titolo edilizio previsti dall'art. 11, L. n. 47/1985 (oggi art. 38 T.U. Edilizia), in quanto il potere di annullamento regionale *"è titolare dei soli poteri di vigilanza e controllo ma* [è] *privo della facoltà di sostituirsi all'ente locale nella fase di gestione attiva delle autorizzazioni a costruire"*. La decisione riprende le considerazioni di Cons. Stato, Ad. plen., 20 maggio 1980, n. 18, in *Giur. it.*, 1981, III, 2, 94, secondo cui *"La Regione, nella materia in esame* [edilizia], *ha soltanto poteri di indirizzo, di impulso, di vigilanza, di coordinamento e di controllo e non anche la facoltà di sostituirsi all'ente locale nell'adozione di una concreta scelta circa i modi e le forme di utilizzazione urbanistico-edilizia di una parte del territorio"*.

[14] Cfr. Cons. Stato, Sez. IV, 9 settembre 2009 n. 5409, in *Foro amm-CDS*, 2009, I, 1573, che riprendendo le considerazioni di Cons. Stato n. 315/1998 (citata *supra*) osserva che *"alla Regione è attribuito soltanto l'esercizio dello specifico potere sostitutivo di cui all'art. 39, cit. D.P.R. n. 380 del 2001, limitato all'annullamento delle deliberazioni e dei provvedimenti comunali che autorizzano interventi non conformi a prescrizioni degli strumenti urbanistici o dei regolamenti edilizi o comunque in contrasto con la normativa urbanistico-edilizia vigente al momento della loro adozione"*. Nello stesso senso, tra le tante, T.A,.R. Lazio, Sez. I, 23 maggio 2014 n. 5521; T.A.R. Liguria, Sez. I, 5 febbraio 2014 n. 188 e Sez. I, 27 giugno 2013 n. 969, tutte in *giustizia-amministrativa.it*.

[15] Per principio generale, infatti, il Comune non può modificare d'ufficio il progetto edilizio non conforme alla disciplina urbanistica, perché ciò significherebbe ledere l'autonomia del proprietario in ordine alla modalità di utilizzazione e trasformazione del proprio immobile (v. Cons. Stato, Sez. IV, 31 luglio 2007 n. 4256, in *Riv. Giur. edilizia*, 2008, I, 362; T.A.R. Lazio, 30 marzo 2012 n. 3065, *ivi*, 2012, I, 365; *id.* Cons. Stato, Sez. V, 13 aprile 1999 n. 410, in *Foro amm.*, 1999, I, 724). In altre parole, il Comune può respingere o accogliere una domanda di concessione edilizia, *"ma non può modificare il progetto, non potendosi imporre al richiedente un'opera diversa dal progetto sul quale ha richiesto la concessione"* (Cons. Stato, Sez. V, 10

modificare od integrare il contenuto del permesso di costruire emanato dallo Sportello Unico per attribuirgli i crismi di legittimità. Se ciò fosse possibile, il procedimento sindacale di riesame assumerebbe infatti i caratteri di una inammissibile competenza *"di gestione"*, lesiva delle prerogative del S.U.E e dei principi di separazione tra politica ed amministrazione stabiliti inderogabilmente dal D. Lgs. n. 165/2001[16].

Si deve dunque concludere che la potestà di riesame *"ai fini della modifica del permesso"*, attribuita al Sindaco dall'art. 27 della legge regionale, debba comunque limitarsi, per essere legittima, ad un procedimento e provvedimento *di mera caducazione* del titolo edilizio.

Nel disporre l'annullamento, il Sindaco potrà pertanto indicare, in via collaborativa, i profili di illegittimità che ritiene ipoteticamente suscettibili di essere emendati – con una modifica progettuale, od una rimozione dei vizi procedimentali in via amministrativa – al pari di quanto avviene nella motivazione *"conformativa"* della pronuncia giurisdizionale di annullamento. Ma sarà solo il S.U.E a potere e dovere riattivare il procedimento ed a gestire la riconduzione a legittimità del progetto: suggerendo ed eventualmente *"concordando"* la modifica del progetto ai sensi dell'art. 18, c. 5, della legge regionale[17] e, comunque, senza essere giuridicamente vincolato dalle considerazioni "propulsive" del provvedimento di riesame.

4. *(segue)* I presupposti e termini per l'esercizio del potere di riesame; le differenze con il potere di autotutela del S.U.E.

La matrice *"regionale"* della potestà sindacale di riesame si riflette, ovvia-

---

novembre 2005 n. 5495, in *Foro amm.-CDS*, 2005, I, 2950; T.A.R. Sicilia, Palermo, Sez. II, 13 marzo 2007 n. 799, in *Foro Amm.-T.A.R.*, 2007, I, 1123; T.A.R. Liguria, Sez. I, 23 marzo 2012 n. 423, *ivi*, 2012, I, 755). Tutto ciò che lo Sportello Unico può fare è *"suggerire al richiedente dei criteri per la modificazione del progetto, lasciando a quest'ultimo la relativa scelta"* (cfr. Cons. Stato, Sez. V, 16 marzo 1987 n. 196, in *Riv. Giur. Edilizia*, 1987, I, 429 ed oggi l'art. 20 T.U. Edilizia, riprodotto nell'art. 18, L. reg. n. 15/2013, sulla possibilità che il S.U.E. suggerisca *"modeste modifiche"* al progetto del privato, modifiche che sarà però quest'ultimo a decidere se apportare o meno).

[16] V. quanto esposto *supra* e la giurisprudenza citata nelle note nn. 9-11.

[17] Sul potere comunale di proporre ed eventualmente *"concordare"* delle *"modeste modifiche"* si rinvia al commento dell'art. 18.

mente, sulle modalità del suo esercizio.

In primo luogo, il potere di riesame deve considerarsi distinto e indipendente dall'ordinario potere di annullamento d'ufficio, spettante allo Sportello Unico sui provvedimenti edilizi che esso stesso ha emanato (art. 21-*nonies*, L. n. 241/1990).

Mentre quest'ultimo si configura come esercizio del potere di autotutela, ed è quindi espressione, in secondo grado, della stessa potestà che ha emanato l'atto da invalidare, il potere di riesame del Sindaco esprime una potestà di "*annullamento straordinario*" di natura gerarchica, di competenza dell'ente (la Regione) sovraordinato al Comune nell'ambito della materia urbanistico-edilizia[18].

Il Sindaco esercita dunque il riesame non in forza del potere di gestione e vigilanza urbanistico-edilizia spettante in via ordinaria all'amministrazione comunale, ma in virtù di quello gerarchico regionale, attribuitogli in forza di una delegazione intersoggettiva di fonte legale; egli agisce pertanto in nome proprio ma nell'interesse della Regione[19], nei limiti generali delle attribuzioni regionali e negli ulteriori limiti stabiliti nell'art. 27 (legge di delegazione).

Il potere di autotutela del S.U.E e il potere straordinario di riesame del primo cittadino, pertanto, coesistono, ed operano in modo parallelo, sulla base di distinti presupposti giuridici ed operativi[20].

L'autotutela dello Sportello Unico deve esplicarsi come noto secondo i canoni dell'art. 21-*nonies* della L. n. 241/1990, e richiede pertanto una preli-

---

[18] La distinzione concettuale tra i due poteri è stata fissata in via definitiva da Cons. Stato, Ad. plen., 20 maggio 1980 n. 18, *cit.*, che ha anche stabilito i presupposti applicativi del potere regionale di annullamento straordinario. L'affermazione è, da allora, pacifica in giurisprudenza: cfr. *ex pluribus* Cons Stato, Sez. IV, 8 gennaio 2013 n. 32, in *Foro amm.-CDS,* 2013, I, 150 e Cons. Stato, Sez. IV, 16 marzo 1998 n. 443, in *Foro amm.*, 1998, 680; T.A.R. Liguria, Sez. II, 5 febbraio 2014 n. 188, *cit.;* T.A.R. Abruzzo, L'Aquila, 20 giugno 2005 n. 480, in *Foro amm-T.A.R.,* 2005, 2090; T.A.R. Puglia, Bari, Sez. II, 26 novembre 2004 n. 5505, *ivi,* 2004, 3472; T.A.R. Toscana, 27 marzo 1986 n. 365, in *Foro amm.* 1986, 2500.

[19] V. Cons. Stato, Sez. IV, 31 luglio 2007 n. 4256, a mente del quale la Regione, quando esercita i poteri di rilascio dei titoli edilizi, in via sostitutiva o di annullamento d'ufficio, agisce nell'interesse proprio e non del Comune.

[20] La distinzione tra "riesame" ed ordinaria autotutela è colta, pur senza particolari approfondimenti, da T.A.R. Bologna, Sez. I, 16 aprile 2014 n. 416, in *giustizia-amministrativa.it*. La sentenza di Cons. Stato, Sez. IV, 29 aprile 2014 n. 4742 sembra invece confondere i due istituti, ma le particolarità della vicenda rendevano la questione non rilevante.

minare valutazione dell'interesse pubblico alla rimozione dell'atto invalido, diverso ed ulteriore dalla mera esigenza di ripristino della legalità violata e prevalente su eventuali affidamenti del privato, sorti o consolidati in ragione del tempo trascorso. Svolta questa preliminare valutazione, il S.U.E dovrà poi compiere una verifica circa la possibilità di rimuovere il vizio che affligge il provvedimento, mediante la rimozione postuma dei vizi procedurali (v. art. 38, c. 1, T.U. Edilizia - art. 19, c. 1, L. reg. n. 23/2004) o l'irrogazione della sanzione pecuniaria "sanante" dell'art. 38, c. 2, T.U. Edilizia - art. 19, c. 2, L. reg. n. 23/2004); solo all'esito di tale duplice verifica il S.U.E potrà disporre l'auto-annullamento del titolo, che dovrà essere congruamente motivato e dar conto di tutte le valutazioni effettuate.

Tali limiti non sono invece riscontrabili nel potere straordinario di annullamento riconosciuto alla Regione e da questa conferito al Sindaco.

La giurisprudenza ha infatti osservato che esso è attribuito ad una autorità diversa da quella deputata alla concreta gestione del territorio, ed è finalizzato unicamente ad assicurare il *"rigoroso rispetto della legalità"* nel campo urbanistico edilizio[21].

Il potere di riesame del titolo attribuito al Sindaco non richiede pertanto la comparazione tra l'interesse pubblico al ripristino della legalità violata e l'affidamento del privato, né la ponderazione del tempo trascorso dal rilascio del titolo quale indice sintomatico della prevalenza del secondo, perché tali elementi possono essere invocati quando il procedimento di annullamento provenga dallo stesso organo che ha emesso l'atto invalido, e non nei confronti dell'autorità gerarchicamente sovraordinata deputata a correggere le illegittimità commesse dall'organo "vigilato"[22].

---

[21] Cfr. Cons. Stato, Sez. IV, 8 gennaio 2013 n. 32 e Sez. IV, 16 maggio 1998 n. 443, già citate *supra*, e la giurisprudenza citata nelle note 13-14.

[22] Si veda, la già citata decisione di Cons. Stato n. 32/2013, per cui *"Il provvedimento di annullamento emesso dalla Giunta Regionale ai sensi dell'art. 27 della L. 1150 del 1942 pertiene essenzialmente ad una funzione di vigilanza sul corretto esercizio della competenza urbanistico-edilizia da parte delle amministrazioni comunali, e che in dipendenza di ciò esso persegue il solo scopo di ricondurre queste ultime alla rigorosa osservanza della disciplina di settore; e, in conseguenza di ciò, l'interesse pubblico al ripristino della legalità violata è* in re ipsa *e non richiede una specifica motivazione in tal senso (così, ad es., Cons. Stato, Sez. IV, 16 marzo 1998 n. 443); [...] Da ciò pertanto discende,* in subiecta materia, *la concettuale impraticabilità di qualsivoglia ipotesi di comparazione tra l'interesse del privato a conservare gli effetti dell'attività edilizia svolta* contra legem *e l'interesse pubblico sotteso viceversa alla*

Ciò non toglie che il decorso del tempo del rilascio del titolo rimanga giuridicamente rilevante anche rispetto al potere di riesame sindacale/regionale.

La differenza è, però, che la soglia di rilevanza è qui fissata direttamente in via normativa: è la legge stessa a circoscrivere l'esercizio del riesame entro uno *spatium* certo e predeterminato, esaurito il quale il potere di annullamento del Sindaco e della Regione si perimono definitivamente.

L'annullamento dei titoli edilizi può pertanto essere disposto dalla Regione e dal Sindaco fino all'ultimo giorno del termine previsto dalla legge, senza necessità di dare conto sullo iato temporale che lo separa dal provvedimento da annullare: ma dopo tale data il potere di estingue e l'annullamento è legalmente precluso[23].

Rispetto al modello statale, la legge regionale ha peraltro semplificato e ridotto lo *spatium* temporale entro cui i permessi di costruire possono essere annullati dall'organo di controllo.

Il T.U. Edilizia richiede, come noto, che l'annullamento regionale rispetti un doppio termine preclusivo (dieci anni dal rilascio del titolo e diciotto mesi dall'accertamento consapevole della relazione) sicché il provvedimento deve essere emesso e comunicato, quale atto recettizio, prima che maturi una delle due preclusioni[24].

La legge regionale, nella preoccupazione di tutelare gli affidamenti dei privati, stabilisce invece un termine decadenziale di un anno dal rilascio del

---

garanzia dell'effettività della disciplina dell'assetto del territorio che è stata adottata a tutela della generalità della popolazione ivi insediata"

[23] Con riguardo al potere sindacale di riesame previsto dall'art. 24, L. reg. n. 31/2002 (ed analogo a quello attuale) cfr. Cons. Stato, Sez. IV, 29 aprile 2014 n. 4742, e T.A.R. Bologna, Sez. II, 4 giugno 2013 n. 430, che riconoscono l'effetto preclusivo derivante dal decorso del termine annuale. Con riguardo al potere di annullamento regionale previsto dalle norme statali, la giurisprudenza ha osservato che il termine decennale per l'annullamento regionale ha carattere perentorio e non è possibile di sospensione o interruzione (Cons. Stato, Sez. V, 12 settembre 1990 n. 661, in *Cons. Stato*, 1990, I, 1075) in quanto ha la funzione di tipizzare la soglia di rilevanza dell'interesse pubblico all'annullamento regionale del titolo edilizio per ragioni di legittimità (Cons. Stato, Sez. IV, 3 agosto 2010 n. 5170, in *giustizia-amministrativa.it*).

[24] V. Cons. Stato, Sez. V, 7 novembre 2003 n. 7101, in *Foro amm.-CDS*, 2003, I, 3367, e Ad. Plen., 26 febbraio 1980 n. 8, in *Riv. Giur. edilizia*, 1980, I, 167, per cui *"Il carattere recettizio del provvedimento di annullamento d'ufficio di una licenza edilizia impone che, nel termine di diciotto mesi previsto a pena di decadenza dall'art. 27 L. urbanistica, il provvedimento medesimo sia, non solo adottato, ma altresì comunicato ai destinatari"*.

titolo, che ha peraltro una decorrenza diversa da quella prevista in sede statale: entro la scadenza annuale deve infatti pervenire la richiesta di riesame del cittadino *"interessato"* e non anche essere adottato il provvedimento di riesame, la cui emanazione deve avere luogo nei successivi sessanta giorni secondo la procedura delineata dai singoli R.U.E. (cfr. art. 27, c. 3, L. reg.).

Il potere di riesame del Sindaco potrà pertanto essere esercitato a condizione che l'istanza di riesame sia stata tempestivamente proposta dal soggetto interessato, pena l'estinzione del potere sindacale di provvedere[25].

La tecnica prescelta dalla legge regionale può dar luogo peraltro ad incertezze sulla tempistica della procedura.

Anche in presenza di una tempestiva istanza di riesame, la decisione sulla stessa potrebbe essere assunta, infatti, a notevole distanza di tempo, se il Sindaco non dovesse rispettare i termini acceleratori di sessanta giorni previsti dalla legge regionale. È chiaro, peraltro, che una tale evenienza potrà radicare un affidamento sulla legittimità del p.d.c. da parte del suo titolare, sicché il Sindaco che abbia trascurato per lungo tempo di evadere una tempestiva istanza di riesame non potrà più concluderla con l'annullamento *sic et simpliciter* del titolo edilizio, ma dovrà tener conto dell'affidamento maturato dal privato dopo la scadenza del termine per provvedere previsto dall'art. 27, c. 3.

Ma la vera novità della legge regionale, rispetto al modello del Testo Unico sull'Edilizia, risiede nella fase di attivazione del procedimento di vigilanza sindacale.

L'art. 27, c. 1, è formulato infatti in termini tali da configurare il riesame come una procedura non officiosa – come è quella tradizionale della Regione[26] - ma ad istanza di parte, e cioè subordinata ad un atto di impulso proveniente da un soggetto *"interessato"*.

Il tenore letterale della disposizione non lascia dubbi in proposito.

Non è il Sindaco a potersi attivare *motu proprio* per verificare l'operato del

---

[25] Cfr. Cons. Stato, Sez. IV, 29 aprile 2014 n. 4742, e T.A.R. Bologna, Sez. II, 4 giugno 2013 n. 430, relative all'art 24, L. reg. n. 31/2002 (analoghe sul punto alla dsposizione attuale e già citate alla nota 23).

[26] Il potere di annullamento regionale previsto dalla L. n. 1150/1942 e riversato nel T.U. Edilizia è stato sempre concepito come una attribuzione eminentemente officiosa, nella quale le istanze dei privati assumevano una valenza eminentemente sollecitatoria. Cfr. *ex multis* Cons. Stato, Ad. Plen. n. 18/1980, *cit.,* e la giurisprudenza citata nella nota che segue.

proprio S.U.E., ma è il privato l'unico a poter avviare tale procedura, con un istanza soggetta a termine decadenziale annuale.

Si tratta di una innovazione che avvicina la procedura di riesame ad un ricorso gerarchico, ma che non pare irragionevole: soprattutto se si aderisce alla tesi (su cui *infra*) che considera doveroso, per il Sindaco, pronunciarsi sull'istanza del privato.

E si tratta, all'evidenza, di una innovazione giuridicamente assai significativa: così prefigurato, il riesame sindacale acquista infatti *caratteri definitivamente autonomi e complementari,* rispetto al potere di autotutela del S.U.E.

Il potere di annullamento d'ufficio dello Sportello Unico è difatti esercitabile anche d'ufficio, ma richiede la verifica di un interesse pubblico attuale prevalente sull'affidamento del privato e, soprattutto, è del tutto discrezionale quanto all'*an* del suo esercizio, sicché l'amministrazione non ha l'obbligo di avviarlo e neppure di riscontrare l'istanza di autotutela proveniente dal privato. Il riesame, viceversa, consente di annullare i titoli edilizi sulla base della loro mera illegittimità, ma solo entro uno *spatium temporale* ristretto e mai *ex officio,* bensì (unicamente) su *input* di un privato (contro)interessato.

5. *(segue)* Il carattere vincolato e doveroso del riesame.

Le considerazioni che precedono introducono ai due ultimi profili problematici che emergono dall'art. 27 delle legge regionale.

Il primo interrogativo è se il Sindaco abbia o meno l'obbligo di provvedere sull'istanza di riesame tempestivamente proposta da un soggetto interessato, ossia se abbia il dovere – coercibile *ex* art. 117 c.p.a. – di avviare e portare a conclusione il relativo procedimento.

Il secondo quesito è complementare al primo ed è se il Sindaco, una volta avviata la procedura, abbia il dovere di annullare in via di riesame il permesso di costruire che abbia accertato essere illegittimo, o conservi uno *spatium* discrezionale per negare l'annullamento a dispetto della non regolarità del titolo.

La prima questione è assai rilevante, perché il potere di annullamento straordinario della Regione aveva carattere eminentemente officioso: tanto che parte della dottrina e dalla giurisprudenza lo consideravano una potestà prettamente discrezionale, tale per cui la Regione poteva decidere a proprio arbitrio se avviare o meno il procedimento di annullamento[27]. Tale indirizzo confliggeva però con quel parallelo filone giurisprudenziale che ravvisava l'interesse pubblico all'annullamento regionale nel fatto in sé della illegittimità del titolo edilizio[28], perché è difficile ritenere che la Regione possa legittimamente decidere di non avviare un procedimento a tutela della legalità urbanistica, se l'interesse pubblico sotteso è tanto pregnante ed assoluto da essere "*in re ipsa*".

Nella Regione Emilia-Romagna, la soluzione a tale dilemma è stata offerta direttamente dall'art. 27 della L. n. 15, con la previsione che il riesame è un procedimento *ad istanza di parte*, che qualunque "*interessato*" ha "*il potere*" di avviare con una domanda rivolta al Sindaco.

Ciò basta per ritenere che il Primo cittadino abbia l'obbligo di avviare la procedura e portarla a compimento; e sia privo del potere discrezionale di ignorarla.

Il Consiglio di Stato ha da tempo chiarito, infatti, che in capo all'Amministrazione vi è sempre l'obbligo di avviare un procedimento amministrativo, e di condurlo a conclusione, quando la legge attribuisce espressamente al privato il potere di presentare una istanza, riconoscendogli la titolarità di una situazione giuridica differenziata e legittimante; in altre parole l'obbligo di provvedere, tutelabile con il rito del silenzio, "*sussiste anzitutto quando la legge espressamente riconosce al privato il potere di presentare una istanza, così riconoscendogli la titolarità di una situazione qualificata e differenziata. Di fronte all'istanza dei privati vi è sempre un obbligo di provvedere se l'iniziativa nasce da una situazione soggettiva protetta dalle norme, se cioè è prevista dalla legge*"[29].

La innovazione introdotta dalla L. n. 15/2013 (e già prima dalla L. n.

---

[27] A. FIALE, *Diritto urbanistico*, Napoli, 2003, 624 ed in giurisprudenza T.A.R. Puglia, Lecce, Sez. I, 22 maggio 2009 n. 1279 e Cons. Stato, Sez. IV, 27 aprile 2005 n. 1947, in *giustizia-amministrativa.it*, che qualificano il potere di annullamento regionale come "*pacificamente discrezionale*". Del resto i poteri di "annullamento straordinario" conferiti ad autorità sovraordinate sono stati sempre considerati eminentemente discrezionali (cfr. Corte Cost. n. 23/1959, secondo cui "*'l'annullamento governativo si presenta coi caratteri della estemporaneità e della discrezionalità, essendo legato non a paradigmi predeterminati, ma alle mutevoli esigenze e valutazioni dell'interesse pubblico*"*).

[28] V. le sentenze citate nelle precedenti note 21-22 e la ulteriore giurisprudenza citata *infra*.

[29] Cons. Stato, Sez. VI, 11 maggio 2007 n. 2318, in *giustizia-amministrativa.it*.

31/2002) è dunque significativa, perché subordina il procedimento riesame ad un impulso di parte e, con ciò, lo rende doveroso.

Il Sindaco, di conseguenza, non può riesaminare d'ufficio l'attività svolta dal S.U.E, ma se ne è richiesto da un *"soggetto interessato"* acquista l'obbligo di farlo; in difetto l'istante avrà titolo per proporre ricorso in materia di silenzio (artt. 31 e 117 c.p.a.) al fine di mettere in esecuzione il dovere di provvedere.

Di non facile soluzione è anche la seconda questione, e cioè se il Sindaco, quando rilevi che il permesso di costruire è in contrasto con la legge o gli strumenti urbanistici, sia obbligato ad annullarlo, o possa decidere di non disporne la caducazione sulla base di altre valutazioni.

Come si è già accennato con riguardo all'annullamento regionale *ex* art. 27, L. urbanistica e art. 39, T.U. Edilizia, sul punto si fronteggiano, in giurisprudenza, due orientamenti opposti.

Entrambi muovono dalla premessa (cui si è già accennato *supra*) che il potere straordinario di annullamento conferito alla Regione non sia espressione di una potestà di gestione diretta delle trasformazioni edilizie (che spetta al Comune), ma sia riconducibile ad una mera funzione di *"vigilanza e controllo"* volta ad assicurare il primato della legge e degli strumenti urbanistici sui provvedimenti di assenso edilizio.

Sulla scorta di tali premesse, un primo indirizzo, riconducibile all'Adunanza Plenaria n. 18/1980, afferma che l'annullamento non può essere fondato unicamente sulla illegittimità del titolo edilizio, ma presuppone la sussistenza di un interesse pubblico ulteriore, consistente nella concreta dannosità per il territorio dell'opera edilizia: un interesse da valutarsi sulla base della situazione di fatto esistente al momento dell'esercizio del potere di annullamento[30].

---

[30] Cons. Stato, Ad. plen., 20 maggio 1980 n. 18, già citata, secondo cui *"l'annullamento d'ufficio dell'atto amministrativo invalido disposto in sede di autotutela dall'autorità che ha emanato l'atto stesso oppure dall'autorità - gerarchicamente sovraordinata – deve essere diretto, in quanto espressione di una potestà amministrativa, a soddisfare uno specifico interesse pubblico diverso da quello generico ed estratto al mero ripristino della legalità violata. (...) I rilievi fin qui esposti valgono anche per la materia urbanistica in relazione ai poteri di annullamento di ufficio delle licenze edilizie illegittime (ora concessioni) conferite alla Regione (att. 7 della citata L. n. 765 e 1 del D.P.R. 15 gennaio 1972 n. 8). (...) La Regione, considerato che nella materia in esame ha soltanto poteri di indirizzo di impulso e di vigilanza, di coordinamento e di controllo, e non anche la facoltà di sostituirsi all'ente locale nell'adozione di una*

Un diverso orientamento ha preso le mosse dalla decisione dell'Adunanza Plenaria n. 9/1979 – nella quale si osservava che l'annullamento regionale è sufficientemente motivato con il rilievo *"del contrasto tra la progettata costruzione e la prescrizione di zona contenuta nel piano regolatore"* – ed afferma che poiché il potere di annullamento regionale è distinto da quello ordinario di autotutela del Comune, in quanto espressione di una funzione di vigilanza *"sul rigoroso rispetto della normativa edilizia"*, l'interesse pubblico al suo esercizio risiede *in re ipsa* nella semplice illegittimità del titolo, e non necessita né consente alcuna considerazione ulteriore. Accertata la illegittimità del provvedimento edilizio il suo annullamento diviene, quindi, un atto vincolato[31].

Quest'ultimo indirizzo appare preferibile, perché più aderente all'evoluzione dell'ordinamento urbanistico-edilizio dell'ultimo trentennio.

Quando infatti fu emessa la decisione dell'Adunanza Plenaria n. 18/1980, era ancora diffusa in giurisprudenza l'opinione che il potere di vigilanza e

---

concreta scelta circa i modi e le forme di utilizzazione urbanistica del territorio, è tenuta a valutare l'interesse pubblico di cui sopra – e ad esternare simile apprezzamento, in caso di esercizio del potere di repressione – da un diverso angolo visuale, e cioè con riferimento esclusivo al contrario interesse alla conservazione della situazione esistente". Tale indirizzo è seguito, successivamente, da Cons. Stato, Sez. IV, 17 novembre 1984 n. 864, in *Giur. it.*, 1985, III, 183; T.A.R. Liguria, 16 marzo 1985 n. 118, in *Quad. Reg.*, 1985, 906; Cons Stato, Sez. V, 3 ottobre 1992 n. 6, in *Riv. giur. edilizia*, 1992, 56; Cons. Stato, Sez. V, 20 agosto 1996 n. 926, in *Foro amm.*, 1996, 2302; Cons. Stato, Sez. IV, 20 febbraio 1998 n. 315, *ivi*, 1998, 368; Cons. Stato, Sez. IV, 20 luglio 2001 n. 3900, *ivi*, 2001, 1234;T.A.R. Lombardia, Brescia, 23 giugno 2003 n. 873, in *Foro amm.-T.A.R.*, 2003, 1872; T.A.R. Molise, 27 luglio 2012 n. 416, *ivi*, 2012, 2021.

[31] La sentenza capostipite di Cons. Stato, Ad. plen., 23 marzo 1979 n. 9 (in *Foro it.*, 1979, III, 309) è stata seguita da Cons. Stato, Sez. V, 30 settembre 1980 n. 801, in *Foro amm.*, 1980, I, 1665, per cui *"Diversamente dai poteri di autotutela, in forza dei quali l'Amministrazione procede all'annullamento di una licenza edilizia, nel potere di annullamento attribuito alla Regione dall'art. 27 L. urbanistica la sussistenza dell'interesse pubblico ben può ravvisarsi in re ipsa nel puro e semplice ripristino della legalità"*. L'indirizzo è poi divenuto prevalente nella giurisprudenza successiva: in termini, *ex multis*, v. T.A.R. Lazio, Sez. II, 19 novembre 1980 n. 983, in *Foro amm.*, 1980, I, 109; T.A.R. Puglia, 27 agosto 1981 n. 686, in *Riv. amm. R.I.*, 1982, III, 162; T.A.R. Lazio, Sez. II, 22 ottobre 1986 n. 2110, in *Foro amm.*, 1986, 675; Cons. Stato, Sez. V, 16 marzo 1998 n. 443, *ivi*, 1998, 680; T.A.R. Veneto, Sez. II, 9 ottobre 2003 n. 5227, in *Foro amm.-T.A.R.*, 2003, 2912; T.A.R. Puglia, Bari, Sez. II, 26 novembre 2004 n. 5505, *ivi*, 2004, 3472; T.A.R. Abruzzo, L'Aquila, 20 giugno 2005 n. 480, *ivi*, 2005, 2090; T.A.R. Molise, 23 dicembre 2011 n. 1003, in *Riv. giur. edilizia*, 2012, I, 252; Cons. Stato, Sez. IV, 8 gennaio 2013 n. 32, in *Foro amm.-CDS*, 2013, 150 ed in *giustizia-amministrativa.it*.

repressione delle costruzioni illegittime non avesse carattere vincolato, ma dovesse fondarsi, al pari di quanto avviene nel campo dell'autotutela, sull'accertamento di un interesse pubblico ulteriore rispetto al mero ripristino della legalità violata. Lo stesso ordine di demolizione della costruzione senza titolo era ritenuto da parte della giurisprudenza un atto discrezionale, che il Sindaco poteva emettere o meno a seconda che vi fosse ravvisato un interesse pubblico *concreto* a far rispettare la legalità urbanistica-edilizia[32].

Si giustificava in tal modo l'affermazione secondo cui il potere di annullamento gerarchico regionale, pur estraneo alla fattispecie dell'autotutela ed orientato ad una mera vigilanza urbanistica, conservava un carattere eminentemente flessibile in rapporto alla concreta dannosità dell'abuso.

Tale indirizzo è stato peraltro definitivamente superato con la decisione dell'Adunanza Plenaria n. 12/1983, nella quale, come noto, si è sancito a) che la funzione di vigilanza sulla legalità urbanistico-edilizia è attività doverosa e vincolata che presuppone la semplice verifica formale della illegittimità della costruzione edilizia; e b) che la necessità di una valutazione discrezionale sull'*an* dell'attività repressiva è confinata al caso in cui il Comune abbia lasciato trascorrere un lungo lasso di tempo dalla commissione dell'abuso, od al caso in cui la costruzione sia divenuta *medio tempore* compatibile con il piano regolatore pur mancando del titolo edilizio[33].

Tali principi risultano evidentemente applicabili anche al potere di annullamento straordinario della Regione ed a quello "*delegato*" del Sindaco, poiché anch'essi, come si è detto, si pongono al di fuori delle competenze di amministrazione attiva delle trasformazioni edilizie, per rientrare tra le funzioni di vigilanza sul rispetto della "*legalità urbanistica*" cristallizzata nella legge e nei piani[34].

Si può dunque ritenere che il Sindaco, nell'esercizio del proprio potere di riesame, abbia l'obbligo di annullare i permessi di costruire che accerti essere illegittimi, senza poter decidere "*discrezionalmente*" in modo diverso.

Tale obbligo soffre eccezione, ai sensi dei principi espressi dall'Adunanza

---

[32] Cons. Stato, Sez. V, 17 marzo 1978 n. 327, in *Riv. Giur. edilizia,* 1978, I, 574; Sez. V, 19 ottobre 1979 n. 593, in *Foro amm.,* 1979, I, 1837, eccetera.

[33] Cons. Stato, Ad. Plen., 19 marzo 1983 n. 12, in *Foro it.,* 1983, III, 373.

[34] V. la giurisprudenza citata *supra*.

Plenaria n. 12/1983, nei soli casi in cui il titolo edilizio si sia consolidato con il trascorrere di un apprezzabile lasso di tempo, o sia divenuto *medio tempore* legittimo per effetto di modifiche pianificatorie o normative successive al suo rilascio.

La prima ipotesi non dovrebbe teoricamente ricorrere, perché, come si è visto, il limite temporale per l'esercizio del potere di annullamento regionale e del riesame sindacale è stabilito direttamente dalla legge, che ha dunque operato in modo vincolante il contemperamento tra legalità e decorso del tempo. Qualora l'istanza di riesame sia stata tempestivamente proposta, ed il procedimento attivato e completato nel rispetto dei termini previsti dall'art. 27, c. 3, l'annullamento del p.d.c. rivelatosi illegittimo sarà pertanto obbligatorio.

Una diversa soluzione sarà ipotizzabile solo nel caso in cui la tempestiva istanza di riesame venga lasciata pendente, e sia definita dal Sindaco solo a distanza di un notevole lasso di tempo; in questa ipotesi potranno acquistare rilevanza gli affidamenti alla conservazione dell'esistente *medio tempore* maturati, e l'annullamento del permesso di costruire sarà subordinato ad una comparazione discrezionale tra l'interesse pubblico alla legalità urbanistica (da valutare in concreto e non in astratto) e gli interessi privati eventualmente consolidatisi. È chiaro peraltro che il terzo eventualmente leso dalla costruzione illegittima, in questo caso, avrà diritto a veder risarcito dal sindaco il danno subito per non aver potuto fruire di un annullamento che, se tempestivamente disposto, sarebbe stato doveroso.

Più consistente è l'ambito della seconda eccezione. Poiché la Regione ed il Sindaco sono chiamati a garantire la conformità tra il permesso di costruire e la normativa e pianificazione urbanistica, l'annullamento non potrà mai essere disposto quando un mutamento sopravvenuto di queste ultime abbia eliminato l'originaria illegittimità del permesso di costruire.

Volendo trarre le conclusioni di quanto finora detto, si può pertanto concludere che l'istituto disciplinato dall'art. 27 della legge possiede i seguenti, essenziali caratteri:

a) il potere di riesame attribuito al Sindaco è espressione del potere straordinario di annullamento "in via gerarchica" dei titoli edilizi, conferito alla Regione dall'art. 39, T.U. Edilizia e da quest'ultima delegato ai sindaci dei singoli Comuni. Si tratta di una funzione di vigilanza volta a garantire la conformità dei titoli alla pianificazione e normativa urbanistica, che si esprime mediante il mero annullamento dei titoli per motivi di legittimità;

b) in considerazione della sua matrice regionale, il potere sindacale di riesame è distinto dal potere di autotutela spettante al S.U.E – con cui coesiste – e non soggiace ai limiti generali previsti per quest'ultimo (valutazione di un interesse pubblico concreto all'annullamento, diverso dalla mera illegalità, e comparazione con gli interessi privati contrapposti e con gli affidamenti ingenerati dal decorrere del tempo);

c) distanziandosi dal modello statale dell'art. 39, T.U. Edilizia, e nell'esercizio delle proprie potestà legiferare nella materia "governo del territorio" *ex* art. 117, Cost., la Regione ha conformato il riesame come un procedimento *ad istanza di parte*; ciò radica in capo al Sindaco, che ne sia richiesto tempestivamente e da un soggetto effettivamente *"interessato"*, un obbligo di avviare il procedimento di riesame e di concluderlo con un provvedimento espresso, entro sessanta giorni dalla ricezione della domanda;

d) l'esercizio del potere di riesame è circoscritto dalla legge entro un termine legalmente fissato, ancorato alla data di proposizione dell'istanza da parte del soggetto interessato: se quest'ultima non viene inoltrata entro un anno dal rilascio del titolo, il riesame sindacale non è più esercitabile (ma permane, ovviamente, il distinto potere di autotutela spettante al S.U.E);

e) qualora rilevi il contrasto del permesso di costruire con la normativa o pianificazione urbanistica, il Sindaco ha l'obbligo di disporre il suo annullamento sulla base della semplice illegittimità del titolo, senza poter opporre ragioni per omettere tale provvedimento. La funzione di vigilanza di cui è espressione il potere di riesame impedisce infatti al Sindaco sia di sacrificare l'interesse pubblico alla legalità urbanistica in favore di contrapposti interessi privati, sia di esercitare le facoltà di sanatoria procedimentale o pecuniaria previste dalla legge (art. 19, L. reg. n. 23/2004 e art. 38, T.U. Edilizia) ma spettanti unicamente al S.U.E;

f) la conclusione di cui sopra soffre eccezione nel caso in cui il procedimento di riesame tempestivamente attivato sia rimasto pendente per un periodo di tempo irragionevolmente lungo, radicando nel privato un ragionevole affidamento sulla legittimità del titolo, nonché nel caso ulteriore in cui il titolo originariamente illegittimo sia divenuto legittimo prima dell'annullamento sindacale, per effetto di una sopravvenuta modifica alla legislazione o strumentazione urbanistica; in tali ipotesi il Sindaco dovrà valutare discrezionalmente se procedere all'annullamento, dando atto della sussistenza dei relativi presupposti (ma esponendosi a risarcimento del danno nei confronti dell'istante danneggiato).

6. *(segue)* L'*iter* del procedimento di riesame e gli strumenti di tutela giurisdizionale applicabili.

La prima notazione procedimentale è che il riesame deve svolgersi necessariamente avanti al Sindaco e quindi al di fuori delle competenze e del plesso organizzativo del S.U.E., che sarebbe l'organo generalmente competente ai sensi dell'art. 6 della legge regionale.

Si tratta di una prescrizione fondamentale che discende dalla matrice regionale e del carattere prettamente gerarchico del potere attribuito al Sindaco: profili che sarebbero irrimediabilmente compromessi, se l'istruttoria del riesame fosse deferita formalmente od in via di fatto allo stesso organo che ha emesso il titolo da sottoporre a verifica.

Ne risulterebbe pregiudicata, del resto, la stessa distinzione tra il riesame sindacale e il potere di autotutela riconosciuti al S.U.E, che, come visto, hanno presupposti e modalità di esercizio intrinsecamente e necessariamente diversi.

L'atto conclusivo del procedimento di riesame dovrà pertanto essere emanato dal Sindaco[35] e l'istruttoria, qualora non sia svolta dallo stesso primo cittadino, dovrà essere affidata dal R.U.E. (v. art. 27, c. 3) a soggetti estranei allo Sportello Unico, pena l'illegittimità dell'intera procedura.

A tale fine si può ipotizzare che la verifica del titolo, avendo i caratteri di un controllo di stretta legalità, sia affidata al Segretario comunale, al quale pertengono generali funzioni di assistenza giuridico-amministrativa dell'ente locale (art. 97, c. 2, T.U.E.L.) e che può ricevere specifici compiti aggiuntivi, sia dallo Statuto e dai regolamenti comunali sia da provvedimenti *ad hoc* del

---

[35] Sulla legittimità dell'attribuzione al Sindaco di un potere di annullamento di atti dirigenziali si rinvia a quanto già esposto al paragrafo 2.

Sindaco (art. 93, c. 4, lett. d), T.U.E.L.). In alternativa, i compiti istruttori sul "riesame" potrebbero essere affidati all'avvocatura comunale (ove esistente) o ad altre figure esistenti ed idonee a compiere una istruttoria *"di legalità"* secondo quanto previsto dal R.U.E.

Tanto premesso, la procedura di riesame prende avvio, come detto, su impulso di parte, che deve provenire da un *"soggetto interessato"* e dunque da chiunque possa vantare un interesse giuridicamente protetto a contrastare la realizzazione o il mantenimento dell'opera assentita.

In proposito soccorreranno dunque i criteri elaborati dalla giurisprudenza, che riconosce la legittimazione ad impugnare i titoli edilizi, ed a richiedere l'emanazione dei provvedimenti repressivi degli altrui abusi edilizi, a chi sia proprietario di un immobile vicino a quello interessato dall'abuso o dal titolo illegittimo (c.d. *vicinitas*), e si trovi pertanto in una situazione di *"stabile collegamento giuridico"* con l'opera contestata. Non è necessaria, invece, la prova del concreto pregiudizio arrecato dell'opera contestata, che dovrà essere provato solo se il terzo non sia proprietario di terreni vicini all'immobile di cui si contesta la trasformazione[36].

La legittimazione a richiedere il riesame spetterà inoltre, secondo le indicazioni della giurisprudenza, alle associazioni collettive per la tutela dell'ambiente ed il territorio, purché si tratti di enti riconosciuti *ex* L. n. 349/1986 o, comunque, di associazioni che perseguono statutariamente e non occasionalmente fini di tutela ambientale, abbiano uno stabile collegamento con l'area di riferimento e siano adeguatamente rappresentative della collettività insediata *in loco*[37]. Occorrerà inoltre che l'opera assentita dal provvedimento contestato leda in modo immediato beni ed interessi ambientali, e non abbia una rilevanza circoscritta alla materia edilizia[38].

---

[36] Sui presupposti della legittimazione ad impugnare i titoli edilizi rilasciati a terzi *cfr.*, *ex pluribus*, Cons. Stato, Sez. IV, 18 aprile 2014 n. 1995, in *Lexitalia.it* n. 4/2014; Sez. IV, 22 gennaio 2013 n. 361; Sez. IV, 17 settembre 2012 n. 4926, in *giustizia-amministrativa.it*; eccetera. Nello stesso senso, con riguardo alla legittimazione a richiedere, per via giudiziaria, la repressione degli abusi edilizi commessi da terzi, Cons. Stato, Sez. VI, 23 settembre 2014 n. 4799, in Lexitalia n. 9/2014; Sez. IV, 4 maggio 2012 n. 2592, in *Lexitalia.it* n. 5/2012; Sez. V, 7 novembre 2003 n. 7132, in *giustizia-amministrativa.it*.

[37] Per alcuni recenti arresti cfr. Cons. Stato, Sez. IV, 21 agosto 2013 n. 4233 e Sez. VI, 23 maggio 2011 n. 3107, entrambi in *giustizia-amministrativa.it*.

[38] Cons. Stato, Sez. IV, 4233/2013, cit.; Sez. IV, 9 novembre 2004 n. 7246; eccetera.

Una volta appurata la legittimazione del richiedente, il responsabile del procedimento di riesame dovrà avviare la procedura e darne comunicazione al titolare del permesso di costruire, oltre che al proprietario dell'area se diverso; è inoltre opportuno che la comunicazione di avvio del procedimento sia inviata anche al progettista, qualora i vizi del p.d.c. possano coinvolgere una sua responsabilità (si pensi ad un titolo contestato in ragione di una rappresentazione ipoteticamente non veritiera dello stato dei luoghi).

La procedura seguirà poi i binari della L. n. 241/1990 e dovrà essere conclusa entro sessanta giorni – come prevede l'art. 27, c. 3 - senza peraltro che il decorso di tale termine precluda al Sindaco l'adozione dell'atto finale.

In caso di inerzia sarà però attivabile la procedura del silenzio (artt. 31 e 117 c.p.a.) e la legittimazione a proporla dovrà essere riconosciuta non solo al soggetto "ostile" che abbia avviato la procedura di riesame, ma anche all'intestatario del titolo edilizio contestato e/o al proprietario dell'immobile (se diverso). Anche tali soggetti possono avere infatti l'interesse a non subire l'incertezza di un procedimento di riesame protratto oltre il termine di legge; e potranno, pertanto, attivare i rimedi per ottenere la conclusione del procedimento.

Come si è visto, peraltro, il *"riesame"* del Sindaco si differenzia dall'autotutela del S.U.E. per la sua natura di procedimento ad istanza di parte ed a carattere doveroso, destinato a concludersi con un altrettanto doveroso annullamento qualora il permesso di costruire si riveli essere illegittimo[39].

Ciò comporta che nel giudizio contro l'inerzia del Sindaco, che non abbia pronunciato sull'istanza di riesame, il ricorrente potrà chiedere al Tribunale di pronunciarsi *"sulla fondatezza della pretesa dedotta in giudizio"*, ai sensi dell'art. 31, c. 3, c.p.a. Il ricorso contro il silenzio, da chiunque sia proposto, potrà quindi chiedere che il Tribunale accerti la fondatezza alla pretesa e cioè la legittimità o illegittimità del titolo *"sotto riesame"*.

6. Il riesame "straordinario" delle SCIA: problematiche applicative.

Mentre l'art. 27, c. 1, concerne il riesame dei permessi di costruire, il successivo c. 2 stabilisce, con disposizione innovativa, che *"il potere"* dei privati

---

[39] Salvo i casi eccezionali citati nel paragrafo che precede.

di chiedere il riesame può essere esercitato anche nei confronti delle SCIA.

In presenza di una siffatta istanza, soggetta al medesimo termine temporale previsto per i p.d.c., il Sindaco dovrà dunque avviare il riesame e verificare, entro sessanta giorni, sia *"la presenza delle condizioni per le quali l'intervento è soggetto a tale titolo abilitativo"* sia *"la conformità dell'intervento asseverato alla legislazione e alla pianificazione territoriale e urbanistica"*.

Tale disposizione fa acquistare alla procedura di riesame caratteri di marcata atipicità, sconosciuti al Testo Unico per l'Edilizia.

A mente del D.P.R. n. 380/2001, il potere di *"annullamento"* regionale è difatti circoscritto ai permessi di costruire ed alle sole SCIA alternative al permesso di costruire, con l'esclusione delle SCIA "leggere" di cui all'art. 22, c. 1. del Testo Unico (v. art. 39, c. 2-*bis,* T.U. Edilizia).

Non si può non notare, peraltro, che il riferimento del T.U. Edilizia ad una facoltà regionale di *"annullamento"* delle SCIA non è giuridicamente corretto, perché in seguito alla decisione dell'Adunanza Plenaria n. 15/2011 (ed alla modifica dell'art. 19, L. n. 241/90 operata con il D.L. n. 138/2011, conv. in L. n. 148/2011) è stato chiarito che la SCIA non costituisce un provvedimento amministrativo passibile di annullamento, ma una semplice dichiarazione recettizia (di volontà) privata, a fronte della quale l'Amministrazione dispone di un fascio di poteri meramente inibitori, ad efficacia decrescente con il decorrere del tempo[40]. Il potere regionale "di annullamento delle SCIA", menzionato dal T.U. Edilizia, deve quindi essere inteso, per essere coerente col sistema, come potestà di emettere i provvedimenti inibitori dell'opera edilizia non conforme alla normativa e strumentazione urbanistica (sospensione lavori e demolizione delle opere), e non come potere di annullamento di un (inesistente) provvedimento amministrativo.

Rispetto a tale modello, la diversità della scelta regionale appare lampante.

La L. n. 15/2013 ha cura di puntualizzare, con apprezzabile precisione, che il *"riesame"* della SCIA non dà luogo al loro annullamento, ma si sostanzia in una *"verifica"* della appartenenza dell'opera all'ambito di applicazione della Segnalazione Certificata, ed in una ulteriore *"verifica"* della coerenza dell'o-

---

[40] Si rinvia, sul punto, al commento delle norme relative alla SCIA (artt. 13-14), con la precisazione che il recente art. 25 del D.L. n. 133/2014, conv. in L. n. 164/2014, ha ulteriormente ridotto la possibilità di intervenire in senso inibitorio sulle segnalazioni certificate, una volta decorso il termine di trenta giorni stabilito per le verifiche "ordinarie".

pera stessa con la legge ed i piani urbanistici e territoriali.

La legge regionale stabilisce però, come si può leggere, che tale potere di riesame si estende a tutti gli interventi soggetti a Segnalazione certificata, e non solo alle SCIA alternative al permesso di costruire.

Non solo: l'art. 27, c. 2, sembra attribuire al Sindaco semplici poteri *di accertamento* della legittimità dell'intervento realizzato con SCIA, e non anche le potestà inibitorie e demolitorie che, nella SCIA, costituiscono la reazione provvedimentale alla acclarata illegittimità dell'intervento.

La disciplina suscita quindi numerosi interrogativi.

In primo luogo ci si può chiedere, anche in questo caso, se sia compatibile con la separazione tra organi politici ed amministrativi l'attribuzione al Sindaco di un potere di *"certazione"* sulla legittimità di un intervento edilizio.

Il dubbio può però essere risolto positivamente, perché l'accertamento della illegittimità sostanziale dell'intervento costituisce, per la SCIA, il perfetto equivalente del potere di annullamento degli interventi soggetti a p.d.c. Entrambi si sostanziano infatti in una procedura eminentemente giuridica, volta al controllo di legalità dell'opera: procedura che precede l'emanazione degli atti di "gestione operativa" dell'opera illegittima (ordine di demolizione, sanatoria, *"conformazione"*, eccetera).

Anche il *"riesame"* delle SCIA può farsi rientrare quindi all'interno dei *"controlli di legittimità"* che l'organo politico conserva nei confronti dell'attività amministrativa dei dirigenti, in virtù dell'art. 14, c. 3, D. Lgs. n. 165/2001.

Il vero nodo problematico è costituito però dal fatto che la disciplina della SCIA edilizia, che è di spettanza esclusiva dello Stato (cfr. Corte Cost., n. 164/2012, n. 188/2012, ecc.), prevede che la potestà di verifica dei presupposti sostanziali per la realizzazione dell'intervento sia circoscritta ad uno *spatium* di trenta giorni, trascorsi i quali lo Sportello Unico può intervenire (con l'accertamento di illegittimità e l'irrogazione degli ordini di ripristino) solo in casi eccezionali e previa comparazione dell'affidamento sorto nel privato[41].

Il *"riesame"* sindacale delle SCIA contravviene palesemente a tale paradigma, poiché comporta, che la Segnalazione Certificata, anziché consolidarsi dopo trenta giorni dalla sua presentazione, resti esposta a verifica per oltre un

---

[41] Cfr. l'art. 19, cc. 3 e 4°, L. n. 241/1990, recentemente modificati dal D.L. n. 133/2014, conv. in L. n. 164/2014.

anno da parte di un organo *"straordinario"* attivabile a richiesta da parte di qualsiasi *"interessato"*.

La compatibilità con la disciplina statale della SCIA appare dunque assai problematica.

Per risolverla si possono ipotizzare due soluzioni ermeneutiche, la prima incentrata su una interpretazione adeguatrice della norma regionale e la seconda basata su una interpretazione "costituzionalmente conforme" della disciplina nazionale.

Se si accetta come dato incontrovertibile che, una volta decorsi trenta giorni dalla presentazione della SCIA, l'Amministrazione comunale perde definitivamente il potere di verificare in via ordinaria la legittimità sostanziale dell'intervento – conservando solo i limitatissimi poteri discrezionali previsti dall'art. 19, cc. 3 e 4, L. n. 241/90 – la illegittimità della norma regionale può essere evitata solo con una interpretazione *"riduttrice"* che ne riconduca l'applicazione alle sole *"super-SCIA"* alternative al permesso di costruire.

In questo ambito è infatti la stessa legge statale a consentire un controllo prolungato della SCIA da parte di un organo sovraordinato al S.U.E, e la sua riproduzione in sede regionale – con l'attribuzione al Sindaco del relativo potere – non potrebbe considerarsi lesivo delle prerogative esclusive dello Stato in materia di *"prestazioni essenziali inerenti i diritti civili e sociali"*.

Adottando tale interpretazione, l'art. 27, c. 2, dovrebbe dunque essere letto, restrittivamente, come riferito alle sole SCIA aventi ad oggetto interventi di nuova costruzione pianificati in modo dettagliato dallo strumento urbanistico, o ristrutturazioni edilizie con aumento di volume, che costituiscono titoli alternativi al permesso di costruire secondo gli artt. 10 e 22, c. 3, T.U. Edilizia.

In alternativa si può però ritenere, sulla base della più autorevole e recente dottrina, che la stabilizzazione della SCIA dopo il decorso dei trenta giorni dalla sua presentazione incida unicamente sulla possibilità della P.A. di verificare d'ufficio la legittimità sostanziale dell'intervento (salvi i limitati poteri superstiti *ex* art. 19 cc. 3 e 4, L. n. 241/90), ma lasci intatto il potere di verificare *"ordinariamente"* la Segnalazione Certificata anche dopo tale data, quando vi sia un impulso proveniente da terzi interessati[42].

---

[42] Così G. GRECO, *Ancora sulla SCIA: silenzio e tutela del terzo (alla luce del comma 6-ter dell'art. 19 l. 241/90)*, in *Dir. proc. amm.*, 2014, 645 e ss. che ha rilevato, sulla base di una

Se si accede a tale tesi, che riconosce ai terzi la possibilità di riaprire il termine per la verifica ordinaria della SCIA mediante l'istituto del silenzio-i-nadempimento, si può pervenire a considerare legittimo (ed anzi assai utile) anche l'art. 27, c. 2, della legge regionale. Esso infatti si sostanzia, come si è visto, nella creazione di un potere *extra ordinem* di *"disattivazione"* della SCIA, il cui esercizio viene conferito ad un organo distinto da quello ordinario ma resta subordinato alla iniziativa di un soggetto titolare di una situazione giuridica qualificata, da proporsi entro un termine perentorio.

In tal modo, il riesame *"sindacale"* della SCIA opererebbe dunque in parallelo con il riesame giudiziario consentito dagli artt. 19, L. n. 241/90, e 31-117 c.p.a., e non comporterebbe alcun *vulnus* alle garanzie inviolabili offerte dalla SCIA statale.

8. Il riesame "atipico" per gli immobili tutelati *ex* art. 6, c. 4, della legge regionale.

L'articolo in commento non esaurisce le forme di "riesame" esercitabile dal Sindaco sui titoli edilizi rilasciarti dallo Sportello Unico. Una sua *species* particolare è contenuta infatti nell'art. 6 della legge regionale, dedicato alla *"Commissione per la Qualità Architettonica e il Paesaggio"* (C.Q.A.P.).

I primi due commi dell'art. 6 prevedono che la C.Q.A.P. deve rendere pareri *"obbligatori e non vincolanti"* sui caratteri compositivo-architettonici degli edifici e sul loro inserimento nel contesto territoriale *"urbano, paesaggistico ed ambientale"*, e stabiliscono che tali pareri devono essere obbligatoriamente acquisiti nell'ambito di due specifici procedimenti di competenza comunale:
a) nei procedimenti di autorizzazione paesaggistica, ordinari od in sanatoria, disciplinati dagli artt. 146 e ss., D. Lgs. n. 42/2004 e delegati ai Comuni dall'art. 40-*decies*, L. reg. n. 20/2000)[43]; e

---

ricostruzione sistematica dell'istituto ed una valorizzazione degli *input* provenienti dall'Adunanza Plenaria n. 15/2011, che una diversa opzione esporrebbe l'istituto a censure di legittimità costituzionale, per lesione del diritto dei terzi ad una tutela piena dei propri diritti ed interessi lesi dalla SCIA.

[43] Come noto, l'art. 40-*decies* L. reg. n. 20/2000 ha previsto, in continuità con le leggi regionali precedenti, che *"Sono delegate ai Comuni le funzioni amministrative di cui agli articoli 146, 147, 150, 151, 152, 153, 154, 159, 167 e 181 del Codice dei beni culturali e del paesaggio, nonché le funzioni attinenti alla valutazione di compatibilità paesaggistica delle opere edilizie,*

b) nei procedimenti edilizi di SCIA e permesso di costruire, se relativi ad immobili soggetti a vincolo storico-architettonico, culturale e testimoniale da parte degli strumenti urbanistici locali (non, invece, per quelli vincolati ai sensi della Parte II del D. Lgs. n. 42/2004)[44].

La procedura per l'acquisizione dei pareri della C.Q.A.P. è contenuta in linea generale nelle norme dedicate ai singoli procedimenti (cfr. artt. 14 e 18, L. reg. n. 15/2013, art. 146, Codice dei Beni culturali) con l'eccezione però di una fase di controllo postuma, disciplinata dallo stesso art. 6: il comma 4° della norma stabilisce, infatti, che "*le determinazioni conclusive del dirigente dello Sportello Unico*", qualora siano anche parzialmente difformi dal parere reso dalla C.Q.A.P., devono essere trasmesse d'ufficio al Sindaco "*per lo svolgimento del riesame di cui all'art. 27*".

La disposizione è di lettura non agevole sotto molti profili.

Il suo ambito applicativo, anzitutto, sembra circoscritto ai soli procedimenti edilizi su immobili vincolati dai piani urbanistici (ipotesi *ex* art. 6, c. 2, lett. b) e non anche ai procedimenti comunali di autorizzazione paesaggistica (ex art. 6, c. 2, lett. a).

A ciò si perviene considerando che sono solo i primi a concludersi con una "*determinazione conclusiva del S.U.E*", posto che l'autorizzazione paesaggistica, ancorché delegata ai Comuni, deve essere resa da un organo necessariamente distinto da quello competente a rilasciare il titolo edilizio (cfr. art. 146, c. 6, D. Lgs. n. 42/2004 e art. 40-*undecies*, L. reg. n. 20/2000).

Ma a parte tale rilievo, è decisivo considerare che solo le procedure edilizie possono essere normate, in sede regionale, con un disciplina procedimentale specifica e diversa da quella statale; nella materia dei beni culturali e paesaggistici, l'intero procedimento trova infatti la propria fonte esclusiva nella legge statale ed alla Regione è vietato sovrapporsi alla stessa con una propria normativa, anche se meramente riproduttiva di quella nazionale[45]. Ciò

---

da svolgersi nell'ambito dei procedimenti di sanatoria ordinaria e speciale".

[44] Ai sensi dell'art. A-9 L. reg. n. 20/2000, i piani urbanistici comunali possono individuare sia immobili "*di valore storico-culturale*" diversi da quelli già iscritti e tutelati ai sensi della Parte Seconda del D. Lgs. n. 42/2004 (art. A-9, c. 1), sia "*edifici di pregio storico-culturale e testimoniale*" da assoggettare a specifica disciplina d'uso e di trasformazione (art. A-9, c. 2). La C.Q.A.P. possiede poi una terza ed eventuale competenza, da esercitarsi nell'approvazione dei piani urbanistici, non pertinente alla presente trattazione.

[45] Cfr. Corte Cost., 20 novembre 2014 n. 259, in *cortecostituzionale.it*, che ha ritenuto che

per tacere del fatto, poi, che in materia paesaggistica non è mai consentita l'attribuzione di competenze decisorie ad organi (quale è il Sindaco) privi di *"adeguate competenze tecnico-scientifiche"* nella materia (cfr., ancora, l'art. 146, c. 6, del Codice e l'art. 40 *undecies*, L. reg. n. 20/2000).

Lo speciale *"riesame"* dei provvedimenti in contrasto con il parere della C.Q.A.P. sembra dunque destinato ad operare unicamente nella materia *"tutta comunale"* dei procedimenti edilizi su immobili sottoposti a vincolo degli strumenti urbanistici comunali, ai sensi dell'art. A-9 della L. reg. n. 20/2000 (vincoli locali storico-architettonici, culturali, testimoniali)[46].

Si tratta, peraltro, di una forma di riesame che si discosta in modo significativo da quello dell'articolo 27.

Dall'art. 6, c. 4, si evince infatti che il riesame deve obbligatoriamente attivato, da parte della stessa amministrazione comunale, ogni qual volta vi sia una dissonanza tra il parere della C.Q.A.P. e la determinazione conclusiva – di rigetto od accoglimento – del Dirigente del S.U.E.

La procedura è dunque eccentrica rispetto al riesame tipico delineato dall'art. 27.

Da un lato, il procedimento deve essere attivato obbligatoriamente (le determinazioni conclusive *"sono immediatamente trasmesse al Sindaco per lo svolgimento del riesame"*) e si configura quindi come un segmento ipotetico ma necessario della procedura di assenso edilizio su immobili vincolati: ciò marca la differenza con il riesame ordinario dell'art. 27, la cui attivazione è facoltativa e rimessa ai *desiderata* dei privati interessati.

Non si tratta, peraltro, di un vero e proprio riesame d'ufficio, perché l'impulso procedimentale di riesame non proviene dal Sindaco – che si limita a ricevere la trasmissione della pratica edilizia – ma dallo stesso plesso amministrativo che ha curato la gestione del procedimento da sottoporre a controllo. In altre parole, il potere di riesame richiede anche in questo caso *un atto di iniziativa esterno* all'organo titolare del potere di provvedere, seppur proveniente dall'interno della stessa amministrazione.

---

la Regione non possa occuparsi della materia disciplinata dal Codice dei Beni culturali e paesaggistici, neppure con una semplice riproduzione delle norme statali.

[46] Cfr. la precedente nota 44.

La norma non specifica quale sia l'organo deputato alla *"trasmissione"* degli atti al Primo Cittadino: deve però ritenersi che essa competa in primo luogo al S.U.E – in quanto si tratta il primo organo capace di percepire le difformità tra l'atto finale e il parere della C.Q.A.P. – ma in seconda battuta alla stessa Commissione per la Qualità Architettonica, che intenda far prevalere il proprio atto endoprocedimentale sul provvedimento conclusivo dello Sportello Unico.

La seconda peculiarità riguarda la causa che giustifica l'attivazione di tale "riesame atipico".

Alla base della trasmissione degli atti al Sindaco non vi è infatti una contestazione circa la illegittimità del provvedimento reso dal S.U.E con riguardo alle leggi ed agli strumenti urbanistici, ma la semplice esistenza di un contrasto intra-procedimentale tra le valutazioni della Commissione e quelle finali del S.U.E.

In terzo luogo, il controllo del Sindaco non sembra circoscritto ai soli titoli edilizi positivamente rilasciati (come nel riesame *ex* art. 27), ma pare estendersi anche ai provvedimenti negativi.

L'art. 6, c. 4, menziona infatti genericamente le "determinazioni conclusive" del S.U.E, sicché il riesame diviene obbligatorio anche in presenza di interventi edilizi che abbiano raccolto un parere favorevole della C.Q.A.P., ma siano stati poi negati dallo Sportello Unico.

Tali peculiarità si riflettono sulla stessa latitudine e consistenza del potere conferito al Sindaco dalla norma dell'art. 6, c. 4.

Il riesame sarà anzitutto, anche in questo caso, rivolto al mero annullamento *ab externo* del provvedimento dirigenziale per ragioni di stretta legittimità.

Il Sindaco non potrà, infatti, né compiere valutazioni "di merito" sulla compatibilità dell'intervento con il vincolo impresso dallo strumento comunale, né svolgere proprie considerazioni sulla "condivisibilità" o meno del parere reso dalla Commissione, perché ciò gli attribuirebbe delle inammissibili competenze di gestione, estranee al potere straordinario di annullamento che delimita strettamente le proprie attribuzioni[47].

In concreto, il controllo sindacale di legalità sarà più agevole quando il vincolo impresso dallo strumento urbanistico sia sufficientemente chiaro, pre-

---

[47] Si rinvia, sul punto, alle considerazioni svolte nei paragrafi 2 e ss. del seguente commento.

ciso e incondizionato da poter essere valutato come prescrizione immediatamente operativa (si pensi all'obbligo di conservare la sagoma di un edificio, ai vincoli di rispetto della altezza, del volume o di altri predeterminati parametri edilizi; al divieto di sottoporre l'immobile a determinate categorie di intervento); in questa ipotesi il Sindaco potrà valutare quale, tra il parere della C.Q.A.P. e il provvedimento finale, appaia giuridicamente corretto, e trarne direttamente le conseguenze circa la necessità di annullare o meno il provvedimento del S.U.E.

L'esercizio del riesame avverrà invece *ab externo* quando il vincolo impresso dagli strumenti urbanistici comunali fissi unicamente degli obbiettivi generali di tutela, lasciando la loro declinazione concreta alla fase di autorizzazione edilizia: e quando sia sorto un contrasto di vedute tra S.U.E e C. Q.A.P. sulla loro corretta applicazione al caso specifico.

In questo caso, il Sindaco non potrà, per le ragioni dette, decidere quale delle valutazioni rese sia considerarsi corretta, ma dovrà limitarsi a ponderare se il provvedimento del S.U.E abbia adeguatamente motivato in merito alla decisione di discostarsi dal parere della Commissione; l'annullamento sindacale potrà quindi essere disposto per vizi argomentativi, logici o di istruttoria, secondo le figure sintomatiche dell'eccesso di potere.

Il carattere necessario del riesame su immobili vincolati comporterà infine, ed ovviamente, che i privati potranno sollecitarne lo svolgimento.

Sia il proprietario leso da un provvedimento sfavorevole sia i terzi interessati ad un diniego potranno pretendere, di fronte ad un contrasto tra S.U.E. e C.Q.A.P., che l'Amministrazione svolga la procedura di riesame. Attivando, in caso di inerzia, il rimedio di cui all'art. 117 c.p.a.

Giacomo Graziosi

Art. 28
Mutamento di destinazione d'uso

1. Gli strumenti di pianificazione urbanistica individuano nei diversi ambiti del territorio comunale le destinazioni d'uso compatibili degli immobili.
2. Il mutamento di destinazione d'uso senza opere è soggetto: a SCIA se comporta aumento di carico urbanistico; a comunicazione se non comporta tale effetto urbanistico. Per mutamento d'uso senza opere si intende la sostituzione, non connessa a interventi di trasformazione, dell'uso in atto nell'immobile con altra destinazione d'uso definita compatibile dagli strumenti urbanistici comunali.
3. La destinazione d'uso in atto dell'immobile o dell'unità immobiliare è quella stabilita dal titolo abilitativo che ne ha previsto la costruzione o l'ultimo intervento di recupero o, in assenza o indeterminatezza del titolo, dalla classificazione catastale attribuita in sede di primo accatastamento ovvero da altri documenti probanti.
4. Qualora la nuova destinazione determini un aumento del carico urbanistico, come definito all'articolo 30, comma 1, il mutamento d'uso è subordinato all'effettivo reperimento delle dotazioni territoriali e pertinenziali richieste e comporta il versamento della differenza tra gli oneri di urbanizzazione per la nuova destinazione d'uso e gli oneri previsti, nelle nuove costruzioni, per la destinazione d'uso in atto. È fatta salva la possibilità di monetizzare le aree per dotazioni territoriali nei casi previsti dall'articolo A-26 dell'Allegato della legge regionale n. 20 del 2000.
5. Il mutamento di destinazione d'uso con opere è soggetto al titolo abilitativo previsto per l'intervento edilizio al quale è connesso.
6. Non costituisce mutamento d'uso ed è attuato liberamente il cambio dell'uso in atto nell'unità immobiliare entro il limite del 30 per cento della superficie utile dell'unità stessa e comunque compreso entro i 30 metri quadrati. Non costituisce inoltre mutamento d'uso la destinazione di parte degli edifici dell'azienda agricola a superficie di vendita diretta al dettaglio dei prodotti dell'impresa stessa, secondo quanto previsto dall'articolo 4 del decreto legislativo 18 maggio 2001, n. 228 (Orientamento e modernizzazione del settore agricolo, a norma dell'articolo 7 della legge 5 marzo 2001, n. 57), purché contenuta entro il limite del 20 per cento della superficie totale degli immobili e comunque entro il limite di 250 metri quadrati ovvero, in caso di aziende florovivaistiche, di 500 metri quadrati. Tale attività di vendita può essere altresì attuata in strutture precarie o amovibili nei casi stabiliti dagli strumenti urbanistici.

COMMENTO

Sommario: 1. I vincoli di destinazione d'uso e limitazioni della proprietà
- 2. Le *"funzioni"* e la pianificazione degli usi - 3. Le *"opere"* e l'uso in atto.

1. Vincoli di destinazione d'uso e limitazioni della proprietà.

La destinazione d'uso, con e senza opere, la sua disciplina e il suo successivo controllo, è uno dei nodi della storia stessa dell'edilizia e dell'urbanistica.

Può anche affermarsi che una volta codificato[1] il principio della sua soggezione al c.d. *"potere di piano"*[2], il tema della destinazione d'uso senza opere degli immobili esistenti attiene strettamente allo stesso statuto positivo del diritto di proprietà[3] dato che il mero godimento, lo *ius utendi*, non vi pertiene, per così dire, ontologicamente, ma esiste, se e nei limiti in cui è dichiarato compatibile all'interesse generale.

È stato detto che l'ordinamento nel suo complesso, e cioè nazionale e regionale, sembra aver metabolizzato il cambiamento che ha sottratto lo *ius aedificandi* dal codice genetico della proprietà, così che esso può essere attribu-

---

[1] La prima codificazione è riferibile, come noto, all'art. 25, c. 4, della L. 28 febbraio 1985 n. 43 poi modificato dall'art. 2, c. 60, L. n. 662/1996 ampliando la fattispecie *"ai mutamenti dell'uso **non connessi** a trasformazioni fisiche"*. Questo è anche il testo dell'art. 10, c. 2, del T.U. che, di più, prevede anche che il vincolo di destinazione riguardi *"parti"* di immobili. Essa è quindi successiva alla famosa sentenza del Consiglio di Stato (28 luglio 1985 n. 525, Pres. Crisci, rel. Giovannini) che aveva annullato la variante al P.R.G. di Roma che vietava la modifica di destinazione d'uso senza opere murarie degli immobili siti in zona residenziale. Il tema ha dato luogo ad una sterminata messa di contributi giurisprudenziali e anche innumerevoli contributi di dottrina.

[2] Sul *"principio di piano"* come fondamento e cardine del diritto urbanistico cfr. P. STELLA-RICHTER, *I principi del diritto urbanistico*, Milano, 2006, 70. L'A., come noto, definisce come *"principio di salvaguardia"* quello per cui *"non è consentita alcuna trasformazione immobiliare se il potere pubblico non ha previamente stabilito quali trasformazioni siano compatibili con gli interessi della collettività"*. L'ampiezza del concetto di trasformazione fisica estende il principio di salvaguardia fino a confini che lo stesso A. definisce *"aberranti"* (p. 117).

[3] Cfr. A. GAMBARO–U. MORELLO, *Trattato dei diritti reali*, vol. I; P. MARZARO-GAMBA, *Pianificazione urbanistica e immobili esistenti, garanzie della proprietà e scelta della P.A.*, Padova, 2002. Se quindi, in ragione del principio di salvaguardia, l'edificabilità non è un *prius* rispetto al piano urbanistico, questo vale anche per qualsiasi altra facoltà implicita nel diritto. Per ognuna delle plurime facoltà di utilizzazione del bene può parlarsi, quindi, di una sua *conformazione*.

ito solo dalle scelte urbanistiche locali[4].

Ebbene si può dire che uguale *metamorfosi* ha riguardato il diritto di godimento che, scorporato dalla proprietà, è oggi fisiologicamente *conformato* dagli atti di pianificazione, divenuto, quindi, un diritto condizionato, affievolito, sostanzialmente declassato a interesse legittimo.

In questa prospettiva, che è pregiudizialmente urbanistica, si pone il primo comma che in attuazione – e avvalendosi oggi – dell'art. 10, T.U. n. 380/2001, affida agli strumenti di pianificazione la disciplina delle destinazioni d'uso, anche senza opere.

La norma pone due problemi, centrali sotto vari aspetti.

Il primo è *quali* siano le destinazioni d'uso. Una generale e ben nota prassi, ormai ultraventennale, ha lasciato al P.R.G. la massima discrezionalità nella tipizzazione degli usi (e sub-usi, tali in rapporto da genere a specie)[5].

Questa discutibile *"municipalizzazione"* degli usi (mai effettivamente sottoposta a vaglio critico) è in via di superamento ad opera non tanto della legge urbanistica regionale n. 20/2000 (i cui artt. 30, c. 2, e 29, c. 1, prevedono che le destinazioni d'uso siano dettate da P.O.C. e R.U.E.) quanto, come si è detto in sede di commento, dall'art. 12, c. 4, lett. g) della presente legge, che affida agli atti di coordinamento tecnico il compito di procedere alla *"classificazione uniforme della destinazione d'uso utilizzabile dagli strumenti urbanistici comunali"*. Anche questa norma, però, crea non pochi interrogativi[6], il primo

---

[4] D. TRAINA, *Lo jus aedificandi può ritenersi ancora connaturale al diritto di proprietà?*, in Riv. Giur. Ed., 2013, II, 257 e ss. D'altra parte la Corte Costituzionale ha ormai chiarito che per quanto attiene alla *normativa conformativa del diritto di proprietà* la riserva di legge di cui all'art. 42 Cost. può trovare attuazione anche in leggi regionali (cfr. Corte Cost., 11 luglio 1989 n. 391; 14 giugno 2001 n. 190) L'autore elenca il *"coacervo"* di disposizioni statali e regionali responsabili di tale trasformazione (nota 54 a pp. 279/280). Ma nel caso del mero *ius utendi* non vi è un dato normativo ugualmente stringente, al di là dell'art. 10 del T.U.

[5] Come esempio per tutti si può citare l'art. 13 delle N.T.A. del P.R.G. del 1985/1989 del Comune di Bologna, che prevedeva 36 usi divisi in 5 *"funzioni"*.

[6] Importantissimo quello della stessa attuale configurabilità della modifica di destinazione d'uso come fattispecie giuridica vigente, dato che le norme che la prevedono come variazione essenziale (art. 41), anche come fattispecie contributiva (art. 28, cc. 2 e 4) e la sanzionano (art. 16, L. reg. n. 23/2004) si fondano su di una tipizzazione degli usi incongrua rispetto al modello legale, perché non rispetta il presupposto della *"tipizzazione unica"*. Su tale problema non risultano precedenti giurisprudenziali, ma l'attuale disposizione del 3° c. dell'art. 41 che **impone** di utilizzare *"nozioni, indici e parametri edilizi stabiliti dalle Regioni ex art. 16 L. reg.*

dei quali riguarda la natura regolamentare degli atti di coordinamento tecnico, che mal si concilia con gli effetti che sono loro propri, di essere conformativi della proprietà, e cioè di definire il suo statuto[7].

2. Le "funzioni" e la pianificazione degli usi.

Il paradigma definitorio degli usi del futuro atto di coordinamento non potrà prescindere dalla risalente categorizzazione funzionale delle destinazioni urbanistiche, quella introdotta dall'art. 1 della L. reg. n. 46/1988 e recentemente confermata dall'art. 23 *ter* del T.U. (introdotto dal D.L. n. 133 del 12 settembre 2014), tra funzioni residenziali, produttive, turistiche, commerciali e agricole; e che su questa base potrà specificarne la gamma.

Non potrà prescindere perché la L. n. 164/2014 di conversione del D.L. n. 133/2014 ha aggiunto, nel 3° comma, l'obbligo delle Regioni di "*adeguare la propria legislazione ai principi di cui al presente articolo*", precisando, poi, che in linea di massima (salve diverse disposizioni delle – adeguate – leggi regionali e degli strumenti urbanistici) il passaggio tra diverse categorie funzionali "*è sempre consentito*". La norma statale, decorsi novanta giorni, troverà "*applicazione diretta*".

Si tratta di una norma con effetti dirompenti diretti non solo sulla legislazione regionale, ma anche sugli strumenti urbanistici in cui il regime degli usi è articolato in maniera diversa e incompatibile con la griglia delle "*funzioni*" posta dalla norma statale. È chiaro, infatti, che eventuali divieti (od oneri) al passaggio tra usi, se non si tratta di usi riconducibili alle funzioni così identificate, dovranno essere considerati cedevoli a fronte della liberalizzazione configurata dalla norma statale. Deve anche considerarsi che questa norma in-

---

n. 20/2000", non pare ammettere l'uso "*provvisorio*" di altre nozioni o parametri.

[7] È bensì vero che le leggi regionali, come ricordato alla nota 4, possono concorrere a determinare la conformazione dello statuto della proprietà, ma nel caso degli atti di coordinamento si tratta di atti regolamentari che verrebbero ad integrare una fattispecie normativa che attiene all'ordinamento civile. D'altra parte è difficile negare che riferiti allo *ius utendi* – e cioè ai limiti della destinazione d'uso senza opere – si possono configurare varie e distinte **tipizzazioni regionali** del diritto di proprietà. Il dubbio che ciò costituisca una *rottura* dell'ordinamento civile, in violazione dell'art. **117** Cost., anche tenendo conto dell'orientamento della Corte Costituzionale citato (n. 190/2001, ecc.), è inevitabile.

terferisce, condizionandolo, con il potere – che la legge regionale delega agli atti di coordinamento tecnico (art. 12) – di definire gli usi. Essi, infatti, non potranno che essere considerati una *species* delle funzioni, di cui non possono travalicare i confini "*liberalizzati*". Certamente su questo aspetto resterà (con effetti sul regime dalla onerosità degli interventi) una ampia discrezionalità sia delle Regioni che dei Comuni, ma questa discrezionalità dovrà operare nel rispetto di un criterio che si ricava con certezza dal contesto complessivo della legge, quello che ad ogni *species* di uso positivamente definito corrisponda uno specifico, documentato e accertato (in sede istruttoria) carico urbanistico, e cioè un preciso fabbisogno di standard (dotazioni territoriali). La ragion d'essere del potere di porre i limiti (urbanistici) allo stesso *ius utendi* dei proprietari si fonda, infatti, sul dato fattuale che l'intervento edilizio – e tale è anche la modifica di destinazione d'uso – induce un aumento del carico urbanistico[8], e cioè un fabbisogno che deve essere soddisfatto a cura della Amministrazione, ma il cui onere economico può essere accollato all'autore dell'intervento.

* * *

Il secondo problema viene dalla circostanza che l'ambiguità del tenore del 1° c. rende plausibile chiedersi se sia configurabile (e da chi) un potere di coniare, in sede di pianificazione urbanistica, *altri* – e cioè diversi e ulteriori – usi rispetto a quelli stabiliti in sede regionale.

Pare necessario escludere una tale ipotesi.

Questa conclusione si basa in primo luogo sul testo della norma dell'art. 12, c. 4, lett. g) che in combinato disposto con l'art. 16 della L. reg. n. 20/2000 dichiara in modo inequivocabile che la *ratio* della tipizzazione **regionale** degli

---

[8] La definizione giuridica di carico urbanistico non è data, come noto, né dalla legge urbanistica n. 20/2000, né dalla presente legge, ma da un atto di natura regolamentare, la D.A.L. n. 279/2010, e al n. 11, secondo cui essa è "*Il fabbisogno di dotazioni territoriali e di infrastrutture per la mobilità di un determinato immobile o insediamento in relazione alla destinazione d'uso e alla utenza*". **È da notare che vi si fa esclusivo riferimento alla** *mobilità*, **con – per un certo verso sorprendente – esclusione di altri profili di impatto e sostenibilità degli usi urbanisticamente rilevanti.** La definizione positiva non pare quindi collimare con il concetto, complesso, che viene dalla stessa scienza urbanistica, oggetto di una sorta di ambigua ma tacita *presupposizione* da parte della stessa legislazione nazionale.

usi sta proprio nell'escludere definizioni locali a favore della necessaria *unificazione* dell'istituto. In secondo luogo si fonda sulla evidenza che l'istituto del controllo dell'uso attiene, come si è detto, ai limiti legali della proprietà fondiaria più ancora di come vi attiene lo *ius aedificandi* perché l'attività di godimento presenta profili che attengono alla libertà personale[9].

Il primo comma contiene, peraltro altri importanti ambiguità, la cui decifrazione non è semplice.

Anzitutto l'individuazione delle destinazioni d'uso degli immobili deve avvenire *"nei diversi ambiti"*.

Il perché di questa precisazione è oscuro, dato che la norma avrebbe potuto semplicemente dire che gli strumenti urbanistici – come avvenuto finora – fissano le destinazioni d'uso degli immobili. *"Nei diversi ambiti"* pare quindi voler significare che ambito per ambito deve esservi una destinazione d'uso paradigmatica, *"propria"*, e cioè quello che, avuto, presente il carico urbanistico proprio dell'ambito, induce il relativo fabbisogno.

Si deve ricordare che ancorché manchi una definizione formale di ambito, la nozione (descrittiva) la si ricava indirettamente dal combinato disposto dall'art. 28, c. 2, lett. e) e degli artt. A-10, A-11, A-12, A-13, A-18, A-19, A-20 della L. reg. n. 20/2000[10]. Da una parte pare indubbio che, stante l'art. 28, c. 2, lett. c) (secondo cui *"il P.S.C. individua gli ambiti del territorio comunale secondo quanto disposto dall'Allegato"*) si tratta di figure **nominate**, cosicché è da escludere che la pianificazione comunale possa introdurne altre. Esattamente come abbiamo visto essere per le destinazioni d'uso.

Dall'altra è chiaro che per la legge urbanistica n. 20/2000 l'identità degli ambiti deriva direttamente dalle loro caratteristiche urbanistico/funzionali

---

[9] Si veda per tutti, su questo tema in generale, D. TRAINA, *Lo ius aedificandi*, cit., nonché E. BOSCOLO, *Oltre il territorio: il suolo quale matrice ambientale e bene comune*, in Urb. e App., 2014, 129 e ss., il cui approccio è ancora più radicale.

[10] Sono gli Ambiti urbani consolidati, gli Ambiti che riqualificano, gli Ambiti per nuovi insediamenti, gli Ambiti specializzati per attività produttiva, gli Ambiti agricoli di rilievo paesaggistico, gli Ambiti ad alta vocazione produttiva agricola, gli Ambiti agricoli periurbani (cfr. B. GRAZIOSI, *La pianificazione urbanistica in Emilia-Romagna*, Milano, 2007, 265 ss.). Quanto all'attività insediabile alcuni ambiti sono connotati in senso specifico (quelli specializzati per attività produttive, gli ambiti agricoli, produttivi o di rilievo paesaggistico), ma per lo più sono sostanzialmente poli-funzionali. Il che rende logica la pluralità degli usi ammessi come compatibili, ferma la loro presunta equivalenza ai fini dei carichi urbanistici

e dai requisiti prestazionali occorrenti per realizzare gli obbiettivi (sociali, funzionali, ecc.) e cioè, in sostanza, dai carichi urbanistici previsionalmente indotti dalle trasformazioni urbanistiche pianificate.

Così stando le cose, il primo comma pare postulare, per ogni ambito, una destinazione d'uso *propria*, tipica, quella cioè per la quale i carichi urbanistici indotti dagli insediamenti sono in equilibrio con le dotazioni territoriali previste dal piano.

Resta un margine di ambiguità per il senso e il valore della locuzione "*destinazione d'uso* **compatibile**" perché la lettera della disposizione era ben più chiara senza l'interpolazione di questo termine, cha pare alludere ad una destinazione d'uso *non propria* dell'Ambito, ma, per così dire "*tollerabile*", e cioè appunto *compatibile*[11]. Compare qui, quindi, la possibilità di una destinazione di zona *plurima* anche nello stesso ambito. Il senso di questa disposizione – tenendo presente la *ratio* complessiva del rapporto tra carichi urbanistici e usi sopra delineati – sta in un presupposto urbanistico accertato dal piano, quello dell'*equivalenza* dei carichi urbanistici indotti dai due o più usi, e cioè nella loro indifferenza. La compatibilità degli usi di cui parla la norma è, quindi, quella con i carichi urbanistici. I quali, come si è visto a proposito della loro definizione data dalla D.A.L. n. 270/2010, sono relativi, esclusivamente, all'assetto della mobilità.

Se è così, occorre, però, affermare che la variazioni dall'uso proprio agli usi consentiti non può essere considerata una vera e propria modifica della destinazione d'uso, né ai fini dalle necessità del titolo edilizio, né ai fini contributivi. Aggravio di carichi urbanistici e aggravio del regime autorizzatorio e di onerosità, insomma, stanno necessariamente insieme: non ci possono essere ragionevolmente i secondi se non c'è il primo.

È bensì vero che il 2° comma, in coerenza con l'art. 7, c. 4, lett. c) assoggetta a C.I.L. la modifica di destinazione d'uso priva di opere e senza effetti sul carico urbanistico, ma è ugualmente vero che si tratta pur sempre di un'attività considerata libera (art. 7).

Dalla disposizione del secondo comma emerge, quindi, la importanza, la centralità della norma dello strumento urbanistico che stabilisce quando, nella

---

[11] Pare chiaro che la formula della compatibilità è stata dedotta dalla prassi urbanistica anteriore alla L. n. 15/2013. Si veda, al riguardo, gli artt. 37 e ss, del R.U.E. di Bologna.

"*commutazione*" degli usi, vi è un incremento del carico urbanistico. Queste norme *colorano* diversamente il mero godimento che da attività libera diviene attività *soggetta al piano* e cioè vietata e lo rendono non solo oneroso, ma **doppiamente** oneroso. Esso, infatti, ai sensi del c. 4[12], è assoggettato all'obbligo di corrispondere sia gli oneri urbanizzatori per la nuova destinazione[13] che la prestazione, in natura o per equivalente monetario[14], delle dotazioni territoriali e pertinenziali richieste. Il contenuto effettivo di questo obbligo, la sua quantificazione, è rimesso alla pianificazione urbanistica (art. A-26, c. 2, e A-23, c. 3, L. reg. n. 20/2000) con un limite minimo, quello di cui all'art. A-24, c. 3.

L'intreccio del dato normativo (cc. 2 e 4) rende evidente che la *griglia* delle destinazioni d'uso è ormai il cardine su cui ruota – con la **doppia onerosità** di ogni intervento diretto – il cuore "*economico*" del P.S.C., connotandone l'acquisita identità di strumento para-tributario e, in ultima analisi, di bilancio. Ne deriva, inevitabilmente, che la scelta del piano urbanistico di classificare un uso e le sue variazioni come cause certe di incremento del carico urbanistico deve, per le rilevantissime conseguenze giuridiche ed economiche che determina, essere corredata di un apparato istruttorio e di una motivazione consoni agli effetti che produce.

---

[12] La disposizione è perfettamente conforme a quella dell'art. 26, c. 2, della L. n. 20/2000, che alle lettera a) e b) precisa l'estensione degli obblighi limitandoli alle infrastrutture "*al diretto servizio dell'insediamento*". Non è inutile sottolineare la straordinaria importanza di questo articolo per l'ordinamento urbanistico: esso infatti estende l'obbligo di cessione di aree per standard previsto dalla legge fondamentale solo per gli interventi urbanistici preventivi (art. 28 L. n. 1150/1942) agli interventi diretti, modificandone in termini radicali il regime di onerosità. Cfr. su questi punto B. GRAZIOSI, *La pianificazione urbanistica in Emilia-Romagna*, Milano, 2007, 311 e ss.

[13] La legge regionale consente di versare solo la differenza degli oneri tra il nuovo e il vecchio uso, considerando assolti, per così dire, quelli per l'uso in atto. Sul punto esiste un orientamento giurisprudenziale che, alla luce dell'ordinamento nazionale, è però ambiguo. Nel senso della legge regionale cfr. Cons. Stato, Sez. V, 30 agosto 2013 n. 4326.

[14] La monetizzazione deve essere disciplinata con il R.U.E. (art. 29, ult. c.). La quantificazione dovrà essere attentamente motivata, ancorché possa essere analoga ad una pura e semplice tariffazione, perché non pare possibile che i valori immobiliari si discostino dal costo che dovrebbe sopportare l'Amministrazione per una eventuale acquisizione forzosa, con espropriazione delle aree per le dotazioni territoriali.

3. Le "opere" e l'uso in atto.

Cosa si debba intendere per *"senza opere"* non è facile da dire, e la precisazione data dal 2° comma che è con *opere* la modifica connessa a un *"intervento di trasformazione"* non serve a molto, dato che per gli immobili esiste una trasformazione (finalizzata ad un diverso uso) che ben può avvenire con semplici arredi.

In via interpretativa parrebbe forse utile ricorrere alla nozione civilistica (art. 1061, c. 2) di (non) *apparenza* e cioè la mancanza di opere visibili e permanenti destinate all'esercizio del diritto[15] che mette in luce la necessità che le opere siano specificamente strumentali al diverso uso, e non genericamente utili alla conservazione del bene immobile. In questo senso si può dire che l'esecuzione delle opere di manutenzione, ancorché apparenti, di per sé difficilmente integra la fattispecie del cambiamento d'uso con opere.

Quanto all'uso in atto, la definizione (risalente all'art. 6 della L. reg. n. 46/1988), il riferimento al titolo abilitativo, originario o ultimo (il più recente), presenta una ambiguità evidente. La classificazione delle destinazioni d'uso vigenti nel passato o anche quella attuale, non necessariamente collimerà con le future definizioni regionali previste dalla presente legge[16]. Da ciò verrà l'esigenza di stabilire, per gli immobili più antichi, tabelle di equivalenza tra usi *"storici"* e usi attuali.

Non è ben chiaro, poi, se l'*"ovvero"* con cui la norma consente di provare la destinazione d'uso in atto con *"altri documenti probanti"*, significhi *in difetto* degli altri atti ovvero anche *in contrasto* con i predetti. Pare esatta la prima soluzione perché documentare un uso in atto in contrasto con il titolo edilizio significherebbe documentare un abuso edilizio. Ma ciò vale solo a far data da quando la modifica di destinazione d'uso è stata, in Emilia-Romagna, assoggettata a titolo edilizio, e cioè dal 23 novembre 1988, data di entrata in

---

[15] È questo l'indice non equivoco del **peso** imposto sul bene immobile (Cass., 9 febbraio 1995 n. 1456), prova cioè dell'*asservimento*. Secondo la giurisprudenza le opere visibili e permanenti debbono essere strumentali all'esercizio della servitù. La stessa cosa si può dire per le opere di trasformazione di cui parla la norma.

[16] Ad esempio può considerarsi come usuale nel passato, la destinazione polimorfa *"insediamento produttivo"* che copriva sia l'utilizzazione per attività industriali sia quello per attività commerciali o anche terziare.

vigore dalla L. reg. n. 46/1988. Prima di tale data gli usi senza opere erano liberi, cosicché per essi vale la possibilità di documentarli in ogni modo (anche con autocertificazioni).

* * *

Che la modifica di destinazione d'uso con opere segua il regime del titolo abilitativo delle opere con cui è realizzato (c. 5) è un corollario, evidente, del sistema. Naturalmente, come già chiarito, la ipotesi ricorre se e dove vi è una correlazione funzionale inequivoca tra le opere e la loro strumentalità al nuovo uso. Circostanza non sempre facile da accertare; e che, se mancante, *declassa* l'intervento a SCIA o alla C.I.L.

* * *

Il 6° comma è una appendice (apparentemente) liberale al tema della destinazione d'uso. Entro il doppio limite dei 30 mq. e del 30% della superficie utile, una parte della unità immobiliare può essere destinata ad altro uso. È evidente che la norma ha in mente lo svolgimento domestico di piccole attività autonome di tipo artigianale o professionale. Ipotesi marginale e non pianificabile (né facilmente sanzionabile).

Quanto alla liberalizzazione dell'uso commerciale di parte degli edifici dell'azienda agricola, essa è prevista, in sostanza, come limite quantitativo percentuale (20% della superficie) e assoluto (250/500 mq.).

Si deve considerare, però, che la legge statale contiene una liberalizzazione della vendita al dettaglio che riguarda la superfluità della autorizzazione commerciale (art. 4, c. 1, L. n. 228/2001) senza precise indicazioni sui locali in cui esercitare tale attività. Cosicché la legge regionale sostanzialmente introduce un limite di natura urbanistica che la legge statale non prevedeva; ma che, evidentemente, non escludeva. Sarà quindi necessario che l'imprenditore agricolo, per avvalersi della facoltà di dare agli edifici la destinazione commerciale, lo dichiari formalmente nella comunicazione al Sindaco che deve fare ai sensi del 4° comma dello stesso articolo. Si tratta, in sostanza, di una attività libera, soggetta, però, ad una sorta di C.I.L. atipica.

La possibilità di utilizzare, allo scopo, strutture precarie o amovibili (della stessa superficie, pare ovvio) è subordinata alle conformi previsioni di piano. Nel rispetto, cioè, anche qui, del primato, su tutto, della pianificazione.

Benedetto Graziosi

TITOLO III
CONTRIBUTO DI COSTRUZIONE
(artt. 29, 30, 31, 32, 33, 34)

COMMENTO

La disciplina della legge regionale – sia nel testo odierno che in quello della previgente L. n. 31/2002 (artt. 27-30) – *presuppone*, naturalmente, il regime di onerosità dei titoli. Il principio della onerosità introdotto, come noto, dapprima dall'art. 10, L. n. 765/1965, ma quale equivalente monetario della esistenza *in re* delle opere di urbanizzazione, e, quindi, in senso proprio dall'art. 1 della L. n. 10/1977, quale compartecipazione agli oneri relativi a ogni attività di trasformazione urbanistica[1]. Ciò è quanto viene confermato nelle sue linee generali dagli artt. 11, c. 2, e 16 del T.U. n. 380/2001.

Si può quindi assumere, come dato per così dire strutturale, la tesi prevalente in giurisprudenza, che il pagamento del contributo, in entrambe le sue voci, è un corrispettivo di diritto pubblico ovvero una *"prestazione patrimoniale imposta di carattere non tributario e ha carattere generale, prescindendo dalle singole opere di urbanizzazione e venendo determinato indipenden-*

---

[1] Sulla natura giuridica e sul fondamento dell'obbligo contributivo vi è una sterminata letteratura, essendosene occupati sia i tributaristi che gli amministrativisti. I primi, sostenitori per lo più della natura tributaria (quanto meno della quota relativa agli oneri di urbanizzazione), gli altri della natura di corrispettivo di diritto pubblico della assegnazione del diritto di costruire (quanto al costo di costruzione), ovvero di *"canone ambientale"* (nel caso di impianti non residenziali). Su questi temi, che, in effetti non sono ancora approdati ad una risposta univoca, cfr. per tutti, in vario senso, M.A. QUAGLIA, *L'onerosità della concessione edilizia*, Milano, 1983; M. MISCALI, *Contributo di edificazione*, in Digesto comm., Torino, 1989; G. MORBIDELLI, *Il contributo di urbanizzazione*, Riv. Giur. Ed., 1979, II, 141; G. FANZINI, *La natura giuridica del contributo della legge 28 gennaio 1977 n. 10 e i fondamenti dell'imposizione immobiliare locale*, in Riv. Dir. Fin., 1983, 1, 308.
L'opinione favorevole alla natura tributaria della obbligazione (su cui, da ultimo G. PAGLIARI, *Corso di diritto urbanistico*, Milano, 2010, 662), pare però contraddetta dalla risalente pacifica affermazione della indipendenza tra pagamento del contributo e legittimità del titolo (cfr. *ex multis*, Cons. Stato, Sez. V, 20 giugno 1983 n. 254; Sez. V, 8 febbraio 1991 n. 108) oltre che, a ben vedere, dalla natura di obbligazioni *propter rem*, altrettanto pacificamente ad esso attribuita (cfr. *ex multis*, Cass., Sez. II, 27 agosto 2002 n. 12571; F. DELLO SBARBA, *Sulla natura di obbligazioni propter rem del costo di costruzione*, in Riv. Giur. Ed., 2009, I, 226.

temente sia dall'utilità che il concessionario ritrae dal titolo edificatorio, sia dalle spese effettivamente occorrenti per realizzare dette opere, attesa la natura non sinallagmatica ed il regime interamente pubblicistico che lo connota, la debenza del contributo è legata unicamente al rilascio della concessione, anche come momento per la determinazione dell'entità del contributo"[2].

Da questi connotati conseguono i vari effetti che una cospicua giurisprudenza ha messo in luce quanto ai parametri della sua determinazione, alla esecuzione diretta delle opere cui è stata ragguagliata la quota degli oneri di urbanizzazione, alla ripetibilità in caso di mancata attuazione del titolo, al termine prescrizionale e così via[3].

Le prescrizioni degli artt. 29-34 costituiscono, quindi, una attuazione, in gran parte necessitata, di dati normativi approfonditi nel dettaglio da una copiosa giurisprudenza. Gli uni e l'altra sono quindi il filo conduttore delle norme regionali.

---

[2] Cfr. dal ultimo, Cons. Stato, Sez. I, 18 settembre 2013 n. 60; Sez. V, 26.8,2013 n. 4256.

[3] Si può vedere, ad es., tra le tante, Cons. Stato, Sez. V, 26 marzo 1996 n. 296 (sulla quantificazione del contributo); Sez. VI, 18 marzo 2004 n. 1435 (sul momento di calcolo); Sez. V, 1 giugno 1998 n. 701 (sullo scomputo); Sez. V, 12 giugno 1995 n. 894 (sulla mancata esecuzione dell'opera); Sez. V, 4 giugno 2000 n. 4302 (sulla prescrizione decennale).

Art. 29
Contributo di costruzione

1. Fatti salvi i casi di riduzione o esonero di cui all'articolo 32, il proprietario dell'immobile o colui che ha titolo per chiedere il rilascio del permesso o per presentare la SCIA è tenuto a corrispondere un contributo commisurato all'incidenza degli oneri di urbanizzazione nonché al costo di costruzione.
2. Il contributo di costruzione è quantificato dal Comune per gli interventi da realizzare attraverso il permesso di costruire ovvero dall'interessato per quelli da realizzare con SCIA.
3. La quota di contributo relativa agli oneri di urbanizzazione è corrisposta al Comune all'atto del rilascio del permesso ovvero all'atto della presentazione della SCIA. Il contributo può essere rateizzato, a richiesta dell'interessato.
4. La quota di contributo relativa al costo di costruzione è corrisposta in corso d'opera, secondo le modalità e le garanzie stabilite dal Comune.
5. Una quota parte del contributo di costruzione può essere utilizzata per garantire i controlli sulle trasformazioni del territorio e sulle attività edilizie previste nella presente legge.

COMMENTO

Il testo della norma riproduce sostanzialmente quello dell'art. 27, L. reg. n. 31/2002. A cambiare è solo il riferimento alla SCIA, che nella L. reg. n. 15/2013 ha preso il posto precedentemente occupato dalla D.I.A.

Per il resto, la norma conferma il principio generale secondo cui, fuori dai casi di riduzione o esonero di cui all'art. 32, ogni intervento edilizio è sottoposto al pagamento di un contributo commisurato all'incidenza degli oneri di urbanizzazione e al costo di costruzione.

È viva da sempre, come si è detto, la discussione circa la natura del contributo di costruzione, da alcuni interpreti qualificato come il corrispettivo per le opere di urbanizzazione che l'Amministrazione è tenuta a realizzare a servizio dell'opera, da altri inquadrato come imposta per l'aumento di ricchezza che si genera in capo al costruttore. La giurisprudenza ha al riguardo tracciato una distinzione tra le due voci di cui si compone il contributo di costruzione.

L'indirizzo prevalente è quello secondo cui gli oneri di urbanizzazione sono un corrispettivo di diritto pubblico di natura non tributaria, posto a carico del costruttore a titolo di partecipazione ai costi delle opere di urbanizzazione in proporzione all'insieme dei benefici che la nuova costruzione ritrae[1], mentre al costo di costruzione è, invece, per lo più, attribuita una discutibile natura tributaria, in quanto voce legata all'aumento di capacità contributiva del costruttore, svincolata dall'obbligo del Comune di eseguire opere di urbanizzazione[2].

Non è raro che sorgano controversie circa il pagamento di tali corrispettivi, ad esempio perché siano stati versati importi non dovuti.

In base all'art. 133, c. 1, lett. f), D. Lgs. n. 104/2010 a conoscere delle controversie relative alla determinazione o alla spettanza del contributo di costruzione è il Giudice amministrativo in sede di giurisdizione esclusiva.

L'indirizzo affermatosi in materia è che il pagamento non determini mai acquiescenza al provvedimento impositivo e non precluda quindi l'azione di restituzione, da esercitare nel termine di prescrizione decennale, venendo in gioco profili che attengono alla tutela di diritti soggettivi.

Da qui la frequente affermazione secondo cui l'azione per il rimborso dei contributi non dovuti non necessiterebbe dell'impugnazione degli atti con cui l'Amministrazione esige il pagamento.

Diverso è però il caso in cui la pretesa comunale derivi dalla intermediazione di un atto amministrativo, generalmente di tipo regolamentare, disciplinante le modalità di calcolo e di cui si assuma l'illegittimità.

In questa fattispecie il ricorrente è tenuto all'impugnazione dell'atto generale presupposto o, laddove possibile, a chiederne la disapplicazione. In relazione a tali atti la posizione dell'interessato assume, infatti, i connotati dell'interesse legittimo, con conseguente onere di impugnare anche, e a maggior ragione, il provvedimento di determinazione del contributo entro il termine decadenziale[3].

---

[1] Cfr., Cons. Stato, Sez. IV, 30 luglio 2012, n. 4320; Sez. V, 20 aprile 2009, n. 2359; Cons. Stato, Sez. V, 21 aprile 2006, n. 2258; Cons. Stato, Sez. V, 6 ottobre 2003, n. 5816; Cons. Stato, Sez. V, 13 maggio 2002, n. 2575.

[2] Questa opinione risale all'originario impianto della L. n. 10/1977 che, secondo l'impianto pensato, come nota da A. PREDERI, *La legge 28 gennaio 1977 n. 10*, *"Edificabilità dei suoli"*, Milano, 1977, vedeva nel costo di costruzione il corrispettivo patrimoniale della concessione traslativa dello *ius aedificandi*. Caduta questa impostazione, la attribuzione di una natura tributaria del costo di costruzione appare quindi un assioma privo di base.

[3] Cons. Stato, Sez. V, 3 maggio 2006, n. 2463; Cons. Stato, Sez. V, 27 settembre 2004, n. 6281. Quanto alla disapplicazione è bene ricordare che la giurisprudenza la limita agli atti

Solo quando la liquidazione degli oneri sia affetta da vizi propri, rappresentati ad esempio da un errore di calcolo, potrà effettivamente dirsi violata una posizione di diritto soggettivo, che come tale non implica l'obbligo di rispettare i termini e gli oneri prescritti per l'impugnazione di atti amministrativi aventi natura autoritativa. Questo perché, in tale ipotesi, l'Amministrazione non esercita alcun potere autoritativo, ma si limita a compiere un'attività di mero accertamento della fattispecie in relazione ai parametri fissati dalla legge e dai regolamenti.

Lì dove, invece, l'illegittimità dell'imposizione derivi da un vizio degli atti autoritativi generali presupposti (della Regione ma anche del Comune), che l'Amministrazione abbia applicato nella determinazione del contributo, la posizione dell'interessato si atteggia ad interesse legittimo, la cui tutela, anche nelle ipotesi di giurisdizione esclusiva, è subordinata al rispetto di tutte le regole di un ordinario giudizio di impugnazione[4].

È pure sottoposto al termine decennale di prescrizione il diritto del Comune di esigere il contributo, con decorrenza a partire dal rilascio del titolo.

Qualora l'intervento concessionato non sia per qualche motivo realizzato, l'Amministrazione è tenuta a rimborsare le somme corrisposte.

La giurisprudenza ha ricondotto l'obbligo restitutorio all'art. 2033 (sull'indebito oggettivo) (ma anche, in alcuni casi, all'arricchimento senza causa di cui all'art. 2041 c.c.)[5]. È stato con ciò sottolineato lo stretto collegamento tra contributo di costruzione e attività di trasformazione del territorio, per cui, se tale circostanza non si verifica, il relativo pagamento diviene privo di causa giuridica.

È stato così anche definitivamente superato quel (primo) orientamento che classificava il contributo di costruzione come corrispettivo del titolo edilizio, e che dunque negava la restituzione ove le opere assentite non fossero state realizzate.

---

regolamentari lesivi di diritti soggettivi perfetti. Sarà quindi necessario dimostrare la natura regolamentare – e non di atto amministrativo regionale – delle delibere (regionali e comunali) relative al contributo.

[4] Cfr., *ex multis*, Cons. Stato, Sez. V, 27 settembre 2004, n. 6281.

[5] T.A.R. Sicilia, Catania, Sez. I, 18 gennaio 2013, n. 159. L'assunto non pare, però, convincente se si considera il fondamento dell'obbligo costituivo.

Poiché il contributo concessorio è legato alle attività di trasformazione del territorio, l'obbligo di rimborso sorge ogni qual volta l'opera resti ineseguita, anche parzialmente. Ove si verifichi tale ultima circostanza, ad essere restituita sarà la quota calcolata con riferimento alla porzione di lavori non realizzati[6].

Ai sensi dell'art. 2935 c.c., il termine di prescrizione del diritto al rimborso comincia a decorrere dal giorno in cui la pretesa può essere fatta valere, e, dunque, dalla data in cui il titolare comunica all'Amministrazione la propria intenzione di rinunciare al titolo abilitativo o dalla data in cui il Comune dichiara la decadenza del permesso di costruire per scadenza dei termini inziali o finali[7].

Oltre alle somme indebitamente versate si avrà diritto anche alla corresponsione degli interessi legali. La giurisprudenza tende invece a negare il riconoscimento della rivalutazione monetaria[8], senza, però, una motivazione coerente con i principi dell'indebito oggettivo, soprattutto se si considera il caso specifico dell'errore nella liquidazione del contributo, la cui riconoscibilità da parte del Comune (che deve liquidare il contributo) non sembra dubitabile.

Il pagamento del contributo di costruzione può, a richiesta dell'interessato, essere soggetto a rateizzazione. La norma non pone limiti o condizioni a tale facoltà, che dunque sembra configurarsi come un vero e proprio diritto del soggetto obbligato.

Avvalora questa affermazione la circostanza che, quando il legislatore ha voluto subordinare a termini e condizioni alcune modalità di pagamento, lo ha detto espressamente (cfr. art. 15, c. 4, L. reg. n. 15/2013 sulle garanzie per il pagamento del costo di costruzione). Il silenzio normativo serbato in questo caso fa quindi propendere per l'esistenza di un vero e proprio diritto alla rateizzazione.

La collocazione della norma sulla rateizzazione nel 3° comma dell'art. 29 induce a ritenere che la facoltà di pagamento rateale riguardi solo gli oneri di urbanizzazione, e non anche il costo di costruzione. In tal senso, del resto, è

---

[6] T.A.R. Liguria, 13 gennaio 2011, n. 33.

[7] Cfr. *ex multis,* T.A.R. Lombardia, Milano, Sez. II, 24 marzo 2010, n. 728; T.A.R. Abruzzo, Pescara, 15 dicembre 2006, n. 890.

[8] Giurisprudenza consolidata T.A.R. Emilia-Romagna, Parma, 9 febbraio 1999, n. 81; T.A.R. Emilia-Romagna, Parma, 7 aprile 1998, n. 149.

espressamente disposto nell'art. 16, c. 2, D.P.R. n. 380/2001.

Tenuto al pagamento è il soggetto che ha titolo per richiedere il permesso di costruire o per presentare la SCIA. Può trattarsi, dunque, non solo del proprietario, ma anche di chi ha un idoneo titolo di godimento dell'immobile, che conferisca la legittimazione a presentare la pratica edilizia (es. superficiario, usufruttuario).

In caso di SCIA il contributo è soggetto ad una procedura di autoliquidazione, compiuta dall'interessato in base alle tabelle vigenti.

Secondo la comune opinione, il pagamento del contributo di costruzione ha natura di obbligazione *propter rem*. Si tratta, cioè, di un'obbligazione che, fino a quando non sia onorata, segue la cosa (e il suo titolare).

La questione ha significative ricadute pratiche, che emergono soprattutto in caso di passaggio di proprietà dell'immobile cui si riferisce il titolo.

La regola generale vuole che se il trasferimento della proprietà avvenga a costruzione non ancora iniziata (in caso di permesso di costruire), si dia luogo alla voltura del titolo, con conseguente trasmissione dell'obbligazione al nuovo titolare. Ne deriva che la parte cedente, ove non abbia ancora iniziato l'edificazione, viene a trovarsi liberata, in virtù della cessione del titolo edilizio, dall'obbligo di corrispondere il contributo di costruzione, non essendosi verificato il presupposto di esigibilità del credito pubblico, ovvero la materiale trasformazione urbanistica del territorio.

Quando, invece, il presupposto di esigibilità del credito, ossia l'edificazione, abbia avuto attuazione in capo al dante causa ed al cessionario, sia l'uno che l'altro sono solidalmente tenuti al pagamento degli oneri concessori, in quanto, in tale ipotesi, l'identico fenomeno urbanistico ed edilizio ha tratto origine da due coautori[9].

Per la SCIA il problema non dovrebbe porsi[10], essendo in questo caso il contributo versato anticipatamente, con la presentazione della pratica edilizia intestata al proprietario originario. Solo ove sia chiesta la rateizzazione, e in presenza di una costruzione non ancora ultimata, potrebbe in astratto configurarsi una corresponsabilità del nuovo proprietario.

---

[9] Così T.A.R. Sicilia, Catania, Sez. I, 26 settembre 2013, n. 2287; T.A.R. Toscana, Firenze, Sez. II, 12 giugno 2012, n. 1126; T.A.R. Sicilia, Catania, Sez. I, 12 ottobre 2010, n. 4104.

[10] Salvo che per il caso di pretesa, il cui diritto, ovviamente, spetta al proprietario "*attuale*" del momento in cui matura tale diritto.

L'articolo in commento individua diversi momenti di decorrenza dell'obbligo di pagamento, a seconda che si abbia riguardo agli oneri di urbanizzazione o al contributo per costo di costruzione.

Per gli oneri l'obbligo di pagamento è collocato al momento del rilascio del permesso o all'atto di presentazione della SCIA; il costo di costruzione è invece versato in corso d'opera, secondo le modalità e con le garanzie stabilite dal Comune.

Diversamente dall'art. 16, c. 3, D.P.R. n. 380/2001, che impone di versare la quota di contributo relativa al costo di costruzione non oltre 60 giorni dalla ultimazione della costruzione, la legge regionale non stabilisce un termine finale di pagamento. È dunque rimesso ai singoli Comuni il potere di disciplinare, preferibilmente in via generale con atto regolamentare, le modalità, i tempi, le garanzie del pagamento. Non è escluso che anche per il costo di costruzione i Comuni consentano di accedere al beneficio della rateizzazione, previsto invece in via generale dalla legge per il pagamento degli oneri di urbanizzazione.

Le sanzioni per il ritardato o omesso pagamento del contributo di costruzione sono quelle disciplinate dall'art. 20, L. reg. n. 23/2004.

Rispetto alle omologhe norme del D.P.R. n. 380/2001, il legislatore regionale ha, con l'art. 29, L. reg. n. 15/2013 (e già prima con l'art. 27, L. reg. n. 31/2002) tracciato una disciplina generale e, per così dire, introduttiva al tema del contributo di costruzione, per poi dedicare negli articoli seguenti una disciplina specifica alle due voci di cui il contributo di costruzione si compone.

Diverso è l'impianto del T.U. Edilizia, che invece disciplina il contributo di costruzione con norme separate, rispettivamente riferite al permesso di costruire e alla D.I.A., oggi SCIA (cfr. artt. 16 e 22 D.P.R. n. 380/2001).

Degno di nota è che, in base all'art. 22 D.P.R. n. 380/2001, la D.I.A. (SCIA) normalmente non soggiace (ad eccezione degli interventi di cui al c. 3) al pagamento del contributo di costruzione. Fissato tale principio generale, il legislatore statale rimanda però alle Regioni per una eventuale diversa disciplina della onerosità degli interventi sottoposti a D.I.A. (art. 22, c. 5, D.P.R. n. 380/2001).

La L. reg. n. 15/2013, e prima ancora la L. reg. n. 31/2002, hanno – come visto – fatto uso di tale potere.

Altra differenza rispetto alle norme con cui il legislatore statale disciplina tali aspetti è che l'art. 29, L. reg. n. 15/2013 non contiene alcun riferimento alla c.d. realizzazione delle opere a scomputo, diversamente dall'art. 16, D.P.R. n. 380/2001, che invece contempla il ricorso a questo strumento.

L'unico cenno che si ritrova sul tema delle opere di urbanizzazione eseguite dal privato nella L. reg. n. 15/2013 è che le stesse non sono soggette al pagamento del contributo di costruzione (art. 32, c. 1, lett. h).

È allora legittimo chiedersi se il c.d. scomputo degli oneri di urbanizzazione sia ammesso nel nostro territorio regionale.

A tale quesito pare doversi dare risposta affermativa, almeno finché perdura la vigenza dell'art. A-26, L. reg. n. 20/2000, che a questo istituto fa invece espresso riferimento, rimettendo ai R.U.E. la relativa disciplina.

In questo caso essenziale sarà il rispetto delle procedure di evidenza pubblica per la selezione del costruttore, come puntualmente chiarito fin dalla sentenza della Corte di Giustizia CE 21 luglio 2001, n. 399.

Ciò lascia immaginare che solo le grandi imprese possano ricorrere a tale strumento, che diviene piuttosto complicato (e oneroso) per l'obbligo di attenersi al codice dei contratti. Laddove, però, l'opera da eseguire abbia un valore inferiore alle c.d. soglie comunitarie, potrà farsi leva sull'art. 16, D.P.R. 380/2001 (e al rinvio ivi contenuto alla normativa sui lavori pubblici), che consente l'esecuzione diretta per le opere di urbanizzazione inferiori a tali valori.

Ad ogni modo, lo scomputo richiede un accordo tra il Comune e il privato costruttore, non potendosi viceversa affermare che, una volta ottenuto l'assenso alla realizzazione diretta delle opere di urbanizzazione, lo scomputo assurga a diritto del costruttore. Sul punto si è in più occasioni pronunciata la giurisprudenza, precisando che l'ammissione allo scomputo è oggetto di una valutazione ampiamente discrezionale dell'Amministrazione, mentre un vero e proprio diritto in capo al privato proponente sorge solo allorché vi sia stato un espresso atto di "accettazione" consensuale da parte dell'Amministrazione stessa. La conseguenza è che, in mancanza di tale accordo, il richiedente resta soggetto al pagamento integrale degli oneri concessori dovuti[11].

Quanto allo scomputo del costo di costruzione, anche se la legge non ne

---

[11] T.A.R. Sicilia, Catania, Sez. I, 2 febbraio 2012, n. 279; T.A.R. Campania, Napoli, Sez. VIII, 7 luglio 2010, n. 16606.

parla, ciò non significa che il relativo importo non possa essere negoziato tra le parti (Comune e soggetto che deve attuare l'intervento) ed entrare in un c.d. *"accordo solutorio"* con causa urbanistica[12].

* * *

L'art. 29 si chiude con la previsione di un vincolo (tendenziale) di destinazione dei contributi concessori. In base a tale previsione, una quota parte del contributo di costruzione può essere utilizzata per garantire i controlli sulle trasformazioni del territorio e sulle attività edilizie.

La norma lascia ai Comuni ogni concreta scelta sull'*an.* sul *quantum* e sul *quomodo,* ma per la verità, mancando la fissazione di specifiche quote di entrate da destinare ai controlli e, ancor prima, la previsione di un vero e proprio obbligo circa una simile destinazione, essa non ha effetti pratici.

Al di là di una generica norma manifesto, con un certo *favor* per la valorizzazione dei controlli sulle attività edilizie, il legislatore regionale si astiene dalla introduzione di obblighi puntuali, che incidendo sull'autonomia di bilancio dei Comuni (e toccando la materia "coordinamento della finanza pubblica" di cui all'art. 117, c. 3, Cost.), avrebbero in effetti potuto generare problemi di compatibilità costituzionale.

In realtà il tema della destinazione dei cespiti urbanistici è di assoluta centralità e merita un approfondimento alla luce del 2° comma dell'art. 30, cui qui si rinvia.

Camilla Mancuso

---

[12] Cfr. T.A.R. Abruzzo, Pescara, I, 18 ottobre 2010, n. 1142, in Riv. Giur. Ed., 2011, 173 (nota di F. DELLA SBARBA).

Art. 30
Oneri di urbanizzazione

1. Gli oneri di urbanizzazione sono dovuti in relazione agli interventi di ristrutturazione edilizia o agli interventi che comportano nuova edificazione o che determinano un incremento del carico urbanistico in funzione di:
   a) un aumento delle superfici utili degli edifici;
   b) un mutamento delle destinazioni d'uso degli immobili con incremento delle dotazioni territoriali;
   c) un aumento delle unità immobiliari, fatto salvo il caso di cui all'articolo 32, comma 1, lettera g).
2. Gli oneri di urbanizzazione sono destinati alla realizzazione e alla manutenzione delle infrastrutture per l'urbanizzazione degli insediamenti, alle aree ed alle opere per le attrezzature e per gli spazi collettivi e per le dotazioni ecologiche ed ambientali, anche con riferimento agli accordi territoriali di cui all'articolo 15, comma 3, della legge regionale n. 20 del 2000, ferma restando ogni diversa disposizione in materia tributaria e contabile.
3. Ai fini della determinazione dell'incidenza degli oneri di urbanizzazione, l'Assemblea legislativa provvede a definire ed aggiornare almeno ogni cinque anni le tabelle parametriche. Le tabelle sono articolate tenendo conto della possibilità per i piani territoriali di coordinamento provinciali di individuare diversi ambiti sub-provinciali, ai sensi degli articoli 13 e A-4 dell'Allegato della legge regionale n. 20 del 2000, ed in relazione:
   a) all'ampiezza ed all'andamento demografico dei Comuni;
   b) alle caratteristiche geografiche e socio-economiche dei Comuni;
   c) ai diversi ambiti e zone previsti negli strumenti urbanistici;
   d) alle quote di dotazioni per attrezzature e spazi collettivi fissate dall'articolo A-24 dell'Allegato della legge regionale n. 20 del 2000 ovvero stabilite dai piani territoriali di coordinamento provinciali.
4. Fino alla ridefinizione delle tabelle parametriche ai sensi del comma 3 continuano a trovare applicazione le deliberazioni del Consiglio regionale 4 marzo 1998, n. 849 (Aggiornamento delle indicazioni procedurali per l'applicazione degli oneri di urbanizzazione di cui agli articoli 5 e 10 della legge 28 gennaio 1977, n. 10) e n. 850 (Aggiornamento delle tabelle parametriche di definizione degli oneri di urbanizzazione di cui agli articoli 5 e 10 della legge 28 gennaio 1977, n. 10).

COMMENTO

1. L'articolo in commento trova il suo antecedente nell'art. 28, L. reg. n. 31/2002, di cui, salvo alcune lievi modifiche, riproduce sostanzialmente il testo.

Rispetto al T.U. dell'edilizia il legislatore regionale sceglie invece una diversa impostazione normativa.

Se, infatti, il D.P.R. n. 380/2001 tratteggia una disciplina unitaria degli oneri di urbanizzazione e del contributo per costo di costruzione, semmai diversificata solo in relazione al tipo di intervento da eseguire[1], la L. reg. n. 15/2013 dedica due distinte disposizioni alle due voci di cui si compone il contributo di costruzione, senza ulteriori specificazioni riferite alla categoria di intervento.

L'art. 30 è la norma che la L. reg. n. 15/2013 dedica agli oneri di urbanizzazione.

L'articolo si apre con l'elencazione dei casi in cui tali oneri sono dovuti, i quali sono da ricondurre, in via generale, ai (soli) interventi di ristrutturazione edilizia o nuova edificazione che realizzino un aumento di carico urbanistico[2].

Fatta questa premessa, l'art. 30 passa poi a definire in modo più concreto i casi in cui verosimilmente si realizza un incremento di carico urbanistico.

Le ipotesi delineate vanno dall'aumento delle superfici utili, al mutamento delle destinazioni d'uso con aumento delle dotazioni territoriali; all'aumento delle unità immobiliari, fatta però eccezione per il frazionamento, che non alterando la fisionomia complessiva dell'organismo edilizio, è sottratto alla categoria degli interventi onerosi.

Tale precisazione rappresenta una delle poche innovazioni introdotte dall'art. 30, L. reg. n. 15/2013 rispetto al previgente art. 28, L. reg. n. 31/2002, che al frazionamento non dedicava alcuna clausola di esonero.

In virtù del rinvio che l'art. 30, c. 1, lett. c) fa all'art. 32, c. 1, lett. g), oggi risulta invece chiarito che il frazionamento è gratuito quando: *i)* non sia connesso ad un insieme sistematico di opere edilizie che portino ad un orga-

---

[1] Se l'intervento è sottoposto a permesso di costruire ovvero è una ristrutturazione o, ancora, è attuativo di strumenti urbanistici con prescrizioni planovolumetriche (artt. 22, 3° c.), a dettare la disciplina di tutti gli oneri economici dovuti è l'art. 16, D.P.R. n. 380/2001; se a venire in gioco è, invece, una D.I.A. (oggi SCIA), la disciplina dei contributi si ritroverà nell'art. 22, per i limitati casi in cui il T.U. Edilizia prevede l'onerosità di tali interventi. In generale il T.U. non assegna particolare rilevanza, all'interno del contributo, alle sue due componenti.

[2] Per tali definizioni occorre far riferimento alle disposizioni contenute nella stessa legge (l'Allegato) ovvero agli atti di coordinamento tecnico (attualmente: la D.A.L. n. 270/2010 modificata con la D.G.R. n. 994 del 7 luglio 2014) per il concetto di carico urbanistico, di superficie, di unità immobiliare.

nismo in tutto o in parte diverso dal precedente; *ii)* non comporti aumento delle superfici utili; *iii)* non comporti mutamento delle destinazioni d'uso con incremento delle dotazioni territoriali[3].

Ove determini il solo aumento delle superfici accessorie, senza però realizzare un organismo edilizio diverso dal precedente o un mutamento della destinazione d'uso, il frazionamento accede dunque al beneficio della gratuità.

Rispetto all'art. 28, L. reg. 31/2002, l'art. 30, L. reg. n. 15/2013 compie una precisazione riguardante anche il cambio di destinazione d'uso, soggetto al regime dell'onerosità non quando l'intervento genericamente comporti una variazione delle dotazioni territoriali (come finora previsto), ma solo nei casi in cui le dotazioni necessitino di essere aumentate.

2. Il 2° comma dell'art. 30 stabilisce che l'utilizzo dei contributi relativi agli oneri di urbanizzazione non è lasciato alla libera determinazione dei Comuni, ma è sottoposto ad un preciso vincolo di destinazione, consistente nella realizzazione e manutenzione delle infrastrutture per l'urbanizzazione degli insediamenti, nella costruzione di attrezzature e spazi collettivi e nella realizzazione di dotazioni ecologiche e ambientali. Tale previsione, letta congiuntamente all'art. 29, c. 5, L. reg. n. 15/2013, che a sua volta favorisce la destinazione di una parte del contributo di costruzione (comprendente anche gli oneri di urbanizzazione) allo svolgimento di controlli sulle attività edilizie e sugli altri interventi di trasformazione del territorio, merita un approfondimento.

Questa norma segna, infatti, forse inaspettatamente, un radicale *revirement* rispetto alla legislazione nazionale degli ultimi decenni. Quest'ultima aveva progressivamente cancellato un dato strutturale del sistema della onerosità dei titoli edilizi, e cioè il vincolo di destinazione impresso, sui cespiti derivanti dal rilascio dei titoli edilizi, dall'art. 12, L. 28 gennaio 1977 n. 10. Si trattava

---

[3] Tutta la fattispecie è oggi dettagliatamente disciplinata dall'atto di coordinamento tecnico di cui alla delibera della Giunta n. 75 del 27 gennaio 2014. Merita di essere segnalato che, secondo questo atto, il mutamento di destinazione d'uso con **incremento delle dotazioni territoriali** che rende oneroso il frazionamento (concetto in effetti difficilmente definibile) è *"quello che comporta un aumento del carico urbanistico e dei corrispondenti oneri di urbanizzazione secondo quanto definito dalle delibere del Cons. Reg. nn. 849 e 850"* richiamate e confermate dal 4° comma.

Si chiude, qui, un triangolo normativo spurio fatto da una norma di legge, un atto di coordinamento, una delibera del Cons. Regionale intrecciati in un reciproco rinvio.

dell'obbligo, per i Comuni, di utilizzare questi per la realizzazione di opere di urbanizzazione, il risanamento dei centri abitati, le espropriazioni necessarie per attuare i P.P.A., la manutenzione del patrimonio immobiliare del Comune[4].

Questo vincolo garantiva, alla fin fine, l'unitarietà stessa del sistema della L. n. 10/1977, in cui a fronte – e *in pendant* – dell'onerosità dei titoli sta, in connessione con la identità della *causa urbanistica* e cioè come necessario fine pubblico, il riequilibrio "*compensativo*" dell'assetto urbanistico complessivo.

A ben vedere questo dato strutturale è ciò che la giurisprudenza, tralatiziamente, dice a proposito del **fondamento (giuridico)** del contributo di urbanizzazione e cioè che esso "*non consiste nel rilascio del titolo edilizio in sé ma nella necessità di redistribuzione dei costi sociali delle opere di urbanizzazione facendoli gravare su quanti beneficiano della utilità derivante dalla presenza delle medesime*"[5].

Senonché, oggi, questo riferimento al sistema originario – quello, come noto, pensato da Predieri – non trova più fondamento nella legislazione nazionale. Qui, ora, i cespiti urbanistico/edilizi in genere (e cioè sia quelli connessi ai titoli che quelli connessi a sanzioni ripristinatorie) sono, finanziariamente, liberi da qualsiasi vincolo di scopo. Soprattutto edilizio/urbanistico.

L'art. 12, L. n. 10/1977 è stato modificato, infatti, dapprima dall'art. 16 *bis* della L. 9 agosto 1986 n. 488, indi, via via, abrogato dall'art. 136, c. 2, lett. e) del T.U. n. 380/2001 e indi "*sostituito*" dall'art. 1, c. 713, della L. n. 296/03, dall'art. 2, c. 8, della L. n. 244/2007, dall'art. 1, c. 4, del D.L. n. 225/2010. Queste norme consentono che con i proventi dei contributi siano finanziate le spese correnti fino al 75%.

La rottura, consolidata anche nella prassi amministrativa, di tale nesso di, per così dire, corrispondenza funzionale ha declassato la coerenza del sistema e, a ben vedere ha tolto forse legittimazione alla stessa prestazione patrimoniale in sé[6]. Ma ha, con più certezza, reso estremamente problematica – in

---

[4] Nel capitolo di spesa di cui all'art. 12, L. 10/1977 dovevano confluire anche le entrate derivanti dalle sanzioni pecuniarie di abusi edilizi, la cui natura non afflittiva, ma – per nota, comune opinione – ripristinatoria esigeva anche essa un analogo vincolo.

[5] Cfr., *ex multis,* da ultimo Cons. Stato, Sez. V, 30 agosto 2013 n. 4336.

[6] Alla dottrina successiva pare essere sfuggita l'importanza della cancellazione legislativa del rapporto di, per così dire, coessenzialità tra gli artt. 1, 3 e 5 e l'art. 12 della L. n. 10/1977

termini di istruttoria e di motivazione – la determinazione delle tabelle parametriche in funzione della *"incidenza degli oneri di urbanizzazione"* (artt. 11, c. 1, e 16, cc. 7, 7 *bis* e 8, T.U. n. 380/2001)[7].

Il 2° comma dell'art. 30 ripristina, a quel che appare *prima facie*, il sistema di imposizione con causa urbanistica e la sua razionalità, reintroducendo il vincolo di destinazione, con la necessaria attualizzazione terminologica che allarga lo spettro delle opere ed impianti pubblici (è qui da cogliere il collegamento alle opere enumerate negli artt. A-23, A-24, A-25 della L. reg. n. 20/2000).

Si tratta, come si è già accennato, di una vera e propria regola di finanza locale.

Il fatto è che una simile previsione, se da un lato pare logica e coerente, come si è detto, con la tradizionale configurazione degli oneri in parola come contributi per la realizzazione delle opere di urbanizzazione, dall'altra opera, ormai, al di fuori di una cornice legislativa statale, che sarebbe probabilmente stata necessaria, afferendo tali profili a quella materia oggetto di potestà legislativa concorrente, rappresentata dal coordinamento della finanza pubblica (art. 117, c. 3, Cost.).

L'assenza di un qualsivoglia riferimento nella legislazione statale e, d'altra parte, la diretta incidenza della norma regionale su aspetti che toccano intimante l'autonomia di spesa degli enti locali, crea quindi, sotto questo aspetto, seri dubbi sulla compatibilità del descritto vincolo di scopo con il quadro costituzionale. Il dubbio non viene meno solo perché, con previsione abbastanza superflua, la norma sul vincolo di destinazione degli oneri di urbanizzazione lascia ferma ogni diversa disposizione in materia tributaria e contabile degli enti locali. Ed infatti non si può non porre, qui, il problema se questa è una clausola di *cedevolezza* della prima parte della norma di fronte alle citate già esistenti norme statali che legittimano ogni scelta di spesa.

L'impressione, complessiva, è che la – per così dire – *perplessità* della norma la rende costituzionalmente irragionevole a prescindere da ogni altra questione attinente alla competenza.

(cfr. per tutti A ed E. FIALE, *Diritto urbanistico*, Napoli, 2011, 667, 671.

[7] Se, infatti, la quantificazione deve essere correlata agli **oneri (urbanizzatori) necessari**, caduta la **necessità** (obbligo di destinazione dei proventi), cade la quantificazione. Si tratta di dati e concetti che, nel quadro legislativo, da sempre *simul stabunt et simul cadent*.

* * *

Nella valutazione degli interventi cui destinare i proventi degli oneri di urbanizzazione, possono venire in gioco anche gli accordi territoriali disciplinati dall'art. 15, c. 3, L. reg. n. 20/2000[8].

Quest'ultima legge prevede che, attraverso accordi tra Amministrazioni locali, possa disciplinarsi la costituzione di un fondo finanziato dagli stessi enti con risorse proprie o con quote dei proventi degli oneri di urbanizzazione e delle entrate fiscali conseguenti alla realizzazione degli interventi concordati tra gli enti sottoscrittori dell'accordo.

Per tale via, gli oneri di urbanizzazione possono dunque divenire lo strumento per consentire forme di perequazione territoriale, con realizzazione di opere e infrastrutture anche al di fuori del territorio su cui insiste l'intervento soggetto a pagamento.

Alla fissazione di un preciso vincolo di legge circa l'utilizzo degli oneri di urbanizzazione dovrebbe collegarsi, quale necessario corollario, l'obbligo di assicurare trasparenza agli investimenti compiuti con tali proventi, per il tramite di atti controllabili e accessibili e la possibilità di attivare mezzi di tutela, anche giurisdizionale, in caso di mancato rispetto delle finalità impresse dal legislatore.

Per la concreta quantificazione del contributo, il c. 3 dell'art. 30 pone a carico della Regione il compito di approvare – e aggiornare almeno ogni cinque anni – tabelle parametriche per classi di Comuni, determinate in relazione ai seguenti criteri:

a) ampiezza ed andamento demografico dei Comuni;

b) caratteristiche geografiche e socio-economiche dei Comuni;

c) ambiti e zone previsti negli strumenti urbanistici;

d) quota di dotazione per attrezzature e spazi collettivi fissate nell'art. A-24 dell'allegato della L. reg. n. 20/2000, ovvero stabilite nei Piani territoriali di coordinamento provinciali.

Trattasi di tabelle molto articolate, dove gli importi dovuti sono rappresentati da somme per metro quadro, variabili in relazione alla classe in cui il

---

[8] Cfr. B. GRAZIOSI, in *La pianificazione urbanistica in Emilia-Romagna*, a cura di B. GRAZIOSI, 41 e ss.

Comune è inserito, al tipo di opera da eseguire, alla zona urbanistica in cui l'intervento edilizio si colloca, alla destinazione d'uso dell'immobile.

Nella parte in cui fa ancora riferimento alle zonizzazioni, anziché al sistema degli ambiti ormai accolto dalle vigenti leggi urbanistiche e dai P.S.C., è del tutto evidente che il modello di calcolo delineato dall'art. 30 meriti di essere rivisitato.

Il meccanismo, già sufficientemente complesso e diversificato, potrà subire ulteriori differenziazioni, ove i PTCP individuino gli ambiti territoriali sub-provinciali previsti dall'art. A-4 dell'allegato della L. reg. n. 20/2000, e cioè gli ambiti entro cui si renda opportuno sviluppare forme di coordinamento degli strumenti di pianificazione e programmazione comunale. Anche di tali sub-ambiti la Regione dovrà infatti tenere conto nella definizione delle tabelle parametriche.

La natura delle tabelle regionali, che sono approvate dall'Assemblea legislativa, può essere ragionevolmente ascritta a quella degli atti aventi valore regolamentare[9].

Da qui l'onere di impugnarle unitamente all'atto impositivo degli oneri, ove l'interessato le ritenga affette da una qualche vizio di legittimità, destinato a ripercuotersi sull'atto comunale che ne abbia fatto applicazione.

È comunque abbastanza chiaro che, nella fissazione dei parametri, la Regione goda di ampia discrezionalità, con la conseguenza di una evidente contrazione dei casi in cui l'atto potrà essere impugnato, sostanzialmente limitati a quelli in cui sia violata una norma legislativa (come nel caso in cui si preveda come oneroso un intervento che per legge deve essere gratuito), oppure gli importi fissati non rispondano a criteri di ragionevolezza, ad esempio perché macroscopicamente difformi dai costi reali degli interventi urbanizzativi ipotizzabili come fabbisogno indotto dai carichi urbanistici.

Fino alla ridefinizione delle vigenti tabelle parametriche, restano ultrattive le precedenti delibere del Consiglio regionale n. 849 e n. 850 del 1998. Disposizione singolare, questa, dato che la ultrattività di atti amministrativi generali non necessita di conferme legislative.

---

[9] È però da osservare che lo Statuto (L. reg. n. 13/2005) non prevede tale potere tra le competenze regolamentari della Assemblea legislativa (art. 49, c. 2, con riferimento all'art. 28, c. 4, lett. h)). Non è quindi da escludere la tesi che si tratti, in realtà, di un atto amministrativo generale.

E che la norma impone, poi, un aggiornamento quinquennale delle tabelle parametriche.

Nella norma regionale non vi è il riferimento, contenuto invece dalla legge statale (cfr. art. 16, c. 4, D.P.R. n. 380/2001) e nella norma regionale sul costo di costruzione (art. 31, L. reg. n. 15/2013), ad ulteriori interventi comunali tesi a specificare le indicazioni delle tabelle parametriche regionali.

L'assenza nell'art. 30 di un rinvio simile a quello previsto dal T.U. Edilizia permette di ritenere che, nella nostra Regione, sia sottratto ai Comuni il potere di incidere sulla determinazione quantitativa degli oneri di urbanizzazione. E cioè lo sia tuttora come lo era ai sensi del precedente art. 28 della L. reg. n. 31/2002.

Porta a tale conclusione la natura di dettaglio della norma statale che rimanda a delibere comunali per l'ulteriore specificazione dei parametri regionali.

Ora, poiché la materia *de qua* è dall'art. 117, c. 3, Cost. attribuita alla potestà legislativa concorrente di Stato e Regioni, pare corretto concludere che, in Emilia-Romagna, il potere di determinare l'incidenza degli oneri di urbanizzazione spetti solo alla Regione.

Il che è scelta per certi versi logica e comprensibile, ponendo un limite alla esistenza di (troppe) discipline differenziate a seconda del singolo territorio comunale in cui colloca l'intervento costruttivo e, quindi, coerente con l'orientamento *unificante* dato con gli atti di coordinamento tecnico.

Resta da capire se, escluso un possibile intervento adeguativo dei Comuni in ordine alla determinazione degli oneri di urbanizzazione, possa in capo ad essi configurarsi un interesse – tutelabile anche in sede giurisdizionale – a far valere l'inadempienza della Regione circa l'aggiornamento (anche, ipoteticamente, in riduzione) delle tabelle parametriche. La risposta positiva pare preferibile, alla luce dei principi generali in materia degli interessi istituzionalmente pertinenti, all'ente locale territoriale, correntemente ribadito dalla giurisprudenza[10].

---

[10] Si veda *ex multis*, specificamente sul punto della legittimazione degli enti territoriali "*nelle materie conferite ex lege*", Cons. Stato, Sez. IV, 9 dicembre 2010, n. 1184.

3. L'istituto degli oneri è stato interessato dalla modifica dell'art. 16, c. 4, T.U. operata dalla legge di conversione del D.L. n. 133/2014 (conv. in L. n. 164/2014) che ha introdotto il *"contributo straordinario"* a carico del proprietario titolare di un titolo edilizio rilasciato in esito a una *"Variante urbanistica, in deroga o con cambio di destinazione d'uso"* di importo pari ad almeno il 50% - stimato unilateralmente dal Comune – del *"maggior valore"* indotto dalla Variante.

Si tratta di una norma di natura urbanistica che ricalca un singolare esperimento fatto a livello di piano regolatore regionale di una speciale *"perequazione contributiva"*[11], la cui novità ed importanza non può sfuggire. Così come formulata essa riguarda infatti non soltanto gli interventi attributivi di Varianti puntuali (di *"urbanizzazione (previamente) negoziata"*), ma **ogni** strumento urbanistico o edilizio con rilevanza economica, disponendo una *"cattura di valore"* a titolo di maggiorazione straordinaria della quota oneri urbanizzatori. La definizione stessa della fattispecie – e cioè la sua natura giuridica se strettamente tributaria o para/perequativa – è già oltremodo problematica, sol che si consideri la latitudine pressoché illimitata degli spazi di discrezionalità riservati al Comune sia circa il *quantum* del prelievo sul plusvalore, sia sul calcolo estimativo di tale plusvalore.

Connotati, questi, che paiono ricondurre il contributo straordinario nell'ambito della prestazione tributaria, al di là cioè della sua ascrizione normativa (art. 16, c. 4, T.U.) nella quota oneri di urbanizzazione e del vincolo di destinazione ad opere pubbliche e servizi afferenti all'intervento. Il maggior valore viene in sostanza colpito, in occasione dell'intervento, da una imposta straordinaria sull'incremento di valore della proprietà immobiliare che concorre con e si somma alle altre imposte statali sugli stessi cespiti.

Non sarà facile però assolvere la norma dal sospetto di non rispettare i parametri dettati dall'art. 23 Cost., e in particolare il c.d. contenuto minimo della base legislativa della riserva di legge ivi previsto. In realtà, come noto, si parla a questo proposito di *"riserva di legge a intensità variabile"*. Infatti,

---

[11] Si tratta dell'art. 14 del P.R.G. di Modena (fondato peraltro sull'art. 18, L. reg. n. 20/2000), sulla cui dubbia legittimità cfr. B. GRAZIOSI, *Figure polimorfe di pianificazione urbanistica e principio di legalità*, in Riv. Giur. Ed., 2007, II, 147 e ss. Il problema del coordinamento di tali forme di *"contribuzione speciale"* di fonte locale con la legislazione tributaria nazionale, qui evidenziato, vale anche per la nuova norma statale.

secondo la Corte Costituzionale (n. 236/1994) il carattere relativo della riserva viene rispettato *"anche in assenza di una espressa indicazione legislativa dei criteri, dei limiti e controlli sufficienti a delimitare l'ambito di discrezionalità dell'amministrazione, purché gli stessi siano in qualche modo desumibili (dalla composizione o funzionamento dell'autorità competente, dalla destinazione della prestazione, dal sistema procedimento che prevede la collaborazione di più organi al fine di evitare arbitri dell'amministrazione)"*.

La formula della nuova norma, secondo cui la parte privata eroga il maggior valore *"al Comune sotto forma di contributo straordinario, che attesta l'interesse pubblico, in versamento finanziario vincolato a specifico centro di costo per la realizzazione di opere pubbliche e servizi da realizzare nel contesto in cui ricade l'intervento, cessione di aree o immobili da destinare a servizio di pubblica utilità, edilizia residenziale sociale e opere pubbliche"* non pare corrispondere pienamente a questi parametri. A parte una certa labilità e genericità della correlazione tra prestazioni e loro destinazione o spese dell'Ente (Corte Cost. n. 67/1973) e l'indeterminatezza del modulo procedimentale che attua l'imposizione e dei suoi limiti (Corte Cost. n. 507/1980) risulta mancare del tutto sia l'indicazione di un limite massimo (tale non essendo quello del 50%, che pare essere un limite minimo) che adeguate direttive circa il *quantum* (Corte Cost. n. 341/2000; n. 180/1996).

Superato l'*impasse* del dubbio di costituzionalità, una simile norma concorrerà a determinare un ulteriore slittamento della natura stessa della strumentazione urbanistica nel suo insieme in senso economico/finanziario, già evidente nella ormai acquisita legittimazione della perequazione.

Camilla Mancuso (par. 1, 2)
Benedetto Graziosi (par. 2, 3)

Art. 31
Costo di costruzione

1. Il costo di costruzione per i nuovi edifici è determinato almeno ogni cinque anni dall'Assemblea legislativa con riferimento ai costi parametrici per l'edilizia agevolata. Il contributo afferente al titolo abilitativo comprende una quota di detto costo, variabile dal 5 per cento al 20 per cento, che viene determinata con l'atto dell'Assemblea legislativa in funzione delle caratteristiche e delle tipologie delle costruzioni e della loro destinazione e ubicazione.
2. Con lo stesso provvedimento l'Assemblea legislativa identifica classi di edifici con caratteristiche superiori a quelle considerate nelle vigenti disposizioni di legge per l'edilizia agevolata, per le quali sono determinate maggiorazioni del costo di costruzione, in misura non superiore al 50 per cento.
3. Nei periodi intercorrenti tra le determinazioni regionali, il costo di costruzione è adeguato annualmente dai Comuni, in ragione dell'intervenuta variazione dei costi di costruzione accertata dall'Istituto nazionale di statistica.
4. Per gli interventi di ristrutturazione edilizia il costo di costruzione non può superare il valore determinato per le nuove costruzioni ai sensi del comma 1.

COMMENTO

Sommario: 1. Commi. 1, 2 e 3 - 2. Comma 4.

1. Commi 1, 2 e 3.

L'articolo in commento consiste in una pressoché integrale riproduzione del previgente art. 29, L. reg. n. 31/2002.

La norma si apre con l'individuazione del soggetto competente a determinare gli importi dovuti a titolo di costo di costruzione.

Come per gli oneri di urbanizzazione, tale potere spetta all'Assemblea legislativa regionale, con l'intervento sussidiario (integrativo ed eventuale) dei Comuni, che invece come si è visto non è contemplato in materia di determinazione degli oneri di urbanizzazione.

Più nel dettaglio, l'art. 31 attribuisce alla Regione il compito di fissare, almeno ogni cinque anni, il costo di costruzione, ma nei periodi intercorrenti tra le determinazioni regionali (e, logicamente, anche in assenza di tali determinazioni), il costo di costruzione è annualmente adeguato dai Comuni, non esclusivamente in ragione della intervenuta variazione dei costi di costruzione accertata dall'Istat (e cioè in misura vincolata nel massimo).

L'attenzione del legislatore è dunque per l'applicazione di indicatori il più possibile corrispondenti all'andamento del mercato.

Non pare subito chiaro il motivo per cui il c. 1 indichi i nuovi edifici (e dunque le nuove costruzioni) come riferimento del costo di costruzione e del potere regionale di determinarlo, dato che il costo di costruzione è una voce dovuta anche per gli interventi di ristrutturazione, come espressamente previsto al c. 4 dell'art. 31. Sarebbe però errata una spiegazione secondo cui spetta alla Regione il compito di determinare il costo di costruzione dei nuovi edifici, mentre per le opere di ristrutturazione il potere di determinazione sarebbe dei Comuni. In realtà tutti gli interventi sull'esistente (ristrutturazione e manutenzione straordinaria) sono soggetti al pagamento di una quota del costo di costruzione in **proporzione** al costo che dovrebbe pagare l'edificio intero, ma secondo le tabelle regionali, non secondo valutazioni *"periferiche"* dei Comuni. Il motivo per cui la legge parla di *"costo di costruzione per **nuovi edifici"*** è legato alla natura **originaria** del costo di costruzione secondo la L. n. 10/1977, e cioè, come si è detto, quella di **corrispettivo del trasferimento** in via *"concessoria"*, **dello *ius aedificandi***. Effetto traslativo del titolo edilizio, quindi, che **manca** nel rilascio dei titoli edilizi solo manutentori.

Se per la fissazione degli oneri di urbanizzazione non sono posti particolari limiti alla discrezionalità della Regione (salvo quelli intrinseci della ragionevolezza e del rispetto della legge), l'art. 31, c. 1, L. reg. n. 15/2013 stabilisce un *range* entro il quale la Regione può al massimo spaziare nella determinazione del contributo in parola.

Il costo di costruzione deve infatti avere un valore compreso tra il 5% e il 20% del costo standard a metro quadro per le costruzioni di edilizia agevolata, definito sempre dalla Regione, ai sensi dell'art. 4, c. 1, lett. g), L. n. 457/1978.

Nella determinazione della percentuale applicata possono incidere diversi fattori, rappresentati dalle caratteristiche, dalla tipologia, dalla destinazione e dalla ubicazione delle costruzioni.

Con lo stesso provvedimento la Regione è chiamata anche ad identificare classi di edifici con caratteristiche superiori a quelle considerate nelle vigenti disposizioni di legge per l'edilizia agevolata, cui applicare una maggiorazione fino al 50% del costo di costruzione.

Si sono così voluti "colpire" con una più onerosa applicazione del costo di costruzione quegli immobili che, almeno astrattamente dotati di requisiti di pregio, dall'intervento costruttivo traggono un maggior aumento di valore.

Il che pare in linea con la funzione tributaria o paratributaria comunemente attribuita a tale voce del contributo di costruzione, ma resta da chiarire in cosa consistano quelle "caratteristiche superiori", che legittimano un intervento regionale di maggiorazione del contributo.

Gli elementi di pregio oggetto di valutazione possono essere i più diversi, ed è su questi profili che avrà modo di esplicarsi la massima discrezionalità della Regione, sostanzialmente libera di decidere anche nella fissazione del *quantum* della maggiorazione, rispetto al quale è stabilita una soglia massima piuttosto alta, pari al 50%.

La previsione non si discosta da quella contenuta nella omologa norma statale, rappresentata dall'art. 16, c. 9, D.P.R. n. 380/2001.

Come anticipato, l'art. 31, c. 3, L. reg. n. 15/2013 prevede un ruolo di completamento delle determinazioni regionali, che i Comuni sono tenuti ad aggiornare annualmente, in caso di variazione dei costi di costruzione accertata dall'ISTAT.

Se ne può concludere che, in questo caso, l'aggiornamento si otterrà applicando l'indice generale nazionale del costo di costruzione calcolato dall'Istituto nazionale di statistica. Ma anche che questo è solo il massimo adeguamento possibile, essendo legittimo che il Comune si determini ad un aumento (o – ipoteticamente – ad una diminuzione) inferiore ai valori ISTAT.

La legge non precisa a quale organo del Comune spetti l'esercizio di tale potere.

Sul punto merita di essere riferito l'orientamento di una recente pronuncia della Corte dei Conti, Sez. giurisdizionale regionale per l'Emilia-Romagna (sentenza 31 maggio 2011, n. 265), che qualifica l'aggiornamento annuale del costo di costruzione come un adempimento strettamente connesso all'esatto computo del contributo dovuto. Essendo questi i connotati di tale potere, cui è estraneo ogni profilo di discrezionalità, la competenza ad esercitarlo rientrerebbe dunque nelle attribuzioni ordinarie del Responsabile dell'Area di riferimento.

L'affermazione non è del tutto convincente, perché pare trascurare la natura generale di tali atti, strettamente connessi alla materia tributaria (o paratributaria) e, dunque, maggiormente in linea con le attribuzioni del Consiglio comunale. Cosa che non toglie che il *"mancato"* aggiornamento annuale del costo di costruzione è fonte di responsabilità erariale in capo all'organo che abbia omesso di provvedere al dovuto adeguamento.

In caso di mancato aggiornamento del costo di costruzione ci si può chiedere se sia configurabile una qualche illegittimità della pretesa comunale di applicazione di un contributo non aggiornato.

La risposta pare debba essere affermativa, ovviamente nel solo caso in cui la variazione dei costi registrata dall'Istat sia di segno negativo. L'obbligo di adeguamento affermato dalla giurisprudenza, infatti, non può valere solo in un contesto di costi crescenti e cioè solo in pregiudizio dei privati.

2. Comma 4.

L'ultimo comma dell'art. 31 è dedicato al costo di costruzione da versare per gli interventi di ristrutturazione edilizia.

La norma vuole che, in tale ipotesi, il costo di costruzione non sia mai superiore a quello stabilito per le nuove costruzioni.

Così disponendo, il legislatore regionale ha reso in Emilia-Romagna vincolante quella che, ai sensi dell'art. 16, c. 10, D.P.R. n. 380/2001, era indicata come una semplice facoltà, rimessa all'autonoma decisione dei Comuni.

La *ratio* di una simile scelta è, evidentemente, quella di favorire gli interventi sul patrimonio edilizio esistente, per i quali, essendo normalmente i costi di costruzione più elevati rispetto a quelli di una nuova edificazione, gli importi dei contributi dovuti potrebbero avere un effetto scoraggiante.

* * *

Resta da approfondire, comunque, l'assoggettabilità al costo di costruzione per le altre categorie di intervento. A cominciare da quelle con opere minimali o senza opere. Sul punto merita di essere ricordato che la giurisprudenza[1] ritiene che anche la modifica di destinazione senza opere (che, ai sensi dell'art. 7, c. 4, lett. c), è intervento in regime di C.I.L.) è soggetta alla quota del contributo relativo al costo di costruzione, perché trattandosi di un prelievo para-tributario colpisce qualsiasi *trasformazione edilizia* – e la modifica di destinazione

---

[1] Cfr. Cons. Stato, Sez. IV, 14 ottobre 2011, n. 5539, che conferma T.A.R. Emilia-Romagna, Sez. II, n. 1790/2010. L'orientamento non pare, però, convincente, come argomentato nel testo.

d'uso solo funzionale lo è – a prescindere da qualsiasi opera fisica.

L'affermazione, fatta con riferimento ad una fattispecie sorta sotto l'art. 6 della L. n. 10/1977, è contestabile in linea di principio, dato che la riferita natura para-tributaria del costo di costruzione non può obliterare il dato strutturale – esplicitato dal suo parametro di calcolo: il **costo** del *facere* costruttivo – che identifica inequivocabilmente una **attività materiale** e non un evento *a effetti urbanistici*, come è per gli oneri di urbanizzazione.

D'altra parte la L. n. 15/2013 è, al riguardo, quanto meno ambigua. Da una parte l'art. 28, c. 4, subordina ogni modifica di destinazione d'uso con carichi urbanistici al reperimento della dotazione territoriale e agli oneri di urbanizzazione senza parlare espressamente del costo di costruzione; e dall'altra l'art. 29, contraddittoriamente, esclude dal contributo di costruzione gli interventi in regime di C.I.L., come la modifica di destinazione d'uso senza opere.

Complessivamente persistono argomenti che rendono contestabile l'obbligo di corrispondere il costo di costruzione in casi in cui il presupposto contributivo, mancando le opere materiali (*"apparenti"* civilisticamente) si concretizza in una attività, che è difficile non ricondurre, alla fin fine, alla sfera dei diritti personali.

Camilla Mancuso

Art. 32

Riduzione ed esonero dal contributo di costruzione

1. Il contributo di costruzione non è dovuto:

   a) per gli interventi di cui all'articolo 7;

   b) per gli interventi, anche residenziali, da realizzare nel territorio rurale in funzione della conduzione del fondo e delle esigenze dell'imprenditore agricolo professionale, ai sensi dell'articolo 1 del decreto legislativo 29 marzo 2004, n. 99 (Disposizioni in materia di soggetti e attività, integrità aziendale e semplificazione amministrativa in agricoltura, a norma dell'articolo 1, comma 2, lettere d), f), g), l), ee), della L. 7 marzo 2003, n. 38), ancorché in quiescenza;

   c) per gli interventi di cui alle lettere a) e c) del comma 1 dell'articolo 13;

   d) per gli interventi di eliminazione delle barriere architettoniche;

   e) per la realizzazione dei parcheggi da destinare a pertinenza delle unità immobiliari, nei casi di cui all'articolo 9, comma 1, della L. n. 122 del 1989 e all'articolo 41-sexies della legge 17 agosto 1942, n. 1150 (Legge urbanistica), limitatamente alla misura minima ivi stabilita;

   f) per gli interventi di ristrutturazione edilizia o di ampliamento in misura non superiore al 20 per cento della superficie complessiva di edifici unifamiliari;

   g) per il frazionamento di unità immobiliari, qualora non sia connesso ad un insieme sistematico di opere edilizie che portino ad un organismo edilizio in tutto o in parte diverso dal precedente e qualora non comporti aumento delle superfici utili e mutamento della destinazione d'uso con incremento delle dotazioni territoriali; con delibera, da emanarsi entro novanta giorni dall'entrata in vigore della presente legge, la Giunta definisce le fattispecie oggetto della presente disciplina;

   h) per gli impianti, le attrezzature, le opere pubbliche o di interesse generale realizzate dagli enti istituzionalmente competenti e dalle organizzazioni non lucrative di utilità sociale (ONLUS), nonché per le opere di urbanizzazione, eseguite anche da privati, in attuazione di strumenti urbanistici, e i parcheggi pertinenziali nella quota obbligatoria richiesta dalla legge;

   i) per gli interventi da realizzare in attuazione di norme o di provvedimenti emanati a seguito di pubbliche calamità;

   l) per i nuovi impianti, lavori, opere, modifiche e installazioni relativi alle fonti rinnovabili di energia, alla conservazione, al risparmio e all'uso razionale dell'energia, nel rispetto delle norme urbanistiche e di tutela dei beni culturali ed ambientali.

2. L'Assemblea legislativa, nell'ambito dei provvedimenti di cui agli articoli 30 e 31, può prevedere l'applicazione di riduzioni del contributo di costruzione per la realizzazione di alloggi in locazione a canone calmierato rispetto ai prezzi di mercato nonché per la realizzazione di opere edilizie di qualità, sotto l'aspetto ecologico, del risparmio energetico, della riduzione delle emissioni nocive e della previsione di impianti di separazione delle acque reflue, in particolare per quelle collocate in

aree ecologicamente attrezzate, nonché per edifici e loro aree pertinenziali resi totalmente ed immediatamente accessibili, usabili e fruibili tramite l'applicazione della domotica e della teleassistenza.

3. Nei casi di edilizia abitativa convenzionata, anche relativa ad edifici esistenti, il contributo di costruzione è ridotto alla sola quota afferente agli oneri di urbanizzazione qualora il titolare del permesso o il soggetto che ha presentato la SCIA si impegni, attraverso una convenzione o atto unilaterale d'obbligo con il Comune, ad applicare prezzi di vendita e canoni di locazione determinati ai sensi della convenzione-tipo prevista all'articolo 33.

4. Il contributo dovuto per la realizzazione o il recupero della prima abitazione è pari a quello stabilito per l'edilizia in locazione fruente di contributi pubblici, purché sussistano i requisiti previsti dalla normativa di settore.

5. Per gli interventi da realizzare su immobili di proprietà dello Stato il contributo di costruzione è commisurato all'incidenza delle opere di urbanizzazione.

COMMENTO

La norma costituisce una rivisitazione del contenuto dell'art. 30, L. reg. n. 31/2002 e un arricchimento dei casi di riduzione o esonero dal contributo di costruzione previsti dall'art. 17 Testo unico dell'edilizia.

Il primo comma elenca, con una certa dovizia, le ipotesi in cui l'intervento costruttivo accede al beneficio della gratuità.

Si tratta di dieci fattispecie, non sempre accomunate da un denominatore unico, ma in qualche misura giustificate dalla lieve portata materiale dell'intervento oppure dalla destinazione dello stesso al perseguimento di valori ritenuti meritevoli di tutela (es. protezione dell'ambiente, fini di utilità sociale, tutela di categorie c.d. deboli).

La prima categoria di opere sottratte al pagamento del contributo di costruzione è rappresentata dalle attività edilizie libere e dagli interventi soggetti a C.I.L. (cfr. art. 32, c. 1. lett. a).

La precisazione della gratuità di simili interventi è in qualche misura superflua, venendo in gioco opere per le quali, non essendo richiesto un titolo edilizio, non può evidentemente pretendersi il pagamento di oneri.

A fruire dell'esenzione sono poi, ai sensi dell'art. 32, c. 1, lett. b) gli interventi, anche residenziali, da realizzare in territorio rurale, purché essenziali alla conduzione del fondo e alle esigenze dell'imprenditore agricolo professionale, ancorché in quiescenza.

Per la definizione dei requisiti che l'imprenditore agricolo deve possedere per accedere al beneficio dell'esenzione, il quadro normativo cui fare riferimento è l'art. 1, D. Lgs. n. 99/2004, cui l'art. 32, L. reg. n. 15/2013 testualmente rimanda.

Il rigore con cui la norma regionale delimita il suo ambito di applicazione (localizzazione in territorio rurale, essenzialità dell'intervento alla conduzione del fondo o alle esigenze dell'imprenditore agricolo) farebbero propendere per una interpretazione restrittiva della disposizione. D'altra parte, però, il legislatore sembra lasciare alcuni spiragli per una applicazione più lata della norma, scegliendo di utilizzare anche espressioni meno rigide, come quella riferita alla essenzialità dell'intervento a non meglio precisate esigenze dell'imprenditore. Lo stesso dicasi per la scelta di ammettere al beneficio della gratuità anche l'imprenditore in quiescenza, riconoscendo una sorta di ultrattività di tale titolo soggettivo. Cosa invece non prevista dall'art. 17, D.P.R. n. 380/2001.

Scopo della norma è quello di valorizzare l'utilizzo dei territori rurali, anche quando a detenere l'immobile sia un soggetto che non eserciti più attività di coltivazione in senso stretto. Resta in qualche modo difficile da comprendere come ciò si concili con la necessità che l'intervento rimanga pur sempre funzionale alle esigenze di un fondo condotto a titolo professionale, a meno che non si consideri che l'intervento possa essere realizzato in vista di futuri atti traslativi.

Resta imprescindibile la collocazione dell'intervento in territorio classificato come rurale; più che di un requisito oggettivo si può parlare di un presupposto urbanistico di dubbia ragionevolezza, dato che nulla esclude che vi sia attività di coltivazione agricola in aree con destinazione urbanistica non rurale.

L'art. 32, c. 1, lett. c) sottrae poi al contributo di costruzione gli interventi di cui alle lett. a) e c) del comma 1 dell'art. 13, L. reg. n. 15/2013. Si tratta: delle opere di manutenzione straordinaria; delle opere interne anche quando non soggette a C.I.L. (c.d. opere interne o di manutenzione "pesanti"); degli interventi di restauro scientifico, di restauro e risanamento conservativo.

In questi casi la gratuità è motivata, oltre che dalla volontà di favorire il recupero e la conservazione di manufatti esistenti, dalla lieve consistenza materiale dell'intervento costruttivo e comunque dalla circostanza che con esso non si dà origine ad un nuovo organismo edilizio, capace di aggravare il carico urbanistico.

Ai sensi dell'art. 32, c. 1, lett. d) è poi sempre gratuita l'eliminazione delle barriere architettoniche, anche nel caso in cui si tratti di barriere c.d. "pesanti", per la cui rimozione è richiesta la SCIA.

Qui la *ratio* è evidentemente quella di promuovere l'esecuzione di simili opere.

Merita un particolare approfondimento l'esenzione che l'art. 32, c. 1, lett. e) riserva alla realizzazione dei parcheggi pertinenziali previsti dall'art. 9, c. 1, L. n. 122/1989 e dall'art. 41-*sexies*, L. n. 1150/1942, limitatamente alla misura minima ivi stabilita.

La norma costituisce una innovazione rispetto al previgente art. 30, L. reg. n. 31/2002, che non includeva simili opere tra quelle esenti dal pagamento del contributo di costruzione.

Il che, nel regime precedente, poteva indurre a ritenere che i parcheggi pertinenziali fossero sottratti al sistema della gratuità.

A differenza dei parcheggi destinati all'uso collettivo, come i parcheggi oggetto di concessione di costruzione e gestione (previsti dagli artt. 4 e 5, L. n. 122/1989) e quelli oggetto del "piano urbano dei parcheggi" (previsti dall'art. 6, L. n. 122/1989), i parcheggi pertinenziali non sono infatti caratterizzati da alcun asservimento pubblico tale da giustificare quel regime di gratuità, che in base ad una interpretazione restrittiva dell'art. 11, L. n. 122/1989 si considerava riservato ai soli parcheggi pubblici disciplinati dalla legge Tognoli.

Contribuiva ad avvalorare questa interpretazione anche il rilievo che i parcheggi pertinenziali privati non hanno nulla delle opere di urbanizzazione, cui l'art. 11, L. n. 122/1989 assimila, senza alcuna ulteriore specificazione, i parcheggi regolati dal medesimo testo legislativo.

È noto che per l'esatta individuazione delle opere di urbanizzazione occorre rifarsi all'art. 4, L. n. 847/1964 (come modificato dall'art. 44, L. n. 865/1971), che elenca una serie di manufatti (tra cui gli spazi di sosta e di parcheggio), tutti contraddistinti da una comune destinazione collettiva.

Tale considerazione, unita alla circostanza che la L. n. 122/1989 non fornisce alcuna definizione di opera di urbanizzazione, poteva dunque indurre a concludere che l'art. 11, L. n. 122/1989 (e la gratuità ivi stabilita per i parcheggi della legge Tognoli) andasse applicato alla luce della comune nozione di opera di urbanizzazione, tracciata dall'art. 4, L. n. 847/1964.

Se a ciò si aggiunge la perdurante vigenza dell'art. 2 D.M. 10 maggio 1977 (mai abrogata da fonti successive, e tantomeno dalla L. n. 122/1989), che espressamente continua ad includere le autorimesse nel calcolo del contributo di costruzione, la tesi della non gratuità dei parcheggi pertinenziali privati ne veniva ulteriormente confermata.

Ciò anche in considerazione del fatto che, riconoscendo la gratuità di opere non direttamente funzionali all'interesse pubblico, si sarebbe finito per attribuire uno straordinario beneficio al costruttore. Anche in questa prospettiva era dunque diffusa l'interpretazione che limitava il regime di gratuità introdotto dalla L. n. 122/1989 ai parcheggi non privati, *"considerato altresì che il fine dell'esenzione è quello di evitare una contribuzione intimamente contraddittoria (quale sarebbe quella per opere costruite a carico della collettività) e non quella di esonerare gli imprenditori dai costi di impresa"*[1].

Il descritto quadro ricostruttivo aveva però negli ultimi anni iniziato a vacillare, quando il Consiglio di Stato, con sentenza n. 6154 del 22 novembre 2011, aveva ricondotto, ma senza un particolare approfondimento argomentativo, anche i parcheggi pertinenziali all'ambito applicativo dell'art. 11, L. n. 122/1989.

A tale precisa posizione ha scelto di aderire il legislatore regionale, espressamente assoggettando al regime dell'esenzione anche i parcheggi pertinenziali, nella misura minima prevista dall'art. 41 *sexies*, L. n. 1150/1942.

La scelta non è esente da rilievi critici, data l'effettiva difficoltà di omologare simili dotazioni (che sono ad uso esclusivo dei proprietari) al concetto di opera di urbanizzazione, cui sono invece ascrivibili gli spazi di sosta destinati all'uso collettivo.

Proseguendo nell'elencazione contenuta nell'art. 32, c. 1, L. reg. n. 15/2013, ritroviamo alla lett. f) l'inclusione nel regime dell'esenzione anche per gli interventi di ristrutturazione edilizia o ampliamento di edifici unifamiliari non superiori al 20% della superficie complessiva.

Ricorrendo a tale formulazione, il legislatore regionale scioglie alcuni dub-

---

[1] Cons. Stato, Sez. V. 17 ottobre 2000, n. 5558; Cons. Stato, Sez. V, 10 maggio 1999, n. 536; Cons. Stato, Sez. V, 17 dicembre 1984, n. 920.

bi interpretativi sollevati dall'art. 17, D.P.R. n. 380/2001 e dal previgente art. 30, L. reg. n. 31/2002.

Se, infatti, queste ultime disposizioni annoverano genericamente gli ampliamenti entro il 20%, senza specificare se la percentuale di ampliamento debba riferirsi alla superficie o al volume, l'art. 32, L. reg. n. 15/2013 individua il termine di riferimento nella sola superficie.

Per il resto, è confermata la regola della necessaria unifamiliarità dell'edificio, con tutte le perplessità che tale espressione desta, potendo in ipotesi anche il solo uso identificare il carattere della unifamiliarità[2].

La giurisprudenza ha al riguardo chiarito che la norma non possa trovare applicazione quando l'immobile, pur costituendo un edificio unifamiliare, sia destinato allo svolgimento di attività produttive. In questa ipotesi non ricorre infatti la *ratio* del beneficio, rivolto solo a quelle situazioni in cui l'intervento edilizio sia finalizzato a migliorare la funzionalità e fruibilità dell'immobile ad esclusivo vantaggio della famiglia che vi risiede e delle relative esigenze abitative[3]. Allo stesso modo, l'applicazione dell'esonero è stata esclusa in caso di edifici a destinazione mista abitativa e produttiva, anche se nell'edificio siano svolte attività produttive compatibili con la residenza[4].

Altra categoria di interventi contemplata dall'art. 32, L. reg. n. 15/2013 (e non invece dall'art. 17, D.P.R. n. 380/2001 e dal previgente art. 30, L. reg. n. 31/2002) è costituita dai frazionamenti, che a norma del c. 1, lett. g) sono gratuiti purché: a) non connessi ad un insieme sistematico di opere edilizie che portino ad un organismo edilizio in tutto o in parte diverso dal precedente; b) non comportino aumento delle superfici utili; c) non comportino mutamento delle destinazioni d'uso con incremento delle dotazioni territoriali.

Le tre condizioni devono tutte contemporaneamente sussistere per fruire dell'esonero.

---

[2] Nell'atto di coordinamento sulle definizioni tecniche uniformi per l'urbanistica e l'edilizia approvato con deliberazione dell'Assemblea legislativa della Regione Emilia-Romagna del 4 febbraio 2010, come modificata con delibera di Giunta del 7 luglio 2014, n. 994, l'edificio unifamiliare è definito come l'*"edificio singolo con i fronti perimetrali esterni direttamente aerati e corrispondenti ad un unico alloggio per un solo nucleo familiare"*.

[3] Così T.A.R. Campania, Salerno, Sez. I, 8 gennaio 2013, n. 25.

[4] Cfr. in tal senso T.A.R. Marche, Ancona, Sez. I, 10 maggio 2012, n. 310, che ha negato il beneficio dell'esonero ad un immobile destinato ad attività di *"bed and breakfast"*.

La norma rimanda ad una delibera della Giunta per la definizione delle fattispecie di frazionamento esentate dal pagamento di oneri.

Anche in ragione della novità della previsione, il legislatore regionale ha così voluto evitare l'affermarsi di interpretazioni difformi sulla casistica degli interventi ammessi al regime della gratuità, rimettendone la definizione ad un atto di coordinamento tecnico teso ad orientare l'attività applicativa dei Comuni e degli operatori del settore.

La norma ha trovato di recente applicazione con delibera di Giunta regionale n. 75 del 27 gennaio 2014, avente ad oggetto appunto l'individuazione dei casi di frazionamento disciplinati dall'art. 32, L. reg. n. 15/2013.

Tali sono, secondo le indicazioni della Giunta, quegli interventi comportanti opere interne volte a realizzare una divisione fisica dell'unità immobiliare, senza generare aumento delle superfici utili e senza portare ad un organismo edilizio diverso dal preesistente.

Va peraltro segnalato come con tale delibera la Giunta regionale pare aver oltrepassato il compito assegnatole dall'art. 32, c. 1, lett. g), L. reg. n. 15/2013, spingendosi ad una elencazione non solo delle ipotesi di frazionamento, ma anche delle altre opere sottoposte dall'art. 32, L. reg. n. 15/2013 al beneficio delle gratuità.

Rileva ai nostri fini come l'atto di coordinamento espressamente chiarisca che il frazionamento non debba essere accompagnato da opere di ristrutturazione edilizia: opere che, nel quadro attuale, generalmente comportano la creazione di un organismo edilizio anche diverso dal precedente.

Per essere gratuito, il frazionamento non deve poi determinare aumento delle superfici utili, per la cui definizione la delibera regionale n. 75/2014 rinvia alle "Definizioni tecniche uniformi", approvate dall'Assemblea legislativa regionale con deliberazione 4 febbraio 2010, n. 279. L'intervento non deve infine comportare mutamento della destinazione d'uso con incremento delle dotazioni territoriali.

È sempre chiarito nell'atto di coordinamento tecnico che le due condizioni debbano entrambe sussistere per accedere al beneficio della gratuità.

Ne deriva che anche nella ipotesi di mutamento della destinazione d'uso delle unità immobiliari interessate il frazionamento resta gratuito, ove le nuove destinazioni non determinino un incremento del carico urbanistico.

Per il resto l'atto di coordinamento tecnico regionale non fornisce altri elementi interpretativi di particolare rilevanza, limitandosi a precisare che i soli mutamenti di destinazione ammessi nell'ambito dei frazionamenti in parola siano quelli che comportino il passaggio da una all'altra delle cinque categorie funzionali definite al punto A del dispositivo della deliberazione del Consiglio Regionale 4 marzo 1998, n. 849[5].

Con previsione analoga a quella contenuta nell'art. 17, D.P.R. n. 380/2001, l'art. 32, c. 1, lett. h), L. reg. n. 15/2013 sottrae al pagamento di contributi anche le opere pubbliche o di interesse generale realizzate da enti istituzionalmente competenti o da ONLUS.

Identico beneficio è riconosciuto a tutte le opere di urbanizzazione previste dallo strumento urbanistico, anche ove eseguite da privati, e ai parcheggi pertinenziali nella quota obbligatoria prevista dalla legge.

Quest'ultima disposizione è una ripetizione di quanto previsto all'art. 32, c. 1, lett e), ma inserita nel contesto di una norma riferita alle opere di interesse generale, conferma l'idea che per il legislatore regionale i parcheggi pertinenziali privati rivestano appunto tale interesse.

Quanto alle opere di urbanizzazione, ove eseguite da privati, il legislatore ammette il beneficio della gratuità a condizione che l'opera sia prevista dallo strumento urbanistico. In caso contrario, il costruttore potrà eventualmente ambire allo scomputo, purché siano osservate le condizioni sul punto previste dalla legge.

Oltre alle opere di urbanizzazione e ai parcheggi pertinenziali (nella quota minima prevista dalla legge), non vi sono altre opere di interesse generale che possano essere realizzate senza pagare il contributo di costruzione. Opere di questo genere sono normalmente ammesse al beneficio della gratuità solo se eseguite da enti istituzionalmente competenti o da ONLUS.

Destinatari del beneficio in parola sono dunque, in prima battuta, sicuramente gli enti pubblici, per loro natura istituzionalmente deputati alla cura dell'interesse generale. Accanto a questi enti, si rinvengono comunque

---

[5] Si noti l'importanza della disposizione: il "*gioco*" del rinvio dalla legge regionale all'Atto di coordinamento tecnico e da questo alla delibera del Consiglio Regionale per la definizione delle cinque categorie funzionali, fa sì che questa viene "*sostanzialmente*" legificata come paradigma degli usi vincolanti.

nell'ordinamento anche altri soggetti che, agendo per il perseguimento dello stesso interesse generale, sono ammessi alle agevolazioni disciplinate dalla norma in commento. Ma perché ciò avvenga, la giurisprudenza ha individuato alcuni requisiti che detti soggetti, in ipotesi anche aventi natura di persona giuridica privata, devono possedere per poter ambire all'esonero dal contributo di costruzione. Più nel dettaglio, deve trattarsi di soggetti non agenti per esclusivo scopo lucrativo e aventi un collegamento giuridicamente rilevante con l'Amministrazione per il perseguimento di un fine di interesse pubblico. Tipico è il caso delle società strumentali di enti pubblici, degli affidatari di pubblici servizi, dei soggetti titolari di concessioni di costruzione e gestione, purché l'opera da realizzare sia funzionale al servizio pubblico affidato.

La *ratio* dell'impostazione prescelta risiede nella duplice necessità, da un lato, di agevolare l'esecuzione di opere dalle quali la collettività possa trarre utilità; dall'altro, di evitare che il soggetto deputato all'attuazione di un pubblico interesse corrisponda un contributo destinato a gravare, sia pure indirettamente, sulla stessa comunità che dovrebbe avvantaggiarsi del loro pagamento[6].

Ad essere favorite sono, infine, le ONLUS, *in toto* ammesse all'esonero, diversamente da altri soggetti privati come le fondazioni, che la giurisprudenza invece sottrae al beneficio dell'esenzione, non rivestendo tali enti natura pubblica, né essendo i loro interventi diretti a realizzare opere rivolte alla collettività in senso generale[7].

Riprendendo le previsioni dettate dall'art. 17, D.P.R. n. 380/2001 (a sua volta riproduttivo di quanto previsto dall'art. 9, L. n. 10/1977), l'art. 32, c. 1, lett. i) estende il beneficio dell'esonero anche agli interventi da eseguire in attuazione di norme e provvedimenti emanati a seguito di pubbliche calamità. Il caso di più comune di applicazione di questa norma riguarda i provvedimenti legati alla ricostruzione dopo eventi sismici.

L'ultima fattispecie di esenzione annoverata dall'art. 32, c. 1, lett. l) L. reg. n. 15/2013 concerne le opere connesse a fonti rinnovabili di energia e al risparmio energetico, che per il legislatore regionale devono essere rispettose delle norme urbanistiche e di tutela dei beni culturali e ambientali. Al di là della evidente superfluità della precisazione riferita alla conformità urbani-

---

[6] Così T.A.R. Campania, Napoli, Sez. II, 27 giugno 2005, n. 8696.
[7] Così si è espresso Cons. Stato, Sez. V, 12 luglio 2005, n. 3774.

stica dell'opera, è apprezzabile la volontà di favorire simili iniziative di contenimento energetico, che laddove abbiano una rilevanza tale da esorbitare i caratteri dell'intervento libero o soggetto a C.I.L., sono sottratti all'obbligo di versare il contributo di costruzione. La norma è direttamente collegata a quella contenuta nell'art. 7, c. 1, lett. m) che qualifica come attività edilizia libera i pannelli solari e fotovoltaici a servizio di edifici, da realizzare al di fuori dei centri storici e degli insediamenti e infrastrutture storici del territorio rurale. L'art. 32, c. 1, lett. l) pare tuttavia avere una estensione maggiore, mancando nella sua formulazione una qualsivoglia limitazione riferita alla localizzazione dell'intervento. Per l'art. 32 il solo requisito richiesto per rendere gratuito l'impianto è la conformità urbanistica dell'opera, indipendentemente dalla zona in cui sia realizzata.

Colpisce come nell'elenco tracciato dall'art. 32, c. 1, L. reg. n. 15/2013, pur ricco e dettagliato, manchino alcune opere che il previgente art. 30 L. reg. n. 31/2002 espressamente escludeva dal contributo di costruzione. Ad esempio, nel vecchio regime erano testualmente sottratti al pagamento del contributo le recinzioni, i muri di cinta, le cancellate, le modifiche funzionali ad impianti sportivi senza creazione di nuove volumetrie, i volumi tecnici. Nell'art. 32, L. reg. n. 15/2013 scompare ogni riferimento a simili interventi.

Ma la gratuità di molte di queste opere dovrebbe, anche nel sistema vigente, non essere in discussione, trattandosi di interventi rientranti nell'attività edilizia libera o soggetta a C.I.L., sempre gratuita secondo l'art. 32, c. 1, lett. a).

Fanno eccezione i soli volumi tecnici, che non essendo elencati dall'art. 7, L. reg. n. 15/2013, dovrebbero accedere al regime della gratuità solo nella misura in cui possano farsi coincidere con installazioni relative a fonti di energia rinnovabili o ad impianti tesi al contenimento energetico.

*   *   *

Delineato al comma 1 il quadro degli interventi sottratti al pagamento del contributo di costruzione, l'art. 32 procede nei commi successivi a disciplinare gli interventi per i quali il pagamento è ammesso in misura ridotta.

La prima di queste fattispecie riguarda la realizzazione di alloggi da concedere in locazione a canone calmierato rispetto ai prezzi di mercato; le opere edilizie "di qualità" sotto l'aspetto ecologico, di risparmio energetico, della riduzione di emissioni nocive e della previsione di impianti di separazione delle acque reflue; gli edifici e le relative pertinenze resi totalmente accessibili, usabili e fruibili tramite l'applicazione della domotica e della teleassistenza.

Per tali opere l'art. 32, c. 2, L. reg. n. 15/2913 subordina però la riduzione del contributo di costruzione ad un'apposita scelta da compiersi ad opera dell'Assemblea legislativa regionale, nelle delibere con cui si definiscono le tabelle parametriche degli oneri di urbanizzazione e del costo di costruzione.

La norma, che non trova una previsione speculare nell'art. 17, D.P.R. n. 380/2001, riproduce invece una disposizione già contenuta nell'art. 30, L. reg. 31/2002, di cui viene sostanzialmente ripreso il contenuto, salva l'aggiunta riferita agli impianti di domotica e teleassistenza.

Con previsione immediatamente eseguibile, e non invece subordinata ad un atto attuativo dell'Assemblea legislativa come quella del comma precedente, il c. 3 dell'art. 32 riduce poi il contributo di costruzione al solo pagamento degli oneri di urbanizzazione per la realizzazione di alloggi da vendere a prezzi calmierati o da affittare a canone calmierato, qualora il costruttore si impegni attraverso una convenzione o un atto unilaterale d'obbligo con il Comune ad applicare il prezzo o il canone determinato ai sensi della convenzione tipo disciplinata dall'art. 33. La norma è del tutto analoga a quella contenuta nell'art. 17 D.P.R. n. 380/2001, che pure riserva un trattamento privilegiato ai casi di edilizia abitativa convenzionata.

L'art. 32, c. 4, L. reg. n. 15/2013 ammette una riduzione del contributo di costruzione anche per la realizzazione o il recupero della c.d. prima casa. L'art. 32, L. reg. n. 15/2013 fissa per gli interventi sulla prima abitazione un contributo pari a quello stabilito per l'edilizia in locazione fruente di contributi pubblici, non solo in caso di costruzione, ma anche qualora l'intervento sia di recupero.

Da questo punto di vista la norma si differenzia dall'analoga previsione dettata dall'art. 17, c. 2, D.P.R. n. 380/2001, la quale disciplina solo il caso della costruzione della prima casa.

Non è chiaro cosa debba intendersi per edilizia in locazione fruente di contributi pubblici. L'art. 17, D.P.R. n. 380/2001 ha un riferimento diverso, individuato nella edilizia residenziale pubblica.

L'art. 32, con la sua generalissima formulazione, potrebbe in astratto avere una portata applicativa più ampia, estesa a tutti i casi in cui l'intervento edilizio benefici di agevolazioni pubbliche. Essenziale è, però, il rispetto dei requisiti previsti dalle norme di settore, come ad esempio quelli relativi ai vincoli temporali all'alienazione dell'immobile.

L'ultimo comma dell'art. 32, L. reg. n. 15/2013 riguarda infine gli interventi da realizzare su immobili dello Stato, per i quali il contributo è commisurato solo all'incidenza degli oneri di urbanizzazione.

Di tutte le indicazioni contenute nell'art. 32, L. reg. n. 15/2013 colpisce il fatto che la riduzione o l'esonero del contributo di costruzione è in alcuni casi collegato al possesso di particolari requisiti soggettivi da parte del costruttore.

Può allora porsi il problema di cosa accada in caso di voltura e l'acquirente non abbia diritto all'esenzione o alla riduzione del contributo.

La soluzione al problema dovrebbe consistere nella certa ammissibilità della voltura, restando tuttavia a carico dell'acquirente il pagamento della differenza da pagarsi in più.

Analogamente, se l'acquirente goda di una esenzione che invece non spettava all'alienante, la voltura del titolo dovrebbe sollevare l'acquirente dal pagamento degli oneri.

* * *

Una riduzione di almeno il 20% è stata prevista dal comma 4 *bis* dell'art. 17, T.U. introdotto con il D.L. n. 133/2014, conv. in L. n. 164/2014 per gli interventi di "*densificazione edilizia, la ristrutturazione, il recupero e il riuso degli immobili dismessi o in via di dismissione*", imponendo anche ai Comuni di provvedere entro 90 gg. a definire nei loro strumenti tale beneficio.

La norma, che si segnala per la sua latitudine, resa evidente dalla estrema genericità delle locuzioni usate, sarà anche qui direttamente applicabile alla scadenza del termine per il suo recepimento.

Camilla Mancuso

Art. 33
Convenzione tipo

1. Ai fini del rilascio del permesso di costruire relativo agli interventi di edilizia abitativa convenzionata, la Giunta regionale approva una convenzione-tipo, con la quale sono stabiliti i criteri e i parametri ai quali debbono uniformarsi le convenzioni comunali nonché gli atti di obbligo, in ordine in particolare:
   a) all'indicazione delle caratteristiche tipologiche e costruttive degli alloggi;
   b) alla determinazione dei prezzi di cessione degli alloggi, sulla base del costo delle aree, della costruzione e delle opere di urbanizzazione, nonché delle spese generali, comprese quelle per la progettazione e degli oneri di preammortamento e di finanziamento;
   c) alla determinazione dei canoni di locazione in percentuale del valore desunto dai prezzi fissati per la cessione degli alloggi;
   d) alla durata di validità della convenzione, non superiore a trenta e non inferiore a venti anni.
2. L'Assemblea legislativa stabilisce criteri e parametri per la determinazione del valore delle aree destinate ad interventi di edilizia abitativa convenzionata, allo scopo di calmierare il costo delle medesime aree.
3. I prezzi di cessione ed i canoni di locazione determinati nelle convenzioni ai sensi del comma 1 sono aggiornati in relazione agli indici ufficiali ISTAT dei costi di costruzione individuati dopo la stipula delle convenzioni medesime.
4. Ogni pattuizione stipulata in violazione dei prezzi di cessione e dei canoni di locazione è nulla per la parte eccedente.

COMMENTO

Sommario: 1. Comma 1 - 2. Comma 2 - 3. Commi 3 e 4.

1. Comma 1.

La disposizione parla di "*edilizia convenzionata*" come di una categoria generale legislativamente definita, di interventi costruttivi. Fa, cioè, riferimento al *genus* di attività costruttiva privata che beneficia, a vario titolo, di contributi pubblici[8].

---

[8] Della edilizia convenzionata manca qualsiasi definizione legislativa, dandosi per assodato solo che essa deve avere caratteristiche non di lusso *ex* D.M. 2 agosto 1969, anche se superiori a quelle dell'edilizia popolare ed economica. La dottrina manualistica ne parla solo a proposito della convenzione *ex* artt. 17 e 18 del T.U., dando per scontato quanto affermato nel testo circa

Ma ciò non corrisponde alla normativa del T.U. che, agli artt. 17, c. 1, e 18, disciplina una ipotesi *speciale* di edilizia convenzionata, quella in cui il concorso pubblico consiste nella esenzione dal costo di costruzione, e questo è messo in correlazione causale con l'obbligo del costruttore[1] di praticare prezzi di vendita e canoni di locazione ridotti. La convenzione, quindi, deve disciplinare questo rapporto in cui vi sono diritti e doveri *hic et inde*, fissandone i criteri e parametri[2]. Tra questi, oltre alle caratteristiche morfologiche, vi sono i costi, tra cui quello delle aree. Ciò pare significare che per essere ammessi al convenzionamento, e in tal modo lucrare l'esenzione del costo di costruzione, bisogna accettare che il costo delle aree sia quello stabilito a priori dalla Regione. Il secondo comma pare collegarsi e inserirsi in questo meccanismo quale fase intermedia, proprio per fornire i dati del costo come conseguenza della "*determinazione del valore*" della aree.

Si può osservare che un simile meccanismo del convenzionamento, se lasciato fuori da un impianto sistematico che lo imponga come obbligatorio, come si dirà *infra*, ben difficilmente può diventare un procedimento appetibile per il privato. E ciò anche se si dovesse ritenere – come par necessario – che la norma regionale *deve* essere integrata con il c. 3 dell'art. 17 del T.U. riconoscendosi il diritto, ivi previsto, che il costo/valore del terreno sia pari a quello accertabile con atti formali (quelli di trasferimento).

In realtà, infatti, il modello "*storico*" degli artt. 7 e 8 della L. n. 10/1977, perpetuato dagli artt. 17 e 18 del T.U., contempla paradigma di corrispettività in cui vi è *proporzione* tra l'esenzione dal costo di costruzione e la riduzione ("*calmieramento*" secondo il 2° comma) di prezzi di vendita e canoni di locazione. Se la norma in esame consente alla Amministrazione di imporre **ulteriori** oneri o prestazioni che eccedono questa proporzione, o l'intero impianto di *questa* edilizia convenzionata si basa su una **obbligatorietà** imposta da una norma di piano, o è ben difficile ipotizzare una adesione dei privati al modello qui previsto.

---

la valenza urbanistica della categoria concettuale, e cioè della possibilità di una "*zonizzazione*" speciale (cfr. A. ed E. FIALE, *Diritto urbanistico*, Napoli, 2011, 707/708).

[1] La giurisprudenza ha sempre escluso che a questo convenzionamento potesse accedere il costruttore di un edificio per uso proprio.

[2] L'art. 18 parla di "*meccanismi tabellari per classi di commi*" lasciando però oscuri i criteri di formazione di queste tabelle.

2. Comma 2.

La disposizione che è palesemente connessa alla lett. b) del primo comma, sul "*costo*" delle aree, ha un contenuto in primo luogo urbanistico, perché prevede, presupponendola, una sorta di *destinazione di zona* di parti del territorio pianificato quali aree "*destinate ad edilizia abitativa convenzionata*". Non è chiaro, in primo luogo, se questa sia una destinazione specifica esclusiva (una "*tipizzazione*") ovvero la indicazione di una delle modalità di attuazione dello strumento urbanistico in alternativa all'intervento "*ordinario*", quella oneroso e libero.

Pare necessario propendere per la seconda ipotesi, che è la sola coerente con gli artt. 17, c. 1, e 18, c. 3, T.U., e con l'istituto "*storico*" di cui all'art. 8, L. n. 10/1977[3], che paiono inequivocabili nel senso della libertà/volontarietà della scelta del regime convenzionato.

Vi è anche da aggiungere che, diversamente opinando, la previsione urbanistica che imponesse l'obbligatorietà della convenzione, costituirebbe un vincolo urbanistico, ancorché atipico, sulla proprietà immobiliare: tale pare essere, infatti, dato che comporta *ex lege* una "*determinazione del valore delle aree private*" fatto in via autoritativa come presupposto del regime della convenzione obbligatoria. Vincolo tipicamente espropriativo, quindi, che non potrebbe che essere, come tale, caduco.

La disposizione ha però, in secondo luogo, una valenza strettamente economica, di determinazione del valore di un bene privato (cespite immobiliare) per limitarne la redditività, così da calmierare il mercato. Si può quindi dire che si è in presenza di una zonizzazione urbanistica – obbligatorietà o meno che sia – "*riempita*" da una delibera della Assemblea legislativa che fissa "*criteri e parametri*" di un valore cui ragguagliare, con la convenzione del 1° e 3° comma, i prezzi di cessione e i canoni di locazione.

Si impongono qui due osservazioni.

La prima è che questa *fase* del procedimento di convenzionamento (fissazione del prezzo politico delle aree dei privati) non è prevista in questi termini

---

[3] Che l'adesione al regime di intervento convenzionato sia facoltativa e non obbligatoria anche in relazione al suo modello storico, è pacifico in dottrina (cfr. A.L. FERRARIO, *Commento all'art. 18*, in M.A. SANDULLI, *T.U. dell'Edilizia*, cit., 328. Non si conoscono, sul punto, arresti giurisprudenziali.

nel T.U. (artt. 17 e 18) che neppure ne ipotizza la necessità, dato che il quadro sinallagmatico della convenzione ivi previsto dall'art. 17, c. 1, riguarda, come si è detto, l'esonero dal costo di costruzione a fronte della riduzione di prezzi di vendita e canoni di locazione. Il 2° comma dell'art. 18 del T.U., secondo cui *"la Regione stabilisce costi e parametri per la determinazione del costo delle aree in misura tale che la sua incidenza non superi il 20% del costo di costruzione come definito ai sensi dell'art. 16"*, non significa, come parrebbe voglia dire, che il valore delle aree private, ai fini del convenzionamento (e dell'utile economico ritraibile dall'iniziativa) è determinabile in via autoritativa dal Comune. Significa che l'importo del 20% del costo di costruzione (riferito ai costi massimi ammissibili per l'edilizia agevolata) è la cifra massima che potrà raggiungere il costo delle aree della convenzione di cui all'art. 17. Se ciò non è possibile, non è ipotizzabile un intervento convenzionato, non che l'intervento convenzionato dovrà rispettare questo parametro economico perché il valore delle aree è stabilito unilateralmente dalla Regione. Ciò trova conferma indiretta nelle disposizioni del 3° comma dell'art. 18, secondo cui il costo delle aree non può essere inferiore, se l'interessato lo richiede, al valore reale delle aree come accertato negli atti di trasferimento. Ciò pare significare che non è possibile determinare autoritativamente, *ex ante*, il valore delle aree su cui dovranno (potranno) localizzare gli interventi di edilizia convenzionata.

La competenza in materia della Assemblea legislativa non pare rientrare nell'art. 28, c. 4, lett. d) dello Statuto, non trattandosi di programmazione e/o pianificazione economica, territoriale o ambientale, ma invece della competenza generale residuale prevista dall'alinea dello stesso articolo; e mal si concilia, in verità, con la competenza della Giunta quanto al contenuto della convenzione tipo di cui al 1° comma, anche essa, alla fin fine, riconducibile ad una norma di chiusura (art. 46, lett. k) dello Statuto).

3. Commi 3 e 4.

L'adeguamento di prezzo di vendita e canoni di locazione agli indici ISTAT ufficiali tendente a garantire lo scopo dichiarato di calmierare i prezzi, è però di difficile comprensione. Non è ben chiaro, infatti, a chi si riferisca, a parte il soggetto attuatore in regime di convenzione.

In realtà, infatti, nell'impianto dell'istituto oggi previsto all'art. 33, non è ben chiaro se questi corrispettivi *"convenzionati"* riguardano anche i successivi atti di cessione, a cominciare da quello del primo acquirente (come avviene *ex* art. 35 L. n. 865/1971 nel caso dell'edilizia residenziale pubblica in regime di PEEP). La risposta deve però essere positiva, perché diversamente opinando, il primo acquirente a prezzo calmierato vendendo liberamente lucrerebbe, *"monetizzandola"* a suo vantaggio, l'originaria esenzione dal costo di costruzione.

Così interpretata la norma riguarda **tutti** i successivi atti di cessione (e **tutti** i successivi contratti di locazione). La circolazione giuridica di questi cespiti immobiliari, reali od obbligatori, viene a costituire una sorta di sub-mercato, tendenzialmente perpetuo (se si interrompe il venditore consegue un vantaggio speculativo) che l'Amministrazione ha il dovere di controllare.

Quanto sopra lo si deduce proprio dalla sanzione di *"nullità"* prevista dal 4° comma (in coerenza con la normativa PEEP) che è però – singolarmente – parziale (*"per la parte eccedente"*). Resta, cioè, fermo il contratto, e vi è la sostituzione automatica del prezzo o canone. Anche se può essere dubbio che si tratti di una vera nullità, non si possono nascondere le perplessità che derivano dal fatto che la disposizione attiene tipicamente all'ordinamento civile (in forza di essa sul cedente/locatore grava l'obbligo di una restituzione parziale), la cui accessorietà strumentale al regime dell'edilizia convenzionata pare troppo labile per radicare la competenza legislativa regionale *ex* art. 117 Cost. È bensì vero che esso riproduce l'ultimo comma dell'art. 18 del T.U. ma, come noto, la legislazione regionale non può legittimamente riprodurre, novandone, il titolo di vigenza, la legislazione statale; e, d'altra parte, la fattispecie dell'art. 33 della legge regionale è più ampia (e complessa) di quella del T.U.

È però vero che la nullità degli atti compiuti in violazione della norma può configurarsi *ex* art. 148, c. 1, per contrarietà a norme imperative[4].

Benedetto Graziosi

---

[4] La competenza giurisdizionale su un siffatto contenzioso parrebbe essere dell'A.G.O. Per un caso di contratto stipulato in esecuzione di una convenzione *ex* art. 18, T.U. e di contestazione della legittimità di quest'ultimo Cass., S.S., 30 marzo 2009 n. 7578.

Art. 34
Contributo di costruzione per opere o impianti non destinati alla residenza

1. Il titolo abilitativo relativo a costruzioni o impianti destinati ad attività industriali o artigianali dirette alla trasformazione di beni ed alla prestazione di servizi comporta, oltre alla corresponsione degli oneri di urbanizzazione, il versamento di un contributo pari all'incidenza delle opere necessarie al trattamento e allo smaltimento dei rifiuti solidi, liquidi e gassosi e di quelle necessarie alla sistemazione dei luoghi ove ne siano alterate le caratteristiche. La incidenza delle opere è stabilita con deliberazione del Consiglio comunale in base ai parametri definiti dall'Assemblea legislativa ai sensi dell'articolo 30, comma 3, ed in relazione ai tipi di attività produttiva.

2. Il titolo abilitativo relativo a costruzioni o impianti destinati ad attività turistiche, commerciali e direzionali o allo svolgimento di servizi comporta la corresponsione degli oneri di urbanizzazione e di una quota non superiore al 10 per cento del costo di costruzione da stabilirsi, in relazione ai diversi tipi di attività, con deliberazione del Consiglio comunale.

3. Qualora la destinazione d'uso delle opere indicate ai commi 1 e 2, nonché di quelle realizzate nel territorio rurale previste dall'articolo 32, comma 1, lettera b), sia modificata nei dieci anni successivi all'ultimazione dei lavori, il contributo di costruzione è dovuto nella misura massima corrispondente alla nuova destinazione ed è determinato con riferimento al momento dell'intervenuta variazione.

COMMENTO

La norma conferma il regime agevolato già in precedenza previsto dall'art. 19, T.U. Edilizia e dall'art. 32, L. reg. n. 31/2002, la cui formulazione è pienamente ripresa nell'articolo in commento.

Oggetto del primo comma è la definizione del contributo dovuto per costruzioni e impianti destinati ad attività industriali e artigianali.

Quando l'intervento costruttivo riguardi immobili destinati allo svolgimento di simili attività, oltre agli oneri di urbanizzazione, da versarsi per intero, è prevista la corresponsione di un contributo pari all'incidenza delle opere necessarie al trattamento e allo smaltimento dei rifiuti (solidi, liquidi e gassosi) e di quelle necessarie alla sistemazione dei luoghi, ove la costruzione ne abbia alterato le caratteristiche preesistenti.

La norma crea non pochi problemi interpretativi, acuiti dalla tendenziale propensione dei costruttori a far rientrare nel suo ambito applicativo il più ampio numero possibile di fattispecie.

La prima difficoltà è quella di definire i contorni dell'attività industriale e artigianale, come tale soggetta al regime privilegiato dell'art. 34, c. 1.

Oltre alla produzione e trasformazione di beni, con cui tradizionalmente vengono fatte coincidere simili attività, la norma fa infatti ambiguamente rientrare in questa categoria anche la prestazione di servizi: ambito molto ampio di attività, tra le quali possono astrattamente includersi anche le iniziative turistiche, commerciali e direzionali cui si riferisce il comma 2 dell'art. 34.

Le difficoltà crescono se si considera che tale ultima disposizione si chiude con una clausola generale, che estende il regime meno vantaggioso ivi delineato all'intera categoria delle attività consistenti nello svolgimento di servizi.

Il solo modo per uscire dall'*impasse* interpretativa e delineare un confine applicativo tra le previsioni dei primi due commi dell'art. 34 è quello di far coincidere gli immobili destinati alla prestazione di servizi di cui parla il primo comma con gli edifici destinati alla svolgimento di prestazioni collegate o strumentali allo svolgimento di attività strettamente produttive.

Viceversa, quando l'attività manchi di qualsiasi profilo produttivo, ad esempio perché si risolva esclusivamente nell'erogazione di prestazioni professionali o in attività di intermediazione o circolazione di beni, ad essere applicato sarà il secondo comma.

Ove il titolo abilitativo riguardi dunque costruzioni e impianti destinati ad attività turistiche, commerciali e direzionali o allo svolgimento di servizi, oltre al pagamento degli oneri di urbanizzazione, sarà dovuta ai sensi del comma 2 una quota non superiore al 10 % del costo da costruzione, da stabilirsi, in relazione ai diversi tipi di attività, dal Consiglio comunale.

Meno problematica pare l'individuazione delle costruzioni destinate ad attività commerciali, per la cui definizione vengono in aiuto l'art. 9, c. 1, lett. a) e b), D. Lgs. n. 114/1998 e l'elencazione, ivi inserita, delle attività di intermediazione qualificabili come servizi commerciali.

Non sono rari i casi di edifici a destinazione mista, in parte adibiti a fasi di lavorazione del ciclo industriale o artigianale, in parte destinati alla rivendita dei manufatti prodotti.

Laddove non sia possibile una netta distinzione tra i locali destinati ai vari tipi di attività, con conseguente applicazione del diverso sistema contributivo dovuto a seconda dei servizi svolti, la giurisprudenza è orientata a ritenere che possa applicarsi il regime dell'attività industriale, se le altre attività svolte abbiano rispetto ciclo produttivo caratteri di stretta complementarietà.

Lo stesso dicasi per altri tipi di locali, come i vani destinati a uffici o a depositi, se effettivamente strumentali all'esercizio di un'attività industriale che rivesta carattere principale[1].

Avvalora una simile conclusione interpretativa proprio il generico riferimento che il comma 1 fa alla prestazione di servizi, da intendersi appunto come i servizi afferenti o strumentali alle attività di produzione industriale o artigianale svolte nell'edificio con caratteri di principalità.

Sia che l'immobile abbia destinazione industriale/artigianale (c. 1), sia se si tratti di edifici adibiti ad attività turistiche, commerciali, direzionale o allo svolgimento di servizi (c. 2), è il Consiglio comunale a specificare la misura del contributo dovuto.

Tale contributo non può, nei casi previsti dal secondo comma, superare la soglia del 10% del costo di costruzione. La misura della percentuale è variabile in relazione ai diversi tipi di attività, con scelta ampiamente discrezionale e sostanzialmente insindacabile dell'organo collegiale comunale.

Manca nella norma regionale la previsione, contenuta invece nell'art. 19, D.P.R. n. 380/2001, che il costo di costruzione, rispetto al quale calcolare la quota massima del 10%, vada appositamente documentato.

Il tasso di discrezionalità rimesso al Consiglio comunale è, se possibile, ancora più faticosamente controllabile con riguardo al c.d. onere ecologico, e cioè al contributo che, in caso di impianti industriali o artigianali, il costruttore deve corrispondere in misura pari all'incidenza delle opere necessarie al trattamento e allo smaltimento dei rifiuti e, soprattutto, di quelle necessarie alla sistemazione dei luoghi.

La norma non specifica quali siano tali opere, né quali siano le possibili alterazioni dei luoghi tali da comportare un onere di ripristino, e dunque capaci di ripercuotersi sul calcolo dei contributi dovuti. L'indeterminatezza della fattispecie dilata il potere della Amministrazione – che è un potere di imporre prestazioni patrimoniali[2] ben oltre i confini della ordinaria discrezionalità, non

---

[1] Cons. Stato, Sez. V, 19 giugno 2012, n. 3561; Cons. Stato, Sez. IV, 25 giugno 2010, n. 4109.

[2] Si pone, quindi, rispetto alla norma regionale come rispetto a quella statale, il problema della esistenza di un **concreto contenuto minimo** *ex* art. 23 Cost., nel senso di individuazione dei profili, oltre che soggettivi, anche oggettivi. Sul punto vi sono, come noto, due orientamenti

parendo sufficiente che il ricorso al canone di proporzionalità ed adeguatezza quale effettivo limite al potere come astrattamente attribuito.

A parte ciò, la *ratio* della norma – e cioè per fare significativamente contribuire il titolare dell'impianto ai costi, altrimenti interamente gravanti sulla collettività, necessari ad eliminare l'impatto ambientale negativo che la realizzazione dello stabilimento può comportare – è comprensibile.

Resta però piuttosto difficile comprendere come sia possibile definire a priori, fin dal momento della progettazione, gli oneri economici afferenti alla bonifica e alla sistemazione dei luoghi, trattandosi di costi normalmente verificabili sono quando si ponga l'effettiva necessità di procedere al ripristino dello *status quo ante*.

La discrezionalità del Consiglio comunale nella quantificazione del c.d. onere ecologico incontra il solo limite dei parametri definiti, in relazione ai diversi tipi di attività produttiva, dall'Assemblea legislativa regionale, quando con delibera adottata ai sensi dell'art. 30, c. 3, L. reg. n. 15/2013 sono stabilite le tabelle parametriche degli oneri di urbanizzazione.

È bene evidenziare che, in ogni caso, il c.d. onere ecologico disciplinato dall'art. 34, c. 1, L. reg. n. 15/2013 non sostituisce, ma si somma agli altri oneri e adempimenti stabiliti dalla normativa di settore per gli impianti in cui si svolgono attività inquinanti.

Il terzo comma dell'art. 34 si occupa dei mutamenti di destinazione d'uso che possono avvenire successivamente al rilascio di un titolo abilitativo a regime agevolato previsto per le opere non residenziali.

Onde evitare possibili abusi nell'accesso al regime privilegiato previsto per le attività disciplinate nei primi due commi dell'art. 34 o per le opere realizzate nel territorio rurale ai sensi dell'art. 32, c. 1, lett. b), L. reg. n. 15/2013, la norma stabilisce che in caso di passaggio ad una diversa (e più onerosa) categoria funzionale nei dieci anni successivi all'ultimazione dei lavori, il contributo di costruzione sia dovuto nella misura massima corrispondente alla nuova classe contributiva, da calcolarsi con riferimento al momento dell'intervenuta variazione.

---

della Corte Costituzionale (n. 36/1959; n. 341/2000). È bensì vero che è opinione corrente che le prestazioni patrimoniali tollerano diversi gradi di "*integrazione amministrativa del dettato legislativo*") ma non pare logico prevedere che tale integrazione sia, sostanzialmente libera.

La norma è ispirata ad un criterio di ragionevolezza, che giustifica la pretesa di maggiori oneri economici per quelle attività comportanti un maggior carico urbanistico, anche ove il mutamento di destinazione d'uso non avrebbe in ipotesi richiesto un nuovo titolo edilizio, ad esempio perché compiuto in assenza di opere.

Camilla Mancuso

Art. 35
Modifiche all'articolo 2 (Vigilanza sull'attività urbanistico edilizia)
della L. reg. n. 23 del 2004

1. Al comma 1 dell'articolo 2 della legge regionale 23 del 2004, le parole *"di cui agli articoli 11 e 17 della legge regionale 25 novembre 2002, n. 31 (Disciplina generale dell'edilizia)"* sono sostituite dalle seguenti: *"svolti per la formazione dei titoli abilitativi e per la certificazione della conformità edilizia e agibilità"*.
2. Il comma 2 dell'articolo 2 della legge regionale 23 del 2004, è soppresso.
3. Al comma 7 dell'articolo 2 della legge regionale 23 del 2004, le parole *"prevista dall'articolo 27, comma 5, della legge regionale n. 31 del 2002"* sono sostituite dalle seguenti: *"prevista dall'articolo 29, comma 5, della legge regionale in materia edilizia"*.

COMMENTO

Le tre modifiche all'art. 2 della L. reg. n. 23/2004[3] sono aggiustamenti necessari per coordinare la normativa sul controllo e repressione degli abusi edilizi con la nuova legge edilizia.

Il primo comma sostituisce il riferimento ai controlli descritti dalla L. reg. n. 31/2001 in termini distinti (art. 11, controlli sulle opere eseguite con D.I.A., art. 17 controlli sulle opere eseguite con permesso di costruire), con un riferimento generico e omnicomprensivo ai titoli edilizi, aggiungendo però la certificazione di conformità. Ciò conferma, come osservato nel commento all'art. 23, la (nuova) centralità dell'istituto nella attuale legislazione edilizia, in cui il controllo dell'uso dell'edificato e dei suoi requisiti prestazionali è divenuto nevralgico.

Il secondo comma prende sostanzialmente atto che la collaborazione con l'Istituto Regionale per i Beni Artistici Culturali e Naturali (I.B.A.C.N.) era – quanto alla vigilanza edilizia – irrilevante (se non problematica, come nel caso di vincoli *ex* D. Lgs. n. 42/2004 in cui vi era una ingestibile competenza concorrente dello Stato). È però dubbio che la soppressione inibisca ai Comu-

---

[3] Cfr. B. GRAZIOSI, *Commento all'art. 2*, in *La repressione degli abusi edilizi nella regione Emilia-Romagna*, Milano, 2008, 13 e ss. I problemi della *"politica della vigilanza"* e delle scelte sono però molti e non tutti risolti dall'atto di coordinamento tecnico n. 76 del 27 gennaio 2014, su cui cfr. *supra*.

ni la richiesta di collaborazione e la facoltà dell'Istituto di fornirla, nel quadro della più elementare regola della buona amministrazione.

Il terzo comma si limita a dire ciò che poteva apparire ovvio in via interpretativa e cioè la conferma della possibilità di utilizzare il contributo di costruzione per garantire i controlli e quindi di utilizzare il personale esistente in "*progetti finalizzati*"; il che, oggi, è di ben dubbia ammissibilità nel sistema contrattuale che regola l'assunzione di dipendenti comunali.

La norma, mentre è coerente con l'art. 29, c. 5, sembra confliggere con l'art. 30, c. 2, e il vincolo di destinazione degli oneri di urbanizzazione ivi previsto. Nel complesso le tre disposizioni non sono facilmente coordinabili in un unico combinato/disposto. Resta, comunque, da constatare che il quadro normativo non impone che i cespiti derivanti dalla onerosità dei titoli siano funzionalmente collegati, con un vincolo, ad una utilizzazione urbanistica. Da qui i già illustrati dubbi sulla complessiva ragionevolezza del sistema contributivo urbanistico/edilizio oggi vigente.

Benedetto Graziosi

Art. 36
Modifiche all'articolo 4
(Sospensione dei lavori ed assunzione dei provvedimenti sanzionatori
della L. reg. n. 23 del 2004

1. Al comma 1 dell'articolo 4 della legge regionale n. 23 del 2004:
   - le parole "dagli articoli 11 e 17 della legge regionale n. 31 del 2002" sono sostituite dalle seguenti: "per la formazione dei titoli abilitativi"
   - al medesimo comma il periodo *"L'accertamento in corso d'opera delle variazioni minori, di cui all'articolo 19 della legge regionale n. 31 del 2002, non dà luogo alla sospensione dei lavori."* é sostituito dal seguente: *"L'accertamento di varianti in corso d'opera non dà luogo alla sospensione dei lavori, qualora risultino conformi alla disciplina dell'attività edilizia e qualora siano state adempiute le procedure abilitative prescritte dalle norme di settore"*[1].

---

[1] Si riporta l'art. 4, L. reg. n. 23/2004, come modificato dall'art. 36, L. reg. n. 15/2013, recante *"Sospensione dei lavori ed assunzione dei provvedimenti sanzionatori"*:

1. *Qualora sia accertata dai competenti uffici comunali, d'ufficio, nel corso dei controlli previsti [dagli articoli 11 e 17 della legge regionale n. 31 del 2002] per la formazione dei titoli abilitativi, su denuncia dei cittadini o su comunicazione degli ufficiali e agenti di polizia giudiziaria, l'inosservanza delle norme, prescrizioni e modalità di cui all'articolo 2, comma 1, lo Sportello unico per l'edilizia, nei successivi quindici giorni, ordina l'immediata sospensione dei lavori che ha effetto fino all'esecuzione dei provvedimenti definitivi [L'accertamento in corso d'opera delle variazioni minori, di cui all'articolo 19 della legge regionale n. 31 del 2002, non dà luogo alla sospensione dei lavori]. L'accertamento di varianti in corso d'opera non dà luogo alla sospensione dei lavori, qualora risultino conformi alla disciplina dell'attività edilizia e qualora siano state adempiute le procedure abilitative prescritte dalle norme di settore.*

2. *L'atto di sospensione dei lavori è comunicato al titolare del titolo abilitativo, al committente, al costruttore e al direttore dei lavori, nonché al proprietario qualora sia soggetto diverso dai precedenti. Detta comunicazione costituisce avviso di avvio del procedimento per l'adozione dei provvedimenti sanzionatori di cui al Capo II, ai sensi dell'articolo 7 della legge 7 agosto 1990, n. 241 (Nuove norme in materia di procedimento amministrativo e di diritto di accesso ai documenti amministrativi).*

3. *Entro quarantacinque giorni dall'ordine di sospensione, lo Sportello unico per l'edilizia adotta e notifica ai soggetti di cui al comma 2 i provvedimenti sanzionatori previsti dal Capo II della presente legge.*

COMMENTO

Sommario: 1. In generale - 2. La modifica della sospensione dei lavori in corso - 3. Il controllo delle varianti e la sospensione dei lavori.

1. In generale.

Preliminarmente, l'art. 4 della L. n. 23/2004 disciplina il paradigma dell'adozione di provvedimenti sospensivi aventi natura cautelare e prodromica rispetto alla successiva adozione di provvedimenti sanzionatori, come già previsto dalla normativa statale (art. 27 del D.P.R. n. 380/2001 e, prima, art. 4 della L. n. 47/1985)[2].

Nel sistema delineato dal D.P.R. n. 380/2001 l'esigenza di un immediato intervento repressivo per le fattispecie di maggiore rilevanza urbanistica (opere eseguite senza titolo su aree assoggettate a vincolo di inedificabilità) regolato dalla procedura sanzionatoria di cui all'art. 27, c. 2, T.U. Edilizia (trasposto nell'art. 9, c. 1, L. reg. n. 23/2004), consente di prescindere dalla preventiva notifica di un ordine di sospensione dei lavori che, invece, risulta espressamente previsto (successivo cooma 3 del citato art. 27) soltanto per la diversa e meno grave ipotesi di inosservanza di norme e prescrizioni imposte dagli strumenti urbanistici o previste dal titolo abilitativo.

La sospensione dei lavori edilizi ha natura cautelare[3] e, in quanto tale,

---

[2] Sia consentito il rinvio al commento di D. LAVERMICOCCA all'art. 4 della L. R. n. 23/2004, pp. 27 e ss. in *La repressione degli abusi edilizi nella Regine Emilia-Romagna*, a cura di B. GRAZIOSI e di D. LAVERMICOCCA, Ipsoa 2008 commento all'art. 4, pp. 27 e ss.

[3] Il potere di sospensione dei lavori edili in corso, attribuito all'Autorità comunale dall'art. 27, c. 3, D.P.R. n. 380 del 2001 (T.U. Edilizia), è di tipo cautelare, in quanto destinato ad evitare che la prosecuzione dei lavori determini un aggravarsi del danno urbanistico, e alla descritta natura interinale del potere segue che il provvedimento emanato nel suo esercizio ha la caratteristica della provvisorietà, fino all'adozione dei provvedimenti definitivi. Ne discende che, a seguito dello spirare del termine di 45 giorni, ove l'Amministrazione non abbia emanato alcun provvedimento sanzionatorio definitivo, l'ordine in questione perde ogni efficacia, mentre, nell'ipotesi di emanazione del provvedimento sanzionatorio, è in virtù di quest'ultimo che viene a determinarsi la lesione della sfera giuridica del destinatario con conseguente assorbimento dell'ordine di sospensione dei lavori (Conferma della sentenza del T.A.R. Lazio - Roma,

viene assorbita (la norma statale lo dice espressamente) dal successivo provvedimento sanzionatorio definitivo in quanto volta a permettere all'amministrazione di definire con esattezza la portata dell'abuso edilizio commesso evitando, al contempo, che lo stesso assuma proporzioni maggiori. Non a caso la medesima norma statale regola il generale potere di vigilanza e di repressione degli abusi e, nella medesima norma, l'ordine di sospensione dei lavori che di quel potere costituisce immediata applicazione.

La L. reg. n. 23/2004 ripropone la medesima sequenza cautelare/sanzionatoria con una disposizione inserita nei *principi generali* della legge (Capo I°) proprio a sancire una modalità procedurale che prescinde dalla singola fattispecie sanzionatoria e che interessa ciascuna ipotesi di abuso edilizio.

Secondo la norma, il presupposto applicativo del potere di sospensione e sanzionatorio è nell'inosservanza delle norme di legge e di regolamento, delle prescrizioni degli strumenti urbanistici ed edilizi, nonché delle modalità esecutive fissate nei titoli abilitativi (così anche per la legge statale), di cui i competenti uffici comunali siano venuti a conoscenza, d'ufficio, o, come spesso accade, tramite denunce da parte dei cittadini. Questo viene espressamente previsto dalla norma regionale (come da quella statale) ai fini della legittimazione procedurale, come per la comunicazione degli ufficiali e agenti di polizia giudiziaria che nell'esercizio dei propri compiti vengano a conoscenza di tali violazioni.

2. La modifica della sospensione dei lavori in corso.

La modifica introdotta dalla L. reg. n. 15/2013 all'art. 4 della L. reg. n. 23/2004 risulta coerente con il disegno generale perseguito dal legislatore regionale volto a potenziare sia il controllo nella fase di accesso all'attività edilizia, demandato all'attività asseverativa e certificativa del professionista, sia la verifica nella fase di ultimazione dei lavori, con l'obbligo di richiedere il rilascio del certificato di conformità edilizia e di agibilità, quale titolo sottoposto alle medesime conformità normative (art. 9, c. 3) richieste in fase di presentazione o rilascio del titolo edilizio.

---

sez. I quater, n. 9860/2009) (Cons. Stato Sez. IV, 19 giugno 2014, n. 3115).

Diversamente, prima dell'entrata in vigore del comma 2 *bis* dell'art. 22 del T.U. Edilizia (si veda il commento all'art. 22), risultava depotenziato il controllo delle *opere in corso di esecuzione*, come emerge chiaramente sia dalla possibilità di eseguire varianti in corso d'opera anche ricadenti in fattispecie riconducibili alle fattispecie ricadenti nelle *variazioni essenziali,* se conformi alla disciplina edilizia, senza la previa richiesta del titolo edilizio e con regolarizzazione a fine lavori, sia limitando il potere di sospendere i lavori in corso, come di seguito si espone.

Ciò appare riconducibile alla scarsità di risorse da dedicare a questo tipo di controllo, come conferma anche la previsione di controlli a campione per il rilascio dell'agibilità qualora le risorse organizzative disponibili non consentano di eseguire il controllo di tutte le opere realizzate (art. 23, c. 7) ed a fronte di una esternalizzazione delle funzioni di controllo, attribuite al professionista.

Il differente approccio si coglie se si considera che la disciplina previgente dettata dall'art. 4, c. 1, L. reg. n. 23/2004 prevedeva che il potere di sospendere i lavori in corso poteva essere esercitato a seguito degli accertamenti compiuti nel corso dei controlli previsti per gli interventi eseguiti in forza della D.I.A. (art. 11, L. reg. n. 31.2002) o del permesso di costruire (art. 17, L. reg. n. 31.2002), con la conseguenza che tale attività di verifica non si esauriva nella fase del rilascio o di presentazione del titolo, ma seguiva l'intero processo edilizio, e quindi:

a) con il controllo formale, alla presentazione della D.I.A., e con il successivo controllo di merito, come stabilito dal R.U.E. in ordine ai contenuti dell'asseverazione allegata alla denuncia di inizio attività e della corrispondenza del progetto e dell'opera in corso di realizzazione o ultimata a quanto asseverato dal professionista abilitato, nei tempi ivi previsti[4];

b) con la verifica della corrispondenza delle opere in corso di realizzazione al permesso di costruire, secondo le modalità definite dal R.U.E. (c.

---

[4] Il controllo avveniva in corso d'opera e comunque entro dodici mesi dalla comunicazione di fine dei lavori ovvero, in assenza di tale comunicazione, entro dodici mesi dal termine di ultimazione dei lavori indicato nel titolo abilitativo e, per gli interventi soggetti a certificato di conformità edilizia e agibilità il controllo è comunque effettuato entro la data di presentazione della domanda di rilascio del medesimo certificato). La norma prevedeva il controllo, effettuato anche a campione, deve riguardare almeno una percentuale del 30 per cento degli interventi edilizi eseguiti o in corso di realizzazione.

1), con la previsione dei controlli su un campione almeno del 20 per cento degli interventi realizzati (art. 17, c. 3).

Ora la norma regionale, come modificata, sostituisce il riferimento alle dette norme procedurali prevedendo che la sospensione dei lavori può essere ordinata a seguito e *"nel corso dei controlli previsti per la formazione dei titoli abilitativi"*.

In pratica, posto che per gli interventi sottoposti a SCIA la "formazione del titolo" non è "in progress", ma avviene con la presentazione della stessa corredata dai documenti essenziali ed è efficace a seguito della comunicazione di regolare deposito (comunque decorso il termine di cinque giorni lavorativi dalla sua presentazione), in assenza di comunicazione della verifica negativa (art. 14, c. 4), mentre per gli interventi sottoposti a permesso di costruire occorre il rilascio del titolo, espresso o tacito (art 18, cc. 8 e 10) - abrogato quindi il precedente richiamo alle disposizioni ed alle procedure di controllo, formale e di merito, preventivo e nel corso dei lavori - viene ora previsto il solo controllo che l'amministrazione svolge al momento della verifica iniziale che prelude alla formazione del titolo.

L'attuale disposizione non appare avere senso logico, in quanto riconduce la possibilità di sospendere i lavori per accertamenti compiuti *nel corso dei controlli previsti per la formazione dei titoli abilitativi*, risultando evidente che in tal momento i lavori non sono ancora iniziati e, quindi, non possono essere sospesi, come invece recita l'oggetto dell'articolo 4 in esame[5]. Né può intendersi che il *"controllo per la formazione del titolo"* avvenga anche successivamente alla presentazione della SCIA o del rilascio del PdC, in quanto il titolo deve ritenersi già formato con il rispetto della sequenza procedurale dettata dall'art. 14 o dall'art. 18, atteso che, per la SCIA, in caso di mancanza dei requisiti normativi è espressamente previsto il potere inibitorio (*"entro i trenta giorni successivi all'efficacia della SCIA, lo Sportello unico verifica la sussistenza dei requisiti e dei presupposti richiesti dalla normativa e dagli*

---

[5] Occorre poi distinguere tale fattispecie dalla sospensione dell'efficacia del permesso di costruire, che avviene nei casi di cui all'articolo 90, c. 10, del decreto legislativo 9 aprile 2008, n. 81 (Attuazione dell'articolo 1 della legge 3 agosto 2007, n. 123, in materia di tutela della salute e della sicurezza nei luoghi di lavoro) (art. 9, c. 6, L. reg. n. 15/2013) e nei casi previsti dall'articolo 12 della L. reg. 26 novembre 2010, n. 11 (Disposizioni per la promozione della legalità e della semplificazione nel settore edile e delle costruzioni a committenza pubblica e privata) (art. 18, c. 12, L. reg. n. 15/2013).

strumenti territoriali ed urbanistici per l'esecuzione dell'intervento", art. 14, c. 5), che consente l'immediato intervento repressivo, senza dover previamente ordinare la sospensione dei lavori.

La modifica normativa risulta inoltre incoerente con la successiva previsione, rimasta immutata, secondo cui il controllo avviene *"su denuncia dei cittadini o su comunicazione degli ufficiali e agenti di polizia giudiziaria"* nel caso in cui si verifichi *"l'inosservanza delle norme, prescrizioni e modalità di cui all'articolo 2, comma 1"*, in quanto appare evidente che ciò non si può verificare nella fase dei *"controlli per la formazione del titolo"*, ma quando le opere sono in corso di realizzazione.

3. Il controllo delle varianti e la sospensione dei lavori.

Avvenuta la formazione del titolo, con le modalità sopra richiamate ed avviata l'esecuzione dei lavori, si è sempre posta la questione di quale fosse la soglia della difformità dal titolo che legittimasse il potere del Comune di accertamento e di sospensione dei lavori, che il precedente testo dell'art. 4, L. reg. n. 23/2004 indicava, nell'ultimo capoverso, con il rinvio all'accertamento in corso d'opera delle *variazioni minori* di cui all'articolo 19 della L. reg. n. 31 del 2002, che a sua volta richiamava le fattispecie dell'art. 23 della medesima legge che definivano quali interventi erano da considerare *"variazioni essenziali"*, la cui esecuzione senza titolo legittimava l'intervento cautelare. In pratica era sufficiente superare quel limite, anche se l'intervento fosse stato legittimo, ma senza titolo, per veder sospesi i lavori, in quanto sotto la previgente disciplina per le variazioni essenziali era sempre necessario il previo rilascio del nuovo titolo *ex* art. 18, L. reg. n. 31/2002, prima vigente.

La modifica ora introdotta all'ultimo periodo del primo comma prevederebbe che l'*"accertamento di varianti in corso d'opera"*, privo dell'ancoraggio alle varianti minori e, quindi, al limite delle variazioni essenziali, non consenta di per sé solo la sospensione dei lavori in corso di esecuzione, salvo l'accertamento di violazione delle norme edilizie o di quelle alle stesse comunque inerenti.

Questo risulterebbe coerente con il fatto che le varianti al progetto assentito, come anche la variazioni essenziali di cui all'art. 14 *bis* della L. reg. n. 23/2004, possono essere realizzate in corso d'opera senza titolo e regolarizzate con SCIA in variante, contestualmente alla comunicazione della fine lavori, salvo che per le fattispecie escluse riconducibili alla difformità totale (si veda il commento all'art. 22, L. reg. n. 15/2013).

D'altra parte a seguito della entrata in vigore del comma 2 *bis* dell'art. 22 del T.U. Edilizia ai sensi del quale *"sono realizzabili mediante segnalazione certificata d'inizio attività e comunicate a fine lavori con attestazione del professionista, le varianti a permessi di costruire che non configurano una variazione essenziale"*, e della conseguente prevalenza di tale normativa sulla disciplina regionale [6], si ritorna alla precedente regime normativo della L. reg. n. 31/2002, con la conseguenza che l'esecuzione in assenza di titolo edilizio di interventi ricadenti nella fattispecie della variazione essenziale *ex* art. 14 *bis*, L. n. 23/2004, legittima l'ordine di sospensione lavori.

Inoltre la norma in commento, che prima facie appare più favorevole rispetto alla precedente versione normativa, afferma che *"L'accertamento di varianti in corso d'opera non dà luogo alla sospensione dei lavori"*, nel caso in cui si verifichino due condizioni, e cioè *"qualora le stesse risultino conformi alla disciplina dell'attività edilizia e qualora siano state adempiute le procedure abilitative prescritte dalle norme di settore"*.

Ciò significa che, per la prima condizione, una qualsiasi, anche minima, violazione di una difficilmente conoscibile norma attinente all'edilizia, previamente accertata, anche se qualificabile secondo la vecchia distinzione come "variante minore", legittima l'emissione dell'ordine cautelare.

D'altra parte, anche nella precedente disciplina era previsto che le variazioni minori erano soggette a D.I.A. solo *"se conformi agli strumenti di pianificazione e alla normativa urbanistica ed edilizia"*, mentre con l'attuale formulazione dell'art. 22, c. 2, le varianti in corso d'opera, sia minori che le variazioni essenziali (escluse le fattispecie di cui al comma 1) devono essere conformi alla disciplina dell'attività edilizia di cui all'articolo 9, c. 3, che rinvia all'art. 11, comprendendo tutte le norme che regolano l'attività edilizia.

---

[6] Con atto della Giunta regionale del 21 novembre 2014, con riferimento alle norme statali da ultimo introdotte, viene precisato che *"Poiché quella appena descritta costituisce una modifica dei principi fondamentali della materia, si ritiene che prevalga sulle norme regionali che siano in contrasto con essa ed in particolare su quanto disposto dal citato articolo 22 della L. reg. n. 15"*.

Per gli immobili sottoposti alle procedure abilitative prescritte dalle norme di settore, la mancanza del previo rilascio del relativo titolo legittima la misura cautelare, coerentemente con la previsione dell'art. 22, c. 2, per il caso di varianti in corso d'opera per le quali occorre il previo rilascio del titolo.

Domenico Lavermicocca

Art. 37
Modifiche all'articolo 8
(Responsabilità del titolare del titolo abilitativo, del committente, del costruttore,
del direttore dei lavori, del progettista e del funzionario
della azienda erogatrice di servizi pubblici)
della L. reg. n. 23 del 2004

1. Al comma 3 dell'articolo 8 della legge regionale n. 23 del 2004, dopo le parole *"all'Autorità giudiziaria"* sono aggiunte le seguenti *", al progettista"*.

COMMENTO

Il testo dell'art. 8, c. 3, L. reg. n. 23/2004 risulta così modificato:

*"Nel caso in cui il titolo abilitativo contenga dichiarazioni non veritiere del progettista necessarie ai fini del conseguimento del titolo stesso, l'Amministrazione comunale ne dà notizia alla Autorità giudiziaria, **al progettista**, nonché al competente Ordine professionale ai fini della irrogazione delle sanzioni disciplinari"*.

La modifica della L. reg. n. 23/2004 è molto marginale in termini di garanzia per il professionista, dato che non è dubbio che il procedimento disciplinare deve, di per sé, essere preceduto dall'avviso del suo avvio in base a principi generali che precedono la stessa L. n. 241/1990.

La modifica è invece interessante per l'Ordine professionale. Esso, infatti, può, in anticipo rispetto allo sviluppo degli altri procedimenti (sia quello sanzionatorio edilizio che quello penale), valutare la rilevanza disciplinare delle *"dichiarazioni"* del progettista, vale a dire delle asseverazioni di conformità e della rappresentazione del c.d. *"stato legittimo"*, la quale, come si è visto, è un dato che, in base al modulo regionale, deve essere dichiarata.

Il punto più significativo, a questo proposito, è proprio quanto specificato dal legislatore regionale, e cioè che ciò che rileva sono (solo) le attestazioni **non vere** (o, come spesso è ritenuto dai Comuni, quelle **omissive** di eventuali abusi pregressi) *"necessarie ai fini del conseguimento del titolo"*. Si deve trattare, cioè, si attestazioni o di omissioni **sostanzialmente fraudolente, perché pertinenti all'*an* del rilascio del titolo.**

Pare quindi di poter ritenere che ove l'Ordine accerti – in una eventuale pre-istruttoria – l'irrilevanza ai predetti fini della non veridicità delle attestazioni/dichiarazioni del professionista, potrà semplicemente archiviare la pratica. È forse possibile che ciò confligga con l'esito del processo penale, ma ciò non significa che su questo punto specifico – e cioè la **necessità** (giuridica) della non dichiarazione del progettista al rilascio del titolo – la sentenza faccia stato nei confronti dell'Ordine, perché è ben noto che in materia disciplinare quello che fa stato nei confronti dell'Ente titolare del potere disciplinare è l'accertamento **storico** dei fatti, non la loro qualificazione giuridica. Ciò vale non solo nel senso che un proscioglimento in sede penale non pregiudica la valutazione disciplinare, ma anche in quello opposto secondo cui il fatto, pur qualificabile come reato, non costituisce illecito disciplinare.

Benedetto Graziosi

Art. 38
Modifiche all'articolo 12 (Lottizzazione abusiva)
della L. reg. n. 23 del 2004

1. Dopo il comma 4 dell'articolo 12 della legge regionale n. 23 del 2004, è aggiunto il seguente:
   *"**4 bis.** Gli atti di cui al comma 2, ai quali non siano stati allegati i certificati di destinazione urbanistica, o che non contengano la dichiarazione di cui al comma 4, possono essere confermati o integrati anche da una sola delle parti o dai suoi aventi causa, mediante atto pubblico o autenticato, al quale sia allegato un certificato contenente le prescrizioni urbanistiche riguardanti le aree interessate al giorno in cui è stato stipulato l'atto da confermare o contenente la dichiarazione omessa."*.
2. Il comma 6 dell'articolo 12 della legge regionale n. 23 del 2004, è soppresso.
3. Al comma 8 dell'articolo 12 della legge regionale n. 23 del 2004, alla fine del primo periodo, sono aggiunte le seguenti parole:
   "a spese del responsabile dell'abuso

COMMENTO

Tutto l'art. 12 della L. reg. n. 23/2004 è identico alla norma statale[1].

Anche il quarto comma riproduce testualmente il c. 4 *bis* dell'art. 30 del T.U. introdotto dall'art. 12, 4° c., L. 28 novembre 2005 n. 246.

Trattandosi di una materia propria dell'ordinamento civile, è evidente che, stante l'incompetenza della Regione, sarebbe stato opportuno un semplice rinvio, considerato anche che, come già sottolineato dalla giurisprudenza della Corte Costituzionale (sentenze n. 196/2003, ecc.) è inammissibile la *"conferma"* regionale di norme statali essendo esclusa, comunque, ogni novazione della fonte.

Il testo della norma del soppresso 6° comma era il seguente:

"6. I pubblici ufficiali che ricevono o autenticano atti aventi per oggetto il trasferimento, anche senza frazionamento catastale, di appezzamenti di terreno di superficie inferiore a diecimila metri quadrati devono trasmettere, entro trenta giorni dalla data di registrazione, copia dell'atto da loro ricevuto o autenticato allo Sportello unico per l'edilizia del Comune ove è sito l'immobile".

---

[1] Cfr. S. GOTTI, Commento all'art. 12 L. reg. n. 23/2004, in B. GRAZIOSI, (a cura di) La repressione degli abusi edilizi in Emilia-Romagna, Milano 2008, 92.

La soppressione – anche essa conforme alla abrogazione della uguale norma del T.U. – non pare in relazione con il c. 4 *bis*, nel senso che la possibilità di convalida/regolarizzazione ivi prevista non renderebbe irrilevante il controllo del Comune sulle vendite di piccole porzioni immobiliari. È più probabile che la norma sia risultata inutile a fronte al contenuto del 5° comma che prevede l'obbligo del deposito presso il Comune dei frazionamenti catastali.

Nell'ottavo comma è interpolato l'obbligo del responsabile dell'abuso di pagare le spese di ripristino. Il che era già comunque implicito nel combinato disposto dell'art. 12 con gli artt. 13 e 16 della L. reg. n. 23/2004.

Il testo è ora il seguente:

"8. *Trascorsi novanta giorni, ove non intervenga la revoca del provvedimento di cui al comma 7, le aree lottizzate sono acquisite di diritto al patrimonio disponibile del Comune e lo Sportello unico per l'edilizia deve provvedere alla demolizione delle opere e al ripristino dello stato dei luoghi a spese del responsabile dell'abuso*".

Benedetto Graziosi

Art. 39
Modifiche all'articolo 13
(Interventi di nuova costruzione eseguiti in assenza del titolo abilitativo,
in totale difformità o con variazioni essenziali)
della L. reg. n. 23 del 2004

1. Al comma 2 dell'articolo 13 della legge regionale n. 23 del 2004, le parole *"determinate ai sensi dell'articolo 23 della legge regionale n. 31 del 2002,"* sono sostituite dalle seguenti: *"determinate ai sensi dell'articolo 14 bis"*.

COMMENTO

Il testo dell'art. 13, c. 2, è ora il seguente:

"Lo Sportello unico per l'edilizia, accertata l'esecuzione di interventi in assenza del titolo abilitativo richiesto, in totale difformità dal medesimo, ovvero con variazioni essenziali, determinate ai sensi dell'art. 14 bis, ingiunge al proprietario e al responsabile dell'abuso la demolizione, indicando nel provvedimento l'area che viene acquisita di diritto ai sensi del comma 3, nonché le eventuali servitù di passaggio".

La norma è superflua. Il coordinamento con la L. 23/2004 – che è la disciplina sanzionatoria – dove quest'ultima richiama la disposizione della L. reg. n. 31/2002 abrogata dall'art. 57, lett. a), non richiede una norma *ad hoc*, risultando pienamente evidente in via interpretativa.

In sostanza il regime sanzionatorio della variazione essenziale lo si deduce dal rinvio materiale che emerge dal tenore testuale dell'art. 13, 2° c., L. reg. n. 23/2004, senza necessità di alcuna intermediazione di una norma espressa, che ha quindi un valore di semplice semplificazione delle fonti testuali.

Benedetto Graziosi

Art. 40
Modifiche all'articolo 14
(Interventi di ristrutturazione edilizia eseguiti in assenza di titolo abilitativo,
in totale difformità o con variazioni essenziali)
della L. reg. n. 23 del 2004

1. Al comma 1 dell'articolo 14 della legge regionale n. 23 del 2004, le parole *", di cui alla lettera f) dell'allegato alla legge regionale n. 31 del 2002,"* sono soppresse.
2. Al comma 4 dell'articolo 14 della legge regionale n. 23 del 2004, le parole *"di cui all'articolo 27 della legge regionale n. 31 del 2002"* sono soppresse.

COMMENTO

Il testo dei commi emendati è ora questo:

"1. Gli interventi e le opere di ristrutturazione edilizia, eseguiti in assenza di titolo abilitativo, in totale difformità o con variazioni essenziali da esso, sono rimossi ovvero demoliti e gli edifici sono resi conformi alle prescrizioni degli strumenti urbanistico edilizi entro il congruo termine, non superiore a centoventi giorni, stabilito dallo Sportello unico per l'edilizia con propria ordinanza, decorso il quale l'ordinanza stessa è eseguita a cura del Comune e a spese dei responsabili dell'abuso.

... omissis...

4. Qualora, ai sensi del comma 2, non si disponga la demolizione delle opere, è dovuto il contributo di costruzione".

Anche questa norma, che consegue alla abrogazione della L. n. 31/2002 richiamata dalla L. reg. n. 23/2004, è in fondo superflua, ben potendo il coordinamento delle due fonti essere rimesso all'interprete. Il rinvio a norme abrogate o testualmente sostituite pare non richiedere, infatti, una ri-organizzazione della fattispecie.

Benedetto Graziosi

Art. 41
Inserimento dell'articolo 14 *bis* nella L. reg. n. 23 del 2004

1. Dopo l'articolo 14 della legge regionale n. 23 del 2004 è inserito il seguente:
   "*Art. 14 bis. Variazioni essenziali.*

   1. Sono variazioni essenziali rispetto al titolo abilitativo originario come integrato dalla SCIA di fine lavori:

   a) *il mutamento della destinazione d'uso che comporta un incremento del carico urbanistico di cui all'articolo 30, comma 1, della legge regionale in materia edilizia;*

   b) *gli aumenti di entità superiore al 20 per cento rispetto alla superficie coperta, al rapporto di copertura, al perimetro, all'altezza dei fabbricati, gli scostamenti superiori al 20 per cento della sagoma o dell'area di sedime, la riduzione superiore al 20 per cento delle distanze minime tra fabbricati e dai confini di proprietà anche a diversi livelli di altezza;*

   c) *gli aumenti della cubatura rispetto al progetto del 10 per cento e comunque superiori a 300 metri cubi, con esclusione di quelli che riguardino soltanto le cubature accessorie ed i volumi tecnici, così come definiti ed identificati dalle norme urbanistiche ed edilizie comunali;*

   d) *gli aumenti della superficie utile superiori a 100 metri quadrati;*

   e) *ogni intervento difforme rispetto al titolo abilitativo che comporti violazione delle norme tecniche per le costruzioni in materia di edilizia antisismica;*

   f) *ogni intervento difforme rispetto al titolo abilitativo, ove effettuato su immobili ricadenti in aree naturali protette, nonché effettuato su immobili sottoposti a particolari prescrizioni per ragioni ambientali, paesaggistiche, archeologiche, storico-architettoniche da leggi nazionali o regionali, ovvero dagli strumenti di pianificazione territoriale od urbanistica. Non costituiscono variazione essenziale i lavori realizzati in assenza o difformità dall'autorizzazione paesaggistica, qualora rientrino nei casi di cui all'articolo 149 del decreto legislativo n. 42 del 2004 e qualora venga accertata la compatibilità paesaggistica, ai sensi dell'articolo 167 del medesimo decreto legislativo.*

   2. Ai sensi dell'articolo 22 della legge regionale in materia edilizia, le varianti al titolo originario, che presentano le caratteristiche di cui al comma 1 del presente articolo e che siano conformi alla disciplina dell'attività edilizia, di cui all'articolo 9, comma 3, della medesima legge regionale in materia edilizia, possono essere attuate in corso d'opera e sono soggette alla presentazione di SCIA di fine lavori, fermo restando, nei casi di cui alle lettere e) ed f) del comma 1, la necessità di acquisire preventivamente i relativi atti abilitativi.

   3. Per assicurare l'uniforme applicazione del presente articolo in tutto il territorio regionale, i Comuni, al fine dell'accertamento delle variazioni, utilizzano unicamente le nozioni, concernenti gli indici e parametri edilizi e urbanistici, stabilite dalla Regione ai sensi dell'articolo 16 della legge regionale n. 20 del 2000".

COMMENTO

Sommario: 1. In generale - 2. La legislazione regionale - 3. Le singole fattispecie (c. 1): a) il mutamento della destinazione; b) Aumenti, scostamenti e riduzioni superiori al 20 %; c) Aumenti della cubatura rispetto al progetto; d) aumenti della superficie utile; e) violazione delle norme in materia di edilizia antisismica. f) immobili vincolati e classificati - 4. Le varianti in corso d'opera (c. 2) - 5. Uniforme applicazione dell'articolo (c. 3).

1. In generale.

L'art. 32 del T.U. Edilizia, come già in precedenza l'art 8 della L. n. 47/1985[1], demanda al potere legislativo concorrente delle Regioni lo stabilire quali abusi edilizi siano inquadrabili nella fattispecie delle *"variazioni essenziali"* rispetto al progetto approvato, definendo dei limiti che la normazione regionale non può valicare estendendo o esentando fattispecie che la medesima disposizione indica, per un principio di uniformità normativa (anche per gli aspetti sanzionatori), e, quindi, tenuto conto che l'essenzialità della variazione ricorre *esclusivamente* quando si verifica una o più delle condizioni ivi stabilite[2].

Sono quindi state qualificate dalla giurisprudenza come *"variazioni essenziali"* le fattispecie ritenute intermedie tra la *difformità parziale* (art. 34 T.U. Edilizia) e la *difformità totale* (art. 31, T.U. Edilizia)[3], incompatibili con il di-

---

[1] Nel sistema della L. n. 47/1985 vi era una preliminare definizione delle varianti essenziali (art. 8, c. 1) ed un rinvio vincolato alla legislazione regionale. Per il comma 2 dell'art. 8, poi trasfuso nell'art. 32, c. 2, la medesima violazione distingue a seconda se l'abuso venga commesso, in difformità totale, se su immobile vincolato, ed in variazione essenziale, se non vincolato.

[2] Concettualmente vengono distinte le varianti preventivamente comunicate o richieste al Comune rispetto ad un progetto regolarmente approvato, che rientrano in una dimensione fisiologica e legale, dalle *variazioni* che vengono apportate in corso d'opera al progetto approvato senza portarne preventivamente a conoscenza l'amministrazione, potendo costituire degli abusi assoggettati a sanzioni. La distinzione occorre che sia precisata anche se nell'uso corrente le varianti e le variazioni di solito sono accomunate in quanto in entrambi i casi la vicenda consiste materialmente in modificazioni del progetto approvato.

[3] In materia urbanistica, la nozione di variazione essenziale dal permesso di costruire costituisce una tipologia di abuso intermedia tra la difformità totale e quella parziale, sanzionata dall'art. 44, lett. a), del D.P.R. 6 giugno 2001, n. 380 (Fattispecie relativa a modifica della

segno globale ispiratore del progetto edificatorio originario, sia sotto l'aspetto qualitativo che quantitativo[4], riguardanti in particolare la superficie coperta, il perimetro, la volumetria, nonché le caratteristiche funzionali e strutturali, interne ed esterne del fabbricato[5].

2. La legislazione regionale.

La norma in commento si inserisce nel filone normativo introdotto dalla L. reg. n. 46/1988 e poi, con leggere modifiche, dalla L. reg. n. 31/2002 (art. 23)[6], che regolava le *"variazioni essenziali"* così definendo una serie di fattispecie sostanzialmente riconducibili a modifiche di superfici, di destinazioni d'uso e di unità immobiliari, oltre limiti ritenuti rilevanti, che comportano un incremento del carico urbanistico, inteso come incremento di standard, con il pagamento degli oneri di urbanizzazione (art. 28).

Tale normazione ha fortemente aggravato la fattispecie delle difformità, equiparate sotto il profilo sanzionatorio alla costruzione senza titolo, da una

---

sagoma, dell'altezza, del volume e della superficie del manufatto) (Cassazione penale, sez. III, 17 aprile 2012, n. 41167).

[4] Non costituiscono in alcun caso variazioni essenziali quelle che incidono sulle cubature accessorie, sui volumi tecnici e sulla distribuzione interna delle singole unità abitative, o che riducono la volumetria del progetto autorizzato.

[5] Nel sistema della legge è sottoposto alla medesima conseguenza l'abuso che consiste in difformità totale per caratteristiche planivolumetrico e l'abuso che consiste in variazione essenziale, entrambe trattate dalla legge come se fossero interventi privi di titolo. Infatti l'art. 31 del T.U. Edilizia, se identifica l'intervento in totale difformità dal permesso di costruire quello che comporta la realizzazione di un organismo edilizio integralmente diverso per caratteristiche tipologiche, planovolumetriche o di utilizzazione da quello oggetto del permesso stesso, ovvero l'esecuzione di volumi edilizi oltre i limiti indicati nel progetto e tali da costituire un organismo edilizio o parte di esso con specifica rilevanza ed autonomamente utilizzabile), per gli aspetti sanzionatori viene parificata la totale difformità dal medesimo alle variazioni essenziali (art. 31, c. 2), determinate ai sensi dell'articolo 32, per la comminazione della rimozione o della demolizione.

[6] L'art. 23 della L. reg. 31 del 2002 definiva la categoria delle variazioni essenziali, ovvero individuava l'entità di quelle modifiche al progetto autorizzato che per essere realizzate in corso d'opera comportavano l'acquisizione di un nuovo titolo edilizio, che, se realizzate senza titolo davano luogo all'applicazione delle sanzioni amministrative previste agli artt. 13 e 14 della L. reg. 23 del 2004, qualora le opere illegittimamente realizzate fossero in contrasto con i piani urbanistici vigenti, ovvero all'applicazione delle sanzioni previste all'art. 17 della L. reg. 23 del 2004, se le opere eseguite fossero illegittime sotto il profilo formale, ma non sotto il profilo sostanziale, essendo conformi al piano urbanistico vigente.

parte fissando soglie quantitative rigorose (scostamenti del 10% di molteplici parametri edilizi, tra cui la cubatura, il perimetro, le distanze dai confini; aumenti di 100 mq. di s.u., ecc.) considerate automaticamente *"sostanziali"*, dall'altra aggiungendo il (nuovo) caso di intervento in aree a vario titolo protette o vincolate, oltre che da leggi, anche da provvedimenti amministrativi generali[7].

L'*ampliamento* del concetto di *"variazione essenziale"* (oltre che il suo aggravamento dato dalla fissazione delle soglie) pone una questione di illegittimità costituzionale, **sia** in relazione al vincolo alla potestà legislativa regionale presente all'art. 32 del T.U.Edil. (come richiamato, con il significante *"esclusivamente"*) **sia,** anche al risultato finale cui previene il sistema complessivo della repressione degli abusi edilizi, che viene ad equiparare, con l'applicazione della medesima sanzione della demolizione, l'abusivismo totale ad una costruzione che – ad esempio – viola di soli 50 cm. la distanza dal confine, o a una marginale modifica del sedime della costruzione che, in relazione alla sua consistenza, può essere insignificante[8].

L'attuale normazione regionale ripropone sostanzialmente, salvo alcune modifiche quantitative, le medesime fattispecie e soglie, con le stesse problematiche di legittimità evidenziate.

---

[7] L'art. 23, c. 1, lettera f) della L. reg. 31 del 2002 stabiliva che ogni difformità rispetto al titolo edilizio anche quelle che non raggiungevano i parametri e le quantità propri delle variazioni essenziali (come definiti alle precedenti lettere del comma), si qualificava comunque come variazione essenziale quando essa era realizzata su immobili vincolati da una legge statale o regionale e/o su immobili vincolati dai piani territoriali e dagli strumenti urbanistici comunali.

Pertanto ogni intervento difforme realizzato su immobili vincolati dai piani comunali è da valutarsi come variazione essenziale e pertanto è soggetto alle disposizioni dell'art. 18 della L. reg. n. 31 del 2002 che, si ripete, prevede un nuovo titolo abilitativo per intraprendere lavori di modifica al progetto che ha abilitato l'intervento iniziale.

Conseguentemente le opere difformi dal titolo edilizio eseguite su immobili vincolati dai piani comunali senza il preventivo titolo edilizio potranno essere sanate a norma dell'art. 17 della L. reg. 23 del 2004 che ammette l'accertamento di conformità nel caso di realizzazione di abusi formali determinando la relativa oblazione.

[8] Non diversamente può dirsi della fissazione del limite assoluto alla variazione di superficie (100 mq.): è facile obbiettare che poiché un singolo edificio, oggetto di un singolo titolo edilizio, non ha di sua natura limiti quantitativi non è ragionevole considerare ugualmente essenziale un *surplus* di 100 mq. di s.u. in una costruzione di 300, 600 mq. e in una di 3.000, 6.000 o anche più.

3. Le singole fattispecie (c. 1).

La qualificazione dello stato legittimo rispetto a cui si verifica la *variazione essenziale* avente rilevanza giuridica, quindi esclusi gli scostamenti che rientrano nel margine del 2 % (art. 19 *bis*, L. reg. n. 23/2004)[9], è determinato dal titolo originariamente rilasciato con riferimento al progetto autorizzato, eventualmente integrato con la SCIA in variante *ex* art. 22, L. reg. n. 15/2013.

Al riguardo si ricorda che l'attuale disciplina regionale consente la regolarizzazione delle *varianti in corso d'opera* senza distinzione per l'entità delle modifiche apportate al progetto assentito (sul presupposto comunque della conformità alla disciplina edilizia), né per il titolo edilizio in origine rilasciato o presentato (PDC o SCIA), essendo prevista la generale sottoposizione alla *SCIA in variante a fine lavori* di ogni modifica esecutiva al progetto intervenuta durante l'esecuzione dei lavori, fino al limite in cui le stesse siano di rilevanza tale da qualificarsi (secondo un lessico riconducibile al T.U. Edilizia, art. 31, riportato nell'art. 13, L. reg. n. 23/2004) come interventi *eseguiti in totale difformità* (ma non anche in *variazione essenziale),* a cui la norma regionale aggiunge la *"modifica della tipologia dell'intervento edilizio originario"* (si veda il commento all'art. 22).

Peraltro si evidenzia che a seguito dell'entrata in vigore del comma 2 *bis* dell'art. 22 del T.U. Edilizia (comma introdotto dall'art. 17, c. 1, lettera m), L. n. 164 del 2014) gli interventi che presentino le caratteristiche della variazione essenziale sono soggetti al previo rilascio del titolo edilizio, ciò prevalendo sulla differente disciplina dettata dall'art. 22 della legge regionale in commento. In tale senso occorrerà leggere il secondo comma dell'articolo in commento, secondo i presupposti e salvo le fattispecie ivi indicate (si veda infra al punto 4).

Rispetto allo stato legittimo, che sussiste in relazione all'intervento esistente ed ultimato, sono qualificate come *variazioni essenziali* le situazioni quali/quantitative riportate nella norma in commento, accertate a lavori ultimati che siano in violazione della disciplina edilizia (eventualmente "sanabili"), con le

---

[9] Anche con riferimento alla percentuale indicata ai fini della irrilevanza della difformità sussistono le perplessità di legittimità espresse in ordine alle soglie indicate nella disposizione in commento, essendo evidente la disparità di trattamento e la sproporzionalità tra il detto margine applicato ad un intervento di modeste e limitate dimensioni, da altri nel quale il 2 %, ad esempio di un grattacielo, può rappresentare un autonomo manufatto.

conseguenze che ciò comporta con l'impossibilità del rilascio del certificato di conformità edilizia ed agibilità[10], e con applicazione delle sanzioni amministrative e penali.

Con riferimento alle singole fattispecie si evidenzia:

a) Il mutamento della destinazione d'uso.

La disposizione non muta nella definizione del rilevante normativo ai presenti fini rispetto a quanto precedentemente previsto dall'art. 23 della L. reg. n. 31/2002 (si veda il commento all'art. 28)[11]. Agli strumenti di pianificazione urbanistica è attribuito il potere di individuare nei diversi ambiti del territorio comunale le destinazioni d'uso *compatibili* degli immobili (art. 28, c. 1)[12], che

[10] Gli "interventi edilizi per i quali siano state attuate varianti in corso d'opera che presentino i requisiti di cui all'articolo 14 *bis* della L. reg. n. 23 del 2004" sono sottoposti a controllo obbligatorio e sistematico ai fini del rilascio del certificato di agibilità per l'utilizzo dell'immobile oggetto di intervento (art. 23, c. 6, lett. d), anche se tale utilizzo in assenza del certificato risulta attualmente privo di sanzione (si rinvia al commento dell'art. 23).
Ciò si desume anche dall'Atto di coordinamento tecnico n. 76/2014, il quale, nel disciplinare i controlli a campione, prevede la modalità di sorteggio delle *restanti pratiche* (punto 5.3) quelle che consistono nelle "*SCIA per varianti in corso d'opera di cui all'art. 22 della L. reg. 15, presentate prima della fine dei lavori, qualora presentino i requisiti delle variazioni essenziali di cui all'articolo 14-bis della L. reg. n. 23 del 2004*".
[11] Ciò salvo il differente significante di "*incremento*" del carico urbanistico, rispetto al precedente "*variazione*" del carico urbanistico, facendo ciò intendere, più correttamente, che non ogni modifica di tale parametro rientra nella variazione essenziale, ma solo quando i dimensionamenti siano stati modificati in aumento (si veda la sentenza del Consiglio di Stato n. 5496 del 2001) e quindi sussista un aumento del fabbisogno di standard, risultando ciò implicito nel rinvio all'art. 30, c. 1, come in precedenza all'art. 28, c. 1, L. reg. n. 31/2002.
Come evidenziato nel commento all'art. 28, sul "*mutamento di destinazione d'uso*", occorre che la disciplina regionale si confronti con quanto prevede l'art. 23 *ter* del T.U. Edilizia, introdotto dall'art. 17, c. 1, lettera n), decreto-legge n. 133 del 2014), con una categorizzazione funzionale delle destinazioni urbanistiche già presente nell'art. 1 della L. reg. n. 46/1988, per il quale il mutamento d'uso urbanisticamente rilevante, ai fini della definizione del passaggio tra le differenti destinazioni, salva la diversa previsione da parte delle leggi regionali, viene individuato nel passaggio tra le seguenti diverse categorie funzionali: a) residenziale e turistico-ricettiva; b) produttiva e direzionale; c) commerciale; d) rurale.
[12] Che sia rimesso al potere pianificatorio comunale la determinazione degli usi è principio affermato dalla prassi e dalle sentenze della Corte costituzionale che hanno giudicato illegittime costituzionalmente le norme regionali che ciò dispongono. Ciò significa che possono essere determinati dalla pianificazione comunale, per differenti ambiti, differenti destinazioni d'uso che comportano, con il mutamento, un aumento del carico urbanistico e quindi il pagamento degli oneri e la qualifica di variazioni essenziali ai fini sanzionatori dell'intervento in assenza

assumono rilevanza nel caso in cui un intervento edilizio (anche il cambio d'uso senza opere, art. 28, c. 2) nel passaggio tra differenti categorie d'uso comporti un aumento del *"carico urbanistico"*[13], inteso come l'effetto sul territorio degli interventi edilizi che danno luogo alla necessità di nuove infrastrutture, aree ed opere pubbliche (*standards*) e servizi pubblici, per effetto del conseguente insediamento di nuovi abitanti o anche per la sola necessità di regolarizzazione delle dotazioni carenti degli insediamenti in atto. Ciò secondo quanto indicato all'art. 30 della stessa L. reg. n. 15/2013[14], che prevede il pagamento di oneri di urbanizzazione a compensazione dell'avvenuto "incremento di dotazioni territoriali"[15].

La stessa L. reg. n. 15/2013 esclude, in quanto in *franchigia* se contenuti entro determinati limiti di metratura o di percentuale:

---

di titolo.

[13] La D.A.L. n. 279/2010 al n. 11 definisce il carico urbanistico *"Fabbisogno di dotazioni territoriali e di infrastrutture per la mobilità di un determinato immobile o insediamento in relazione alle destinazioni d'uso e all'entità dell'utenza"*.

[14] Il citato art. 30, recante "Oneri di urbanizzazione", prevede, tra l'altro, che gli oneri di urbanizzazione sono dovuti in relazione agli interventi che determinano un incremento del carico urbanistico in funzione di un mutamento delle destinazioni d'uso degli immobili con incremento delle dotazioni territoriali (lett. b).

[15] Il riferimento alle dotazioni territoriali con riguardo al carico urbanistico lo ritroviamo nell'Atto di Coordinamento Tecnico n. 279/2010 che definisce il "carico urbanistico" *"Fabbisogno di dotazioni territoriali e di infrastrutture per la mobilità di un determinato immobile o insediamento in relazione alle destinazioni d'uso e all'entità dell'utenza"*.
Sul concetto di dotazioni territoriali occorre richiamare in particolare l'art. A-26, recante *"Concorso nella realizzazione delle dotazioni territoriali"*, per il quale *"I soggetti attuatori degli interventi previsti dalla pianificazione urbanistica comunale concorrono alla realizzazione delle dotazioni territoriali correlate agli stessi, nelle forme e nei limiti previsti dai commi seguenti, per ciascun intervento diretto all'attuazione di un nuovo insediamento o alla riqualificazione di un insediamento esistente, comporta l'onere per il soggetto attuatore, con possibilità di monetizzare le aree per dotazioni territoriali nei casi previsti dall'articolo A-26 dell'Allegato della L. reg. n. 20 del 2000"*.
La stretta connessione tra destinazione d'uso ed aumento di carico urbanistico, con riferimento all'incremento delle dotazioni territoriali ed al versamento degli oneri viene espresso chiaramente dall'art. 28, c. 4, L. reg. n. 15/2013, per il quale *"Qualora la nuova destinazione determini un aumento del carico urbanistico, come definito all'articolo 30, c. 1, il mutamento d'uso è subordinato all'effettivo reperimento delle dotazioni territoriali e pertinenziali richieste e comporta il versamento della differenza tra gli oneri di urbanizzazione per la nuova destinazione d'uso e gli oneri previsti, nelle nuove costruzioni, per la destinazione d'uso in atto"*.

- il cambio dell'uso in atto nell'unità immobiliare entro il limite del 30 per cento della superficie utile dell'unità stessa e comunque compreso entro i 30 metri quadrati (art. 28, c. 6, primo periodo).
- la destinazione di parte degli edifici dell'azienda agricola a superficie di vendita diretta al dettaglio dei prodotti dell'impresa stessa, secondo quanto previsto dall' 4 del D. Lgs. 18 maggio 2001 n. 228, purché contenuta entro il limite del 20 per cento della superficie totale degli immobili e comunque entro il limite di 250 metri quadrati ovvero, in caso di aziende florovivaistiche, di 500 metri quadrati (art. 28, c. 6, secondo periodo).
- la sede delle *associazioni di promozione sociale* ed i locali nei quali si svolgono le relative attività, che sono compatibili con tutte le destinazioni d'uso omogenee previste dal decreto del Ministro per i lavori pubblici del 2 aprile 1968, n. 1444, indipendentemente dalla destinazione urbanistica (art. 16 della L. reg. n. 34/2002)[16].
- sono attuati liberamente i mutamenti di destinazione d'uso non connessi a trasformazioni fisiche dei fabbricati già rurali con originaria funzione abitativa che non presentano più i requisiti di ruralità e per i quali si provvede alla variazione nell'iscrizione catastale mantenendone la funzione residenziale (art. 7, c. 1, lett. o), L. reg. n. 15/2013).

b) Aumenti, scostamenti e riduzioni superiori al 20%.
La fattispecie di cui alla presente lettera individua il limite oltre il quale le

---

[16] Ciò in applicazione dell'art. 32, c. 4, L. 7 dicembre 2000, n. 383, avente ad oggetto "Strutture per lo svolgimento delle attività sociali", il quale prevede che *"La sede delle associazioni di promozione sociale ed i locali nei quali si svolgono le relative attività sono compatibili con tutte le destinazioni d'uso omogenee previste dal decreto del Ministro per i lavori pubblici 2 aprile 1968, indipendentemente dalla destinazione urbanistica"*.
Il secondo comma dello stesso art. 16 prevede che l'insediamento delle associazioni non comporta il mutamento d'uso delle unità immobiliari esistenti e il pagamento del contributo di costruzione ed è attuato, in assenza di opere edilizie, senza titolo abilitativo (art. 16, c. 2, L. reg. n. 34/2000, così sostituito dall'art. 52 della L. reg. n. 15/2013).
In considerazione della meritevolezza delle finalità perseguite dalle associazioni di promozione sociale, le relative sedi, ai sensi dell'art. 32, L. 7 dicembre 2000, n. 383, sono localizzabili in tutte le parti del territorio urbano, essendo compatibile con ogni destinazione d'uso urbanistico, e a prescindere dalla destinazione d'uso edilizio impressa specificamente e funzionalmente al singolo fabbricato, sulla base del permesso di costruire (Consiglio di Stato, sez. V, 15 gennaio 2013, n. 181, in motivazione).

modifiche plano-volumetriche dell'intervento determinano secondo l'attuale previsione una variazione essenziale, rilevante per gli aspetti sanzionatori regolati dalla L. reg. n. 23/2004, ma con riflessi anche sulla disciplina dell'attività edilizia, regolata dalla legge in commento.

La disposizione, che indica i riferimenti morfologici della costruzione che possono essere oggetto di una differenza rispetto al progetto approvato o presentato (superficie coperta, rapporto di copertura, perimetro, altezza dei fabbricati)[17], deve essere interpretata alla luce della nuova definizione di ristrutturazione edilizia introdotta dalla modifica all'art. 3 del D.P.R. n. 380/2001, posto che ora, a parità di cubatura, è consentita la variazione della sagoma, che quindi non rientra più nel concetto di variazione essenziale, essendo ammesso come legittimo il relativo intervento edilizio senza l'occorrenza del permesso di costruire.

Per quanto concerne il "sedime", ossia dell'area su cui è prevista la realizzazione dell'intervento, si ricorda che per gli interventi di demolizione e ricostruzione la norma regionale non prevede più il necessario rispetto della originaria collocazione ai fini dell'inquadramento nella fattispecie, sempre che sussista la stessa volumetria del fabbricato preesistente.

Per quanto concerne la *riduzione delle distanze* **minime** *tra fabbricati e dai confini di proprietà*, che se oltre il 20% determina una *variazione essenziale*, occorre ricordare che il minimo normativo viene stabilito dal D.M. 1444/1968[18], e che tale disciplina è previsto possa essere diversamente regolata dalla legge regionale (art. 2-*bis* T.U. Edilizia recante *"Deroghe in materia di limiti di distanza tra fabbricati"*, introdotto dall'art. 30, c. 1, lettera a), L. n.

---

[17] L'Atto di coordinamento tecnico n. 279/2010, che ha uniformato le definizioni della disciplina edilizia nella Regione, definisce:
- la superficie coperta in "Proiezione sul piano orizzontale della sagoma planivolumetrica di un edificio".
- il Rapporto di copertura, in "Rapporto tra la superficie coperta e la superficie fondiaria (Sq/SF). Si indica di norma come un rapporto massimo ammissibile espresso con una percentuale.

[18] La giurisprudenza ha più volte chiarito che le distanze stabilite dal D.M. n. 1444/1968 si applicano nei Comuni anche se questi non hanno adeguato la propria regolamentazione alle dette prescrizioni.

98 del 2013), anche comprensivo delle deroghe che la legge statale e regionale riconoscono[19].

c) Aumenti della cubatura rispetto al progetto.

Come detto, gli aumenti *in percentuale* in edilizia sono discutibili e non rispettano un criterio di proporzionalità e di adeguatezza anche rispetto all'abuso commesso, con l'effetto contrario tale per cui maggiore è la volumetria realizzata, maggiore sarà l'aumento di cubatura del 10% consentito (il 10% di un grattacielo, non è variazione essenziale), e può essere più o meno rilevante a secondo del manufatto, con una evidente disparità di trattamento[20].

La *"definizione"* delle cubature accessorie e dei volumi tecnici, che la norma prevede avvenga da parte delle "norme urbanistiche ed edilizie comunali", per uniformità nell'applicazione della disciplina urbanistica ed edilizia è contenuta nell'Atto di coordinamento tecnico n. 279/2010[21] con l'obbligo di recepimento da parte dei Comuni (art. 57, c. 4).

d) Aumenti della superficie utile.

Insieme alla cubatura, la *superficie utile*[22] è il parametro di riferimento per

---

[19] L'art. 11 della L. reg. n. 15/2013, al fine di favorire il miglioramento del rendimento energetico del patrimonio edilizio esistente consente la deroga a quanto previsto dalle normative nazionali, regionali o dai regolamenti comunali, in merito alle distanze minime tra edifici, alle distanze minime dai confini di proprietà e alle distanze minime di protezione del nastro stradale, nella misura massima di 20 centimetri per il maggiore spessore delle pareti verticali esterne, nonché alle altezze massime degli edifici, nella misura di 25 centimetri per il maggiore spessore degli elementi di copertura. La deroga può essere esercitata nella misura massima da entrambi gli edifici confinanti.

[20] L'incremento dell'altezza e del volume di un fabbricato, dovuta all'emersione fuori terra di volumi tecnici o di cubature accessorie, a seguito di una diversa ubicazione dell'edificio sul lotto, rispetto a quella in precedenza assentita, non comporta una variazione essenziale del progetto, posto che la normativa nazionale di cui all'art. 8, L. n. 47 del 1985 esclude espressamente volumi e cubature di tale natura dal computo del volume assentibile (Consiglio di Stato, sez. V, 27 aprile 2006, n. 2363).

[21] Per "Volume tecnico", ai fini della uniformità di definizione, l'Atto di Coordinamento tecnico n. 279/2010, definisce *"spazio ispezionabile, ma non stabilmente fruibile da persone, destinato agli impianti di edifici civili, industriali e agro-produttivi come le centrali termiche ed elettriche, impianti di condizionamento d'aria, di sollevamento meccanico di cose e persone, di canalizzazione, camini, canne fumarie, ma anche vespai, intercapedini, doppi solai".*

[22] Per "Superficie utile", l'Atto di Coordinamento tecnico n. 279/2010 definisce la *"Superficie di pavimento di tutti i locali di una unità immobiliare, al netto delle superfici definite nella*

distinguere gli interventi sull'esistente sottoposti a SCIA, da quelli per i quali occorre il rilascio del permesso di costruire. Al riguardo occorre considerare che la modifica normativa da ultimo intervenuta nella legislazione statale[23], che sottopone al PdC gli interventi di *ristrutturazione edilizia* ove si verifichino "*modifiche della volumetria complessiva degli edifici o dei prospetti*", non considerando più rilevanti l'aumento di unità immobiliari e la modifica delle superfici, che rientrano ora negli interventi di manutenzione straordinaria e quindi negli interventi liberi sottoposti a C.I.L. (art. 6, c. 2, lett. a) del T.U. Edilizia, come modificato). Ciò in coerenza con quanto previsto con riferimento alla sagoma dell'edificio, la cui modifica non ha rilevanza e non implica una variante se viene mantenuta la medesima volumetria (art. 22, T.U. Edilizia).

e) Violazione delle norme in materia di edilizia antisismica.

In merito alle norme in materia di edilizia antisismica, per quanto attiene alla disciplina regionale occorre fare riferimento alla L. reg. 30 ottobre 2008, n. 19 (Norme per la riduzione del rischio sismico), ai sensi del quale nei Comuni della Regione, esclusi quelli classificati a bassa sismicità, l'avvio e la realizzazione dei lavori indicati dall'art. 9, c. 1, della stessa legge è subordinato al rilascio di una autorizzazione sismica, dovendosi tenere altresì conto della disciplina dettata dalla normazione statale (artt. 83 e ss., T.U. Edilizia).

f) Immobili vincolati e classificati.

Questa lettera è quella che ha maggiori capacità espansive, attese le generiche locuzioni usate dal legislatore regionale.

Nella prima parte della norma assumono rilievo gli immobili soggetti a vincoli di tutela, dettati dalla legislazione statale o regionale, per i quali ogni

---

superficie accessoria (Sa), e comunque escluse le murature, i pilastri, i tramezzi, gli sguinci, i vani di porte e finestre, le logge, i balconi e le eventuali scale interne. Ai fini dell'agibilità, i locali computati come superficie utile devono comunque presentare i requisiti igienico sanitari, richiesti dalla normativa vigente a seconda dell'uso cui sono destinati. La superficie utile di una unità edilizia è data dalla somma delle superfici utili delle singole unità immobiliari che la compongono. Si computano nella superficie utile: le cantine poste ai piani superiori al primo piano".

[23] Si veda l'art. 10, c. 1, lett. c), T.U. Edilizia, come da ultimo modificato dall'art. 17, c. 1, lettera c), D.L. n. 133 del 2014.

modifica, indipendentemente quindi dall'entità, comporta che l'intervento si qualifichi in *variazione essenziale*, con le note conseguenze sanzionatorie se realizzate in assenza di titolo edilizio e di titolo inerente il vincolo.

Già in precedenza, con riferimento ai c.d. *immobili classificati,* si è fatto riferimento alla portata espansiva della disposizione, con i connessi problemi di legittimità costituzionale. I piani regolatori sottopongono tali fabbricati a modalità di intervento, assoggettandoli a vincoli che si possono definire "tenui", ma considerati ugualmente gravi al pari della violazione delle norme in materia antisismica[24].

Nella seconda parte della disposizione si precisa che non sono considerati *variazioni essenziali* gli abusi che, ancorché commessi su immobili che ricadono in ambiti paesaggistici, non hanno incidenza volumetrica e di cubatura (del resto in assenza di tali requisiti comunque non sussiste la *variazione essenziale*), purché, contestualmente **(i)** si rientri nei casi di cui all'art. 149 del D. Lgs. 42/2004, e **(ii)** venga anche accertata la compatibilità paesaggistica *ex* art. 167 del medesimo decreto legislativo[25].

4. Le varianti in corso d'opera (c. 2).

Si tratta di una norma di coordinamento con l'art. 22 della stessa legge regionale, che richiama espressamente (al cui commento si rinvia), che conferma la previsione (innovativa) circa la possibilità, anche per le fattispecie indicate sopra indicate (c. 1), quindi per interventi che ricadono nelle fattispecie della variazione essenziale rispetto al progetto approvato, di essere regolarizzate con SCIA in variante, a fine lavori, sia che il titolo originario sia una SCIA o un p.d.c., purché quanto eseguito sia conforme alla disciplina dell'attività edilizia di cui all'art. 9, c. 3[26].

---

[24] Al riguardo è sufficiente una lieve violazione, come ad esempio certe murature di spina, per le quali le norme sono molto rigorose ed importanti.

[25] La difformità paesaggistica è sempre difformità anche edilizia. Se un immobile è vincolato paesaggisticamente, la repressione in rem, in quanto è reale, è sempre congiunta paesaggistica ed edilizia. Poiché la disciplina edilizia è la prima tutela apprestata dall'ordinamento, è considerata assorbente, anche se c'è la possibilità di doppio intervento. Nella prassi accade che la Soprintendenza demandi al Comune di intervenire in modo repressivo.

[26] Altrettanto coerente la mancata riproposizione dell'art. 23, c. 2, L. reg. n. 31/2002 per il quale "Le definizioni di variazioni essenziali di cui al comma 1 trovano applicazione ai fini: a)

Viene altresì ribadito che per gli interventi di cui alle lettere e) (sismica) ed f) (norme di vincolo) del comma 1, ossia per gli interventi sottoposti a discipline speciali o di settore che attengono all'attività edilizia, è necessario acquisire preventivamente i relativi titoli abilitativi.

5. Uniforme applicazione dell'articolo (c. 3).

La frammentazione normativa tra Comuni che hanno esercitato a volte in modo autonomistico i propri poteri regolamentari, e quindi la differente interpretazione ed applicazione della normativa edilizia, ha provocato l'esigenza, avvertita dal legislatore statale come da quello regionale, di un lessico uniforme dei significanti che interessano l'attività edificatoria, così come la necessità di uniformare la modulistica per la presentazione della SCIA o della richiesta del Permesso di costruire con l'indicazione delle norme tecniche statali e regionali da applicare sul territorio regionale, come infine anche un *Regolamento edilizio unico* da applicare su tutto il territorio nazionale.

Tale principio ha già avuto applicazione per quanto concerne la modulistica e la disciplina urbanistica ed edilizia applicabile nel rilascio dei titoli edilizi[27], ed in ordine alla semplificazione degli strumenti di pianificazione territoriale attraverso il principio della non duplicazione della normativa sovraordinata[28]. In tal senso è rivolta la disposizione in commento, che, con lo scopo di assicurare l'uniforme applicazione del presente articolo in tutto il territorio regionale, stabilisce che i Comuni, al fine dell'accertamento delle variazioni, utilizzano unicamente le *nozioni, concernenti gli indici e parametri edilizi e urbanistici*, stabilite dalla Regione ai sensi dell'art. 16, L. reg. n. 20 del 2000[29], per il quale tali atti devono stabilire "*l'insieme organico delle*

---

della definizione delle modifiche progettuali soggette a ulteriore titolo abilitativo, di cui all'art. 18; b) della individuazione delle variazioni in corso d'opera nei limiti previsti all'art. 19; c) dell'applicazione delle norme in materia di abusivismo edilizio".

[27] Si veda l'atto di coordinamento tecnico n. 933/2014, del 7 luglio 2014, per la definizione della modulistica edilizia unificata (art. 12, c. 4, lettere a) e b), e c. 5, L. reg. n. 15/2013).

[28] Si veda l'Atto di coordinamento tecnico n. 944/2014, approvato in data 7 luglio 2014.

[29] In fase di prima applicazione i comuni applicano le definizioni contenute nella deliberazione della giunta regionale n. 593 del 28 febbraio 1995, recante ''Approvazione dello schema di regolamento edilizio tipo (art. 2, L. reg. 26 aprile 1990, n. 33 e successive modificazioni e integrazioni).

nozioni, definizioni, modalità di calcolo e di verifica concernenti gli indici, i parametri e le modalità d'uso e di intervento, allo scopo di definire un lessico comune utilizzato nell'intero territorio regionale, che comunque garantisca l'autonomia nelle scelte di pianificazione " (art. 16, lett. c)).

In fase di prima applicazione, l'articolo 12, c. 2, della presente legge si applica per le definizioni tecniche uniformi per l'urbanistica e l'edilizia di cui all'Allegato A della deliberazione dell'Assemblea legislativa 4 febbraio 2010, n. 279 (Approvazione dell'atto di coordinamento sulle definizioni tecniche uniformi per l'urbanistica e l'edilizia e sulla documentazione necessaria per i titoli abilitativi edilizi (art. 16, c. 2, lettera c), L. reg. n. 20/2000, art. 6, c. 4, e art. 23, c. 3, L. reg. n. 31/2002) (art. 57, c. 4) (si veda il testo nell'appendice normativa).

Domenico Lavermicocca

Art. 42
Modifiche all'articolo 15
(Interventi eseguiti in parziale difformità dal titolo abilitativo)
della L. reg. n. 23 del 2004

1. Al comma 3 dell'articolo 15 della legge regionale n. 23 del 2004, le parole *"di cui all'articolo 27 della legge regionale n. 31 del 2002"* sono soppresse.
   Il testo dell'art. 15, c. 3, della L. reg. n. 23/2004, quindi, è ora il seguente.
   "Nel caso di cui al comma 2 è corrisposto il contributo di costruzione [...] qualora dovuto".

COMMENTO

La norma è palesemente inutile, così come già prima era inutile, nella L. n. 31/2002, il richiamo espresso all'articolo che prevedeva il contributo di costruzione.

Benedetto Graziosi

Art. 43
Sostituzione dell'articolo 16
(Altri interventi edilizi eseguiti in assenza o in difformità dal titolo abilitativo)
della L. reg. n. 23 del 2004

1. L'articolo 16 della legge regionale n. 23 del 2004 è sostituito dal seguente:
   "Art. 16 Sanzioni per interventi edilizi eseguiti in assenza o in difformità dalla SCIA.
   1. Fuori dai casi di cui agli articoli 13, 14 e 15, gli interventi edilizi eseguiti in assenza o in difformità dalla segnalazione certificata di inizio attività comportano la sanzione pecuniaria pari al doppio dell'aumento del valore venale dell'immobile conseguente alla realizzazione degli interventi stessi, determinata ai sensi dell'articolo 21, commi 2 e 2 bis, e comunque non inferiore a 1.000 euro, salvo che l'interessato provveda al ripristino dello stato legittimo. Assieme alla sanzione pecuniaria il Comune può prescrivere l'esecuzione di opere dirette a rendere l'intervento più consono al contesto ambientale, assegnando un congruo termine per l'esecuzione dei lavori.".

COMMENTO

Il testo originario dell'art. 16 della L. reg. n. 23/2004[1] era il seguente:

*"**Altri interventi edilizi eseguiti in assenza o in difformità del titolo abilitativo***

1. La realizzazione degli interventi di cui all'articolo 8, comma 1, lettere a), c), d), h), i), k), l) e m), della legge regionale n. 31 del 2002, eseguiti in assenza o in difformità dalla denuncia di inizio attività, nonché il mutamento di destinazione d'uso senza opere, la demolizione senza ricostruzione e il restauro e risanamento conservativo su edifici non vincolati, eseguiti in assenza o in difformità dal titolo abilitativo, comportano la sanzione pecuniaria pari al doppio dell'aumento del valore venale dell'immobile conseguente alla realizzazione degli interventi stessi, determinata ai sensi dell'articolo 21, comma 2, e comunque non inferiore a 1.000 euro. In tale ipotesi il Comune può prescrivere l'esecuzione di opere dirette a rendere l'intervento più consono al contesto ambientale, assegnando un congruo termine per l'esecuzione dei lavori".

---

[1] Cfr. D. LAVERMICOCCA, *Commento all'art. 16*, in B. GRAZIOSI (a cura di) *La repressione degli abusi edilizi in Emilia-Romagna*, Milano 2008, 130 ss.

La fattispecie individuata dal nuovo articolo (*"fuori dai casi di cui agli artt. 13, 14, 15"*) deve essere coordinata con il nuovo quadro dei titoli abilitativi disegnato dalla presente legge.

Nel vecchio testo era chiaro che il regime sanzionatorio *solo pecuniario* (senza tutela reale) riguardava gli interventi soggetti a D.I.A., eccettuati i più importanti (restauro e risanamento conservativo, ristrutturazione edilizia, recupero di sottotetti, ecc.), mentre in quello nuovo, per individuare la portata precettiva della norma, occorre verificare quali degli interventi che sono in regime di SCIA *ex* art. 13 della presente legge, vengono eccettuati in forza della riserva di applicazione degli artt. 13, 14 e 15 della L. n. 23/2004.

Non pare comunque dubbio che lo spettro applicativo del nuovo articolo 16 è maggiore di quello precedente, come risulta dal raffronto tra le fattispecie di D.I.A. (SCIA) elencate dall'art. 8 della L. reg. n. 31/2002 con quelle recate dall'art. 13 della presente legge. È bensì vero che per alcune di esse (es. restauro scientifico e risanamento conservativo, variante in corso d'opera, nuove costruzioni su planivolumetrico: art. 13, lett. c), g), m)), l'eccettuazione dell'art. 16 deriva dall'essere incluse nell'art. 13. Ma per altre ipotesi (es. parcheggi pertinenziali: lett. h), recupero e risanamento di aree urbane: lett. o)) il regime di SCIA è, per così dire, *"secco"* e il sistema sanzionatorio è solo pecuniario.

Una novità – che è tale sia rispetto al vecchio testo che rispetto all'art. 37, c. 1, T.U. – è invece costituita dalla non applicazione della sanzione pecuniaria nel caso in cui l'interessato *"provveda al ripristino dello stato legittimo"*. Pare evidente che la previsione espressa dalla norma non si riferisce alla situazione in cui l'interessato provveda spontaneamente, a prescindere dal procedimento repressivo, ma disciplina, invece, proprio tale procedimento, stabilendo in sostanza che prima si deve diffidare il privato comunicandogli che può, entro un certo termine, esercitare il diritto di opzione tra il ripristino e la soggezione alla sanzione pecuniaria; e solo dopo procedere alla sanzione.

Non è una novità rispetto al vecchio testo, ma è invece una diversità rispetto al T.U., il residuo potere sanzionatorio con effetti reali, quello di prescrivere l'esecuzione di opere di – per così dire – mitigazione degli effetti dell'abuso sul *"contesto ambientale"*.

La norma lascia perplessi per la latitudine e indeterminatezza del potere previsto. È un potere del tutto analogo, da questo punto di vista, a quello previsto dal 7° comma dell'art. 14 per il caso di ordine di non effettuazione dei lavori di una SCIA inammissibile, e cioè del potere di ordinare il ripristino dello *statu quo* e in aggiunta alla *"rimozione di ogni eventuale effetto dannoso"*.

La mancanza di (precisi) limiti alla discrezionalità[2] non pare poter essere validamente sostituita dal richiamo al principio di adeguatezza e proporzionalità, che è sì immanente ad ogni sfera di discrezionalità, ma non vale ad integrare un deficit normativo che, a livello di ragionevolezza costituzionale, pare francamente inemendabile.

Benedetto Graziosi

---

[2] Cfr. sempre D. LAVERMICOCCA, op. cit., 128.

Art. 44
Inserimento dell'articolo 16 *bis* nella L. reg. n. 23 del 2004

1. Dopo l'articolo 16 della legge regionale n. 23 del 2004 è inserito il seguente:

"*Art. 16 bis Sanzioni per interventi di attività edilizia libera*

1. Nei casi di attività edilizia libera di cui all'articolo 7, comma 4, della legge regionale in materia edilizia la mancata comunicazione di inizio lavori e la mancata trasmissione della relazione tecnica comportano l'applicazione di una sanzione pecuniaria pari a 258,00 euro. Tale sanzione è ridotta di due terzi se la comunicazione è effettuata spontaneamente quando l'intervento è in corso di esecuzione.

2. La stessa sanzione si applica in caso di difformità delle opere realizzate, rispetto alla comunicazione, qualora sia accertata la loro conformità alle prescrizioni degli strumenti urbanistici.

3. La sanzione pecuniaria di cui al comma 1 trova altresì applicazione in caso di:

    a) mancata comunicazione della data di inizio dei lavori e di rimozione delle opere dirette a soddisfare esigenze contingenti, di cui all'articolo 7, comma 2, della legge regionale in materia edilizia;

    b) mancata comunicazione alla struttura comunale competente in materia urbanistica del mutamento di destinazione d'uso non connesso a trasformazione fisica di fabbricati già rurali, con originaria funzione abitativa, che non presentano più i requisiti di ruralità, per i quali si provvede alla variazione nell'iscrizione catastale, di cui all'articolo 7, comma 3, della legge regionale in materia edilizia.

4. Qualora gli interventi attinenti all'attività edilizia libera siano eseguiti in difformità dalla disciplina dell'attività edilizia, lo Sportello unico applica la sanzione pecuniaria pari al doppio dell'aumento del valore venale dell'immobile conseguente alla realizzazione degli interventi stessi, determinata ai sensi dell'articolo 21, commi 2 e 2 bis, e comunque non inferiore a 1.000,00 euro, salvo che l'interessato provveda al ripristino dello stato legittimo. Rimane ferma l'applicazione delle ulteriori sanzioni eventualmente previste in caso di violazione della disciplina di settore.".

COMMENTO

Si tratta di una norma di non facile interpretazione soprattutto per l'imponderabilità del suo effettivo impatto.

La prima considerazione da fare è che la sua collocazione sistematica nella legge regionale sulle sanzioni edilizie parrebbe dovuta alla decrescente importanza degli illeciti cui sono applicabili queste sanzioni, che sono quelli attinenti agli interventi in regime di C.I.L. (cc. 1 e 2), ovvero di attività libera (per così dire) *"qualificata"* (c. 3, lett. a) e b)), quali sono quelli delle opere contingenti e temporanee e quelli dei fabbricati già rurali.

Questo regime sanzionatorio colpisce la **mancanza** o il **ritardo** della comunicazione di inizio lavori con una misura afflittiva pecuniaria che, in relazione ai valori immobiliari, è modestissima, quasi insignificante.

In questo senso i commi 1 e 3 sono la integrazione della griglia delle sanzioni edilizie della L. reg. 23/2004, e il comma 2 la completa estendendola alla diversa ipotesi della **difformità** – morfologica, naturale e funzionale (d'uso, quando rilevante) – delle opere realizzate rispetto all'oggetto della comunicazione laddove siano però conformi alle prescrizioni urbanistiche.

Il sistema delle sanzioni edilizie dell'attività libera parrebbe così completato in termini razionali – e, si è detto, di *decrescente gravità* – se non ci fosse il 4° comma che, introducendo un paradigma sanzionatorio generale di **tutta** la attività edilizia libera, contraddice e anzi scardina l'intero impianto.

2. È questo, infatti, il risultato del precetto normativo che sanziona l'attività edilizia *"in difformità della disciplina dell'attività edilizia"*.

Si è visto che esso appare come un puntuale *pendant* normativo del 1° c. dell'art. 7 secondo cui l'attività edilizia libera **deve** rispettare (al pari dei titoli edilizi) la **disciplina** dell'attività edilizia di cui all'art. 9, c. 3, che comprende (lett. c) *"le discipline di settore"*, tra cui tutte le prescrizioni di cui all'art. 11 (e cioè tutta la normativa tecnica, antincendio, igienico sanitaria, eccetera).

Si è detto che tutto questo immenso corpo normativo (non facilmente identificabile in forza di un rinvio per *presupposizione* tanto generico da essere *"omnibus"*) è, da questa norma cardine, **sussunto** nella disciplina edilizia espressamente e specificamente ai fini della sanzione di cui al 4° c. dell'art. 16 *bis* della L. reg. n. 20/2002.

Occorre, naturalmente, precisare che si tratta di difformità (*"abusi"*) che non presentano, **anche**, i connotati degli abusi edilizi, per così dire **propri**, e cioè le difformità totali o parziali, sanzionabili *ex* artt. 9, 10, 13, 15, 16 della legge 23/2004 con misure restitutorie e/o afflittive tipiche e nominate.

Si tratta di difformità rispetto alle norme aventi solo *"incidenza"* sull'attività edilizia, che disciplinano cioè il *facere* costruttivo ad altri fini, spesso, anzi per lo più con procedimenti e meccanismi sanzionatori diversi. Così come, d'altronde, è espressamente ipotizzato e previsto dalla norma in questione che conferma la concorrenza (concomitanza) dei due illeciti e delle due sanzioni. Insomma, la *"disciplina di settore"* opera *ex se* per i suoi fini propri, ed opera altresì quale fonte presupposta nel quadro normativo, per disciplinare specificamente la attività edilizia[1].

Si tratta di un fenomeno sconcertante, non tanto per il fatto della concorrenza di fonti diverse, quanto per il *"peso"* e cioè la natura della sanzione *"edilizia"* da applicare ai sensi del 4° comma in alternativa alla spontanea remissione in pristino. In sostanza si tratta della demolizione per equivalente monetario pari al doppio del valore.

Se la si considera sotto il profilo della oggettiva gravità dell'illecito cui tale sanzione edilizia tipica si rapporta, risulta chiaro che la norma equipara questa fattispecie di attività edilizia libera – ma soggetta ad *altre* norme – ad una **difformità parziale** quantitativamente misurabile in aumento di superficie (art. 15) ovvero ad una vietata modifica di destinazione d'uso (art. 16)[2].

La prima considerazione che viene spontaneo fare è che di ciò non vi è traccia nel Testo Unico e non è facile farvelo rientrare indirettamente.

Il T.U. all'art. 6, c. 1, detta infatti una disciplina dell'attività edilizia libera dichiarandola tenuta al rispetto delle *"altre normative di settore"* in termini sostanzialmente analoghi a quelli dell'art. 7, c. 1, della nostra legge regionale. Ma detta poi un regime sanzionatorio (7° c.) in cui, oltre alla identica sanzione

---

[1] Per esemplificare può richiamarsi, tra le ben 220 normative che, quali fonti della *"disciplina di settore aventi incidenza sulla disciplina dell'attività edilizia"* (di cui all'art. 9, 3° c.), sono elencate nell'atto di coordinamento tecnico del 7 luglio 2014 n. 993 che ne ha tentato una ricognizione, quella sul **rispetto ferroviario** che fa divieto di *"erigere ... steccati e recinzioni in genere ad una distanza inferiore a metri sei"* (art. 52, D.P.R. n. 753/1980). La violazione di questa norma, che riguarda una attività **edilizia libera** (le recinzioni *"leggere"* sono considerate manutenzione straordinaria: cfr. Cons. Stato, Sez. V, 15 giugno 2000 n. 3320, ecc.) ne risulta doppiamente sanzionata: dalla norma di settore (art. 63) e dal 4° comma dell'art. 16 *bis*, L. reg. n. 23/2004 come *"abuso edilizio"* tipico. Si pensi anche alla normativa sul possesso dei requisiti acustici passivi degli edifici (D.P.C.M. 5 dicembre 1997) che riguarda gli interventi di manutenzione straordinaria. Anche la osservanza di queste disposizioni è garantita dalle sanzioni del 4° c. (e – come si è detto *supra* – anche dalla dichiarazione di inagibilità dell'immobile) e cioè dal pagamento del doppio dell'aumento di valore cagionato dall'abuso (nel caso, trattandosi di illecito edilizio omissivo, si dovrebbe parametrare la sanzione al doppio del risparmio di spesa). La casistica potrebbe proseguire con gli stessi caratteri di paradossalità.

[2] Il *"canone"* sanzionatorio del doppio del valore ritratto dall'abuso è palesemente incongruo, anzi spurio rispetto al tipo di abusi perpetrato nella edilizia libera perché le *"norme di settore"* in questione attengono per lo più a profili di interesse pubblico non monetizzabile.

(258 euro per la mancata comunicazione), non prevede affatto di *"punire" in termini edilizi* la difformità dell'intervento di edilizia libera dalle *"altre normative di settore"*.

In sostanza il 4° comma *istituisce una totalmente nuova sanzione edilizia*, al di fuori, ma, per così dire, *"in prosecuzione"* di quella edilizia.

Al riguardo può osservarsi, innanzi tutto, che il 6° c. dell'art. 6 del T.U. detta norme **precise** sulla attribuzione delle competenze alle regioni a statuto ordinario in materia di edilizia libera, norme che paiono configurarsi come norme di principio, ma in cui non vi è alcun accenno a qualcosa di simile al disposto del c. 4.

Può dirsi allora che una così eccentrica normativa regionale non solo non trova fondamento nell'art. 6, 6° c., T.U., ma vi trova un limite positivo.

È quindi necessario dire che, quanto alla fattispecie in esame, *lex noluit*.

D'altra parte l'incongruenza di un sistema sanzionatorio dell'attività edilizia libera che riproduce ed estende quello stesso applicabile agli illeciti realizzati nell'attività edilizia **pianificata** e *"titolata"* appare così evidente da lasciare francamente interdetti. Ma la ricerca di una diversa opzione ermeneutica del 4° comma che ne attenui la paradossale conseguenza non sembra possibile, salvo ricorrere ad una interpretazione dichiaratamente *abrogante* che la sola aporia del testo difficilmente può giustificare.

Meno problematico è prospettare seri dubbi di legittimità costituzionale dell'impianto complessivo, e in primo luogo perché si tratterebbe di un precetto sanzionatorio di una fattispecie normativa che resta **assolutamente indeterminata e indeterminabile** (come la *"disciplina di settori aventi incidenza sulla disciplina della attività edilizia"*: artt. 7, c. 1, 9, c. 3, e 11), configurando così, inammissibilmente, un potere *"libero"*.

In secondo luogo, sotto altro profilo, anche perché esso si sostanzia in una irragionevole equiparazione su piano sanzionatorio di illeciti amministrativi radicalmente diversi quanto alla intrinseca gravità, e che, come tali, meritavano una disciplina discriminata.

Benedetto Graziosi

Art. 45
Modifiche all'articolo 17
(Accertamento di conformità)
della L. reg. n. 23 del 2004

1. Ai commi 1, 2 e 4 bis dell'articolo 17 della legge regionale n. 23 del 2004, le parole *"denuncia di inizio attività"* sono sostituite dall'espressione *"SCIA"*.
2. Al comma 3, dell'articolo 17 della legge regionale n. 23 del 2004, le parole *"la denuncia in sanatoria"* sono sostituite dalle seguenti: *"la SCIA in sanatoria"* e alla lettera a) del medesimo comma, le parole *", a norma dell'art. 30 della legge regionale n. 31 del 2002,"* sono soppresse.

COMMENTO

La norma adegua l'istituto dell'accertamento di conformità (e cioè della formazione di un titolo edilizio in sanatoria)[1] alla nuova configurazione della segnalazione certificata di attività data sia dalla legge statale (art. 49, c. 4 *bis*, L. 30 luglio 2010 n. 122), sia dall'art. 13 della presente legge, come sostitutiva della denuncia di inizio attività.

È stato sottolineato che, in realtà, nella legislazione nazionale, SCIA e D.I.A. in parte continuano a convivere[2] perché non è stato eliminato il, per così dire, modulo della super-D.I.A., e cioè l'intervento che, in alternativa al permesso di costruire, può essere attuato, sussistendo i presupposti dell'art. 22, c. 4, T.U. n. 380/2001.

In Emilia-Romagna, però, tale convivenza pare esclusa dal 2° c. dell'art. 13 che riconduce la fattispecie alla SCIA (o, se si vuole, a una super-SCIA).

Questa armonizzazione, comunque, non è solo nominalistica, perché evidentemente comporta l'applicazione delle disposizioni relative al procedimento contenute nell'art. 14. Alcune di tali disposizioni, però, si prestano a

---

[1] Sull'art. 17 della L. reg. n. 23/2004, si veda B. GRAZIOSI, *Commento all'art. 17* in B. GRAZIOSI – D. LAVERMICOCCA, *La repressione degli abusi edilizi in Emilia-Romagna*, Milano, 2008, 139. Si rammenta che in Emilia-Romagna l'art. 17 codifica il principio della c.d. "sanatoria giurisprudenziale" e cioè il rilascio del titolo edilizio postumo conforme alla sola disciplina vigente alla attualità, in contrasto con la giurisprudenza più recente (cfr. per tutti, B. GRAZIOSI, *La sanatoria giurisprudenziale. Note critiche sul dogma della "doppia conformità" secondo la Corte Costituzionale*, in Riv. Giur. Ed., 2013, I, 525 e ss.

[2] Cfr. E. BOSCOLO, *Le novità in materia urbanistico-edilizia introdotte dall'art. 17 del decreto "sblocca Italia"*, in Urb. e Appalti, 2015, 27, 30.

loro volta a dover essere aggiustate per adattarsi alla natura postuma del titolo.

Questo non riguarda tanto la legittimazione alla presentazione – per la quale può semplicemente pensarsi ad un suo generico ampliamento –, quanto le norme sulla tempistica dei controlli e sull'intervento inibitorio del S.U.E. (commi 4-8 dell'art. 14). Esse potrebbero compendiarsi nella necessità di osservare il termine (gg. 5+30) per l'adozione dell'ordine di variazione progettuale "ai sensi del comma 8".

In generale tutte le ipotesi e gli adempimenti che riguardano l'esercizio dell'attività costruttiva e il suo controllo, restano privi di causa, mentre non vi sono motivi per dubitare dell'applicabilità degli altri commi che disciplinano il controllo repressivo, ad effetti anche reali, degli interventi inammissibili, secondo la dettagliata articolazione delle varie fattispecie ivi previste.

Restano le perplessità di fondo sulla configurabilità di una SCIA a sanatoria post eventum, senza cioè che sulla sanabilità sia adottato un provvedimento positivo di accertamento, così che la conformità consegue alla segnalazione di un fatto compiuto.

Ma sono perplessità da, addebitare, prima che alla legge regionale, allo stesso T.U. n. 380/2001.

Benedetto Graziosi

Art. 46
Inserimento dell'articolo 17 *bis* nella L. reg. n. 23 del 2004

1. Dopo l'articolo 17 della legge regionale n. 23 del 2004 è inserito il seguente:
   "Art. 17 bis Varianti in corso d'opera a titoli edilizi rilasciati prima dell'entrata in vigore della L. n. 10 del 1977

   1. Al fine di salvaguardare il legittimo affidamento dei soggetti interessati e fatti salvi gli effetti civili e penali dell'illecito, non si procede alla demolizione delle opere edilizie eseguite in parziale difformità durante i lavori per l'attuazione dei titoli abilitativi rilasciati prima dell'entrata in vigore della legge 28 gennaio 1977, n. 10 (Norme per la edificabilità dei suoli) e le stesse possono essere regolarizzate attraverso la presentazione di una SCIA e il pagamento delle sanzioni pecuniarie previste dall'articolo 17, comma 3, della presente legge. Resta ferma l'applicazione della disciplina sanzionatoria di settore, tra cui la normativa antisismica, di sicurezza, igienico sanitaria e quella contenuta nel Codice dei beni culturali e del paesaggio, di cui al decreto legislativo n. 42 del 2004 .".

COMMENTO "A"

Sommario: 1. Il precedente (art. 46, c. 4, L. reg. n. 23/2004 - 2. La nuova norma - 3. Effetti consolidati dell'art. 46, 4° c. prima del suo annullamento per incostituzionalità.

1. Il precedente (art. 46, c. 4, L. reg. n. 23/2004).

La norma in questione ha una particolare importanza in primo luogo per il grandissimo numero delle fattispecie cui si riferisce, e cioè tutte le difformità edilizie minori realizzate in corso d'opera in un contesto storico – gli anni '50/'70 – in cui l'attuale estremo rigore progettuale/costruttivo non era ancora stato codificato. In secondo luogo perché per affrontare tale complessa casistica la legislazione regionale aveva introdotto una disposizione apposita, l'art. 26, 4° c. della L. reg. n. 23/2004 annullata dalla Corte Costituzionale per contrasto con l'art. 117 costituzione.

La norma attuale ne costituisce la riedizione, in un certo modo *"adattata"* alla pronuncia della Corte.

I fatti sono questi.

La L. reg. n. 23/2004, al titolo II, conteneva le norme attuative del c.d.

"*terzo condono*" (art. 32, D.L. n. 269/2003 conv. in L. 24 novembre 2003 n. 326). L'art. 26, che ne dettava le disposizioni generali e l'ambito di applicazione, **delimitava** la fattispecie delle opere che necessitavano del condono, avendone quindi accesso in questi termini "*Le opere edilizie autorizzate e realizzate in data antecedente all'entrata in vigore della L. 28 gennaio 1977 n. 10 che presentino difformità eseguite nel corso della attuazione del titolo edilizio originario, si ritengono sanate, fermo restando il rispetto dei requisiti igienico sanitari e di sicurezza*".

In forza di questa norma, tutti gli abusi "*minori*" così identificati non furono condonati.

E non lo furono a motivo – per così dire – di un *difetto di abusività*.

La norma però, 27 mesi dopo, è stata ritenuta costituzionalmente illegittima dalla Corte Costituzionale. La Corte, con la sentenza n. 49 del 10 febbraio 2006, ha ritenuto che la norma regionale fosse costituzionalmente illegittima perché introduce una sanatoria straordinaria gratuita ed *ope legis* non sorretta da alcun principio fondamentale determinato dallo Stato e contrastante con le esigenze della finanza pubblica e ciò "*confligge*" con l'art. 117 Cost. perché "*le Regioni non possono rimuovere i limiti massimi fissati dalla legislazione statale e tra i principi fondamentali vi è quello della previsione di un titolo abilitativo in sanatoria al termine dello speciale procedimento disciplinato dalla normativa statale*".

La pronuncia è stata peraltro criticata[1] con argomenti che mettevano – tra l'altro – in luce gli effetti perversi cui approdava, proprio sotto il profilo della costituzionalità complessiva del sistema. Ed infatti, poiché quando è stata pubblicata la sentenza della Corte era scaduto il termine per presentare la domanda di condono (il 10 dicembre 2004), queste difformità costruttive minori

---

[1] Cfr. B. GRAZIOSI, *Condono edilizio e legislazione regionale: il caso di una norma dell'Emilia-Romagna (e non solo)*, in Riv. Giur. Ed., 2006, I, 759 e ss. La critica all'argomentazione della Corte mette in rilievo che la norma regionale, ancorché lessicalmente ambigua ("*si ritengono sanate*") non è una disposizione relativa ad **istituti** giuridici (condono e/o sanatoria/ regolarizzazione di abusi edilizi), bensì una norma che essenzialmente disciplina, a regime, l'esercizio della repressione sanzionatoria degli abusi edilizi minori e lo fa *quoad tempus* derogando dal principio della illimitatezza temporale. Oltre a ciò si evidenziava l'aporia, la paradossalità logica della situazione conclusiva per cui difformità astrattamente condonabili sono state prima **sottratte** alla fattispecie tipizzata e poi in essa **reintrodotte**, senza però riconoscere, retroattivamente, i diritti a ciò connessi.

sono *ridiventate* illecite l'11 febbraio 2006, e cioè il giorno dopo la pubblicazione della sentenza della Corte, quando avevano ormai – per scadenza del termine – perso il diritto al condono.

In sostanza, queste difformità che per la legge regionale non erano condonabili perché *ope legis* sanate, sono rimaste tali perché, eliminata dalla Corte la loro "*sanatoria*", hanno perso il termine per "*rientrare*" nel condono. Condono rispetto al quale, morfologicamente e per tipizzazione dell'abuso, avrebbero avuto diritto. Che questa discriminazione comporti la violazione sostanziale della norma statale, pareva evidente, perché il quadro normativo sopravvissuto alla sentenza della Corte Costituzionale ha avuto l'effetto di **sottrarre al condono**, *ex post*, tutta una serie di "*abusi*" edilizi che il D.L. n. 269/2003 voleva condonabili.

Negli anni successivi, in occasione di interventi sull'esistente (manutenzione straordinaria, ristrutturazione) le innumerevoli difformità costruttive così *riemerse* hanno costituito un problema che è stato necessario affrontare, anche per evitare nuove questioni di costituzionalità.

2. La nuova norma.

La quasi perfetta sovrapponibilità delle due fattispecie normative è evidente.

In più nella norma odierna vi è una sorta di preambolo di dichiarare l'intenzione del legislatore – la salvaguardia del legittimo affidamento dei soggetti interessati – che è francamente sconcertante sia perché in lampante controtendenza rispetto ad un ben noto orientamento giurisprudenziale[2], sia perché non

[2] Cfr. *ex multis*, Cons. Stato, Sez. IV, 10 giugno 2013 n. 3182; 13 marzo 2014 n. 1230; ecc.; l'orientamento si basa sulla natura di illecito permanente dell'abuso edilizio e della natura restitutorio e non afflittivo dei provvedimenti sanzionatori. La giurisprudenza esclude anche in modo specifico che in capo all'autore dell'abuso e dei suoi aventi causa, si possa costituire un affidamento tutelabile (cfr. Con. Stato, Sez. VI, 28 gennaio 2013 n. 496; Sez. IV, 4 ottobre 2013 n. 4913). In realtà il legittimo affidamento di cui si parla in qualche pronuncia (cfr. Cons. Stato, Sez. V, 24 ottobre 2013 n. 5158) è quello nel comportamento **omissivo** di atti repressivi, nonostante la evidenza dell'abuso o la sua previa conoscenza da parte del Comune. Nel caso in questione, il legittimo affidamento dei cittadini è discutibile, ma riguarda non tanto il comportamento omissivo del Comune, quanto la applicazione del D.L. n. 269/2003 e dell'art. 26, c. 4, L. reg. n. 23/2004; e corrobora, semmai, il dubbio di costituzionalità del sistema regionale di repressione degli abusi edilizi.

è chiaro cosa sia questo legittimo affidamento dato anche che può mancare del tutto, senza che ciò abbia effetti sull'applicazione della norma.

Altrettanto sconcertante è l'ovvia salvezza degli *"effetti civili e penali dell'illecito"*, sia perché questi effetti non sarebbero comunque giuridicamente nella disponibilità del legislatore regionale, sia perché l'ipotizzare dopo 35 anni effetti penali di un abuso edilizio minore è francamente impossibile.

La disposizione parla, genericamente, di *"regolarizzazione"*, e non a caso. Non si tratta, infatti, di un provvedimento di sanatoria od accertamento di conformità – come per le due ipotesi di cui all'art. 17[3], che sono, sostanzialmente, due ipotesi di *titoli postumi* rilasciati sul presupposto di una doppia o semplice[4] conformità dell'opera alla disciplina normativa e urbanistica.

La regolarizzazione avviene, invece, a titolo oneroso *"speciale"*, e cioè pagando la sanzione pecuniaria di cui all'art. 17, c. 3, a prescindere dalla ammissibilità della sanatoria[5], e cioè anche **contra** la vigente disciplina urbanistica.

Non è quindi facile l'inquadramento giuridico della fattispecie, anche alla luce della precedente pronuncia della Corte Costituzionale.

In realtà pare oggi del tutto ragionevole sostenere quanto già prospettato in quella occasione, e cioè che la norma non può essere intesa come una indebita estensione del perimetro di un condono edilizio statale, bensì come puntuale disciplina dell'esercizio del potere repressivo restitutorio/sanzionatorio regolamentato dalla L. reg. n. 23/2004.

Disciplina che in via positiva valuta il contesto temporale e normativo del 1977 – data dalla L. n. 10 – cui risalgono le difformità minori, come fondamento della applicabilità di una sanzione **esclusivamente** pecuniaria e quantitativamente ridotta.

La legittimità di una siffatta scelta legislativa regionale una volta che la fattispecie è – come oggi è – disancorata dal condono, non pare facilmente

---

[3] Cfr. sui problemi relativi, il commento all'art. 17 di B. GRAZIOSI, in *La repressione degli abusi edilizi in Emilia-Romagna*, Milano, 2008, 139 e ss.

[4] È molto discussa, in dottrina e giurisprudenza, la ammissibilità in via generale e di principio, della c.d. *"sanatoria giurisprudenziale"* e cioè il rilascio del titolo postumo conforme alla sola disciplina vigente all'atto della domanda (che è positivamente ammesso dall'art. 17, c. 2, della L. reg. n. 23/2004). Per la risposta affermativa cfr. B. GRAZIOSI, *La sanatoria giurisprudenziale. Note critiche sul dogma della «doppia conformità» secondo la Corte Costituzionale*, in Riv. Giur. Ed., 2013, 1, 538 ss.

[5] Parrebbe anche in aggiunta alla possibilità di ricorso ad essa.

contestabile ai sensi dell'art. 117 Cost. In altri termini pare che dalla (pregressa) sentenza della Corte n. 49/2006 non può affatto dedursi il corollario che esorbita dalla competenza legislativa regionale in materia urbanistica il fissare, *ratione temporis* dei limiti alla repressione di abusi edilizi minori.

* * *

La "*salvezza*" della disciplina sanzionatoria "*di settore*"[6] e di quella antisismica, igienico sanitaria e di quelle di cui al D. Lgs. n. 42/04 corrisponde a principi ormai fermi relativi alla necessaria concorrenza delle normative edilizia "*speciale*".

Un approfondimento deve però essere riservato alla compatibilità delle difformità minori al codice di beni culturali e del paesaggio in particolare quanto alla compatibilità della stessa ai vincoli paesaggistici. Questo perché, come noto, l'art. 146, c. 10, vieta il rilascio di autorizzazioni paesaggistiche a sanatoria, limitandole a ipotesi in cui non vi è un aumento né di cubatura né di superficie[7].

La conseguenza di questa impossibilità, per le difformità minori con rilevanza volumetrica e di superficie, è che la SCIA di "*regolarizzazione*" prevista dalla norma **non si potrà perfezionare** cosicché l'abuso paesaggistico resterà tale, tale anche dal punto di vista edilizio, come tale soggetto alla necessaria e cioè obbligatoria sanzione **restitutoria** e cioè la demolizione[8].

La conclusione, per certi aspetti, sconcertante, ha una eccezione, ed è quella in cui il vincolo paesaggistico sia stato imposto in epoca precedente l'abuso. Per questa ipotesi, secondo lo stesso Ministero, vale ancora il principio generale costantemente affermato dalla giurisprudenza del Consiglio di Stato (da

---

[6] Sulla pericolosa ambiguità di un simile rinvio "*aperto*" si vedano le considerazioni fatte a proposito dell'art. 44, c. 4.

[7] Previste, come noto, dall'art. 167, cc. 4 e 5, T.U. L'operatività del divieto, come noto, è stata poi definita dal c.d. "*primo correttivo*" del T.U. (D. Lgs. n. 157 del 24 marzo 2006).

[8] È infatti ormai pacifico che il rapporto tra titolo edilizio e autorizzazione paesaggistica è un "*rapporto di presupposizioni necessitato e strumentale*" tra due atti con "*autonomia strutturale e funzionale*" (cfr., *ex multis*, Cons. Stato, Sez. IV, 21 agosto 2013 n. 4234; Sez. IV, 27 novembre 2010 n. 8260). È quindi necessaria la presenza congiunta dei due titoli abilitativi perché l'opera sia "*regolarizzata*" e non sia passibile di sanzioni restitutorie sotto entrambi i profili.

ultimo Cons. Stato, A.g. 11 aprile 2002 n. 4; Sez. V, 31 agosto 2004 n. 5723) della ammissibilità della autorizzazione paesaggistica in sanatoria[9].

3. Effetti consolidati dell'art. 46, 4° c. prima del suo annullamento per incostituzionalità.

Il *"salvataggio"* della fattispecie dell'art. 46, c. 4, L. reg. n. 23/2004 operato con la disposizione in questione, non esclude che nella sterminata casistica di lievi difformità costruttive rispetto al titolo (riferibile ad un periodo tra la c.d. legge ponte e la c.d. legge Bucalossi, di grande attività edificatoria) vi siano casi in cui l'abuso edilizio è ricaduto nello spettro di applicazione dell'art. 46, 4° c. **prima** della sua eliminazione, con effetti sananti che, quindi, sono da considerare acquisiti e irretrattabili.

Il problema, a questi fini, consiste nella difficoltà di ipotizzare un provvedimento formale del Comune che esprime il consenso (volontà) di applicare la norma. La legislazione vigente, infatti, non tipizza una sorta di decisione di *"non luogo a procedere"*. Ma ciò non esclude che, alla luce della normativa sul controllo edilizio e del procedimento relativo, sia configurabile, da parte del Comune, **una presa d'atto** della **non sanzionabilità dell'abuso** *ex* art. 46, c. 4.

Questa situazione si verifica in tutti i casi in cui la difformità costruttiva è stata oggetto di accertamento ai sensi della normativa vigente che prevedeva come atto necessario e vincolato la repressione (in forma reale o per equivalente pecuniario) anche degli abusi *"parziali"*.

In siffatto contesto di doverosità l'omettere qualsiasi provvedimento per il periodo di vigenza dell'art. 46, c. 4, (23 ottobre 2004 / 10 febbraio 2006) significa darvi applicazione, e l'omissione vale, in sostanza, come tacita archiviazione della pratica. Vale, quindi, come attività provvedimentale.

Questa conclusione è confermata dalle circolari interpretative che la Regione ha emanato per dare istruzioni ai Comuni sulla applicazione dell'art. 46, c. 4.

---

[9] Cfr. la Circ. Min. Beni e attività culturali, Ufficio legislativo, n. 9907 del 1 giugno 2012, par. 3.2.

In particolare, con circolare pubblicata sul BUR Emilia-Romagna – parte prima, n. 143 del 22 ottobre 2004, la Regione ha specificato come la norma abbia introdotto una **regolarizzazione *"ope legis"*** delle opere eseguite prima del 30 gennaio 1977, costruite in difformità dal titolo abilitativo originario (cfr. punto 1 della circolare). Per tali opere non v'è, cioè, bisogno di presentare nuova domanda di condono edilizio ai sensi della legge regionale, verificandosi una sanatoria *ex lege* che non necessita di ulteriori titoli abilitativi. La circolare sottolinea, infine, *"che tale regolarizzazione opera «a regime» e non ai soli fini della presente legge, cosicché le difformità sopra descritte **non potranno essere contestate, sotto l'aspetto edilizio, in data successiva alla scadenza dei termini del condono"***.

Con successiva nota dell'Assessorato Programmazione territoriale, Politiche abitative e Riqualificazione urbana prot. n. AED/04/24185 del 6 dicembre 2004, la Regione Emilia-Romagna ha ribadito il meccanismo di sanatoria *ex lege* previsto dall'art. 26, c. 4, L. reg. n. 23/2004, individuando come unico presupposto della sua operatività il rispetto dei requisiti igienico-sanitari e di sicurezza vigenti al tempo della realizzazione dell'opera. La nota, indirizzata a tutti i Comuni, precisava altresì che: *"il soggetto interessato, **nelle varie sedi nelle quali venga contestata la difformità tra quanto** originariamente autorizzato e quanto realizzato (in attuazione del medesimo titolo originario), **potrà richiedere l'applicazione della suddetta disposizione** e fornire, ove richiesto, adeguata documentazione probante dalla ricorrenza delle condizioni esplicitamente previste dalla legge"*.

Si può, quindi, sostenere che in queste situazioni di documentata conoscenza legale dell'abuso edilizio da parte del Comune, il non provvedere sia imputabile ad una tacita (ma non altrimenti manifestabile) volontà di applicare l'articolo che conteneva la sanatoria *ex lege*.

Sanatoria, quindi, acquisita in termini che, alla luce del ben noto orientamento della giurisprudenza[10], dà luogo ad un rapporto esaurito e, quindi, irretrattabile.

---

[10] Secondo cui le pronunce di accoglimento eliminano le norme con effetto *ex tunc "fermo restando il principio che gli effetti della incostituzionalità non si estendono ai rapporti ormai esauriti in modo definitivo, come nel caso del giudicato o per essersi verificato altro evento cui l'ordinamento collega il consolidamento del rapporto"* (Cass., Sez. I, 20 settembre 2012 n. 20381). Eventi tra i quali vi sono anche *"gli atti amministrativi non impugnati"* (Cass. n. 14969/2002; n. 10115/2001).

Ne consegue che per siffatte difformità costruttive non si può parlare di abusi, ed esse non necessitano neppure della SCIA di *"regolarizzazione"* prevista dalla nuova norma.

Benedetto Graziosi

Art. 46
Inserimento dell'articolo 17 *bis* nella L. reg. n. 23 del 2004

1. Dopo l'articolo 17 della legge regionale n. 23 del 2004 è inserito il seguente:
   "*Art. 17 bis Varianti in corso d'opera a titoli edilizi rilasciati prima dell'entrata in vigore della L. n. 10 del 1977.*
   1. Al fine di salvaguardare il legittimo affidamento dei soggetti interessati e fatti salvi gli effetti civili e penali dell'illecito, non si procede alla demolizione delle opere edilizie eseguite in parziale difformità durante i lavori per l'attuazione dei titoli abilitativi rilasciati prima dell'entrata in vigore della legge 28 gennaio 1977, n. 10 (Norme per la edificabilità dei suoli) e le stesse possono essere regolarizzate attraverso la presentazione di una SCIA e il pagamento delle sanzioni pecuniarie previste dall'articolo 17, comma 3, della presente legge.
   Resta ferma l'applicazione della disciplina sanzionatoria di settore, tra cui la normativa antisismica, di sicurezza, igienico sanitaria e quella contenuta nel Codice dei beni culturali e del paesaggio, di cui al decreto legislativo n. 42 del 2004."

COMMENTO "B"

L'art. 46 ha introdotto l'art. 17 *bis* della L. reg. n. 23 del 2004.

È immediato il richiamo ad una norma che è stata dichiarata incostituzionale, vale a dire l'art. 26, c. 4, L. reg. n. 23/2004. [1]

Tuttavia, le differenze sono molteplici e ciò porta a concludere che la norma introdotta possa essere esente dai vizi di costituzionalità che avevano condotto all'annullamento dell'art. 26, c. 4, con sentenza della Corte Cost. n. 49 del 2006.

L'art. 26, c. 4, secondo la decisione della Corte costituzionale (peraltro, criticata da più parti) prevedeva una sanatoria *ex lege*, ponendosi in tal modo in contrasto con il principio fondamentale stabilito nella normativa statale che impone il rilascio di un titolo a sanatoria al termine dello speciale procedimento disciplinato dalla normativa statale. Sempre secondo la Corte costituzionale, la disposizione prevedeva una sorta di condono automatico che prescindeva dall'istanza e che, come tale, eccedeva dai limiti fissati dalla norma statale

---

[1] Sul quale si rinvia al testo a cura di B. GRAZIOSI, *La repressione degli abusi edilizi nella Regione Emilia-Romagna*, cit, pp. 11 e 12.

sul condono edilizio (D.L. n. 269 del 2003, conv. in L. n. 326/2003).

L'art. 17 *bis* esula dalla normativa sul condono e concerne interventi eseguiti in parziale difformità. Quindi un titolo originario deve esserci.

Occorre peraltro chiedersi quale sia il fondamento della norma e quindi se la introduzione possa rientrare tra i poteri legislativi regionali che hanno natura concorrente e che, pertanto, devono essere esercitati nell'ambito dei principi fondamentali contenuti nel T.U. n. 380.

Il T.U. non sembra contenere principi che contrastino con l'art. 17 *bis*.

Infatti, la disposizione in esame non ha eliminato il carattere abusivo degli interventi considerati, non ha introdotto una sanatoria *ex lege*, quindi non ha derogato al principio della sanzionabilità degli interventi abusivi.

L'art. 17 *bis* consente soltanto di NON demolire, quindi non sottrae l'abuso alla sanzione ma lo sottopone a una sanzione pecuniaria. È ben vero che la normativa statale in tema di parziale difformità prevede la demolizione e l'applicazione della sanzione pecuniaria solo qualora, per comprovati motivi, non sia possibile la demolizione. Mentre, invece l'art. 17 *bis* effettua una valutazione astratta, *ex lege*, sull'assenza dell'interesse pubblico alla demolizione.

Tuttavia, non pare che tale principio possa avere natura di principio fondamentale tale da non poter essere derogato in ambito regionale, tra l'altro, come nella fattispecie, per la espressa necessità di tutelare il legittimo affidamento dei privati che costituisce uno dei parametri di verifica della legittimità dell'azione amministrativa, secondo quanto affermato dall'art. 1, L. n. 241 del 1990.

L'art. 17 *bis*, inoltre, fa salvi gli effetti civili e penali dell'illecito. Naturalmente, quanto agli effetti penali, si tratta di una precisazione che ha solo lo scopo di ribadire l'assenza di qualsiasi potere legislativo regionale in tale materia, dal momento che, con ogni evidenza, gli illeciti penali, in quanto relativi a fatti antecedenti al 1977 sono comunque ampiamente prescritti.

Quanto agli effetti civili, anche in questa materia la Regione non ha alcun potere e la norma lo ha ribadito. Pertanto, la eventuale regolarizzazione ottenuta non incide sui diritti dei terzi, al pari di ogni altro titolo edilizio. Il principio è affermato nell'art. 11, c. 3, T.U. n. 380, a proposito del permesso di costruire, ma costituisce un principio generale.

In ordine agli effetti del pagamento della sanzione pecuniaria, questi non sono di sanatoria, ma di regolarizzazione.

L'opera non è **sanata** ma è solo **regolarizzata**, con una espressione che rinvia a quella utilizzata dalla giurisprudenza a proposito delle sanzioni pecuniarie alternative alla demolizione[1].

In tal modo, del bene si può godere e disporre, ma il manufatto resta senza titolo legittimante e non si può utilizzare per trasformazioni future per le quali sia richiesto un titolo legittimo di partenza.

Da ultimo, per quanto riguarda la sanzione applicabile, occorre chiarire quale sanzione debba applicarsi.

La disposizione in commento opera un rinvio inequivocabile alla sanzione prevista dall'art. 17, c. 3, L. reg. n. 23/2004 quindi ha un contenuto derogatorio rispetto a quanto previsto dall'art. 39, L. reg. n. 23 del 2004.

Si applica, pertanto, la sanzione di cui al citato art. 17, c. 3, anche se gli abusi sono stati commessi prima della entrata in vigore della L. reg. n. 23; in assenza di tale specifico rinvio con contenuto derogatorio, a tali abusi dovrebbero invece applicarsi le sanzioni del T.U. n. 380, per espressa disposizione contenuta nell'art. 39, L. reg. n. 23.

Silva Gotti

---

[1] cfr. T.A.R. L'Aquila, n. 420/2012; T.A.R. Firenze, n. 3984/2006, T.A.R. Bologna, n. 393/1998, T.A.R. Milano, n. 404/1997, T.A.R. Pescara, n. 1/1995.

Art. 47
Modifiche all'art. 18
(Sanzioni applicabili per la mancata denuncia di inizio attività)
della L. reg. n. 23 del 2004

1. Nella rubrica e nei commi 1 e 2 dell'articolo 18 della legge regionale n. 23 del 2004, le parole "denuncia di inizio attività" sono sostituite dall'espressione "SCIA".
2. Al comma 1, alla fine del primo periodo, sono aggiunte le seguenti parole", ad eccezione degli interventi eseguiti con SCIA alternativa al permesso di costruire".

COMMENTO

Sul primo comma non c'è molto da dire, se non che si è colta l'occasione per adeguare la L. reg. n. 23/2004 alla nuova terminologia, alla stregua di quanto ha fatto di recente il citato D.L. n. 133 del 2014 (art. 17) che ha sostituito, nel T.U. n. 380, la Segnalazione Certificata di Inizio Attività alla Denuncia di Inizio Attività, mentre ha mantenuto la dicitura Denuncia di Inizio Attività, laddove questa si riferisca alla c.d. Super-D.I.A. alternativa al permesso di costruire.

Quanto al comma 2 ha aggiunto in fondo al comma 1 dell'art. 18, L. reg. n. 23 la precisazione secondo la quale la mancanza di SCIA comporta l'applicazione delle sanzioni penali, quando la SCIA sia alternativa al permesso. A conferma del fatto che non è il nome del titolo edilizio che determina la sanzione ma la sostanza dell'intervento. Pertanto, quando la SCIA sia alternativa al permesso la mancanza del titolo comporta l'applicazione delle sanzioni penali.

Ricollegandosi a quanto detto poco sopra, si segnala che a seguito della riduzione a due dei titoli edilizi, permesso e SCIA, la L. n. 15 non contempla più la c.d. Super-D.I.A., istituto che è invece ancora presente nel T.U. n. 380 e il cui nome il D.L. n. 133 del 2014 non ha modificato. Infatti, la rubrica dell'art. 22 del T.U. non è stata modificata dal D.L. n. 133/2014, poiché tale disposizione, al comma 3, disciplina gli interventi soggetti a D.I.A. alternativa al permesso, c.d. Super-D.I.A., che continua a definirsi tale.

Silva Gotti

Art. 48
Modifiche all'articolo 21 (Sanzioni pecuniarie)
della L. reg. n. 23 del 2004

1. Il comma 2 dell'articolo 21 della legge regionale n. 23 del 2004, è sostituito dai seguenti:

    "2. Ai fini del calcolo delle sanzioni pecuniarie connesse al valore venale di opere o di loro parti illecitamente eseguite, il Comune utilizza le quotazioni dell'Osservatorio del mercato immobiliare dell'Agenzia del territorio, applicando la cifra espressa nel valore minimo.

    2 bis. Le Commissioni provinciali per la determinazione del valore agricolo medio provvedono a determinare il valore delle opere o delle loro parti abusivamente realizzate, nei casi in cui non sono disponibili i parametri di valutazione di cui al comma 2, salvo i casi in cui i Comuni siano dotati di proprie strutture competenti in materia di stime immobiliari.".

COMMENTO

Il testo originario dell'art. 21, c. 2, L. reg. n. 23/2004 stabiliva che la determinazione delle sanzioni pecuniarie per abusi edilizi doveva avvenire secondo i criteri dell'art. 34 T.U. Edilizia (calcolo del costo di produzione per gli abusi su immobili residenziali e stima del valore venale per gli abusi su unità non residenziali) e ripartiva la competenza a quantificare tali sanzioni tra il Comune e la Commissione provinciale espropri[1] in base al carattere rispettivamente residenziale o non residenziale delle opere interessate dall'abuso.

Il sistema è stato ora completamente innovato, sia nelle competenze che nei criteri di commisurazione delle sanzioni.

La nuova norma differenzia infatti la procedura di determinazione della sanzione pecuniaria a seconda che la "monetizzazione" dell'abuso possa avvenire o meno mediante le *"quotazioni dell'Osservatorio del Mercato Immobiliare"* gestito dall'Agenzia del Territorio (ora Agenzia delle Entrate).

Nel primo caso, la quantificazione della sanzione spetterà al Comune e dovrà essere eseguita sulla base delle pertinenti stime dell'OMI, da computarsi obbligatoriamente nel loro valore minimo.

---

[1] Che esercita, nella Regione Emilia-Romagna, le competenze che il Testo Unico attribuisce all'Agenzia del Territorio (cfr. art. 25, c. 1, lett. e), L. reg. n. 37/2002).

L'operazione di stima avrà dunque, in questa ipotesi, un carattere semi-vincolato, perché l'Amministrazione dovrà limitarsi a determinare la consistenza fisica dell'abuso ed a ricondurre l'immobile che ne è interessato ad una delle quattro categorie funzionali (residenziale, commerciale, produttivo, terziario) e conservative (stato normale/ottimo) contenute nelle banche dati dell'Osservatorio; la stima seguirà a questo punto un *iter* obbligato, perché il Comune sarà tenuto ad applicare alla superficie abusivamente edificata i prezzi minimi di mercato indicati dall'Osservatorio, ricavando così il valore venale lucrato dall'illecito.

L'onere motivazionale del provvedimento sanzionatorio sarà dunque, in questa ipotesi, piuttosto limitato.

L'Amministrazione comunale potrà assolverlo semplicemente richiamando la consistenza dell'abuso e la sua destinazione d'uso (che saranno stati presumibilmente già accertati in precedenza) ed indicando le ragioni per cui l'immobile che ospita le difformità deve essere considerato in buone, scarse od ottime condizioni conservative. Tutto il resto dovrebbe tradursi, infatti, in una operazione sostanzialmente aritmetica.

Un obbligo rafforzato di motivazione potrebbe sorgere nel caso in cui le superfici abusive abbiano caratteristiche atipiche (superfici accessorie, superfici di portici, androni o locali semi-aperti, ecc.) e richiedano un processo di adattamento per essere applicate ai valori OMI. In questa particolare ipotesi, il Comune potrà tuttavia ricorrere il manuale di *"Istruzioni per la determinazione della consistenza degli immobili urbani per la rilevazione dei dati dell'osservatorio del mercato immobiliare"* emanato dall'Agenzia del Territorio, e motivare la propria stima richiamandosi ai criteri espressi in tale sede[2].

La maggior parte degli abusi edilizi non è tuttavia riconducibile alle categorie OMI e non può essere stimato in base alle stesse.

L'immobile interessato dall'abuso può avere, anzitutto, una destinazione diversa dalle quattro "funzioni" censite dall'Osservatorio, come nel caso degli edifici alberghieri ed agricoli, delle costruzioni o vani di servizio (aree condominiali, volumi tecnici, eccetera), dei fabbricati per funzioni collettive come scuole, impianti sportivi, attrezzature religiose, e così via.

---

[2] Le istruzioni sono disponibili per la consultazione all'indirizzo *www.agenziaentrate.gov. it/wps/file/Nsilib/Nsi/Documentazione/omi/Manuali+e+guide/*.

Oltre a ciò, l'abuso può essere tale da non dar luogo alla creazione di una nuova "superficie" di pavimento, e ciò rende impossibile ricorrere ai parametri valutativi dell'OMI, i quali sono incentrati esclusivamente su stime del valore al mq della superficie di pavimento di edifici "convenzionali".

La difformità da sanzionare può consistere infatti in un mero incremento dei volumi/altezze delle unità immobiliari, mediante innalzamento del coperto ma senza incremento di superfici; oppure in una semplice riorganizzazione degli spazi esistenti mediante frazionamento od accorpamento delle unità immobiliari o dei singoli vani; oppure, ancora, nella modifica dei prospetti, dello spessore dei solai, della consistenza del coperto, dei volumi tecnici o di altri elementi privi di un impatto sulla superficie dell'unità immobiliare.

Ancora, l'abuso può colpire "oggetti edilizi" privi di consistenza volumetrica, come nel caso di realizzazione di pavimentazioni, strade, recinzioni, impianti tecnici e tecnologici (antenne, tralicci ecc.) od altre opere qualificabili come "costruzioni" ma estranee alla nozione di "volume chiuso fruibile per attività umane".

Da ultimo, la difformità può consistere nel ricorso ad una particolare tecnica costruttiva, vietata dallo strumento urbanistico ma vantaggiosa per il proprietario: si pensi agli interventi conservativi eseguiti mediante la demolizione e fedele ricostruzione di un fabbricato, in spregio ad un divieto di abbattimento integrale del manufatto previsti dalla disciplina legale o pianificatoria in essere.

In tutti questi casi, un sistema di valutazione del valore venale basato sul prezzo di mercato delle superfici abitabili si rivela evidentemente inutilizzabile, tanto che molte amministrazioni, per superare le difficoltà, hanno adottato la discutibile prassi di attribuire ad ogni abuso una consistenza "virtuale" espressa in termini di superficie, mediante operazioni fittizie di "conversione" matematica del volume o dell'altezza in mq di pavimento[3].

---

[3] La illegittimità di tale prassi – consistente principalmente nella trasformazione del volume in superficie secondo un rapporto di 3/5 desunto dalla legislazione sul condono – è stata denunciata da B. GRAZIOSI, *Il singolare caso della sanzione pecuniaria delle difformità volumetriche "sterili" (Calcolo economico delle eccedenze volumetriche senza incremento di superficie)*, in *Riv. Giur. edilizia*, 2010, II, 135ss., per essere poi riconosciuta, nella materia affine delle sanzioni pecuniarie paesaggistiche, da T.A.R. Emilia-Romagna, Bologna, Sez. II, 20 novembre 2014 n. 975, in *giustizia-amministrativa.it*.

Tali *escamotage* estimativi non appaiono, oggi, più possibili.

Il nuovo comma 2-*bis* dell'art. 21 stabilisce infatti che le difformità non riconducibili alle categorie o tipologie censite dall'O.M.I. – e cioè quelle per cui *"non sono disponibili i parametri di valutazione"* dell'Osservatorio – devono essere oggetto di una apposita e distinta procedura, affidata alle Commissioni provinciali sugli espropri ed incentrata su una valutazione del "valore" (e non del "valore venale" n. d.r.) della porzione abusivamente realizzata.

Gli abusi "atipici" di cui si è detto dovranno pertanto essere oggetto di una stima "singolare" fondata sulla peculiarità e consistenza della difformità commessa, senza possibilità di ricorrere ai listini O.M.I. di cui viene inibito qualsiasi utilizzo "indiretto".

La legge non specifica, poi, quale sia il criterio da utilizzare per stabilire il valore di simili.

Le Commissioni potranno pertanto ricorrere a tutte le tecniche estimative correntemente riconosciute, con particolare preferenza per quelle che la giurisprudenza giudica più adeguate per le valutazioni immobiliari: il metodo sintetico-comparativo e quello analitico ricostruttivo[4].

Pertanto la Commissione provinciale, qualora accerti che l'opera edilizia illecita possiede un proprio valore di scambio ed una quotazione di mercato, dovrà affidarsi in via prioritaria al criterio del valore di mercato, che ha carattere prevalente su quello analitico-ricostruttivo[5]. La stima, per essere legittima, dovrà attingere a documenti probanti relativi a casi simili e dare conto dell'istruttoria svolta e delle motivazioni delle scelte compiute[6].

---

[4] Cass., Sez. I, 26 maggio 2010 n. 12877, in *Riv. Giur. edilizia,* 2010, I, 1526, per cui *"la determinazione del valore del fondo può avvenire sia con metodi analitico-ricostruttivi, tesi ad accertare il valore di trasferimento del fondo stesso; sia con metodi sintetico-comparativi, volti invece a desumere dall'analisi del mercato il valore commerciale del bene".*

[5] La Cassazione insegna, infatti, che quando un immobile possiede in via ordinaria in un mercato di riferimento, il suo valore deve essere determinato con preferenza con il criterio sintetico comparativo, mentre il metodo analitico ricostruttivo ha carattere sussidiario e può essere utilizzato solo con una motivata spiegazione delle ragioni di inadeguatezza del primo criterio. *"Al fine di individuare il valore venale del suolo (...) la stima con metodo analitico costituisce criterio sussidiario, da utilizzare quando non sia possibile il ricorso al metodo sintetico-comparativo con riferimento ai prezzi di mercato di aree omogene"* (Cass., Sez. I, 26 marzo 2010 n. 7269, in *Giust. civ. Mass.;* Cass., Sez. I, 29 novembre 2006 n. 25363, in *Riv. Giur. edilizia,* 2007, I, 992).

[6] Secondo la giurisprudenza *"il metodo sintetico-comparativo si risolve nell'attribuire al*

Qualora invece l'opera o porzione abusiva sia priva, in ragione della propria particolare consistenza, di un obbiettivo valore di mercato, il *plusvalore* lucrato con l'illecito edilizio potrà essere stimato con il metodo analitico-ricostruttivo, che muove dalle caratteristiche specifiche dell'immobile da valutare e ne ricostruisce il valore in termini di costo per la sua realizzazione *ex novo*, ossia *"tramite l'accertamento del valore di trasformazione del fondo"*[1].

L'onere di motivazione sarà, anche in questo caso, rafforzato; la Commissione dovrà descrivere con precisione l'abuso, evidenziandone la consistenza e gli elementi costitutivi che ne incorporano il valore; quindi dovrà indicare i dati e documenti da cui ha tratto il proprio convincimento circa il costo necessario per realizzare l'abusi.

In mancanza di una adeguata motivazione ed istruttoria, le sanzioni potranno quindi essere contestate avanti al Giudice amministrativo, che possiede in materia un potere assai penetrante esteso fino alla ripetizione della stima in sede giudiziale ed alla determinazione diretta della "giusta" sanzione.

Il codice del processo amministrativo ha stabilito infatti, innovando rispetto al passato, che il g.a. possiede in materia di sanzioni pecuniarie una giurisdizione estesa al merito (art. 134, c. 1, lett. c), c.p.a.).

Giacomo Graziosi

---

bene da stimare il prezzo di mercato di immobili omogenei, con riferimento tanto agli elementi materiali, quali la natura, la posizione, la consistenza morfologica e simili, quanto alla condizione giuridica" (Cass., Sez. I, 21 febbraio 2014 n. 4187, in *Giust. civ. Mass.*). L'organo deputato alla stima, di conseguenza, *"deve indicare gli elementi di comparazione utilizzati e documentarne la rappresentatività in riferimento ad immobili con caratteristiche analoghe"* a quello da valutare (Cass., Sez. I, 26 marzo 2012 n. 4783, in *Giust. Civ. Mass.*), e l'operazione estimativa è illegittima se l'organo stimatore non indica gli atti utilizzati per la comparazione con opere similari, limitandosi a far leva sulla propria esperienza personale (Cass., Sez. I, 28 gennaio 2010 n. 1901, in *Giust. Civ. Mass.*).

[1] Cfr. Cass., Sez. I, 22 novembre 2006 n. 24857, in *Riv. Giur. Edilizia*, 2007, I, 1511 e Sez. I, 22 marzo 2013 n. 7288, in *Giust. Civ. Mass.* Cfr. inoltre Cass., Sez. I, 29 settembre 2002 n. 14020, *ivi*, per cui *"per la valutazione di edifici il metodo* analitico ricostruttivo *s'impone come l'unico attendibile, attesa la difficile reperibilità di elementi di raffronto veramente omogenei al pari delle aree"*.

Art. 49
Modifiche all'articolo 16 (Atti di indirizzo e coordinamento)
della L. reg. n. 20 del 2000

1. Il comma 3 dell' articolo 16 della legge regionale n. 20 del 2000 è sostituito dal seguente:
   "3. La proposta degli atti di cui al comma 1 è definita dalla Regione e dagli enti locali in sede di Consiglio delle Autonomie locali (CAL) ed è approvata con deliberazione della Giunta regionale.".

COMMENTO

La modifica dell'art. 16, c. 3, della L. reg. n. 20/2000 incide, come si è visto commentando l'art. 12, sul regime delle competenze regionali quanto alla approvazione degli atti di coordinamento tecnico.

La norma sembra spostare la competenza alla emanazione degli atti di coordinamento tecnico dalla Assemblea legislativa alla Giunta Regionale. E in conformità a tale approccio interpretativo gli atti di coordinamento tecnico del 2014 sono stati approvati dalla Giunta Regionale. Ma restano delle perplessità, date dalla infelice formulazione della norma.

Sul piano letterale, infatti, risulta che l'atto che è *"approvato"* dalla Giunta è una *"proposta"*, oggetto di una preliminare *definizione* in sede di Consiglio delle Autonomie. È quindi lecito pensare che si tratti di una proposta fatta ai sensi dell'art. 46, c. 5, dello Statuto (L. 31 marzo 2005 n. 13) e cioè di un atto di competenza della Assemblea legislativa. E, sulla scorta di tali considerazioni, è possibile ritenere che la competenza continui a essere quella fissata dal testo originario dell'art. 16, c. 3, della L. reg. n. 20/2000, e cioè dell'Assemblea.

Questa conclusione potrebbe trovare argomenti nel **valore *(regolamentare)* e forza** (di **delegificazione** della materia su cui intervengono) di tali atti. In una situazione in cui vi è **concorrenza tra poteri legislativi** (statale e regionale), non equivalenti né confondibili con la concorrenza tra potere legislativo statale e potere regolamentare comunale, l'intervento della Assemblea legislativa si giustificherebbe ai sensi degli artt. 49, c. 2, e 28, c. 4, lett. n), dello Statuto. Tanto più che la procedura rinforzata con la previsione dell'intervento *ex* art. 23 dello Statuto del Consiglio delle Autonomie ne evidenzia di per sé la particolare importanza.

D'altra parte poiché lo spettro di efficacia degli atti di coordinamento tecnico è tale che possano essere o divenire, come si è visto, norme integrative del codice civile, ne verrebbe che una competenza **esclusiva** della Giunta per "*tutti*" gli atti di coordinamento tecnico contrasterebbe con gli stessi principi statutari.

La soluzione a favore della tesi che gli atti di coordinamento tecnico *della Giunta*, che pare comunque preferibile alla luce dei dati testuali ha un riscontro testuale nella competenza residuale della Giunta prevista dall'art. 48, c. 2, lett. k), dello Statuto (L. reg. 31 marzo 2005 n. 13), e cioè di adottare "*ogni altro provvedimento che lo statuto e le leggi non affidano all'Assemblea*".

Sarebbe poi incomprensibile, se si optasse per la competenza del Consiglio, la stessa modifica dell'art. 16 della L. reg. n. 20/2000, perché l'interpretazione che "*conserva*" la competenza dell'Assemblea legislativa sarebbe puramente e semplicemente abrogativa della norma in esame, che, invece, ha il suo *proprium* di novità nella sostituzione del testo dell'articolo 16 che prevedeva la competenza consigliare.

D'altra parte un ulteriore, inequivoco elemento testuale a favore della competenza della Giunta ad "*approvare*" gli atti di coordinamento tecnico è dato dall'art. 23, c. 3, secondo cui il contenuto della asseverazione e la documentazione in tema di agibilità sono stabiliti dalla Giunta Regionale con atto di coordinamento tecnico.

Pare quindi di poter concludere che appare preferibile la conclusione, che ora la competenza alla approvazione degli atti in questione è in capo alla Giunta Regionale, ferma la procedura rinforzata.

Restano, sullo sfondo, dubbi di legittimità costituzionale del sistema di rapporto tra le fonti, già tratteggiati nel commento alla L. n. 20/2000, resi ora più seri proprio da una competenza "*regolamentare*" della Giunta che come rilevato a proposito del potere regolamentare dei Comuni, si sovrappone ad altri poteri pianificatori.

Benedetto Graziosi

Art. 50
Inserimento dell'articolo 18 *bis* nella L. reg. n. 20 del 2000

1. Dopo l'articolo 18 e la rubrica "Capo IV Semplificazione del sistema della pianificazione" della legge regionale n. 20 del 2000, è inserito il seguente:
   "*Art. 18 bis Semplificazione degli strumenti di pianificazione territoriale e urbanistica.*

   1. *Al fine di ridurre la complessità degli apparati normativi dei piani e l'eccessiva diversificazione delle disposizioni operanti in campo urbanistico ed edilizio, le previsioni degli strumenti di pianificazione territoriale e urbanistica, della Regione, delle Province, della Città metropolitana di Bologna e dei Comuni attengono unicamente alle funzioni di governo del territorio attribuite al loro livello di pianificazione e non contengono la riproduzione, totale o parziale, delle normative vigenti, stabilite:*
      a) dalle leggi statali e regionali,
      b) dai regolamenti,
      c) dagli atti di indirizzo e di coordinamento tecnico,
      d) dalle norme tecniche,
      e) dalle prescrizioni, indirizzi e direttive stabilite dalla pianificazione sovraordinata,
      f) da ogni altro atto normativo di settore, comunque denominato, avente incidenza sugli usi e le trasformazioni del territorio e sull'attività edilizia.

   2. *Nell'osservanza del principio di non duplicazione della normativa sovraordinata di cui al comma 1, il Regolamento Urbanistico ed Edilizio (R.U.E.) nonché le norme tecniche di attuazione e la Valsat dei piani territoriali e urbanistici, coordinano le previsioni di propria competenza alle disposizioni degli atti normativi elencati dal medesimo comma 1 attraverso richiami espressi alle prescrizioni delle stesse che trovano diretta applicazione.*

   3. *Allo scopo di consentire una agevole consultazione da parte dei cittadini delle normative vigenti che trovano diretta applicazione in tutto il territorio regionale, la Regione, le Province, la Città metropolitana di Bologna e i Comuni mettono a disposizione dei cittadini attraverso i propri siti web il testo vigente degli atti di cui al comma 1 di propria competenza.*

   4. *La Regione individua entro tre mesi dall'entrata in vigore della presente disposizione, e aggiorna periodicamente, le disposizioni che trovano uniforme e diretta applicazione su tutto il territorio regionale, attraverso appositi atti di indirizzo e coordinamento, approvati ai sensi dell'articolo 16. Le Province, la Città metropolitana di Bologna e i Comuni adeguano i propri strumenti di pianificazione territoriale e urbanistica a quanto previsto dai commi 1 e 2 secondo le indicazioni degli atti di indirizzo regionali, entro centottanta giorni dall'entrata in vigore degli stessi. Trascorso tale termine, le normative di cui al comma 1 trovano diretta applicazione, prevalendo sulle previsioni con esse incompatibili.*".

COMMENTO

La norma compie un innesto legislativo sulla L. reg. n. 20/2000, all'interno della quale inserisce il nuovo art. 18-*bis*.

Scopo della novella è il superamento della diffusissima prassi di riprodurre negli atti di pianificazione locale interi corpi normativi, quasi sempre pedissequamente tratti da fonti sovraordinate.

Il legislatore regionale espressamente dispone che di tale operazione non vi sia bisogno, stabilendone l'illegittimità.

Anche se, come è evidente, una simile illegittimità potrà solo ipoteticamente condurre all'annullamento dell'atto riproduttivo di previsioni normative di rango superiore, data la difficoltà di dimostrare l'effettiva utilità derivante dall'eliminazione di una previsione di piano che trovi comunque altrove la propria fonte di ispirazione.

È in ogni caso apprezzabile lo sforzo di imporre per via legislativa tecniche di *drafting* normativo finalizzate a ridurre la complessità degli apparati degli atti di pianificazione, spesso dilatati a dismisura attraverso l'inutile inserimento di centinaia di previsioni superflue.

Per tale via il legislatore regionale intende anche evitare l'eccessiva diversificazione delle disposizioni operanti in campo urbanistico ed edilizio, facendo in modo che ogni ente territoriale si uniformi ad un solo modello normativo, limitato alla esclusiva disciplina degli assetti del proprio territorio.

Da qui la messa al bando di tutte quelle disposizioni di piano che al loro interno riproducano, anche parzialmente, norme contenute in leggi statali e regionali, regolamenti, atti di indirizzo e di coordinamento tecnico, norme tecniche, atti di pianificazione sovraordinata e qualsiasi altro atto di settore avente incidenza sugli usi, sulle trasformazioni del territorio e sull'attività edilizia.

Il descritto principio di non duplicazione si traduce in una precisa direttiva sulle modalità di redazione del R.U.E., delle norme tecniche di attuazione e della Valsat dei piani territoriali e urbanistici, che non potendo riproporre il testo di norme sovraordinate, devono comunque richiamarle espressamente.

Attraverso questo sistema dovrebbe essere garantita la creazione di quadri normativi chiari, in cui le previsioni sovraordinate - non riprodotte perché direttamente applicabili - vanno comunque menzionate, così da mettere l'operatore in condizione di ricostruire in modo completo la rete integrata delle norme che disciplinano l'uso di un determinato territorio.

L'obiettivo è quello di delineare una unitaria cornice di riferimento, operante su tutto il territorio regionale, senza l'orpello di specifici recepimenti su scala comunale.

Qualora invece le previsioni sovraordinate non siano di immediata applicazione, sarà il singolo Comune ad individuare le modalità più idonee per una efficace opera di coordinamento ed attuazione, fermo restando il divieto di riprodurne il testo.

Le finalità di semplificazione e trasparenza tracciate dalla disposizione in commento sono poi perseguite attraverso l'obbligo, imposto agli enti territoriali titolari del potere di pianificazione, di pubblicare sul proprio sito internet il testo vigente di tutti i propri atti incidenti sul governo del territorio, il cui elenco si ritrova al c. 1. Oltre a ciò, e per evidenti ragioni di completezza, dovranno essere rese disponibili sul sito anche le disposizioni sovraordinate, che non potendo più essere riprodotte dentro lo strumento di pianificazione, sono però ivi richiamate o comunque direttamente applicabili in ambito locale.

La norma pone la necessità di un costante aggiornamento dei testi pubblicati sui siti web, che al pari di quelli depositati e pubblicati attraverso i tradizionali supporti cartacei, richiedono di essere rivisitati ogni volta che intervenga una qualche modifica.

Ciò se non altro per evitare il consolidarsi di eventuali presunzioni di vigenza di previsioni urbanistiche superate, ma lasciate in pubblicazione sul sito internet dell'ente, in versioni non corrette alla luce di successivi aggiornamenti.

L'ultimo comma della disposizione in commento assegna alla Regione il compito di individuare entro tre mesi dall'entrata in vigore della L. n. 15/2013, e di aggiornare periodicamente, le previsioni che trovano uniforme e diretta applicazione su tutto il territorio regionale. Cioè, in altre parole, tutte quelle disposizioni dotate di contenuto prescrittivo puntuale, che non necessitano di recepimento o attuazione da parte degli enti locali.

Lo strumento attraverso il quale compiere la descritta operazione di censimento normativo è l'atto di indirizzo e coordinamento, approvato ai sensi dell'art. 16 L. reg. n. 20/2000.

Nasce allora, innanzitutto, la questione di individuare i tempi dell'aggiornamento, che non essendo definiti dal legislatore, fortemente attenuano la cogenza di un ciclico intervento ricognitivo della Regione.

Inoltre, la norma non precisa il tipo di disposizioni che, trovando uniforme e diretta applicazione su tutto il territorio regionale, meritino un posto all'interno dell'atto di indirizzo e coordinamento.

Potrebbe infatti trattarsi, ipoteticamente, anche di disposizioni legislative o regolamentari, oltre che di norme di piano o di previsioni tratte da altri atti di indirizzo e coordinamento.

Si pone quindi il problema di conciliare tale previsione con il principio di non duplicazione fissato sempre dalla norma in commento.

A ciò si aggiunga l'estrema difficoltà di redigere compendi che potrebbero, da un lato, risultare estremamente vasti; dall'altro, sollevare dubbi circa la perdurante vigenza delle disposizioni non recepite all'interno degli stessi.

Con il rischio di sortire un effetto opposto a quel fine di semplificazione normativa, che il legislatore dichiara di avere a cuore.

Un altro dubbio interpretativo riguarda la necessità di stabilire se, con l'inserimento di una disposizione nell'atto di indirizzo e coordinamento regionale, la previsione acquisisca diversa forza e natura, assurgendo a rango di norma regolamentare.

La norma non fornisce elementi per dare risposta all'interrogativo, ove la disposizione oggetto di inserimento provenga da una fonte di rango sottordinato.

Le cose cambiano qualora la disposizione oggetto di inserimento nell'atto regionale sia di tipo legislativo. In questo caso, a meno che non si voglia rintracciare nell'art. 50 (nuovo art. 18 *bis* L. reg. n. 20/2000) un'ipotesi di delegificazione, la disposizione, pur riprodotta nell'atto di indirizzo e coordinamento, dovrebbe mantenere la sua forza di legge, in base ai principi generali sulla gerarchia delle fonti.

Anche se, è bene dirlo, un'effettiva utilità degli atti di indirizzo e coordinamento disciplinati dall'art. 50, L. reg. n. 15/2013 si porrebbe, per le ragioni sopra dette, specialmente se il loro contenuto si limitasse a raccogliere previsioni di rango regolamentare o sub-regolamentare prodotte dalla stessa Regione[1].

Sia pure in ritardo rispetto ai tempi tracciati dalla norma, la Regione Emi-

---

[1] Si vedano le considerazioni svolte sui problemi derivanti dalla natura regolamentare nel commento dell'art. 12.

lia-Romagna ha dato una prima attuazione al nuovo art. 18-*bis*, L. reg. n. 20/2000, con un atto di coordinamento tecnico assunto in data 7 luglio 2014.

Con esso la Regione ha tracciato un elenco di tutte le norme aventi incidenza in ambito edilizio ed urbanistico, comprendendo anche le leggi dello Stato.

La scelta è stata quella di limitarsi ad una citazione degli estremi del testo normativo avente diretta e uniforme applicazione sul territorio regionale, che l'atto di indirizzo e coordinamento non ha riprodotto al suo interno.

Seguendo tale impostazione, la Regione Emilia-Romagna ha propeso per un'interpretazione meramente ricognitiva di questa sorta di nuovi e peculiari testi unici disciplinati dall'art. 18-*bis*, L. reg. n. 20/2000, premurandosi inoltre di sottolineare che le previsioni del primo atto di coordinamento adottato in attuazione della disposizione in commento non sono tassative.

Ha così liquidato ogni problema interpretativo collegato ad una eventuale non completa opera di ricognizione.

Sempre all'ultimo comma, l'art. 50 pone in capo a Province, Comuni e Città metropolitana di Bologna l'obbligo di adeguare i propri strumenti di pianificazione territoriale e urbanistica alle regole sancite dai primi due commi.

In ossequio al principio di non duplicazione i citati enti locali dovranno, prima di tutto, eliminare ogni ridondanza dei propri strumenti di pianificazione, che come detto dovranno limitare alla disciplina e governo del proprio territorio, salvo il mantenimento di richiami espressi alle prescrizioni aventi diretta applicazione prodotte da enti di livello superiore.

Ma perché ciò avvenga, gli enti locali dovranno attendere le indicazioni degli atti indirizzo regionali, chiamati come visto ad individuare le disposizioni che trovano uniforme e diretta applicazione su tutto il territorio regionale.

Una volta adottati tali atti da parte della Regione, gli enti locali hanno 180 giorni per mettere a punto gli adeguamenti dei propri strumenti di pianificazione, abrogando le disposizioni riproduttive di norme sovraordinate (e già direttamente applicabili) e sostituendole con semplici norme di rinvio.

Trascorso il detto termine, le normative di cui al comma 1, e cioè tutte le prescrizioni in materia urbanistica ed edilizia, trovano diretta applicazione, prevalendo sulle previsioni con esse incompatibili.

È questa, probabilmente, la disposizione che suscita maggiori e più evidenti perplessità, perché in base ad una interpretazione letterale della stessa, il descritto meccanismo di cedevolezza avrebbe bisogno, per operare, di un atto di indirizzo regionale.

Ciò quando la norma da recepire è già "autoapplicativa", oltre che di rango superiore, e quindi già per questo di solito prevalente sulle difformi prescrizioni contenute negli atti di pianificazione locale.

Ad ogni modo, è bene segnalare come l'atto di coordinamento regionale del 7 luglio 2014 disponga che la descritta operazione di recepimento, essendo obbligatoria perché in attuazione di una legge regionale, e non incidendo sulle scelte discrezionali di pianificazione, possa avvenire secondo il procedimento semplificato di cui agli artt. 27-*bis*, c. 1, lett a) e b) e 32-*bis*, c. 1, lett. a), b) e d) L. reg. n. 20/2000, ovvero secondo le modalità disciplinate dall'art. 12, c. 2, L. reg. n. 15/2013.

Camilla Mancuso

Art. 51
Modifiche all'articolo 19 (Carta unica del territorio)
della L. reg. n. 20 del 2000

1. La rubrica dell'articolo 19 della legge regionale n. 20 del 2000, è sostituita dalla seguente:
"Carta unica del territorio e tavola dei vincoli".
2. Dopo il comma 3 dell'articolo 19 della legge regionale n. 20 del 2000, sono inseriti i seguenti:
"3 bis. Allo scopo di assicurare la certezza della disciplina urbanistica e territoriale vigente e dei vincoli che gravano sul territorio e, conseguentemente, semplificare la presentazione e il controllo dei titoli edilizi e ogni altra attività di verifica della conformità degli interventi di trasformazione progettati, i Comuni si dotano di un apposito strumento conoscitivo, denominato "Tavola dei vincoli", nel quale sono rappresentati tutti i vincoli e le prescrizioni che precludono, limitano o condizionano l'uso o la trasformazione del territorio, derivanti oltre che dagli strumenti di pianificazione urbanistica vigenti, dalle leggi, dai piani sovraordinati, generali o settoriali, ovvero dagli atti amministrativi di apposizione di vincoli di tutela. Tale atto è corredato da un apposito elaborato, denominato "Scheda dei vincoli", che riporta per ciascun vincolo o prescrizione, l'indicazione sintetica del suo contenuto e dell'atto da cui deriva.

3 ter. La Tavola dei vincoli costituisce, a pena di illegittimità, elaborato costitutivo del P.S.C. e relative varianti, nonché del P.O.C., del R.U.E., del P.U.A. e relative varianti, limitatamente agli ambiti territoriali cui si riferiscono le loro previsioni. Nelle more dell'approvazione degli strumenti urbanistici comunali, la Tavola dei vincoli può essere approvata e aggiornata attraverso apposite deliberazioni del Consiglio comunale meramente ricognitive, non costituenti varianti alla pianificazione vigente. Tali deliberazioni accertano altresì quali previsioni degli strumenti urbanistici comunali e atti attuativi delle stesse hanno cessato di avere efficacia, in quanto incompatibili con le leggi, i piani sovraordinati e gli atti sopravvenuti che hanno disposto i vincoli e le prescrizioni immediatamente operanti nel territorio comunale.

3 quater. Il parere di legittimità e regolarità amministrativa dell'atto di approvazione di ciascuno strumento urbanistico attesta, tra l'altro, che il piano è conforme a quanto stabilito dal comma 3 ter. primo periodo.

3 quinquies. Nella Valsat di ciascun piano urbanistico è contenuto un apposito capitolo, denominato "Verifica di conformità ai vincoli e prescrizioni", nel quale si dà atto analiticamente che le previsioni del piano sono conformi ai vincoli e prescrizioni che gravano sull'ambito territoriale interessato.

3 sexies. La Regione con apposito atto di indirizzo emanato ai sensi dell'articolo 16, stabilisce gli standard tecnici e le modalità di rappresentazione e descrizioni dei vincoli e prescrizioni, allo scopo di assicurare l'uniforme applicazione del presente comma in tutto il territorio regionale e di agevolare e rendere più celere l'interpretazione e l'interpolazione dei dati e informazioni contenuti nella tavola e nella scheda dei vincoli. Al fine di favorire la predisposizione di tali elaborati, la Regione, in collaborazione con le amministrazioni statali competenti e d'intesa con le Province, provvede con apposita delibera ricognitiva ad individuare e, aggiornare periodicamente e mettere a disposizione dei Comuni con sistemi telematici la raccolta dei vincoli di natura ambientale, paesaggistica e storico testimoniale che gravano sul territorio regionale e alla raccolta e messa a disposizione dei dati conoscitivi e valutativi del territorio interessato da ciascun vincolo.".

COMMENTO

La norma in commento interviene sul testo dell'art. 19, L. reg. n. 20/2000, integrandone innanzitutto l'epigrafe.

Nel vigente panorama normativo, al P.S.C. quale "Carta unica del territorio" (ove coordinato con tutte le prescrizioni e i vincoli dei piani sovraordinati) trascolora e in qualche modo si trasfigura, arricchendosi di un elaborato apposito e obbligatorio, denominato "Tavola dei vincoli".

Viene così codificata quella modalità di redazione della Carta unica del territorio che, già affermatasi in via interpretativa, aveva in effetti portato a ricomprendere tra i contenuti del P.S.C. l'esatta e completa rappresentazione delle prescrizioni vincolistiche (di diversa derivazione) gravanti sulle aree del territorio comunale.

L'articolo in commento fa un passo in più, rendendo la rappresentazione dei vincoli un elaborato costitutivo che, a pena di illegittimità, deve corredare il P.S.C.

Scopo della norma è quello di assicurare la certezza della disciplina urbanistica vigente in un determinato territorio, favorendo l'individuazione degli interventi costruttivi ammessi e al contempo semplificando le attività di verifica e controllo delle trasformazioni del territorio.

L'obiettivo è molto ambizioso perché, secondo i *desiderata* del legislatore regionale, all'interno della Tavola dei vincoli vanno integrati e messi a sistema "tutti" i vincoli, indipendentemente dalla loro fonte: sia essa un piano urbanistico comunale, una legge, un piano sovraordinato, un atto amministrativo (es. decreto soprintendentizio).

La Tavola sarà a sua volta composta da un documento, denominato "Scheda dei vincoli", che riporti per ciascun vincolo l'indicazione sintetica del relativo contenuto e l'atto da cui deriva.

In questo modo, ogni operatore sarà messo nelle condizioni di conoscere in anticipo e con esattezza, per qualsiasi area territoriale, tutte le prescrizioni che condizionano eventuali programmati interventi di trasformazione.

Della ricognizione di tali prescrizioni il P.S.C. e le relative varianti dovranno farsi carico, mettendo a punto una completa rappresentazione cartografica e normativa. Lo stesso dovranno fare P.O.C., R.U.E., P.U.A. (e relative varianti), in relazione agli ambiti territoriali di volta in volta oggetto di disciplina.

Anche nelle more dell'approvazione degli strumenti urbanistici comunali, il legislatore regionale attribuisce importanza al censimento dei vincoli. Ove si versi in tale ipotesi, il nuovo c. 3-*ter* dell'art. 19, L. reg. n. 20/2000 prevede la possibilità (e, quindi, non l'obbligatorietà) di redigere una sorta di tavola provvisoria, con cui "fotografare" i vincoli *medio tempore* esistenti ed efficaci.

L'atto con cui svolgere una simile temporanea opera di ricognizione è una delibera del Consiglio comunale, che però – e il legislatore è molto chiaro in questo senso - non può evidentemente valere né come variante al piano, né come atto costitutivo del vincolo.

Sembrerebbe solo trattarsi di un documento conoscitivo, utile a dare indicazioni sulle future, possibili attuazioni del piano. Rafforza tale conclusione il fatto che, oltre alla rappresentazione (sia pure provvisoria) dei vincoli esistenti, le delibere consiliari cui fa cenno il nuovo art. 19, c. 3-*ter*, L. reg. n. 20/2000 sono altresì chiamate ad individuare quali previsioni degli strumenti urbanistici comunali abbiano *medio tempore* perso efficacia, perché divenute incompatibili con atti normativi e pianificatori sopravvenuti.

Non molto chiaro è il senso del nuovo art. 19, c. 3-*quater*, L. reg. n. 20/2000, che affida al parere di legittimità e regolarità amministrativa dell'atto di approvazione dello strumento urbanistico il compito di verificare la conformità del piano a quanto stabilito dal comma 3-*ter* primo periodo. In particolare, non si capisce se l'organo tenuto ad esprimere tale parere possa limitarsi a verificare la semplice esistenza della Tavola quale documento obbligatorio a corredo del piano, ovvero se debba spingersi ad una ben più complessa operazione di controllo della legittimità e completezza della ricognizione compiuta.

Il nuovo art. 19, c. 3-*quinquies*, L. reg. n. 20/2000 mette in stretto collegamento la Tavola dei vincoli con la Valsat dei piani urbanistici. La valutazione di sostenibilità ambientale e territoriale di ciascun piano deve infatti contenere un apposito capitolo, denominato "Verifica di conformità ai vincoli e prescrizioni", nel quale dare atto che le previsioni del piano sono conformi ai vincoli esistenti nell'ambito territoriale interessato.

La legge vuole che la descritta verifica di conformità sia analitica: il che porta a concludere per l'illegittimità di valutazioni limitate a posizioni astratte e non approfondite, che si limitino a richiamare il vincolo senza una dettagliata verifica circa il concreto rispetto dello stesso da parte del piano.

Resta da capire quali siano gli effetti della Tavola dei vincoli: se, cioè, essa abbia valore costitutivo o meramente ricognitivo delle prescrizioni vincolistiche rappresentate.

Il tema è di non secondaria importanza, essendo tutt'altro che remota l'ipotesi in cui la Tavola ometta di riportare vincoli che trovino origine in altri atti normativi o amministrativi.

In risposta al quesito, sembra di dover privilegiare la tesi della natura meramente ricognitiva.

Ciò è abbastanza evidente per i vincoli derivanti dalla legge, che non cambiano natura, né vigono subordinatamente al fatto di essere inseriti o meno in un atto di pianificazione comunale.

Lo stesso dicasi per i vincoli che trovano origine in atti di pianificazione sovraordinata, per il principio del rispetto delle competenze e della gerarchia dei piani.

Ne emerge, come conseguenza, che in caso di lacune nella rappresentazione dei vincoli all'interno della tavola comunale, il vincolo spiegherà comunque la sua efficacia.

La giurisprudenza si è già espressa in questo senso, affermando ad esempio, quanto ai vincoli di tutela ambientale, che *"la tutela del paesaggio, avente valore costituzionale e funzione preminente di interesse pubblico, non è riducibile a quella dell'urbanistica, che risponde ad esigenze diverse e che, in ogni caso, non inquadra in una visione globale il territorio sotto il profilo paesaggistico-ambientale, rispetto al quale l'edificabilità dei suoli, seppure consentita dal P.R.G. in vigore, va comunque coordinata quanto meno in relazione al dovuto nulla osta"* (Cons. Stato, Sez. IV, 13 ottobre 2010, n. 7491).

Analoghe conclusioni valgono nel caso opposto, cioè quando il vincolo, pur rappresentato nella Tavola, non trovi corrispondenza nello stato di fatto o nell'atto primariamente deputato alla sua individuazione.

Ove si verifichino le descritte omissioni o discordanze, non sono peraltro da escludere forme di responsabilità del Comune "distratto", a causa degli affidamenti ingenerati dalla Tavola errata o incompleta.

All'art. 19, c. 3-*sexies*, L. reg. n. 20/2000 si ritrova l'immancabile rinvio agli atti di indirizzo disciplinati dall'art. 16 della stessa legge regionale.

Con uno di questi atti la Regione è chiamata a definire gli standard tecnici e le modalità di rappresentazione e descrizione dei vincoli, creando un modello uniforme e di più agevole consultazione per tutti i Comuni emiliano-romagnoli.

L'esistenza di una cornice di riferimento standard semplificherà anche quegli aggiornamenti dei dati contenuti nella Tavola e nella Scheda dei vincoli, necessari in caso di prescrizioni vincolistiche sopravvenute.

La norma si chiude con l'attribuzione alla Regione di un generale compito di provvedere alla raccolta dei vincoli di natura ambientale, paesaggistica e storico testimoniale che gravano sul territorio regionale, quale primo parametro di riferimento per le Tavole di più ristretta scala redatte dai Comuni.

Non è specificato l'organo regionale deputato a tale intervento ricognitivo di ampio raggio, che dovendo comprendere tutto il territorio regionale, implicherà uno sforzo notevolissimo degli apparati della Regione, tenuti anche ad un periodico aggiornamento delle ricognizioni compiute. I risultati raccolti, e acquisiti dalla Regione in collaborazione con le Amministrazioni statali competenti e d'intesa con le Province, saranno infine messi a disposizione dei Comuni con sistemi telematici.

In ogni caso, sembra piuttosto chiaro che l'obbligo di redazione delle Tavole dei vincoli ad opera dei Comuni non possa considerarsi subordinato agli adempimenti posti a carico della Regione dall'ultimo comma dell'art. 19, L. reg. n. 20/2000.

Camilla Mancuso

Art. 52
Modifiche all'articolo 16 (Destinazione d'uso delle sedi e dei locali associativi)
della L. reg. n. 34 del 2002

1. Il comma 2 dell'articolo 16 della legge regionale 9 dicembre 2002, n. 34 (Norme per la valorizzazione delle associazioni di promozione sociale. Abrogazione della legge regionale 7 marzo 1995, n. 10 (Norme per la promozione e la valorizzazione dell'associazionismo)) è sostituito dal seguente:
   "2. L'insediamento delle associazioni è subordinato alla verifica dell'osservanza dei requisiti igienico-sanitari e di sicurezza, non comporta il mutamento d'uso delle unità immobiliari esistenti e il pagamento del contributo di costruzione ed è attuato, in assenza di opere edilizie, senza titolo abilitativo."

COMMENTO

L'articolo modifica, in senso ampliativo, le agevolazioni urbanistiche riconosciute dalla L. reg. n. 34/2002 alle "associazioni di promozione sociale". La comprensione della norma richiede quindi una breve disamina della disciplina di tali enti collettivi.

Le A.P.S. sono particolari forme associative private, disciplinate dalla legge-quadro n. 383/2000 e dalla legislazione regionale attuativa (in Emilia-Romagna la L. reg. n. 34/2002) che si caratterizzano non tanto per gli scopi di utilità sociale perseguiti – che possono riguardare qualsiasi *finalità di carattere sociale, civile, culturale e di ricerca etica e spirituale "*[1] – quanto per un rigo-

---

[1] Cfr. art. 1, L. n. 383/2000 e art. 2, L. reg. n. 34/2002; quest'ultima norma dispone che sono attività "di promozione sociale" quelle rivolte, in via esemplificativa: *"a) all'attuazione dei principi della pace, del pluralismo delle culture e della solidarietà fra i popoli; b) allo sviluppo della personalità umana in tutte le sue espressioni ed alla rimozione degli ostacoli che impediscono l'attuazione dei principi di libertà, di uguaglianza, di pari dignità sociale e di pari opportunità, favorendo l'esercizio del diritto alla salute, alla tutela sociale, all'istruzione, alla cultura, alla formazione nonché alla valorizzazione delle attitudini e delle capacità professionali; c) alla tutela e valorizzazione del patrimonio storico, artistico, ambientale e naturale nonché delle tradizioni locali; d) alla ricerca e promozione culturale, etica e spirituale; e) alla diffusione della pratica sportiva tesa al miglioramento degli stili di vita, della condizione fisica e psichica nonché delle relazioni sociali; f) allo sviluppo del turismo sociale e alla promozione turistica di interesse locale; g) alla tutela dei diritti dei consumatori ed utenti; h) al conseguimento di altri scopi di promozione sociale".*

roso divieto di ripartizione dei proventi tra gli associati[2] e, soprattutto, per la loro natura di enti intrinsecamente aperti alla adesione di qualsiasi interessato.

La loro peculiarità è, infatti, di non poter prevedere *"discriminazioni di qualsiasi natura in relazione all'ammissione degli associati"* (art. 2, c. 3, L. n. 383/2000 ed art. 2, c. 2, L. reg. n. 34/2002), con la conseguenza che non possono assurgere ad "Associazioni di Promozione Sociale" né le organizzazioni collettive per la tutela di interessi economici degli associati (sindacati, associazioni professionali e di categoria) né i partiti politici, l'adesione ai quali è circoscritta a chi professi determinate convinzioni politico-ideologiche con l'esclusione degli altri[3]. Sviluppando tali concetti, la giurisprudenza ha ritenuto che non possano acquistare la qualifica di associazioni di promozione sociale neppure le organizzazioni collettive di tipo confessionale, sul rilievo che anch'esse, al di là dei fini perseguiti (religiosi o meno), sono aperte unicamente a chi professi una determinata fede religiosa[4].

Le A.P.S. sono, ai sensi di legge, associazioni riconosciute.

L'ente collettivo che aspiri ad erigersi in "associazione di promozione sociale" deve ottenere, a seconda della propria sfera territoriale di azione, l'iscrizione in un apposito registro nazionale o locale, tenuto rispettivamente dal Ministero del Lavoro o dalla Regione; la procedura è disciplinata direttamente dalla legge e prevede che l'amministrazione possa concedere l'iscrizione solo dopo aver verificato che tanto lo Statuto dell'associazione quanto la sua concreta attività – che deve essere in corso da almeno un anno – rispettino rigorosamente i parametri legali[5]. È prevista inoltre la possibilità di una iscrizione

---

[2] Cfr. artt. 2-3, L. n. 383/2000 e artt. 2-3, L. reg. n. 34/2002.

[3] Cfr. art. 2, c. 2, L. n. 383/2000 e art. 2, L. reg. n. 34/2002.

[4] Cfr. Cons. Stato, Sez. V, 15 gennaio 2013 n. 181, in *Foro amm.-CDS*, 2013, I, 187 e Cons. Stato, Sez. V, ord. 25 luglio 2012, n. 2901, in *giustizia-amministrativa.it*, che hanno negato che possano erigersi in A.P.S. – e fruire dei relativi benefici – le associazioni di fedeli in cui lo svolgimento di attività di culto e le finalità di proselitismo religioso (promozione e diffusione della religione islamica) abbiano carattere prevalente rispetto ad ordinarie finalità socio-culturali; il Consiglio di Stato ha difatti osservato che *"È evidente che la finalità di ricerca etica e spirituale è attività distinta dall'esercizio delle pratiche di culto, configurandosi la "ricerca" come attività che si giova della dimensione sociale e associativa attraverso lo scambio delle opinioni e delle conoscenze e che non può confondersi con la mera attività di culto, quale pratica religiosa esteriore riservata ai credenti di una determinata fede"* (sent. n. 181/2003, cit.)

[5] Cfr. artt. 7-10, L. n. 383/2000 e artt. 4-6, L. reg. n. 34/2002; v. inoltre il regolamento attuativo contenuto nel D.M. n. 471/2001.

agevolata, mediante l'affiliazione dell'associazione ad una A.P.S. nazionale già iscritta: la procedura presenta in questo caso un carattere semplificato, perché la legge riconosce all'associazione un *"diritto di iscrizione automatica"* conseguente alla avvenuta affiliazione ad un ente nazionale già iscritto ed operativo, senza necessità che l'affiliata sia già attiva da almeno un anno[6].

L'iscrizione nel registro attribuisce all'associazione lo statuto giuridico di A.P.S. ed è condizione necessaria per fruire degli incentivi e benefici previsti dalla legislazione sulle A.P.S. La legge regionale sul punto è esplicita, e si salda ad una giurisprudenza ormai consolidata[7].

Tra i benefici concessi alle associazioni vi sono, in particolare, alcune agevolazioni urbanistiche per il loro insediamento sul territorio.

L'art. 32, c. 4, L. n. 383/2000 dispone infatti che *"La sede delle associazioni di promozione sociale ed i locali nei quali si svolgono le relative attività sono compatibili con tutte le destinazioni d'uso omogenee previste dal decreto del Ministro per i lavori pubblici 2 aprile 1968, pubblicato nella Gazzetta*

---

[6] Cfr. art. 7, c. 3, L. n. 383/2000, secondo cui *"L'iscrizione nel registro nazionale delle associazioni a carattere nazionale comporta il diritto di automatica iscrizione nel registro medesimo dei relativi livelli di organizzazione territoriale e dei circoli affiliati"*. V. inoltre l'art. 5, D.M. n. 471/2001, secondo cui *"Il diritto di automatica iscrizione delle articolazioni territoriali e dei circoli affiliati alle associazioni nazionali, di cui all'articolo 7, comma 3, della legge, si attua attraverso certificazione del Presidente nazionale attestante l'appartenenza dei suddetti soggetti all'associazione nazionale medesima e la conformità dei loro statuti ai requisiti di legge; alla certificazione è allegato l'elenco dei soggetti affiliati con l'indicazione dei loro legali rappresentanti"*.

[7] Cfr. art. 4, L. reg. n. 34/2002, a mente del quale *"L'iscrizione nel registro regionale è condizione necessaria per poter usufruire dei benefici previsti dalla L. n. 383 del 2000 e per poter accedere alle forme di sostegno e valorizzazione previste dalla presente legge nonché dalla normativa di settore"* ed in termini T.A.R. Emilia-Romagna, Bologna, Sez. II, 22 aprile 2010 n. 3796, in *Foro amm.-T.A.R.,* 2010, I, 1256 (circa la impossibilità di percepire finanziamenti regionali per le associazioni non iscritte) e T.A.R. Emilia-Romagna, Parma, 20 marzo 2013 n. 110, in *giustizia-amministrativa.it* (che nega ad una associazione non registrata le agevolazioni urbanistiche riservate alle A.P.S.). Si tratta peraltro di un principio desumibile dalla stessa L. n. 383/2000: la giurisprudenza nazionale è difatti pacifica nel ritenere che i benefici introdotti per l'associazionismo di promozione sociale dalla L. n. 383/2000 e dalla legislazione regionale di dettaglio – ed in particolare le agevolazioni urbanistiche – sono riservati agli enti debitamente iscritti in uno dei registri delle A.P.S. (Cons. Stato, Sez. V, n. 181/2013, cit.; T.A.R. Campania, Napli, Sez. VIII, 31 marzo 2014 n. 1881, in *giustizia-amministrativa.it;* Toscana, Sez. II, 18 ottobre 2013 n. 1404, in *Foro amm.-T.A.R.,* 2013, I, 3044) od alle associazioni "affiliate" ad una A.P.S. nazionale ai sensi del procedimento speciale *ex* art. 5, c. 3, L. n. 383/2000 (Cons. Stato, Sez. IV, 15 gennaio 2013 n. 210, in *giustizia-amministrativa.it*).

Ufficiale n. 97 del 16 aprile 1968, indipendentemente dalla destinazione urbanistica".

Dello stesso tenore è l'art. 16 della L. reg. n. 34/2002, che al 1° comma riproduce letteralmente la norma statale mentre al comma 2° disponeva, nel testo anteriore alla L. reg. n. 15/2013, che *"La destinazione d'uso rimane invariata fintanto che le associazioni occupano gli spazi".*

Il significato immediato delle due norme è sostanzialmente chiaro.

Il legislatore ha inteso favorire l'insediamento delle associazioni di promozione sociale ed a tal fine ha previsto che esse possono stabilire la propria sede ed esercitare le proprie attività sociali in qualsiasi immobile, a prescindere dalla destinazione di zona stabilita dallo strumento urbanistico; i Comuni non possono pertanto mai vietare l'adibizione di un edificio a sede o a luogo di svolgimento delle attività di promozione sociale, adducendo che esso contrasta con la zonizzazione o le destinazioni d'uso consentite dal piano regolatore.

La liberalizzazione legislativa riguarda, peraltro, solo l'utilizzo degli immobili per attività di promozione sociale, e non anche la facoltà di trasformarlo fisicamente per le esigenze dell'associazione. Se, dunque, il mero cambio d'uso senza opere non potrà mai essere vietato, il Comune potrà viceversa inibire alla A.P.S. la realizzazione di interventi edilizi che il piano regolatore vieta in via generale sull'edificio interessato.

Ma al di là del significato letterale più immediato, l'esatta portata giuridica delle agevolazioni sopra citate non era, in origine, perfettamente intelligibile.

Non era chiaro, in particolare, se il legislatore statale e quello regionale avessero inteso introdurre una nuova speciale "destinazione d'uso" (l'uso per sedi od attività di A.P.S.) di cui veniva sancita la compatibilità con qualsiasi zona omogenea e con qualsiasi immobile del territorio comunale; o se, invece, avessero voluto introdurre *ex lege* la regola della irrilevanza urbanistica delle attività delle associazioni di promozione sociale, stabilendo che il loro insediamento non comporta *tout court* alcun mutamento di destinazione d'uso per l'edificio che ne è interessato.

La differenza tra le due ipotesi non è, evidentemente, di poco momento.

Adottando la prima interpretazione, le A.P.S. risulterebbero libere di utilizzare per gli scopi sociali qualsiasi immobile del territorio comunale, ma il loro insediamento comporterebbe comunque, sotto il profilo urbanistico, un cambio di destinazione dell'edificio mediante la sua ri-adibizione ad un "uso" di promozione sociale; le associazioni potrebbero dunque insediarsi senza limiti ma resterebbero tenute a corrispondere gli oneri di urbanizzazione, qualora l'attività associativa concretamente avviata nel nuovo locale dovesse produrre un aumento del carico urbanistico rispetto all'uso preesistente[8].

In base alla seconda soluzione, invece, lo svolgimento delle attività di promozione sociale sarebbe divenuto, per scelta legislativa, "urbanisticamente esente": l'insediamento della A.P.S. in un immobile esistente non darebbe mai luogo ad un mutamento della destinazione d'uso dell'edificio – che rimarrebbe formalmente quella preesistente – sicché l'associazione risulterebbe anche esonerata, in assenza di opere edilizie, dal pagamento degli oneri di urbanizzazione.

Optare per l'una o l'altra delle due soluzioni non era semplice.

L'art. 32, c. 4, L. n. 383/2000 sembra avvallare la prima interpretazione, perché la sua formulazione letterale si limita ad affermare la compatibilità delle A.P.S. con tutte le zone territoriali omogeenee, ma non si spinge ad affermare la loro totale irrilevanza urbanistica.

La L. reg. n. 34/2002 pareva invece propendere *per* la seconda opzione interpretativa; la previsione che *"La destinazione d'uso rimane invariata fintanto che le associazioni occupano gli spazi"*, contenuta nel vecchio testo dell'art. 16, c. 2, sembrava infatti sottintendere che l'edificio adibito a sede o luogo di attività di una A.P.S. non subisse sotto il profilo giuridico alcun mutamento dell'uso giuridicamente rilevante, e non desse luogo, quindi, ad alcun possibile aumento di carico urbanistico[9].

La disposizione regionale restava peraltro oscura, tanto che la stessa Regione aveva espresso, negli anni, orientamenti difformi[10], mentre la giurispru-

---

[8] Si pensi al caso delle A.P.S. che svolgano attività culturali, sportive o di spettacolo, che sono considerate urbanisticamente più "impattanti" di quelle produttivo-industriali: l'insediamento di un museo, di una sala concerti o di una palestra gestite da una A.P.S. in un capannone industriale comporterebbe un aumento di carico urbanistico con conseguente assoggettamento a prelievo ai sensi degli artt. 28 e 30, L. reg. n. 15/2013.

[9] Tale opzione interpretativa era avallata dal fatto che la Regione Emilia-Romagna ha contemporaaneamente stabilito di esonerare dal contributo di costruzione gli interventi edilizi eseguiti dalle organizzazioni non lucrative di utilità sociale (art. 20, c. 1, lett. e), L. reg. n. 31/2002); ed è evidentemente difficile immaginare che essa abbia voluto disciplinare in modo così palesemente difforme un fenomeno tanto simile alle ONLUS quale quello dell'associazionismo di promozione sociale.

[10] Il Servizio Affari giuridici della Regione ha optato inizialmente per la prima interpre-

denza si era pronunciata, seppure con un *obiter dictum*, in favore del primo indirizzo[11].

L'articolo 52 della L. reg. n. 15/2013 si propone di risolvere tali dubbi interpretativi, e lo fa in modo netto.

Il secondo comma dell'art. 16 è stato infatti sostituito da una nuova norma, secondo la quale l'insediamento di una A.P.S. non comporta mai mutamento di destinazione d'uso dell'edificio interessato, e, se avviene senza opere, è un fatto urbanisticamente irrilevante che non necessita di alcun titolo edilizio.

Viene così sancita la piena irrilevanza urbanistica delle attività di promozione sociale svolte dalle A.P.S., le quali restano assoggettate unicamente alle norme sanitarie e di sicurezza.

Resta da stabilire se i Comuni possano sindacare la qualifica di A.P.S. rivestita da una associazione, ad esempio contestando il carattere non "di promozione sociale" delle attività svolte nell'edificio o sindacando la legittimità dell'iscrizione nei registri statali/regionali.

La risposta deve essere necessariamente articolata.

L'iscrizione nel registro delle A.P.S. è demandata ad una apposita procedura, di competenza ministeriale o regionale, che si conclude con un provvedimento amministrativo – di concessione o diniego della iscrizione – idoneo a divenire inoppugnabile per mancata tempestiva impugnazione (cfr. art. 10, L. n. 383/2000 e art. 6, c. 4, L. reg. n. 34/2002).

Il Comune non potrà dunque che attenersi al provvedimento assunto dall'organo competente, e nel caso esso sia stato positivo sarà obbligato a riconoscere all'associazione i benefici urbanistici previsti per le A.P.S., senza poter disapplicare od ignorare l'iscrizione concessa all'associazione.

Varrà però anche la regola inversa, e cioè l'impossibilità di considerare come A.P.S. un ente associativo a cui l'organo competente abbia negato (o mai concesso) l'iscrizione nei registri: in questa ipotesi i benefici urbanistici

---

tazione (parere 18 maggio 2011 prot. 124290), per poi aderire, *res melius perpensa*, alla tesi per cui *"il titolo edilizio non debba portare al formale cambio della destinazione d'uso degli immobili dove si insediano le sedi delle APS e conseguentemente non richieda il pagamento degli oneri di urbanizzazione connessi all'aumento di carico urbanistico"* (parere 8 agosto 2012 prot. 194219). I due pareri sono consultabili sul sito della Regione Emilia-Romagna, nella Sezione "Territorio".

[11] T.A.R. Emilia-Romagna, Bologna, 18 dicembre 2006 n. 3251.

di libera insediabilità non potranno mai essere riconosciuti, ed il Comune non avrà la facoltà di accertare, in via incidentale, se l'associazione possegga, in concreto, i requisiti per ottenere la formale registrazione come A.P.S.

Il Comune disporrà invece di un maggiore spazio di manovra nella valutazione delle attività esercitata dall'associazione e della loro inerenza ai fini associativi. È la stessa legge a stabilire, infatti, che la libertà di insediamento sul territorio riguarda esclusivamente le sedi delle A.P.S. ed i locali per lo svolgimento delle attività sociali.

Il Comune potrà pertanto verificare se l'attività concretamente svolta in un edificio, al di là della sua riferibilità ad una associazione di promozione sociale, sia congruente con i fini statutari dell'ente e, soprattutto, sia rispettosa dei limiti generali stabiliti dalla L. n. 383/2000 e L. reg. n. 34/2002.

Occorre infatti considerare che le associazioni di promozione sociale devono svolgere in via principale e prevalente delle attività non lucrative, e possono svolgere *"attività economiche di natura commerciale, artigianale o agricola"* solo *"in maniera ausiliaria e sussidiaria e comunque finalizzate al raggiungimento degli obiettivi istituzionali"* (art. 4, c. 1, lett. f) L. n. 383/2000; cfr. anche art. 4, c. 1, lett. e), secondo cui le A.P.S. possono promuovere e gestire iniziative promozionali a pagamento, ma solo al fine del *"proprio finanziamento"*).

Se pertanto l'attività svolta in un determinato immobile dovesse eccedere da tali limiti, il Comune dovrà concludere che i locali non sono effettivamente adibiti ad una iniziativa di promozione sociale ma ad una ordinaria attività economica; e dovrà trattarla come tale anche ai fini della disciplina urbanistico-edilizia.

Giacomo Graziosi

Art. 53.
Modifiche all'articolo 4
(Ambito di applicazione delle norme sulla procedura di V.I.A.)
della L. reg. n. 9 del 1999

1. Il comma 1 dell'articolo 4 della legge regionale 18 maggio 1999, n. 9 (Disciplina della procedura di valutazione dell'impatto ambientale) è sostituito dal seguente:
    "1. Sono assoggettati alla procedura di V.I.A., ai sensi del Titolo III:7
        a) i progetti di nuova realizzazione elencati negli Allegati A.1, A.2 e A.3;
        b) i progetti di nuova realizzazione elencati negli Allegati B.1, B.2 e B.3 che ricadono, anche parzialmente, all'interno delle seguenti aree individuate al punto 2 dell'allegato D:
            1) zone umide;
            2) zone costiere;
            3) zone montuose e forestali;
            4) aree naturali protette, comprese le aree contigue, definite ai sensi della vigente normativa;
            5) zone classificate o protette dalla vigente legislazione; aree designate SIC (Siti di importanza comunitaria) in base alla direttiva 92/43/CEE del Consiglio, del 21 maggio 1992, relativa alla conservazione degli habitat naturali e seminaturali e della flora e della fauna selvatiche e aree designate ZPS (Zone di protezione speciale) in base alla direttiva 79/409/CEE del Consiglio, del 2 aprile 1979, relativa alla conservazione degli uccelli selvatici;
            6) zone nelle quali gli standard di qualità ambientale della legislazione comunitaria sono già stati superati;
            7) zone a forte densità demografica;
            8) zone di importanza storica, culturale e archeologica;
            9) aree demaniali dei fiumi, dei torrenti, dei laghi e delle acque pubbliche;
        c) i progetti di nuova realizzazione elencati negli Allegati B.1, B.2 e B.3 qualora lo richieda l'esito della procedura di verifica (screening) di cui al Titolo II;
        d) i progetti elencati negli Allegati B.1, B.2 e B.3 qualora essi siano realizzati in ambiti territoriali in cui entro un raggio di un chilometro per i progetti puntuali o entro una fascia di un chilometro per i progetti lineari siano localizzati interventi, già autorizzati, realizzati o in fase di realizzazione, appartenenti alla medesima tipologia progettuale;
        e) i progetti rientranti nel campo di applicazione del decreto legislativo 17 agosto 1999, n. 334 (Attuazione della direttiva 96/82/CE relativa al controllo dei pericoli di incidenti rilevanti connessi con determinate sostanze pericolose);
        f) qualora il proponente valuti che lo richiedano le caratteristiche dell'impatto potenziale ai sensi del punto 3 dell'Allegato D.".

* * *

Art. 54
Modifiche all'articolo 4 *ter* (Soglie dimensionali)
della L. reg. n. 9 del 1999

1. Il comma 1 dell'articolo 4 *ter* della legge regionale n. 9 del 1999, è sostituito dal seguente:
> "*1. Le soglie dimensionali definite ai sensi della presente legge sono ridotte del 50 per cento nel caso in cui i progetti ricadono all'interno delle aree di cui all'articolo 4, comma 1, lett. b).*".

COMMENTO

Entrambe le disposizioni in commento modificano la L. reg. n. 9/1999 che regola la disciplina in materia di valutazione d'impatto ambientale (V.I.A.) in attuazione della direttiva 85/337/CEE del Consiglio, del 27 giugno 1985, relativa alla valutazione dell'impatto ambientale di determinati progetti pubblici e privati, e della Parte Seconda del decreto legislativo 3 aprile 2006, n. 152 (Norme in materia ambientale).

La prima disposizione (art. 53) modifica l'art. 4, c. 1, lett. b) della citata legge (peraltro già sostituito dall'art. 4, L. reg. 20 aprile 2012 n. 3) operando una estensione dei progetti sottoposti alla procedura di V.I.A. rispetto a quanto in precedenza disposto con riferimento ai progetti che ricadono, anche parzialmente, non solo all'interno di aree naturali protette o all'interno di aree S.I.C. o Z.P.S. in base alle direttive 79/409/CEE e 92/43/CEE, ma anche all'interno di aree di nuova elencazione[1].

La seconda disposizione in commento (art. 54), coerentemente con la citata modifica introdotta all'art. 4, c. 1, lett. b), oggetto della precedente dispo-

---

[1] Rispetto alla precedente elencazione delle zone in cui ricadono i progetti di nuova realizzazione riportati negli Allegati B.1, B.2 e B.3 (zone naturali protette, zone S.I.C. e Z.P.S.) si aggiungono: 1) zone umide; 2) zone costiere; 3) zone montuose e forestali; 4) aree naturali protette, comprese le aree contigue, definite ai sensi della vigente normativa; 6) zone nelle quali gli standard di qualità ambientale della legislazione comunitaria sono già stati superati; 7) zone a forte densità demografica; 8) zone di importanza storica, culturale e archeologica; 9) aree demaniali dei fiumi, dei torrenti, dei laghi e delle acque pubbliche.

sizione, stabilisce che la riduzione al 50% delle soglie dimensionali, definite dalla stessa legge regionale[2] - quindi con riferimento ai progetti di nuova realizzazione elencati negli Allegati B.1, B.2 e B.3 - non si applicano solo nel caso in cui i progetti ricadono all'interno di aree naturali protette o all'interno di aree S.I.C. o Z.P.S. in base alle direttive 79/409/CEE e 92/43/CEE, ma anche per i progetti che ricadono all'interno di tutte le aree di cui all'art. 4, c. 1, lett. b), come modificato.

Domenico Lavermicocca

---

[2] Le soglie dimensionali sono definite il limite quantitativo o qualitativo oltre il quale i progetti elencati negli Allegati A.1, A.2, A.3, B.1, B.2 e B.3 sono assoggettati alle procedure disciplinate dalla presente legge (art. 2, lett. m), L. reg. n. 9/1999).

Art. 55
Misure per favorire la ripresa economica
(sostituito comma 5 da art. 52 L. reg. 20 dicembre 2013, n. 28)

1. Fatta salva l'applicazione dell'articolo 15 della legge regionale 21 dicembre 2012, n. 16 (Norme per la ricostruzione nei territori interessati dal sisma del 20 e 29 maggio 2012), i termini di validità dei titoli edilizi in essere alla data di entrata in vigore della presente legge sono prorogati secondo i termini di cui ai commi seguenti.
2. I termini di inizio e di ultimazione dei lavori dei permessi di costruire, come indicati nei titoli abilitativi rilasciati entro la data di pubblicazione della presente legge o già prorogati entro la medesima data, sono prorogati di due anni.
3. La proroga dei termini di cui al comma 2 si applica anche alle D.I.A. e alle SCIA presentate alla data di entrata in vigore della presente legge.
4. La proroga di cui al presente articolo non si applica nel caso di entrata in vigore di contrastanti previsioni urbanistiche ai sensi dell'articolo 19, comma 6.
5. I fabbricati adibiti ad esercizio di impresa, esistenti alla data di entrata in vigore della presente disposizione, ad esclusione delle strutture ricettive alberghiere, possono essere frazionati in più unità autonome produttive, nell'ambito dei procedimenti di cui agli articoli 5 e 7 del decreto del Presidente della Repubblica n. 160 del 2010, attraverso la presentazione di apposita SCIA. Il frazionamento può essere attuato in deroga ai limiti dimensionali e quantitativi stabiliti dalla pianificazione urbanistica vigente, nel rispetto degli usi dichiarati compatibili dai medesimi piani e della disciplina dell'attività edilizia di cui all'articolo 9, comma 3, della presente legge.

COMMENTO

Sommario: 1. La proroga del termine di efficacia dei titoli edilizi - 2. Le norme straordinarie per il frazionamento degli immobili produttivi.

1. La proroga del termine di efficacia dei titoli edilizi.

I primi quattro commi dell'articolo in esame recepiscono nell'ordinamento regionale la proroga legale dei termini di efficacia dei titoli edilizi disposta dall'art. 30, cc. 3 e 4°, D.L. 21 giugno 2013 n. 69, conv. in L. 9 agosto 2013 n. 98 (c.d. decreto "del fare").

Si tratta per la verità di un recepimento anticipato, perché la norma statale si indirizza ai titoli edilizi vigenti alla data del 21 agosto 2013 (data di entrata in vigore del decreto-legge, cfr. art. 30, c. 6, D.L. n. 69/2013) mentre l'art. 55 della legge regionale si applica, in virtù del successivo art. 60, alle D.I.A., alle

SCIA ed ai permessi di costruire "in essere" alla data del 31 luglio precedente.

La disposizione regionale è destinata quindi a prevalere su quella nazionale, ed a fungere da unica fonte regolatrice della fattispecie.

A prescindere infatti dalla riconducibilità ai "principi fondamentali" del governo del territorio delle norme sulla validità temporale dei titoli edilizi, è stato lo stesso D.L. n. 69/2013 a stabilire che le proprie disposizioni sulla proroga legale dei titoli edilizi operano *"salva diversa disciplina regionale"* e sono dunque cedevoli rispetto a quest'ultima[1].

La disciplina introdotta dalla regione Emilia-Romagna è strutturata sulla falsariga di quella statale, ma se ne discosta per alcuni aspetti non marginali.

L'ambito applicativo della norma regionale corrisponde a quello del D.L. n. 69/2013: la proroga del termini di validità si applica infatti tanto ai permessi di costruire quanto alle SCIA e D.I.A., purché si tratti di titoli già perfezionati (*"in essere"*) alla data del 31 luglio 2013. Per il permesso di costruire farà quindi fede la data di "rilascio" (v. *supra* l'art. 18, c. 8) o di formazione del silenzio-assenso[2], mentre per la Segnalazione o Denuncia di inizio attività rileveranno la data di "presentazione" al protocollo del Comune.

Restano invece escluse dalla proroga legale le attività di edilizia libera soggette a Comunicazione di Inizio Lavori (art. 7, c. 4, della legge regionale ed art. 6, c. 2, T.U. Edilizia) ma ciò è coerente con il fatto che per la C.I.L. (che non è un "titolo abilitativo", cfr. art. 9, c. 2, L. reg. n. 15/2013) non sono previsti dalla legge statale o regionale termini iniziali o finali di validità[3].

È chiaro peraltro che se il termine triennale per la conclusione dei lavori stabilito per le opere assentite con permesso di costruire e SCIA fosse ritenuto espressione di un principio generale dell'attività edilizia (come mostra di ri-

---

[1] Secondo il modello, prefigurato dalla Corte costituzionale (cfr. sent. n. 303/2003), secondo cui determinati ambiti, appartenenti ai principi fondamentali del governo del territorio, possono essere resi volontariamente "flessibili" dallo Stato con l'attribuzione alle Regione del potere di apportarvi (limitate) deroghe.

[2] Resta aperto il problema, che non è questa la sede per approfondire, se il "rilascio" del p.d.c. avvenga con la sua semplice emanazione (come per lo più si ritiene nell'ordinamento statale) o presupponga, per gli effetti anche sfavorevoli che ad esso si riconnettono, la sua notificazione al destinatario (come sembra disporre l'art. 18, c. 8).

[3] Il che significa che essa da un lato può essere eseguita senza limitazioni temporali prefissate, ma dall'altro (e correlativamente) subisce gli effetti inibitori di qualsiasi modifica normativa o pianificatoria intervenuta prima dell'avvio dei lavori.

tenere una parte della giurisprudenza[4]), e fosse dunque applicabile anche alle C.I.L., anche queste ultime dovrebbero poter beneficiare, in via riflessa, dei benefici contemplati dall'articolo in commento.

La proroga disposta dalla legge regionale, al pari di quella nazionale, riguarda sia il termine annuale per l'inizio dei lavori sia quello quello triennale di conclusione dell'intervento, e dispone il differimento biennale della loro scadenza, come fissata nel titolo od in una sua proroga successiva. Deve trattarsi peraltro, ed ovviamente, di una data successiva al 31 luglio 2013, poiché diversamente il titolo edilizio non potrebbe considerarsi "in essere" al momento dell'entrata in vigore della legge regionale.

L'art. 30 del D.L. n. 69/2013 subordina però la proroga a due specifiche condizioni, che la L. n. 15 non ha inteso riprodurre.

La norma statale prevede infatti che il differimento dei termini di validità (*rectius* efficacia) dei titoli edilizi non opera automaticamente, ma richiede l'inoltro al Comune di una apposita "comunicazione", qualificabile come dichiarazione unilaterale di volontà, nella quale il soggetto interessato (*i.e.* il titolare dell'intervento) dichiari di volersi avvalere del beneficio legale. Il "decreto del fare" prevede inoltre che detta comunicazione, per essere efficace, deve essere inoltrata prima che i termini del titolo edilizio siano scaduti e prima che sopraggiungano modifiche pianificatorie, adottate od approvate, incompatibili con l'intervento edilizio assentito.

Tali limitazioni non sono invece contemplate nell'articolo in commento.

Secondo l'art. 55, infatti, la proroga dei termini opera direttamente *per voluntas legis*, senza necessità di alcuna comunicazione o manifestazione volitiva del privato, e, oltre a ciò, non è subordinata alla compatibilità dell'intervento edilizio con la pianificazione in essere al momento dell'entrata in vigore della legge. La norma ha quindi una portata imperativa e generale, nel senso di estendere automaticamente il termine di efficacia temporale di tutti "titoli

---

[4] Cfr. T.A.R. Lombardia, Milano, Sez. II, 9 gennaio 2013 n. 42, in *giustizia-amministrativa. it*, secondo cui le norme sulla decadenza del permesso di costruire per scadenza del termine finale di conclusione dei lavori hanno valenza di principio generale – e sono pertanto applicabili estensivamente ad ogni altro titolo edilizio – in quanto assolvono alla funzione pubblicistica fondamentale *"di assicurare, mediante la corrispondenza dell'attività edificatoria all'ordinamento urbanistico vigente, l'effettività delle previsioni urbanistiche"*. Nello stesso senso, in precedenza, cfr. T.A.R. Puglia, Bari, Sez. III, 22 aprile 2009 n. 983, in *Riv. Giur. Edilizia*, 2009, I, 1596, e T.A.R. Lombardia, Brescia, 24 gennaio 2003 n. 27, in *giustizia-amministrativa.it*.

abilitativi" in vigore nella Regione alla data del 31 luglio 2013[5].

L'unico limite all'operare della disposizione è quello richiamato dal comma 4° dell'art. 55, e cioè il fatto che il permesso di costruire e la SCIA/D.I.A. "prorogati" decadranno con l'entrata in vigore di contrastanti previsioni urbanistiche, salvo che i lavori siano già iniziati e vengano completati entro il termine finale previsto (quello di proroga). Non si tratta però di una disposizione speciale, ma della riproduzione della regola generale, valida per tutti i titoli edilizi, prevista dall'art. 19, c. 6, della legge regionale in conformità all'art. 15, c. 4, T.U. Edilizia[6].

Resta da esaminare la questione se i titoli edilizi prorogati *ex lege* in virtù della norma in esame possano, alla scadenza, beneficiare di una ulteriore proroga "ordinaria" ai sensi della disciplina dell'art. 19, c. 3, della legge[7], o fruire delle ulteriori estensioni temporali previste dalla legislazione in vigore (come, ad esempio, l'istituto della proroga "obbligatoria" introdotta dall'art. 17, c. 1, lett. f-2) D.L. n. 133/2014, conv. in L. n. 164/2014 o la "sospensione legale" prevista dall'art. 50, L. n. 203/1982 e dall'art. 3, c. 2, L. n. 431/1998)[8].

La risposta sembra dover essere positiva.

L'istituto della proroga costituisce una clausola generale di salvaguardia volta ad impedire l'estinzione dei titoli autorizzatori che il privato non abbia potuto utilizzare per cause di forza maggiore, *factum principis* od altri giustificati motivi. In presenza di tali presupposti, la proroga del titolo deve essere pertanto sempre invocabile, senza astratte limitazioni legate alla esistenza di proroghe precedenti.

---

[5] L'operare automatico della proroga legale è implicitamente riconosciuto dalla sentenza del T.A.R. Emilia-Romagna, Sez. I, 17 settembre 2014 n. 906, in *giustizia-amministrativa.it.*

[6] La previsione dell'art. 55, c. 4, è anzi pleonastica, perché la "clausola di salvaguardia" dell'art. 19, c. 6 si applica al termine finale del titolo quale che esso sia, e cioè tanto a quello originario triennale quanto a quello prorogato.

[7] Per una disamina della proroga ordinaria dei p.d.c. e SCIA si rinvia al commento specifico degli articoli 14 e 19.

[8] L'art. 17 D.L. n. 133/2014 ha introdotto all'art. 15 T.U. Edilizia un comma 2-*bis* secondo cui *"La proroga dei termini per l'inizio e l'ultimazione dei lavori è comunque accordata qualora i lavori non possano essere iniziati o conclusi per iniziative dell'amministrazione o dell'autorità giudiziaria rivelatesi poi infondate";* le leggi n. 203/1982 e n. 431/1998 prevedono invece che i termini di validità dei titoli edilizi ottenuti per terreni od unità immobiliari ancora nella disponibilità del conduttore sono sospesi fino alla data in cui il proprietario non ha ottenuto il loro rilascio dall'Autorità giudiziaria.

La giurisprudenza ha del resto già riconosciuto che i titoli autorizzatori ad efficacia temporanea sono sempre prorogabili più di una volta – sussistendone i presupposti giustificativi sostanziali – salvo che una norma di legge non limiti espressamente il numero massimo di proroghe concedibili dall'Amministrazione[9].

2. Le norme straordinarie per il frazionamento degli immobili produttivi.

Il quinto comma dell'art. 55, nel testo modificato dalla L. reg. n. 28/2013, introduce alcune agevolazioni per la riconversione dei *"fabbricati adibiti ad esercizio di impresa"* esistenti alla data di entrata in vigore della norma, ossia al 31 luglio 2013[10].

Per scelta legislativa, tali immobili possono essere frazionati in una pluralità di *"unità produttive autonome"* (ossia in unità immobiliari distinte) in deroga ai limiti *"quantitativi"* e *"dimensionali"* previsti dalla pianificazione urbanistica.

Gli interventi sono soggetti ad una SCIA attivata ai sensi della normativa sugli impianti produttivi (D.P.R. n. 160/2010) ma potranno richiedere anche un permesso di costruire (*rectius:* un provvedimento unico *ex* D.P.R. n. 160) qualora al frazionamento si accompagni l'esecuzione di opere di ampliamento del fabbricato.

La norma dell'art. 55, c. 5, ha quindi l'effetto di "disattivare" l'efficacia di tutte le prescrizioni urbanistiche che vietano il frazionamento degli gli immobili adibiti ad impresa, come, ad esempio, quelle che fissano un tetto massimo al numero delle unità immobiliari, un rapporto massimo tra il numero delle

---

[9] Cfr. Cons Stato, 17 gennaio 2000 n. 283, in *Riv. Giur. Urbanistica*, 2001, 11, che ha legittimato la prassi di concedere una pluralità di proroghe al termine finale per l'ultimazione dei lavori edilizi, purché l'istanza sia anteriore alla scadenza del termine (in dottrina, la tesi è condivisa da G. Pagliari, *Corso di diritto urbanistico*, 2010, 492-498). Si vedano inoltre Cons. Stato, Sez. IV, 8 febbraio 2008 n. 448 e 29 febbraio 2008 n. 782, in *giustizia-amministrativa. it*, che hanno ammesso in via generale la prorogabilità plurima del termine di attivazione delle autorizzazioni commerciali, qualora la legge di settore non lo vieti espressamente.

[10] La norma è stata oggetto di un intervento chiarificatore della Regione, di natura peraltro solo interpretativa, con l'Atto di coordinamento tecnico approvato con delibera di Giunta Regionale 27 gennaio 2014 n. 75, paragrafo 6 (consultabile nella Sezione "Territorio" del sito della Regione Emilia-Romagna).

uu.ii. e la superficie del lotto, od una superficie minima della singola unità produttiva; per le stesse ragioni saranno da disapplicare anche le norme che inibiscano il frazionamento in via indiretta, come quelle che proibiscono le trasformazioni portanti aumento di carico urbanistico o vietano le categorie di intervento necessarie per realizzare il frazionamento immobiliare (ristrutturazione edilizia e manutenzione straordinaria "pesante"). Tali norme dovranno pertanto intendersi inefficaci per effetto della superiore norma regionale e non potranno più considerarsi vigenti nei riguardi degli edifici produttivi.

La deroga legale è circoscritta, peraltro, alle sole disposizioni pianificatorie relative alla frazionabilità degli immobili, e non anche a quelle che disciplinano le destinazioni d'uso. Un immobile produttivo potrà dunque essere liberamente frazionato, ma il cambio d'uso delle singole porzioni sarà ammissibile solo nei limiti prestabiliti dai piani urbanistici.

I frazionamenti "in deroga" saranno poi soggetti al pagamento degli oneri di urbanizzazione, per l'incremento di carico urbanistico generato dalla moltiplicazione delle unità immobiliari e dall'insediamento eventuale di nuove destinazioni d'uso. Qualora tuttavia il frazionamento non implichi mutamento di destinazione d'uso né incremento delle superfici utili, i promotori dell'intervento potranno richiedere lo speciale esonero previsto dall'art. 32, c. 1, lett. g) della legge regionale[11].

Resta da dire dell'ambito di applicazione della norma, che è assai ampio.

Le nozioni di "fabbricati adibiti ad esercizio di impresa" e di "unità produttive" sono infatti mutuate dal D.P.R. n. 160/2010, che ne governa il procedimento[12], e pertanto:

- per *"fabbricati produttivi"* si intendono tutti gli immobili *"in cui si svolgono tutte o parte delle fasi di produzione di beni e servizi"* (art. 1, lett. j), D.P.R. n. 160/2010); e
- le *"attività produttive"* comprendono tutte le attività di produzione di beni e servizi, incluse quelle agricole, commerciali e artigianali, le attività turistiche, i servizi resi dalle banche e dagli intermediari finanziari e i servizi di telecomunicazioni (art. 1, lett. i), D.P.R. citato).

---

[11] Anche l'ambito di applicazione dell'art. 32, c. 1, lett. g), L. reg. n. 15/2013, è illustrato dall'Atto di coordinamento tecnico approvato con D.G.R. n. 75 del 27 gennaio 2014, al cui testo si rinvia.

[12] Cfr. D.G.R. n. 75/2014, par. 6.

I frazionamenti "in deroga" di cui all'art. 55, c. 4, possono avvenire dunque praticamente in tutti i settori dell'edilizia non residenziale.

L'unica eccezione riguarda le strutture alberghiere, che sono state sottratte espressamente all'applicazione della norma con una modifica introdotta dalla L. reg. n. 28/2013.

L'esclusione si spiega con la volontà di non interferire con la disciplina del c.d. "vincolo alberghiero" (art. 8, L. n. 217/1983 e art. 3 e ss., L. reg. n. 28/1990), la quale, come noto, vieta il frazionamento e la dismissione delle strutture ricettive, salvo per quelli di cui sia dimostrata la "non convenienza" della gestione sotto il profilo economico-produttivo.

Giacomo Graziosi

Art. 56
Semplificazione della pubblicazione degli avvisi
relativi ai procedimenti in materia di governo del territorio

1. Gli obblighi di pubblicazione di avvisi sulla stampa quotidiana, previsti dalle norme regionali sui procedimenti di pianificazione urbanistica e territoriale, sui procedimenti espropriativi e sui procedimenti di localizzazione di opere pubbliche o di interesse pubblico, si intendono assolti con la pubblicazione degli avvisi nei siti informatici delle amministrazioni e degli enti pubblici obbligati.
2. Resta ferma la possibilità di effettuare in via integrativa la pubblicità sui quotidiani, a scopo di maggiore diffusione informativa.

COMMENTO

La norma, che ha però una valenza essenzialmente urbanistica, conferma la definitiva affermazione del mezzo informatico quale principale strumento di divulgazione e trasmissione di dati nell'era di internet.

Al tempo stesso, essa completa nella materia che ci occupa quanto disposto dall'art. 32, L. n. 69/2009, in base al quale, a far data dal 1° gennaio 2010, gli obblighi di pubblicazione di atti e provvedimenti amministrativi aventi effetto di pubblicità legale si intendono assolti con la pubblicazione nei propri siti informatici da parte delle Amministrazioni e degli enti pubblici obbligati.

Come espressamente dichiarato nel titolo della norma, il fine dell'art. 56, L. reg. n. 15/2013 è quello di semplificare le procedure conoscitive legate ai procedimenti di governo del territorio e alla localizzazione di opere pubbliche o di interesse pubblico, attraverso il superamento della pubblicazione sulla stampa quotidiana in favore dell'inserimento della notizia sul sito internet delle Amministrazioni interessate.

Il vantaggio è duplice, traducendosi il meccanismo descritto: da un lato, in un risparmio di costi per l'ente pubblico; dall'altro, in una diffusione potenzialmente molto vasta dell'avviso oggetto di comunicazione, fruibile dal più ampio numero di persone e per un periodo di tempo non limitato al giorno di pubblicazione del quotidiano.

Gli avvisi cui l'art. 56 trova applicazione sono tutti quelli previsti dalle norme regionali sui procedimenti di pianificazione urbanistica e territoriale, sui procedimenti espropriativi e sui procedimenti di localizzazione di opere pubbliche o di interesse pubblico.

Ove sia una legge dello Stato a prevedere il ricorso ai mezzi di stampa, questi ultimi non dovrebbero poter essere surrogati dall'impiego di internet[1].

L'art. 32, c. 1, L. n. 69/2009 impone infatti l'utilizzo del sito solo come modalità di assolvimento degli obblighi di pubblicazione di atti e provvedimenti amministrativi aventi effetto di pubblicità legale.

Ora, poiché la pubblicazione sui quotidiani non ha normalmente questa finalità, si può concludere per la perdurante vigenza delle norme statali che prevedono obblighi di pubblicazione sulla stampa quotidiana.

A conferma di tale interpretazione può richiamarsi l'art. 32, c. 2, L. n. 69/2009, che espressamente limita l'obbligo di abbandonare il tradizionale sistema della pubblicazione sulla stampa quotidiana ai soli atti concernenti le procedure ad evidenza pubblica e i bilanci.

Pur con le precisazioni di cui si è detto, i casi di applicazione dell'art. 56 L. reg. n. 15/2013 restano potenzialmente molto numerosi.

A titolo esemplificativo possono citarsi: l'avviso di pubblicazione dell'approvazione del P.T.R. (art. 25, L. reg. n. 20/2000), l'avviso di adozione e di approvazione del P.T.C.P. (art. 27, L. reg. n. 20/2000), l'avviso di adozione e di approvazione del P.S.C., del P.O.C. e del P.U.A. (artt. 32, 34 e 35, L. reg. n. 20/2000), gli avvisi in materia di localizzazione di opere pubbliche (art. 36 *sexies*, L. reg. n. 20/2000), gli avvisi previsti nel procedimento di formazione degli accordi di programma in variante (art. 40, L. reg. n. 20/2000).

Va peraltro sottolineato come la norma in commento non imponga l'utilizzo del sito internet come strumento esclusivo di pubblicazione a disposizione delle Amministrazioni locali, le quali possono sempre utilizzare "in via integrativa" i mezzi di stampa tradizionali, ove ciò possa risultare funzionale ad una maggiore diffusione informativa.

Per il modo in cui la norma è formulata, con il suo preciso accento sul tipo di fonte (regionale) che deve contenere la disciplina dell'avviso da pubblicare, l'art. 56 non dovrebbe trovare applicazione quando il procedimento attenga

---

[1] Si pensi, ad esempio, ad alcuni procedimenti riconducibili alla tutela dell'ambiente e alla relativa disciplina necessariamente contenuta in leggi statali, che ancora continuano a prevedere la pubblicazione su uno o più quotidiani quale strumento per dare pubblicità ad atti o procedimenti oggetto di interesse collettivo (cfr. artt. 24 e 162, D. Lgs. n. 152/2006 in materia di V.I.A. e di opere idrauliche).

alla realizzazione di opere di interesse sovra-regionale.

Il che tuttavia non esonera le Amministrazioni a vario livello coinvolte dall'obbligo di utilizzare il proprio sito quale sede per trasmettere ogni utile informazione circa un progetto che trovi collocazione nel proprio territorio, anche in virtù dei principi generali contenuti nell'art. 32, L. n. 69/2009.

È evidente che l'impiego dei siti internet sia dal legislatore previsto e valorizzato come strumento teso a favorire la massima divulgazione delle informazioni, lì dove si tratti di pianificare parti del territorio o di realizzare opere pubbliche.

Altrettanto evidente è che tale metodo di divulgazione non può arrivare a sostituire tutti quegli obblighi che, attenendo al più delicato tema della partecipazione procedimentale (ove prevista), devono continuare ad essere osservati secondo forme e modalità idonee a garantire una comunicazione personale ed effettiva nei confronti di chi abbia titolo per intervenire nel procedimento.

Camilla Mancuso

Art. 57
Procedimenti in corso e norme transitorie

1. I procedimenti relativi all'attività edilizia, in corso alla data di entrata in vigore della presente legge, sono conclusi ed i relativi provvedimenti acquistano efficacia secondo le disposizioni delle leggi regionali previgenti, fatta salva la facoltà per gli interessati di riavviare il procedimento nell'osservanza della presente legge. Si intendono in corso i procedimenti per i quali, alla data di entrata in vigore della presente legge:
   a) sia stata presentata la domanda per il rilascio del permesso di costruire;
   b) sia stata presentata al Comune la D.I.A. o la SCIA;
   c) sia stata presentata la domanda per il rilascio del certificato di conformità edilizia e di agibilità.
2. Le sanzioni previste dalla presente legge si applicano agli illeciti commessi in data successiva alla sua entrata in vigore.
3. Fatti salvi i procedimenti in corso, dalla data di entrata in vigore della presente legge, cessano di avere efficacia le deliberazioni con cui i Comuni hanno sottoposto a permesso di costruire gli interventi di restauro e risanamento conservativo, di ristrutturazione edilizia e i mutamenti d'uso senza opere, ai sensi del previgente articolo 8, comma 2, della legge regionale 25 novembre 2002, n. 31 (Disciplina generale dell'edilizia).
4. In fase di prima applicazione, l'articolo 12, comma 2, della presente legge si applica per le definizioni tecniche uniformi per l'urbanistica e l'edilizia di cui all'Allegato A della deliberazione dell'Assemblea legislativa 4 febbraio 2010, n. 279 (Approvazione dell'atto di coordinamento sulle definizioni tecniche uniformi per l'urbanistica e l'edilizia e sulla documentazione necessaria per i titoli abilitativi edilizi (art. 16, comma 2, lettera c), L. reg. 20/2000 - art. 6, comma 4, e art. 23, comma 3, L. reg. 31/2002). Il termine per il recepimento, previsto dalla medesima disposizione, decorre dalla data di pubblicazione sul Bollettino ufficiale Telematico della Regione Emilia-Romagna (BURERT) della presente legge. Decorso inutilmente tale termine, per salvaguardare l'immutato dimensionamento dei piani vigenti, i Comuni approvano, con deliberazione del Consiglio comunale, coefficienti e altri parametri che assicurino l'equivalenza tra le definizioni e le modalità di calcolo utilizzate in precedenza dal piano e quelle previste dall'atto di coordinamento tecnico regionale.

COMMENTO

1. Il primo comma riguarda i procedimenti relativi alla attività edilizia in corso al 30 settembre 2013, data di entrata in vigore della legge, stabilendo la ultrattività della disciplina legislativa regionale previgente, per essa evidentemente intendendosi la L. reg. 25 novembre 2002 n. 31, la quale, per questi contenuti, viene quindi sottratta alla abrogazione sancita dal 1° comma dell'art. 59. Quali siano i procedimenti pendenti è chiarito dalla seconda parte, che fa riferimento al permesso di costruire, alla D.I.A. o SCIA, al certificato di conformità edilizia e agibilità, per i quali esista il relativo atto di impulso (istanza/dichiarazione).

La norma, opportunamente, precisa che secondo la normativa pre-vigente i procedimenti *"sono conclusi"* – locuzione che attiene al perfezionamento con provvedimento espresso per il caso del permesso o della agibilità – e che i *"provvedimenti acquistano efficacia"* – locuzione che attiene allo scadere dei termini per il silenzio assenso o per il perfezionamento della D.I.A./SCIA –. Le diversità tra i due regimi, che risultano dal raffronto tra gli artt. 4, 6, 8, 9, 10, 13, 14, 20, 21 della L. 31/2002 e gli artt. 7 (per la C.I.L.), 14 (SCIA), 18 (permesso), 23 (certificato di agibilità), non sono solo procedimentali, ma sostanziali perché gli interventi sono classificati diversamente dalla nuova legge. Questo accade, soprattutto, per l'ampliamento dell'attività libera, che ha esonerato le relative opere dalla D.I.A. obbligatoria (cfr. gli artt. 4, 6, 8, 9, L. n. 31/02, e l'art. 7 della presente legge). Si pensi ad un intervento oggi in regime di C.I.L. – per esempio le importanti modifiche interne dei fabbricati di impresa (art. 7, c. 4, lett. b)) – che nella L. n. 31/02 erano assoggettate a D.I.A./SCIA. Si pensi ancora alla *"nuova"* ristrutturazione extra sagoma, prima categorizzabile come nuova costruzione in regime di permessi, oggi assoggettata a SCIA.

Altrettanto può dirsi per il certificato di agibilità, che l'art. 23 della nuova legge estende a tutti gli interventi in regime di SCIA a fronte dell'art. 21 della L. reg. n. 31/02 che riguardava invece gli interventi maggiori, soggetti per lo più a permesso.

In generale può dirsi che il *"trascinamento"* del vecchio regime opera, sul piano sostanziale (della ammissibilità del titolo) soprattutto in senso sfavorevole al richiedente. Ciò rende comprensibile – e opportuna – la disposizione che consente di *"riavviare il procedimento"*, rinnovando la istanza e, con ciò, lucrare i vantaggi del nuovo procedimento.

A questo proposito si deve notare che il disposto del 3° comma – apparentemente per una fattispecie analoga, trattandosi di norma transitoria relativa ai procedimenti in corso ivi previsti – non pare consentire un analogo *"riavvia-mento"* della istanza. Ne resta poco chiaro il senso. Se, infatti, *"dalla data di entrata in vigore"* della legge (30 settembre 2013), le deliberazioni con cui i Comuni hanno imposto il regime di permesso di costruire agli interventi indicati dall'art. 8, c. 2, L. reg. n. 31/02 (e cioè il restauro e risanamento conservativo, la ristrutturazione, il mutamento di destinazione d'uso senza opere), non ha senso alcuno eccettuare dalla applicazione della norma *"i procedimenti in corso"*. Anche se la norma non prevede il *"riavvio"* del procedimento, non si può ragionevolmente pensare che l'interessato non possa revocare/rinunciare l'istanza, e indi riproporla. E, conseguentemente, fruire della abrogazione *ex lege* delle delibere *"vincolistiche"*.

2. Le sanzioni previste dalla L. reg. n. 15/2013, secondo il secondo comma, non si applicano agli illeciti commessi prima della sua entrata in vigore[1]. Quali siano queste sanzioni *"previste"* dalla L. n. 15/2013 – **e solo** da essa, non quindi, quelle della L. n. 23/2004 pur nella parte poi modificata dalla L. n. 15/2013, come nel caso dell'art. 48 sulle sanzioni pecuniarie o dell'art. 47 sulle sanzioni della D.I.A. o dell'art. 43 che modifica l'art. 16 L. n. 23/04 – appare poco chiaro.

In effetti ad un esame approfondito pare di dover concludere che la L. n. 15/2013 ha introdotto una sola[2] nuova sanzione, che riguarda gli interventi di edilizia libera previsti dall'art. 44. Di questi, quelli effettivamente significativi sono quelli di cui al 4° comma, che, come si è visto commentandone il testo, non sono abusi edilizi ***propri***, ma consistono in difformità rispetto a norme aventi solo *"incidenza"* sulla attività edilizia e non rispetto a norme urbanistico-edilizie tipiche, tali *stricto sensu*. È per questi illeciti che, quindi, vale il principio del tempo del commesso illecito. Ma essendo la stessa fattispecie di illecito di cui al 4° comma dell'art. 44 totalmente nuova, la inapplicabilità della misura afflittiva a comportamenti leciti al momento del fatto poteva darsi

---

[1] Il principio ha puntuali incontri giurisprudenziali (Cons. Stato, Sez. V, 24 ottobre 2013 n. 5158; Sez. II, 11 novembre 1996 n. 1026), ma è prevalente l'orientamento che il regime sanzionatorio da applicare è quello vigente al momento della irrogazione della sanzione (cfr. da ultimo *ex multis* T.R.G.A., Trento, Sez. I, 8 novembre 2013 n. 363).

[2] La sanzione di cui all'art. 26 relativa al ritardo o alla omissione nel procedimento di rilascio della agibilità era già presente nella L. n. 31/02 (art. 22), pur se di minore importo.

per implicita, deducibile dai principi generali e dalla regola della doverosa applicazione della *lex mitior* anche agli illeciti amministrativi.

3. Il quarto comma stabilisce che l'obbligo dei Comuni di recepimento degli atti di coordinamento tecnico fissato in 180 gg. dalla loro approvazione decorre, quanto alla D.A.L. n. 279/2010 relativa alle definizioni tecniche uniformi per la edilizia e la urbanistica, dal 30 settembre 2013, data di pubblicazione della legge, e che, scaduto tale termine, i Comuni debbono approvare, con delibera consigliare, *"coefficienti e altri parametri"* di calcolo per assicurare l'equivalenza tra le precedenti definizioni e quelle nuove. Ciò serve per poter attuare – *"rileggendolo"* – il piano vigente. E una norma di raccordo tra le norme regionali dei vecchi piani e il nuovo sistema di loro applicazione recato dalla unificazione di parametri. Si tratta di una sorta di *"tabella di conversione"* tra due sistemi di misura di pressoché tutti i dati e i parametri urbanistico/edilizi, che deve garantire, per così dire, un *"saldo zero"* quanto al dimensionamento dei piani. Per il legislatore regionale si deve realizzare l'*invarianza* urbanistica nell'*adeguamento* edilizio.

Può osservarsi che questa operazione è e sarà molto più complicata di come pare adombrare il legislatore. Non si tratta infatti di una semplice sostituzione di un sistema metrico. Se si considera il processo di formazione degli strumenti urbanistici, risulta, infatti, che questa conversione può riguardare sia piani redatti ai sensi della legislazione previgente (L. reg. n. 47/78), che piani di nuova generazione.

Per i primi mantenere un *"dimensionamento"* progettato secondo le ascisse e le ordinate dettate dagli artt. 13 e 36/39, L. reg. n. 47/78 – e cioè: zonizzazione urbanistica, capacità insediativa reale/teorica, indici di affollamento, indici di capacità edificatoria, standard proporzionati alla zonizzazione – è, nella sostanza, un risultato quasi impensabile, perché implica la ricostruzione analitica dei dati quantitativi assunti come presupposto fattuale della pianificazione d'*antan*. per poi riprodurli (artificialmente, per presunzioni) secondo il nuovo sistema metrico. Operazione in cui ogni passaggio è frutto di una valutazione, di un giudizio, non di un ragguaglio aritmetico, meccanico. È difficile ritenere che ciò non integri il concetto sostanziale di ripianificazione – ancorché confermativo/ricognitiva – rispetto a cui la semplice delibera del Consiglio Comunale – cui la norma vorrebbe attribuire il valore di una semplice presa d'atto – pare strumento inadeguato. E lo è soprattutto a fronte dell'art. 43, L. n. 20/2000, cui pare estranea qualsiasi possibilità di ri-attualizzazione di "*vecchi*" piani redatti senza quadro conoscitivo, senza alcuna valutazione di sostenibilità, senza concertazioni, senza accordi di pianificazione, e così via.

Ma a ben vedere, vi saranno difficoltà anche per la ri-trascrizione delle norme dei piani di nuova generazione, perché le nuove definizioni e i nuovi parametri possono essere intraducibili – si pensi alla definizione delle superfici (Sul, Su, Sa, Sc, Superficie esclusa da Su e Sa) o di volume (Vz, Vu, rapportato a le altezze Hf, H, Hu, Hv) – o perché assenti nelle N.T.A. del piano da adottare, oppure perché nel caso di interventi sull'esistente, ciò comporterebbe la necessità di ricalcolo, attualizzato, dello stato di fatto, con conseguenze non prevedibili.

Alla luce di queste considerazioni – e di altre analoghe facilmente prospettabili – appare, evidentemente, incongrua la previsione che l'adeguamento per così dire "*neutrale*" possa avvenire senza un atto di ripianificazione vero e proprio. Rispettando quindi anche il relativo procedimento e le connesse garanzie partecipative.

Benedetto Graziosi

Art. 58
Adeguamento del regolamento edilizio comunale

1. Fino all'adeguamento degli strumenti di pianificazione alle disposizioni della legge regionale n. 20 del 2000, i Comuni possono apportare modifiche al regolamento edilizio, al fine di adeguarlo alla legislazione nazionale e regionale vigente.
2. Le modifiche di cui al comma 1 sono approvate dal Comune secondo le modalità previste per i regolamenti comunali

COMMENTO

Si tratta di una disposizione che riproduce in modo **testuale** il – peraltro espressamente abrogato (art. 9) – art. 39 della L. n. 31/2002. Ma, al pari di quello di non facile comprensione, se si considera che nel sistema delineato dalla legge urbanistica regionale n. 20/2000 e dalla legge sulla disciplina edilizia, lo spazio riservato al regolamento edilizio si era venuto assottigliando, se non proprio fin a quasi scomparire, dopo la abrogazione della L. reg. n. 33/1990 relativa ai Regolamenti edilizi comunali, disposta dall'art. 49, c. 1, lett. b) della L. reg. n. 31/2002.

È innegabile che nel sistema regionale precedente quello della L. reg. n. 47/1978, i vari Piani della strumentazione urbanistica e il regolamento edilizio, nonostante una certa inevitabile sovrapposizione (dovuta soprattutto dagli artt. 4 e 6 della L. reg. n. 33/1990 relativi all'oggetto e al contenuto del Regolamento edilizio[1]), sostanzialmente convivessero. Si tratta di norme che, a livello regionale, rispecchiavano fedelmente quella coesistenza che a livello statale si deduceva dagli artt. 7 e 33 della L. n. 1150/1942[2].

---

[1] Art. 4, c. 1, "Oggetto del regolamento sono le opere edilizie e i processi di intervento". Art. 6, c. 1, "*Il regolamento edilizio deve contenere le normative attinenti le attività di costruzione e trasformazione fisiche e funzionali delle opere edilizie di competenza dell'ente locale*".

[2] Il contenuto del regolamento edilizio indicato dall'art. 33 L. n. 1150/1942 è esemplificativo (Cons. Stato, Sez. V, 21 maggio 1982 n. 417) e può essere molto più ampio ed esteso di quanto previsto, con il limite dato dalla configurabilità di una fattispecie già legificata. D'altronde è nota l'omogeneità sostanziale tra la parte normativa del P.R.G. (le normative tecniche di attuazione) e le norme del regolamento edilizio, da tempo riconosciuta dalla dottrina e dalla giurisprudenza (cfr. per tutti G. G. MENGOLI, *Manuale di diritto urbanistico*, Milano, 2009, 165; G. PAGLIARI, *Corso di diritto urbanistico*, Milano, 2010, 187; A. ed E. FIALE, *Diritto urbanistico*, Napoli, 2011, 269.

In questo contesto è intervenuto l'art. 2, c. 4, del T.U. che ha riconosciuto formalmente che il regolamento edilizio è espressione *"dell'autonomia statutaria e normativa di cui all'art. 3 del D. Lgs. n. 267/2000"* con cui i comuni disciplinano l'attività edilizia[3], e, contemporaneamente ne ha ampliato il contenuto, dandovi rilevanza non solo edilizia, ma anche schiettamente urbanistica, qual è l'imposizione di contenuti obbligatori degli interventi[4].

In tal modo l'ordinamento statale ha conservato al Regolamento edilizio uno specifico ambito, che, coniugato con la *"naturale"* indeterminatezza del suo contenuto, tende a riprodursi nell'ordinamento regionale. È peraltro vero che le norme attuative degli strumenti di pianificazione P.S.C., P.O.C., R.U.E. – e in particolare P.O.C. e R.U.E. – configurano tali piani come esaustivi (e cioè omnipervasivi e assorbenti) di ogni aspetto dell'"*attività di costruzione, trasformazione fisica e funzionale delle opere edilizie, ivi comprese le norme igieniche di interessi edilizi nonché la disciplina degli elementi architettonici ...*" (art. 29, c. 1, L. reg. n. 20/2000). Cosicché la virtuale persistenza di un ruolo proprio del Regolamento edilizio nell'ordinamento regionale, come lo si potrebbe derivare dalla norma del T.U., è compromessa dalla (preesistente) quasi sovrapponibilità della definizione legislativa del contenuto del regolamento edilizio nel T.U. (art. 4) con quella delle norme di attuazione dei ridetti strumenti urbanistici. Lascia quindi interdetti una norma che, come il primo comma, dimostra di considerare come fonti concorrenti (o alternative) per la disciplina delle stesse fattispecie (le **modalità costruttive** degli edifici, ivi **comprese le norme igieniche**) il Regolamento edilizio e le N.T.A. dello strumento urbanistico.

Ecco, quindi, che **l'adeguamento** degli strumenti di pianificazione alle disposizioni della L. n. 20/2000 – che è il *quando* di cui parla il primo comma a proposito delle modifiche del regolamento edilizio – rappresenta un evento

---

[3] Cfr. per tutti, S. BELLOMIA, F. CINTIOLI, *Commento all'art. 4*, in *Il Testo Unico dell'Edilizia*, a cura di M.A. SANDULLI, Milano, 2009, 86 e ss.

[4] Come la installazione di impianti per la produzione di energia elettrica da fonti rinnovabili per 1 kw per ogni unità abitativa (art. 8, c. 4, D.L. n. 194/2009 conv. in L. 25/2010) e le installazioni di impianti per la ricarica elettrica delle automobili per i nuovi edifici non residenziali (art. 117 *quinquies*, c. 1, D.L. 83/2012 conv. in L. n. 134/2012).
La natura di vero standard urbanistico di questi ultimi è evidente, ma anche per i primi non può parlarsi di requisiti prestazionali dell'edificio, ma di coerenza con la (ipotetica) pianificazione/programmazione del piano energetico.

(futuro e *incertus quando*: art. 43, L. reg. n. 20/2000), al verificarsi del quale la sostituzione dei Piani Regolatori redatti ai sensi della L. reg. n. 47/1978 con i *"nuovi"* piani (P.S.C., P.O.C., R.U.E.) avrà ristretto ai minimi termini gli spazi del rilevante giuridico suscettibile di essere disciplinato dal Regolamento edilizio.

Ci si può chiedere, quindi, quali mai siano le modifiche che si può (o di deve?)fare al regolamento edilizio per adeguarlo alla legislazione statale e regionale vigente, dato che pare si tratti di materie e oggetti che non rientrano nel contenuto *"necessario"* degli strumenti urbanistici.

Si può forse pensare che la norma si riferisca al fatto che non vi è nella legge urbanistica un termine ultimo, inderogabile entro cui i Comuni debbono dotarsi dei *"nuovi"* piani[5].

In questa situazione transitoria, l'**adeguamento** della disciplina *lato sensu* edilizia del Comune alla legislazione (statale e regionale), potrebbe cioè avvenire con il regolamento a **prescindere** dalla rilevanza della normativa adeguatrice.

Si tratterebbe, in sostanza, di una norma di chiusura che, per un certo periodo transitorio, attribuisce alla fonte normativa regolamentare (**escludendo**, quindi, la necessità della diversa e peculiare procedura pianificatoria) *ogni "competenza"*, e cioè una più ampia potestà *"adeguatrice"* (alla *"legislazione statale e regionale"*) anche **eccedente** i pur vaghi limiti ordinari del potere regolamentare. Come avviene, ad esempio, per il vincolo di destinazione di uso degli immobili riservato dall'art. 24, c. 2, L. n. 47/1985 agli strumenti urbanistici[6].

La conferma di questa interpretazione può trovarsi proprio nelle recenti norme sul contenuto obbligatorio dei titoli edilizi sopra richiamate, introdotte dal T.U. come contenuto necessario del regolamento edilizio ad onta della loro

---

[5] Il termine decennale dell'art. 43, c. 3, inizia a decorrere dall'approvazione dell'ultimo P.R.G., la quale, *ex* art. 42, può essere avvenuta anche dopo molti anni.

[6] Cfr. la nota sentenza del Cons. Stato,, Sez. IV, 28 luglio 1982 n. 525; più recentemente, T.A.R. Lazio, Roma, I, 2 dicembre 2010 n. 35023.
Resta, in verità, da approfondire il caso in cui l'adeguamento a leggi statali o regionali, di cui, troppo genericamente, parla la norma, richieda l'imposizione di vincoli espropriativi, e cioè eccedenti la mera conformazione. In questi casi, in cui la legge regionale richiede che vi sia obbligatoriamente una previsione di P.O.C. (art. 30, L. reg. n. 20/2000), lo *"sviluppo"* della norma regolamentare pare inammissibile.

natura schiettamente urbanistica.

In sintesi, e conclusivamente, il potere regolamentare ai sensi di questa disposizione, "*copre*" ogni necessità di ordine urbanistico e/o edilizio quando il perfezionamento della pianificazione obbligatoria è ancora *in fieri*: corollario e ulteriore prova dell'interpretazione di cui sopra, la disposizione del secondo comma, che – ovviamente – conferma che il procedimento è quello tipico dei regolamenti comunali, quali che siano – è il sottotesto non detto – i contenuti effettivi delle norme di "*adeguamento*" alla legislazione.

Benedetto Graziosi

Art. 59
Abrogazioni

1. Dalla data di entrata in vigore della presente legge sono abrogati:
    a) i Titoli I, II, III, IV, V, VI, VII della legge regionale 25 novembre 2002, n. 31 e gli articoli 38, 39, 40, i commi 4 e 5 dell'articolo 43, i commi 4, 5 e 6 dell'articolo 46, gli articoli 47 e 48 della medesima legge regionale;
    b) la lettera h bis) del primo comma dell'articolo 19 della legge regionale 4 maggio 1982, n. 19 (Norme per l'esercizio delle funzioni in materia di igiene e sanità pubblica, veterinaria e farmaceutica).
2. Dalla data di entrata in vigore della presente legge cessano di avere efficacia le seguenti deliberazioni della Giunta regionale:
    a) deliberazione della Giunta regionale 28 febbraio 1995, n. 593 (Approvazione dello schema di Regolamento edilizio tipo (Art. 2 legge regionale 26 aprile 1990, n. 33 e successive modificazioni ed integrazioni));
    b) deliberazione della Giunta regionale 22 febbraio 2000, n. 268 (Schema di Regolamento edilizio tipo - aggiornamento dei requisiti cogenti (Allegato A) e della parte quinta, ai sensi comma 2, art. 2, L. reg. n. 33/90);
    c) deliberazione della Giunta regionale 16 gennaio 2001, n. 21 (Requisiti volontari per le opere edilizie. Modifica e integrazione dei requisiti raccomandati di cui all'allegato b) al vigente Regolamento edilizio tipo (delibera G.R. n. 593/95)).

COMMENTO

Sotto la rubrica *"abrogazioni"* vi sono disposizioni diverse per valore precettivo, perché solo il primo comma è una vera abrogazione, mentre il secondo dispone costitutivamente la inefficacia di atti amministrativi la cui *"inofficiosità"* avrebbe potuto dedursi in via interpretativa.

La dichiarazione di abrogazione della L. n. 31/2002 la riguarda praticamente in modo integrale (e, comunque, l'effetto abrogante lo si avrebbe avuto ai sensi dell'art. 15 delle preleggi) i titoli da I a VII che disciplinavano fattispecie integralmente regolamentate dai titoli I, II, e III della legge 15. Gli altri articoli sono disposizioni transitorie anche esse (a parte l'art. 39, abrogato ma riprodotto identico dall'art. 58) superate da omologhe disposizioni della legge.

L'art. 41, che modificava l'art. 19, L. reg. n. 19/1982, è, invece, espressamente abrogato dalla lettera b) del 1° comma.

Questa abrogazione è importante e grave, ed ha creato molto problemi ai privati e alle Amministrazioni comunali.

Essa, insieme alla norma, cancella non solo una fase del procedimento di approvazione degli strumenti urbanistici, sia generali che attuativi, ed altresì un segmento del procedimento di rilascio dei titoli edilizi (e i relativi sub-procedimenti), ma anche *tout court* "*la vigilanza sulle condizioni igieniche degli edifici e dell'abitato*" come funzione necessaria di competenza delle A.U.S.L. e dell'A.R.P.A., e la cancella senza nulla dire a proposito della lacuna così creata, cui non può naturalmente ovviarsi – a parte il ricorso alle autocertificazioni quanto ai titoli edilizi – con il ricorso alla "*spontanea*" collaborazione tra uffici.

Mentre si scrivono queste note si ha però notizia informale di iniziative che cercheranno di ovviare a questa situazione, che non tollera probabilmente altre soluzioni che il ripristino della norma abrogata.

Il secondo comma opera, in sostanza, come una sorta di dichiarazione di decadenza di atti regolamentari regionali in materia edilizia che si fondavano sul sistema legislativo previgente, e che ora sono superati da nuove leggi.

In particolare la D.G.R. n. 593/1995 – approvativa della scheda di Regolamento edilizio ai sensi dell'art. 2, c. 2, L. reg. n. 33/90 – dopo la abrogazione da parte della L. reg. n. 31/02 (art. 49, c. 1, lett. b) della legge "*madre*" (la L. reg. n. 33/90) e l'entrata in vigore della nuova pianificazione urbanistica recata dalla L. reg. n. 20/2000, era divenuta priva di qualsiasi effettivo valore normativo.

Quanto alla D.G.R. n. 268/2000 (di aggiornamento del regolamento edilizio tipo circa i requisiti cogenti (all. A) e alla parte quinta, la considerazione da farsi è la stessa.

Resta da chiarire quale sia, ora, nel nuovo regime, lo strumento normativo con cui la regione può intervenire a dettare prescrizioni simili a quelle oggi divenute inefficaci.

Pare di poter ritenere che questo potere regolamentare – avuto riguardo al sistema complessivo della pianificazione urbanistica in Emilia-Romagna – sia esercitabile ai sensi degli artt. 16 della L. reg. n. 20/2000 e 12 della presente legge e cioè mediante atti di coordinamento tecnico, la cui latitudine (sia per valore normativo che per materia) è molto estesa[1] ed è positivamente confermata dalla non tassatività dell'elenco di cui al 4° comma dell'art. 12.

Benedetto Graziosi

---

[1] Si rammenta che con gli atti di coordinamento tecnico, la Regione può modificare tutto l'Allegato alla L. reg. n. 20/2000, e cioè "*I contenuti della pianificazione*". Ad essi è, quindi, riconosciuto, praticamente in bianco, un potere estesissimo di delegificazione dei contenuti della pianificazione attualmente legificata. Cfr. sul punto B. GRAZIOSI, *Commento all'art. 16*, in B. GRAZIOSI, cit. 35 e ss., e *supra*, il commento all'art. 49.

Art. 60
Disapplicazione di norme statali

1. A seguito dell'entrata in vigore della presente legge non trova diretta applicazione nel territorio regionale la disciplina di dettaglio prevista dalle disposizioni legislative e regolamentari statali della Parte I, Titoli I, II e III, del decreto del Presidente della Repubblica n. 380 del 2001.

COMMENTO

La disapplicazione del T.U. n. 380/2001 diversamente da quanto avvenne con l'art. 50, L. reg. n. 31/2002, che aveva individuato in modo specifico le disposizioni legislative e regolamentari statali, viene disposto con un rinvio generico che lascia all'interprete il compito di stabilire quali sono le norme del T.U. che contengono una *"disciplina di dettaglio"*.

La scelta è opportuna anche alla luce della (continua) modifica cui il legislatore statale sottopone il T.U., introducendo via via norme cui è certamente difficile negare tale qualificazione. Si pensi alla definizione della attività edilizia libera, allo Sportello Unico dell'Edilizia e al procedimento in materia di formazione e controllo dei titoli (artt. 5, 6, 20, 22).

Nonostante che su alcuni punti vi siano già orientamenti inequivoci derivanti dalle sentenze della Corte Costituzionale – come la tipizzazione legislativa delle categorie di interventi, che esula dal potere legislativo regionale – la situazione, nei rapporti tra il T.U. e la legislazione regionale, è ancora fluida, e l'impulso, comune a Stato e Regioni, ad una sorta di *legiferazione continua* moltiplicherà le incertezze su quali norme ricadano in questa norma, vera clausola di stile.

Da ultimo può segnalarsi come anticipato nel commento all'art. 1, la non facile definizione dei rapporti con il D.L. n. 133 del 12 settembre 2014, convertito in L. n. 164 del 12 novembre 2014, i cui articoli hanno modificato sensibilmente il T.U. n. 380/2001, e indirettamente la legislazione regionale. Di ciò si è cercato di dare conto nel commento delle singole norme, soprattutto quelle relative alla definizione e al regime della manutenzione straordinaria, della ristrutturazione edilizia, dell'attività libera, della modifica della destinazione d'uso, delle varianti.

Un compendio degli impatti della novella del T.U. n. 380/2001 sulla legislazione regionale è stato fatto recentemente dagli Uffici regionali, con la nota assessorile P.G. 442803 del 21 novembre 2014. Le *"indicazioni applicative"* in tali note contenute, nonostante che formalmente si autoqualifichino come una *"circolare"*, sono mere opzioni ermeneutiche, stante che non esiste tra gli uffici regionali e le amministrazioni comunali che debbono applicare la normativa edilizia un rapporto gerarchico. Come tali esse sono opinabili, e, infatti, nei singoli commenti, cui si rimanda, si giunge a conclusioni spesso difformi.

Benedetto Graziosi

Art. 61
Entrata in vigore

1. La presente legge entra in vigore il sessantesimo giorno successivo alla data della sua pubblicazione sul BURERT, ad eccezione dell'articolo 55 che entra in vigore il giorno successivo alla medesima data di pubblicazione.

COMMENTO

La Legge Regionale 30 luglio 2013, n.15, è entrata in vigore il sessantesimo giorno successivo alla data della sua pubblicazione sul BURERT, e quindi dal giorno **28 settembre 2013**. La stessa norma precisa l'entrata in vigore subito dopo la pubblicazione dell'art. 55, avente ad oggetto le Misure per favorire la ripresa economica, e che concerne la proroga dei termini di validità dei titoli edilizi in essere alla entrata in vigore della legge.

L'entrata in vigore segna uno "spartiacque" normativo ai fini dell'applicazione della nuova disciplina alle fattispecie nella stessa ricadenti, e si coordina con quanto prevede:

- l'**art. 57**, per il quale i procedimenti relativi all'attività edilizia in corso alla data di entrata in vigore della legge sono conclusi ed i relativi provvedimenti acquistano efficacia secondo le disposizioni delle leggi regionali previgenti - fatta salva la facoltà per gli interessati di riavviare il procedimento nell'osservanza della legge - intendendosi in corso i procedimenti per i quali, alla data di entrata in vigore della legge sia stata presentata la domanda per il rilascio del permesso di costruire, sia stata presentata al Comune la DIA o la SCIA, sia stata presentata la domanda per il rilascio del certificato di conformità edilizia e di agibilità (comma 1). Inoltre le sanzioni previste dalla legge si applicano agli illeciti commessi in data successiva alla sua entrata in vigore (comma 2) e, fatti salvi i procedimenti in corso, dalla data di entrata in vigore della presente legge, cessano di avere efficacia le deliberazioni con cui i Comuni hanno sottoposto a permesso di costruire gli interventi di restauro e risanamento conservativo, di ristrutturazione edilizia e i mutamenti d'uso senza opere, ai sensi del previgente art. 8, comma 2, della L.R. n. 31/2002 (comma 3).

- **l'art. 59**, che indica le norme che dalla data di entrata in vigore della legge sono abrogate;

- **l'art. 60**, per il quale, a seguito dell'entrata in vigore della legge, non trova diretta applicazione nel territorio regionale la disciplina di dettaglio prevista dalle disposizioni legislative e regolamentari statali della Parte I, Titoli I, II e III, del D.P.R. n. 380 del 2001.

Domenico Lavermicocca

ALLEGATO (articolo 9, comma 1)
Definizione degli interventi edilizi

Ai fini della presente legge, si intendono per:

a) **"Interventi di manutenzione ordinaria"**, gli interventi edilizi che riguardano le opere di riparazione, rinnovamento e sostituzione delle finiture degli edifici e quelle necessarie ad integrare o mantenere in efficienza gli impianti tecnologici esistenti;

b) **"Interventi di manutenzione straordinaria"**, le opere e le modifiche necessarie per rinnovare e sostituire parti anche strutturali degli edifici, nonché per realizzare ed integrare i servizi igienico-sanitari e tecnologici, sempre che non alterino i volumi e le superfici delle singole unità immobiliari e non comportino modifiche delle destinazioni d'uso;

c) **"Restauro scientifico"**, gli interventi che riguardano le unità edilizie che hanno assunto rilevante importanza nel contesto urbano territoriale per specifici pregi o caratteri architettonici o artistici. Gli interventi di restauro scientifico consistono in un insieme sistematico di opere che, nel rispetto degli elementi tipologici, formali e strutturali dell'edificio, ne consentono la conservazione, valorizzandone i caratteri e rendendone possibile un uso adeguato alle intrinseche caratteristiche.

Il tipo di intervento prevede:

c. 1) il restauro degli aspetti architettonici o il ripristino delle parti alterate, cioè il restauro o ripristino dei fronti esterni ed interni, il restauro o il ripristino degli ambienti interni, la ricostruzione filologica di parti dell'edificio eventualmente crollate o demolite, la conservazione o il ripristino dell'impianto distributivo-organizzativo originale, la conservazione o il ripristino degli spazi liberi, quali, tra gli altri, le corti, i larghi, i piazzali, gli orti, i giardini, i chiostri;

c.2) il consolidamento, con sostituzione delle parti non recuperabili senza modificare la posizione o la quota dei seguenti elementi strutturali:
- murature portanti sia interne che esterne;
- solai e volte;
- scale;
- tetto, con ripristino del manto di copertura originale;

c.3) l'eliminazione delle superfetazioni come parti incongrue all'impianto originario e agli ampliamenti organici del medesimo;

c.4) l'inserimento degli impianti tecnologici e igienico-sanitari essenziali;

d) **"Interventi di restauro e risanamento conservativo"**, gli interventi edilizi rivolti a conservare l'organismo edilizio e ad assicurare la funzionalità mediante un insieme sistematico di opere che, nel rispetto degli elementi tipologici, formali e strutturali dell'organismo stesso, ne consentono destinazioni d'uso con essi compatibili. Tali interventi comprendono il consolidamento, il ripristino e il rinnovo degli elementi costitutivi dell'edificio, l'inserimento degli elementi accessori e degli impianti richiesti dalle esigenze dell'uso, l'eliminazione degli elementi estranei all'organismo edilizio;

e) **"Ripristino tipologico"**, gli interventi che riguardano le unità edilizie fatiscenti o parzialmente demolite di cui è possibile reperire adeguata documentazione della loro organizzazione tipologica originaria individuabile anche in altre unità edilizie dello stesso periodo storico e della stessa area culturale.
Il tipo di intervento prevede:

    e.1) il ripristino dei collegamenti verticali od orizzontali collettivi quali androni, blocchi scale, portici;

    e.2) il ripristino ed il mantenimento della forma, dimensioni e dei rapporti fra unità edilizie preesistenti ed aree scoperte quali corti, chiostri;

    e.3) il ripristino di tutti gli elementi costitutivi del tipo edilizio, quali partitura delle finestre, ubicazione degli elementi principali e particolari elementi di finitura.

f) **"Interventi di ristrutturazione edilizia"**, gli interventi rivolti a trasformare gli organismi edilizi mediante un insieme sistematico di opere che possono portare ad un organismo edilizio in tutto od in parte diverso dal precedente.

Tali interventi comprendono il ripristino o la sostituzione di alcuni elementi costitutivi dell'edificio, l'eliminazione, la modifica e l'inserimento di nuovi elementi ed impianti, nonché la realizzazione di volumi tecnici necessari per l'installazione o la revisione di impianti tecnologici. Nell'ambito degli interventi di ristrutturazione edilizia sono compresi anche quelli consistenti nella demolizione e ricostruzione con la stessa volumetria del fabbricato preesistente, fatte salve le sole innovazioni necessarie per l'adeguamento alla normativa antisismica, per l'applicazione della normativa sull'accessibilità, per l'installazione di impianti tecnologici e per l'efficientamento energetico degli edifici.

Gli interventi di ristrutturazione edilizia comprendono altresì quelli che comportino, in conformità alle previsioni degli strumenti urbanistici, aumento di unità immobiliari, modifiche del volume, della sagoma, dei prospetti o delle superfici, ovvero che limitatamente agli immobili compresi nei centri storici e negli insediamenti e infrastrutture storici del territorio rurale, di cui agli articoli A-7 e A-8 dell'Allegato della legge regionale n. 20 del 2000 comportino mutamenti della destinazione d'uso.

g) **"Interventi di nuova costruzione"**, gli interventi di trasformazione edilizia e urbanistica del territorio non rientranti nelle categorie definite alle lettere precedenti. Sono comunque da considerarsi tali:

    g.1) la costruzione di manufatti edilizi fuori terra o interrati, ovvero l'ampliamento di quelli esistenti all'esterno della sagoma esistente, fermo restando per gli interventi pertinenziali, quanto previsto al punto g.6);

    g.2) gli interventi di urbanizzazione primaria e secondaria realizzati da soggetti diversi dal Comune;

    g.3) la realizzazione di infrastrutture ed impianti, anche per pubblici servizi, che comporti la trasformazione in via permanente di suolo inedificato;

    g.4) l'installazione di torri e tralicci per impianti radio-ricetrasmittenti e di ripetitori per i servizi di telecomunicazione da realizzare sul suolo;

g.5) l'installazione di manufatti leggeri, anche prefabbricati, e di strutture di qualsiasi genere che siano utilizzati come abitazioni, ambienti di lavoro, oppure come depositi, magazzini e simili, e che non siano diretti a soddisfare esigenze meramente temporanee;

g.6) gli interventi pertinenziali che le norme tecniche degli strumenti urbanistici, in relazione alla zonizzazione e al pregio ambientale e paesaggistico delle aree, qualifichino come interventi di nuova costruzione, ovvero che comportino la realizzazione di un volume superiore al 20 per cento del volume dell'edificio principale;

g.7) la realizzazione di depositi di merci o di materiali, la realizzazione di impianti per attività produttive all'aperto ove comportino l'esecuzione dei lavori cui consegua la trasformazione permanente del suolo inedificato;

h) **"Interventi di ristrutturazione urbanistica"**, gli interventi rivolti a sostituire l'esistente tessuto urbanistico-edilizio con altro diverso, mediante un insieme sistematico di interventi edilizi, anche con la modificazione del disegno dei lotti, degli isolati e della rete stradale;

i) **"Demolizione"**, gli interventi di demolizione senza ricostruzione che riguardano gli elementi incongrui quali superfetazioni e corpi di fabbrica incompatibili con la struttura dell'insediamento. La loro demolizione concorre all'opera di risanamento funzionale e formale delle aree destinate a verde privato e a verde pubblico. Il tipo di intervento prevede la demolizione dei corpi edili incongrui e la esecuzione di opere esterne;

l) **"Recupero e risanamento delle aree libere"**, gli interventi che riguardano le aree e gli spazi liberi. L'intervento concorre all'opera di risanamento, funzionale e formale, delle aree stesse. Il tipo di intervento prevede l'eliminazione di opere incongrue esistenti e la esecuzione di opere capaci di concorrere alla riorganizzazione funzionale e formale delle aree e degli spazi liberi con attenzione alla loro accessibilità e fruibilità;

m) **"Significativi movimenti di terra"**, i rilevanti movimenti morfologici del suolo non a fini agricoli e comunque estranei all'attività edificatoria quali gli scavi, i livellamenti, i riporti di terreno, gli sbancamenti. Il Regolamento urbanistico ed edilizio definisce le caratteristiche dimensionali, qualitative e quantitative degli interventi al fine di stabilirne la rilevanza.

COMMENTO

Sommario: 1. Natura ed efficacia giuridica - 2. La rapida obsolescenza dell'Allegato.

1. Natura ed efficacia giuridica.

Riprendendo la tecnica legislativa della L. reg. n. 31/2002, anche la legge n. 15 cristallizza in un *"Allegato"* finale le varie categorie degli interventi edilizi (art. 9, c. 1) stabilendo espressamente la loro precettività *"ai fini della presente legge"*[1].

Diversamente dalla legge edilizia del 2002, il nuovo allegato vorrebbe avere forza legislativa ordinaria; nell'art. 9 L. reg. n. 15/2013 è scomparsa infatti la previsione, presente nell'art. 6, c. 1, L. reg. n. 31/2002, che consentiva alla Regione di modificare l'Allegato con un *"atto di coordinamento tecnico"* assunto ai sensi dell'art. 16, c. 3, L. reg. n. 20/2000 e di valore sostanzialmente regolamentare.

Ma al di là degli intenti del legislatore regionale, il valore precettivo dell'Allegato è oggi assai scarso, per non dire nullo.

A partire dal 2003, la Corte Costituzionale ha infatti affermato che le definizioni degli interventi edilizi contenute nell'art. 3, T.U. Edilizia, ed i loro rapporti con i titoli edilizi necessari a realizzarli, hanno natura di principi fondamentali della materia *"governo del territorio"* e sono pertanto indisponibili da parte del legislatore regionale.

Già con la sentenza n. 303 del 2003, la Corte ha osservato che l'individuazione delle varie fattispecie edilizie, ai fini della loro riconduzione sotto l'uno o l'altro titolo abilitativo, attiene ai principi fondamenti della materia urbanistica di esclusiva spettanza del legislatore statale. Nell'occasione venne precisato, inoltre, che la natura *"fondamentale"* di tali norme non resta incisa dalla decisione dello Stato di consentire alle Regioni di modificare il regime abilitativo di determinati interventi edilizi, perché tale previsione ha effetto di rendere "parzialmente flessibili" le norme statali di principio, ma non di

---

[1] Previsione analoga era contenuta nell'art. 6, c. 1, II periodo, L. reg. n. 31/2002 e nel primo periodo del suo Allegato.

dequotarle a disposizioni di dettaglio "disponibili" da parte del legislatore regionale[2].

L'inderogabilità delle "*categorie degli interventi edilizi*" contemplati dal T.U. Edilizia è stata confermata con l'importante pronuncia n. 309 del 2011 – in tema di discrimine tra "*nuova costruzione*" e "*ristrutturazione edilizia*"[3] – e ribadita con le sentenze n. 171/2012 e n. 139/2013, le quali hanno sancito l'impossibilità, per le Regioni, di ampliare la categoria di intervento della c.d. "*edilizia libera*" ricomprendendovi opere qualificabili come "*nuova costruzione*"[4].

La materia dell'Allegato risulta pertanto coperta da una riserva di competenza in favore dello Stato, che nei riguardi delle categorie degli interventi edilizi ha inteso dettare una disciplina di principio vincolante ed inderogabile. L'art. 3, T.U. Edilizia (da integrarsi con l'art. 10 per cogliere l'esatta nozione di ristrutturazione) contiene dunque un catalogo completo ed esaustivo delle tipologie di intervento edilizio, di cui non è consentita la modifica né alle Regioni né alle autorità locali[5].

Una limitata apertura al potere normativo regionale è contenuta invece nell'art. 6, T.U. che dopo aver enucleato le varie tipologie di interventi di

---

[2] Corte Cost., 1 ottobre 2003 n. 303,, paragrafi 11-11.1-11.2 del "*Considerato in diritto*", consultabile su *www.cortecostituzionale.it* ed in *Riv. Giur. Edilizia*, 2004, I, 10.

[3] Cfr. Corte Cost. 23 novembre 2011 n. 309 (in *Foro it.*, 2012, I, 12 ed in *Riv. Giur. Edilizia*, 2011, I, 1443), che al paragrafo 2.1. del "*Considerato in diritto*", stabilisce: "*Questa Corte ha già ricondotto nell'ambito della normativa di principio in materia di governo del territorio le disposizioni legislative riguardanti i titoli abilitativi per gli interventi edilizi (sentenza n. 303 del 2003, punto 11.2 del Considerato in diritto): a fortiori sono principi fondamentali della materia le disposizioni che definiscono le categorie di interventi, perché è in conformità a queste ultime che è disciplinato il regime dei titoli abilitativi, con riguardo al procedimento e agli oneri, nonché agli abusi e alle relative sanzioni, anche penali. L'intero corpus normativo statale in ambito edilizio è costruito sulla definizione degli interventi, con particolare riferimento alla distinzione tra le ipotesi di ristrutturazione urbanistica, di nuova costruzione e di ristrutturazione edilizia cosiddetta pesante, da un lato, e le ipotesi di ristrutturazione edilizia cosiddetta leggera e degli altri interventi (restauro e risanamento conservativo, manutenzione straordinaria e manutenzione ordinaria), dall'altro. La definizione delle diverse categorie di interventi edilizi spetta, dunque, allo Stato*".

[4] Corte Cost., 2 luglio 2012 n. 171, in *Riv. Giur. Edilizia*, 2012, 887, par. 3.1 della motivazione; id., 13 giugno 2013 n. 139, in *Foro it.*, 2013, I, 2061, par. 4 del "*Considerato in diritto*".

[5] Tanto che le disposizioni dell'art. 3 prevalgono automaticamente sulle norme regolamentari locali.

"edilizia libera" (cc. 1 e 2), ha consentito alle Regioni di introdurre nuove fattispecie edilizie liberalizzate, "ritagliandole" dalle categorie generali di intervento previste dal precedente art. 3 (c. 6)[6].

Sulla base di tali premesse, la Regione poteva legittimamente ampliare le attività di edilizia libera (ciò che ha fatto con l'art. 7 della legge regionale n. 15, seppur non senza dubbi circa il rispetto dei limiti della delega) ma non aveva il potere di disciplinare autonomamente le categorie generali degli interventi edilizi, sovrapponendo all'art. 3, T.U. Edilizia una propria classificazione definitoria valida *"ai fini dell'applicazione"* della legge regionale.

E ciò, si badi, a prescindere dal fatto che l'Allegato sia o meno conforme, nei suoi contenuti, alla disciplina statale.

Ed infatti la riconduzione di una materia all'ambito della competenza legislativa statale comporta per le Regioni il divieto di dettare proprie norme legislative anche meramente riproduttive delle leggi statali (Corte Cost. n. 141/2014, n. 18/2013, n. 271/2009, n. 57/2007, eccetera)[7].

Si tratta a questo punto di verificare quali siano, sul piano applicativo, le conseguenze della illegittimità costituzionale dell'Allegato.

La questione da risolvere è se esso sia comunque vincolante per l'operatore pubblico o privato, fino a quando non sia stato rimosso da una sentenza della Corte Costituzionale, o se sia ammissibile una applicazione diretta delle cate-

---

[6] Apertura peraltro assai limitata, perché la norma, come si è detto, è stata interpretata restrittivamente dalla Corte Costituzionale: nelle sentenze nn. 171/2012 e 139/2013, già citate, la Corte ha stabilito infatti che la potestà regionale delegata con l'art. 6, c. 6, T.U. Edilizia, non può comunque derogare al principio generale che assoggetta a permesso di costruire le opere qualificabili come "nuova costruzione".

[7] Il principio secondo cui *"in presenza di una norma attribuita alla competenza esclusiva dello Stato, alle Regioni è inibita la stessa riproduzione della norma statale"* opera sia per le materie di competenza esclusiva statale (C. cost., 28 maggio 2014 n. 141 e 14 febbraio 2013 n. 18 in materia di sconfinamento regionale nella materia dell'ordinamento civile, e C. cost., 1 febbraio 2006 n. 29, in tema di leggi regionali invasive della competenza in materia di *"organi di governo negli enti locali"*), sia per le *"materie trasversali"* come la concorrenza (C. Cost., 23 maggio 2013 n. 98) sia, infine, per le materie di legislazione concorrente, con riguardo ai *"principi fondamentali"* di spettanza del legislatore statale (Corte Cost., sentenze 29 ottobre 2009 n. 271, 2 marzo 2007 n. 57, 30 settembre 2005 n. 355, in materia di professioni: queste ultime pronunce hanno osservato che la creazione delle varie figure professionali, avendo una *"funzione individuatrice"* di natura fondamentale, è riservata allo Stato, sicché alle Regioni è vietato emanare norme anche solo *"ripetitive"* del loro contenuto). Le sentenze sono tutte consultabili sul sito *cortecostituzionale.it*

gorie edilizie dell'art. 3 del Testo Unico a scapito di quelle "regionali".

La soluzione va ricercata nell'art. 10, L. n. 53/1962, a mente del quale le leggi statali che modificano i *"principi fondamentali"* di una materia appartenente ad una materia di competenza concorrente abrogano direttamente le leggi regionali precedenti e incompatibili, senza necessità di un intervento della Corte Costituzionale; il quale resta viceversa necessario quando la Regione legiferi in materia di *"principi fondamentali"* dopo che lo Stato ha già stabilito implicitamente o esplicitamente tali principi con proprie leggi[8].

Rispetto all'Allegato si pongono pertanto le seguenti tre ipotesi.

a) La "definizione" di intervento edilizio contenuta nell'Allegato è difforme a quella contemplata nell'art. 3, T.U. Edilizia, ma la disposizione statale è successiva all'Allegato stesso (è, cioè, entrata in vigore successivamente alla L. reg. n. 15/2013).

   In questa ipotesi, la disposizione dell'Allegato dovrà intendersi automaticamente abrogata da quella successiva statale, e quest'ultima opererà direttamente nei confronti dei privati e delle Pubbliche Amministrazioni quale unica fonte regolatrice dell'intervento edilizio.

   Non vi è dunque, in questo caso, un problema di disapplicazione, ma il fenomeno è quello di una "sovrapposizione abrogatrice" della norma statale su quella regionale, sicché l'operatore dovrà applicare direttamente la prima[9].

b) L'Allegato reca *"definizioni"* degli interventi edilizi non coincidenti con quelle del T.U. Edilizia, ma è cronologicamente successivo alla disposizio-

---

[8] L'art. 1, c. 3, L. n. 131/2003 attuativo dell'art. 117 cost. nelle materie di legislazione concorrente, ha stabilito che i *"principi fondamentali"* vincolanti per il legislatore regionale sono quelli *"espressamente determinati dallo Stato"* o, in mancanza, quelli *"desumibili dalle leggi statali vigenti"*.

[9] V. sul punto Cons. Stato, Ad. Plen., 7 aprile 2008 n. 2, in *Riv. Giur. Edilizia,* 2008, I, 505, resa proprio in materia edilizia, che ha sancito il principio per cui le norme contenute nel D.P.R. n. 380/2001 e costituenti *"principi fondamentali della materia"* abrogano le leggi regionali preesistenti e contrastanti. Nello stesso senso, la recente sentenza di Cons. Stato, Sez. V, 27 maggio 2014 n. 2746, in *Urb. app.,* 2014, 939, ha ribadito che in seguito all'approvazione di una norma statale di principio, o afferente ad una materia *"trasversale"* esclusiva, *"ogni disposizione normativa regionale contrastante con quella statale è immediatamente incompatibile e pertanto da ritenersi abrogata"*.

ne statale violata.

In questa ipotesi il principio di vincolatività della legge imporrebbe all'operatore di applicare la disposizione legislativa regionale, ancorché illegittima per contrasto con la superiore fonte statale, perché sarà solo la Corte Costituzionale a poter risolvere il contrasto tra le due fonti primarie, e solo nel caso in cui la questione sia sollevata nel corso di un procedimento avanti ad un organo giurisdizionale.

È chiaro però che l'Amministrazione, se decidesse di definire il procedimento edilizio utilizzando le categorie proprie della legge statale, compirebbe un atto formalmente illegittimo ma concretamente privo di sanzione. La contestazione del provvedimento fondato sul T.U. anziché sulla L. reg. n. 15/2013 dovrebbe avvenire infatti in sede giurisdizionale, dove, tuttavia, il Giudice avrebbe l'obbligo di rilevare il contrasto tra la legge regionale e quella statale e rimettere la questione alla Corte costituzionale perché cassi la prima ripristinando il primato della seconda.

All'esito del giudizio, il provvedimento resterebbe pertanto intatto, perché risulterebbe difforme da una legge regionale non più esistente ma conforme a quella statale divenuta, per effetto della sentenza della Corte, l'unica fonte regolatrice del rapporto.

c) La terza ipotesi è che l'Allegato rechi definizioni degli interventi edilizi conformi a quelle del T.U. Edilizia, ma successive nel tempo a quest'ultimo.

Anche in questa ipotesi, la disciplina regionale risulterebbe vigente e vincolante per tutti gli operatori dell'edilizia, ma anche costituzionalmente illegittima, perché la legge regionale, come si è detto, non può *"doppiare"* le norme di competenza esclusiva statale neppure nel caso in cui ne ripeta pedissequamente il contenuto.

In concreto si tratterà però di una illegittimità priva di conseguenze pratiche significative, perché il provvedimento amministrativo che faccia applicazione all'Allegato sarà contemporaneamente conforme alla legge statale di identico contenuto, e sarà dunque giuridicamente legittimo[10].

---

[10] Non rileva, infatti, che il provvedimento utilizzi formalmente le categorie edilizie dell'Allegato, se queste sono conformi a quelle del Testo Unico: il controllo di legalità del provvedimento amministrativo deve essere svolto, infatti, con una verifica della sua *"legit-*

La conclusione da trarre è, dunque, che l'Allegato costituisce per l'operatore una "trappola" da cui è bene tenersi lontani.

Esso è, infatti, nella migliore delle ipotesi un "doppione" irrilevante della normativa statale, e nella peggiore una fonte di equivoci, errori ed incomprensioni per chi sia chiamato ad operare nella materia urbanistico-edilizia.

2. La rapida obsolescenza dell'Allegato.

L'inopportunità della scelta regionale è testimoniata dal fatto che l'Allegato è nato già "vecchio", ed è oggi sostanzialmente superato.

La L. reg. n. 15/2013 è stata pubblicata il 30 luglio 2013 ed è entrata in vigore, ai sensi dell'art. 60, il 28 settembre dello stesso anno.

Già durante la *vacatio* della legge regionale, però, il governo è intervenuto a modificare la nozione di ristrutturazione edilizia, ricomprendendo al suo interno, oltre alle demolizioni/ricostruzioni a parità di volume, anche le ricostruzioni di edifici demoliti o crollati purché rispettose del volume preesistente (art. 3, lett. d) T.U. Edilizia, nel testo modificato dall'art. 30, D.L. n. 69/2013, conv. in L. n. 98/2013 e divenuto vigente il 21 agosto 2013).

L'allegato è dunque entrato in vigore in un testo già obsoleto, poiché esso classifica le "ricostruzioni" nella categoria del "ripristino tipologico", categoria sconosciuta al Testo Unico per l'Edilizia ma assimilabile dal punto di vista sostanziale ad una "nuova costruzione"[11].

L'emanazione del D.L. n. 133/2014, conv. in L. n. 164/2014, ha accentuato la divaricazione tra disciplina regionale e statale.

Il decreto cosiddetto "sblocca Italia" ha difatti ampliato in modo deciso la categoria della manutenzione straordinaria, al fine di includervi tutte le opere interne di frazionamento od accorpamento delle unità immobiliari, anche se comportanti la variazione del numero e delle superfici delle unità immobi-

---

timità sostanziale" e cioè con un esame della sua concreta conformità al precetto normativo vigente, e non alle norme formalmente invocate nel provvedimento stesso (Cons. Stato, Sez. VI, 20 marzo 1996 n. 482, in *Giust. civ.*, 1996, I, 2766; e nello stesso senso Cons. Stato, Sez. V, 26 novembre 1994 n. 1389, in *Foro amm.*, 1994, f. 11; Sez. V, 26 ottobre 1979 n. 632, in *Giust. Civ.* 1980, I, 975).

[11] Tanto che, ai sensi dell'art. 17 della legge, si tratta di una categoria di intervento soggetta a permesso di costruire al pari della "nuova costruzione".

liari e l'aumento del carico urbanistico e purché siano rispettate le destinazioni d'uso originarie e la volumetria globale dell'edificio (v. art. 17, D.L. n. 133/2014).

Si è assistito così ad uno svuotamento della ristrutturazione edilizia, a vantaggio della manutenzione straordinaria, di cui non si ha traccia nella disciplina dell'Allegato: a dimostrazione della sua inutilità e pericolosità per l'operatore che vi si accosta.

Giacomo Graziosi

APPENDICE
NORMATIVA

**LEGGE REGIONALE
30 luglio 2013, n. 15
*"Semplificazione
della disciplina edilizia"*
(Testo coordinato con le modifiche
apportate dalla
L. Reg. 20 dicembre 2013, n. 28)**

INDICE

TITOLO I
DISPOSIZIONI GENERALI
DELL'ATTIVITÀ EDILIZIA

TITOLO II
TITOLI ABILITATIVI

TITOLO III
CONTRIBUTO DI COSTRUZIONE

TITOLO IV
MODIFICHE ALLE LEGGI REGIONALI
N. 23 DEL 2004, N. 20 DEL 2000, N. 34
DEL 2002 E N. 9 DEL 1999

TITOLO V
DISPOSIZIONI TRANSITORIE E FINALI

TITOLO I
DISPOSIZIONI GENERALI DELL'ATTIVITÀ EDILIZIA

Art. 1
Principi generali

1. La presente legge, in coerenza con le disposizioni contenute nel Titolo V della Costituzione e in attuazione dei principi fondamentali desumibili dal decreto del Presidente della Repubblica 6 giugno 2001, n. 380 (Testo unico delle disposizioni legislative e regolamentari in materia edilizia (Testo A)), regola nel territorio dell'Emilia-Romagna l'attività edilizia, intesa come ogni attività che produce una trasformazione del territorio, attraverso la modifica dello stato dei suoli o dei manufatti edilizi esistenti.

2. Nel disciplinare l'attività edilizia la presente legge persegue in modo prioritario:

a) l'incolumità e la salute delle persone, con riguardo sia alla sicurezza e salubrità delle opere ultimate, sia alla fase di esecuzione dei lavori;

b) la tutela del territorio, del paesaggio, dell'ambiente e del patrimonio storico e architettonico, nonché il miglioramento della qualità urbana ed edilizia;

c) l'applicazione delle normative nazionali e regionali in tema di accessibilità, usabilità e fruibilità e di quelle riguardanti i diritti soggettivi delle persone con disabilità;

d) il risparmio energetico ed idrico e la riduzione degli impatti delle urbanizzazioni sull'ecosistema;

e) l'efficacia, la celerità e l'imparzialità dei procedimenti di autorizzazione e di controllo degli interventi edilizi;

f) l'unicità del procedimento e del titolo abilitativo per la realizzazione e modifica degli impianti produttivi di beni e servizi e per l'esercizio delle attività produttive, ai sensi del decreto del Presidente della Repubblica 7 settembre 2010, n. 160 (Regolamento per la semplificazione ed il riordino della disciplina sullo sportello unico per le attività produttive, ai sensi dell'articolo 38, comma 3, del decreto-legge 25 giugno 2008, n. 112, convertito, con modificazioni, dalla legge 6 agosto 2008, n. 133);

g) la gestione telematica dei procedimenti abilitativi e delle inerenti comunicazioni tra cittadino, imprese e amministrazioni pubbliche.

3. La presente legge riconosce e valorizza la funzione di certificazione e di accertamento di conformità svolta nell'interesse generale dai professionisti abilitati nello svolgimento degli incarichi di progettista, direttore dei lavori e collaudatore delle opere edilizie.

4. L'attività edilizia è esercitata nel rispetto:

a) dei diritti pubblici e privati;

b) delle previsioni degli strumenti urbanistici e territoriali;

c) delle ulteriori normative di settore, dell'ordinamento regionale, statale ed europeo aventi incidenza sulla disciplina dell'attività edilizia.

5. Sono fatte salve le procedure e le modalità di verifica in materia di sicurezza e di salute da attuarsi nei cantieri, secondo la normativa nazionale e regionale vigente.

Art. 2
Semplificazione dell'attività edilizia

1. La presente legge persegue la semplificazione dell'attività edilizia e l'unifor-

mità di interpretazione e applicazione della disciplina edilizia nell'ambito del sistema regionale delle autonomie locali, attraverso:

a) il rafforzamento della funzione dello Sportello unico per l'edilizia (SUE) di unico interlocutore ai fini del rilascio dei titoli edilizi, estendendo all'attività edilizia libera e a tutti i titoli abilitativi la sua competenza a richiedere, alle altre amministrazioni e organismi competenti, ogni atto di assenso, comunque denominato, necessario per la realizzazione dell'intervento edilizio;

b) la specificazione della funzione consultiva della Commissione per la qualità architettonica e il paesaggio;

c) la riduzione del numero dei titoli abilitativi edilizi, prevedendo la sostituzione della Segnalazione certificata di inizio attività (SCIA) alla Denuncia di inizio attività (DIA), anche nel caso di interventi assoggettabili a titolo alternativo al permesso di costruire;

d) l'estensione dei casi di attività edilizia libera che possono essere attuati senza la presentazione allo Sportello unico di alcuna documentazione edilizia;

e) l'ampliamento della possibilità di ricorrere alla proroga del termine per l'inizio e la ultimazione dei lavori;

f) il potenziamento della funzione della Regione di coordinamento tecnico e di supporto agli operatori, per assicurare: la standardizzazione delle pratiche edilizie in tutto il territorio regionale, attraverso la modulistica unificata e l'individuazione della documentazione essenziale da presentare a corredo dei diversi titoli edilizi e degli atti del relativo procedimento; la parificazione della somma forfettaria per spese istruttorie dovuta in caso di rilascio della valutazione preventiva;

modalità comuni per la definizione del campione delle pratiche da assoggettare a controllo di merito a fine lavori;

g) la distinzione tra documentazione essenziale che deve essere necessariamente presentata a corredo della domanda di permesso di costruire e della S.C.I.A., da quella che il soggetto può presentare prima dell'inizio lavori, e quella che può riservarsi di presentare alla fine dei lavori;

h) l'ampliamento dei casi di varianti in corso d'opera sottoposte a SCIA di fine lavori;

i) la previsione dell'immediata utilizzabilità degli immobili di cui sia stata completata la realizzazione, in attesa del rilascio del certificato di conformità edilizia-agibilità, e la specificazione della possibilità della certificazione di agibilità parziale, per singole unità immobiliari o per porzioni dell'edificio;

l) la razionalizzazione dei controlli dell'attività edilizia, da operarsi in due fasi: all'atto della formazione del titolo abilitativo, per la verifica dell'esistenza dei presupposti e dei requisiti previsti dalla normativa vigente per l'intervento edilizio; a fine lavori ai fini del rilascio del certificato di conformità edilizia-agibilità.

Art. 3
Gestione telematica
dei procedimenti edilizi

1. La Regione promuove la realizzazione di un sistema integrato per la dematerializzazione e la gestione telematica dei procedimenti edilizi e catastali, nell'ambito delle attività della Community Network dell'Emilia-Romagna, di cui all'articolo 6 della legge regionale 24 maggio 2004, n. 11 (Svi-

luppo regionale della società dell'informazione), con l'interconnessione delle amministrazioni pubbliche e degli operatori privati coinvolti, in coordinamento con gli omologhi programmi di semplificazione dei procedimenti e standardizzazione della modulistica, previsti dalla normativa statale, istituendo una banca dati unica regionale mantenuta costantemente aggiornata dalla Regione.

Art. 4
Sportello unico per l'edilizia

1. I Comuni, in forma singola ovvero in forma associata negli ambiti territoriali ottimali di cui all'articolo 6 della legge regionale 21 dicembre 2012, n. 21 (Misure per assicurare il governo territoriale delle funzioni amministrative secondo i principi di sussidiarietà, differenziazione ed adeguatezza), esercitano le funzioni di autorizzazione e di controllo dell'attività edilizia, e la funzione generale di vigilanza sull'attività urbanistico edilizia, assicurando la conformità degli interventi alle previsioni degli strumenti urbanistici e territoriali ed alle ulteriori disposizioni operanti, ed il rispetto dei diritti inerenti i beni e gli usi pubblici.

2. La gestione dei procedimenti abilitativi inerenti gli interventi che riguardano l'edilizia residenziale, e le relative funzioni di controllo, sono attribuite ad un'unica struttura, denominata "Sportello unico per l'edilizia" (Sportello unico), costituita dal Comune o da più Comuni associati.

3. I Comuni singoli e le forme associative a cui siano conferite le funzioni in materia edilizia, possono istituire un'unica struttura che svolge le competenze dello Sportello unico per l'edilizia e le competenze dello Sportello unico per le attività produttive (SUAP).

4. Lo Sportello unico costituisce, per gli interventi di edilizia residenziale, l'unico punto di accesso per il privato interessato, in relazione a tutte le vicende amministrative riguardanti il titolo abilitativo e l'intervento edilizio oggetto dello stesso, che fornisce una risposta tempestiva in luogo di tutte le pubbliche amministrazioni, comunque coinvolte. Le comunicazioni al richiedente sono trasmesse esclusivamente dallo Sportello unico; gli altri uffici comunali e le amministrazioni pubbliche diverse dal Comune, che sono interessati al procedimento di rilascio del permesso di costruire, non possono trasmettere al richiedente atti autorizzatori, nulla osta, pareri o atti di consenso, anche a contenuto negativo, comunque denominati e sono tenuti a trasmettere immediatamente allo Sportello unico le denunce, le domande, le segnalazioni, gli atti e la documentazione ad esse eventualmente presentati, dandone comunicazione al richiedente.

5. Ai fini del rilascio del permesso di costruire lo Sportello unico acquisisce direttamente o tramite conferenza di servizi ai sensi della legge 7 agosto 1990, n. 241 (Nuove norme in materia di procedimento amministrativo e di diritto di accesso ai documenti amministrativi), le autorizzazioni e gli altri atti di assenso, comunque denominati, necessari ai fini della realizzazione dell'intervento edilizio. In caso di attività edilizia libera soggetta a comunicazione e di S.C.I.A., lo Sportello unico svolge la medesima attività su istanza dei privati interessati, ai sensi degli articoli 7, comma 7, 14, comma

2, e 15, comma 2, della presente legge. La Regione stipula apposite convenzioni con gli enti diversi dall'amministrazione comunale competenti al rilascio delle autorizzazioni o altri atti di assenso comunque denominati richiesti, al fine di semplificare e accelerare le modalità di rilascio dei medesimi atti.

6. Sono fatte comunque salve:

a) la differenziazione tra l'attività di tutela del paesaggio e l'esercizio delle funzioni amministrative in materia urbanistico-edilizia, a norma dell'articolo 40-undecies, comma 2, della legge regionale 24 marzo 2000, n. 20 (Disciplina generale sulla tutela e l'uso del territorio);

b) le funzioni di polizia edilizia attribuite dall'ordinamento alle strutture di polizia municipale.

7. I Comuni, attraverso lo Sportello unico, forniscono una adeguata e continua informazione ai cittadini sulla disciplina dell'attività edilizia vigente, provvedendo anche alla pubblicazione sul sito informatico istituzionale degli strumenti urbanistici, approvati o adottati, delle relative varianti e altre normative di settore aventi incidenza sulla disciplina dell'attività edilizia.

8. Ai fini della presentazione, del rilascio o della formazione dei titoli abilitativi previsti dalla presente legge, lo Sportello unico e le amministrazioni, competenti al rilascio delle autorizzazioni e degli altri atti di assenso comunque denominati necessari ai fini della realizzazione dell'intervento, sono tenuti ad acquisire d'ufficio i documenti, le informazioni e i dati, compresi quelli catastali, che siano in possesso delle pubbliche amministrazioni e non possono richiedere attestazioni, comunque denominate, o perizie sulla veridicità e sull'autenticità di tali documenti, informazioni e dati.

Art. 5
Interventi edilizi
per le attività produttive

1. La gestione dei procedimenti abilitativi inerenti la realizzazione e la modifica degli impianti produttivi di beni e servizi, disciplinati dal decreto del Presidente della Repubblica n. 160 del 2010, sono attribuiti al SUAP.

2. Nel caso di impianti produttivi di beni e servizi, il SUAP è il punto unico di accesso, le comunicazioni al richiedente sono trasmesse esclusivamente dallo Sportello unico e gli altri uffici comunali e le amministrazioni pubbliche diverse dal Comune, che sono interessati al procedimento di rilascio del permesso di costruire, non possono trasmettere al richiedente atti autorizzatori, nulla osta, pareri o atti di consenso, anche a contenuto negativo, comunque denominati, e sono tenuti a trasmettere immediatamente al SUAP le denunce, le domande, le segnalazioni, gli atti e la documentazione ad esse eventualmente presentati, dandone comunicazione al richiedente.

3. Il procedimento di competenza SUAP, disciplinato dall'articolo 5 del decreto del Presidente della Repubblica n. 160 del 2010 trova applicazione per gli interventi attinenti all'attività edilizia libera soggetti a comunicazione e per quelli soggetti a S.C.I.A., che riguardano la realizzazione e la modifica degli impianti produttivi di beni e servizi. Nel caso in cui per l'intervento edilizio siano necessari autorizzazioni

ed atti di assenso, comunque denominati, di cui all'articolo 9, comma 5, lettere a), b), c) e d), della presente legge, gli interessati richiedono preventivamente al SUAP di provvedere all'acquisizione di tali atti di assenso, presentando la documentazione richiesta dalla disciplina di settore per il loro rilascio.

4. Ai fini del rilascio, ai sensi articolo 7 del decreto del Presidente della Repubblica n. 160 del 2010, del titolo unico per la realizzazione e la modifica degli impianti produttivi di beni e servizi, comprensivo del permesso di costruire, il SUAP acquisisce direttamente o tramite conferenza di servizi, le autorizzazioni e gli altri atti di assenso, comunque denominati, necessari.

5. Nell'ambito dei procedimenti di cui ai commi 3 e 4, qualora non sia stata costituita la struttura unica di cui all'articolo 4, comma 3, lo Sportello unico per l'edilizia svolge esclusivamente le funzioni di verifica della conformità alla disciplina dell'attività edilizia. Per tali interventi edilizi, lo Sportello unico per l'edilizia provvede altresì al rilascio del certificato di conformità edilizia e agibilità delle opere realizzate, nonché all'esercizio dei compiti di vigilanza e controllo dell'attività edilizia, secondo le disposizioni di cui alla presente legge e alla legge regionale 21 ottobre 2004, n. 23 (Vigilanza e controllo dell'attività edilizia ed applicazione della normativa statale di cui all'articolo 32 del d.l. 30 settembre 2003, n. 269, convertito con modifiche dalla legge 24 novembre 2003, n. 326).

Art. 6
Commissione per la qualità architettonica e il paesaggio

1. I Comuni istituiscono, in forma singola ovvero in forma associata negli ambiti ottimali di cui all'articolo 6 della legge regionale n. 21 del 2012, la Commissione per la qualità architettonica e il paesaggio, quale organo consultivo cui spetta l'emanazione di pareri, obbligatori e non vincolanti, in ordine agli aspetti compositivi ed architettonici degli interventi ed al loro inserimento nel contesto urbano, paesaggistico e ambientale.

2. La Commissione si esprime:

a) sul rilascio dei provvedimenti comunali in materia di beni paesaggistici;

b) sugli interventi edilizi sottoposti a SCIA e permesso di costruire negli edifici di valore storico-architettonico, culturale e testimoniale individuati dagli strumenti urbanistici comunali, ai sensi dell'articolo A-9, commi 1 e 2, dell'Allegato della legge regionale n. 20 del 2000, ad esclusione degli interventi negli immobili compresi negli elenchi di cui alla Parte Seconda del decreto legislativo 22 gennaio 2004, n. 42 (Codice dei beni culturali e del paesaggio, ai sensi dell'articolo 10 della legge 6 luglio 2002, n. 137);

c) sull'approvazione degli strumenti urbanistici, qualora l'acquisizione del parere sia prevista dal Regolamento Urbanistico ed Edilizio (RUE).

3. Il Consiglio comunale, con il RUE, definisce la composizione e le modalità di nomina della Commissione, nell'osservanza dei seguenti principi:

a) la Commissione costituisce organo a carattere esclusivamente tecnico, con componenti solo esterni all'amministrazione comunale, i quali presentano una elevata competenza, specializzazione ed esperienza nelle materie richiamate al comma 1;

b) pareri sono espressi in ordine agli aspetti compositivi ed architettonici degli interventi, tra cui l'accessibilità, usabilità e fruibilità degli edifici esaminati, ed al loro inserimento nel contesto urbano, paesaggistico e ambientale;

c) la Commissione all'atto dell'insediamento può redigere un apposito documento guida sui principi e sui criteri compositivi e formali di riferimento per l'emanazione dei pareri;

d) il professionista incaricato può motivatamente chiedere di poter illustrare alla Commissione il progetto prima della sua valutazione.

4. Le determinazioni conclusive del dirigente preposto allo Sportello unico non conformi, anche in parte, al parere della Commissione sono immediatamente comunicate al Sindaco per lo svolgimento del riesame di cui all'articolo 27.

Art. 7
Attività edilizia libera e interventi soggetti a comunicazione

(sostituiti commi 6 e 7 da art. 52, L. reg. 20 dicembre 2013, n. 28)

1. Nel rispetto della disciplina dell'attività edilizia di cui all'articolo 9, comma 3, sono attuati liberamente, senza titolo abilitativo edilizio:

a) gli interventi di manutenzione ordinaria;

b) gli interventi volti all'eliminazione delle barriere architettoniche, sensoriali e psicologico-cognitive, intesi come ogni trasformazione degli spazi, delle superfici e degli usi dei locali delle unità immobiliari e delle parti comuni degli edifici, ivi compreso l'inserimento di elementi tecnici e tecnologici, necessari per favorire l'autonomia e la vita indipendente di persone con disabilità certificata, qualora non interessino gli immobili compresi negli elenchi di cui alla Parte Seconda del decreto legislativo n. 42 del 2004, nonché gli immobili aventi valore storico-architettonico, individuati dagli strumenti urbanistici comunali ai sensi dell'articolo A-9, comma 1, dell'Allegato della legge regionale n. 20 del 2000 e qualora non riguardino le parti strutturali dell'edificio o siano privi di rilevanza per la pubblica incolumità ai fini sismici e non rechino comunque pregiudizio alla statica dell'edificio e non comportino deroghe alle previsioni degli strumenti urbanistici comunali e al decreto del Ministro dei lavori pubblici 2 aprile 1968, n. 1444 (Limiti inderogabili di densità edilizia, di altezza, di distanza fra i fabbricanti e rapporti massimi tra spazi destinati agli insediamenti residenziali e produttivi e spazi pubblici o riservati alle attività collettive, al verde pubblico o a parcheggi da osservare ai fini della formazione dei nuovi strumenti urbanistici o della revisione di quelli esistenti, ai sensi dell'art. 17 della legge 6 Agosto 1967, n.765);

c) le opere temporanee per attività di ricerca nel sottosuolo che abbiano carattere geognostico, ad esclusione di attività di ricerca di idrocarburi, e che siano eseguite in aree esterne al centro edificato nonché i carotaggi e le opere temporanee per le analisi geologiche e geotecniche richieste per l'edificazione nel territorio urbanizzato;

d) i movimenti di terra strettamente pertinenti all'esercizio dell'attività agricola e le pratiche agro silvo-pastorali, compresi gli interventi su impianti idraulici agrari;

e) le serre mobili stagionali, sprovviste di strutture in muratura, funzionali allo svolgimento dell'attività agricola;

f) le opere dirette a soddisfare obiettive esigenze contingenti, temporanee e stagionali e ad essere immediatamente rimosse al cessare della necessità e, comunque, entro un termine non superiore a sei mesi compresi i tempi di allestimento e smontaggio delle strutture;

g) le opere di pavimentazione e di finitura di spazi esterni, anche per aree di sosta, che siano contenute entro l'indice di permeabilità, ove stabilito dallo strumento urbanistico comunale, ivi compresa la realizzazione di intercapedini interamente interrate e non accessibili, vasche di raccolta delle acque, locali tombati;

h) le opere esterne per l'abbattimento e superamento delle barriere architettoniche, sensoriali e psicologico-cognitive;

i) le aree ludiche senza fini di lucro e gli elementi di arredo delle aree pertinenziali degli edifici senza creazione di volumetria e con esclusione delle piscine, che sono soggette a SCIA;

l) le modifiche funzionali di impianti già destinati ad attività sportive senza creazione di volumetria;

m) i pannelli solari, fotovoltaici, a servizio degli edifici, da realizzare al di fuori dei centri storici e degli insediamenti e infrastrutture storici del territorio rurale, di cui agli articoli A-7 e A-8 dell'Al-

legato della legge regionale n. 20 del 2000;

n) le installazioni dei depositi di gas di petrolio liquefatto di capacità complessiva non superiore a 13 metri cubi, di cui all'articolo 17 del decreto legislativo 22 febbraio 2006, n. 128 (Riordino della disciplina relativa all'installazione e all'esercizio degli impianti di riempimento, travaso e deposito di GPL, nonché all'esercizio dell'attività di distribuzione e vendita di GPL in recipienti, a norma dell'articolo 1, comma 52, della L. 23 agosto 2004, n. 239);

o) i mutamenti di destinazione d'uso non connessi a trasformazioni fisiche dei fabbricati già rurali con originaria funzione abitativa che non presentano più i requisiti di ruralità e per i quali si provvede alla variazione nell'iscrizione catastale mantenendone la funzione residenziale.

2. L'esecuzione delle opere di cui al comma 1 lettera f) è preceduta dalla comunicazione allo Sportello unico delle date di inizio dei lavori e di rimozione del manufatto, con l'eccezione delle opere insistenti su suolo pubblico comunale il cui periodo di permanenza è regolato dalla concessione temporanea di suolo pubblico.

3. Il mutamento di destinazione d'uso di cui al comma 1, lettera o) è comunicato alla struttura comunale competente in materia urbanistica, ai fini dell'applicazione del vincolo di cui all'articolo A-21, comma 3, lettera a), dell'Allegato della legge regionale n. 20 del 2000.

4. Nel rispetto della disciplina dell'attività edilizia di cui all'articolo 9, comma 3, sono eseguiti previa comunicazione di inizio dei lavori:

a) le opere di manutenzione straordinaria e le opere interne alle costruzioni, qualora non comportino modifiche della sagoma, non aumentino le superfici utili e il numero delle unità immobiliari, non modifichino le destinazioni d'uso delle costruzioni e delle singole unità immobiliari, non riguardino le parti strutturali dell'edificio o siano privi di rilevanza per la pubblica incolumità ai fini sismici e non rechino comunque pregiudizio alla statica dell'edificio;

b) le modifiche interne di carattere edilizio sulla superficie coperta dei fabbricati adibiti ad esercizio d'impresa;

c) le modifiche della destinazione d'uso senza opere, tra cui quelle dei locali adibiti ad esercizio d'impresa, che non comportino aumento del carico urbanistico.

5. Per gli interventi di cui al comma 4, la comunicazione di inizio dei lavori riporta i dati identificativi dell'impresa alla quale si intende affidare la realizzazione dei lavori e la data di fine dei lavori che non può essere superiore ai tre anni dalla data del loro inizio. La comunicazione è accompagnata dai necessari elaborati progettuali e da una relazione tecnica a firma di un professionista abilitato, il quale assevera, sotto la propria responsabilità, la corrispondenza dell'intervento con una delle fattispecie descritte al comma 4, il rispetto delle prescrizioni e delle normative di cui all'alinea del comma 1, nonché l'osservanza delle eventuali prescrizioni stabilite nelle autorizzazioni o degli altri atti di assenso acquisiti per l'esecuzione delle opere. Limitatamente agli interventi di cui al comma 4, lettere b) e c), in luogo delle asseverazioni dei professionisti possono essere trasmesse le dichiarazioni di conformità da parte dell'Agenzia per le imprese di cui all'articolo 38, comma 3, lettera c), del decreto-legge 25 giugno 2008, n. 112 (Disposizioni urgenti per lo sviluppo economico, la semplificazione, la competitività, la stabilizzazione della finanza pubblica e la perequazione tributaria), convertito, con modificazioni, dalla legge 6 agosto 2008, n. 133, relative alla sussistenza dei requisiti e dei presupposti di cui al presente comma.

6. *L'esecuzione delle opere di cui al comma 4 comporta l'obbligo della nomina del direttore dei lavori, della comunicazione della fine dei lavori e della trasmissione allo Sportello unico della copia degli atti di aggiornamento catastale, nei casi previsti dalle vigenti disposizioni, e delle certificazioni degli impianti tecnologici, qualora l'intervento abbia interessato gli stessi. Per i medesimi interventi non è richiesto il rilascio del certificato di conformità edilizia e di agibilità di cui all'articolo 23. Nella comunicazione di fine dei lavori sono rappresentate, con le modalità di cui al comma 5, secondo e terzo periodo, le eventuali varianti al progetto originario apportate in corso d'opera, le quali sono ammissibili a condizione che rispettino i limiti e le condizioni indicate dai commi 4 e 7.*

7. *Per gli interventi di cui al presente articolo, l'interessato acquisisce prima dell'inizio dei lavori le autorizzazioni e gli altri atti di assenso, comunque denominati, necessari secondo la normativa vigente per la realizzazione dell'intervento edilizio, nonché ogni altra documentazione prevista dalle normative di settore per la loro realizzazione, a garanzia della legittimità*

dell'intervento. Gli interessati, prima dell'inizio dell'attività edilizia, possono richiedere allo Sportello unico di provvedere all'acquisizione di tali atti di assenso ai sensi dell'articolo 4, comma 5, presentando la documentazione richiesta dalla disciplina di settore per il loro rilascio.

Art. 8
Attività edilizia in aree
parzialmente pianificate

1. Per i Comuni provvisti di Piano Strutturale Comunale (P.S.C.), negli ambiti del territorio assoggettati a Piano Operativo Comunale (P.O.C.), come presupposto per le trasformazioni edilizie, fino all'approvazione del medesimo strumento sono consentiti, fatta salva l'attività edilizia libera e previo titolo abilitativo, gli interventi sul patrimonio edilizio esistente relativi:
a) alla manutenzione straordinaria;
b) al restauro e risanamento conservativo;
c) alla ristrutturazione edilizia di singole unità immobiliari, o parti di esse, nonché di interi edifici nei casi e nei limiti previsti dal P.S.C.;
d) alla demolizione senza ricostruzione nei casi e nei limiti previsti dal P.S.C..
2. I medesimi interventi previsti dal comma 1 sono consentiti negli ambiti pianificati attraverso P.O.C., che non ha assunto il valore e gli effetti di Piano Urbanistico Attuativo (P.U.A.) ai sensi dell'articolo 30, comma 4, della legge regionale n. 20 del 2000, a seguito della scadenza del termine di efficacia del piano, qualora entro il medesimo termine non si sia provveduto all'approvazione del P.U.A. o alla reiterazione dei vincoli espropriativi secondo le modalità previste dalla legge.

3. I medesimi interventi edilizi previsti al comma 1 sono consentiti nei Comuni ancora provvisti di Piano Regolatore Generale (P.R.G.) e fino all'approvazione della strumentazione urbanistica prevista dalla legge regionale n. 20 del 2000, per le aree nelle quali non siano stati approvati gli strumenti urbanistici attuativi previsti dal P.R.G..
4. Sono comunque fatti salvi i limiti più restrittivi circa le trasformazioni edilizie ammissibili, previsti dal RUE ovvero, in via transitoria, dal regolamento edilizio comunale.

TITOLO II
TITOLI ABILITATIVI

Art. 9
Titoli abilitativi

1. Fuori dai casi di cui all'articolo 7, le attività edilizie, anche su aree demaniali, sono soggette a titolo abilitativo e la loro realizzazione è subordinata, salvi i casi di esonero, alla corresponsione del contributo di costruzione. Le definizioni degli interventi edilizi sono contenute nell'Allegato costituente parte integrante della presente legge.
2. I titoli abilitativi sono la SCIA e il permesso di costruire. Entrambi sono trasferibili insieme all'immobile ai successori o aventi causa. I titoli abilitativi non incidono sulla titolarità della proprietà e di altri diritti reali e non comportano limitazioni dei diritti dei terzi.
3. I titoli abilitativi devono essere conformi alla disciplina dell'attività edilizia costituita:
a) dalle leggi e dai regolamenti in materia urbanistica ed edilizia;
b) dalle prescrizioni contenute negli strumenti di pianificazione territoriale ed

urbanistica vigenti e adottati;

c) dalle discipline di settore aventi incidenza sulla disciplina dell'attività edilizia, tra cui la normativa tecnica vigente di cui all'articolo 11;

d) dalle normative sui vincoli paesaggistici, idrogeologici, ambientali e di tutela del patrimonio storico, artistico ed archeologico, gravanti sull'immobile.

4. La verifica di conformità, di cui al comma 3, lettere b) e d), è effettuata rispetto alle sole previsioni degli strumenti di pianificazione urbanistica comunale, qualora siano stati approvati come carta unica del territorio, secondo quanto disposto dall'articolo 19 della legge regionale n. 20 del 2000.

5. Nei casi in cui per la formazione del titolo abilitativo o per l'inizio dei lavori la normativa vigente prevede l'acquisizione di atti o pareri di organi o enti appositi, ovvero l'esecuzione di verifiche preventive, essi sono comunque sostituiti dalle autocertificazioni, attestazioni e asseverazioni o certificazioni di tecnici abilitati relative alla sussistenza dei requisiti e dei presupposti previsti dalla legge, dagli strumenti urbanistici approvati e adottati e dai regolamenti edilizi, da produrre a corredo del titolo, salve le verifiche successive degli organi e delle amministrazioni competenti. Il presente comma non trova applicazione relativamente:

a) agli atti rilasciati dalle amministrazioni preposte alla tutela dei vincoli ambientali, paesaggistici o culturali;

b) agli atti rilasciati dalle amministrazioni preposte alla difesa nazionale, alla pubblica sicurezza, all'immigrazione, all'asilo, alla cittadinanza, all'amministrazione della giustizia, all'amministrazione delle finanze, ivi compresi

gli atti concernenti le reti di acquisizione del gettito, anche derivante dal gioco;

c) agli atti previsti dalla normativa per le costruzioni in zone sismiche, di cui alla legge regionale 30 ottobre 2008, n. 19 (Norme per la riduzione del rischio sismico);

d) agli atti imposti dalla normativa comunitaria.

6. L'efficacia dei titoli abilitativi è sospesa nei casi di cui all'articolo 90, comma 10, del decreto legislativo 9 aprile 2008, n. 81 (Attuazione dell'articolo 1 della legge 3 agosto 2007, n. 123, in materia di tutela della salute e della sicurezza nei luoghi di lavoro).

Art. 10
Procedure abilitative speciali

1. Non sono soggetti ai titoli abilitativi di cui all'articolo 9:

a) le opere, gli interventi e i programmi di intervento da realizzare a seguito della conclusione di un accordo di programma, ai sensi dell' articolo 34 del decreto legislativo 18 agosto 2000, n. 267 (Testo unico delle leggi sull'ordinamento degli enti locali) e dell'articolo 40 della legge regionale n. 20 del 2000, a condizione che l'amministrazione comunale accerti che sussistono tutti i requisiti e presupposti previsti dalla disciplina vigente per il rilascio o la presentazione del titolo abilitativo richiesto;

b) le opere pubbliche, da eseguirsi da amministrazioni statali o comunque insistenti su aree del demanio statale, da realizzarsi dagli enti istituzionalmente competenti;

c) le opere pubbliche di interesse regionale, provinciale e comunale, a condizione che la validazione del progetto, di cui all'articolo 112 del decreto legislativo del 12 aprile 2006, n. 163 (Codice dei contratti pubblici relativi a lavori, servizi e forniture in attuazione delle direttive 2004/17/CE e 2004/18/CE), contenga il puntuale accertamento di conformità del progetto alla disciplina dell'attività edilizia di cui all'articolo 9, comma 3, della presente legge.

2. Per le opere pubbliche di cui al comma 1, lettere a), b) e c) non trova applicazione il procedimento per il rilascio del certificato di conformità edilizia e di agibilità, di cui agli articoli da 23 a 26. Il medesimo procedimento si applica per le opere private eventualmente approvate con l'accordo di programma di cui al comma 1, lettera a).

3. La Regione, con atto di indirizzo di cui all'articolo 12, può individuare le informazioni circa gli elementi essenziali delle opere pubbliche di cui al comma 1 da comunicare all'amministrazione comunale, al fine di assicurare la conoscenza delle realizzazioni e delle trasformazioni del patrimonio pubblico.

4. Sono fatte salve la Procedura Abilitativa Semplificata (PAS), di cui all'articolo 6 del decreto legislativo 3 marzo 2011, n. 28 (Attuazione della direttiva 2009/28/CE sulla promozione dell'uso dell'energia da fonti rinnovabili, recante modifica e successiva abrogazione delle direttive 2001/77/CE e 2003/30/CE), e la comunicazione per gli impianti alimentati da energia rinnovabile, nonché ogni altra procedura autorizzativa speciale prevista dalle discipline settoriali che consente la trasformazione urbanistica ed edilizia del territorio.

Art. 11
Requisiti delle opere edilizie

1. L'attività edilizia è subordinata alla conformità dell'intervento alla normativa tecnica vigente, tra cui i requisiti antisismici, di sicurezza, antincendio, igienico-sanitari, di efficienza energetica, di superamento e non creazione delle barriere architettoniche, sensoriali e psicologico-cognitive.

2. Al fine di favorire il miglioramento del rendimento energetico del patrimonio edilizio esistente trovano applicazione le seguenti misure di incentivazione, in coerenza con quanto disposto dall'articolo 11, commi 1 e 2, del decreto legislativo 30 maggio 2008, n. 115 (Attuazione della direttiva 2006/32/CE relativa all'efficienza degli usi finali dell'energia e i servizi energetici e abrogazione della direttiva 93/76/CEE):

a) i maggiori spessori delle murature, dei solai e delle coperture, necessari ad ottenere una riduzione minima del 10 per cento dell'indice di prestazione energetica previsto dalla normativa vigente, non costituiscono nuovi volumi e nuova superficie nei seguenti casi:

1) per gli elementi verticali e di copertura degli edifici, con riferimento alla sola parte eccedente i 30 centimetri e fino a un massimo di ulteriori 25 centimetri;

2) per gli elementi orizzontali intermedi, con riferimento alla sola parte eccedente i 30 centimetri e fino ad un massimo di ulteriori 15 centimetri;

b) è permesso derogare a quanto previsto dalle normative nazionali, regionali o dai regolamenti comunali, in merito alle distanze minime tra edifici, alle distanze minime dai confini di proprietà e alle distanze minime di protezione del nastro stradale, nella misura massima di 20 centimetri per il maggiore spessore delle pareti verticali esterne, nonché alle altezze massime degli edifici, nella misura di 25 centimetri per il maggiore spessore degli elementi di copertura. La deroga può essere esercitata nella misura massima da entrambi gli edifici confinanti.

3. La legge regionale in materia di riduzione del rischio sismico prevede misure di incentivazione degli interventi per migliorare la sicurezza sismica del patrimonio edilizio esistente.

Art. 12
Atti regionali di
coordinamento tecnico

*(sostituito comma 2 da art. 52,
L. reg. 20 dicembre 2013, n. 28)*

1. Al fine di assicurare l'uniformità e la trasparenza dell'attività tecnico-amministrativa dei Comuni nella materia edilizia, il trattamento omogeneo dei soggetti coinvolti e la semplificazione dei relativi adempimenti, Regione ed enti locali in sede di Consiglio delle Autonomie locali definiscono il contenuto di atti di coordinamento tecnico ai fini della loro approvazione da parte della Giunta regionale.

2. *Entro centottanta giorni dall'approvazione, i contenuti degli atti di cui al comma 1 sono recepiti da ciascun Comune con deliberazione del Consiglio e contestuale modifica o abrogazione delle previsioni regolamentari e amministrative con essi incompatibili. Decorso inutilmente tale termine trova applicazione il comma 3 bis dell'articolo 16 della legge regionale n. 20 del*

2000, fatti salvi gli interventi edilizi per i quali prima della scadenza del medesimo termine sia stato presentato il relativo titolo abilitativo o la domanda per il suo rilascio.

3. Per i Comuni che esercitano in forma associata, negli ambiti territoriali di cui all'articolo 6 della legge regionale n. 21 del 2012, le funzioni di autorizzazione e di controllo dell'attività edilizia e la funzione generale di vigilanza sull'attività urbanistica ed edilizia, il recepimento di cui al comma 2 costituisce criterio di preferenza per la corresponsione degli incentivi previsti dal programma di riordino territoriale ai sensi dell'articolo 22 della legge regionale n. 21 del 2012.

4. Gli atti di coordinamento tecnico definiscono, tra l'altro:

a) il modello unico regionale della richiesta di permesso, della S.C.I.A., e di ogni altro atto disciplinato dalla presente legge;

b) l'elenco della documentazione da allegare alla richiesta di permesso e alla S.C.I.A., alla comunicazione di fine dei lavori e ad ogni altro atto disciplinato dalla presente legge;

c) l'elenco dei progetti particolarmente complessi che comportano il raddoppio dei tempi istruttori, ai sensi dell'articolo 18, comma 9;

d) i criteri generali per la determinazione della somma forfettaria dovuta per il rilascio della valutazione preventiva di cui all'articolo 21;

e) le modalità di definizione del campione di pratiche edilizie soggette a controllo dopo la fine dei lavori, ai sensi dell'articolo 23;

f) i requisiti edilizi igienico sanitari degli insediamenti produttivi e di servizio caratterizzati da significativi impatti sull'ambiente e sulla salute;

g) la classificazione uniforme delle destinazioni d'uso utilizzabili dagli strumenti urbanistici comunali;

h) i criteri per l'applicazione omogenea della classificazione degli interventi edilizi.

5. In particolare, l'atto di coordinamento tecnico inerente l'elenco dei documenti da allegare alla richiesta di permesso e alla SCIA deve prevedere:

a) gli elaborati costitutivi del progetto, tra cui, in caso di interventi sull'esistente, quelli rappresentativi dello stato di fatto e dello stato legittimo degli immobili oggetto dell'intervento;

b) i contenuti della dichiarazione con la quale il professionista abilitato assevera analiticamente che l'intervento rientra in una delle fattispecie soggette al titolo abilitativo presentato e che l'intervento è conforme alla disciplina dell'attività edilizia di cui all'articolo 9, comma 3;

c) la distinzione tra la documentazione essenziale, obbligatoria per la presentazione dell'istanza di permesso e della S.C.I.A., quella richiesta per l'inizio dei lavori e quella che il progettista può riservarsi di presentare a fine lavori.

Art. 13
Interventi soggetti a SCIA

1. Sono obbligatoriamente subordinati a SCIA gli interventi non riconducibili alla attività edilizia libera e non soggetti a permesso di costruire, tra cui:

a) gli interventi di manutenzione straordinaria e le opere interne che non presentino i requisiti di cui all'articolo 7, comma 4;

b) gli interventi volti all'eliminazione delle barriere architettoniche, sensoriali e psicologico-cognitive come definite all'articolo 7, comma 1, lettera b), qualora interessino gli immobili compresi negli elenchi di cui alla Parte Seconda del decreto legislativo n. 42 del 2004 o gli immobili aventi valore storico-architettonico, individuati dagli strumenti urbanistici comunali ai sensi dell'articolo A-9, comma 1, dell'Allegato della legge regionale n. 20 del 2000, qualora riguardino le parti strutturali dell'edificio e comportino modifica della sagoma e degli altri parametri dell'edificio oggetto dell'intervento;

c) gli interventi restauro scientifico e quelli di restauro e risanamento conservativo;

d) gli interventi di ristrutturazione edilizia di cui alla lettera f) dell'Allegato, compresi gli interventi di recupero a fini abitativi dei sottotetti, nei casi e nei limiti di cui alla legge regionale 6 aprile 1998, n. 11 (Recupero a fini abitativi dei sottotetti esistenti);

e) il mutamento di destinazione d'uso senza opere che comporta aumento del carico urbanistico;

f) l'installazione o la revisione di impianti tecnologici che comportano la realizzazione di volumi tecnici al servizio di edifici o di attrezzature esistenti;

g) le varianti in corso d'opera di cui all'art. 22;

h) la realizzazione di parcheggi da destinare a pertinenza delle unità immobiliari, nei casi di cui all'articolo 9, comma 1, della legge 24 marzo 1989, n. 122 (Disposizioni in materia di parcheggi, programma triennale per le aree urbane maggiormente popolate nonché modificazioni di alcune norme del testo unico sulla disciplina della circolazione stradale, approvato con decreto del Presidente della Repubblica 15 giugno 1959, n. 393);

i) le opere pertinenziali non classificabili come nuova costruzione ai sensi della lettera g.6) dell'Allegato;

l) le recinzioni, le cancellate e i muri di cinta;

m) gli interventi di nuova costruzione di cui al comma 2;

n) gli interventi di demolizione parziale e integrale di manufatti edilizi;

o) il recupero e il risanamento delle aree libere urbane e gli interventi di rinaturalizzazione.

p) i significativi movimenti di terra di cui alla lettera m) dell'Allegato.

2. Gli strumenti urbanistici comunali possono individuare gli interventi di nuova costruzione disciplinati da precise disposizioni sui contenuti planovolumetrici, formali, tipologici e costruttivi, per i quali gli interessati, in alternativa al permesso di costruire, possono presentare una SCIA. Le analoghe previsioni riferite nei piani vigenti alla denuncia di inizio attività sono attuate mediante SCIA.

3. Ove non sussistano ragionevoli alternative progettuali, gli interventi di cui al comma 1, lettera b) possono comportare deroga alla densità edilizia, all'altezza e alla distanza tra i fabbricati e dai confini stabilite dagli strumenti di pianificazione urbanistica e dal decreto del Ministro dei lavori pubblici 2 aprile 1968, n. 1444.

4. Gli strumenti urbanistici possono limitare i casi in cui gli interventi di ristrutturazione edilizia, di cui al comma 1, lettera d), sono consentiti mediante demolizione e successiva ricostruzione del fabbricato, con modifiche agli originari parametri. All'interno del centro storico di cui all'articolo A-7 dell'Allegato alla legge regionale n. 20 del 2000 i Comuni individuano con propria deliberazione, da adottare entro il 31 dicembre 2013 e da aggiornare con cadenza almeno triennale, le aree nelle quali non è ammessa la ristrutturazione edilizia con modifica della sagoma e quelle nelle quali i lavori di ristrutturazione edilizia non possono in ogni caso avere inizio prima che siano decorsi trenta giorni dalla data di presentazione della SCIA. Nella pendenza del termine per l'adozione della deliberazione di cui al secondo periodo, non trova applicazione per il predetto centro storico la ristrutturazione edilizia con modifica della sagoma.

Art. 14
Disciplina della SCIA

1. La SCIA è presentata al Comune dal proprietario dell'immobile o da chi ne ha titolo nell'osservanza dell'atto di coordinamento tecnico previsto dall'articolo 12, corredata dalla documentazione essenziale, tra cui gli elaborati progettuali previsti per l'intervento che si intende realizzare e la dichiarazione con cui il progettista abilitato assevera analiticamente che l'intervento da realizzare:

a) è compreso nelle tipologie di intervento elencate nell'articolo 13;

b) è conforme alla disciplina dell'attività edilizia di cui all'articolo 9, comma 3, nonché alla valutazione preventiva di cui all'articolo 21, ove acquisita.

2. La SCIA è corredata altresì dalle autorizzazioni e dagli atti di assenso, comunque denominati, o dalle autocertificazioni, attestazioni e asseverazioni o certificazioni di tecnici abilitati relative alla sussistenza dei requisiti e

dei presupposti necessari ai fini della realizzazione dell'intervento edilizio di cui all'articolo 9, comma 5, dagli elaborati tecnici e dai documenti richiesti per iniziare i lavori, nonché dall'attestazione del versamento del contributo di costruzione, se dovuto. Gli interessati, prima della presentazione della S.C.I.A., possono richiedere allo Sportello unico di provvedere all'acquisizione di tali atti di assenso ai sensi dell'articolo 4, comma 5, presentando la documentazione richiesta dalla disciplina di settore per il loro rilascio.

3. Nella SCIA è elencata la documentazione progettuale che gli interessati si riservano di presentare alla fine dei lavori, in attuazione dell'atto di coordinamento tecnico di cui all'articolo 12, comma 5, lettera c).

4. Entro cinque giorni lavorativi dalla presentazione della S.C.I.A., lo Sportello unico verifica la completezza della documentazione e delle dichiarazioni prodotte o che il soggetto si è riservato di presentare ai sensi del comma 3 e:

a) in caso di verifica negativa, comunica in via telematica all'interessato e al progettista l'inefficacia della SCIA;

b) in caso di verifica positiva, trasmette in via telematica all'interessato e al progettista la comunicazione di regolare deposito della SCIA. La SCIA è efficace a seguito della comunicazione di regolare deposito e comunque decorso il termine di cinque giorni lavorativi dalla sua presentazione, in assenza di comunicazione della verifica negativa.

5. Entro i trenta giorni successivi all'efficacia della S.C.I.A., lo Sportello unico verifica la sussistenza dei requisiti e dei presupposti richiesti dalla norma-

tiva e dagli strumenti territoriali ed urbanistici per l'esecuzione dell'intervento. L'amministrazione comunale può definire modalità di svolgimento del controllo a campione qualora le risorse organizzative non consentono di eseguire il controllo sistematico delle SCIA.

6. Tale termine può essere sospeso una sola volta per chiedere chiarimenti e acquisire integrazioni alla documentazione presentata.

7. Ove rilevi che sussistono motivi di contrasto con la disciplina vigente preclusivi dell'intervento, lo Sportello unico vieta la prosecuzione dei lavori, ordinando altresì il ripristino dello stato delle opere e dei luoghi e la rimozione di ogni eventuale effetto dannoso.

8. Nel caso in cui rilevi violazioni della disciplina dell'attività edilizia di cui all'articolo 9, comma 3, che possono essere superate attraverso la modifica conformativa del progetto, lo Sportello unico ordina agli interessati di predisporre apposita variazione progettuale entro un congruo termine, comunque non superiore a sessanta giorni. Decorso inutilmente tale termine, lo Sportello unico assume i provvedimenti di cui al comma 7.

9. Decorso il termine di trenta giorni di cui al comma 5, lo Sportello unico adotta motivati provvedimenti di divieto di prosecuzione dell'intervento e di rimozione degli effetti dannosi di esso nel caso in cui si rilevi la falsità o mendacia delle asseverazioni, delle dichiarazioni sostitutive di certificazioni o degli atti di notorietà allegati alla SCIA.

10. Lo Sportello unico adotta i medesimi provvedimenti di cui al comma 9 anche in caso di pericolo di danno per il

patrimonio storico artistico, culturale, per l'ambiente, per la salute, per la sicurezza pubblica o per la difesa nazionale, previo motivato accertamento dell'impossibilità di tutelare i beni e gli interessi protetti mediante conformazione dell'intervento alla normativa vigente. La possibilità di conformazione comporta l'applicazione di quanto disposto dal comma 8.

11. Decorso il termine di trenta giorni di cui al comma 5, lo Sportello unico segnala altresì agli interessati le eventuali carenze progettuali circa le condizioni di sicurezza, igiene, salubrità, efficienza energetica, accessibilità, usabilità e fruibilità degli edifici e degli impianti che risultino preclusive al fine del rilascio del certificato di conformità edilizia e agibilità.

12. Nei restanti casi in cui rilevi, dopo la scadenza del termine di cui al comma 5, motivi di contrasto con la disciplina vigente, lo Sportello unico può assumere determinazioni in via di autotutela, ai sensi degli articoli 21-quinquies e 21-nonies della legge n. 241 del 1990.

13. Resta ferma l'applicazione delle disposizioni relative alla vigilanza sull'attività urbanistico-edilizia, alle responsabilità e alle sanzioni previste dal decreto del Presidente della Repubblica n. 380 del 2001, dalla legge regionale n. 23 del 2004 e dalla legislazione di settore, in tutti i casi in cui lo Sportello unico accerti la violazione della disciplina dell'attività edilizia.

Art. 15
SCIA con inizio dei lavori differito

1. Nella SCIA l'interessato può dichiarare che i lavori non saranno avviati prima della conclusione del procedimento di controllo, di cui all'articolo 14, commi da 4 a 8, ovvero può indicare una data successiva di inizio lavori, comunque non posteriore ad un anno dalla presentazione della SCIA.

2. Qualora nella SCIA sia dichiarato il differimento dell'inizio dei lavori, l'interessato può chiedere che le autorizzazioni e gli atti di assenso, comunque denominati, necessari ai fini della realizzazione dell'intervento siano acquisiti dallo Sportello unico ai sensi dell'articolo 4, comma 5. In tale caso, i trenta giorni per il controllo di cui all'articolo 14, comma 5, decorrono dal momento in cui lo Sportello unico acquisisce tutti gli atti di assenso necessari.

3. La SCIA con inizio dei lavori differito è efficace dalla data indicata ai sensi del comma 1 o dal conseguimento di tutti gli atti di assenso di cui al comma 2.

Art. 16
Validità della SCIA

1. I lavori oggetto della SCIA devono iniziare entro un anno dalla data della sua efficacia e devono concludersi entro tre anni dalla stessa data. Decorsi tali termini, in assenza di proroga di cui al comma 2, la SCIA decade di diritto per le opere non eseguite. La realizzazione della parte dell'intervento non ultimata è soggetta a nuova SCIA.

2. Il termine di inizio e quello di ultimazione dei lavori possono essere prorogati, anteriormente alla scadenza, con comunicazione motivata da parte dell'interessato. Alla comunicazione è allegata la dichiarazione del progettista abilitato con cui assevera che

a decorrere dalla data di inizio lavori non sono entrate in vigore contrastanti previsioni urbanistiche.

3. La sussistenza del titolo edilizio è provata con la copia della S.C.I.A., corredata dai documenti di cui all'articolo 14, commi 1 e 2, e dalla comunicazione di regolare deposito della documentazione di cui al comma 4, lettera b), del medesimo articolo, ove rilasciata. L'interessato può motivatamente richiedere allo Sportello unico la certificazione della mancata assunzione dei provvedimenti di cui all'articolo 14, commi 7 e 8, entro il termine di trenta giorni per lo svolgimento del controllo sulla SCIA presentata.

4. Gli estremi della SCIA sono contenuti nel cartello esposto nel cantiere.

<h3 style="text-align:center">Art. 17
Interventi soggetti
a permesso di costruire</h3>

1. Sono subordinati a permesso di costruire:
a) gli interventi di nuova costruzione con esclusione di quelli soggetti a S.C.I.A., di cui all'articolo 13, lettera m);
b) gli interventi di ripristino tipologico;
c) gli interventi di ristrutturazione urbanistica.

<h3 style="text-align:center">Art. 18
Procedimento per il rilascio
del permesso di costruire</h3>

1. La domanda per il rilascio del permesso, sottoscritta dal proprietario o da chi ne abbia titolo, è presentata allo Sportello unico nell'osservanza dell'atto di coordinamento tecnico previsto dall'articolo 12, corredata dalla documentazione essenziale, tra cui gli elaborati progettuali previsti per l'intervento che si intende realizzare e la dichiarazione con cui il progettista abilitato assevera analiticamente che l'intervento da realizzare:
a) è compreso nelle tipologie di intervento elencate nell'articolo 17;
b) è conforme alla disciplina dell'attività edilizia di cui all'articolo 9, comma 3, nonché alla valutazione preventiva di cui all'articolo 21, ove acquisita.

2. Nella domanda per il rilascio del permesso di costruire è elencata la documentazione progettuale che il richiedente si riserva di presentare prima dell'inizio lavori o alla fine dei lavori, in attuazione dell'atto di coordinamento tecnico di cui all'articolo 12, comma 5, lettera c).

3. L'incompletezza della documentazione essenziale di cui al comma 1, determina l'improcedibilità della domanda, che viene comunicata all'interessato entro dieci giorni lavorativi dalla presentazione della domanda stessa.

4. Entro sessanta giorni dalla presentazione della domanda, il responsabile del procedimento cura l'istruttoria, acquisendo i prescritti pareri dagli uffici comunali e richiedendo alle amministrazioni interessate il rilascio delle autorizzazioni e degli altri atti di assenso, comunque denominati, necessari al rilascio del provvedimento di cui all'articolo 9, comma 5. Il responsabile del procedimento acquisisce altresì il parere della Commissione di cui all'articolo 6, prescindendo comunque dallo stesso qualora non venga reso entro il medesimo termine di sessanta giorni. Acquisiti tali atti, formula una proposta di provvedimento, corredata da una relazione.

5. Qualora il responsabile del procedimento, nello stesso termine di sessanta giorni, ritenga di dover chiedere chiarimenti ovvero accerti la necessità di modeste modifiche, anche sulla base del parere della Commissione di cui all'articolo 6, per l'adeguamento del progetto alla disciplina vigente, può convocare l'interessato per concordare, in un apposito verbale, i tempi e le modalità di modifica del progetto.

6. Il termine di sessanta giorni resta sospeso fino alla presentazione della documentazione concordata.

7. Se entro il termine di cui al comma 4 non sono intervenute le autorizzazioni e gli altri atti di assenso, comunque denominati, delle altre amministrazioni pubbliche o è intervenuto il dissenso di una o più amministrazioni interpellate, qualora tale dissenso non risulti fondato su un motivo assolutamente preclusivo dell'intervento, il responsabile dello Sportello unico indice la conferenza di servizi ai sensi degli articoli 14 e seguenti della legge n. 241 del 1990. Le amministrazioni che esprimono parere positivo possono non intervenire alla conferenza di servizi e trasmettere i relativi atti di assenso, dei quali si tiene conto ai fini dell'individuazione delle posizioni prevalenti per l'adozione della determinazione motivata di conclusione del procedimento, di cui all'articolo 14-ter, comma 6 bis, della legge n. 241 del 1990. La determinazione motivata di conclusione del procedimento, assunta nei termini di cui agli articoli da 14 a 14-ter della legge n. 241 del 1990, è, ad ogni effetto, titolo per la realizzazione dell'intervento.

8. Fuori dai casi di convocazione della conferenza di servizi, il provvedimento finale, che lo Sportello unico provvede a notificare all'interessato, è adottato dal dirigente o dal responsabile dell'ufficio, entro il termine di quindici giorni dalla proposta di cui al comma 4. Tale termine è fissato in trenta giorni con la medesima decorrenza qualora il dirigente o il responsabile del procedimento abbia comunicato all'istante i motivi che ostano all'accoglimento della domanda, ai sensi dell'articolo 10 bis della legge n. 241 del 1990. Dell'avvenuto rilascio del permesso di costruire è data notizia al pubblico mediante affissione all'albo pretorio. Gli estremi del permesso di costruire sono indicati nel cartello esposto presso il cantiere.

9. Il termine di cui al comma 4 è raddoppiato per i progetti particolarmente complessi indicati dall'atto di coordinamento tecnico di cui all'articolo 12, comma 4 lettera c). Fino all'approvazione dell'atto di coordinamento tecnico il medesimo termine è raddoppiato per i Comuni con più di 100 mila abitanti nonché per i progetti particolarmente complessi individuati dal RUE.

10. Decorso inutilmente il termine per l'assunzione del provvedimento finale, di cui al comma 8, la domanda di rilascio del permesso di costruire si intende accolta. Su istanza dell'interessato, lo Sportello unico rilascia una attestazione circa l'avvenuta formazione del titolo abilitativo per decorrenza del termine.

11. Qualora l'immobile oggetto dell'intervento sia sottoposto ad un vincolo la cui tutela compete, anche in via di delega, alla stessa amministrazione comunale, il termine di cui al comma 8 decorre dal rilascio del relativo atto di

assenso. Ove tale atto non sia favorevole, decorso il termine per l'adozione del provvedimento conclusivo, sulla domanda di permesso di costruire si intende formato il silenzio-rifiuto.

12. Fatti salvi i casi di cui all'articolo 9, comma 6, l'efficacia del permesso di costruire è altresì sospesa nei casi previsti dall'articolo 12 della legge regionale 26 novembre 2010, n. 11 (Disposizioni per la promozione della legalità e della semplificazione nel settore edile e delle costruzioni a committenza pubblica e privata).

Art. 19
Caratteristiche ed efficacia
del permesso di costruire

1. Il permesso di costruire è rilasciato al proprietario dell'immobile o a chi abbia titolo per richiederlo.

2. Nel permesso di costruire sono indicati i termini di inizio e di ultimazione dei lavori.

3. Il termine per l'inizio dei lavori non può essere superiore ad un anno dal rilascio del titolo; quello di ultimazione, entro il quale l'opera deve essere completata, non può superare i tre anni dalla data di rilascio. Il termine di inizio e quello di ultimazione dei lavori possono essere prorogati, anteriormente alla scadenza, con comunicazione motivata da parte dell'interessato. Alla comunicazione è allegata la dichiarazione del progettista abilitato con cui assevera che a decorrere dalla data di inizio lavori non sono entrate in vigore contrastanti previsioni urbanistiche. Decorsi tali termini il permesso decade di diritto per la parte non eseguita.

4. La data di effettivo inizio dei lavori deve essere comunicata allo Sportello unico, con l'indicazione del direttore dei lavori e dell'impresa cui si intendono affidare i lavori.

5. La realizzazione della parte dell'intervento non ultimata nel termine stabilito è subordinata a nuovo titolo abilitativo per le opere ancora da eseguire ed all'eventuale aggiornamento del contributo di costruzione per le parti non ancora eseguite.

6. Il permesso di costruire è irrevocabile. Esso decade con l'entrata in vigore di contrastanti previsioni urbanistiche, salvo che i lavori siano già iniziati e vengano completati entro il termine stabilito nel permesso stesso ovvero entro il periodo di proroga anteriormente concesso.

Art. 20
Permesso di costruire in deroga

1. Il permesso di costruire in deroga agli strumenti urbanistici è rilasciato esclusivamente per edifici ed impianti pubblici o di interesse pubblico, previa deliberazione del Consiglio comunale.

2. La deroga, nel rispetto delle norme igieniche, sanitarie, di accessibilità e di sicurezza e dei limiti inderogabili stabiliti dalle disposizioni statali e regionali, può riguardare esclusivamente le destinazioni d'uso ammissibili, la densità edilizia, l'altezza e la distanza tra i fabbricati e dai confini, stabilite dagli strumenti di pianificazione urbanistica.

3. Ai fini del presente articolo, si considerano di interesse pubblico gli interventi di riqualificazione urbana e di qualificazione del patrimonio edilizio esistente, per i quali è consentito ri-

chiedere il permesso in deroga fino a quando la pianificazione urbanistica non abbia dato attuazione all'articolo 7-ter della legge regionale 20 del 2000 e all'articolo 39 della legge regionale 21 dicembre 2012, n. 19 (Legge finanziaria regionale adottata a norma dell'articolo 40 della legge regionale 15 novembre 2001, n. 40 in coincidenza con l'approvazione del bilancio di previsione della regione Emilia-Romagna per l'esercizio finanziario 2013 e del bilancio pluriennale 2013-2015).

Art. 21
Valutazione preventiva

1. Il proprietario dell'immobile o chi abbia titolo alla presentazione della SCIA o al rilascio del permesso può chiedere preliminarmente allo Sportello unico una valutazione sull'ammissibilità dell'intervento, allegando una relazione predisposta da un professionista abilitato, contenente i principali parametri progettuali. I contenuti della relazione sono stabiliti dal RUE, avendo riguardo in particolare ai vincoli, alla categoria dell'intervento, agli indici urbanistici ed edilizi e alle destinazioni d'uso.

2. La valutazione preventiva è formulata dallo Sportello unico entro quarantacinque giorni dalla presentazione della relazione. Trascorso tale termine la valutazione preventiva si intende formulata secondo quanto indicato nella relazione presentata.

3. I contenuti della valutazione preventiva e della relazione tacitamente assentita sono vincolanti ai fini del rilascio del permesso e del controllo della S.C.I.A., a condizione che il progetto sia elaborato in conformità a quanto indicato nella richiesta di valutazione preventiva. Le stesse conservano la propria validità per un anno, a meno che non intervengano modifiche agli strumenti di pianificazione urbanistica.

4. Il rilascio della valutazione preventiva è subordinato al pagamento di una somma forfettaria per spese istruttorie determinata dal Comune, in relazione alla complessità dell'intervento in conformità ai criteri generali stabiliti dall'atto di coordinamento di cui all'articolo 12, comma 4, lettera d).

Art. 22
Varianti in corso d'opera

1. Le varianti al progetto previsto dal titolo abilitativo apportate in corso d'opera sono soggette a S.C.I.A., ad esclusione delle seguenti, che richiedono un nuovo titolo abilitativo:
a) la modifica della tipologia dell'intervento edilizio originario;
b) la realizzazione di un intervento totalmente diverso rispetto al progetto iniziale per caratteristiche tipologiche, planovolumetriche o di utilizzazione;
c) la realizzazione di volumi in eccedenza rispetto al progetto iniziale tali da costituire un organismo edilizio, o parte di esso, con specifica rilevanza ed autonomamente utilizzabile.

2. Le varianti in corso d'opera devono essere conformi alla disciplina dell'attività edilizia di cui all'articolo 9, comma 3, alle prescrizioni contenute nel parere della Commissione per la qualità architettonica e il paesaggio e possono essere attuate solo dopo aver adempiuto alle eventuali procedure abilitative prescritte dalle norme

per la riduzione del rischio sismico, dalle norme sui vincoli paesaggistici, idrogeologici, forestali, ambientali e di tutela del patrimonio storico, artistico ed archeologico e dalle altre normative settoriali.

3. La SCIA di cui al comma 1 può essere presentata allo Sportello unico successivamente all'esecuzione delle opere edilizie e contestualmente alla comunicazione di fine lavori.

4. La mancata presentazione della SCIA di cui al presente articolo o l'accertamento della relativa inefficacia comportano l'applicazione delle sanzioni previste dalla legge regionale n. 23 del 2004 per le opere realizzate in difformità dal titolo abilitativo.

5. La SCIA per varianti in corso d'opera costituisce parte integrante dell'originario titolo abilitativo e può comportare il conguaglio del contributo di costruzione derivante dalle modifiche eseguite.

Art. 23
Certificato di conformità edilizia e di agibilità

(sostituito da art. 52,
L. reg. 20 dicembre 2013, n. 28)

1. *Il Certificato di conformità edilizia e di agibilità è richiesto per tutti gli interventi edilizi soggetti a SCIA e a permesso di costruire e per gli interventi privati la cui realizzazione sia prevista da accordi di programma, ai sensi dell'articolo 10, comma 1, lettera a).*

2. *L'interessato trasmette allo Sportello unico, entro quindici giorni dall'effettiva conclusione delle opere e comunque entro il termine di validità del titolo originario, la comunicazione di fine dei*

lavori corredata:

a) *dalla domanda di rilascio del certificato di conformità edilizia e di agibilità;*

b) *dalla dichiarazione asseverata, predisposta da professionista abilitato, che l'opera realizzata è conforme al progetto approvato o presentato ed alle varianti, dal punto di vista dimensionale, delle prescrizioni urbanistiche ed edilizie, nonché delle condizioni di sicurezza, igiene, salubrità, efficienza energetica degli edifici e degli impianti negli stessi installati, superamento e non creazione delle barriere architettoniche, ad esclusione dei requisiti e condizioni il cui rispetto è attestato dalle certificazioni di cui alla lettera c);*

c) *dal certificato di collaudo statico, dalla dichiarazione dell'impresa installatrice che attesta la conformità degli impianti installati alle condizioni di sicurezza, igiene, salubrità e risparmio energetico e da ogni altra dichiarazione di conformità comunque denominata, richiesti dalla legge per l'intervento edilizio realizzato;*

d) *dall'indicazione del protocollo di ricevimento della richiesta di accatastamento dell'immobile, quando prevista, presentata dal richiedente;*

e) *dalla SCIA per le eventuali varianti in corso d'opera realizzate ai sensi dell'articolo 22;*

f) *dalla documentazione progettuale che si è riservato di presentare all'atto della fine dei lavori, ai sensi dell'articolo 12, comma 5, lettera c).*

3. *La Giunta regionale, con atto di coordinamento tecnico assunto ai sensi dell'articolo 12, individua i contenuti dell'asseverazione di cui al comma 2, lettera b), e la documentazione da allegare alla domanda di rilascio del certificato di conformità edilizia e di*

agibilità, allo scopo di assicurare la semplificazione del procedimento per il rilascio dello stesso e l'uniforme applicazione della relativa disciplina.

4. *Lo Sportello unico, rilevata l'incompletezza formale della documentazione presentata, entro il termine perentorio di quindici giorni dalla presentazione della domanda, richiede agli interessati, per una sola volta, la documentazione integrativa non a disposizione dell'amministrazione comunale. La richiesta interrompe il termine per il rilascio del certificato di cui al comma 10, il quale ricomincia a decorrere per intero dal ricevimento degli atti.*

5. *La completa presentazione della documentazione di cui al comma 2 ovvero l'avvenuta completa integrazione della documentazione richiesta ai sensi del comma 4 consente l'utilizzo immediato dell'immobile, fatto salvo l'obbligo di conformare l'opera realizzata alle eventuali prescrizioni stabilite dallo Sportello unico in sede di rilascio del certificato di conformità edilizia e di agibilità, ai sensi del comma 11, secondo periodo.*

6. *Ai fini del rilascio del certificato di conformità edilizia e di agibilità, sono sottoposte a controllo sistematico le opere realizzate in attuazione di:*

a) *interventi di nuova edificazione;*

b) *interventi di ristrutturazione urbanistica;*

c) *interventi di ristrutturazione edilizia;*

d) *interventi edilizi per i quali siano state attuate varianti in corso d'opera che presentino i requisiti di cui all'articolo 14 bis della legge regionale n. 23 del 2004.*

7. *L'amministrazione comunale può definire modalità di svolgimento a campione dei controlli di cui al comma 6, comunque in una quota non inferiore al 25 per cento degli stessi, qualora le risorse organizzative disponibili non consentano di eseguire il controllo di tutte le opere realizzate.*

8. *Fuori dai casi di cui al comma 6, almeno il 25 per cento dei restanti interventi edilizi è soggetto a controllo a campione.*

9. *Entro venti giorni dalla presentazione della domanda ovvero della documentazione integrativa richiesta ai sensi del comma 4, lo Sportello unico comunica agli interessati che le opere da loro realizzate sono sottoposte a controllo a campione ai fini del rilascio del certificato di conformità edilizia e di agibilità. In assenza della tempestiva comunicazione della sottoposizione del controllo a campione, il certificato di conformità edilizia e agibilità si intende rilasciato secondo la documentazione presentata ai sensi del comma 2.*

10. *Il certificato di conformità edilizia e agibilità è rilasciato entro il termine perentorio di novanta giorni dalla richiesta, fatta salva l'interruzione di cui al comma 4, secondo periodo. Entro tale termine il responsabile del procedimento, previa ispezione dell'edificio, controlla:*

a) *che le varianti in corso d'opera eventualmente realizzate siano conformi alla disciplina dell'attività edilizia di cui all'articolo 9, comma 3;*

b) *che l'opera realizzata corrisponda al titolo abilitativo originario, come integrato dall'eventuale SCIA di fine lavori presentata ai sensi dell'articolo 22;*

c) *la sussistenza delle condizioni di sicurezza, igiene, salubrità, efficienza energetica degli edifici e degli impianti negli stessi installati, superamento e non creazione delle barriere architet-*

toniche, in conformità al titolo abilitativo originario;

d) *a correttezza della classificazione catastale richiesta, dando atto nel certificato di conformità edilizia e di agibilità della coerenza delle caratteristiche dichiarate dell'unità immobiliare rispetto alle opere realizzate ovvero dell'avvenuta segnalazione all'Agenzia delle entrate delle incoerenze riscontrate.*

11. *In caso di esito negativo dei controlli di cui al comma 10, lettere a) e b), trovano applicazione le sanzioni di cui alla legge regionale n. 23 del 2004, per le opere realizzate in totale o parziale difformità dal titolo abilitativo o in variazione essenziale allo stesso. Ove lo Sportello unico rilevi la carenza delle condizioni di cui al comma 10, lettera c), ordina motivatamente all'interessato di conformare l'opera realizzata, entro il termine di sessanta giorni. Trascorso tale termine trova applicazione la sanzione di cui all'articolo 26, comma 2, della presente legge.*

12. *Decorso inutilmente il termine per il rilascio del certificato di conformità edilizia e di agibilità, sulla domanda si intende formato il silenzio-assenso, secondo la documentazione presentata ai sensi del comma 2.*

13. *La conformità edilizia e l'agibilità, comunque certificata ai sensi del presente articolo, non impedisce l'esercizio del potere di dichiarazione di inagibilità di un edificio o di parte di esso, ai sensi dell'articolo 222 del regio decreto 27 luglio 1934, n. 1265 (Approvazione del testo unico delle leggi sanitarie), ovvero per motivi strutturali.*

Art. 24
Scheda tecnica descrittiva
e fascicolo del fabbricato

(abrogato da art. 52,
L. reg. 20 dicembre 2013, n. 28)

abrogato.

Art. 25
Agibilità parziale

1. Il rilascio del certificato di conformità edilizia e agibilità parziale può essere richiesto:

a) per singoli edifici e singole porzioni della costruzione, purché strutturalmente e funzionalmente autonomi, qualora siano state realizzate e collaudate le infrastrutture per l'urbanizzazione degli insediamenti relative all'intero edificio e siano state completate le parti comuni relative al singolo edificio o singola porzione della costruzione;

b) per singole unità immobiliari, purché siano completate le opere strutturali, gli impianti, le parti comuni e le opere di urbanizzazione relative all'intero edificio di cui fanno parte.

2. Nel caso di richiesta di agibilità parziale, la comunicazione di fine lavori individua specificamente le opere edilizie richiamate dalle lettere a) e b) del comma 1, trovando applicazione per ogni altro profilo il procedimento di cui all'articolo 23.

Art. 26
Sanzioni per il ritardo e per la mancata presentazione dell'istanza di agibilità

(sostituito comma 1 da art. 52, L. reg. 20 dicembre 2013, n. 28)

1. *La tardiva richiesta del certificato di conformità edilizia e di agibilità, dopo la scadenza della validità del titolo, comporta l'applicazione della sanzione amministrativa pecuniaria per unità immobiliare di 100,00 euro per ogni mese di ritardo, fino ad un massimo di dodici mesi.*
2. Trascorso tale termine il Comune, previa diffida a provvedere entro il termine di sessanta giorni, applica la sanzione di 1000,00 euro per la mancata presentazione della domanda di conformità edilizia e agibilità.

Art. 27
Pubblicità dei titoli abilitativi e richiesta di riesame

1. I soggetti interessati possono prendere visione presso lo Sportello unico dei permessi rilasciati, insieme ai relativi elaborati progettuali e convenzioni, ottenerne copia, e chiederne al Sindaco, entro dodici mesi dal rilascio, il riesame per contrasto con le disposizioni di legge o con gli strumenti di pianificazione territoriale e urbanistica, ai fini dell'annullamento o della modifica del permesso stesso.
2. Il medesimo potere è riconosciuto agli stessi soggetti con riguardo alle SCIA presentate, allo scopo di richiedere al Sindaco la verifica della presenza delle condizioni per le quali l'intervento è soggetto a tale titolo abilitativo e della conformità dell'intervento asseverato alla legislazione e alla pianificazione territoriale e urbanistica.
3. Il procedimento di riesame è disciplinato dal RUE ed è concluso con atto motivato del Sindaco entro il termine di sessanta giorni.

Art. 28
Mutamento di destinazione d'uso

1. Gli strumenti di pianificazione urbanistica individuano nei diversi ambiti del territorio comunale le destinazioni d'uso compatibili degli immobili.
2. Il mutamento di destinazione d'uso senza opere è soggetto: a SCIA se comporta aumento di carico urbanistico; a comunicazione se non comporta tale effetto urbanistico. Per mutamento d'uso senza opere si intende la sostituzione, non connessa a interventi di trasformazione, dell'uso in atto nell'immobile con altra destinazione d'uso definita compatibile dagli strumenti urbanistici comunali.
3. La destinazione d'uso in atto dell'immobile o dell'unità immobiliare è quella stabilita dal titolo abilitativo che ne ha previsto la costruzione o l'ultimo intervento di recupero o, in assenza o indeterminatezza del titolo, dalla classificazione catastale attribuita in sede di primo accatastamento ovvero da altri documenti probanti.
4. Qualora la nuova destinazione determini un aumento del carico urbanistico, come definito all'articolo 30, comma 1, il mutamento d'uso è subordinato all'effettivo reperimento delle dotazioni territoriali e pertinenziali richieste e comporta il versamento della differenza tra gli oneri di urbanizzazione per la nuova destinazione

d'uso e gli oneri previsti, nelle nuove costruzioni, per la destinazione d'uso in atto. E' fatta salva la possibilità di monetizzare le aree per dotazioni territoriali nei casi previsti dall'articolo A-26 dell'Allegato della legge regionale n. 20 del 2000.

5. Il mutamento di destinazione d'uso con opere è soggetto al titolo abilitativo previsto per l'intervento edilizio al quale è connesso.

6. Non costituisce mutamento d'uso ed è attuato liberamente il cambio dell'uso in atto nell'unità immobiliare entro il limite del 30 per cento della superficie utile dell'unità stessa e comunque compreso entro i 30 metri quadrati. Non costituisce inoltre mutamento d'uso la destinazione di parte degli edifici dell'azienda agricola a superficie di vendita diretta al dettaglio dei prodotti dell'impresa stessa, secondo quanto previsto dall'articolo 4 del decreto legislativo 18 maggio 2001, n. 228 (Orientamento e modernizzazione del settore agricolo, a norma dell'articolo 7 della legge 5 marzo 2001, n. 57), purché contenuta entro il limite del 20 per cento della superficie totale degli immobili e comunque entro il limite di 250 metri quadrati ovvero, in caso di aziende florovivaistiche, di 500 metri quadrati. Tale attività di vendita può essere altresì attuata in strutture precarie o amovibili nei casi stabiliti dagli strumenti urbanistici.

TITOLO III
CONTRIBUTO DI COSTRUZIONE

Art. 29
Contributo di costruzione

1. Fatti salvi i casi di riduzione o esonero di cui all'articolo 32, il proprietario dell'immobile o colui che ha titolo per chiedere il rilascio del permesso o per presentare la SCIA è tenuto a corrispondere un contributo commisurato all'incidenza degli oneri di urbanizzazione nonché al costo di costruzione.

2. Il contributo di costruzione è quantificato dal Comune per gli interventi da realizzare attraverso il permesso di costruire ovvero dall'interessato per quelli da realizzare con SCIA.

3. La quota di contributo relativa agli oneri di urbanizzazione è corrisposta al Comune all'atto del rilascio del permesso ovvero all'atto della presentazione della SCIA. Il contributo può essere rateizzato, a richiesta dell'interessato.

4. La quota di contributo relativa al costo di costruzione è corrisposta in corso d'opera, secondo le modalità e le garanzie stabilite dal Comune.

5. Una quota parte del contributo di costruzione può essere utilizzata per garantire i controlli sulle trasformazioni del territorio e sulle attività edilizie previste nella presente legge.

Art. 30
Oneri di urbanizzazione

1. Gli oneri di urbanizzazione sono dovuti in relazione agli interventi di ristrutturazione edilizia o agli interventi che comportano nuova edificazione o

che determinano un incremento del carico urbanistico in funzione di:

a) un aumento delle superfici utili degli edifici;

b) un mutamento delle destinazioni d'uso degli immobili con incremento delle dotazioni territoriali;

c) un aumento delle unità immobiliari, fatto salvo il caso di cui all'articolo 32, comma 1, lettera g).

2. Gli oneri di urbanizzazione sono destinati alla realizzazione e alla manutenzione delle infrastrutture per l'urbanizzazione degli insediamenti, alle aree ed alle opere per le attrezzature e per gli spazi collettivi e per le dotazioni ecologiche ed ambientali, anche con riferimento agli accordi territoriali di cui all'articolo 15, comma 3, della legge regionale n. 20 del 2000, ferma restando ogni diversa disposizione in materia tributaria e contabile.

3. Ai fini della determinazione dell'incidenza degli oneri di urbanizzazione, l'Assemblea legislativa provvede a definire ed aggiornare almeno ogni cinque anni le tabelle parametriche. Le tabelle sono articolate tenendo conto della possibilità per i piani territoriali di coordinamento provinciali di individuare diversi ambiti sub-provinciali, ai sensi degli articoli 13 e A-4 dell'Allegato della legge regionale n. 20 del 2000, ed in relazione:

a) all'ampiezza ed all'andamento demografico dei Comuni;

b) alle caratteristiche geografiche e socio-economiche dei Comuni;

c) ai diversi ambiti e zone previsti negli strumenti urbanistici;

d) alle quote di dotazioni per attrezzature e spazi collettivi fissate dall'articolo A-24 dell'Allegato della legge regionale n. 20 del 2000 ovvero stabilite dai piani territoriali di coordinamento provinciali.

4. Fino alla ridefinizione delle tabelle parametriche ai sensi del comma 3 continuano a trovare applicazione le deliberazioni del Consiglio regionale 4 marzo 1998, n. 849 (Aggiornamento delle indicazioni procedurali per l'applicazione degli oneri di urbanizzazione di cui agli articoli 5 e 10 della legge 28 gennaio 1977, n. 10) e n. 850 (Aggiornamento delle tabelle parametriche di definizione degli oneri di urbanizzazione di cui agli articoli 5 e 10 della legge 28 gennaio 1977, n. 10).

Art. 31
Costo di costruzione

1. Il costo di costruzione per i nuovi edifici è determinato almeno ogni cinque anni dall'Assemblea legislativa con riferimento ai costi parametrici per l'edilizia agevolata. Il contributo afferente al titolo abilitativo comprende una quota di detto costo, variabile dal 5 per cento al 20 per cento, che viene determinata con l'atto dell'Assemblea legislativa in funzione delle caratteristiche e delle tipologie delle costruzioni e della loro destinazione e ubicazione.

2. Con lo stesso provvedimento l'Assemblea legislativa identifica classi di edifici con caratteristiche superiori a quelle considerate nelle vigenti disposizioni di legge per l'edilizia agevolata, per le quali sono determinate maggiorazioni del costo di costruzione, in misura non superiore al 50 per cento.

3. Nei periodi intercorrenti tra le determinazioni regionali, il costo di costruzione è adeguato annualmente dai

Comuni, in ragione dell'intervenuta variazione dei costi di costruzione accertata dall'Istituto nazionale di statistica.

4. Per gli interventi di ristrutturazione edilizia il costo di costruzione non può superare il valore determinato per le nuove costruzioni ai sensi del comma 1.

Art. 32
Riduzione ed esonero dal contributo di costruzione

1. Il contributo di costruzione non è dovuto:

a) per gli interventi di cui all'articolo 7;

b) per gli interventi, anche residenziali, da realizzare nel territorio rurale in funzione della conduzione del fondo e delle esigenze dell'imprenditore agricolo professionale, ai sensi dell'articolo 1 del decreto legislativo 29 marzo 2004, n. 99 (Disposizioni in materia di soggetti e attività, integrità aziendale e semplificazione amministrativa in agricoltura, a norma dell'articolo 1, comma 2, lettere d), f), g), l), ee), della L. 7 marzo 2003, n. 38), ancorché in quiescenza;

c) per gli interventi di cui alle lettere a) e c) del comma 1 dell'articolo 13;

d) per gli interventi di eliminazione delle barriere architettoniche;

e) per la realizzazione dei parcheggi da destinare a pertinenza delle unità immobiliari, nei casi di cui all'articolo 9, comma 1, della legge n. 122 del 1989 e all'articolo 41-sexies della legge 17 agosto 1942, n. 1150 (Legge urbanistica), limitatamente alla misura minima ivi stabilita;

f) per gli interventi di ristrutturazione edilizia o di ampliamento in misura non superiore al 20 per cento della superficie complessiva di edifici unifamiliari;

g) per il frazionamento di unità immobiliari, qualora non sia connesso ad un insieme sistematico di opere edilizie che portino ad un organismo edilizio in tutto o in parte diverso dal precedente e qualora non comporti aumento delle superfici utili e mutamento della destinazione d'uso con incremento delle dotazioni territoriali; con delibera, da emanarsi entro novanta giorni dall'entrata in vigore della presente legge, la Giunta definisce le fattispecie oggetto della presente disciplina;

h) per gli impianti, le attrezzature, le opere pubbliche o di interesse generale realizzate dagli enti istituzionalmente competenti e dalle organizzazioni non lucrative di utilità sociale (ONLUS), nonché per le opere di urbanizzazione, eseguite anche da privati, in attuazione di strumenti urbanistici, e i parcheggi pertinenziali nella quota obbligatoria richiesta dalla legge;

i) per gli interventi da realizzare in attuazione di norme o di provvedimenti emanati a seguito di pubbliche calamità;

l) per i nuovi impianti, lavori, opere, modifiche e installazioni relativi alle fonti rinnovabili di energia, alla conservazione, al risparmio e all'uso razionale dell'energia, nel rispetto delle norme urbanistiche e di tutela dei beni culturali ed ambientali.

2. L'Assemblea legislativa, nell'ambito dei provvedimenti di cui agli articoli 30 e 31, può prevedere l'applicazione di riduzioni del contributo di costruzione per la realizzazione di alloggi in loca-

zione a canone calmierato rispetto ai prezzi di mercato nonché per la realizzazione di opere edilizie di qualità, sotto l'aspetto ecologico, del risparmio energetico, della riduzione delle emissioni nocive e della previsione di impianti di separazione delle acque reflue, in particolare per quelle collocate in aree ecologicamente attrezzate, nonché per edifici e loro aree pertinenziali resi totalmente ed immediatamente accessibili, usabili e fruibili tramite l'applicazione della domotica e della teleassistenza.

3. Nei casi di edilizia abitativa convenzionata, anche relativa ad edifici esistenti, il contributo di costruzione è ridotto alla sola quota afferente agli oneri di urbanizzazione qualora il titolare del permesso o il soggetto che ha presentato la SCIA si impegni, attraverso una convenzione o atto unilaterale d'obbligo con il Comune, ad applicare prezzi di vendita e canoni di locazione determinati ai sensi della convenzione-tipo prevista all'articolo 33.

4. Il contributo dovuto per la realizzazione o il recupero della prima abitazione è pari a quello stabilito per l'edilizia in locazione fruente di contributi pubblici, purché sussistano i requisiti previsti dalla normativa di settore.

5. Per gli interventi da realizzare su immobili di proprietà dello Stato il contributo di costruzione è commisurato all'incidenza delle opere di urbanizzazione.

Art. 33
Convenzione tipo

1. Ai fini del rilascio del permesso di costruire relativo agli interventi di edilizia abitativa convenzionata, la Giunta regionale approva una convenzione-tipo, con la quale sono stabiliti i criteri e i parametri ai quali debbono uniformarsi le convenzioni comunali nonché gli atti di obbligo, in ordine in particolare:

a) all'indicazione delle caratteristiche tipologiche e costruttive degli alloggi;

b) alla determinazione dei prezzi di cessione degli alloggi, sulla base del costo delle aree, della costruzione e delle opere di urbanizzazione, nonché delle spese generali, comprese quelle per la progettazione e degli oneri di preammortamento e di finanziamento;

c) alla determinazione dei canoni di locazione in percentuale del valore desunto dai prezzi fissati per la cessione degli alloggi;

d) alla durata di validità della convenzione, non superiore a trenta e non inferiore a venti anni.

2. L'Assemblea legislativa stabilisce criteri e parametri per la determinazione del valore delle aree destinate ad interventi di edilizia abitativa convenzionata, allo scopo di calmierare il costo delle medesime aree.

3. I prezzi di cessione ed i canoni di locazione determinati nelle convenzioni ai sensi del comma 1 sono aggiornati in relazione agli indici ufficiali ISTAT dei costi di costruzione individuati dopo la stipula delle convenzioni medesime.

4. Ogni pattuizione stipulata in violazione dei prezzi di cessione e dei canoni di locazione è nulla per la parte eccedente.

Art. 34
Contributo di costruzione per opere o impianti non destinati alla residenza

1. Il titolo abilitativo relativo a costruzioni

o impianti destinati ad attività industriali o artigianali dirette alla trasformazione di beni ed alla prestazione di servizi comporta, oltre alla corresponsione degli oneri di urbanizzazione, il versamento di un contributo pari all'incidenza delle opere necessarie al trattamento e allo smaltimento dei rifiuti solidi, liquidi e gassosi e di quelle necessarie alla sistemazione dei luoghi ove ne siano alterate le caratteristiche. La incidenza delle opere è stabilita con deliberazione del Consiglio comunale in base ai parametri definiti dall'Assemblea legislativa ai sensi dell'articolo 30, comma 3, ed in relazione ai tipi di attività produttiva.

2. Il titolo abilitativo relativo a costruzioni o impianti destinati ad attività turistiche, commerciali e direzionali o allo svolgimento di servizi comporta la corresponsione degli oneri di urbanizzazione e di una quota non superiore al 10 per cento del costo di costruzione da stabilirsi, in relazione ai diversi tipi di attività, con deliberazione del Consiglio comunale.

3. Qualora la destinazione d'uso delle opere indicate ai commi 1 e 2, nonché di quelle realizzate nel territorio rurale previste dall'articolo 32, comma 1, lettera b), sia modificata nei dieci anni successivi all'ultimazione dei lavori, il contributo di costruzione è dovuto nella misura massima corrispondente alla nuova destinazione ed è determinato con riferimento al momento dell'intervenuta variazione.

TITOLO IV
MODIFICHE ALLE LEGGI REGIONALI N. 23 DEL 2004, N. 20 DEL 2000, N. 34 DEL 2002 E N. 9 DEL 1999

Art. 35
Modifiche all'articolo 2 (Vigilanza sull'attività urbanistico edilizia) della legge regionale n. 23 del 2004

1. Al comma 1 dell'articolo 2 della legge regionale 23 del 2004, le parole "di cui agli articoli 11 e 17 della legge regionale 25 novembre 2002, n. 31 (Disciplina generale dell'edilizia)" sono sostituite dalle seguenti: "svolti per la formazione dei titoli abilitativi e per la certificazione della conformità edilizia e agibilità".

2. Il comma 2 dell'articolo 2 della legge regionale 23 del 2004, è soppresso.

3. Al comma 7 dell'articolo 2 della legge regionale 23 del 2004, le parole "prevista dall'articolo 27, comma 5, della legge regionale n. 31 del 2002" sono sostituite dalle seguenti:"prevista dall'articolo 29, comma 5, della legge regionale in materia edilizia".

Art. 36
Modifiche all'articolo 4 (Sospensione dei lavori edassunzione dei provvedimenti sanzionatori) della L. reg. n. 23 del 2004

1. Al comma 1 dell'articolo 4 della legge regionale n. 23 del 2004, le parole "dagli articoli 11 e 17 della legge regionale n. 31 del 2002" sono sostituite dalle seguenti:"per la formazione dei titoli abilitativi" e al medesimo comma il periodo "L'accertamento in corso d'opera delle variazioni minori, di cui all'articolo 19 della legge regionale

n. 31 del 2002, non dà luogo alla sospensione dei lavori." é sostituito dal seguente: "L'accertamento di varianti in corso d'opera non dà luogo alla sospensione dei lavori, qualora risultino conformi alla disciplina dell'attività edilizia e qualora siano state adempiute le procedure abilitative prescritte dalle norme di settore.".

Art. 37
**Modifiche all'articolo 8
(Responsabilità del titolare del titolo abilitativo, del committente, del costruttore, del direttore dei lavori, del progettista e del funzionario della azienda erogatrice di servizi pubblici) della L. reg. n. 23 del 2004**

1. Al comma 3 dell'articolo 8 della legge regionale n. 23 del 2004, dopo le parole "all'Autorità giudiziaria" sono aggiunte le seguenti", al progettista".

Art. 38
**Modifiche all'articolo 12
(Lottizzazione abusiva)
della L. reg. n. 23 del 2004**

1. Dopo il comma 4 dell'articolo 12 della legge regionale n. 23 del 2004, è aggiunto il seguente:
"4 *bis*. Gli atti di cui al comma 2, ai quali non siano stati allegati i certificati di destinazione urbanistica, o che non contengano la dichiarazione di cui al comma 4, possono essere confermati o integrati anche da una sola delle parti o dai suoi aventi causa, mediante atto pubblico o autenticato, al quale sia allegato un certificato contenente le prescrizioni urbanistiche riguardanti le aree interessate al giorno in cui è stato stipulato l'atto da confermare o contenente la dichiarazione omessa.".

2. Il comma 6 dell'articolo 12 della legge regionale n. 23 del 2004, è soppresso.

3. Al comma 8 dell'articolo 12 della legge regionale n. 23 del 2004, alla fine del primo periodo, sono aggiunte le seguenti parole: "a spese del responsabile dell'abuso".

Art. 39
**Modifiche all'articolo 13
(Interventi di nuova costruzione eseguiti in assenza del titolo abilitativo, in totale difformità o con variazioni essenziali)
della L. regl. n. 23 del 2004**

1. Al comma 2 dell'articolo 13 della legge regionale n. 23 del 2004, le parole "determinate ai sensi dell'articolo 23 della legge regionale n. 31 del 2002," sono sostituite dalle seguenti:"determinate ai sensi dell'articolo 14 bis".

Art. 40
**Modifiche all'articolo 14
(Interventi di ristrutturazione edilizia eseguiti in assenza di titolo abilitativo, in totale difformità o con variazioni essenziali)
della L. reg. n. 23 del 2004**

1. Al comma 1 dell'articolo 14 della legge regionale n. 23 del 2004, le parole", di cui alla lettera f) dell'allegato alla legge regionale n. 31 del 2002," sono soppresse.

2. Al comma 4 dell'articolo 14 della legge regionale n. 23 del 2004, le parole "di cui all'articolo 27 della legge regionale n. 31 del 2002" sono soppresse.

Art. 41
Inserimento dell'articolo 14 *bis* nella L. reg. n. 23 del 2004

1. Dopo l'articolo 14 della legge regionale n. 23 del 2004 è inserito il seguente:
"Art. 14 *bis* Variazioni essenziali

1. Sono variazioni essenziali rispetto al titolo abilitativo originario come integrato dalla SCIA di fine lavori:

a) il mutamento della destinazione d'uso che comporta un incremento del carico urbanistico di cui all'articolo 30, comma 1, della legge regionale in materia edilizia;

b) gli aumenti di entità superiore al 20 per cento rispetto alla superficie coperta, al rapporto di copertura, al perimetro, all'altezza dei fabbricati, gli scostamenti superiori al 20 per cento della sagoma o dell'area di sedime, la riduzione superiore al 20 per cento delle distanze minime tra fabbricati e dai confini di proprietà anche a diversi livelli di altezza;

c) gli aumenti della cubatura rispetto al progetto del 10 per cento e comunque superiori a 300 metri cubi, con esclusione di quelli che riguardino soltanto le cubature accessorie ed i volumi tecnici, così come definiti ed identificati dalle norme urbanistiche ed edilizie comunali;

d) gli aumenti della superficie utile superiori a 100 metri quadrati;

e) ogni intervento difforme rispetto al titolo abilitativo che comporti violazione delle norme tecniche per le costruzioni in materia di edilizia antisismica;

f) ogni intervento difforme rispetto al titolo abilitativo, ove effettuato su immobili ricadenti in aree naturali protette, nonché effettuato su immobili sottoposti a particolari prescrizioni per ragioni ambientali, paesaggistiche, archeologiche, storico-architettoniche da leggi nazionali o regionali, ovvero dagli strumenti di pianificazione territoriale od urbanistica. Non costituiscono variazione essenziale i lavori realizzati in assenza o difformità dall'autorizzazione paesaggistica, qualora rientrino nei casi di cui all'articolo 149 del decreto legislativo n. 42 del 2004 e qualora venga accertata la compatibilità paesaggistica, ai sensi dell'articolo 167 del medesimo decreto legislativo.

2. Ai sensi dell'articolo 22 della legge regionale in materia edilizia, le varianti al titolo originario, che presentano le caratteristiche di cui al comma 1 del presente articolo e che siano conformi alla disciplina dell'attività edilizia, di cui all'articolo 9, comma 3, della medesima legge regionale in materia edilizia, possono essere attuate in corso d'opera e sono soggette alla presentazione di SCIA di fine lavori, fermo restando, nei casi di cui alle lettere e) ed f) del comma 1, la necessità di acquisire preventivamente i relativi atti abilitativi.

3. Per assicurare l'uniforme applicazione del presente articolo in tutto il territorio regionale, i Comuni, al fine dell'accertamento delle variazioni, utilizzano unicamente le nozioni, concernenti gli indici e parametri edilizi e urbanistici, stabilite dalla Regione ai sensi dell'articolo 16 della legge regionale n. 20 del 2000.".

Art. 42
Modifiche all'articolo 15
(Interventi eseguiti in parziale difformità dal titolo abilitativo) della L.reg. n. 23 del 2004

1. Al comma 3 dell'articolo 15 della legge regionale n. 23 del 2004, le parole "di cui all'articolo 27 della legge regionale n. 31 del 2002" sono soppresse.

Art. 43
Sostituzione dell'articolo 16
(Altri interventi edilizi eseguiti in assenza o in difformità dal titolo abilitativo) della L. reg. n. 23 del 2004

1. L'articolo 16 della legge regionale n. 23 del 2004 è sostituito dal seguente:
"Art. 16 Sanzioni per interventi edilizi eseguiti in assenza o in difformità dalla SCIA
1. Fuori dai casi di cui agli articoli 13, 14 e 15, gli interventi edilizi eseguiti in assenza o in difformità dalla segnalazione certificata di inizio attività comportano la sanzione pecuniaria pari al doppio dell'aumento del valore venale dell'immobile conseguente alla realizzazione degli interventi stessi, determinata ai sensi dell'articolo 21, commi 2 e 2 bis, e comunque non inferiore a 1.000 euro, salvo che l'interessato provveda al ripristino dello stato legittimo. Assieme alla sanzione pecuniaria il Comune può prescrivere l'esecuzione di opere dirette a rendere l'intervento più consono al contesto ambientale, assegnando un congruo termine per l'esecuzione dei lavori.".

Art. 44
Inserimento dell'articolo 16 bis nella L. reg. n. 23 del 2004

1. Dopo l'articolo 16 della legge regionale n. 23 del 2004 è inserito il seguente:
"Art. 16 bis Sanzioni per interventi di attività edilizia libera
1. Nei casi di attività edilizia libera di cui all'articolo 7, comma 4, della legge regionale in materia edilizia la mancata comunicazione di inizio lavori e la mancata trasmissione della relazione tecnica comportano l'applicazione di una sanzione pecuniaria pari a 258,00 euro. Tale sanzione è ridotta di due terzi se la comunicazione è effettuata spontaneamente quando l'intervento è in corso di esecuzione.
2. La stessa sanzione si applica in caso di difformità delle opere realizzate, rispetto alla comunicazione, qualora sia accertata la loro conformità alle prescrizioni degli strumenti urbanistici.
3. La sanzione pecuniaria di cui al comma 1 trova altresì applicazione in caso di:
a) mancata comunicazione della data di inizio dei lavori e di rimozione delle opere dirette a soddisfare esigenze contingenti, di cui all'articolo 7, comma 2, della legge regionale in materia edilizia;
b) mancata comunicazione alla struttura comunale competente in materia urbanistica del mutamento di destinazione d'uso non connesso a trasformazione fisica di fabbricati già rurali, con originaria funzione abitativa, che non presentano più i requisiti di ruralità, per i quali si provvede alla variazione nell'iscrizione catastale, di cui all'articolo 7, comma 3, della legge regionale in materia edilizia.

4. Qualora gli interventi attinenti all'attività edilizia libera siano eseguiti in difformità dalla disciplina dell'attività edilizia, lo Sportello unico applica la sanzione pecuniaria pari al doppio dell'aumento del valore venale dell'immobile conseguente alla realizzazione degli interventi stessi, determinata ai sensi dell'articolo 21, commi 2 e 2 bis, e comunque non inferiore a 1.000,00 euro, salvo che l'interessato provveda al ripristino dello stato legittimo. Rimane ferma l'applicazione delle ulteriori sanzioni eventualmente previste in caso di violazione della disciplina di settore.".

Art. 45
Modifiche all'articolo 17
(Accertamento di conformità)
della L. reg. n. 23 del 2004

1. Ai commi 1, 2 e 4 bis dell'articolo 17 della legge regionale n. 23 del 2004, le parole "denuncia di inizio attività" sono sostituite dall'espressione "SCIA".
2. Al comma 3, dell'articolo 17 della legge regionale n. 23 del 2004, le parole "la denuncia in sanatoria" sono sostituite dalle seguenti: "la SCIA in sanatoria" e alla lettera a) del medesimo comma, le parole ", a norma dell'art. 30 della legge regionale n. 31 del 2002," sono soppresse.

Art. 46
Inserimento dell'articolo 17 *bis*
nella L. reg. n. 23 del 2004

1. Dopo l'articolo 17 della legge regionale n. 23 del 2004 è inserito il seguente:
"Art. 17 bis Varianti in corso d'opera a titoli edilizi rilasciati prima dell'entrata in

vigore della legge n. 10 del 1977
1. Al fine di salvaguardare il legittimo affidamento dei soggetti interessati e fatti salvi gli effetti civili e penali dell'illecito, non si procede alla demolizione delle opere edilizie eseguite in parziale difformità durante i lavori per l'attuazione dei titoli abilitativi rilasciati prima dell'entrata in vigore della legge 28 gennaio 1977, n. 10 (Norme per la edificabilità dei suoli) e le stesse possono essere regolarizzate attraverso la presentazione di una SCIA e il pagamento delle sanzioni pecuniarie previste dall'articolo 17, comma 3, della presente legge. Resta ferma l'applicazione della disciplina sanzionatoria di settore, tra cui la normativa antisismica, di sicurezza, igienico sanitaria e quella contenuta nel Codice dei beni culturali e del paesaggio, di cui al decreto legislativo n. 42 del 2004.".

Art. 47
Modifiche all'articolo 18
(Sanzioni applicabili per la
mancata denuncia di inizio attività)
della L. reg. n. 23 del 2004

1. Nella rubrica e nei commi 1 e 2 dell'articolo 18 della legge regionale n. 23 del 2004, le parole "denuncia di inizio attività" sono sostituite dall'espressione "SCIA".
2. Al comma 1, alla fine del primo periodo, sono aggiunte le seguenti parole ", ad eccezione degli interventi eseguiti con SCIA alternativa al permesso di costruire".

Art. 48
Modifiche all'articolo 21
(Sanzioni pecuniarie)
della L. reg. n. 23 del 2004

1. Il comma 2 dell'articolo 21 della legge regionale n. 23 del 2004, è sostituito dai seguenti:
"2. Ai fini del calcolo delle sanzioni pecuniarie connesse al valore venale di opere o di loro parti illecitamente eseguite, il Comune utilizza le quotazioni dell'Osservatorio del mercato immobiliare dell'Agenzia del territorio, applicando la cifra espressa nel valore minimo.
2 bis. Le Commissioni provinciali per la determinazione del valore agricolo medio provvedono a determinare il valore delle opere o delle loro parti abusivamente realizzate, nei casi in cui non sono disponibili i parametri di valutazione di cui al comma 2, salvo i casi in cui i Comuni siano dotati di proprie strutture competenti in materia di stime immobiliari.".

Art. 49
Modifiche all'articolo 16
(Atti di indirizzo e coordinamento)
della L. reg. n. 20 del 2000

1. Il comma 3 dell' articolo 16 della legge regionale n. 20 del 2000 è sostituito dal seguente:
"3. La proposta degli atti di cui al comma 1 è definita dalla Regione e dagli enti locali in sede di Consiglio delle Autonomie locali (CAL) ed è approvata con deliberazione della Giunta regionale.".

Art. 50
Inserimento dell'articolo 18 *bis*
nella L. reg. n. 20 del 2000

1. Dopo l'articolo 18 e la rubrica "Capo IV Semplificazione del sistema della pianificazione" della legge regionale n. 20 del 2000, è inserito il seguente:
"Art. 18 *bis* Semplificazione degli strumenti di pianificazione territoriale e urbanistica
1. Al fine di ridurre la complessità degli apparati normativi dei piani e l'eccessiva diversificazione delle disposizioni operanti in campo urbanistico ed edilizio, le previsioni degli strumenti di pianificazione territoriale e urbanistica, della Regione, delle Province, della Città metropolitana di Bologna e dei Comuni attengono unicamente alle funzioni di governo del territorio attribuite al loro livello di pianificazione e non contengono la riproduzione, totale o parziale, delle normative vigenti, stabilite:
a) dalle leggi statali e regionali,
b) dai regolamenti,
c) dagli atti di indirizzo e di coordinamento tecnico,
d) dalle norme tecniche,
e) dalle prescrizioni, indirizzi e direttive stabilite dalla pianificazione sovraordinata,
f) da ogni altro atto normativo di settore, comunque denominato, avente incidenza sugli usi e le trasformazioni del territorio e sull'attività edilizia.
2. Nell'osservanza del principio di non duplicazione della normativa sovraordinata di cui al comma 1, il Regolamento Urbanistico ed Edilizio (RUE) nonché le norme tecniche di attuazione e la Valsat dei piani territoriali e urbanistici, coordinano le previsioni di

propria competenza alle disposizioni degli atti normativi elencati dal medesimo comma 1 attraverso richiami espressi alle prescrizioni delle stesse che trovano diretta applicazione.

3. Allo scopo di consentire una agevole consultazione da parte dei cittadini delle normative vigenti che trovano diretta applicazione in tutto il territorio regionale, la Regione, le Province, la Città metropolitana di Bologna e i Comuni mettono a disposizione dei cittadini attraverso i propri siti web il testo vigente degli atti di cui al comma 1 di propria competenza.

4. La Regione individua entro tre mesi dall'entrata in vigore della presente disposizione, e aggiorna periodicamente, le disposizioni che trovano uniforme e diretta applicazione su tutto il territorio regionale, attraverso appositi atti di indirizzo e coordinamento, approvati ai sensi dell'articolo 16. Le Province, la Città metropolitana di Bologna e i Comuni adeguano i propri strumenti di pianificazione territoriale e urbanistica a quanto previsto dai commi 1 e 2 secondo le indicazioni degli atti di indirizzo regionali, entro centottanta giorni dall'entrata in vigore degli stessi. Trascorso tale termine, le normative di cui al comma 1 trovano diretta applicazione, prevalendo sulle previsioni con esse incompatibili.".

Art. 51
Modifiche all'articolo 19
(Carta unica del territorio)
della L. reg. n. 20 del 2000

1. La rubrica dell'articolo 19 della legge regionale n. 20 del 2000, è sostituita dalla seguente: "Carta unica del territorio e tavola dei vincoli".

2. Dopo il comma 3 dell'articolo 19 della legge regionale n. 20 del 2000, sono inseriti i seguenti:
"3 *bis*.   Allo scopo di assicurare la certezza della disciplina urbanistica e territoriale vigente e dei vincoli che gravano sul territorio e, conseguentemente, semplificare la presentazione e il controllo dei titoli edilizi e ogni altra attività di verifica della conformità degli interventi di trasformazione progettati, i Comuni si dotano di un apposito strumento conoscitivo, denominato "Tavola dei vincoli", nel quale sono rappresentati tutti i vincoli e le prescrizioni che precludono, limitano o condizionano l'uso o la trasformazione del territorio, derivanti oltre che dagli strumenti di pianificazione urbanistica vigenti, dalle leggi, dai piani sovraordinati, generali o settoriali, ovvero dagli atti amministrativi di apposizione di vincoli di tutela. Tale atto è corredato da un apposito elaborato, denominato "Scheda dei vincoli", che riporta per ciascun vincolo o prescrizione, l'indicazione sintetica del suo contenuto e dell'atto da cui deriva.
3 *ter*.   La Tavola dei vincoli costituisce, a pena di illegittimità, elaborato costitutivo del P.S.C. e relative varianti, nonché del P.O.C., del RUE, del P.U.A. e relative varianti, limitatamente agli ambiti territoriali cui si riferiscono le loro previsioni. Nelle more dell'approvazione degli strumenti urbanistici comunali, la Tavola dei vincoli può essere approvata e aggiornata attraverso apposite deliberazioni del Consiglio comunale meramente ricognitive, non costituenti varianti alla pianificazione vigente. Tali deliberazioni accertano altresì quali previsioni degli strumenti urbanistici

comunali e atti attuativi delle stesse hanno cessato di avere efficacia, in quanto incompatibili con le leggi, i piani sovraordinati e gli atti sopravvenuti che hanno disposto i vincoli e le prescrizioni immediatamente operanti nel territorio comunale.

3 *quater.* Il parere di legittimità e regolarità amministrativa dell'atto di approvazione di ciascuno strumento urbanistico attesta, tra l'altro, che il piano è conforme a quanto stabilito dal comma 3 ter. primo periodo.

3 *quinquies.* Nella Valsat di ciascun piano urbanistico è contenuto un apposito capitolo, denominato "Verifica di conformità ai vincoli e prescrizioni", nel quale si dà atto analiticamente che le previsioni del piano sono conformi ai vincoli e prescrizioni che gravano sull'ambito territoriale interessato.

3 *sexies.* La Regione con apposito atto di indirizzo emanato ai sensi dell'articolo 16, stabilisce gli standard tecnici e le modalità di rappresentazione e descrizioni dei vincoli e prescrizioni, allo scopo di assicurare l'uniforme applicazione del presente comma in tutto il territorio regionale e di agevolare e rendere più celere l'interpretazione e l'interpolazione dei dati e informazioni contenuti nella tavola e nella scheda dei vincoli. Al fine di favorire la predisposizione di tali elaborati, la Regione, in collaborazione con le amministrazioni statali competenti e d'intesa con le Province, provvede con apposita delibera ricognitiva ad individuare e, aggiornare periodicamente e mettere a disposizione dei Comuni con sistemi telematici la raccolta dei vincoli di natura ambientale, paesaggistica e storico testimoniale che gravano sul territo-rio regionale e alla raccolta e messa a disposizione dei dati conoscitivi e valutativi del territorio interessato da ciascun vincolo.".

Art. 52
Modifiche all'articolo 16
(Destinazione d'uso delle sedi
e dei locali associativi)
della L. reg. n. 34 del 2002

1. Il comma 2 dell'articolo 16 della legge regionale 9 dicembre 2002, n. 34 (Norme per la valorizzazione delle associazioni di promozione sociale. abrogazione della legge regionale 7 marzo 1995, n. 10 (Norme per la promozione e la valorizzazione dell'associazionismo)) è sostituito dal seguente:
"2. L'insediamento delle associazioni è subordinato alla verifica dell'osservanza dei requisiti igienico-sanitari e di sicurezza, non comporta il mutamento d'uso delle unità immobiliari esistenti e il pagamento del contributo di costruzione ed è attuato, in assenza di opere edilizie, senza titolo abilitativo.".

Art. 53
Modifiche all'articolo 4
(Ambito di applicazione delle norme
sulla procedura di V.I.A.)
della L. reg. n. 9 del 1999

1. Il comma 1 dell'articolo 4 della legge regionale 18 maggio 1999, n. 9 (Disciplina della procedura di valutazione dell'impatto ambientale) è sostituito dal seguente:
"1. Sono assoggettati alla procedura di V.I.A., ai sensi del Titolo III:
a) i progetti di nuova realizzazione elencati negli Allegati A.1, A.2 e A.3;

b)   i progetti di nuova realizzazione elencati negli Allegati B.1, B.2 e B.3 che ricadono, anche parzialmente, all'interno delle seguenti aree indivi- duate al punto 2 dell'allegato D:

1)   zone umide;

2)   zone costiere;

3)   zone montuose e forestali;

4)   aree naturali protette, comprese le aree contigue, definite ai sensi della vigente normativa;

5)   zone classificate o protette dalla vigente legislazione; aree designate SIC (Siti di importanza comunitaria) in base alla direttiva 92/43/CEE del Consiglio, del 21 maggio 1992, rela- tiva alla conservazione degli habitat naturali e seminaturali e della flora e della fauna selvatiche e aree designa- te ZPS (Zone di protezione speciale) in base alla direttiva 79/409/CEE del Consiglio, del 2 aprile 1979, relativa alla conservazione degli uccelli selva- tici;

6)   zone nelle quali gli standard di qualità ambientale della legislazione comunitaria sono già stati superati;

7)   zone a forte densità demografi- ca;

8)   zone di importanza storica, cul- turale e archeologica;

9)   aree demaniali dei fiumi, dei torrenti, dei laghi e delle acque pub- bliche;

c)   i progetti di nuova realizzazione elencati negli Allegati B.1, B.2 e B.3 qualora lo richieda l'esito della pro- cedura di verifica (screening) di cui al Titolo II;

d)   i progetti elencati negli Allegati B.1, B.2 e B.3 qualora essi siano re- alizzati in ambiti territoriali in cui entro un raggio di un chilometro per i pro- getti puntuali o entro una fascia di un chilometro per i progetti lineari siano localizzati interventi, già autorizzati, realizzati o in fase di realizzazione, appartenenti alla medesima tipologia progettuale;

e)   i progetti rientranti nel campo di applicazione del decreto legislativo 17 agosto 1999, n. 334 (Attuazione della direttiva 96/82/CE relativa al controllo dei pericoli di incidenti rilevanti con- nessi con determinate sostanze peri- colose);

f)   qualora il proponente valuti che lo richiedano le caratteristiche dell'im- patto potenziale ai sensi del punto 3 dell'Allegato D.".

Art. 54
Modifiche all'articolo 4 *ter*
(Soglie dimensionali)
della L. reg. n. 9 del 1999

1.   Il comma 1 dell'articolo 4 ter della leg- ge regionale n. 9 del 1999, è sostituito dal seguente:

"1.   Le soglie dimensionali definite ai sensi della presente legge sono ridot- te del 50 per cento nel caso in cui i progetti ricadono all'interno delle aree di cui all' articolo 4, comma 1, lett. b).".

TITOLO V
DISPOSIZIONI TRANSITORIE E FINALI

Art. 55
Misure per favorire
la ripresa economica
(sostituito comma 5 da art. 52,
L. reg. 20 dicembre 2013, n. 28)

1.   Fatta salva l'applicazione dell'articolo 15 della legge regionale 21 dicembre 2012, n. 16 (Norme per la ricostruzio- ne nei territori interessati dal sisma

del 20 e 29 maggio 2012), i termini di validità dei titoli edilizi in essere alla data di entrata in vigore della presente legge sono prorogati secondo i termini di cui ai commi seguenti.

2. I termini di inizio e di ultimazione dei lavori dei permessi di costruire, come indicati nei titoli abilitativi rilasciati entro la data di pubblicazione della presente legge o già prorogati entro la medesima data, sono prorogati di due anni.

3. La proroga dei termini di cui al comma 2 si applica anche alle DIA e alle SCIA presentate alla data di entrata in vigore della presente legge.

4. La proroga di cui al presente articolo non si applica nel caso di entrata in vigore di contrastanti previsioni urbanistiche ai sensi dell'articolo 19, comma 6.

5. *I fabbricati adibiti ad esercizio di impresa, esistenti alla data di entrata in vigore della presente disposizione, ad esclusione delle strutture ricettive alberghiere, possono essere frazionati in più unità autonome produttive, nell'ambito dei procedimenti di cui agli articoli 5 e 7 del decreto del Presidente della Repubblica n. 160 del 2010, attraverso la presentazione di apposita SCIA. Il frazionamento può essere attuato in deroga ai limiti dimensionali e quantitativi stabiliti dalla pianificazione urbanistica vigente, nel rispetto degli usi dichiarati compatibili dai medesimi piani e della disciplina dell'attività edilizia di cui all'articolo 9, comma 3, della presente legge.*

Art. 56
Semplificazione della pubblicazione degli avvisi relativi ai procedimenti in materia di governo del territorio

1. Gli obblighi di pubblicazione di avvisi sulla stampa quotidiana, previsti dalle norme regionali sui procedimenti di pianificazione urbanistica e territoriale, sui procedimenti espropriativi e sui procedimenti di localizzazione di opere pubbliche o di interesse pubblico, si intendono assolti con la pubblicazione degli avvisi nei siti informatici delle amministrazioni e degli enti pubblici obbligati.

2. Resta ferma la possibilità di effettuare in via integrativa la pubblicità sui quotidiani, a scopo di maggiore diffusione informativa.

Art. 57
Procedimenti in corso e norme transitorie

1. I procedimenti relativi all'attività edilizia, in corso alla data di entrata in vigore della presente legge, sono conclusi ed i relativi provvedimenti acquistano efficacia secondo le disposizioni delle leggi regionali previgenti, fatta salva la facoltà per gli interessati di riavviare il procedimento nell'osservanza della presente legge. Si intendono in corso i procedimenti per i quali, alla data di entrata in vigore della presente legge:

a) sia stata presentata la domanda per il rilascio del permesso di costruire;

b) sia stata presentata al Comune la DIA o la SCIA;

c) sia stata presentata la domanda per il rilascio del certificato di conformità edilizia e di agibilità.

2. Le sanzioni previste dalla presente

legge si applicano agli illeciti commessi in data successiva alla sua entrata in vigore.

3. Fatti salvi i procedimenti in corso, dalla data di entrata in vigore della presente legge, cessano di avere efficacia le deliberazioni con cui i Comuni hanno sottoposto a permesso di costruire gli interventi di restauro e risanamento conservativo, di ristrutturazione edilizia e i mutamenti d'uso senza opere, ai sensi del previgente articolo 8, comma 2, della legge regionale 25 novembre 2002, n. 31 (Disciplina generale dell'edilizia).

4. In fase di prima applicazione, l'articolo 12, comma 2, della presente legge si applica per le definizioni tecniche uniformi per l'urbanistica e l'edilizia di cui all'Allegato A della deliberazione dell'Assemblea legislativa 4 febbraio 2010, n. 279 (Approvazione dell'atto di coordinamento sulle definizioni tecniche uniformi per l'urbanistica e l'edilizia e sulla documentazione necessaria per i titoli abilitativi edilizi (art. 16, comma 2, lettera c), L.R. 20/2000 - art. 6, comma 4, e art. 23, comma 3, L.R. 31/2002). Il termine per il recepimento, previsto dalla medesima disposizione, decorre dalla data di pubblicazione sul Bollettino ufficiale Telematico della Regione Emilia-Romagna (BURERT) della presente legge. Decorso inutilmente tale termine, per salvaguardare l'immutato dimensionamento dei piani vigenti, i Comuni approvano, con deliberazione del Consiglio comunale, coefficienti e altri parametri che assicurino l'equivalenza tra le definizioni e le modalità di calcolo utilizzate in precedenza dal piano e quelle previste dall'atto di coordinamento tecnico regionale.

Art. 58
Adeguamento del regolamento edilizio comunale

1. Fino all'adeguamento degli strumenti di pianificazione alle disposizioni della legge regionale n. 20 del 2000, i Comuni possono apportare modifiche al regolamento edilizio, al fine di adeguarlo alla legislazione nazionale e regionale vigente.

2. Le modifiche di cui al comma 1 sono approvate dal Comune secondo le modalità previste per i regolamenti comunali.

Art. 59
Abrogazioni

1. Dalla data di entrata in vigore della presente legge sono abrogati:

a) i Titoli I, II, III, IV, V, VI, VII della legge regionale 25 novembre 2002, n. 31 e gli articoli 38, 39, 40, i commi 4 e 5 dell'articolo 43, i commi 4, 5 e 6 dell'articolo 46, gli articoli 47 e 48 della medesima legge regionale;

b) la lettera h bis) del primo comma dell'articolo 19 della legge regionale 4 maggio 1982, n. 19 (Norme per l'esercizio delle funzioni in materia di igiene e sanità pubblica, veterinaria e farmaceutica).

2. Dalla data di entrata in vigore della presente legge cessano di avere efficacia le seguenti deliberazioni della Giunta regionale:

a) deliberazione della Giunta regionale 28 febbraio 1995, n. 593 (Approvazione dello schema di Regolamento edilizio tipo (Art. 2 legge regionale 26 aprile 1990, n. 33 e successive modificazioni ed integrazioni));

b) deliberazione della Giunta regionale

22 febbraio 2000, n. 268 (Schema di Regolamento edilizio tipo - aggiornamento dei requisiti cogenti (Allegato A) e della parte quinta, ai sensi comma 2, art. 2, L.R. n. 33/90);

c) deliberazione della Giunta regionale 16 gennaio 2001, n. 21 (Requisiti volontari per le opere edilizie. Modifica e integrazione dei requisiti raccomandati di cui all'allegato b) al vigente Regolamento edilizio tipo (delibera G.R. n. 593/95)).

Art. 60
Disapplicazione di norme statali

1. A seguito dell'entrata in vigore della presente legge non trova diretta applicazione nel territorio regionale la disciplina di dettaglio prevista dalle disposizioni legislative e regolamentari statali della Parte I, Titoli I, II e III, del decreto del Presidente della Repubblica n. 380 del 2001.

Art. 61
Entrata in vigore

1. La presente legge entra in vigore il sessantesimo giorno successivo alla data della sua pubblicazione sul BURERT, ad eccezione dell'articolo 55 che entra in vigore il giorno successivo alla medesima data di pubblicazione.

ALLEGATO
(articolo 9, comma 1).
Definizione degli interventi edilizi

Ai fini della presente legge, si intendono per:

a) "**Interventi di manutenzione ordinaria**", gli interventi edilizi che riguardano le opere di riparazione, rinnovamento e sostituzione delle finiture degli edifici e quelle necessarie ad integrare o mantenere in efficienza gli impianti tecnologici esistenti;

b) "**Interventi di manutenzione straordinaria**", le opere e le modifiche necessarie per rinnovare e sostituire parti anche strutturali degli edifici, nonché per realizzare ed integrare i servizi igienico-sanitari e tecnologici, sempre che non alterino i volumi e le superfici delle singole unità immobiliari e non comportino modifiche delle destinazioni d'uso;

c) "**Restauro scientifico**", gli interventi che riguardano le unità edilizie che hanno assunto rilevante importanza nel contesto urbano territoriale per specifici pregi o caratteri architettonici o artistici. Gli interventi di restauro scientifico consistono in un insieme sistematico di opere che, nel rispetto degli elementi tipologici, formali e strutturali dell'edificio, ne consentono la conservazione, valorizzandone i caratteri e rendendone possibile un uso adeguato alle intrinseche caratteristiche.

Il tipo di intervento prevede:

c.1) il restauro degli aspetti architettonici o il ripristino delle parti alterate, cioè il restauro o ripristino dei fronti esterni ed interni, il restauro o il ripristino degli ambienti interni, la ricostruzione filologica di parti dell'edificio eventualmente crollate o demolite, la conservazione o il ripristino dell'impianto distributivo-organizzativo originale, la conservazione o il ripristino degli spazi liberi, quali, tra gli altri, le corti, i larghi, i piazzali, gli orti, i giardini, i chiostri;

c.2) il consolidamento, con sostituzione delle parti non recuperabili senza modificare la posizione o la quota dei seguenti elementi strutturali:

- murature portanti sia interne che esterne;
- solai e volte;
- scale;
- tetto, con ripristino del manto di copertura originale;

c.3) l'eliminazione delle superfetazioni come parti incongrue all'impianto originario e agli ampliamenti organici del medesimo;

c.4) l'inserimento degli impianti tecnologici e igienico-sanitari essenziali;

d) "**Interventi di restauro e risanamento conservativo**", gli interventi edilizi rivolti a conservare l'organismo edilizio e ad assicurare la funzionalità mediante un insieme sistematico di opere che, nel rispetto degli elementi tipologici, formali e strutturali dell'organismo stesso, ne consentono destinazioni d'uso con essi compatibili. Tali interventi comprendono il consolidamento, il ripristino e il rinnovo degli elementi costitutivi dell'edificio, l'inserimento degli elementi accessori e degli impianti richiesti dalle esigenze dell'uso, l'eliminazione degli elementi estranei all'organismo edilizio;

e) ["**Ripristino tipologico(*)**", gli interventi che riguardano le unità edilizie fatiscenti o parzialmente demolite di cui è possibile reperire adeguata documentazione della loro organizzazione tipologica originaria individuabile anche in altre unità edilizie dello stesso periodo storico e della stessa area culturale.

Il tipo di intervento prevede:

e.1) il ripristino dei collegamenti verticali od orizzontali collettivi quali androni, blocchi scale, portici;

e.2) il ripristino ed il mantenimento della forma, dimensioni e dei rapporti fra unità edilizie preesistenti ed aree scoperte quali corti, chiostri;

e.3) il ripristino di tutti gli elementi costitutivi del tipo edilizio, quali partitura delle finestre, ubicazione degli elementi principali e particolari elementi di finitura.]

(*) Gli interventi di **ripristino tipologico** rientrano tra i casi di ristrutturazione edilizia per effetto dell'art. 30, comma 1, lettera a), del decreto legge 21 giugno 2013, n.69, convertito con modificazioni dalla L. 9 agosto 2013 n.98. (Vedi parere prot. 209512 del 15 maggio 2014)

f) "**Interventi di ristrutturazione edilizia**", gli interventi rivolti a trasformare gli organismi edilizi mediante un insieme sistematico di opere che possono portare ad un organismo edilizio in tutto od in parte diverso dal precedente. Tali interventi comprendono il ripristino o la sostituzione di alcuni elementi costitutivi dell'edificio, l'eliminazione, la modifica e l'inserimento di nuovi elementi ed impianti, nonché la realizzazione di volumi tecnici necessari per l'installazione o la revisione di impianti tecnologici. Nell'ambito degli interventi di ristrutturazione edilizia sono compresi anche quelli consistenti nella demolizione e ricostruzione con la stessa volumetria del fabbricato preesistente, fatte salve le sole innovazioni necessarie per l'adeguamento alla normativa antisismica, per l'applicazione della normativa sull'accessibilità, per l'installazione di impianti tecnologici e per l'efficientamento energetico degli edifici. Gli interventi di ristrutturazione edilizia comprendono altresì quelli che comportino, in conformità alle previsioni degli strumenti urbanistici, aumento di unità immobiliari, modifiche del volume, della sagoma, dei prospetti o delle superfici, ovvero che limitatamente agli immobili compresi nei centri storici e negli insediamenti e infrastrutture storici del territorio rurale, di cui agli articoli A-7 e A-8 dell'Allegato della legge regionale n. 20 del 2000 comportino mutamenti della destinazione d'uso.

g) "**Interventi di nuova costruzione**", gli interventi di trasformazione edilizia e urbanistica del territorio non rientranti nelle categorie definite alle lettere precedenti. Sono comunque da considerarsi tali:

g.1) la costruzione di manufatti edilizi fuori terra o interrati, ovvero l'ampliamento di quelli esistenti all'esterno della sagoma esistente, fermo restando per gli interventi pertinenziali, quanto previsto al punto g.6);

g.2) gli interventi di urbanizzazione primaria e secondaria realizzati da soggetti diversi dal Comune;

g.3) la realizzazione di infrastrutture ed impianti, anche per pubblici servizi, che comporti la trasformazione in via permanente di suolo inedificato;

g.4) l'installazione di torri e tralicci per impianti radio-ricetrasmittenti e di ripetitori per i servizi di telecomunicazione da realizzare sul suolo;

g.5) l'installazione di manufatti leggeri, anche prefabbricati, e di strutture di qualsiasi genere che siano utilizzati come abitazioni, ambienti di lavoro, oppure come depositi, magazzini e simili, e che non siano diretti a soddisfare esigenze meramente temporanee;

g.6) gli interventi pertinenziali che le norme tecniche degli strumenti urbanistici, in relazione alla zonizzazione e al pregio ambientale e paesaggistico delle aree, qualifichino come interventi di nuova costruzione, ovvero che comportino la realizzazione di un volume superiore al 20 per cento del volume dell'edificio principale;

g.7) la realizzazione di depositi di merci o di materiali, la realizzazione di impianti per attività produttive all'aperto ove comportino l'esecuzione dei lavori cui consegua la trasformazione permanente del suolo inedificato;

h) "**Interventi di ristrutturazione urbanistica**", gli interventi rivolti a sostituire l'esistente tessuto urbanistico-edilizio con altro diverso, mediante un insieme sistematico di interventi edilizi, anche con la modificazione del disegno dei lotti, degli isolati e della rete stradale;

i) "**Demolizione**", gli interventi di demolizione senza ricostruzione che riguardano gli elementi incongrui quali superfetazioni e corpi di fabbrica incompatibili con la struttura dell'insediamento. La loro demolizione concorre all'opera di risanamento funzionale e formale delle aree destinate a verde privato e a verde pubblico. Il tipo di intervento prevede la demolizione dei corpi edili incongrui e la esecuzione di opere esterne;

l) "**Recupero e risanamento delle aree libere**", gli interventi che riguardano le aree e gli spazi liberi. L'intervento concorre all'opera di risanamento, funzionale e formale, delle aree stesse. Il tipo di intervento prevede l'eliminazione di opere incongrue esistenti e la esecuzione di opere capaci di concorrere alla riorganizzazione funzionale e formale delle aree e degli spazi liberi con attenzione alla loro accessibilità e fruibilità;

m) "**Significativi movimenti di terra**", i rilevanti movimenti morfologici del suolo non a fini agricoli e comunque estranei all'attività edificatoria quali gli scavi, i livellamenti, i riporti di terreno, gli sbancamenti. Il Regolamento urbanistico ed edilizio definisce le caratteristiche dimensionali, qualitative e quantitative degli interventi al fine di stabilirne la rilevanza.

2. Delibera dell'Assemblea Legislativa del 4 febbraio 2010 n. 279 recante "Atto di coordinamento sulle definizioni tecniche uniformi per l'urbanistica e l'edilizia, e sulla documentazione necessaria per i titoli abilitativi edilizi (art. 16, comma 2, lett. c, L. reg. 20/2000; art. 6, comma 4, e art. 23, comma 3, L. reg. 31/2002)"

INDICE

PARTE PRIMA
Disposizioni generali

1. Finalità , ambito di applicazione ed efficacia giuridica.
2. Monitoraggio, implementazione e adeguamento delle previsioni di cui agli Allegati A e B.

PARTE SECONDA
Allegati

Allegato A - Definizioni tecniche uniformi per l'urbanistica e l'edilizia (art. 16, comma 2, lettera c, LR 20/2000; art. 23, comma 3, LR 31/2002).

* * *

PARTE PRIMA
Disposizioni generali

1. Finalità, ambito di applicazione ed efficacia giuridica.

1.1. Il presente Atto di coordinamento tecnico, assunto ai sensi dell'articolo 16 della legge regionale 24 marzo 2000, n. 20 (Disciplina generale sulla tutela l'uso del territorio), è volto a e attuazione ai due seguenti ordini di previsioni:

a) articolo 16, comma 2, lettera c, LR 20/2000 (la Regione, attraverso atti di coordinamento tecnico, "stabilisce l'insieme organico delle nozioni, definizioni, modalità di calcolo e di verifica concernenti gli indici, i parametri e le modalità d'uso e di intervento, allo scopo di definire un lessico comune utilizzato nell'intero territorio regionale, che comunque garantisca l'autonomia nelle scelte di pianificazione"), ed articolo 23, comma 3, della LR 31/2002 (i Comuni, per assicurare l'uniforme applicazione in tutto il territorio regionale delle norme sulle variazioni essenziali, "utilizzano le nozioni concernenti gli indici e parametri edilizi e urbanistici stabiliti dalla Regione con atto di coordinamento tecnico, ai sensi dell'art. 16 della L.R. n. 20 del 2000");

b) articolo 6, comma 4, primo periodo, LR 31/2002 ("Ai fini di assicurare l'uniformità dell'attività tecnico-amministrativa dei Comuni e il trattamento omogeneo dei cittadini, il Consiglio regionale su proposta della Giunta può stabilire, attraverso apposito atto di coordinamento tecnico ai sensi dell'art. 16 della L.R. n. 20 del 2000, gli elaborati progettuali necessari a corredo dei titoli abitativi").

1.2. I contenuti tecnici del presente Atto sono pertanto strutturati nelle due seguenti parti:

a) Allegato A - Definizioni tecniche uniformi per l'urbanistica e l'edilizia (art. 16, comma 2, lettera c, LR 20/2000; art. 23, comma 3, LR 31/2002);

b) Allegato B - Documentazione necessaria per i titoli abilitativi edilizi (art. 6, comma 4, LR 31/2002).

1.3. Le definizioni tecniche uniformi di cui all'Allegato A prevalgono:

a) sulle eventuali diverse definizioni stabilite dai PTCP e dagli altri strumenti di pianificazione territoriale di competenza delle Province, al fine di uniformare il lessico urbanistico ed edilizio utilizzato dai Comuni nei propri atti;

b) sulle corrispondenti definizioni contenute nella deliberazione della Giunta regionale n. 593 del 28 febbraio 1995, recante "Approvazione dello schema di regolamento edilizio tipo (art. 2, LR 26 aprile 1990, n. 33 e successive modificazioni e integrazioni)".

1.4. I Comuni utilizzano nei P.S.C., nei RUE e nelle relative varianti, che saranno adottati successivamente all'entrata in vigore del presente Atto, le definizioni tecniche uniformi di cui all'Allegato A. Le stesse definizioni non trovano applicazione per i P.O.C. e i P.U.A. attuativi degli strumenti vigenti e devono essere utilizzate nei P.O.C. e nei P.U.A. adottati successivamente all'adeguamento di P.S.C. e RUE.

1.5. L'adeguamento alle definizioni tecniche uniformi di cui all'Allegato A può essere compiuto per i P.S.C. ed i RUE già adottati, anche senza ripubblicazione degli strumenti, purché non comporti modifiche sostanziali delle quantità edificabili.

1.6. I Comuni provvedono ad adeguare le modalità di presentazione al SUE o al SUAP e di controllo dei titoli abilitativi edilizi, nonché ogni eventuale inerente regolamentazione e modulistica, rispetto a quanto individuato nell'Allegato B (Documentazione necessaria per i titoli abilitativi edilizi), entro 2 anni dall'entrata in vigore del presente Atto.

1.7. Fino all'adeguamento delle deliberazioni del Consiglio regionale n. 849 del 4 marzo 1998 e n. 1108 del 29 marzo 1999, ai fini del calcolo degli oneri di urbanizzazione e del costo di costruzione continuano ad applicarsi le definizioni tecniche contemplate nelle stesse deliberazioni.

2. Monitoraggio, implementazione e adeguamento delle previsioni di cui agli Allegati A e B.

2.1. Nel periodo di 24 mesi successivo all'entrata in vigore del presente Atto, le competenti strutture della Giunta regionale, in coordinamento con le strutture tecniche dei Comuni, delle relative forme associative e delle Province, provvedono a monitorare l'applicazione del presente Atto ed a rilevare le eventuali opportunità di implementazione e di adeguamento dei contenuti di cui agli Allegati A e B.

2.2. La Regione provvede all'adeguamento dei contenuti di cui agli Allegati A e B, per renderli conformi alle disposizioni comunitarie, statali o regionali sopravvenute o per la necessità di perfezionamenti formali o di correzione di eventuali errori materiali, attraverso atti della Giunta regionale pubblicati sul BURERT (Bollettino Ufficiale Telematico della Regione Emilia-Romagna), ai sensi della LR 7/2009.

(segue PARTE SECONDA - Allegati)

PARTE SECONDA - Allegati

Allegato A
DEFINIZIONI TECNICHE UNIFORMI PER L'URBANISTICA E L'EDILIZIA
(art. 16, comma 2, lettera c, L. reg. n. 20/2000; art. 23, comma 3, L. reg. n. 31/2002)
Testo coordinato con le modifiche apportate dalla delibera della Giunta regionale 7 luglio 2014, n. 994 (pubblicata sul BURERT n. 210 del 14 luglio 2014)

PARAMETRI E INDICI URBANISTICI

Oggetto	Definizione
1. Superficie territoriale (ST)	Superficie totale di una porzione di territorio, la cui trasformazione è sottoposta a strumentazione urbanistica operativa e attuativa (POC e PUA). Comprende la superficie fondiaria e le dotazioni territoriali. *Nota: la superficie territoriale (ST) è la superficie di una porzione di territorio, cioè la superficie reale di un'area. Nel caso si dimostri, a seguito di nuova rilevazione, che la superficie reale non è coincidente con la superficie indicata su carta tecnica, su Data Base Topografico o su mappa catastale, si deve assumere la superficie reale come superficie territoriale.*
2. Superficie fondiaria (SF)	Superficie di una porzione di territorio destinata all'uso edificatorio. Rispetto alla superficie territoriale la superficie fondiaria è l'area residua al netto delle superfici per le dotazioni territoriali pubbliche. Rientrano nella superficie fondiaria le aree private gravate da servitù di uso pubblico. Per i soli casi di interventi su lotti del territorio urbanizzato, la superficie fondiaria (SF) può comprendere le eventuali superfici (di parcheggi) di dotazione territoriale pubblica che si rendono necessarie a seguito dell'intervento. *Nota: la superficie fondiaria (SF) è la superficie di una porzione di territorio, cioè la superficie reale di un'area. Nel caso si dimostri, a seguito di nuova rilevazione, che la superficie reale non è coincidente con la superficie indicata su carta tecnica, su Data Base Topografico o su mappa catastale, si deve assumere la superficie reale come superficie fondiaria.*

3. Densità territoriale	Quantità massima di volumi o superfici realizzabili, o quantità realizzata, su una determinata superficie territoriale. La densità territoriale si esprime attraverso un Indice di edificabilità territoriale dato dal rapporto tra le quantità massime edificabili, o le quantità realizzate, e la relativa superficie territoriale.
4. Densità fondiaria	Quantità massima di volumi o superfici realizzabili, o quantità realizzata, su una determinata superficie fondiaria. La densità fondiaria si esprime attraverso un Indice di edificabilità fondiaria dato dal rapporto tra le quantità massime edificabili, o le quantità realizzate, e la relativa superficie fondiaria.
5. Ambito	Parte di territorio definita dal PSC in base a caratteri propri e ad obiettivi di pianificazione, classificata e disciplinata in relazione a regole di trasformazione omogenee, attraverso parametri urbanistici ed edilizi, criteri e modalità di intervento, e norme di attuazione.
6. Comparto	Porzione di territorio in cui si opera previo PUA, con il coordinamento dei soggetti interessati. Il comparto può essere anche costituito da più aree tra loro non contigue.
7. Lotto	Porzione di suolo urbano soggetta ad intervento edilizio unitario, comprensiva dell'edificio esistente o da realizzarsi. Si definisce lotto libero, o lotto inedificato, l'unità fondiaria preordinata all'edificazione.
8. Unità fondiaria	Porzione di territorio individuata sulla base di attributi di natura giuridica o economica Sono, ad esempio, unità fondiarie: - le unità fondiarie preordinate all'edificazione, dette anche "lotti liberi" o "lotti inedificati"; - gli spazi collettivi urbani, quali i giardini pubblici, le piazze e simili; - le unità poderali, o unità fondiarie agricole, costituite dai terreni di un'azienda agricola e dalle relative costruzioni al servizio della conduzione dell'azienda.

9. Superficie minima di intervento	Area individuata dagli strumenti urbanistici come superficie minima per l'ammissibilità di un intervento urbanistico-edilizio sull'area stessa.
10. Potenzialità edificatoria	Quantità massima di edificazione consentita dalla completa applicazione degli indici, parametri urbanistico-edilizi ed eventuali vincoli stabiliti per quell' area dagli strumenti urbanistici. *Nota: la completa applicazione su di un'area dei parametri individuati dagli strumenti urbanistici vigenti ne esclude ogni ulteriore applicazione, nonostante intervenuti frazionamenti e/o passaggi di proprietà successivi.*
11. Carico urbanistico	Fabbisogno di dotazioni territoriali e di infrastrutture per la mobilità di un determinato immobile o insediamento in relazione alle destinazioni d'uso e all'entità dell'utenza.

OGGETTI E PARAMETRI EDILIZI

Oggetto	Definizione
12. Area di sedime	Superficie occupata dalla parte fuori terra di un fabbricato.
13. Superficie coperta (Sq)	Proiezione sul piano orizzontale della sagoma planivolumetrica di un edificio.
14. Superficie permeabile (Sp)	Porzione inedificata di una determinata superficie, priva di pavimentazione o di altri manufatti permanenti entro o fuori terra che impediscano alle acque meteoriche di raggiungere naturalmente e direttamente la falda acquifera. *Nota: rientrano nella quantificazione delle superfici permeabili anche le aree pavimentate con autobloccanti cavi o altri materiali che garantiscano analoghi effetti di permeabilità. La superficie permeabile, in questi casi, sarà computata con riferimento a specifici valori percentuali definiti dal RUE, in relazione alla tipologia dei materiali impiegati.*

15. Rapporto /indice di permeabilità (Ip)	Rapporto tra la superficie permeabile (Sp) e la superficie territoriale o fondiaria. Si indica di norma come un rapporto minimo ammissibile espresso con una percentuale. Si definiscono così l'Indice di permeabilità territoriale (Sp/ST) e l'Indice di permeabilità fondiaria (Sp/SF).
16. Rapporto di copertura (Q)	Rapporto tra la superficie coperta e la superficie fondiaria (Sq/SF). Si indica di norma come un rapporto massimo ammissibile espresso con una percentuale.
SUPERFICI	
17. Superficie lorda (Sul) denominata anche superficie utile lorda	Somma delle superfici di tutti i piani fuori terra e seminterrati di un edificio, comprensiva dei muri perimetrali, delle partizioni e dei pilastri interni, esclusi i balconi, le terrazze scoperte, gli spazi scoperti a terra, le scale esterne, aperte e scoperte, e le scale di sicurezza esterne.
18. Superficie utile (Su)	Superficie di pavimento di tutti i locali di una unità immobiliare, al netto delle superfici definite nella superficie accessoria (Sa), e comunque escluse le murature, i pilastri, i tramezzi, gli sguinci, i vani di porte e finestre, le logge, i balconi e le eventuali scale interne. Ai fini dell'agibilità, i locali computati come superficie utile devono comunque presentare i requisiti igienico sanitari, richiesti dalla normativa vigente a seconda dell'uso cui sono destinati. La superficie utile di una unità edilizia è data dalla somma delle superfici utili delle singole unità immobiliari che la compongono. Si computano nella superficie utile: - le cantine poste ai piani superiori al primo piano fuori terra; - le cantine che hanno altezza utile uguale o superiore a m 2,70; - i sottotetti con accesso diretto da una unità immobiliare, che rispettano i requisiti di abitabilità di cui all'art. 2, comma 1, della LR 11/1998. *(segue)*

	Per gli immobili con destinazione d'uso non residenziale si computano altresì nella superficie utile: - i locali destinati al personale di servizio e di custodia, nonché i locali adibiti ad uffici e archivi; - le autorimesse, quando costituiscano strumento essenziale dell'attività economica (autonoleggi, attività di trasporto e assimilati).
19. Superficie accessoria (Sa)	Superficie di pavimento degli spazi di una unità edilizia o di una unità immobiliare aventi carattere di servizio rispetto alla destinazione d'uso dell'unità stessa, misurata al netto di murature, pilastri, tramezzi, sguinci, vani di porte e finestre. Nel caso di vani coperti, si computano le parti con altezza utile uguale o maggiore a m 1,80. Per tutte le funzioni si computano, in via esemplificativa, nella superficie accessoria: - spazi aperti (coperti o scoperti), quali portici e gallerie pedonali (se non gravati da servitù di uso pubblico), ballatoi, logge, balconi e terrazze; - le tettoie con profondità superiore a m 1,50; - le cantine poste al piano interrato, seminterrato o al primo piano fuori terra, purché abbiano altezza inferiore a m 2,70; - i sottotetti che hanno accesso diretto da una unità immobiliare ma non rispettano i requisiti di abitabilità di cui all'art. 2, comma 1, della LR n. 11/1998; - i sottotetti che hanno accesso dalle parti comuni di una unità edilizia, per la porzione con altezza utile maggiore o uguale a m 1,80; - le autorimesse e i posti auto coperti; - i vani scala interni alle unità immobiliari computati in proiezione orizzontale, a terra, una sola volta; - le parti comuni, quali i locali di servizio condominiale in genere, i depositi, gli spazi comuni di collegamento orizzontale, come ballatoi o corridoi (di accesso alle abitazioni o alle cantine), esclusi gli spazi comuni di collegamento verticale e gli androni condominiali.
20. Superfici escluse dal computo della Su e della Sa	Non costituiscono né superficie utile né accessoria: - i porticati o gallerie gravati da servitù di uso pubblico; - gli spazi scoperti a terra (cortili, chiostrine, giardini) sia privati che comuni;

	- le parti comuni di collegamento verticale (vani ascensore, scale e relativi pianerottoli) e gli androni condominiali; - i corselli delle autorimesse costituenti parti comuni, anche se coperti, e relative rampe; - le pensiline; - le tettoie con profondità inferiore a m 1,50; - i tetti verdi non praticabili; - i lastrici solari, a condizione che siano condominiali e accessibili solo da spazi comuni; - i pergolati a terra; - gli spazi con altezza inferiore a m 1,80; - vani tecnici e spazi praticabili che ospitano qualsivoglia impianto tecnologico dell'edificio (tra cui: le centrali termiche, i vani motori di ascensori, le canne fumarie e di aerazione, le condotte, le intercapedini tecniche).
21. Superficie complessiva (Sc)	Somma della superficie utile e del 60% della superficie accessoria (Sc = Su + 60% Sa).
22. Superficie catastale (Sca)	Si veda l'Allegato C del DM 138/1998 recante: "Norme tecniche per la determinazione della superficie catastale delle unità immobiliari a destinazione ordinaria (gruppi R, P, T)".
23. Parti comuni / condominiali	Spazi catastalmente definiti come "parti comuni" in quanto a servizio di più unità immobiliari.
24. Superficie di vendita (Sv)	Superficie di pavimento dell'area destinata alla vendita, compresa quella occupata da banchi, scaffalature e simili e quelle dei locali o aree esterne frequentabili dai clienti, adibiti all'esposizione delle merci e collegati direttamente all'esercizio di vendita. Non costituisce superficie di vendita quella destinata a magazzini, depositi, locali di lavorazione, uffici e servizi igienici, impianti tecnici e altri servizi per i quali non è previsto l'ingresso dei clienti, nonché gli spazi di "cassa" e "avancassa" purché non adibiti all'esposizione. Per quanto riguarda gli esercizi di merci ingombranti ci si riferisce alla DCR 26 marzo 2002, n. 344.

25. Area dell'insediamento (Ai)	Fermo restando il computo dei volumi edilizi connessi con l'attività (uffici, accoglienza, spogliatoi, servizi igienici etc.), l'area dell'insediamento è la superficie di uno spazio all'aperto comprendente attrezzature scoperte destinate ad attività sportive, ricreative, turistiche o comunque di interesse collettivo, ivi comprese le superfici destinate ad accogliere gli eventuali spettatori, delimitata da opere di recinzione e/o individuata catastalmente o progettualmente. La misura dell'area dell'insediamento si utilizza per la determinazione convenzionale dell'incidenza degli oneri di urbanizzazione destinati alla realizzazione ed alla manutenzione delle infrastrutture per l'urbanizzazione degli insediamenti, alle aree ed alle opere per le attrezzature e per gli spazi collettivi e per le dotazioni ecologiche ed ambientali, e ai fini del calcolo del contributo di costruzione afferente agli oneri di urbanizzazione stessi, in applicazione delle relative Tabelle Parametriche Regionali.
SAGOME E VOLUMI	
26. Sagoma planivolumetrica	Figura solida definita dall'intersezione dei piani di tutte le superfici di tamponamento esterno e di copertura dell'edificio e del piano di campagna, compresi i volumi aggettanti chiusi e quelli aperti ma coperti (bow window, logge, porticati) e i volumi tecnici, al netto dei balconi e degli sporti aggettanti per non più di m 1,50, delle sporgenze decorative e funzionali (comignoli, canne fumarie, condotte impiantistiche), delle scale esterne aperte e scoperte se a sbalzo, delle scale di sicurezza esterne e di elementi tecnologici quali pannelli solari e termici.
27. Sagoma	Proiezione su uno dei piani verticali della sagoma planivolumetrica.
28. Volume totale o lordo (Vt)	Volume della figura solida fuori terra definita dalla sua sagoma planivolumetrica.
29. Volume utile (Vu)	Somma dei prodotti delle superfici utili o accessorie per le relative altezze utili; il volume utile di un vano può risultare dalla somma di più parti con altezze diverse.

PIANI	
30. Piano di un edificio	Spazio delimitato dall'estradosso del solaio inferiore, detto piano di calpestio (o pavimento), e dall'intradosso del solaio superiore (soffitto) che può essere orizzontale, inclinato, curvo, misto.
31. Piano fuori terra	Piano di un edificio il cui pavimento si trova in ogni suo punto perimetrale a una quota uguale o superiore a quella del terreno circostante, anche a seguito delle opere di sistemazione dell'area.
32. Piano seminterrato	Piano di un edificio il cui pavimento si trova a una quota inferiore (anche solo in parte) a quella del terreno circostante e il cui soffitto si trova ad una quota media uguale o superiore a m 0,90 rispetto al terreno, misurata sulla linea di stacco dell'edificio. Ai fini del computo delle superfici, i piani con quota di soffitto sopraelevata rispetto a quella del terreno circostante di una misura in media inferiore a m 0,90 sono assimilati ai piani interrati. Sono assimilati a piani fuori terra: - i seminterrati il cui pavimento sia, almeno su un fronte, ad una quota uguale o superiore a quella del terreno circostante; - i seminterrati il cui pavimento sia ad una quota media uguale o superiore a m -0,30 rispetto a quella del terreno circostante.
33. Piano interrato	Piano di un edificio il cui soffitto si trova ad una quota uguale o inferiore a quella del terreno circostante, intesa come linea di stacco dell'edificio. Ai fini del computo delle superfici, sono assimilati agli interrati i seminterrati con quota di soffitto sopraelevata rispetto a quella del terreno circostante di una misura media inferiore a m 0,90.
34. Sottotetto	Spazio compreso tra l'intradosso della copertura non piana dell'edificio e l'estradosso del solaio del piano sottostante.

35. Soppalco	Partizione orizzontale interna praticabile, che non determina un ulteriore piano nell'edificio, ottenuta con la parziale interposizione di una struttura portante orizzontale in uno spazio chiuso. La superficie del soppalco non può superare il 50% di quella del locale che lo ospita; in caso contrario si determina un nuovo piano nell'edificio. Qualora tutta o parte della superficie soprastante o sottostante sia utilizzata per creare uno spazio chiuso, con esclusione del vano scala, il vano ottenuto è considerato a sé stante.
ALTEZZE	
36. Altezza dei fronti (Hf)	Misura ottenuta dalla differenza della quota media della linea di stacco dell'edificio con la più alta delle seguenti quote: - intradosso del solaio sovrastante l'ultimo piano che determina Su; - linea di intersezione tra il muro perimetrale e l'intradosso del solaio di copertura, per gli edifici con copertura inclinata fino a 45°; - linea di colmo, per gli edifici con copertura inclinata maggiore di 45°; - sommità del parapetto in muratura piena, avente l'altezza superiore a m 1,20, per gli edifici con copertura piana; - media delle altezze dei punti più alti sull'intradosso della copertura, per le coperture a padiglione. Nella determinazione delle altezze, sono comunque esclusi: - i parapetti in muratura piena al piano di copertura con altezza minore di m 1,20 o quando i vuoti prevalgono sui pieni; - i manufatti tecnologici, quali extracorsa di ascensori, tralicci, ciminiere e vani tecnici particolari, fatte salve le disposizioni relative ai vincoli aeroportuali.
37. Altezza dell'edificio (H)	Altezza massima tra quella dei vari fronti.
38. Altezza utile (Hu)	Altezza netta del vano misurata dal piano di calpestio all'intradosso del solaio sovrastante o delle strutture sottoemergenti dal soffitto (travetti), senza tener conto delle irregolarità e dei punti singolari.

	Ai fini della individuazione degli spazi fruibili (ossia aventi un'altezza utile non inferiore a m. 1,80), e di quelli non fruibili, l'altezza utile si misura senza tenere conto di eventuali controsoffitti, salvo il caso in cui gli stessi siano necessari per la copertura di impianti tecnologici. Ai fini del rispetto dei requisiti cogenti in materia di altezza minima dei locali, essa si misura fino all'altezza dell'eventuale controsoffitto (altezza utile netta).
39. Altezza virtuale (o altezza utile media) (Hv)	Rapporto tra il volume (eventualmente calcolato come somma di più parti) dello spazio considerato e la relativa superficie di pavimento, con esclusione delle porzioni con altezza inferiore a m 1,80.
40. Altezza lorda dei piani	Differenza fra la quota del pavimento di ciascun piano e la quota del pavimento del piano sovrastante. Per l'ultimo piano dell'edificio si misura dal pavimento fino all'intradosso del soffitto o della copertura. In tale misura non si tiene conto delle travi e delle capriate a vista. Qualora la copertura sia a più falde inclinate, il calcolo si effettua come per l'altezza virtuale.
DISTANZE	
41. Distanza dai confini di zona o di ambito urbanistico	Lunghezza del segmento minimo che congiunge l'edificio con il confine di zona o di ambito urbanistico. Dalla misurazione della distanza sono esclusi gli sporti dell'edificio purché aventi una profondità ≤ a m. 1,50; nel caso di profondità maggiore, la distanza è misurata dal limite esterno degli sporti. [Definizione sostituita dalla deliberazione della Giunta regionale 7 luglio 2014, n. 994]
42. Distanza dai confini di proprietà	Lunghezza del segmento minimo che congiunge l'edificio con il confine della proprietà. Dalla misurazione della distanza sono esclusi gli sporti dell'edificio purché aventi una profondità ≤ a m. 1,50; nel caso di profondità maggiore, la distanza è misurata dal limite esterno degli sporti. [Definizione sostituita dalla deliberazione della Giunta regionale 7 luglio 2014, n. 994]

43. Distanza dal confine stradale	Lunghezza del segmento minimo che congiunge l'edificio, compresi i suoi punti di affaccio, con il confine stradale, così come definito dal Nuovo Codice della strada.
44. Distanza tra edifici / Distacco (De)	Lunghezza del segmento minimo che congiunge gli edifici. Dalla misurazione della distanza sono esclusi gli sporti dell'edificio purché aventi una profondità ≤ a m. 1,50; nel caso di profondità maggiore, la distanza è misurata dal limite esterno degli sporti. [Definizione sostituita dalla deliberazione della Giunta regionale 7 luglio 2014, n. 994]
45. Indice di visuale libera (Ivl)	Rapporto fra la distanza dei singoli fronti del fabbricato dai confini di proprietà o dai confini stradali, e l'altezza dei medesimi fronti.
ALTRE DEFINIZIONI	
46. Volume tecnico	Spazio ispezionabile, ma non stabilmente fruibile da persone, destinato agli impianti di edifici civili, industriali e agro – produttivi come le centrali termiche ed elettriche, impianti di condizionamento d'aria, di sollevamento meccanico di cose e persone, di canalizzazione, camini, canne fumarie, ma anche vespai, intercapedini, doppi solai. Ai fini del calcolo delle superfici, sono comunque escluse le centrali termiche, i vani motori di ascensori, le canne fumarie e di aerazione, le condotte e le intercapedini tecniche; i restanti volumi tecnici sono computati a seconda che siano o meno praticabili.
47. Vuoto tecnico	Camera d'aria esistente tra il solaio del piano terreno e le fondazioni, destinato anche all'aerazione e deumidificazione della struttura dell'edificio, con altezza non superiore a m 1,80.
48. Unità immobiliare	Porzione di fabbricato, intero fabbricato o gruppi di fabbricati, ovvero area, suscettibile di autonomia funzionale e di redditualità nel locale mercato immobiliare, secondo le norme catastali.
49. Alloggio	Unità immobiliare destinata ad abitazione.
50. Unità edilizia (Ue)	Unità tipologico-funzionale che consiste in un edificio autonomo dal punto di vista spaziale, statico e funzionale, anche per quanto riguarda l'accesso e la distribuzione, realizzato e trasformato con interventi unitari.

	L'unità edilizia ricomprende l'edificio principale e le eventuali pertinenze collocate nel lotto. Nel caso di un insieme di più edifici in aderenza, ciascuna porzione funzionalmente autonoma (da terra a tetto) rispetto a quelle contigue è identificabile come autonomo edificio e dà luogo a una propria unità edilizia.
51. Edificio o fabbricato	Costruzione stabile, dotata di copertura e comunque appoggiata o infissa al suolo, riconoscibile per i suoi caratteri morfologico – funzionali, che sia accessibile alle persone e destinata alla soddisfazione di esigenze perduranti nel tempo. Per *edificio residenziale* si intende l'edificio destinato prevalentemente ad abitazione. Per *edificio non residenziale* si intende l'edificio destinato prevalentemente ad uso diverso da quello residenziale. Rientrano tra gli edifici anche le serre fisse, i parcheggi multipiano, i chioschi non automatizzati, le tettoie autonome, le tensostrutture.
52. Edificio unifamiliare / monofamiliare	Edificio singolo con i fronti perimetrali esterni direttamente aerati e corrispondenti ad un unico alloggio per un solo nucleo familiare.
53. Pertinenza (spazi di pertinenza)	Opera edilizia di modeste dimensioni all'interno del lotto, legata da un rapporto di strumentalità e complementarietà funzionale rispetto alla costruzione principale. La pertinenza consiste in un servizio od ornamento dell'edificio principale già completo ed utile di per sé.
54. Balcone	Elemento edilizio praticabile e aperto su almeno due lati, a sviluppo orizzontale in aggetto, munito di ringhiera o parapetto e direttamente accessibile da uno o più locali interni.
55. Ballatoio	Elemento edilizio praticabile a sviluppo orizzontale, e anche in aggetto, che si sviluppa lungo il perimetro di una muratura con funzione di distribuzione (per esempio tra varie unità immobiliari), munito di ringhiera o parapetto.

56. Loggia /Loggiato	Spazio praticabile coperto, ricompreso entro la sagoma planivolumetrica dell'edificio, aperto su almeno un fronte, munito di ringhiera o parapetto, direttamente accessibile da uno o più vani interni.
57. Lastrico solare	Spazio scoperto e praticabile sulla copertura piana di un edificio o su una sua porzione.
58. Pensilina	Copertura in aggetto dalle pareti esterne di un edificio, realizzata con materiali durevoli al fine di proteggere persone o cose.
59. Pergolato	Struttura autoportante, composta di elementi verticali e di sovrastanti elementi orizzontali, atta a consentire il sostegno del verde rampicante e utilizzata in spazi aperti a fini di ombreggiamento. Sul pergolato non sono ammesse coperture impermeabili.
60. Portico /porticato	Spazio coperto al piano terreno degli edifici, intervallato da colonne o pilastri aperto almeno su due lati verso i fronti esterni dell'edificio.
61. Terrazza	Spazio scoperto e praticabile, realizzato a copertura di parti dell'edificio, munito di ringhiera o parapetto, direttamente accessibile da uno o più locali interni.
62. Tettoia	Copertura di uno spazio aperto sostenuta da una struttura a elementi puntiformi, con funzione di deposito, ricovero, stoccaggio e, negli usi abitativi, per la fruizione protetta di spazi pertinenziali.
63. Veranda	Spazio praticabile coperto, avente le medesime caratteristiche di loggiato, balcone, terrazza o portico, ma chiuso sui lati da superfici vetrate o comunque trasparenti e impermeabili.
64. Tetto verde	Copertura continua dotata di un sistema che utilizza specie vegetali in grado di adattarsi e svilupparsi nelle condizioni ambientali caratteristiche della copertura di un edificio. Tale copertura è realizzata tramite un sistema strutturale che prevede in particolare uno strato colturale opportuno sul quale radificano associazioni di specie vegetali, con minimi interventi di manutenzione (coperture a verde estensivo), o con interventi di manutenzione media e alta (coperture a verde intensivo).

INDICE
TEMATICO - ALFABETICO

Lettera A

Lettera C

Lettera D

Lettera E

Lettera G

Lettera P

Lettera Q

Lettera R

Lettera T